燕山大学知名学者学术文库

刘宏民文集（中卷）

——板形测控技术和筒管轧制理论

刘宏民 于华鑫 著

燕山大学出版社
·秦皇岛·

图书在版编目(CIP)数据

刘宏民文集. 中卷,板型测控技术和筒管轧制理论/刘宏民,于华鑫著. —秦皇岛:燕山大学出版社,2021.9

(燕山大学知名学者学术文库)

ISBN 978-7-5761-0202-4

Ⅰ. ①刘… Ⅱ. ①刘…②于… Ⅲ. ①轧制—文集 Ⅳ. ①TG33-53

中国版本图书馆 CIP 数据核字(2021)第 117768 号

刘宏民文集(中卷)——板型测控技术和筒管轧制理论

刘宏民 于华鑫 著

总 策 划:陈 玉

责任编辑:孙志强 李 冉

封面设计:吴 波

出版发行:燕山大学出版社 YANSHAN UNIVERSITY PRESS

地 址:河北省秦皇岛市河北大街西段 438 号

邮政编码:066004

电 话:0335-8387555

印 刷:中国标准出版社秦皇岛印刷厂

经 销:全国新华书店

开 本:787 mm×1092 mm 1/16 **印 张**:29.25 **字 数**:600 千字

版 次:2021 年 9 月第 1 版 **印 次**:2021 年 9 月第 1 次印刷

书 号:ISBN 978-7-5761-0202-4

定 价:149.00 元

作 者 简 介

刘宏民，男，汉族，1959 年 6 月出生，河南省民权县人。燕山大学教授，博士，博士生导师。1976 年 8 月参加工作，1986 年 5 月加入中国共产党。1978 年 3 月至 1988 年 3 月，在东北重型机械学院（燕山大学前身）冶金机械专业读本科和研究生，分别于 1982 年 1 月、1985 年 3 月、1988 年 5 月获工学学士、硕士、博士学位。1988 年 3 月博士研究生毕业留校，在燕山大学机械工程学院、研究生部、国家冷轧板带装备及工艺工程技术研究中心，从事教学、科研和管理工作。历任机械工程学院轧机研究所副所长，研究生部主任，国家工程技术研究中心主任，副校长和校长。

刘宏民教授长期从事板带轧机板形理论、测控技术和工程应用的研究，一直坚持科学技术工程一体化，把成果写在中国制造上的科研道路。创造性地解决了一系列科学技术难题：一、创建以条元法为特色的板形控制理论模型体系和工程设计软件，实现高精度高速度板形控制工艺设备设计。二、提出通道解耦理论模型，研制冷带轧机整辊无线智能型板形仪，实现高精度板形检测。三、提出解耦控制策略和动态解耦控制模型，研制冷带轧机机理智能板形控制系统，实现高精度高速度板形控制。四、研发带钢平整关键技术和成套装备，实现高精度延伸率和板形控制。五、提出冷轧带钢及其深加工项目并进行工程设计，将冷轧带钢、带钢镀铜、双层卷焊管等先进技术系统集成，推动企业转型升级。六、创建国家冷轧板带装备及工艺工程技术研究中心。将创新成果应用于我国 40 多套钢带、铝带、铜带轧机上，取得达到国际先进水平的技术效果和重大经济社会效益，为提高我国板带轧制质量和工艺装备智能化水平，打破国外垄断封锁，消除“卡脖子”隐患，作出了重大贡献。获得国家科技进步二等奖 2 项，省部级一等奖 10 项、二等奖 3 项，发明专利 30 项，计算机软件著作权 30 项，中国科学技术协会优秀论文 1 篇，中国机械工程学会优秀论文 1 篇，主持制定国家标准 2 项，发表论文 200 多篇，出版专著 5 部。

刘宏民教授是国家百千万人才工程人选，国务院特殊津贴专家，全国五一劳动奖章获得者，全国优秀科技工作者，全国学生喜爱的大学校长。河北省高端人才、省管优秀专家、燕赵学者、“巨人计划”领军人才、杰出专业技术人才。曾任中国金属学会专家委员会委员和冶金设备分会副主任委员，中国高等教育学会学习科学研究分会理事长，中国机械工业教育协会副理事长，《机械工程学报》《钢铁》《钢铁研究学报》《工程力学》等期刊编委，中国人民政治协商会议河北省第十届、第十一届、第十二届委员会委员。

总　　序

这是一所底蕴深厚的高等学府，在全国各类大学排行榜中均名列百强，学府的工程学、材料科学两个学科进入 ESI 全球排名前 1%。她出身名门，历经九十余载的风风雨雨，两次白手起家，从荆棘中走出了一条属于自己的高水平大学建设之路。她，就是燕山大学。

燕山大学源于哈尔滨工业大学，始建于 1920 年。1958 年哈尔滨工业大学重型机械系及相关专业成建制迁至工业重镇齐齐哈尔市富拉尔基区，组建了哈尔滨工业大学重型机械学院。1960 年独立办学，定名为东北重型机械学院，1978 年被确定为全国重点高等院校。1985 年开始在河北省秦皇岛市创办分校，1997 年学校整体南迁到秦皇岛。1997 年 1 月经国家教委批准，更名为燕山大学。1998 年，由机械工业部划转到河北省，实行中央与地方共建，以河北省管理为主。2006 年，国防科工委和河北省共建燕山大学。2010 年，国家国防科工局和河北省共建燕山大学。2014 年，河北省、教育部、工信部和国家国防科工局四方共建燕山大学。

不论是在松花江畔的哈尔滨，嫩江红岸的齐齐哈尔，还是在渤海之滨的秦皇岛，燕大人一直用自己的勤劳和智慧践行着"厚德、博学、求是"的校训精神，推动学校实现了跨越式发展。艰苦奋斗、知难而上、不畏艰辛、勇于创新的拓荒精神在燕大人中代代相传，这是学校历经九十余载而生生不息、发展壮大的根本原因，是燕大人倍感骄傲、弥足珍贵的精神财富，是学校各项事业快速发展的力量源泉。

大学之大，不在于大楼，而在于大师。燕大严谨治学品格的养成，依赖于我校知名学者的身体力行、言传身教。他们崇尚学术、追求真理、潜心育人的敬业精神，对科学孜孜以求的探索历程，已成为燕大人宝贵的精神财富，对青年师生的成长极具启迪意义，并将永远激励着一代又一代的燕大人为建设特色鲜明的一流大学奋勇前进。

鉴往知新。为了传承和弘扬燕大精神，展现成果，燕山大学出版社策划了《燕山大学知名学者学术文库》系列图书，作为燕山大学建设一流大学文化的重要组成部分，先期邀请了我校十余位知名学者，将他们几十年来厚积薄发的学术思想及人生感悟、代表性学术论文编撰成系列文集，付梓出版，冀望以此启迪来者，激励后人，在学术与人生道路上立志向学，诚意为学，孜孜拳拳，奋进有成。

燕山大学校长

2017 年 3 月 12 日

前　言

一

我 1959 年出生于河南省民权县。童年和小学、初中在民权县农村度过。农村学校虽然条件不能与县城学校相比，教师学历也大多不高，但德智体美劳教育开展得比较全面，课外活动特别是思政教育和劳动锻炼较多。背诵了很多毛主席语录，特别是反复学习背诵毛主席著作“老三篇”。学唱了一系列革命歌曲和样板戏选段，特别是下定决心不怕牺牲，三大纪律八项注意和李玉和、杨子荣、郭建光的唱段。学习了雷锋、王杰、董存瑞等一大批英雄模范人物的事迹，参加了很多忆苦思甜、访贫问苦、做好人好事、校园劳动、运肥播种、犁地耙地、挖河筑堤活动。课堂教学中师生互动频繁，学生表现活跃，课堂练习较多，当堂做完当堂讲解。老师经常提问学生，学生踊跃举手发言。课堂上，有的同学走到讲台上面对同学朗诵课文和作文，有的在黑板上做题讲解和示范。课业负担不重，基本在课堂上或学校里就可以完成，极少有把作业带回家做的情况。早自习雷打不动，下午放学回家后还可以下地放羊割草，玩跳马、摔跤等不需要器材的体育活动。晚上明月当空，和同学们在农家院里大唱革命歌曲，在村里的胡同中捉迷藏，倍感豪爽快乐。当时，特别羡慕崇拜文章写得好的老师，记忆力和口才好的说书人。由于语文老师的启发和鼓励，我在作文上下的功夫较大，也经常请求老师指点提高。农村晚会上的说书人，居然可以连续一个多小时甚至两个小时声情并茂、绘声绘色地讲述双枪老太婆和华子良的革命故事，真是太有才了！有偶像，就想模仿。我找来《林海雪原》《平原枪声》《敌后武工队》等小说，把最感兴趣的故事多看几遍，然后跑到村外的庄稼地里，一个人自言自语地反复练习，后来竟然发现自己也能连续讲故事半小时以上了，很有成就感。现在来看，青少年的成长，特别需要榜样的激励。教育最重要的是启迪心灵智慧，塑造人格情怀，激发求知欲望，培养兴趣爱好，点燃心中火把，引导前进方向，使学生系好人生的第一粒扣子，垫好成长的第一块基石。

1974 年秋，我来到兰考县一所农村新办高中读书。第二年春，转到兰考县第一中学——焦裕禄中学。县城中学的条件好多了，不仅教育教学设施好，更重要的是，教师的学历和水平高。有郑州大学毕业的老师，也有复旦大学毕业的老师，有从工厂技术人员转行过来的老师，还有从报社记者编辑转行过来的老师。学校还聘请了一批工厂、农场的技术人员，报社、广播站的记者编辑，革命前辈和英雄模范人物作为兼职教师。当时，学校进行教育教学改革，特别重视教育教学与生产劳动相结合，在实践教学、项目式教学中让学生提高觉悟、掌握知识、锻炼能力。思政项目，到焦裕禄事迹展览馆和焦裕禄烈士陵园学习他“心里装着全体人民，唯独没有他自己”的为民情怀。到农村和知青点与贫下中农和下乡知识青年同吃、同住、同劳动，学习他们撸起袖子加油干、改变农村面貌的奋斗精神。参加英模事迹报告会，观看电影《英雄儿女》和《闪闪的红星》，大唱主题曲《英雄赞歌》和《红星照我去战斗》，学习英模人物不怕困难、不怕牺牲的英雄品质。语文项目，参加赛诗会和朗诵会，到工厂、农村、知青点搞调查研究采访，学习写作消息、通讯、调查报告，好的稿件可被县广播站录用或再向上推荐。数学项目，在校门口的一条小河上设计建造了一座圆弧拱桥，到县机械厂设计直角弯管放样图并制作出一个直角弯管。物理项目，在校办工厂学习装配电脉冲治疗仪。化学项目，在校办工厂学习制作肥皂，到县化肥厂了解化肥生产。农业项目，到县西关农场学习棉花育苗、移栽和护理技术。在兰考县焦裕禄中学一年半的高中学习，使我开阔了视野和胸怀，提升了境界和品位，锻炼了能力和意志。现在来看，立德树人，学校教育要与社会教育相结合，要形成全员、全程、全方位的育人格局体系。锻炼能力，要通过项目式实践教学，让学生在“做中学”“干中练”。但是，“做”和“干”要有度，不能影响基本知识结构的学习，而且要以合理的知识结构为基础。

1976 年 8 月，高中毕业后的我回到民权县本村一所新办中学担任民办教师。学校设施简陋，教师短缺，仪器设备极少。一个教师需要担任不同年级多门课程的教学任务，我教过初中的语文、数学和高中的政治、化学，担任过初中二年级的班主任。学生就近入学，没有入学考试选拔，水平差别较大，教学和管理有一定难度。但教师们大多年轻，干劲很足，累并快乐着。工作加班加点，周末和假期不休息，是常有的事儿。师生的精神面貌、工作学习状态和教育教学效果，得到乡亲们的认可。每个民办教师的待遇，除了正常记工分外，每个月还有 5 块钱的生活补贴，这在当时当地相当不错了。一年半的民办教师经历，不但使我巩固拓宽了知识，锻炼了教学能力，而且培养了热爱教育的情怀。1977 年秋，国家恢复高校招生考试制度。经过两个月的准备，我顺利成为恢复高考后的第一届大学生。那一年，我们学校有两位年轻教师考入大学。后来多年，本村和周围几个村，陆续又有好多孩子考上了大学和中专。现在来看，确实是穷则思变，困境激发斗志，美好激励追求，追求创造未来。通过高考上大学，可以改变个人命运，为国家和社会作出不一样的贡献。有积累和准备，就可以抓住机遇。从今天扶贫扶智的角度看，农村的基础教育太需要加强，教育资源不均衡的状况太需要改善了。

二

1978 年 3 月，我作为 1977 级大学生进入东北重型机械学院轧钢机械专业学习，从此开始了 4 年本科生、3 年硕士生、3 年博士生，共 10 年的攻读深造。

1977 级大学生由很多届高中生考取，年龄差别很大。有俗称“老三届”的 1966、1967、1968 届高中生，也有 1977 年的应届高中生，还有高中没毕业的学生。年龄大的 30 多岁，已结婚生子，年龄小的十五六岁，还有玩童气质和习惯。知识水平差别也很大，除了“老三届”，大部分学生的理科知识比较薄弱，尤其是数学。学校在摸底考试评估后，为我们补了大约一个月的中学数学课。学生食堂的主食经常是高粱米饭、玉米发糕、大碴子粥，副食主要是土豆、白菜、豆腐、咸菜。每个月的伙食费，9 块钱就够了，12 块钱算高水平。由于多年读书深造的愿望得以实现，大家的学习热情非常高。不但在课堂上、教室里认真用功，连走路、排队都有很多人背外语单词或练习外语对话。晚自习常常学到

11点以后，有的甚至到后半夜。学校担心学生的身体，晚上查教室劝说并催促学生回寝室睡觉。当时，著名作家徐迟的一篇报告文学《哥德巴赫猜想》，在全国特别是在青年学生中引起强烈轰动。数学家陈景润攻关世界难题、勇摘"皇冠明珠"的动人故事，激发了我们学习钻研高等数学的热情。大家做了大量的数学习题，是老师布置作业的好几倍。有的不但做完了工科数学习题集，而且学习综合大学数学专业的教材，做数学专业的习题集。大家相互交流启发，以解出数学难题，考验智力水平和攻关勇气。现在来看，虽然有些过度，但体现了刻苦钻研的精神和勇攀高峰的胆量。不但数学，其他的公共基础课，如外语、物理、力学、机械设计等，大家做的习题也都比老师布置的作业多。东重的基础教学扎实严格，如金属工艺学、机械制图、机械原理、机械零件课的项目式大作业和电工课的抽题式考试，都要求面试，老师问得细、问得深、问得宽，过关难度大。专业教学紧密结合工业生产和世界先进技术，从认识实习、生产实习到毕业实习、毕业设计，层层递进提高，锻炼学生解决复杂工程问题的能力。我的毕业设计内容是1 700 mm四辊冷连轧机轧制规程和主机设计，是在学习武钢引进的世界先进技术的基础上完成的，至今对我的教学科研仍起作用。本科四年，使我适应了大学高难度的学习和高强度的训练，具备了坚实的理论基础和系统的专业知识，完成了工程师的初步训练。本科是塑造职业毛坯的阶段，在人的成长发展中，具有基础性和关键性的重要作用。因此，办好大学，首先要办好本科。

从1982年到1988年，虽然分为硕士生和博士生两个阶段，但我的研究课题是在导师连家创教授的精心指导下一鼓作气连续完成的。研究生虽然需要进一步学习高等课程，但重点是研究和创新。当时，板带轧制板形控制是国际前沿研究热点。连老师是我国著名板形控制专家，正在主持板形控制技术国家项目，还被邀请参加国际会议宣读论文。他为我布置的研究课题是板形计算理论模型，属于国际难题。传统的二维变形模型，计算板形比实际板形大几倍甚至十几倍，不能用于预报和控制。三维变形研究方法有变分法、差分法、有限元法，都存在计算精度和稳定性不高的问题。导师启发我另辟蹊径，研究分条计算的方法。我在导师前期工作变分法解析模型的基础上，想出了一个分条离散的数值计算方法，避免了解析模型的过度简化，计算结果与实测结果吻合较好。导师预测说，这将开辟一个新的研究途径，产生一批新的研究成果。1984年，学校获得第一个博士点——冶金机械博士点，连老师成为学校第一位博士生导师——国务院学位委员会批准的博士生导师。得益于时代提供的机遇和导师的垂青，我成为学校招收的第一名博士研究生。1985年读博后，连老师鼓励我进一步研究分条离散模型，将计算内容从横向位移和张力分布拓展到轧制压力和摩擦力的分布，以及非对称轧制问题。同时进行实验研究，找到客观规律，验证理论计算结果。在导师的指导下，我相继提出了计算板带轧制三维变形特别是板形的常条元法和线性条元法，理论模型进一步完善。在段振勇老师和左大伟、华中明、华中新等几位实验老师的指导帮助下，研制了测量轧制压力和摩擦力分布的万能式测量工作辊，采用分段式板形辊测量张力分布，在学校的300 mm四辊冷带轧机上完成了难度很高的实验研究。博士学位论文《四辊轧机冷轧带材压力摩擦力张力横向分布的理论和实验研究》获得校内外一致好评。北京科技大学和东北大学的评阅专家认为，是一篇“构思新颖”“突出创造性”“自成一家”的优秀论文，一项“系统完整、我国为数不多的领先于国际的重大研究成果”。1988 年 3 月，我顺利通过博士论文答辩，5 月获得学校颁发的博士学位证书，成为我校培养的第一名博士。

回想自己 6 年研究生的经历，有以下几点体会。第一，导师经常对学生进行面对面的指导，不仅指导专业，而且指导人生，非常必要和有效。第二，导师为研究生布置一个有挑战性的课题，有可能会取得突破性成果。第三，导师高深的学问、精湛的技术、严谨的学风，对学生是不言自明的激励和要求。第四，以一位导师为主，指导小组集体指导，是提高研究生培养质量的有效方法。第五，研究生要充满激情，坚定自信，积极进取，敢于挑战，聚精会神搞研究，不被外界所诱惑。第六，研究生要特别重视向导师学习创新精神和思维方法，要经常反思为什么导师能够提出高大上、新奇特、深细严的问题和方法，自己应该如何努力提高提出问题、解决问题的能力和水平。

三

1988 年 3 月，我结束在富拉尔基的学生时代，在东重秦皇岛分校即燕山大学完成博士论文答辩，留在燕大工作。当时学校初建，没有专门的图书馆，图书资料中心设在材料系的第三层楼里。教学楼不够用，有些毕业设计在临建的平房里进行。教职工住房很少，许多年轻教师在学校周围的村子里租房住，我租住在学校对面的山东堡村。除了教学科研工作，还会参加校园绿化和实验室建设活动。尽管条件艰苦，但有东重培养的艰苦奋斗的作风，大家仍然充满激情和信心地工作。

博士毕业工作后，需要过两关。第一是教学关，要通过教学实践，做一个称职合格的教师。第二是科研关，要能够自主选择和主持研究课题或方向。根据东重的传统和专业的要求，我立即投入教学和实验室工作。对科研，我根据自己的基础和兴趣以及当时国内外的情况，选择以条元法为特色的板形理论和板形控制为研究内容，以使其技术化和工程化为目的，作为努力方向。

前 6 年，教学工作为本科生主讲《轧钢设备及工艺——钢板轧机》，指导生产实习、毕业实习和毕业设计；为研究生主讲《板形理论和板形控制》，组织学位论文答辩。这些工作使我进一步夯实拓宽了自己的专业知识，锻炼了教学能力。特别是连续 4 年带领学生去武钢、鞍钢进行生产实习和毕业实习，使我对钢铁生产的品种、工艺和设备有了比较全面深入的认识和理解，为教学科研和管理工作奠定了坚实基础，积累了鲜活案例。现在来看，产教融合培养人才确实必要有效，但需要建立一套运行机制，发挥企业和学校的积极性。科研工作，提出模拟板带轧制三维变形的三次样条函数条元法，进一步完善提高了板形理论模型。参加完成西南铝加工厂高性能特薄铝板开发，对引进的 1 850 mm 四辊冷轧铝带轧机板形板厚控制技术进行学习研发。主持完成西安带钢厂 400 mm 四辊冷轧机组成套设备研制，西安带钢厂易地搬迁冷轧带钢及其深加工项目可行性研究与工程设计，弥补了工程技术和项目管理的短板。同时，加强英语学习，通过国家水平考试，进入北京语言学院出国部学习了一年意大利语。

1993 年 10 月至 1994 年 9 月，赴意大利罗马大学和国家材料研究中心访学研究一年。其间，完成了带钢变形与轧辊变形的耦合计算，提出了板形判别的条元法模型，开发了板形设定控制计算软件，为工程应用奠定了基础。感受了意大利古老灿烂的文化，对历史古迹保护的重视，对中国文化的赞赏推崇和对中国人民的尊重友好。但由于文化的不同，又客居异国他乡，心常常回到国内。回校后，我作了一场“出国是进行爱国主义教育的好方式”的报告。以亲身经历和体会告诉大家，中外经济技术和生活水平的差别不像传说的那么大，要找到主人的感觉，心灵的归宿，作出更好体现价值和内心满足的成果和贡献，还是回国好。

1994 年 9 月回国后，在前期积累成长和国内外学习提高的基础上，适应学校和国家社会快速发展的需要，抓住时代提供的机遇和组织提供的平台，我集中精力开展了一系列重要的科技创新和人才培养工作。

在科技创新方面，主持完成政府科研项目 20 多项，如国家科技支撑计划项目、国家高技术研究发展(863)计划项目、国家科技重大专项项目、国家自然科学基金项目，教育部和河北省的项目。主持完成企业科研项目 30 多项，如宝钢、鞍钢、河钢、马钢、凌钢等钢铁生产企业的项目，一重、中冶赛迪等钢铁技术装备设计制造企业的项目。这些项目，有基础理论研究，有工程技术研发，还有成套装备研制。主要创新是：一、创建以条元法为特色的板形控制理论模型体系和工程设计软件，实现高精度高速度板形控制工艺设备设计。二、提出通道解耦理论模型，研制冷带轧机整辊无线智能型板形仪，实现高精度板形检测。三、提出解耦控制策略和动态解耦控制模型，研制冷带轧机机理智能板形控制系统，实现高精度高速度板形控制。四、研发带钢平整关键技术和成套装备，实现高精度延伸率和板形控制。五、创建国家冷轧板带装备及工艺工程技术研究中心，打造一个“顶天立地”的科技创新平台。将创新成果应用于我国 40 多套钢带、铝带、铜带轧机上，取得达到国际先进水平的技术效果和重大经济社会效益，为提高我国板带轧制质量和工艺装备智能化水平，打破国外垄断封锁，消除“卡脖子”隐患，作出了贡献。标志性成果“板带轧机板形控制的理论体系、数学模型、仿真软件及其应用”获 2004 年国家科技进步二等奖和中国机械工业十大科技进展，“冷轧板形控制核心技术自主研发与工业应用”获 2011 年国家科技进步二等奖，“带钢平整关键技术和成套装备”获 2009 年河北省科技进步一等奖，“带钢冷轧机整辊式板形仪和板形控制系统”获 2015 年河北省技术发明一等奖，“带钢平整设备工艺及控制关键技术”获 2009 年中国机械工业科技进步一等奖，“整辊镶块智能型冷轧带钢板形仪”获 2010 年中国机械工业技术发明一等奖。研究成果还获得一批发明专利和计算机软件著作权，发表了大量的学术论文，获中国科学技术协会优秀论文奖和中国机械工程学会优秀论文奖。主持制定国家标准 2 项，出版专著 4 部。

科研工作的主要体会是：一、根据三个面向或需要选题，即面向科技前沿，面向国家需求，面向社会需要，都可成为科研的出发点和归宿地。二、兴趣与热爱，使命与责任，都可以成为工作的动力。三、专注一个方向坚持数年，终会形成特色优势，与时俱进交叉融合，定能不断丰富提高。四、科学、技术、工程一体化，以基础研究为先导，以技术创新为关键，以工程应用为目的，形成完整的链条，是值得重视践行的科研道路，也是切实提高科技实力的研发模式。五、项目、基地、成果一体化，以科研项目为载体，以基地建设为平台，以创新成果为目的，实现协同发展多方共赢。六、科研应追求解决问题，把成果用起来，把效益创出来。科研应追求简单，使成果便于理解表达和应用。

在人才培养方面，结合科技创新和成果转化，培养了30多名博士研究生和一批硕士研究生，为本科生主讲了《板带轧机计算机控制数学模型》和《板形检测与控制》。结合学校管理工作，为全校学生和青年教师做了大量的讲话、谈话和致辞。在指导的博士研究生中，郑振忠提出了模拟冷轧带材三维变形的流线条元法与条元变分法，彭艳、王东城建立了板形设定控制模型软件和快速精准算法，张秀玲、何海涛和单修迎建立了板形控制的影响矩阵模型、动态矩阵方法和机理智能模型，王英睿提出了模拟热轧板带三维变形的条层法与流面条元法，杜国君、申延智、孙建亮和郑永江建立了板带轧机扭转振动、混沌分叉、垂直振动和空间振动模型，贾春玉建立了板形控制的模糊神经模型，华云松、杨利坡、李兴东、刘云飞和高朋研发了热轧板带辊型在线检测技术、热力耦合模型、辊型控制技术、组织性能预报和高压水除磷模型，马庆龙研发了带钢平整关键技术，于斌、王义栋研发了带钢局部凸起和断面控制技术，于丙强发明了整辊镶块式和无缝式板形仪，陈英杰、孙亚波提出了薄板弯曲回弹变分法和板形判别降阶模型，兰兴昌、陈素文建立了模拟热轧管材和筒节三维变形的条元法模型，吴海淼、李荣民建立了板形检测辊优化设计和误差补偿模型，马晓宝研发了硅钢边降控制的辊型优化新技术，于华鑫发明了板形检测无线式信号传输装置和信号解耦方法，秦大伟研发了带钢热镀锌镀层厚度控制技术。彭艳成长为国家"万人计划"领军人才和国家工程技术研究中心主任，王义栋成为鞍钢股份公司总经理，其他博士成为高等学校、研究机构和大中型企业的骨干人才。

人才培养的主要体会是：一、教学相长，教育学生同时也提高教师的能力和水平，学生提出的问题，可以促进科研深入和提高，甚至开辟新的研究方向。二、教学科研相辅相成，深度融合一体化，既是教师的职责要求，也是科研工作的应有之义。三、要把研究生当成人才培养，而不是当成劳动力使用。四、统筹研究工作需要和研究生基础兴趣，为研究生选择具有一定难度和意义的课题。五、项目、成果、人才一体化，以项目为研究任务，以成果为关键标志，以人才为教育目的，让研究生在科研实战中锻炼提高，实现科研发展和人才培养的双丰收。

四

作为一名高校教师，如果有机会做管理工作，还需要过第三关——管理关。要通过管理的学习和实践，锻炼提高规划安排分管工作和协调各方面关系的能力，做一名合格的学校管理工作者。

我从1988年年末开始，任轧机研究所副所长7年，主管专业教学和研究生培养工作，锻炼了制定培养方案、教学计划和进行课程教材建设、学科专业建设的能力，对学科专业的运行和管理有了深切的体验。从1996年年初开始，担任研究生部主持工作的副主任和主任4年，进一步规范了学位管理与研究生教育工作，新增了一批博士点、硕士点、博士后流动站，扩大了研究生规模，在齐齐哈尔、大庆、酒泉等地开辟了一批校外培养基地，积累了学科建设和研究生教育的经验。从1999年9月开始，担任副校长4年，主管本科和研究生教育。在全校开展教风、学风、校风大讨论，加强了“三风”建设。狠抓外语和计算机教学及水平考试，提高了通过率。严格学籍管理和毕业要求，保证和提高了毕业生质量。通过本科教学评估，总结了办学经验和特色，加强了教学建设。新增一批博士点、硕士点、博士后流动站，机械设计及理论学科成为我校第一个国家重点学科。积极参加全国高等教育学术会议，特别是在国家教育行政学院学习三个月，提高了高等教育理论水平，学习了办学治校先进经验，升华了对于大学的理解和追求。

2003 年 9 月至 2019 年 4 月，担任校长 16 年，加强顶层设计，提升办学实力。提出燕山大学校训、十大建设工程、面向工程和深化实践的工程教育理念模式、科学技术工程一体化科研模式、发展繁荣文科战略，主研提出燕山大学精神。主持制定“双一流”建设中长期规划，实现河北省、教育部、工信部、国家国防科技工业局四方共建燕山大学，加入北京高科大学联盟。形成以工为主、八个学科门类协同发展、层次结构不断优化的多科性大学，综合办学实力和科技竞争力提升 20 名。

掀起创业高潮，化解巨额债务。着力推进西校区建设，增加校园建筑面积 65 万平方米，教职工住房及房地产开发面积 50 万平方米。通过房地产开发、零散校区出售、政府化债等方式，筹措建设经费 13 亿元，稳妥化解巨额债务。学校固定资产总值由 10 亿元增加到 40 亿元，年度运行经费由 2 亿元增加到 13 亿元，仪器设备总值由 1.6 亿元增加到 8.3 亿元，科技研发经费由 2 亿元增加到 4.5 亿元。办学规模扩大 1 倍，一本学生由 17 756 人扩大到 23 546 人，研究生由 1 320 人扩大到 8 322 人，留学生由 29 人扩大到 200 多人，学生结构不断优化。在美国托利多大学开办孔子学院，与澳大利亚科廷大学合作举办本科和硕士项目。将里仁学院办出品牌，成为中国顶尖独立学院并进入前三名，学生规模从 16 000 名缩减到 5 000 名，承担学校部分债务，为学院转设做好准备。将里仁学院招生指标调整到校本部，扩大一本和研究生规模，为学校发展贡献里仁力量。

强化战略管理，打造特色亮点。推进人才强校战略，实现中国科学院院士、国家自然科学基金创新研究群体、国家“万人计划”领军人才、国家 973 和 863 计划项目首席科学家、教育部长江学者创新团队、国防科技工业创新团队等重大突破，长江学者、国家杰青、国家百千万人才工程人选等成倍增加。加强本科工程教育，作为教育部选定的两所高校之一，工程专业国家认证接受《华盛顿协议》国际专家的观摩考察，支撑我国正式加入《华盛顿协议》国际工程教育组织。11 个专业通过工程教育专业认证，进入全球第一方阵。强化学科专业建设，国家重点学科增加 4 个，一级学科博士点增加 11 个，实现工程博士专业学位点突破，博士后流动站增加 8 个，国防特色学科突破增加到 5 个，工程、材料、化学三个学科进入 ESI 全球排名前 1%，机械工程在国家第四轮学科评估中取得 A 类成绩，国家一流本科专业突破到 13 个。在河北省“双一流”建设评估中，取得学校第一名，机械、材料两个学科第一、第二名的好成绩。进行学科专业调整优化，撤销、转移、增列一批博士、硕士、学士学科专业，设立人工智能与机器人学院。提高科技创新和教学创新能力水平，获国家科学技术奖 18 项，国家教学成果奖 1 项，中国科学十大进展 2 项，陈嘉庚科学奖 1 项，全国百篇优秀博士论文 2 篇。面向国际科技前沿和国家社会重大需求，新建国家创新创业平台 12 个，包括国家重点实验室、国家工程技术研究中心、国防重点学科实验室、国家创新人才培养基地、国际科技合作基地、国家众创空间、国家技术转移示范机构、国家专业技术人员继续教育基地、燕山大学出版社等。推进校院两级管理体制改革，深化人事分配制度改革，实行领军人才和拔尖优秀人才年薪制，不断大幅提高师生工资待遇。实行精细化管理和专业化服务，不断提高管理服务水平。顺应新时代新要求，面向新科技新产业，规划新兴研究领域和研究方向，促进学科交叉融合和协同发展，设立三个研究院和三个研究中心，即人工智能与机器人研究院、海洋科学与工程研究院、康养产业技术研究院，高压科学研究中心、纳米能源材料研究中心、特种运载装备研究中心。

2011 年至 2015 年，兼任国家工程技术研究中心主任 4 年，获得 1 项国家科技进步二等奖，承担完成 1 项国家科技支撑计划项目，工程中心顺利通过科技部验收，成为河北省首批协同创新中心，教育部首批省部共建协同创新中心，河北省"巨人计划"创新团队。

在担任校长期间，建立了学校与杰出校友丁薛祥同学的联系。2008 年秋，经计划安排，在从上海浦东机场至秦皇岛山海关机场的飞机上，拜访了来校参加东重锻压 78 级 30 年同学会、时任上海市委常委和秘书长的丁薛祥校友及夫人，并应邀到其邻近空座交流。随后，在燕山大学看望招待了丁薛祥夫妇和锻压 1978 级的校友们，并参加他们的同学会活动。2013 年丁薛祥校友从上海到中央工作后，安排学校办公室通过电话与丁薛祥办公室联系，表达 了代表学校去北京看望问候的愿望。2017 年 10 月丁薛祥当选中央政治局委员后，我立即与孟卫东书记联名代表学校致函祝贺，报告学校情况，并留下学校办公室联系电话。丁办人员告知校办，领导收到贺信。这些工作，为丁薛祥校友后来与学校联系奠定了基础。

管理工作的主要体会是：一、管理是更大的使命和责任，要利用更多资源和机会，实现快速健康发展。二、管理服务他人，拓宽领域视野，扩大人生格局，提升人生境界。三、要敢于在危机中孕育新机，爬坡过坎，滚石上山。四、要善于听取意见，发挥众人所长，具有独立见解，敢于拍板负责。五、理想信念和顶层设计要落实到真抓实干，深耕细作，才能取得实效。六、管理具有专业性和复杂性，需要认真学思践悟，才能不负职责使命。七、一代人有一代人的机遇，一代人有一代人的使命，一代人有一代人的挑战，一代人有一代人的创造。八、办学育人是个慢功夫，需要时间和耐心，要久久为功，压茬推进。端正先进的校风和文化，是学校持续健康发展的软实力。九、既要有事在人为、敢于取胜的决心，又要有谋事在人、成事在天的理性。既要有功成不必在我的胸怀，又要有功成必要有我的担当。十、坚持党的领导，维护领导班子团结和学校大局稳定，是有效开展工作的前提和保障。

五

得益于上述成果贡献和组织的信任培养，个人相继获得国家百千万人才工程人选，国务院特殊津贴专家，全国五一劳动奖章获得者，全国优秀科技工作者，全国学生喜爱的大学校长，河北省高端人才、省管优秀专家、燕赵学者、"巨人计划"领军人才、杰出专业技术人才等荣誉称号。

在燕山大学学习工作 43 年，研究板形理论和控制技术 38 年，从事教学科研和管理工作 33 年，回国工作 26 年，一路上也看过其他的风景，但还是觉得燕山大学好，板形控制有干头，教育教学有意义。一个人的成长和发展，要感恩时代提供的机遇、老师给予的培养、组织提供的平台、同志们给予的支持，个人要努力做好抓住机遇的准备。顺利时，要积极努力工作，多出成绩多贡献；不顺时，要深度思考充电，准备再度出发。人生需有理想信念和原则，不能随风起舞缺乏定力。激情燃烧的奋斗，当然精彩动人，宁静深思的时光，也是美妙境界。人生没有模板，每个人都有不同的机遇过往和感受觉悟，别人的经验只能借鉴参考。从管理岗位上退下来，专心致志地学习研究和培养学生，这是我在新时代的使命和责任，也是兴趣与热爱。

本文真实记录个人有意义的经历和感悟，是为本书前言。

本书的撰写、编辑和出版，为我提供了总结提炼自己从事教学、科研、管理工作的好机会。本书上卷和中卷收录了有代表性的专业技术研究论文，感谢研究团队的老师、同志和研究生们的指导、合作和支持，感谢王东城博士带领宋明明、张帅、徐扬欢 3 名博士研究生和 10 多名硕士研究生对这些论文的搜集整理和阅读校对工作。本书下卷收录了有关高校研究和学校建设的论文、报告、报道和总结，感谢学校领导和同志们的支持和帮助，感谢蒋仲伟、张振华、甄红军、陆军、姜文超、刘效园等同志对本书第七篇有关讲话和工作报告所做的工作。感谢燕山大学出版社的热情支持和辛勤高效的工作。对本书存在的错误缺点和不足之处，恳请读者批评指正。

刘宏民

2020 年 6 月于燕山大学

目　　录

第三篇　板带轧机板形与辊型检测理论和技术

第四篇　板带轧机板形控制理论和技术

第五篇　板带和线材轧机振动分析及控制技术

第六篇　筒管轧制三维变形的条元法模型和轧制力预报

第三篇　板带轧机板形与辊型检测理论和技术

热轧板带轧机辊型检测模拟实验研究①

华云松[1]，彭　艳[1]，刘宏民[1]，江光彪[2]，顾廷权[2]，范　群[2]

（1. 燕山大学，河北 秦皇岛 066004；2. 宝山钢铁股份有限公司，上海 201900）

摘　要：在对电涡流测距传感器进行的重复性和稳定性实验基础上，将电涡流测距传感器作为辊型在线测量装置用传感器。根据宝钢热轧厂使用需要，在 ORG 磨轮预留孔内设计了一套电涡流传感器与超声波测距传感器通用的径向运动机构，并将该检测装置用于 1∶1 模拟工况实验。在简易模拟工况实验系统和 1∶1 模拟工况实验系统上进行的辊型检测实验中，均得到了被测辊型。

关键词：热轧；轧机；辊型检测；模拟实验

Simulation Experiment on Roll Profile Measuring of Hot Strip Mill

Hua Yunsong[1], Peng Yan[1], Liu Hongmin[1],

Jiang Guangbiao[2], Gu Tingquan[2], Fan Qun[2]

(1. Yanshan University, Qinhuangdao 066004, China;

2. Baoshan Iron and Steel Co., Ltd. Shanghai 201900, China)

Abstract: Based on repetition and stability experiment, electric eddy current range-finder is choisen for on-line roll profile measurement. According to the demand of hot rolling plant, Bao Steel, a suit of general radial motion device has been designed for preserved hole of ORG grinding wheel, suiting for both electric eddy current and ultrasonic rungefinders. The experiments have been made on a simulation system of simplified working conditon and a simulation system of 1∶1 scale to rolling mill. The experiment shows that proper roll profile were got from both experiment.

Key words: Hot rolling; Mill; Roll profile measuring; Simulation experiment

1　引言

在线磨辊技术[1,2,3]是基于自由规程轧制（FSR）要求发展起来的一项新技术，辊型在线检测是实现在线磨辊技术的关键。辊型在线检测是在轧机正常运转的情况下，利用分别安装在在线磨辊装置（ORG）的 5 个磨轮内并可独立沿磨轮内腔滑道轴向精确进退和锁紧机构上的 5 个测距传感器，在其处于检测工作状态时通过测量传感器到轧辊辊面距离的变化，来反映辊面轮廓，从而把被测轧辊辊型形状描述出来。

根据测距传感器采用的形式，可分为超

① 重型机械，2003(4)：15-18.

声波测距仪式、电涡流测距仪式、激光测距仪式、电荷耦合器CCD测距仪式和接触式位移传感器式。由于辊型在线检测时传感器的工作环境、精度要求以及使用条件等方面的限制，目前，大多选用超声波测距传感器和电涡流测距传感器这两种非接触测距方式中的一种[4]。决定辊型检测装置精度的关键首先在于测距传感器本身的精度，其次是运动机构的精度和环境因素的影响。

宝钢热轧厂现场引进了工作辊在线磨辊装置(ORG)，由于当时技术、成本等原因，没有同步引进配套的辊型在线检测装置(OPM)，只预留了OPM的安装位置。由于没有OPM，难以准确掌握轧辊表面的在线磨损状况，无法对磨削过程进行实时地检测和控制，只能凭经验对轧辊进行磨削，使得ORG的作用得不到充分发挥，因此，需要研究开发辊型在线检测装置和技术。本文根据以上要求设计了一套安装于ORG磨轮预留孔内可独立进退并在测量时能锁住的电涡流与超声波测距传感器通用的径向运动机构，并将该检测装置运用于1∶1模拟工况实验。

2　测距传感器的选用

电涡流测距传感器是利用电磁感应的原理工作的，其基本原理是：当载有交变电流的检测线圈(传感器)靠近导电被测件(被测辊)时，由于线圈磁场的作用，被测件中会感生涡流。涡流的大小、相位及流动形式受线圈与被测件距离远近及被测件导电性等的影响，而涡流产生的反作用磁场又使检测线圈的阻抗发生变化，因此，通过测定检测线圈阻抗的变化，就可以得出线圈与试件的距离变化。对于传感器与不同材质和辊径的轧辊沿直径方向的递增灵敏度 ISF 的测定，是利用径向进给距离变化 ΔL 和电涡流测距传感器所示电压值变化 ΔU 经比较计算得出的 $ISF=\dfrac{\Delta U}{\Delta L}$。

对于电涡流测距传感器的ISF测定是将传感器安装于车床的刀架上，用手动旋转溜板上的纵向进给手柄，使传感器到被测辊面之间距离发生变化(其具体变化量可通过读取安装在刀架上的千分表的读数得到)。具体过程和超声波标定检测类似。表1、表2是对应于同一轧辊固定点的实测 ISF 值。

表1　电涡流检测结果

千数字表读数/μm		−250	0	250
实测电压/mV	1	−2 071	−2 595	−3 066
	2	−2 065	−2 595	−3 069
	3	−2 068	−2 597	−3 070

表2　从平衡点向外每增100 μm输出电压变化值和 *ISF* 值

ΔU / mV	177	189	210	217	217	217
ISF/(V/mm)	1.77	1.89	2.10	2.17	2.17	2.17

由表1可以得出，系统的输出电压不确定性误差 $\delta U=6.7$ mV。则系统的距离测量不确定性误差 $\delta d=6.7\times250/532=3.1$ μm。

由表2中的检测数据可知系统的相对误差：

$$|ISF_{max}-ISF_0|/ISF_0\times100\%=|2.17-1.77|/1.77\times100\%=14.8\%$$

因此，每次在测量前需对电涡流测距传感器进行 ISF 误差修正。

由两个测距传感器的实验结果比较可知，用电涡流测距传感器所得的实验结果重复性和稳定性很好，因此，选用电涡流测距传感器作为在线辊型测量装置用传感器。

3　模拟工况实验系统

3.1　实验系统通用设备

对辊型检测系统进行了热轧现场简易模拟工况实验和 1∶1 模拟工况实验。在这两个模拟实验中测距仪采用电涡流传感器系统，型号为：330780，3300XL11mm 探头，探头采用不锈钢铠装，探头后端为 M14×1.5 螺纹；前置器型号为：330780-90-00；双端口监视器型号为：3300/20。

被测辊两端的找正是采用在车床主轴处的四爪卡盘和在车床尾座处加装在活动顶尖上的自制四爪找正机构来实现。被测辊安装调整好后，轧辊转速的调整可通过改变车床主传动系统的变速比来实现；测距传感器沿轧辊轴向的运动根据需要可分别由车床的丝杠进给机构、光杠进给机构以及快速进给机构来实现。

由于电涡流传感器与被测辊之间距离变化与输出电压变化受被测辊材质和辊径的影响较大。因此，传感器对于不同材质和辊径的轧辊沿直径方向的递增灵敏度(ISF)的测定，是利用径向进给距离变化和电涡流测距传感器所示电压值变化经比较计算得出的。

3.2　简易模拟工况实验系统

简易模拟实验是在 CA6140 车床上进行的，传感器台架为一“⊢”型支架，其“⊢”型右边尾端可装卡在车床小刀架上，左边上端面(垂直方向)开有螺纹孔，用于安装电涡流测距传感器。传感器到被测辊面之间距离变化是通过用手动旋转溜板上的纵向进给手柄改变刀架转盘位置来实现的。检测轧辊的具体参数如表 3 所示。

表 3　检测轧辊参数

辊号	辊身长度/ mm	辊径/ mm	材料	辊面形状	锥度
1	264.5	124	9Cr2Mo	平辊	无
2	264.5	131	9Cr2Mo	双锥辊	1∶750
3	377	105	45	单锥辊	1∶750
4	514	111	A3	单锥辊	1∶1 000
5	250	60	T10	平辊	无
6	400	55	1Cr18Ni9Ti	平辊	无

3.3　1∶1 模拟工况实验系统

1∶1 模拟工况实验的辊型检测系统主要由安装在防水罩内的 C6160A 车床、在线检测径向运动机构和台架、喷水装置、被测轧辊以及水净化系统组成。与简易模拟实验不同的是 1∶1 模拟工况实验中，传感器沿轧辊径向方向的进给运动是利用传感器径向运动机构来实现的；另外为提高测量的重复性和准确性，在车床主轴上加装了光电编码器，在测量时可将编码器(编码器每转一周可发出 1 024 个脉冲)发出的脉冲信号输入计算机进行运算后作为电涡流测距传感器的测量触发信号；为准确了解测距传感器在轧辊轴向的准确位置，利用在溜板箱内与固定于车床床身上的齿条接触的齿轮后端加装一光电编码器，实现将大溜板（传感器）沿车床导轨方向（被测辊轴向）的位移量转化成旋转信号输入计算机，从而确定出传感器沿轧辊轴向每一时刻的具体位置。

安装过程是先将 2 个电涡流测距传感器分别安装于模拟检测装置的径向运动机构内，再把径向运动机构放入台架的第 2 和第 4 个空腔内（两电涡流测距传感器之间的距离为 618 mm）。把车床的刀架整个卸下，利用刀架的紧固螺丝将模拟检测装置的台架找正（使传感器径向运动机构与被测轧辊之间的夹角为 45°，并使传感器中心线与被测辊轴线垂直），安装于所需位置并固定，利用车床的径向进给机构将传感器台架推进到合适的位置，以后对于传感器位置的调整只需利用步进电机或手动旋转步进电机柔性接轴带动滚珠丝杠推动导向柱就可分别实现各传感器沿被测轧辊的径向运动。

由于检测所用车床的刚度与轧机刚度相差较远，为减轻轧辊重量，检测轧辊采用的空心辊（但其具体几何形状参数与真实轧辊一致）具体参数见表 4。

表 4　检测轧辊参数

辊身长度/ mm	辊径/ mm	辊身母材	辊面镀层材料	辊面形状
1 580	600	A3	Cr	两端平辊中间成抛物线

4　模拟工况实验结果

4.1　简易模拟实验结果

图 1 为电涡流传感器沿轧辊周向分别测得的四个相位差各为 90°的轧辊素线实测值与取均值后得到实际测量的静态辊型曲线图。测量时快速进给方向为从车床左端走到右端（整个大溜板从车床主轴箱向床尾运动）。采样速率为 2 000 个/s，共采 15 000 个测量值。

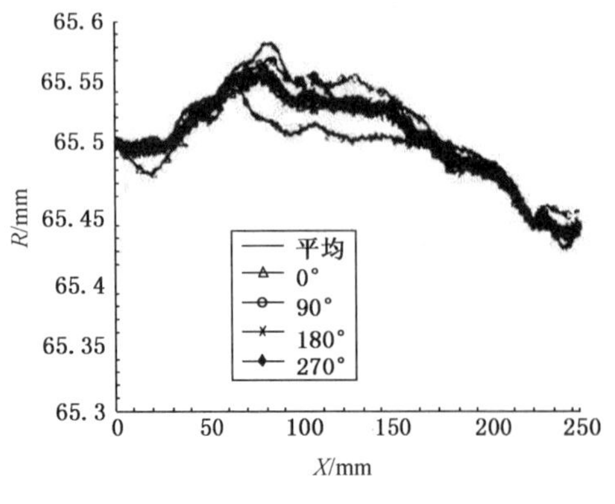

图 1　沿轧辊周向四个相互垂直方向的辊型与取均值后的辊型曲线

图 2 为在车床转速 500 r/min，采样速率 3 000 个/s，采集 18 000 个数据。测量时快速进给方向为从车床左端走到右端，进给方式为丝杠进给的实测数据和经过处理后的辊型。

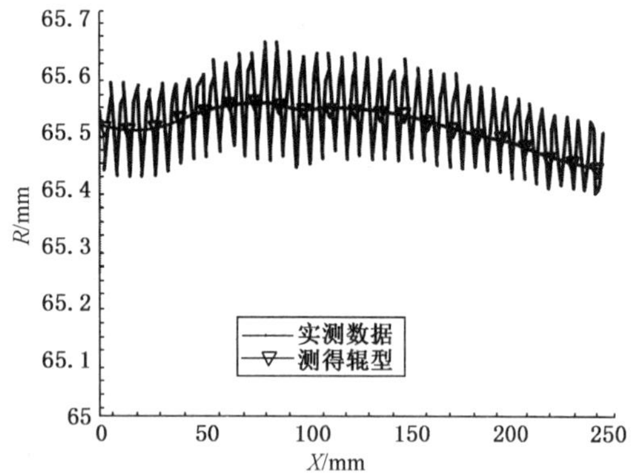

图 2　实测数据与经过处理后得到的测得辊型的比较

图 3 为实测辊型和横扫取均值后的辊型与用千分尺实测辊型之间的比较。

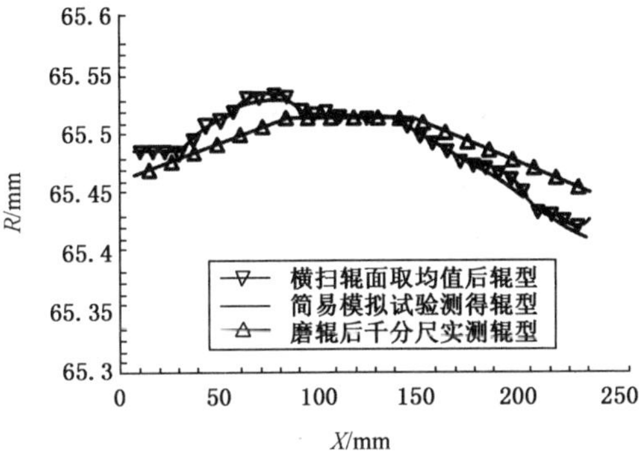

图 3　实测辊型、横扫辊型与经过处理后得到的测得辊型之间的比较

4.2　1∶1 模拟工况实验结果

图 4 为 1∶1 模拟工况实验中横扫辊型与不同转速情况下实测辊型之间的比较。

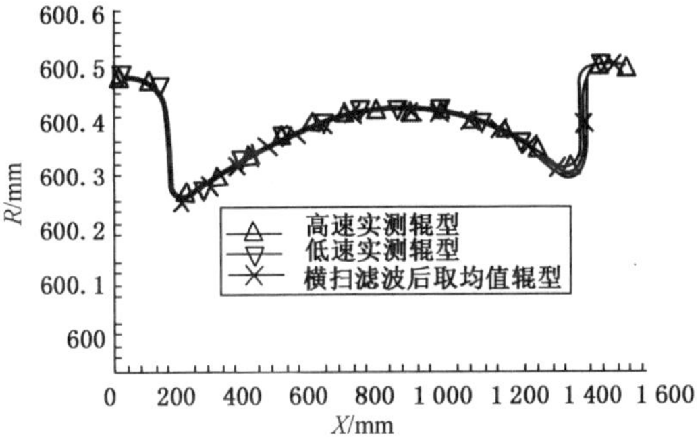

图 4　横扫辊型与不同转速情况下实测辊型之间的比较

5　结论

本文对电涡流测距传感器系统的本身特性和系统静态检测精度进行了实验研究。根据热轧现场的工况，建立了简易模拟工况实验系统和 1∶1 模拟工况实验系统，进行了辊型在线检测实验研究，得到了被测辊型。实验表明，采用电涡流测距传感器进行辊型在线检测，并将动态测量精度提高到±20 μm 左右，可以将电涡流测距传感器用于辊型在线检测。

参考文献

[1] Ryohei Kinose. Development and application of build-in roll shaping machine for hot strip mill work rolls[J]. Iron & Steel Engineer, 1997,(1).

[2] 森茂はか°オンラン压延ロール研削方法及び装置[P]. 公开特许公报，平 8-132339.

[3] Kuroda A. Development of on-line roll grinder[J]. Iron and Steel Engineer, 1993, 70 (3):38-43.

[4] 华云松，彭艳，刘宏民. 热带钢轧机辊型在线检测现状与发展[J]. 轧钢，2002，4 (19):44-46.

辊型在线检测中的误差分离与补偿方法研究①

华云松[1]，彭　艳[1]，刘宏民[1]，顾廷权[2]，江光彪[2]，范　群[2]
（1. 燕山大学机械工程学院，河北 秦皇岛 066004；
2. 宝山钢铁股份有限公司技术中心设备研究所，上海 201900）

摘　要：对影响辊型在线检测精度的各种因素进行了详细的分析，建立了误差分离模型，并提出相应的误差补偿方法。将该模型应用于简易模拟工况试验和1∶1模拟工况试验，得到了真实的被测辊型。从试验和分析结果看，在制定正确的测量策略和进行精确的数据处理的前提下，选用电涡流测距传感器进行辊型在线检测是可行的。

关键词：辊型；在线检测；误差分离；误差补偿

Research on Method of Error Separation and Error Compensation on Roll Profile On-line Measuring

Hua Yunsong[1], Peng Yan[1], Liu Hongmin[1], Gu Tingquan[2], Jiang Guangbiao[2], Fan Qun[2]
(1. School of Mechanical Engineering, Yanshan University;
2. Baoshan Iron and Steel Co., Ltd. Equipment Research Institute, Technology Center)

Abstract: All kinds of the factors influencing on the accuracy of roll profile on-line measuring are analyzed in detail. The mode of error separation was established, and the method of error compensation was put forward. The model is used in simple simulation work condition experiment and 1∶1 simulation work condition experiment. The real tested roll profile is obtained. From the experimental results and the analyzed results, under the preconditions that the proper measuring strategy is planed and the data are accurately dealt, it is feasible that the electric eddy current range finder is chose to measure roll profile on line.

Key words: Roll profile; On-line measuring; Error separation; Error compensation.

1　引言

在线磨辊技术[1]是基于自由规程(FSR)轧制要求发展起来的一项新技术，辊型在线检测[2,3,4]是在线磨辊技术的关键。辊型在线检测是指在轧机正常运转的情况下，对轧辊的表面形状进行检测。热轧环境恶劣、干扰大，严重影响了测量精度。在线测量装置安装在在线磨辊装置(ORG)磨轮内，其测量机构的制造和安装已确定，所以在线测量的精度主要取决于传感器的精度、测量策略和数据处理策略。

① 冶金设备，2003，(4)：14-18.

2　辊型在线检测原理及其影响因素

2.1　辊型在线检测原理

辊型在线检测是利用分别安装在 5 个 ORG 磨轮内，可独立沿磨轮内腔滑道轴向精确进退和锁紧机构上的 5 个测距传感器，在其处于检测工作状态时通过测量传感器到轧辊辊面距离的变化，来反映辊面轮廓，达到把被测轧辊轮廓形状描述出来的目的。

由于在线磨辊装置（ORG）本身可实现被磨轧辊的轴向对中和锁死、磨轮沿轧辊径向运动和整个装置沿被磨轧辊轴向运动。因此，在测量前，测距传感器可实现对被测轧辊的轴向对中和锁死以及径向精确定位并锁紧。在实际测量过程中，轧辊转动，测距传感器随台架沿轧辊轴向移动，轧辊转角位移 θ 是可测的，台架轴向位移 x 也是可测的。对于第 i 个测距传感器，其输出信号 y_i 可表示为 θ 和 x 的函数：

$$y_i=f_i(\theta,x) \tag{1}$$

轧辊转动与传感器轴向运动的合成，决定了测量点的轨迹是一螺旋线（如图 1 所示），辊型测量相当于对轧辊的圆柱度或对轧辊（圆柱体）素线的直线度进行测量。

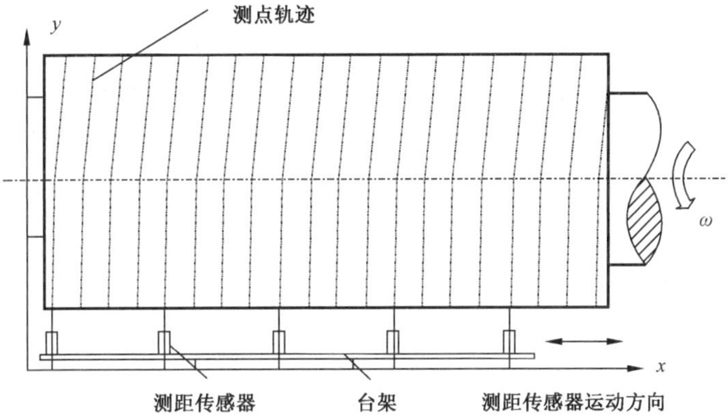

图 1　辊型在线检测测点轨迹示意图

2.2　辊型在线检测影响因素

2.2.1　测距传感器

选用电涡流测距传感器作为辊型在线检测的传感器。电涡流测距传感器是利用电磁感应的原理工作的：当载有交变电流的检测线圈（传感器）靠近导电被测件（被测辊）时，由于线圈磁场的作用，被测件中会感生出涡流。涡流的大小，相位及流动形式受线圈与被测件距离远近及被测件导电性的影响，而涡流产生的反作用磁场又使检测线圈的阻抗发生变化，因此，通过测定检测线圈阻抗的变化，就可以得出线圈与试件的距离变化。对于传感器与不同材质和辊径的轧辊沿直径方向的递增灵敏度 ISF 的测定，是利用径向进给距离变化 ΔL 和电涡流测距传感器所示电压值变化 ΔU 经比较计算得出。公式表示如下：

$$ISF=\frac{\Delta U}{\Delta L} \tag{2}$$

根据其工作原理，可知在实际检测过程中，轧辊表面材质缺陷对检测结果有很大影响，对温度干扰也较敏感。

2.2.2　辊型检测装置

辊型检测装置本身是一个三自由度精密运动机构，它对检测结果的影响包括：由于检测装置的安装误差而造成的系统内误差、各运动件的运动误差以及台架和支承梁热变形的随机误差。

2.2.3　被测轧辊

对于整个轧机而言，辊系是一个复杂的大系统，被测轧辊的偏心与振动及其热凸度和弯曲变形对检测结果的影响非常大，若处理不当，就会使得误差将真实的检测结果掩盖掉。

3　误差分离与补偿

3.1　传感器

3.1.1　仪器误差

电涡流测距传感器与被测辊之间距离变化与输出电压变化受被测辊材质和辊径的影响较大；且不同的传感器之间存在着特性差异；另外，传感器本身精度所引起的测量距离的精度误差，还受仪器中各元器件特性漂移的影响。

为此，在辊型在线检测装置上对每个传感器都设计了一套可单独对每个传感器进行驱动的径向运动机构。在每次测量之前，传感器台架沿被测辊轴向固定，接着对被测辊进行轴向对中并锁死后，在每个传感器径向运动机构将传感器推近至被测辊的过程中，当传感器有信号（电压）输出且达到某一特定电压值时，记录下传感器的输出电压 U_0 和同一时刻传感器的径向位置 L_0 以及轧辊此时所对应的相位角 α_0（通过与被测轧辊连接的光电编码器记录）。与此同时，步进电机开始减速，当传感器的输出电压在测量最佳值附近时，步进电机停转，并在被测辊转到与第一次记录传感器输出电压同相位时，记录下传感器的输出电压 U_1 和传感器的径向位置 L_1，通过公式 $ISF=\dfrac{\Delta U}{\Delta L}=\dfrac{U_1-U_0}{L_1-L_0}$，计算出每个传感器对应的 ISF 值。

由于整个测量过程时间很短（不超过 1 min），并且每次测量前都用精度等级更高的长度变化对检测装置进行标定，因此，可认为仪器的精度和基准在这一次的测量过程中保持不变。

3.1.2　介质干扰

介质的均匀程度影响测距精度。热轧现场传感器与被测辊之间存在着喷溅的冷却水，这使得两者之间的介质成分时刻发生改变，对检测精度影响较大；另外，电涡流测距传感器对于温度变化比较敏感。因此，除在每个传感器径向运动机构内设置了喷水装置外，还专门设计了一供水装置，以确保在测量过程中，喷嘴喷出的水不仅可清除轧辊表面的冷却水及氧化铁皮等杂物，而且可在传感器与轧辊表面之间形成一稳定清洁无气泡的水柱，从而使介质干扰减小到最小。

为消除环境温度变化的影响，在每个探头附近设置响应速度快、精度高的热电偶，实时测量探头环境工作温度的变化。利用涡流探头的温度特性曲线对测量值进行补偿。由于热电偶的响应速度与每一次电涡流法测距所用时间相差很大，且温度场不能突变，可认为在热电偶的两次测温时间内，温度的变化是线性的，采用插值的方法将每次测距时的温度求出。

3.2　辊型检测装置

3.2.1　传感器安装误差

传感器中心线与轧辊轴线不垂直相交，以及传感器中心线偏离轧辊轴中心线所造成的测量误差均为二次误差。由于每次测量前均对每个传感器的 *ISF* 值进行测定，在实际的测量中可将此二次误差忽略。

3.2.2　传感器径向运动误差

由于采用的径向运动机构是分别驱动的，因此各传感器沿轧辊径向测量时的位置误差（测头不共线）不可避免，该误差为一次误差，对测量精度影响较大。该误差可采用如下补差方法：传感器的轴向运动为±160 mm，而轴向实际测量长度要小于该运动范围，测量重合段部分大约为三分之二周，利用相邻传感器测量重合段内的同一点，得到各传感器沿工作辊径向的相对位置差值。由于测量过程中轧辊处于旋转状态，很难保证相邻两个传感器能够在辊面上的同一点采样，这样就会将该点所在截面上工作辊的偏心误差、圆度误差和轧辊中心线的回转误差引入相对位置值中。这可以通过将这些误差分离出来后，进行计算得出。

3.2.3　传感器轴向运动误差

传感器的轴向运动是由液压缸推动的，其速度不一定是均匀的，为此，轴向运动安装了位移传感器来进行测量，以感知辊型测量传感器任意时刻的轴向位置。

导轨的直线度（一次误差），可通过检测新磨削完的工作辊将其直接测出，对以后的测量进行补偿。测头中心线与轧辊轴线及轧辊轴中心线产生角度偏差（二次偏差），在整个测量过程中是固定的，且每次测量前均对传感器进行了标定，因此，可将该误差忽略。若传感器台架与导轨之间的运动间隙较小，可忽略掉该影响；如果传感器台架与导轨之间的运动间隙影响不能忽略，可建立一补偿模型补偿该间隙产生的随机影响。

3.2.4　传感器台架和支承梁的热变形

若传感器台架的温度在实际轧制过程中是变化的，那么每一次测量时，均会使测量结果发生改变，处理起来很困难，这需要根据实测结果得出是否可忽略。

传感器支撑梁的水平热变形，可以根据支承梁各部分的温度分布计算出其热变形量，从而达到补偿的目的，在以后的测量中将该值引入。

3.3　被测轧辊

3.3.1　工作辊表面状态

轧制过程中氧化铁皮会黏附或镶嵌于工作辊表面，使得工作辊表面状态发生改变，因此，在测量前，需对工作辊表面进行预磨削，去除氧化铁皮。未除净的氧化铁皮和轧辊表面的局部缺陷，会直接影响测量结果。这可采取在测量结果中直接剔除奇异点的办法去除，并可在多次测量的基础上，进行后处理将局部缺陷预报出来。

3.3.2　工作辊的偏心和圆度误差

工作辊的偏心和圆度误差是一个与工作辊转速有关的周期性信号。

工作辊的偏心、圆度的特征值分离可通过如下方法实现：将五个传感器的采样数据去除振动成分，再进行径向运动误差补偿和对传感器轴向运动误差补偿的基础上联立；测量值沿轧辊轴向包络线方向，采用样条插值法求出轧辊轴向各点的半径值。这样就可对轴向任意圆截面进行轧辊偏心、圆度分析，从而分离出工作辊的偏心和圆度误差特征值。

工作辊偏心量的最大值，可在磨辊间刚磨削完后直接测出（准静态）。这里假设轧辊为均匀磨损，认为磨损后工作辊的偏心量与未安装到轧机上的新磨削的轧辊一致，但具体偏心角度每次都是随机的，可用上述方法分析得出，并进行补偿。

工作辊的不圆度也可在轧辊刚磨削完后测出（准静态）。具体角度的圆度补偿可根据圆度分离的结果进行补偿。

3.3.3　工作辊回转运动误差

由于存在轴承间隙等原因，转动过程中工作辊的中心线将在一定范围内变动，形成工作辊的回转运动误差。此误差既属于周期性误差又属于随机性误差，但在一个测量周期内，可认为该误差为周期性误差，该误差可用上述 2 中的方法进行分离，并补偿。其具体的大小可根据工作辊的转速、轴承座温度场分布及轴承所受载荷等情况计算得出。模型是否合理，可在换辊后，在不同转速、轴承座温度场分布及轴承受载荷的情况分别对该值进行实际测量来验证。

3.3.4　工作辊的振动

工作辊的振动主要是受迫振动，这部分振动又可看作是工作辊和传感器台架分别独立的振动，分别由辊系和传感器台架的多阶固有振动组成，并可近似认为是多个周期信号的叠加。

传感器与工作辊之间的相对振动，可对测量信号造成直接干扰，从而影响测量精度。另外，由于工作辊两侧轴承座和传感器台架两侧的振动频率和振幅存在差异，因此，在每一测量时刻对于五个传感器与工作辊之间由于振动引起的距离的变化量也将各不相同。

工作辊的振动只能通过测量工作辊两端的轴承座间接得到；传感器台架的振动可直接测得。工作辊两侧轴承座和传感器台架两侧的振动频率和振幅存在差异，假设传感器台架是一刚体，它本身由于两端的振动不一致做空间线性倾斜运动。工作辊的振动补偿可用上面计算分离出的每一测量时刻，每一传感器的空间位置的改变量与辊型实测值相消来进行。

3.3.5　工作辊弯曲变形

工作辊的弯曲变形可根据轧制力、弯辊力和所轧带材的具体参数计算出其弯曲变形量。模型的正确性可根据轧后带材板凸度分布或前后张应力分布验证[5]。

若检测和磨削都在轧制间隙进行，轧辊的弯曲变形量很小，该变形量可以忽略不计。

3.3.6　工作辊热变形

由于磨削与检测在不同时间内交替进行，轧辊表面的温度分布会发生变化，从而造成在检测时的辊型与磨削时不一样。这样需要建立模型计算出工作辊的热变形量，模型的准确性可通过实测轧辊温度及卸辊后实测辊型进行验证[5]。

若检测和磨削都在轧制间隙进行，轧辊的热变形差异可以忽略不计。

4　模拟试验验证

对于以上所述的误差分离与补偿模型，进行了热轧现场简易模拟试验和 1∶1 模拟工况试验验证。在这两个模拟试验中测距传感器采用电涡流传感器测距传感器。测量软件采用 LABVIEW6i。

4.1　简易模拟工况实验

简易模拟实验是在 CA6140 车床上进行的，整个简易模拟实验系统如图 2 所示。传感器及其支架固定在车床刀架上，传感器与被测辊面距离变化可通过手动旋转大溜板上的纵向进给手柄实现。

图 3 为实测数据在采用误差分离与补偿后得到的辊型和横扫取均值后的辊型与用千分尺实测辊型之间的比较。

4.2　1∶1 模拟工况实验

1∶1 模拟工况实验的辊型检测系统主要由安装在水槽及防水罩内的将床头箱和尾座同时垫高至与导轨高度为 500 mm 的 C6160A 车床、在线检测径向运动机构和台架、喷水装置、被测轧辊以及水净化系统组成，如图 4 所示。

图 2　简易模拟试验系统

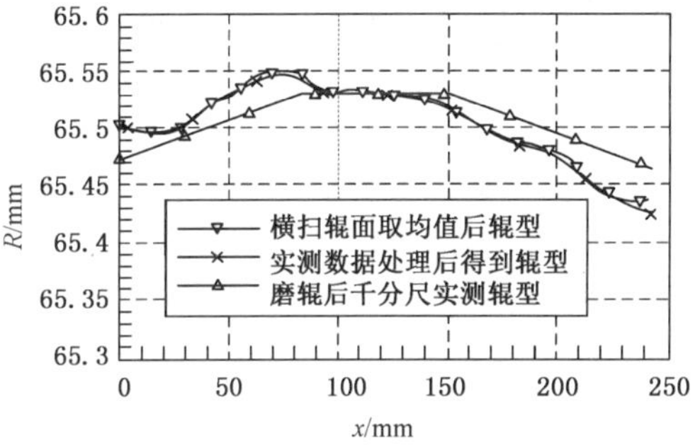

图 3　千分尺实测辊型与检测辊型的比较

图 4　电涡流辊型在线检测系统外观图

图 5 为实测数据用误差分离与补偿处理后得到辊型和横扫滤波后取均值得到辊型之间的比较。

实验表明，采取以上误差分离与补偿措施后，利用电涡流测距传感器进行辊型在线检测是可行的。

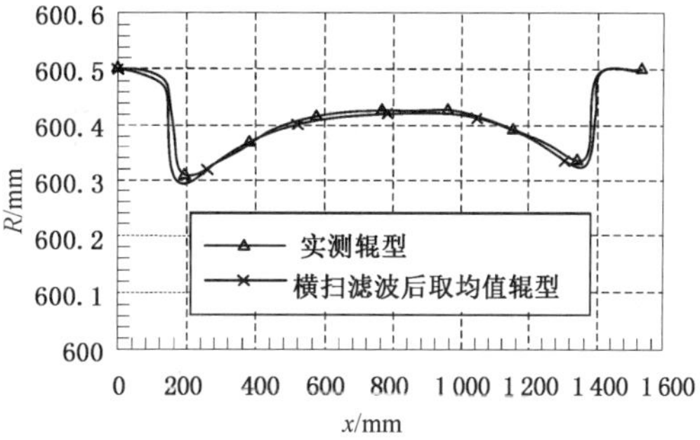

图 5　横扫辊型与误差分离与补偿处理后辊型比较

5　结论

由于测距传感器和运动机构的精度受到很多因素的制约，利用误差分离和补偿技术可在在检测设备不变的情况下，大幅度地提高检测精度。这也是目前国内、外提高检测精度的一个重要发展方向。

建立的误差分离与补偿模型，对改进辊型在线检测测量策略和提高数据处理的能力具有重要的参考意义。

参考文献

[1] Kuroda A. Development of on-line roll grinder[J]. Iron and Steel Engineer, 1993, 70(3):38～43

[2] H．弗拉迪卡，等. 采用辊芯各段不同的加热控制辊型[A]. 第四届国际轧钢年会论文集，1987 年

[3] 三菱. ON-LINE PROFILE METER. 三菱重工株式会社广岛制作所，1991 年

[4] 华云松，彭艳，刘宏民. 热带钢轧机辊型在线检测现状与发展[J]. 轧钢，2002，4(19):44～46

[5] 华云松. 大型四辊铝带轧机板形计算及支撑辊辊型优化[硕士论文]. 燕山大学，1999 年

整辊镶块智能型冷轧带钢板形仪的研制与工业应用①

刘宏民[1,2]，于丙强[1,2]，杨利坡[1,2]，彭　艳[1,2]

（1. 燕山大学国家冷轧板带装备及工艺工程技术研究中心，河北 秦皇岛 066004；
2. 燕山大学亚稳材料制备技术与科学国家重点实验室，河北 秦皇岛 066004）

摘　要：为提高冷轧带钢板形检测精度，研制出一种新型的冷轧带钢板形仪——整辊镶块智能型板形仪。该板形仪提出与国际上流行的分段式检测辊不同的结构形式，研制了整辊镶块式检测辊，以避免传统检测辊辊片之间由于热膨胀不同对带钢表面造成的划伤；提出与国际上流行的干式集流环不同的信号集流传输方式，研制了喷淋湿式集流环，以提高检测精度和使用寿命；提出与国际上流行的采集卡形式不同的信号处理方式，研制了嵌入式 DSP 板形信号处理硬件系统，以提高检测精度和抗干扰能力；研发了具有误差补偿、模式识别、目标板形制定和闭环控制计算功能的板形信号处理软件系统，以实现板形仪的智能化。该板形仪经在鞍钢 1 250 mm 冷轧机上实际工业考验证明，测量信号稳定可靠，而且实现了板形闭环控制。

关键词：冷轧带钢板形仪；整辊镶块式检测辊；喷淋式集流环；数字信号处理硬件系统；智能化软件系统

Development of Cold Strip Shape Meter with Entire Roller Inlayed Block Intelligence and Its Industrial Application

Liu Hongmin[1, 2], Yu Bingqiang[1, 2], Yang Lipo[1, 2], Peng Yan[1, 2]

(1. National Engineering Research Center for Equipment and Technology of Cold Rolling Strip, Yanshan University, Qinhuangdao 066004, Hebei, China;
2. State Key Laboratory of Metastable Materials Science and Technology, Yanshan University, Qinhuangdao 066004, Hebei, China)

Abstract: In order to increase the measuring precision of cold strip shape, a new cold strip shaper—the entire roller inlayed block intelligence shape meter was developed. The structural form which was different from the international popular segmented detection roller was put forward and the entire detection roller inlayed block was developed to avoid the scratch of the strip surface due to different thermal expansion of the traditional detection roller measuring unit effectively. The signal transmission form which was different form the international popular dry slip ring was put forward, and the spray wet slip ring was developed to improve the measuring precision and the service life. The signal processing form which was different form the international popular gathering card was put forward and the embedded DSP shape

① 钢铁，2011，46(12)：86-89.

signal processing hardware system was developed to improve the measuring precision and the anti-interference ability. The shape signal processing software system whose function contained error compensation, pattern recognition, establishment of the target shape and the closed-loop control calculation was built to implement the intelligentized shape meter. The shape meter was tested chronically on the 1 250 mm cold strip mill of Angang Steel Company Limited and the result show that the measuring signal is stable and reliable and the closed-loop control of shape is implemented.

Key words: Cold strip shape meter; Entire roller inlayed block detection roller; Spray wet slip ring; Digital signal processing hardware system; Intelligentized software system

高精度板形是高级冷轧带钢的重要质量指标。板形控制是冷轧带钢轧机的核心技术、前沿技术和高难技术。冷轧带钢板形仪是带钢冷轧过程测控系统的高端仪器，是实现板形在线检测的"眼睛"，是实现板形闭环控制，进而提高板形质量、生产高级冷轧带钢的前提、关键和核心技术[1-6]。由于国外的技术垄断和封锁，我国始终不能引进掌握板形仪的研制技术。引进价格昂贵，而且维护难度、费用和备件费高，中小企业难以承受，大企业也因维护困难，长期使用达不到应有技术水平。由于这些原因，致使我国板形控制技术与国际先进水平相比，明显落后。

燕山大学在多年研制板形仪的基础上[7-14]，针对板形检测辊的结构形式、信号集流传输方式、信号处理方式及智能化水平，进行了深入的理论分析和关键技术研发，研制了整辊镶块智能型冷轧带钢板形仪，成功应用于鞍钢 1 250 mm 冷轧机上，效果良好，实现了冷轧带钢板形仪的自主创新和国产化。

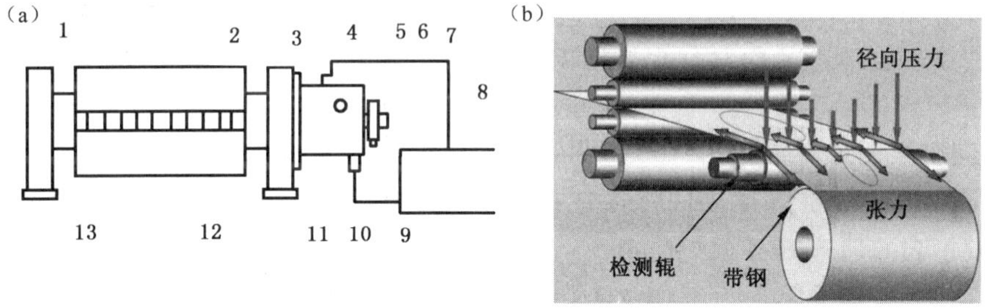

1—传动侧轴承座；2—检测辊；3—操作侧轴承座；4—喷淋式集流环；5—光电编码器(码盘)；6—进油管；7—回油管；8—自动清洗装置；9—码盘接插件；10—集流环外接插件；11—DSP 硬件系统；12—软件系统；13—显示器及存储器等外设

图 1　板形仪系统组成(a)和板形在线检测原理(b)

Fig. 1　Structure of shape meter system (a) and theory of shape on-line measuring (b)

1　技术方案

1.1　板形仪系统组成

如图 1 所示，该板形仪主要由检测辊、集流环、DSP 数字信号处理硬件系统、信号处理软件系统和显示器、存储器等主要部分组成，其核心部件是板形检测辊。板形在线检测原理是：板形表现为前张力的横向分布，张力分布造成对板形检测辊的压力分布，DSP 信号处理硬件系统将检测出的压力分布信号实时送至信号处理软件系统，进行数字运算和补偿运算后，即可得到真实的在线板形数据，通过显示器、存储器等外设实现板形信号的在线检测、显示、存储、打印等功能。

1.2　整辊式辊体结构

检测辊是板形仪的核心部件，主要作用是检测原始板形信号，其信号的强弱和好坏直接影响到板形仪的检测精度和板形闭环控制系统的控制精度。本文提出了与国际上流行的分段式板形辊不同的设计思路，将传感器固定于弹性块中，再将弹性块镶嵌于辊体矩形槽内，构成整辊式辊体结构，如图 2 所示。

图 2　板形检测辊整辊实物图

Fig. 2　Practicality figure of shape measuring roller

在检测辊辊体的径向对称矩形槽内，镶嵌一组安装有传感器的弹性块，弹性块与主辊体构成整辊式结构，如图 3 所示，有效避免传统检测辊辊片之间由于热胀不同对带钢表面造成的划伤。

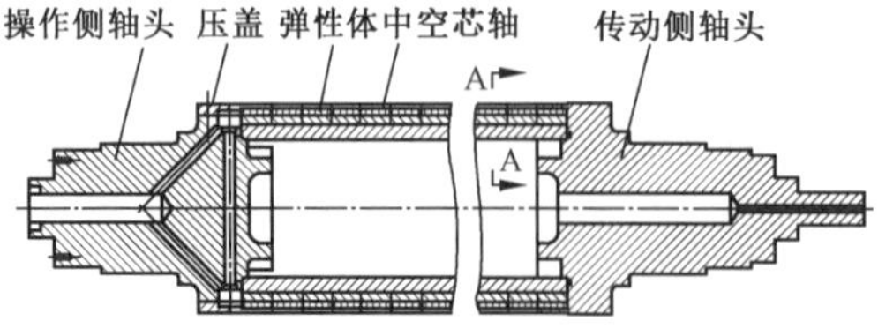

图 3　检测辊内部结构示意图

Fig. 3　Internal structure diagrammatic sketch of measuring roller

1.3　嵌入式 DSP 板形信号处理硬件系统

采用 DSP(Digital Signal Processing)板形信号处理硬件系统，实现信号采集、处理、转换、补偿等功能，有效避免工业现场电磁、温度、湿度和振动等外界因素对板形信号的干扰，充分保证板形信号的实时性和转换精度。为了提高板形仪与外部设备的通信能力，还配备多种接口。如图 4 所示，DSP 硬件系统主要由锁相放大器、高速模拟转换开关、A/D 采集卡、磁藕隔离、光电隔离、DSP 芯片等组成。

图 4　控制柜及 DSP 信号处理系统电路板实物图

Fig. 4　Sketch figures of control cubicle and signal processing system circuit wafer

1.4　板形信号处理软件系统

板形信号处理软件系统除了具有数字信号滤波、通道异常处理、自动报警、历史数据存储、通道测试和实时显示等基本功能外，还具有板形测量误差补偿、板形模式识别、目标板形制定和闭环控制计算等高级功能，智能化水平高。利用误差补偿技术，可对包角变化、带钢边部局部覆盖、带钢横向温差、检测辊弹性变形和带钢卷形等因素的影响进行补偿，准确反映真实板形状况。建立神经网络板形模式识别模型，提高对复杂板形的识别精度和识别速度。综合考虑板形和板凸度控制，制定板形目标曲线。根据板形偏差和控制矩阵方程，进行闭环控制调节量计算，为控制系统发出指令。

2 工业应用

本板形仪成功应用于鞍钢 1 250 mm 可逆式冷轧机板形在线检测与闭环控制。该轧机年生产能力 18 万 t，产品厚度范围为 0.2～1.0 mm，用作热镀锌线、彩涂线的冷轧原板。产品平均厚度为 0.44 mm，平均宽度为 1 028 mm。板形仪主要技术参数如表 1 所示。

表 1 板形仪主要技术参数

Table 1 Main technical parameters of shape meter

名称	参数	名称	参数
辊径/mm	ϕ350	轧制张力/ kN	10～140
辊长/mm	1 350	轧制速度/(m·min^{-1})	最大 1 200
磨损厚度/mm	6	工作温度/°C	室温～230
表面硬度(HRC)	>58	包角范围/(°)	4～23
有效测量宽度/mm	1 196	通道宽度/mm	52
信号路数/路	23	板形分辨力/I	0.2

2.1 板形检测效果

图 5 为轧制时原始板形信号，带钢没有覆盖到的通道为零状态，无零漂移现象，这是检测辊能够正确检测带钢板形的基础，带钢覆盖的通道，检测信号清晰稳定。在辊面各通道施加不同的径向压力时，该通道所对应的 AD 值随之改变。实测数据证明，各通道板形检测分辨力为 0.2 I。为检验板形仪在线检测板形的准确性，对轧后板形进行了离线检测。检测方法为，用米尺测量起浪长度(分辨力为 0.5 mm)，用千分表测量起浪高度(分辨力为 1 μm)，得到实测陡度(浪高/浪长)，然后按板形定义计算出板形的 I 单位值。通过对比板形仪在线检测板形值与离线测量板形值，得到二者的差别在 5%以内，从而证明本板形仪在线检测的准确性高。

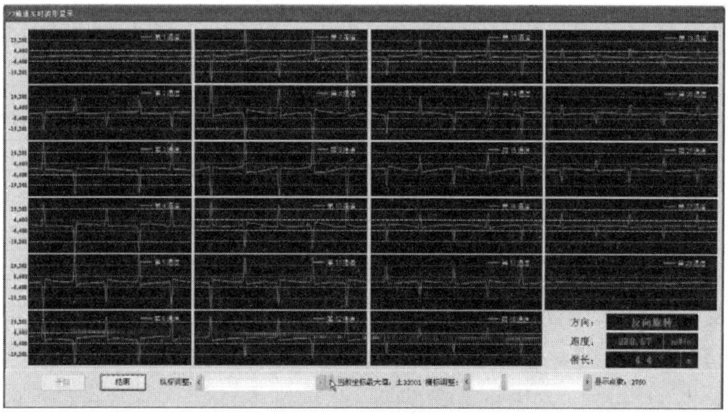

图 5 实测板形的原始波形

Fig. 5 Primitive waveforms of measured shape

2.2　板形闭环控制效果

1）典型工况 1：带钢宽度 1 090 mm，成品厚度 0.6 mm，压下率 33.3%，钢种 ST12，成品第 5 道次的板形控制效果如图 6 所示。板形闭环控制投入前，只有预设定开环控制在起作用，板形偏差为 15～20 I。板形闭环控制投入后，板形偏差被稳定控制在 6 I 以内。

2）典型工况 2：带钢宽度 993 mm，成品厚度 0.8 mm，压下率 21.3%，钢种为 ST12，成品第 5 道次带钢长度方向的板形变化情况如图 7 所示。开环控制阶段，板形偏差较大，最大达到 12 I 以上。闭环控制投入后，板形偏差被稳定控制在 5 I 以内。

3）典型工况 3：带钢宽度 1 045 mm，成品厚度 0.18 mm，压下率 18.6%，钢种 ST12，成品第 5 道次板形闭环控制效果如图 8 所示。超薄带钢稳态轧制时，板形测量系统和控制系统运行稳定，出口带钢板形被稳定控制在 6 I 以内。

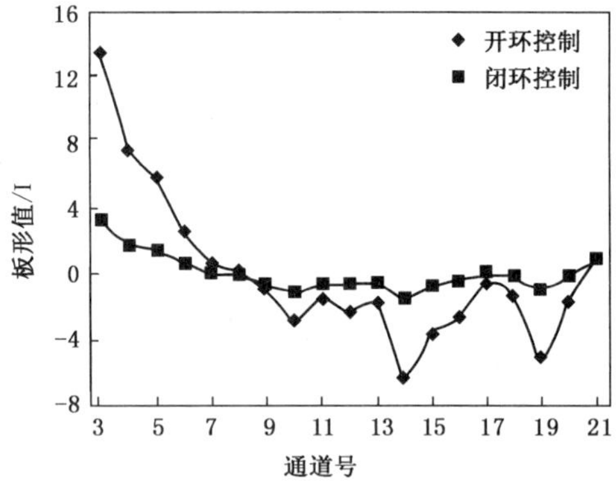

图 6　工况 1 带钢宽度方向板形值

Fig. 6　Shape values in strip width direction of operating mode 1

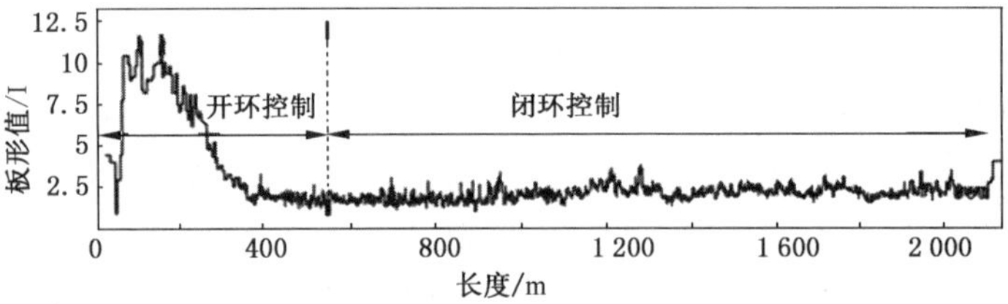

图 7　工况 2 带钢长度方向板形变化

Fig. 7　Shape variations in strip length direction of operating mode 2

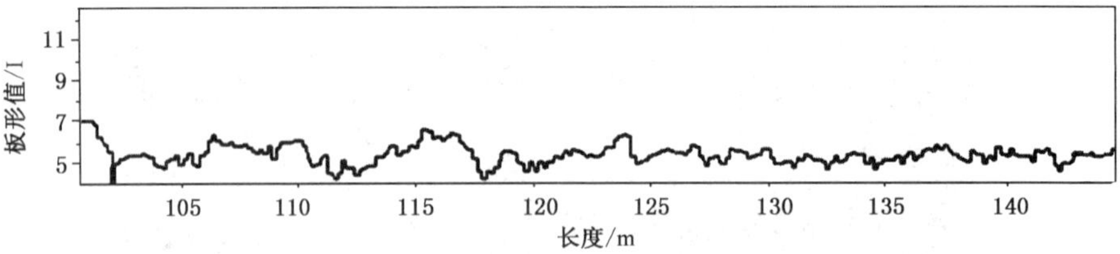

图 8　工况 3 带钢长度方向板形闭环控制效果

Fig. 8　Shape closed-loop control results in strip length direction of operating mode 3

2.3　检测辊及轧后带钢表面情况

板形检测辊运转稳定，无异常噪音，在高速度、大张力、变包角、大压下等复杂多工况条件下考验，检测辊辊体表面状况良好，磨损量极小；轧制前后的带钢板形及表面质量有显著提高，没有任何压痕或划痕，表明检测辊没有对带钢表面造成划伤。

3　结论

1）在鞍钢 1 250 mm 冷轧机上的工业应用表明，该整辊镶块智能型冷轧带钢板形仪具有较高的板形在线检测精度，可实现板形闭环控制。

2）该板形仪的单通道最小可测压力达到1/15 N，板形检测分辨力达到0.2 I，板形闭环控制精度达到6 I，总张力检测精度达3%，达到国际先进水平。

3）该板形仪实现了冷轧带钢板形检测这一核心关键技术的自主创新和国产化，对提高我国冷轧带钢轧机的装备水平，推动板形控制技术进步，具有重要意义和作用。

参考文献

[1] 连家创，刘宏民. 板厚板形控制[M]. 北京：兵器工业出版社，1996.

[2] 王国栋. 板形控制和板形理论[M]. 北京：冶金工业出版社，1986.

[3] 徐乐江. 板带冷轧机板形控制与机型选择[M]. 北京：冶金工业出版社，2007.

[4] 刘宏民，彭艳. 板带轧制板形判别的条元法[J]. 燕山大学学报，2002，26(2)：95.

[5] 彭艳，郑振忠. 可逆轧制带材对板凸度板形测控的影响及其补偿措施[J]. 燕山大学学报，1999，23(1)：76.

[6] 刘宏民，贾春玉，单修迎. 智能方法在板形控制中的应用[J]. 燕山大学学报，2010，34(1)：1.

[7] 杨铁林. 高精度气动板形仪基础技术的研究[D]. 秦皇岛：燕山大学，2001.

[8] 许石民，于丙强，胡国栋. 应用于四辊可逆式冷轧机的压磁式冷轧带材板形仪[J]. 冶金设备，2004(5)：39.

[9] 彭艳，刘宏民. 冷轧带钢板形检测信号模式识别方法的进展[J]. 燕山大学学报，2003，27(2)：142.

[10] 何海涛. 900HC冷带轧机板形仪测控系统的研制[J]. 计算机测量与控制，2003，11(7)：496.

[11] 刘宏民，于丙强，华仲新，等. 分片内孔压磁式板形仪：中国，ZL200610048380.1[P]. 2007-03-21.

[12] 刘宏民，杨利坡，于丙强，等. 整辊镶块式板形仪：中国，CN 101690952 A[P]. 2010-04-07.

[13] 樊有勤，段振勇. 分片叠合梁式张力检测辊的变形研究[J]. 燕山大学学报，1992，16(4)：317.

[14] 何海涛. 板形仪张力信号源的计算机模拟系统的研制[J]. 燕山大学学报，2002，26(4)：322.

整辊内嵌式板形检测辊瞬态温度场与应力场分析①

吴海淼[1,2]，刘宏民[1]，于丙强[1]，杨利坡[1]

（1. 燕山大学国家冷轧板带装备及工艺工程技术研究中心，河北 秦皇岛 066004；
2. 河北工程大学机电学院，河北 邯郸 056038）

摘　要：在冷轧可逆轧制的不同道次，与板形检测辊接触的带钢温度差异显著，使得检测辊的温度场和应力场不稳定。运用有限元软件 ANSYS 建立了板形检测辊的热力耦合模型，分析了轧制过程中板形检测辊的瞬态温度场和应力场。结果表明，轧制开始后接触带钢的热量由辊体外表面向内表面逐渐传递，传感器正上方的辊体外表面温度上升最快，并在 1 940 s 达到温度最大值 135 ℃；骨架顶部与辊体内孔面的接触热阻使传感器的温度上升较慢，骨架顶部在 2 280 s 达到温度最大值 134 ℃；板形检测辊的最大应力发生在与骨架顶部接触的辊体内孔面上，其在 940 s 达到最大值 301 MPa，满足材料强度的许用应力要求。通过模拟分析结果与现场实测数据对比，证明了有限元分析模型的正确性。

关键词：可逆轧制；检测辊；温度场；应力场；有限元

Transient Temperature Field and Stress Field Analysis of Entire Roller Embedded Shapemeter Roll

Wu Haimiao[1,2], Liu Hongmin[1], Yu Bingqiang[1], Yang Lipo[1]

(1. National Engineering Research Center for Equipment and Technology of Cold Rolling Strip, Yanshan University, Qinhuangdao 066004, Hebei, China;
2. College of Mechanical and Electrical Engineering, Hebei University of Engineering, Handan 056038, Hebei, China)

Abstract: The temperature of cold-rolled strip contacting with the shapemeter roll is obviously different in cold reversible rolling's different passes. Therefore, the temperature field and stress field of shapemeter roll are very instable. Using finite element software ANSYS, the coupled thermo-mechanical model was established to analyze the shapemeter roll's transient temperature field and stress field in cold reversible rolling process. Analysis results show that the contacting strip's heat transfers gradually from roll body's outside surface to inner hole surface in rolling process, and the temperature of roll body's outside surface right above the sensor rises fastest and attains maximum value of 135 ℃ after 1 940 seconds' rolling. Because of the thermal contact resistance of sensor framework's top surface and roll body's inner hole surface, the sensor's temperature rises slowly, and the temperature of framework's top surface attains maximum value of 134 ℃ after 2 280 seconds' rolling. Shapeme-

① 钢铁，2014，49(5)：47-51.

ter roll body's maximum stress occurs at the contact area of roll body's inner hole surface and sensor framework's top surface. The maximum value of 301 MPa occurs after 940 seconds' rolling, and it can fulfill the material strength requirement. Comparisons of simulation results with field test data prove the correctness of finite element model

Key words: Reversible rolling; Shapemeter roll; Temperature field; Stress field; Finite element method

整辊内嵌式板形仪是燕山大学最新研制的一种接触式板形仪。它适用于在线检测冷轧带钢板形，安装在轧机和卷取机之间的导向辊位置上，在完成导向的同时检测板形。检测辊是板形仪的直接检测装置。冷轧可逆轧制中各道次间与检测辊接触的带钢温度变化频繁，使得检测辊温度场和应力场不稳定，严重时会造成测量信号严重失真。

本文以整辊内嵌式板形检测辊为研究对象，运用有限元软件 ANSYS 模拟了具体轧制规程中各个道次板形检测辊的瞬态温度场和应力场，并将模拟结果与现场实测数据进行了对比验证。本文的研究为整辊内嵌式板形检测辊的进一步分析和优化设计提供了依据。

1　有限元模型

如图 1 所示，检测辊由辊体和压力传感器组成，压力传感器由骨架和压磁式压敏元件组成。检测辊外径为 400 mm，内径为 260 mm，压力传感器直径为 40 mm。

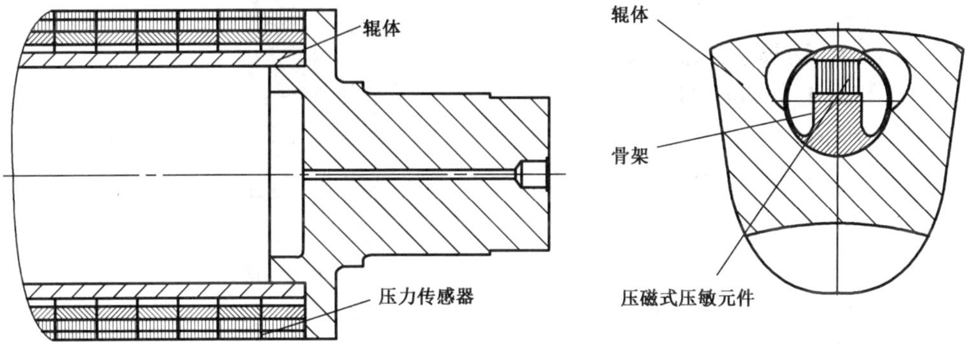

图 1　检测辊结构示意图

Fig. 1　Structure sketch of shapemeter roll

1.1　热传导微分方程及边界条件

根据传热学理论[1]，将检测辊看作无内热源的非稳态传热系统进行分析，热传导的微分方程如下

$$\rho c\frac{\partial T}{\partial t}=\lambda\frac{\partial^2 T}{\partial x^2}+\lambda\frac{\partial^2 T}{\partial y^2}+\lambda\frac{\partial^2 T}{\partial z^2} \quad (1)$$

式中：T 为检测辊的温度；t 为轧制时间；ρ 为材料密度；c 为材料比热容；λ 为材料导热系数。

在初始时刻有

$$t=0, T(x,y,z)=T_0 \quad (2)$$

式中：T_0 为温度初始值，本文取检测辊和空气的温度初始值均为 30 ℃。

在检测辊工作过程中，检测辊外表面与带钢接触处的边界条件对检测辊影响很大，将带钢对检测辊的传热看成是第三类边界条件[2-4]。如图 2 所示，由于检测辊的周期性转动，使辊体外表面受到周期

性的加热和冷却，辊体的边界条件为

$$-\lambda\frac{\partial T(x,y,z)}{\partial n}=\alpha_1(T-T_S) \quad (3)$$

$$-\lambda\frac{\partial T(x,y,z)}{\partial n}=\alpha_2(T-T_A) \quad (4)$$

式中：T_S 为接触带钢的温度；T_A 为空气温度；α_1 为带钢与检测辊接触区的换热系数；α_2 为空冷换热系数。

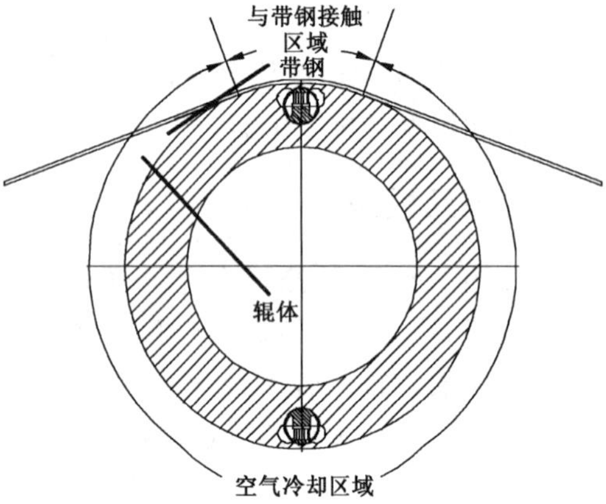

图 2　边界条件示意图

Fig. 2　Sketch of boundary conditions

1.2　热应力计算

根据热弹性力学的理论[5]，板形检测辊的热应力本构方程如下

$$\boldsymbol{\sigma}=\boldsymbol{D}(\boldsymbol{\varepsilon}-\boldsymbol{\varepsilon}_0) \quad (5)$$

式中：$\boldsymbol{\sigma}$ 为应力矢量；$\boldsymbol{\varepsilon}$ 为应变矢量；$\boldsymbol{\varepsilon}_0$ 为初始应变矢量；$\boldsymbol{D}$ 为弹性矩阵。

采用变分原理，推导出热弹性有限元平衡等式为

$$\boldsymbol{KU}=\boldsymbol{F}_f+\boldsymbol{F}_c+\boldsymbol{F}_{\Delta T} \quad (6)$$

式中：$\boldsymbol{K}$ 为刚度矩阵；$\boldsymbol{U}$ 为节点位移向量；$\boldsymbol{F}_f$ 为体积力；$\boldsymbol{F}_c$ 为表面力；$\boldsymbol{F}_{\Delta T}$ 为温度载荷。

1.3　有限元建模

由于检测辊受温度载荷和压力载荷，选取耦合单元 plane13，辊体和传感器材料属性见表 1[6-7]。如图 3 所示，对 1/4 检测辊进行网格划分，并对辊体内孔面与传感器接触区域进行网格细化，共划分 4 088 个网格。

表 1　材料属性

Table 1　Material properties

参数	辊体	传感器
热导系数/($W\cdot m^{-1}\cdot K^{-1}$)	50	50
比热容/($J\cdot kg^{-1}\cdot K^{-1}$)	480	480
密度/($kg\cdot m^{-3}$)	7 800	7 800
热膨胀系数/K^{-1}	1.3×10^{-5}	1.30^{-5}
弹性模量/Pa	2×10^{11}	2×10^{11}
泊松比	0.3	0.3
摩擦因数	0.2	0.2

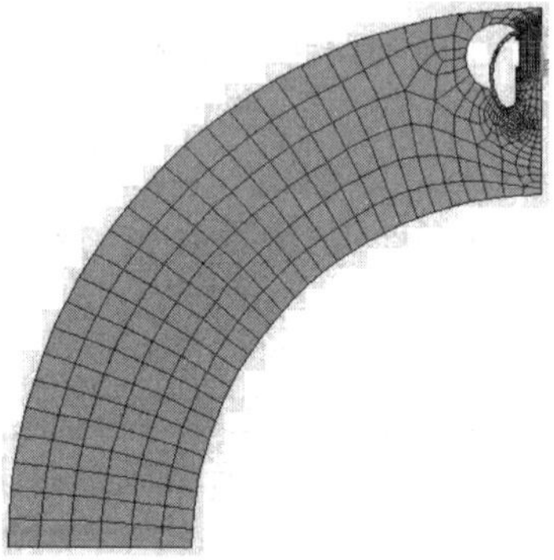

图 3　有限元模型

Fig. 3　Finite element model

首先定义辊体内孔面与压力传感器为过盈配合，在接触选项中设定其过盈量、摩擦系数和导热系数[8-10]；然后定义骨架与压磁式压敏元件为接触，在接触选项中设定摩擦因数和导热系数。

1.4　辊体换热系数

由于检测辊与带钢接触传热的换热系数没有可参考的计算公式，所以采用理论经验式的方法确定每个道次辊体的换热系数。根据文献[11-13]初步确定换热系数的大致取值范围，然后将其代入温度场模型进行计算，将计算得到的辊面温度与现场实测的辊面温度进行比较，如不合适则继续修改换热系数，经过多次试算最终确定合适的换热系数，空冷区换热系数

和接触区换热系数见表 2。

1.5　带钢传递给检测辊表面的压力计算

如图 4 所示,根据力的平衡方程式可得到

$$2T\sin\frac{\varphi}{2}=\int_{-\frac{\varphi}{2}}^{\frac{\varphi}{2}}p_0Rb\cos\theta\mathrm{d}\theta \qquad (7)$$

$$p_0=\frac{T}{Rb} \qquad (8)$$

式中:T 为带钢张力;p_0 为带钢对辊体的单位面积压力;R 为辊体半径;φ 为带钢包角,本文取 70°;b 为带钢宽度。

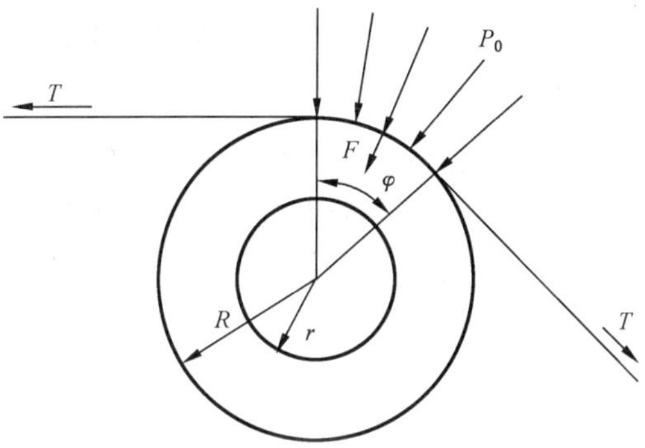

图 4　板形检测辊受力情况

Fig. 4　Condition of shapemeter roll pressure

1.6　温度载荷

基于冷轧带钢可逆轧制的实际工况进行研究,带钢材质为 Q195LD,来料厚度为 2.5 mm,成品厚度为 0.2 mm,共分为 7 个轧制道次,具体轧制参数见表 2。

由于检测辊安装在轧机一侧,在可逆轧制的奇数道次,与检测辊接触的带钢温度为带钢的出口温度;在偶数道次,与检测辊接触的带钢温度为带钢的入口温度。由于带钢散热,偶数道次的带钢入口温度低于前一个奇数道次的出口温度。因此,偶数道次与检测辊接触的带钢温度低于奇数道次。根据现场实际轧制情况,测定各轧制道次与检测辊接触的带钢温度值见表 3。

1.7　加载和求解

计算板形检测辊瞬态温度场和热应力场时,在保证真实性的前提下将问题进行简化处理,即假设检测辊不转动,载荷作用位置随轧制时间的变化绕检测辊表面连续转动[14]。考虑可逆轧制情况,用 APDL 语言将每道次的换热系数、带钢温度和带钢对辊体的单位面积压力加载到辊体上。在此基础上进行瞬态分析,即可得到整个轧制规程中检测辊的温度场和应力场随轧制时间的变化情况。

表 2　轧制参数

Table 2　Rolling parameters

道次	1	2	3	4	5	6	7
轧制时间/s	600	330	390	420	540	660	870
轧后带钢温度/℃	87	127	130	146	135	151	115
压下量/%	27.57	29.71	30.89	31.76	31.03	30.00	28.57
带钢张力/MPa	11	12	10	10	10	11	14
空冷区换热系数/($W\cdot m^{-2}\cdot K^{-1}$)	10^{-5}	10^{-5}	10^{-5}	10^{-5}	10^{-5}	10^{-5}	10^{-5}
接触区换热系数/($W\cdot m^{-2}\cdot K^{-1}$)	0.001 5	0.002 0	0.007 6	0.007 0	0.007 8	0.007 5	0.007 0

表 3　与检测辊接触的带钢温度

Table 3　Temperature of strip contacting with shapemeter roll

道次	1	2	3	4	5	6	7
接触带钢温度/℃	87	65	130	120	135	125	115

2　计算结果分析

2.1　板形检测辊瞬态温度场分析

图 5 所示为某轧制时刻检测辊温度场分布情况，图 6 所示为传感器正上方辊体的外表面温度和骨架顶部温度随轧制时间的变化情况。

计算结果表明：

1）从辊体外表面到内表面温度逐渐降低，传感器正上方的辊体外表面温度最高，传感器底部的温度最低。这是由于传感器正上方的辊体壁厚较薄且辊体与传感器接触面存在接触热阻，使得传感器正上方辊体的温度上升较快，而传感器底部辊体的温度上升较慢。

2）由于骨架顶部与辊体内孔面的接触面存在接触热阻，热量由辊体传至骨架需要一定的时间，而传感器正上方辊体的温度上升较快，因此，辊体内孔面与骨架顶部有较大温度差值。这有可能造成接触面分离，使传感器检测不到板形信号。

3）轧制开始后，传感器正上方辊体的外表面温度逐渐升高，并在 1 940 s 达到最大值 135 ℃。在 7 个轧制道次中，第 3 道次温升最大，从 66 ℃上升到 130 ℃。第 5 道次辊体外表面的平均温度最大。第 6 和第 7 道次辊体外表面温度与接触带钢温度基本相同，辊体、传感器和接触带钢达到热平衡。

4）轧制开始后，骨架顶部温度逐渐升高，并在 2 280 s 达到最大值 134 ℃。在 7 个轧制道次中，第 3 道次温升最大，从 67 ℃上升到 118 ℃。相比辊体外表面，骨架顶部温度上升速度较慢。

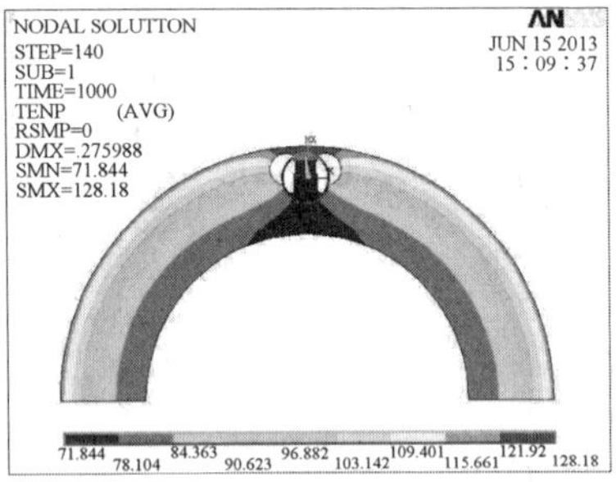

图 5　某轧制时刻检测辊温度场分布

Fig. 5　Temperature distribution of shapemeter roll

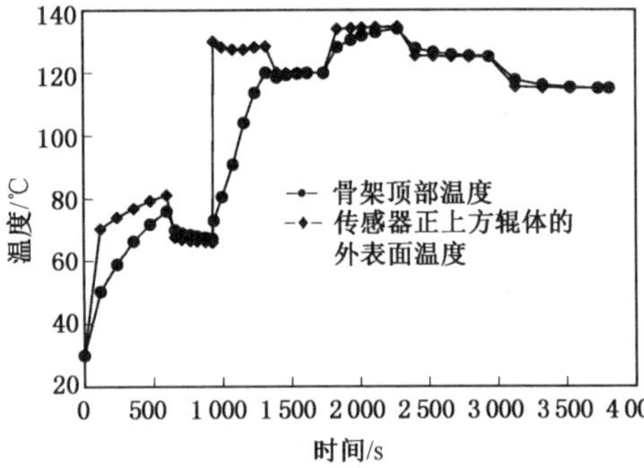

图 6　温度随轧制时间的变化情况

Fig. 6　Changing process of temperature

2.2　板形检测辊瞬态应力场分析

图 7 所示为某轧制时刻检测辊应力场分布图，图 8 所示为最大等效应力随轧制时间的变化情况。

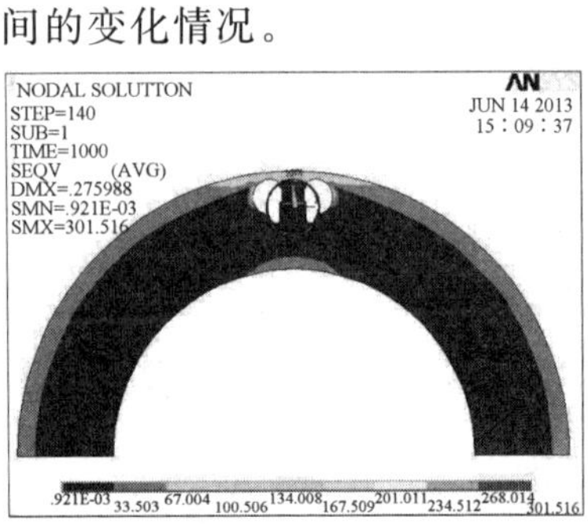

图 7　某轧制时刻检测辊应力场分布

Fig. 7　Stress distribution of shapemeter roll

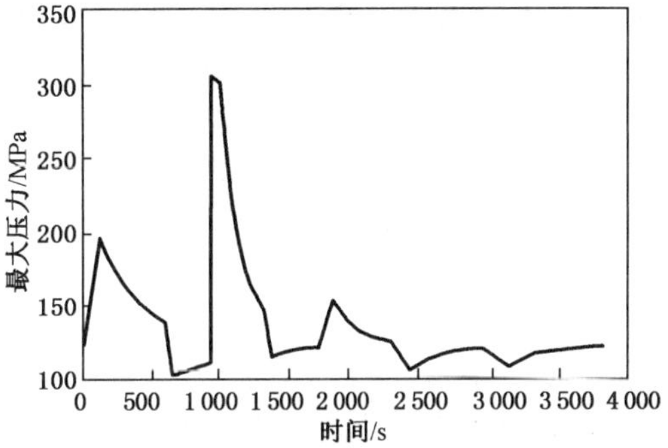

图 8 最大应力随轧制时间的变化

Fig. 8 Changing process of maximum stress

计算结果表明：

1）在板形检测辊的应力场中，骨架正上方辊体的应力变化较剧烈，其中与骨架顶部接触的辊体内孔面应力最大。这是由于辊体内孔面与骨架顶部的温度差值较大。

2）在各个轧制道次中，开始轧制时，由于辊体内孔面的温升率比骨架顶部大，其温度差值较大，热应力较大。随着轧制时间的增加，热量在板形检测辊中传导，骨架顶部温度逐渐增大，其温度差值逐渐减小，热应力也随之减小，出现温度差值最大的时刻也就是产生最大热应力的时刻。第 3 道次辊体内孔面的应力起伏波动最大，940 s 达到最大值 301 MPa，满足材料强度的许用应力要求。

2.3 模拟结果与现场实测结果比较

将现场实测的辊体外表面温度与利用 ANSYS 软件模拟求得的结果进行对比，结果见表 4。对比显示，现场实测数据与模拟计算结果相近，计算准确度较高。两者存在微小误差的原因包括辊体外表面温度的测量误差、有限元模型的计算误差等。

热应力场测量比较困难，国内外没有相关的实验数据可供参考。由于建立的是热力耦合的有限元模型，温度场分析结果的对比精度验证了热力学耦合模型分析的准确性，也在一定程度上保证了模型应力场分析的准确性[15]。

表 4 辊体外表面温度模拟结果与实测结果对比

Table 4 Comparisons of simulation results with field test data of roll body surface's temperature

时刻/s	100	300	600	750	900	1 000	1 200	1 400	1 700	2 000	2 300	3 000	3 800
实测/℃	68	72	80	63	123	124	124	113	115	138	127	110	108
计算/℃	70.2	75.3	81.8	66.4	127.2	128.3	127.9	119.3	120.1	134.5	125.5	116.4	115.4
误差/%	3.2	4.6	2.3	5.4	3.4	3.5	3.1	5.6	4.4	2.5	1.2	5.8	6.9

3 结论

1）利用 ANSYS 软件建立了包含辊体、骨架和压磁式压敏元件的板形检测辊的热力学耦合有限元模型，模拟了板形检测辊在具体轧制规程中各个道次的瞬态温度场和应力场，温度计算结果与实测结果吻合较好。

2）轧制开始后，传感器正上方辊体外表面温度逐渐升高，并在 1 940 s 达到最大值 135 ℃；骨架顶部温度也在逐渐升高，并在 2 280 s 达到最大值 134 ℃。由于骨架顶部与辊体接触面存在接触热阻，使骨架的传热较慢，并且与辊体内孔面有较大温度差值，这有可能造成接触面分离，使传感器检测不到板形信号。

3）在整个轧制过程中，与骨架顶部接触的辊体内孔面应力最大。其中，第 3 道次辊体内孔面的应力起伏波动最大，在940 s时达到最大值301 MPa，远低于材料的许用应力值，满足强度要求。

参考文献

[1] 陶文铨. 传热学[M]. 西安：西北工业大学出版社，2006.

[2] 王文静，谢基龙，刘志明，等. 基于循环对称结构制动盘的三维瞬态温度场仿真[J]. 机械工程学报，2002，38(12)：131.

[3] Lonsdale C，Pilch J. Wheel thermal loading issues for Issues for heavy haul service [C]// Journal of Iron and Steel Research International. America：Air Brake Association，2003.

[4] Ramanan，R Krishna Kumar，Sriraman R. Thermal-mechanical finite element analysis of a rail wheel[J]. International Journal of Mechanical Sciences，1999 (41)：487.

[5] 夏毅敏，薛静，姚萍屏，等. 高速列车组制动盘瞬态温度与应力场计算[J]. 中南大学学报，2010，41(4)：1334.

[6] LI Chang-sheng，YU Hai-liang，DENG Guan-yu，et al. Numerical simulation of temperature field and thermal stress field of work roll during hot strip rolling[J]. Journal of Iron and Steel Research，International，2007，14(5)：18.

[7] 冯明杰，王恩刚，赫冀成，等. 加热炉半热滑轨温度和应力分析 [J]. 钢铁，2006，41 (7)：83.

[8] 郑红霞，刘玉军，张全忠，等. 典型制动条件下货车车轮温度场和热应力场的有限元仿真 [J]. 机械科学与技术，2009，28 (4)：500.

[9] 李金良，肖楠，谢基龙，等. 重载货车车轮踏面制动辐板热应力分析[J]. 机械工程学报，2012，48(12)：133.

[10] 侯镇冰. 固体热传导[M]. 上海：上海科学技术出版社，2009：4.

[11] 赵树斌，岳尔斌，王志道，等. 连铸板坯表面温度分布及冷却的试验研究[J]. 钢铁，2002，37(2)：17.

[12] 孙蓟泉，张兴中，盛义平，等. 连铸机辊子传热系数的确定[J]. 连铸，1996，12 (4)：14.

[13] 叶亚宁，中厚板矫直及矫直辊热力耦合数值模拟研究[D]. 秦皇岛：燕山大学，2011：42.

[14] 陈韧，刘立文，李梦炜，等. 铸坯导向辊温度分布及变形分析[J]. 钢铁，2007，42 (8)：24.

[15] 丁群，谢基龙. 基于三维模型的制动盘温度场和应力场计算[J]. 铁道学报，2002，24(6)：34.

带钢冷轧机整辊无线式板形仪和智能板形控制系统①

刘宏民[1,2]，刘　军[1,3]，于丙强[1,2]，杨利坡[1,2]，张　岩[3]

（1. 燕山大学国家冷轧板带装备及工艺工程技术研究中心，河北 秦皇岛 066004；

2. 燕山大学亚稳材料制备技术与科学国家重点实验室，河北 秦皇岛 066004；

3. 鞍钢股份有限公司 鞍山 114002）

摘　要：为打破国外对带钢冷轧机板形测控技术的垄断，燕山大学与鞍钢协同创新，自主研制出新一代整辊无线式板形仪和智能板形控制系统。主要技术创新如下：整辊无缝式板形检测辊，表面硬度达到 60 HRC 以上，彻底解决了压伤和划伤带钢表面的技术难题；无线式板形信号传输处理器，实现模拟采集、数字处理、无线传输、无线供电等多功能一体化，具有结构简单、集成可靠的优点；机理、智能模型协同板形闭环控制系统，把机理模型与智能模型结合起来，提高控制精度、速度和可靠性。通过在鞍钢 1 780 mm 四辊、2 130 mm 六辊等 4 套冷轧带钢平整机和可逆式轧机的工业应用证明，该板形测控系统的板形检测分辨力、板形控制精度、闭环控制周期等 5 项主要技术指标达到国际先进水平，具有很好的推广应用价值。

关键词：带钢冷轧机；整辊无缝式板形检测辊；无线式板形信号传输处理器；智能板形控制系统

Entire Roller Wireless Shape Meter and Intelligent Shape Control System for Cold Steel Strip Mills

Liu Hongmin[1,2], Liu Jun[1,3], Yu Bingqiang[1,2] Yang Lipo[1,2], Zhang Yan[3]

(1. National Engineering Research Center for Equipment and Technology of Cold Rolling Strip, Yanshan University, Qinhuangdao 066004;

2. State Key Laboratory of Metastable Materials Science and Technology, Yanshan University, Qinhuangdao 066004;

3. Angang Steel Company Limited, Anshan 114002)

Abstract: In order to break the foreign monopoly of the shape measurement and control technology for cold steel strip mills, a new generation of the shape meter with entire seamless measuring roller and wireless signal transmission processor, and the intelligent shape control system are developed by the joint innovation of Yanshan University and Anshan Iron and Steel Company. The main technical innovations are as follows. The entire seamless shape measuring roller and the roller surface hardness above 60 HRC completely solve the technical problem of the wounded strip surface by pressing and scratching. The wireless signal trans-

① 机械工程学报，2017，53(12)：87-93.

mission processor integrates the analog signal acquisition, the digital signal processing, the signal wireless transmission, and the wireless electricity supply, with the advantages of simple structure and reliable integration. The collaborative control system of mechanism and intelligent models, combining the mechanism model with the intelligent model, improves the control precision, speed and reliability. The shape measurement and control system has been successfully applied in the four cold steel strip mills such as the 1 780 mm and 2 130 mm mills in Anshan Iron and Steel Company, the five major technical indexes of the shape detection resolution, the shape control precision, the closed-loop control cycle, and so on, come up to the advanced word level, which proves that the shape measurement and control system is worth promotive applications.

Key words: Cold steel strip mill; Entire seamless shape measuring roller; Wireless shape signal transmission processor; Intelligent shape control system

0　引言

中国是钢铁大国,中低端产品多,高端产品少。钢铁技术装备自动测控技术水平不高,制约产品质量和经济效益提高。钢铁装备和产品升级是我国急需解决的重大问题。冷轧带钢属于高端钢材,广泛用于汽车、家电、食品包装和电子板等,是钢铁升级的发展方向。

板形(平直度)是冷轧带钢的重要质量指标之一。板形在线检测与控制是带钢冷轧机的核心关键和高端技术,是生产高级冷轧带钢的必然选择,是我国钢铁工业和装备制造升级急需解决的重大技术难题。板形测控技术的关键是在线检测板形仪和闭环控制的数学模型。长期以来,板形测控技术被瑞士 ABB、德国西门子与日本三菱等国际大公司所垄断[1-3]。

我国现有 400 多套带钢冷轧机,其中大约 50 套依靠进口装备了板形测控系统。进口系统价格昂贵,维修费用高。大多数冷轧机依靠工人目测和棍棒敲击感觉板形,手动调整,板形质量不高。由于我们不掌握板形测控技术,轧机制造工程由国外总包,我国设计制造大部分普通装备,利润低;国外设计制造小部分高端装备,包括板形测控系统,利润高。

为打破国外垄断,燕山大学、东北大学与鞍钢协同创新,在 2005 至 2009 年自主研发了整辊镶块式冷轧带钢板形仪和板形控制系统,并成功进行了工业应用[4-9]。在此基础上,燕山大学与鞍钢又协同研制出新一代整辊无线式板形仪和智能板形控制系统,进一步提高板形测控技术水平。新一代板形测控系统的主要技术进步如下:① 研制出新的整辊无缝式板形检测辊,克服了上一代整辊镶块式板形检测辊可能会压伤带钢表面的缺点;② 研制出新的无线式板形信号传输处理器,克服了上一代碳刷滑环式板形信号传输装置结构复杂、易受干扰、可靠性不高的缺点;③ 研制出新的机理、智能模型协同板形闭环控制系统,克服了上一代闭环控制计算利用轧制过程实测数据不足、智能化程度不高的缺点。

1　关键技术

1.1　整体思路

带钢冷轧机大多为四辊或六辊轧机,其板形在线调控装置有:倾斜轧辊、弯曲轧辊(液压弯辊)、横移轧辊、分段冷却轧辊等装置。装备板形测控系统的目的,就是要发挥这些调控装置的作用,提高板形质量。板形控制原理如图 1 所示,预设定控制根据标准轧制条件,预先计算设定板形调控装置参数;闭环控制根据出口板形仪检测的板形,再计算调整板形调控参数。板形测控系统如图 2 所示,由板形检测系统(板形仪)和板形闭环控制系统组成。板形检测系统由板形检测辊、板形信号传输处理器和板形检测计算机组成。板形闭环控制系统由控制计算机、可编程控制器(Programmable Logic Controller,PLC)、板形调控装置组成。

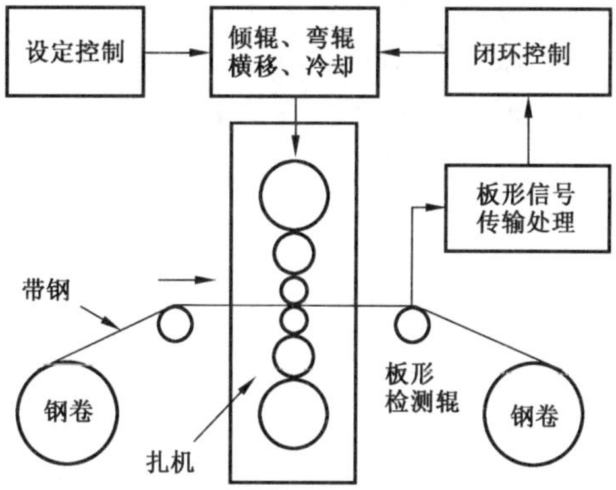

图 1　板形控制原理

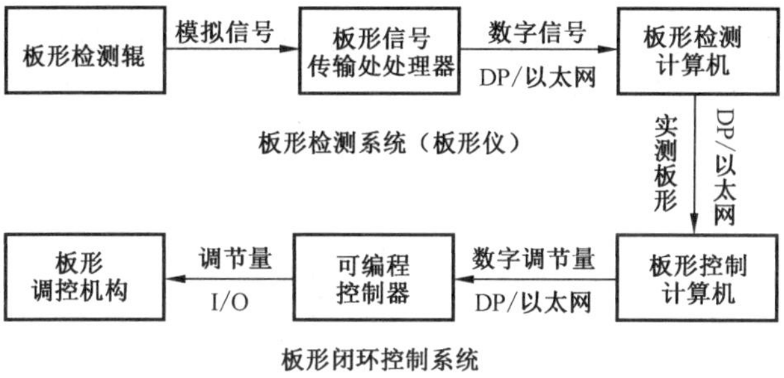

图 2　板形测控系统组成

1.2　整辊无缝式板形检测辊

国际上流行的分片式板形检测辊见图 3[10-11],它由芯轴、外环、压磁式传感器组成。沿检测辊轴向布置的一系列外环和传感器,传递和检测出压力 N,再通过信号处理计算机换算为张力 T 的轴向分布,即可进一步计算得到板形。由于分片外环之间存在接缝,且在轧制过程中带钢轴向温度不同,造成外环因热膨胀不同而发生径向错动,这种检测辊可能会压伤和划伤带钢表面。

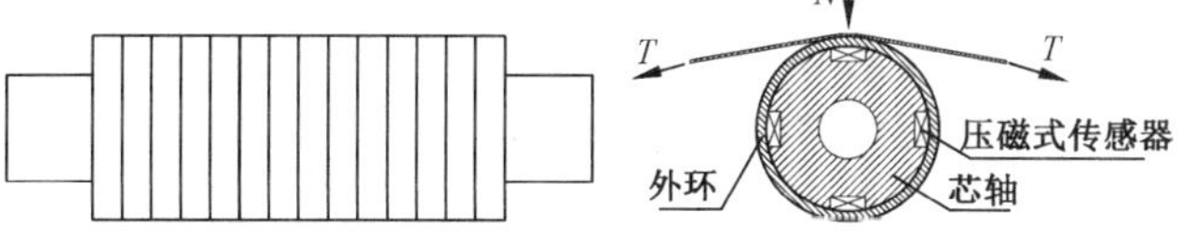

图 3　分片压磁式板形检测辊

为克服上述缺点,燕山大学研制了整辊镶块式板形检测辊[12],如图 4 所示。在检测辊辊身上加工两个矩形槽,每个矩形槽内镶嵌一组安装有传感器的弹性块。

该结构有效避免了分片式板形检测辊由于热膨胀不均造成的带钢表面划伤。但这种板形检测辊在进行热处理时，由于电流的“集肤效应”，容易造成矩形槽边缘与辊身其他部位的硬度不均匀。当轧制发生断带事故时，辊身上较软的部位容易被带钢拍打出压痕，后续生产时会压制到带钢表面。

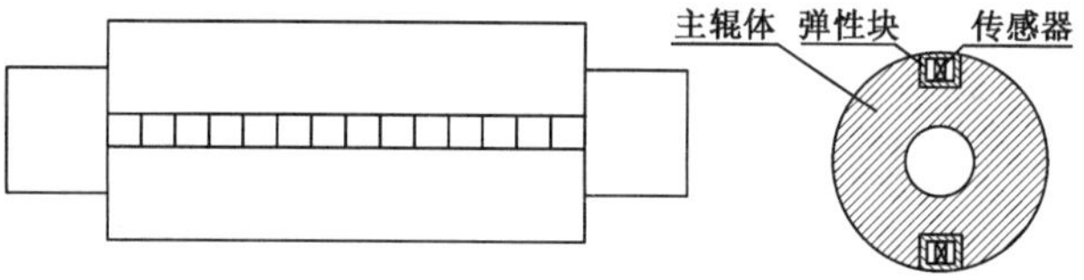

图 4　整辊镶块式板形检测辊

为解决上述问题，本文研制了一种新型的整辊无缝式板形检测辊[13]，如图 5 所示。检测辊由辊体和压电式传感器组成。在辊体内部靠近辊面处，加工 2～4 个沿周向均布的轴向精密通孔，孔与辊体外表面形成的壁厚在 6～8 mm，既要有利于压力的传递，又要保证有一定的磨辊量。在每个通孔内部布置一系列传感器。辊体材料为 GCr15，淬火后表面硬度达到 60 HRC 以上，淬硬层厚度达到 4 mm 以上。这种板形检测辊具有表面无缝、高硬度、深硬层、硬度均匀的优点，耐磨耐冲击，解决了压伤和划伤带钢表面的技术难题。

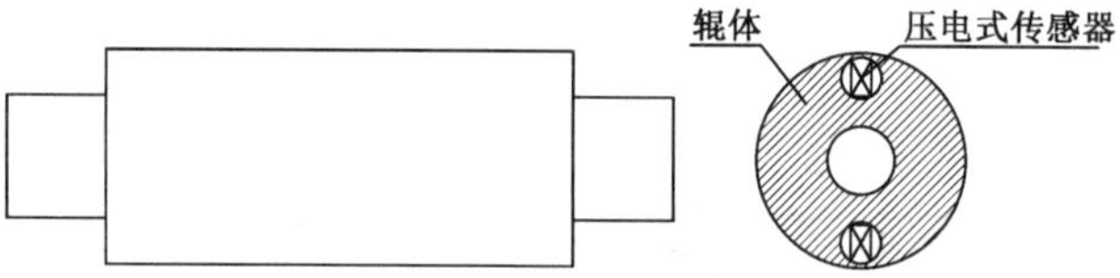

图 5　整辊无缝压电式板形检测辊

为使传感器在线性段稳定工作，需要过盈装配给其施加一定的预压力[14]。在轧制过程中，板形检测辊外表面与内部传感器存在一定温度差和热变形差，使传感器的过盈量和预压力减弱或消失，造成检测信号失真。因此，装配传感器必须具有足够的过盈量和预压力。根据实际轧制工况，应用有限元模型软件，对板形检测辊和传感器进行了温度场、热变形和压力传递模拟，进而优化设计了传感器的装配过盈量[15-16]。

1.3　无线式板形信号传输处理器

国际流行的板形信号传输处理方式，采用碳刷滑环式结构，如图 6 所示。碳刷滑环式板形信号传输处理器包括碳刷滑环信号传输装置和外置信号处理装置。为了将旋转板形检测辊中的信号输出，一系列滑环固定在旋转的检测辊端部辊颈上，与滑环相对应的碳刷则固定在与轴承座联接的外罩上。检测辊中的传感器在旋转过程中检测到的板形信号通过导线传递到滑环，旋转滑环将信号传递到固定不动的碳刷上，再通过导线传输到外置信号处理装置。外置信号处理装置完成模拟信号的放大、滤波和 A/D 转换等，将数字信号传送给板形检测计算机。为解决碳刷与滑环之间摩擦、磨损和发热引起的信号传输波动，对信号传输装置应配备冷却清洗装置。为保证模拟信号远距离传输不失真，信号传输装置输出端应有信号放大模块，实现有源驱动输出。

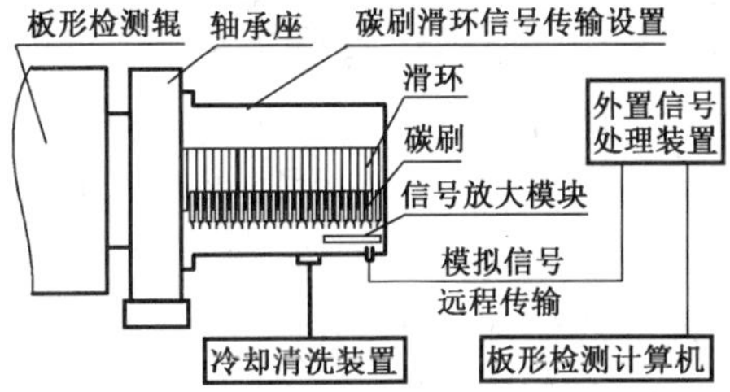

图 6　碳刷滑环式板形信号传输处理器

为避免碳刷与滑环之间的摩擦、磨损和发热问题，本文研制了无线式、集成化板形信号传输处理器[17]，如图 7 所示。无线式板形信号传输处理器由旋转头和固定外罩两部分组成。旋转头与板形检测辊连接并同步旋转，旋转头上装有内置信号处理装置、无线发送模块和内磁环。固定外罩上装有无线接收模块、远程传输模块和外磁环。工作原理如下：检测辊中的传感器在旋转过程中检测到的板形信号，直接在旋转头上的内置信号处理装置内完成放大、滤波、A/D 转换、编码打包等处理，再转换为高频数字信号，通过无线发送模块输出；外罩上的无线接收模块实时接收并转换为有线信号，通过远程传输模块实现远距离传送给板形检测计算机；相对转动的内、外磁环，通过无线感应方式为旋转头上的内置信号处理装置和检测辊中的传感器供电。

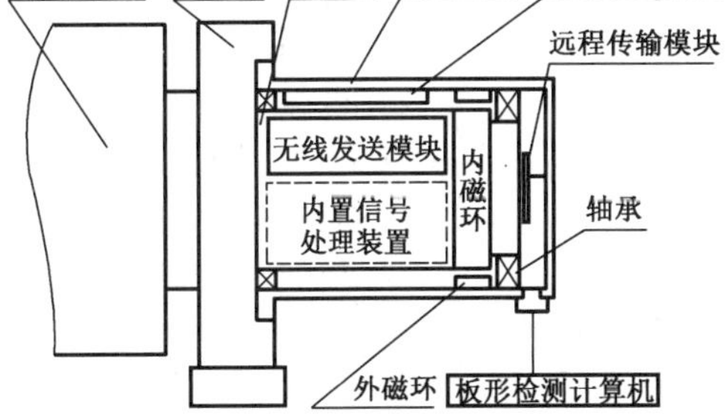

图 7　无线式板形信号传输处理器

这种无线式板形信号传输处理器，集成实现了模拟采集、数字处理、无线传输、无线供电等多功能一体化，具有结构简单、集成可靠的优点，避免了碳刷滑环式板形信号传输处理器结构复杂、易受干扰、可靠性不高的缺点。

1.4　板形检测信号的消噪和误差补偿

在板形检测过程中，会受到振动、电磁、带钢横向温差、检测辊安装误差及受力变形、钢卷形状变化等因素的影响，为保证板形检测精度，需要对板形检测信号进行消噪和误差补偿。

贾春玉等[18]采用小波消噪技术，对板形检测信号进行了精确平滑处理。何力等[19]采用离散跟踪微分器，对板形检测信号进行了滤波消噪处理。李荣民等[20-21]分析了检测辊安装误差及受力变形对板形检测信号的影响，建立了相应的补偿模型，并制定了检测辊的安装精度要求。王鹏飞等[22]建立了带钢边部局部覆盖检测单元宽度的补偿模型，提出了故障测量段板形检测信号的插值方法。杨利坡等[23]分析了零点残存电压、带钢边部局部覆盖、检测辊安装误差及受力变形等因素对板形检测信号的影响，建立了较为完备的补偿模型。SUN 等[24]考虑带钢凸度引起的带钢卷形变化对板形检测信号的影响，建立了相应的补偿模型。

本文研制的板形检测系统，在板形检测计算机中对板形检测信号进行了小波消噪和综合误差补偿，以提高板形检测精度。板形检测误差补偿包括，带钢边部局部覆盖、带钢横向温差、检测辊安装误差和挠曲变形、带钢凸度引起的钢卷形状变化等对板形检测信号影响的补偿。

1.5　机理-智能模型协同板形闭环控制系统

国际流行的板形控制模式，表现为基

于经验的表格形式，适用于特定的轧机、产品和轧制工艺。本文研发了机理、智能模型协同板形闭环控制模式，把具有坚实理论基础和强大分析预测能力的机理模型，与基于数据、自学习能力强、计算时间短的智能模型结合起来，提高控制精度、速度和可靠性。

如图 8 所示，根据机理模型计算数据建立机理控制矩阵方程，根据轧制过程实测数据建立智能控制矩阵方程，然后把两种控制方案加权结合，提高控制效果[25-26]。图 8 中，ΔE 为板形偏差，X 为轧制过程工艺参数，C 为控制矩阵，ΔU 为板形控制机构的调节量。为减少板形控制矩阵的维数，提高在线控制的计算速度，本文用 1 次、2 次、3 次、4 次等各次板形分量或板形模式的线性组合表示板形，而不用带材横向多点的板形数据表示板形，因而需要板形模式识别。

为提高倾斜轧辊和液压弯辊的控制效果，如图 9 所示，采用模糊控制和神经网络两种智能方法协同，研制了倾辊、弯辊调节的模糊神经 PID 控制系统[27]。常规 PID 控制算法不能适应轧制过程复杂多变的工况，因此把擅长处理未知模型的模糊控制，与自学习能力强的神经网络结合起来，提高控制效果。图 9 中，e_1、e_2 分别为倾辊量、弯辊量的偏差，E_1、E_2 分别为对 e_1、e_2 模糊处理后的偏差模糊量，K_{P1}、K_{I1}、K_{D1} 和 K_{P2}、K_{I2}、K_{D2} 分别为倾辊和弯辊的 PID 控制器调节参数，u_1、u_2 分别为倾辊、弯辊的控制调节量。

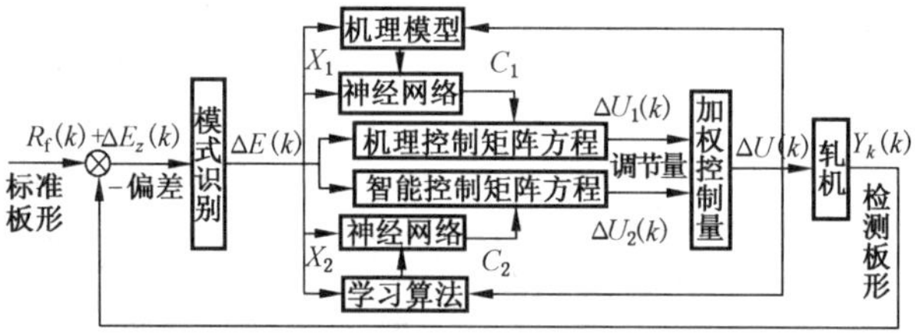

图 8　板形闭环控制机理、神经网络模型协同系统

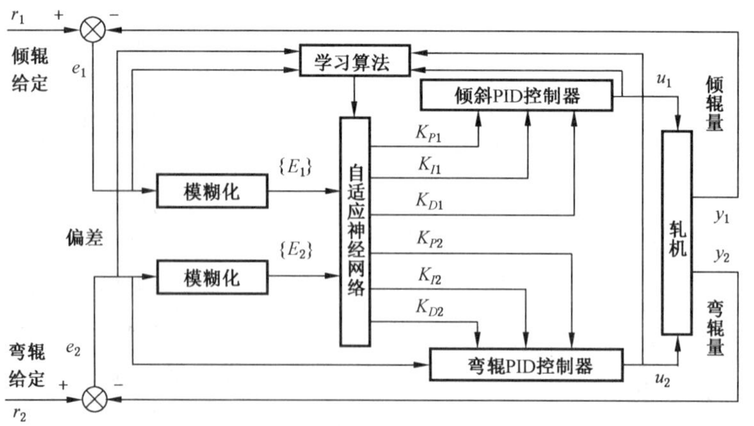

图 9　倾辊、弯辊调节的模糊神经 PID 控制系统

将板形闭环控制模型软件嵌入到工业控制计算机和可编程控制器中，由鞍钢负责研制了板形计算机闭环控制系统[28]。

2 工业应用

本文研制的整辊无线式板形仪和智能板形控制系统成功应用于鞍钢 1 780 mm 四辊、2 130 mm 六辊 2 套冷轧带钢平整机，河北钢铁 1 560 mm 六辊、江苏九天光电科技公司 750 mm 六辊 2 套可逆式冷轧带钢轧机。4 套冷轧机装备板形测控系统后，大大减轻了轧机操作人员的劳动强度，规范稳定了操作技术规程，显著提高了带钢板形质量，产品从普通级提升到高等级，用于一汽奥迪、上海大众、东风日产、格力电器等汽车、家电、电工钢板，替代进口，而且出口美国、欧洲、日本、韩国等。

以 1 780 mm 四辊平整机为例，主要生产厚度 0.3～3.0 mm、宽度 800～1 630 mm 的汽车板与家电板，轧制速度为 1 200 mm/min，板形闭环控制的调节手段为倾斜轧辊和液压弯辊。之前，由于没有配备板形测控系统，仅凭操作人员的感觉和经验进行板形调节，不但劳动强度大，而且难以保证带钢板形质量，造成比较严重的废品或返修量。增设板形测控系统后，显著提高了该机组的板形控制精度，大大减轻了轧机操作人员的劳动强度。两种典型规格产品的板形控制效果如图 10 所示，可见，板形测控系统投入后，厚度为 1.50 mm 带钢的板形控制精度达到 1.5 I 以内，0.69 mm 带钢的板形控制精度达到 2.5 I 以内。经过长期稳定运行之后，对于厚度小于等于 0.30 mm 的带钢，板形保证值在 6 I 以内，对于厚度大于 0.30 mm 的带钢，板形保证值在 4 I 以内。

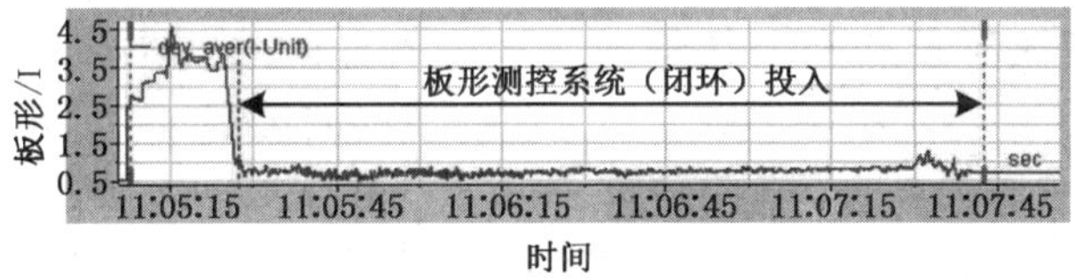

（a）1.50 mm带钢板形控制效果

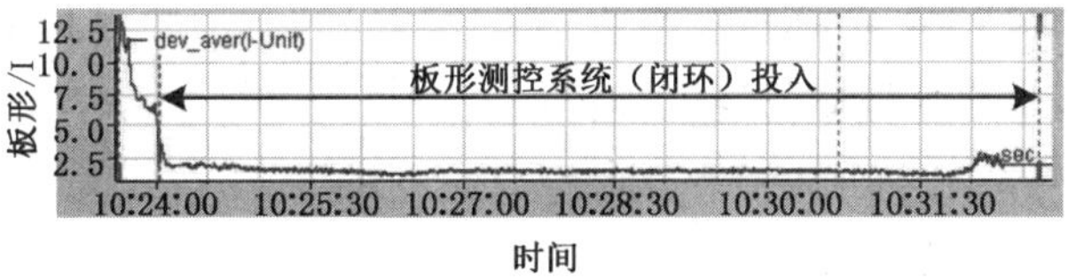

（b）0.69 mm带钢板形控制效果

图 10　1 780 mm 四辊平整机板形控制效果

工业应用证明，新一代“整辊无线式板形仪和智能板形控制系统”的板形检测分辨力、板形控制精度、闭环控制周期等 5 项主要技术指标达到瑞士 ABB、德国西门子、日本三菱公司的国际先进水平，如表 1 所示。表 1 中的闭环投入轧制速度，是指闭环开始投入运行时的轧制速度，即板形闭环控制系统运行在这一速度之上，头尾轧制低于这一速度时，板形闭环控制系统不投入。本文板形测控系统的价格是国外同类技术引进价格的三分之一，因此具有很好的推广应用价值。

表 1　板形测控技术指标对比(保证值)

技术指标		国际先进	本文
板形检测分辨能力/I		0.5	0.2
板形闭环控制精度/I	(≤0.3 mm)	8.0	6.0
	(>0.3 mm)	6.0	4.0
板形闭环控制周期/ms		200	100
闭环投入轧制速度/(m/min)		90	60
检测辊的辊面硬度/HRC		55	60

3　结论

(1) 分片式板形检测辊可能会压伤和划伤带钢表面;整辊镶块式板形检测辊可有效避免由于热膨胀不均划伤带钢表面,但可能会产生辊面硬度不均匀,影响带钢表面质量;本文研制的新一代整辊无缝式板形检测辊彻底解决了压伤和划伤带钢表面的技术难题。

(2) 碳刷滑环式板形信号传输方式容易受摩擦、磨损和发热等干扰,需要配备冷却清洗装置,结构复杂;本文研制的新一代无线式板形信号传输处理器实现了模拟采集、数字处理、无线传输、无线供电等多功能一体化,具有结构简单、集成可靠的优点。

(3) 本文研制的新一代机理、智能模型协同板形闭环控制模式,把具有坚实理论基础和强大分析预测能力的机理模型,与基于数据、自学习能力强、计算时间短的智能模型结合起来,提高控制精度和速度,扩展性强,有利于开发新技术、新产品。

(4) 工业应用证明,本文研制的新一代整辊无线式板形仪和智能板形控制系统的板形检测分辨力、板形控制精度、闭环控制周期等 5 项主要技术指标达到国际先进水平,价格是国外同类技术引进价格的三分之一,具有很好的推广应用价值。

参考文献

[1] 徐利璞,尤磊,王大号,等. ABB 板形仪在冷轧带钢生产中的应用[J]. 中国冶金,2014,24(11):23-26.
XU Lipo, YOU Lei, WANG Dahao, et al. Application of ABB shape meter in cold-strip steel production [J]. China Metallurgy, 2014,24(11):23-26.

[2] 刘浩. ABB 板形测量系统在宝钢 1 800 mm 冷连轧机组的应用[J]. 冶金自动化,2006(1):61-62.
LIU Hao. Application of ABB shape measurement system in baosteel 1 800 mm cold rolling train[J]. Metallurgical Industry Automation,2006(1):61-62.

[3] 陈丽娟,韩斌,谭文,等. 带钢板形检测与控制技术现状及趋势[J]. 轧钢,2012,29(4):38-42.
CHNE Lijuan, HAN Bin, TAN Wen, et al. Technology status and trend of shape detecting and shape controlling of rolled strip[J]. Steel Rolling,2012,29(4):38-42.

[4] 刘宏民,于丙强,杨利坡,等. 整辊镶块智能型冷轧带钢板形仪的研制与工业应用[J]. 钢铁,2011,46(12):86-89.
LIU Hongmin, YU Bingqiang, YANG Lipo, et al. Development of cold strip shape meter with entire roller inlayed block intelligence and its industrial application[J]. Iron and Steel,2011,46(12):86-89.

[5] 于丙强,杨利坡,孙建亮. 冷轧带钢板形检测辊研究现状[J]. 轧钢,2011,28(2):44-46.
YU Bingqiang, YANG Lipo, SUN Jianliang. Research Status of shape detecting roller of cold rolled strip[J]. Steel Rolling,2011,28(2):44-46.

[6] 于丙强,杨利坡,刘宏民,等. 冷轧带钢接触

式板形仪研制及工业应用[J]. 仪器仪表学报,2010,31(4):904-911.
YU Bingqiang, YANG Lipo, LIU Hongmin, et al. Development and industry application of contact shape meter with new structure[J]. Chinese Journal of Scientific Instrument,2010,31(4):904-911.

[7] 于丙强,杨利坡,李志明,等. 嵌入式 DSP 冷轧带钢板形信号处理系统研制[J]. 测控技术,2011,30(8):23-26.
YU Bingqiang, YANG Lipo, LI Zhiming, et al. Research on embedded DSP shape signal processing system for cold rolling strip[J]. Measurement and Control Technology, 2011,30(8):23-26.

[8] 王鹏飞,张殿华,刘佳伟,等. 冷轧板形目标设定模型的研究与应用[J]. 钢铁,2010,45(4):50-54.
WANG Pengfei, ZHANG Dianhua, LIU Jiawei, et al. Research and application of flatness target curve setting model for cold rolling mill[J]. Iron and Steel,2010,45(4):50-54.

[9] 刘佳伟,张殿华,王军生,等. 接触式板形仪动态标定系统的开发与应用[J]. 轧钢,2010,27(3):26-29.
LIU Jiawei, ZHANG Dianhua, WANG Junsheng, et al. Development and application of dynamic calibration contact flatness roll and software system[J]. Steel Rolling, 2010, 27(3):26-29.

[10] 连家创,刘宏民. 板厚板形控制[M]. 北京:兵器工业出版社,1996.
LIAN Jiachuang, LIU Hongmin. Thickness and shape control for rolling strip[M]. Beijing: Weapons Industry Press, 1996.

[11] GINZBURG V B. 高精度板带材轧制理论与实践[M]. 北京:冶金工业出版社,2002.
GINZBURG V B. High-quantity steel rolling theory and practice[M]. Beijing: Metallurgical Industry Press, 2002.

[12] 于丙强. 整辊智能型冷轧带钢板形仪研制及工业应用[D]. 秦皇岛:燕山大学,2010.
YU Bingqiang. Research on entire roller intelligence cold strip shape meter and its Industrial Application [D]. Qinhuangdao: Yanshan University, 2010.

[13] 刘宏民,于丙强,杨利坡,等. 整辊内嵌式板形仪:中国,201310209604.2 [P]. 2015-09-16.
LIU Hongmin, YU Bingqiang, YANG Lipo, et al. Entire roller embedded shapemeter: China, 201310209604.2 [P]. 2015-09-16.

[14] WU Haimiao, LIU Hongmin, YU Bingqiang, et al. Determination of interference fit value on entire embedded shapemeter[J]. Journal of Central South University, 2014, 21(12):4503-4508.

[15] 吴海淼. 整辊内嵌式板形检测辊热变形研究及优化设计[D]. 秦皇岛:燕山大学,2015.
WU Haimiao. Study of thermal deformation and optimization design of entire roller embedded shapemeter Roll[D]. Qinhuangdao: Yanshan University, 2015.

[16] 吴海淼,刘宏民,于丙强,等. 整辊内嵌式板形检测辊瞬态温度场与应力场分析[J]. 钢铁,2014,49(5):47-51.
WU Haimiao, LIU Hongmin, YU Bingqiang, et al. Transient temperature field and stress field analysis of entire roller embedded shapemeter roll[J]. Iron and Steel, 2014, 49(5):47-51.

[17] 刘宏民,于丙强,杨利坡,等. 一种用于冷轧带材板形仪的紧凑无线内嵌式信号处理器:中国,CN105005287A [P]. 2015-10-28.
LIU Hongmin, YU Bingqiang, YANG Lipo, et al. A type of seamless and embedded signal processor used for shapemeter: China, CN105005287A [P]. 2015-10-28.

[18] 贾春玉,单修迎,刘宏民. 一种基于小波消噪技术的平直度模式识别方法[J]. 燕山大学学报,2011,35(1):23-28.

JIA Chunyu, SHAN Xiuying, LIU Hongmin. A flatness recongnition method based on wavelet De-noising techniques[J]. Journal of Yanshan University, 2011, 35(1): 23-28.

[19] 何力,王京,张飞. 离散跟踪微分器在板形识别上的研究与应用[J]. 钢铁研究学报, 2013,25(2):58-62.

HE Li, WANG Jing, ZHANG Fei. Research and application of discrete tracking differentiator in shape flatness recognition [J]. Journal of Iron and Steel Research, 2013, 25 (2): 58-62.

[20] 李荣民,杨利坡,于丙强,等. 板形检测辊挠度变化对冷轧带钢原始波形信号的影响[J]. 钢铁,2013,48(5):41-45.

LI Rongmin, YANG Lipo, YU Bingqiang, et al. Effect of shape detecting roll deflection on original waveform signal of cold rolling strip[J]. Iron and Steel, 2013, 48 (5): 41-45.

[21] 李荣民,杨利坡,于丙强,等. 检测辊安装精度对冷轧带钢在线板形信号的影响[J]. 钢铁,2013,48(7):40-43,48.

LI Rongmin, YANG Lipo, YU Bingqiang, et al. Effect of detection roll installation precision on online shape signal of cold rolling strip[J]. Iron and Steel, 2013, 48 (7): 40-43, 48.

[22] 王鹏飞,张殿华,刘佳佳,等. 冷轧板形测量值计算模型的研究与应用[J]. 机械工程学报,2011,47(4):58-65.

WANG Pengfei, ZHANG Dianhua, LIU Jiajia, et al. Research and application of the flatness measurement calculation model on cold rolling mill[J]. Journal of Mechanical Engineering, 2011, 47(4): 58-65.

[23] 杨利坡,于丙强,李荣民,等. 冷轧带钢板形检测误差及异常信号补偿模型[J]. 机械工程学报,2014,50(6):30-38.

YANG Lipo, YU Bingqiang, LI Rongmin, et al. Compensation model of abnormal signal and shape detection error of cold rolling strip[J]. Journal of Mechanical Engineering, 2014, 50(6): 30-38.

[24] SUN Yabo, LIU Hongmin, PENG Yan. Establishment method of shape standard curve based on stepwise optimization and its compensation models[J]. Chinese Journal of Mechanical Engineering, 2011, 24 (1): 105-112.

[25] LIU Hongmin, HE Haitao, SHAN Xiuying, et al. Flatness control based on dynamic effective matrix for cold strip mills[J]. Chinese Journal of Mechanical Engineering, 2009, 22(2): 287-296.

[26] LIU Hongmin, SHAN Xiuying, JIA Chunyu. Theory-intelligent dynamic matrix model of flatness control for cold rolled Strips[J]. Journal of Iron and Steel Research International, 2013, 20(8): 1-7.

[27] 单修迎,贾春玉,刘宏民. 板带轧机板形控制倾辊弯辊神经模糊 PID 模型[J]. 机械工程学报,2009,45(9):255-260.

SHAN Xiuying, JIA Chunyu, LIU Hongmin. Neural fuzzy PID model of tilting roll and bending roll flatness control for strip mill[J]. Journal of Mechanical Engineering, 2009, 45(9): 255-260.

[28] 李志锋,李红雨,曹忠华,等. 平整机板形控制系统开发与应用[J]. 鞍钢技术,2016(1):25-28,62.

LI Zhifeng, LI Hongyu, CAO Zhonghua, et al. Development and application of flatness control system for temper mill[J]. Angang Technology, 2016(1): 25-28, 62.

板形仪位置误差补偿模型的研究及应用①

赵章献[1]，王东城[1,2]，王鹏飞[1]，刘宏民[1,2]

（1. 燕山大学国家冷轧板带装备及工艺工程技术研究中心，河北 秦皇岛 066004；
2. 燕山大学亚稳材料制备技术与科学国家重点实验室，河北 秦皇岛 066004）

摘　要：针对冷轧带钢生产实践中板形仪不可避免的位置倾斜问题，根据位置几何关系和板形理论，结合轧机设备的布置特点和带钢轧制参数，分别建立了带钢下卷取和上卷取2种方式的板形仪位置误差的板形补偿模型。以某冷轧机为实例进行分析，分别研究了下卷取和上卷取2种方式下带卷取不同直径时，板形仪的水平位置误差和垂直位置误差对板形的影响，得到了板形仪容许的安装位置误差范围。将板形仪位置误差补偿模型应用于某六辊冷轧机的生产实践中，结果表明稳态时带钢的板形标准偏差控制在5 I以下，显著提高了带钢的板形质量。

关键词：板形仪；位置误差；板形补偿；冷轧带钢

Research and Application of Position Error Compensation Model for Shape Meter

Zhao Zhangxian[1], Wang Dongcheng[1,2], Wang Pengfei[1], Liu Hongmin[1,2]

(1. National Engineering Research Center for Equipment and Technology of Cold Rolling Strip, Yanshan University, Qinhuangdao 066004, Hebei, China;
2. State Key Laboratory of Metastable Materials Science and Technology, Yanshan University, Qinhuangdao 066004, Hebei, China)

Abstract: In order to solve the unavoidable tilt of shape meter in the practice of cold rolling, the position error compensation models of up-coil and down-coil were established. The models were based on the geometry and shape theory, combined with the character of arrangement of rolling equipment and the parameter of the strip. An example of certain cold rolling was analyzed. The effect of the vertical and horizontal error under the min and max coil diameter of the up-coil and down-coil on the strip shape was obtained. The tolerance error of the shape meter was gained as also. The position error compensation model was applied in practice of a certain six-high rolling. The application results show that the flatness standard deviation in steady state was within 5 I, the quality of strip shape was improved obviously.

Key words: Shape meter; Position error; Shape compensation; Cold-rolled strip

① 钢铁，2015，50(3)：49-53.

板形是冷轧带钢的重要评价指标之一，随着下游用户对板形的要求越来越高，必须精确检测带钢的在线板形，精确设定板形目标曲线与板形调节机构的调节量[1-6]。由于安装空间和安装水平的限制，板形仪不可避免会出现水平或者垂直方向的安装误差。当板形仪在轧制过程中存在位置误差时，若不及时对板形目标曲线或者板形仪的输出信号进行补偿，那么板形闭环控制系统就可能错误调节弯辊、倾斜、横移等机构，使带钢在线板形标准偏差过大，导致板形缺陷的产生[7-9]，最终导致高品质高精度的冷轧带钢生产受限。

为实现对板形检测设备误差的定量补偿，白振华教授等在进行了大量现场试验后，提出了板形检测设备系统误差综合补偿模型，并将其应用于某 1 220 mm 五机架冷连轧机上，有效提高了带钢的板形质量，弥补了国内外研究的不足[10]。李荣民等研究了板形仪安装精度对冷轧带钢板形的影响，提出带钢固定包角方式采用恒定的板形补偿值；变包角方式采用动态的补偿值[7]。杨利坡等针对板形检测误差，提出对板形信号进行补偿[11-16]。

前人的研究工作丰富和发展了板形检测设备误差补偿方法，也开拓了板形检测设备误差补偿的研究思路。鉴于前人只给出了板形仪前后都有导向辊的板形仪安装位置误差补偿模型，但有些轧机在板形仪的前后没有布置导向辊，因此首先根据轧机的配置和带钢的轧制工艺参数，建立了带钢不同卷取方式下的板形仪位置误差补偿的数学模型；其次分析了当带卷在最小外径和最大外径的情况下，板形仪垂直位置误差和水平位置误差对板形的影响；最后将板形仪位置误差补偿模型应用到某六辊冷轧机的生产实践中，有效提高了带钢的板形质量。

1　基本模型

针对板形仪前后无导向辊的安装方式，本文选取了带钢下卷取布置方式（图1）和上卷取布置方式（图2）进行了分析。

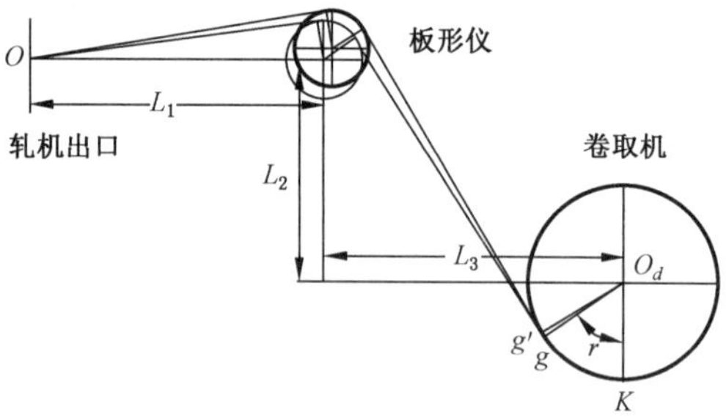

图 1　带钢下卷取布置方式

Fig. 1　Strip down-coil arrangement

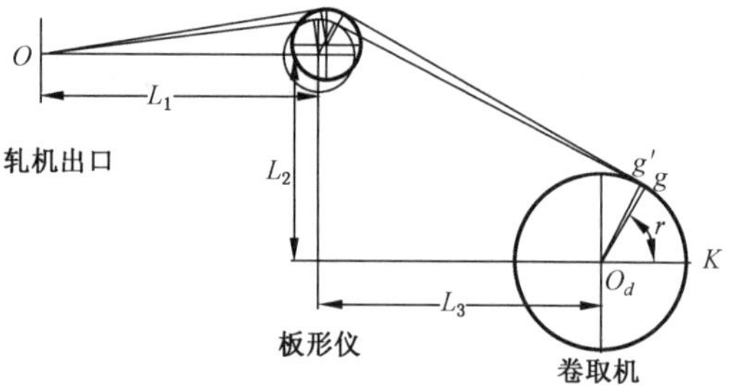

图 2　带钢上卷取布置方式

Fig. 2　Strip up-coil arrangement

对于图 1 和图 2 中的板形仪布置方式，规定板形仪传动侧向上向右倾斜为正，假设板形仪传动侧的垂直倾斜量为 δ_v，水平倾斜量为 δ_h，如图 3 所示。设带钢的宽度为 B，沿着板形仪辊身方向，将带钢分成 n 等份。设带钢沿着横向的第 i 点坐标为 x，则在第 i 点处因板形仪位置误差而带来的垂直附加位移 δ_{vi} 和水平附加位移 δ_{hi} 分别为

$$\delta_{vi}=\frac{\delta_v}{L}x \tag{1}$$

$$\delta_{hi}=\frac{\delta_h}{L}x \tag{2}$$

式中：L 为板形仪辊身长度，mm。

由图1～图3可得，带钢总长度 L_{ok} 由直线段 $L_{om'}$、$L_{n'g'}$ 和弧线段 $L_{m'q'}$、$L_{q'n'}$ 及 $L_{q'k'}$ 组成。

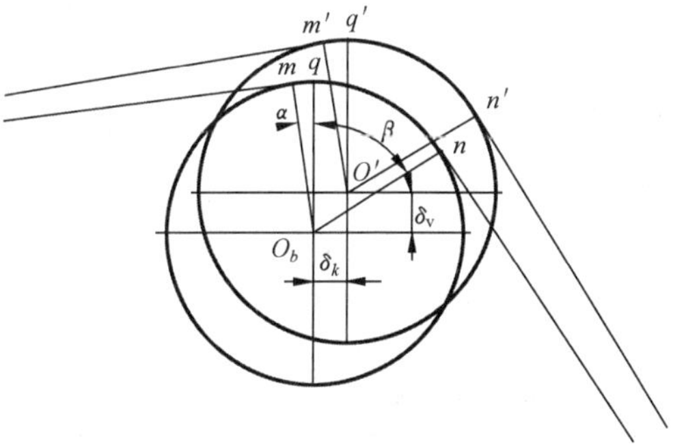

图3　板形辊位置倾斜示意图

Fig. 3　Diagram of shape meter locomotion

1.1　带钢下卷取方式

对于图1中的带钢下卷取布置方式，由几何关系可得 $L_{om'}$、$L_{m'q'}$、$L_{q'n'}$、$L_{n'g'}$ 及 $L_{g'k}$ 的长度。

直线段 $L_{om'}$ 的长度为

$$L_{om'}=\sqrt{(L_1+\delta_{hi})^2+\delta_{vi}^2-\frac{D_1^2}{4}} \quad (3)$$

式中：L_1 为轧机出口与板形仪中心点的水平距离，mm；D_1 为板形仪的辊身直径，mm。

弧线段 $L_{m'q'}$ 的长度为

$$L_{m'q'}=\frac{D_1}{2}\left(\frac{\pi}{2}-\arccos\frac{D_1}{2\sqrt{(L_1+\delta_{hi})^2+\delta_{vi}^2}}\right) \quad (4)$$

板形仪与卷取机卷轴的中心距离 $L_{O'_bO_d}$ 为

$$L_{O'_bO_d}=\sqrt{(L_3-\delta_{hi})^2+(L_2+\delta_{vi})^2} \quad (5)$$

式中：L_3 为板形仪与卷取机卷轴的中心水平距离；L_2 为板形仪与卷取机卷轴的中心垂直距离。

弧线段 $L_{q'n'}$ 长度为

$$L_{q'n'}=\frac{D_1}{2}\left(\arccos\frac{L_3-\delta_{hi}}{L_{O'_bO_d}}+\arcsin\frac{D_1+D_2}{2L_{O'_bO_d}}\right) \quad (6)$$

式中：D_2 为当前的带卷直径。

直线段 $L_{n'g'}$ 的长度为

$$L_{n'g'}=\sqrt{L_{O'_bO_d}^2-\left(\frac{D_1+D_2}{2}\right)^2} \quad (7)$$

弧线段 $L_{g'k}$ 的长度为

$$L_{g'k}=\frac{D_2}{2}\left(\arccos\frac{L_3-\delta_{hi}}{L_{O'_bO_d}}+\arcsin\frac{D_1+D_2}{2L_{O'_bO_d}}\right) \quad (8)$$

带钢的总长 L_{ok} 为

$$L_{ok}=L_{om'}+L_{m'q'}+L_{q'n'}+L_{n'g'}+L_{g'k} \quad (9)$$

1.2　带钢上卷取方式

对于带钢上卷取方式，直线段 $L_{om'}$、弧线段 $L_{m'q'}$ 及板形仪与卷取机卷轴的中心距 $L_{O'_bO_d}$ 计算公式与带钢下卷取方式相同。由几何关系可得 $L_{q'n'}$、$L_{n'g'}$ 及 $L_{g'k}$ 的长度。

弧线段 $L_{q'n'}$ 的长度为

$$L_{q'n'}=\frac{D_1}{2}\left(\arccos\frac{L_3-\delta_{hi}}{L_{O'_bO_d}}-\arcsin\frac{D_2-D_1}{2L_{O'_bO_d}}\right) \quad (10)$$

直线段 $L_{n'g'}$ 的长度为

$$L_{n'g'}=\sqrt{L_{O'_bO_d}^2-\left(\frac{D_2-D_1}{2}\right)^2} \quad (11)$$

弧线段 $L_{g'k}$ 的长度为

$$L_{g'k}=\frac{D_2}{2}\left(\frac{\pi}{2}-\arccos\frac{L_3-\delta_{hi}}{L_{O'_bO_d}}+\arcsin\frac{D_2-D_1}{2L_{O'_bO_d}}\right) \quad (12)$$

同理，带钢的总长 L_{ok} 为

$$L_{ok}=L_{om'}+L_{m'q'}+L_{q'n'}+L_{n'g'}+L_{g'k} \quad (13)$$

1.3　板形分布及板形补偿的方法

带钢 n 等份的平均长度 $\overline{L}$ 为

$$\overline{L}=\frac{\int_{-B/2}^{B/2}L_{ok}\mathrm{d}x}{B} \tag{14}$$

板形分布 $\lambda_e(x)$ 为

$$\lambda_e(x)=\frac{L_{ok}-\overline{L}}{\overline{L}}\times 10^5 \tag{15}$$

式中:$\lambda_e(x)$ 的单位为 I,1I=10^{-5}。

板形偏差值 $\Delta\lambda$ 为

$$\Delta\lambda=2\times\max\{\lambda_e(x)\} \tag{16}$$

板形补偿值 $\lambda(x)$ 为

$$\lambda(x)=-1.0\times\lambda_e(x) \tag{17}$$

2 板形仪安装位置误差对板形偏差的影响

根据所建立的数学模型,分别分析了带钢下卷取和上卷取的板形仪垂直倾斜量、水平倾斜量以及轧机的主要几何参数对板形偏差的影响。

以某轧机轧制宽度为 1 250 mm 的带钢为实例进行分析,其主要几何参数见表 1。

表 1 主要几何参数

Table. 1 Main parameters of rolling machine arrangement

板形仪与轧机出口的距离 L_1/mm	板形仪与卷取机的中心垂直距离 L_2/mm	板形仪与卷取机的中心水平距离 L_3/mm	板形仪辊身直径 D_1/mm	板形仪辊身长度 L/mm	卷取直径 D_2/mm
1 500	1 500	2 200	313	1 300	500～1 800

2.1 带钢下卷取方式

当卷取直径为最小值 $D_2=500$ mm 时,假定板形仪的水平倾斜量 $\delta_h=0$,将板形仪的垂直倾斜量 δ_v 依次取为 0.02、0.04、0.06、0.08、0.10、0.12、0.14 mm。当卷取直径取最大值 $D_2=1\ 800$ mm 时,板形仪的水平倾斜量取为 0,依次改变垂直倾斜量,得到不同垂直倾斜量对板形偏差的影响。按同样的方法得到板形仪的水平倾斜量对板形偏差的影响。图 4 所示为下卷取方式板形仪倾斜量对板形偏差的影响。

2.1.1 垂直倾斜量对板形偏差的影响

从图 4 可以看出,当板形仪垂直倾斜量不变时,随着卷取直径增大,板形偏差也略微增大。随着板形仪垂直倾斜量增加,板形偏差逐渐增大。当卷取直径最大,板形仪垂直倾斜量在 0.02 mm 以下时,引起的板形偏差值在 0.4 I 以下;当板形仪垂直倾斜量在 0.06 mm 以下时,引起的板形偏差值在 1 I 以下;当板形仪垂直倾斜量大于 0.14 mm 时,引起的板形偏差值均在 2 I 以上。

2.1.2 水平倾斜量对板形偏差的影响

从图 4 可以看出,随着板形仪水平倾斜量增加,板形偏差逐渐增大。当板形仪的水平倾斜量不变时,随着卷取直径增大,板形偏差逐渐增大。当卷取直径最大,板形仪的水平倾斜量在 0.02 mm 以下时,引起的板形偏差值在 0.2 I 以下;当板形仪的水平倾斜量在 0.06 mm 以下时,引起的板形偏差值在 0.6 I 以下;当板形仪的水平倾斜量大于 0.14 mm 时,引起的板形误差值在 1.2 I 以上。

2.2 带钢上卷取方式

当板形仪的水平倾斜量 $\delta_h=0$,依次改变板形仪的垂直倾斜量,得到板形仪垂直倾斜量对板形偏差的影响;同理,当板形仪的垂直倾斜量 $\delta_v=0$,依次改变板形仪的水平倾斜量,得到板形仪的水平倾斜量对板形偏差的影响。图 5 所示为上卷取方式下板形仪倾斜量对板形偏差的影响。

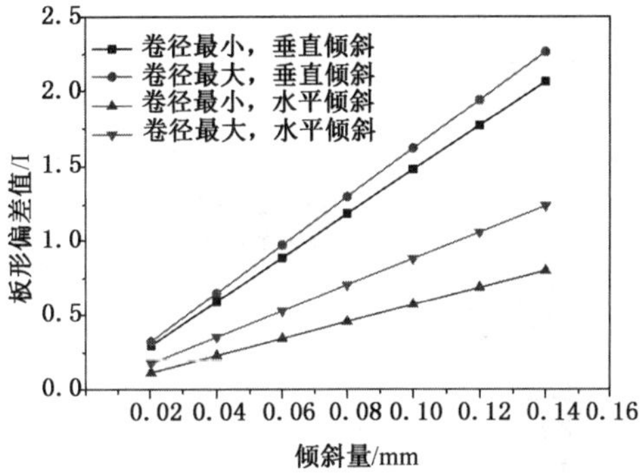

图 4　下卷取方式板形仪的倾斜量对板形偏差的影响

Fig. 4　Effect of tilt amount of down-coil shape meter on the strip shape error

2.2.1　垂直倾斜量对板形偏差的影响

从图 5 可以看出，当板形仪垂直倾斜量不变时，最大卷取直径引起的板形偏差小于最小卷取直径。当卷取直径最小，板形仪垂直倾斜量在 0.02 mm 以下时，引起的板形偏差值在 0.4 I 以下；当板形仪垂直倾斜量在 0.06 mm 以下时，引起的板形偏差值在 0.8 I 以下；当板形仪垂直倾斜量大于 0.14 mm 时，引起的板形偏差值在 1.6 I 以上。

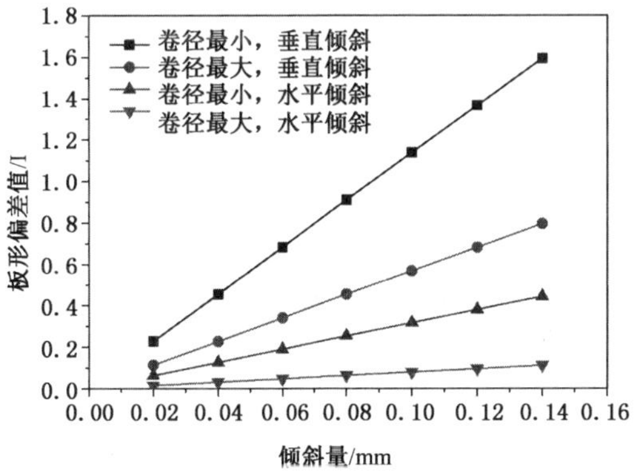

图 5　上卷取方式板形仪的倾斜量对板形偏差的影响

Fig. 5　Effect of tilt amount of up-coil shape meter on the strip shape error

2.2.2　水平倾斜量对板形偏差的影响

从图 5 可以看出，当板形仪的水平倾斜量不变时，最大卷取直径引起的板形偏差小于最小卷取直径。当卷取直径最小，板形仪的水平倾斜量在 0.02 mm 以下时，引起的板形偏差值在 0.1 I 以下；当板形仪的水平倾斜量在 0.06 mm 以下时，引起的板形偏差值在 0.2 I 以下；当板形仪的水平倾斜量大于 0.14 mm 时，引起的板形偏差值在 0.4 I 以上。

2.3　轧机的主要几何参数对板形偏差的影响

考虑到实际工程应用中，轧机的主要几何参数不可避免地存在测量误差。图 6 所示为板形仪与轧机出口的距离 L_1、板形仪与卷取机的中心垂直距离 L_2、板形仪与卷取机的中心水平距离 L_3 和板形仪辊身直径 D_1 的测量误差对板形偏差的影响。在计算过程中，以下卷取方式为例，将 L_1、L_2、L_3 和 D_1 依次改变 2、4、6、8、10 mm。从图 6 可以看出，当测量误差值为 10 mm 时，引起的最大板形偏差改变值为 0.008 I。与图 4 和图 5 进行对比，可以发现轧机主要几何参数的测量误差引起的板形偏差很小，可以近似忽略不计。

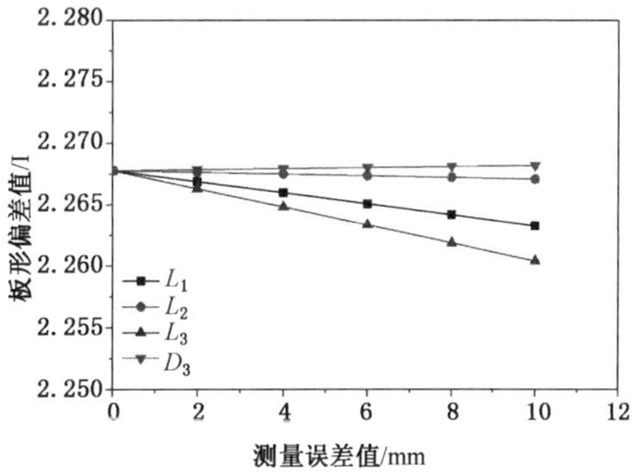

图 6　轧机的主要几何参数对板形偏差的影响

Fig. 6　Effect of main parameters of rolling machine on the strip shape error

从计算的模型结构来看，当 L_1、L_2、

L_3 和 D_1 存在较小测量误差时，带钢沿宽度方向的每等份都在均匀变化(图 7)，即 $L'(i)-L(i)=\overline{L}'-\overline{L}$，因此，对于板形仪位置误差引起的带钢的板形变化式(18)成立。这也证明了轧机主要几何参数的测量误差引起的板形偏差很小，可以忽略不计。当板形仪位置偏差改变时，图 7 中带钢最长条与最短条之间的距离发生了改变，这说明了板形偏差对板形仪位置误差是敏感的。

$$\frac{L(i)-\overline{L}}{\overline{L}}=\frac{L'(i)-\overline{L}'}{\overline{L}'} \tag{18}$$

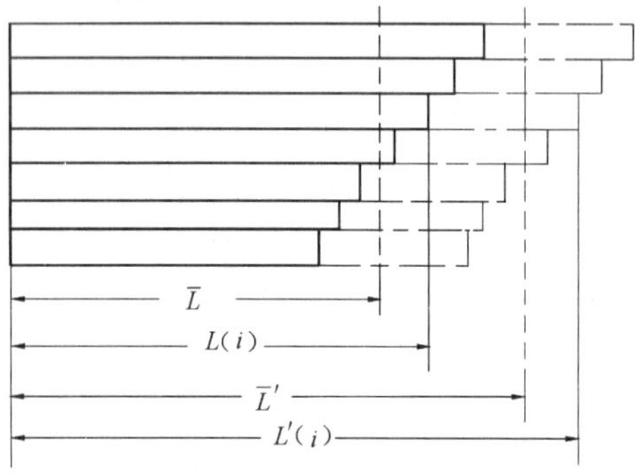

图 7　带钢延伸示意图

Fig. 7　Illustration of the strip extending

3　板形仪位置误差补偿模型的应用

某六辊冷轧机生产带钢为下卷取方式，当板形仪存在位置偏差时，根据上述带钢下卷取板形误差计算模型得到板形补偿值 $\lambda(x)$，补偿到轧机原有的板形目标曲线 $\lambda_y(x)$ 上得到新的板形目标曲线 $\lambda_n(x)$。图 8 所示为一组补偿后的板形目标曲线分布图，轧制的带钢厚度为 0.5 mm，宽度为 1 250 mm，轧制速度 400 m/min。

图 9 所示为板形目标曲线补偿后，带钢的在线板形标准偏差随采样长度的变化规律。从带钢板形标准偏差的变化规律可以看出，板形标准偏差只在一个很小的范围波动，基本稳定控制在 5I 以内，具有较高的精度。

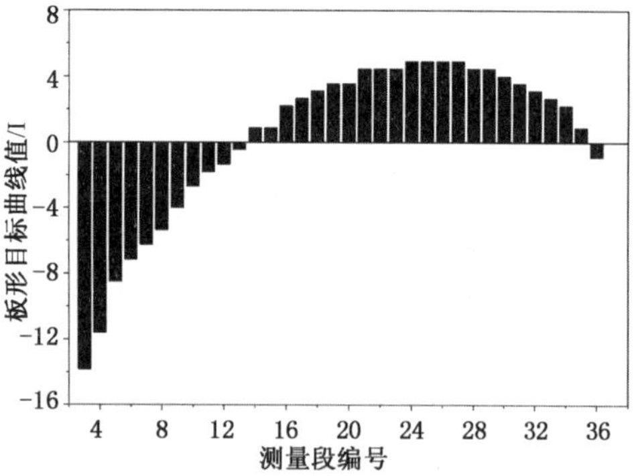

图 8　补偿后的板形目标曲线

Fig. 8　Curve of flatness target after compensation

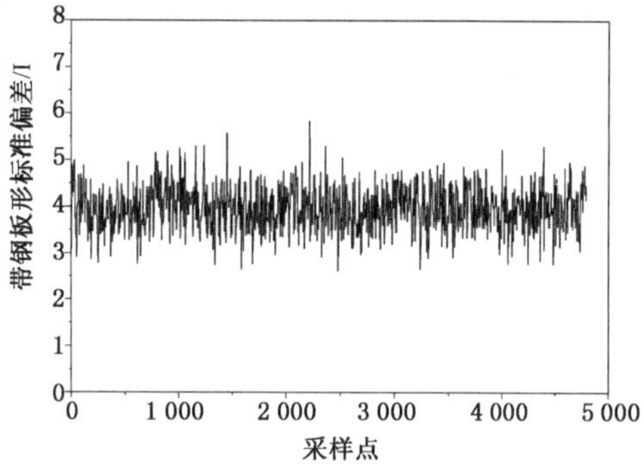

图 9　带钢在线板形标准偏差曲线

Fig. 9　Curve of online strip flatness standard deviation

4　结论

(1)结合设备布置特点和带钢轧制参数，根据几何关系和板形理论，分别建立了带钢下卷取和上卷取 2 种方式下的板形仪位置误差补偿数学模型。

(2)在带钢下卷取和上卷取 2 种方式中，为了将板形仪安装位置误差对带钢板形的影响控制在 1 I 以内，板形仪的垂直误差和水平误差均应在 0.06 mm 以内；板形仪位置误差比其他设备参数位置误差对带钢板形影响大。

(3)板形位置误差补偿模型实际应用后，带钢的在线板形标准偏差稳定控制在5 I以内，具有较高的稳态精度和重要的工程应用价值。

参考文献

[1] Abdelkhalek S, Montmitonnet P, Legrand N, et al. Coupled approach for flatness prediction in cold rolling of thin strip[J]. International Journal of Mechanical Sciences, 2011, 9(53): 661.

[2] WANG Peng-fei, PENG Yan, LIU Hong-min, et al. Actuator efficiency adaptive latness control model and its application in 1 250 mm reversible cold strip mill[J]. Journal of Iron and Steel Research, International, 2013, 6(20): 13.

[3] 梁勋国，矫志杰，王国栋，等. 冷轧板形测量技术概论[J]. 冶金设备，2006，27(6)：36.

[4] 白振华，韩林芳，马续创，等. 虚拟板形仪的设计及相应板形闭环控制系统的开发[J]. 钢铁，2012，47(11)：51.

[5] 白振华，康晓鹏，吴首民. 双UCM平整机组板形参数在线设定技术[J]. 钢铁，2009，44(5)：39.

[6] 郝亮，邸洪双，龚殿尧，等. 箔材轧机板形控制原理的研究[J]. 中国冶金，2011，21(3)：1.

[7] 徐利璞，尤磊，王大号. ABB板形仪在冷轧带钢生产中的应用[J]. 中国冶金，2014，24(11)：23.

[8] 连家创，刘宏民. 板厚板形控制[M]. 北京：兵器工业出版社，1996.

[9] 王鹏飞，张殿华，刘佳伟，等. 冷轧板形目标曲线设定模型的研究与应用[J]. 钢铁，2010，45(4)：50.

[10] 周莲莲，郑志刚，白振华. 板带轧机板形检测设备系统误差综合补偿技术的开发[J]. 燕山大学学报，2009(3)：220.

[11] 李荣民，杨利坡，于丙强，等. 检测辊安装精度对冷轧带钢在线板形信号的影响[J]. 钢铁，2013，48(7)：40.

[12] 李荣民，杨利坡，于丙强，等. 板形检测辊挠度变化对冷轧带钢原始波形信号的影响[J]. 钢铁，2013，48(5)：41.

[13] 杨利坡，于丙强，李荣民，等. 冷轧带钢板形检测误差及异常信号补偿模型[J]. 机械工程学报，2014(6)：30.

[14] 于丙强，杨利坡，高朋. 冷轧带钢板形测量方法对比分析[J]. 钢铁研究学报，2014，26(5)：36.

[15] 刘宏民，于丙强，杨利坡，等. 整辊镶块智能型冷轧带钢板形仪的研制与工业应用[J]. 钢铁，2011，46(12)：86.

[16] 杨利坡，于丙强，李荣民，等. 冷轧带钢边部偏移量对原始板形信号的影响[J]. 钢铁，2014，49(1)：52.

冷轧带材板形辊传动方案设计①

于华鑫[1]，王东城[1,2]，刘宏民[1,2]，张　帅[1]，杨利坡[1,2]
(1. 燕山大学国家冷轧板带装备及工艺工程技术研究中心，河北 秦皇岛 066004；
2. 燕山大学亚稳材料制备技术与科学国家重点实验室，河北 秦皇岛 066004)

摘　要：板形在线测控是提高冷轧带材板形质量的关键措施。不同轧机的板形检测辊结构和尺寸差别较大，传动方案有被动与主动两种。不合理的传动方案可能导致带材与检测辊之间发生打滑，划伤带材。为解决上述问题，首先阐述了主、被动方案的整体选择依据。然后提出了打滑安全系数的概念，分析了引起打滑的主要因素，并将打滑安全系数作为新增板形仪传动方案的选择依据。针对被动方案，提出了提高打滑安全系数的具体措施，针对主动方案，建立了具体的电机选型理论。最后通过两套工业应用的板形检测辊，分别对主、被动方案进行了验证。

关键词：冷轧带材；板形仪；传动方案；打滑安全系数

Electric Drive Scheme Design of Flatness Meter for Cold Rolling Strip

Yu Huaxin[1], Wang Dongcheng[1,2], Liu Hongmin[1,2], Zhang Shuai[1], Yang Lipo[1,2]
(National Engineering Research Center for Equipment and Technology of Cold Rolling Strip, Yanshan University, Qinhuangdao 066004, Hebei, China;
2. State Key Laboratory of Metastable Materials Science and Technology, Yanshan University, Qinhuangdao 066004, Hebei, China)

Abstract: The flatness measurement and control are the key technology to improve the flatness quality of the cold rolling strip. The structure and size of the flatness measurement rollers of different rolling mills are quite different, and the electric drive of the flatness meter may be active or passive. An unreasonable electric drive of the flatness meter may cause the slippage between strip and roller, which may scratch the strip. To solve the above problem, the overall selection criteria of active and passive schemes are elaborated firstly. Then, the concept of the skidding safety factor is put forward, and the main factors causing skidding are analyzed. The skidding safety factor is taken as the criterion for selecting the electric drive scheme of the new flatness meter. Aiming at the passive scheme, the specific measures for increasing skidding safety factor are put forward. Aiming at the active scheme, specific motor selection theory is established. Finally, different electric drive schemes are verified through two sets of industrial flatness measurement meter.

Key words: Cold rolling strip; Flatness measurement meter; Electric drive scheme; Skidding safety factor

---

① 钢铁，2019，54(7)：56-60.

板形是冷轧带材的重要质量指标之一。板形测控是带材冷轧机的核心和高端技术，是生产高级冷轧带材的必然选择[1-3]。板形检测是实现板形测控的前提，冷轧带材的板形检测装置通常称为板形仪。长期以来，板形仪被极少数国际大公司所垄断[4-6]。过去10年间，中国在冷轧带材板形仪的研究方面取得进展，自主研制了整辊无缝式板形检测辊和无线式板形信号传输处理器[7-10]，并进行了工业应用。

在板形仪设计、制造、安装、调试和长时间稳定运行过程中出现了诸多新的技术问题。设计过程中，一个重要的问题是板形辊传动方案如何选择，不合理的方案可能导致带材与检测辊之间打滑，划伤带材表面。关于轧机传动系统的相关文献，主要集中于振动测试与分析[11-12]、应力与应变分析[13]、速度调整与控制[14-15]等几个方面。目前未见到板形辊传动方案设计的相关文献，有必要对其进行细致的研究和总结。

板形辊实际应用时分为被动（无传动电机）和主动两种方案。相比于轧机、卷取机等设备而言，板形辊的扭矩要小得多，采用主动方案的话，其电机功率与造价也不会很高。因此，对于新建轧机而言，建议选取主动传动方案。但对于新增板形辊的已有轧机，其设备空间已经确定，如果设备安装空间足够，不需要移除或切割其他辅助设备，则优先选取主动传动方案；如果设备安装空间不足，则需要对带材与板形辊之间是否可能发生打滑进行判断，如果可能发生打滑，则必须采用主动方案，如果不会发生打滑，则建议选用被动方案。

1　基本原理

1.1　带材主动摩擦力矩

如图1所示，板形仪检测板形时，将检测辊各通道的实测径向压力换算为带材张应力，便可得到带材的残余应力横向分布，从而得到带材的在线板形分布。检测辊的半径为R，带材对检测辊的包角为2θ，张力为T，根据力平衡关系可得带材对板形辊的径向压力N为

$$N=2T\sin\theta \tag{1}$$

摩擦力为

$$F=\mu N \tag{2}$$

式中：μ为带材与板形辊之间的摩擦因数，对于钢辊，摩擦因数一般取0.18左右；F为带材与板形辊之间摩擦力。

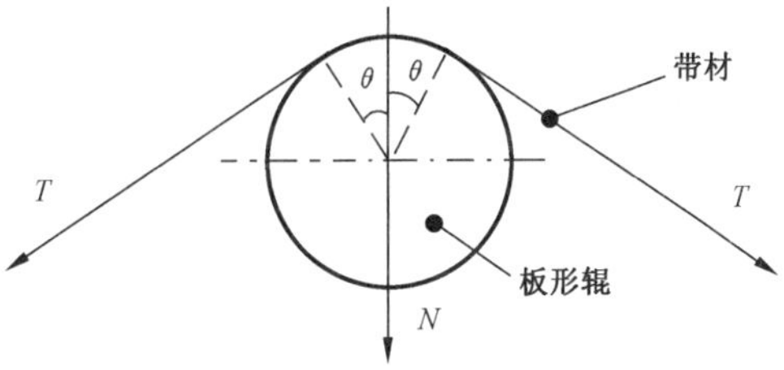

图1　板形测量原理

Fig. 1　Flatness measuring principle

由摩擦力对检测辊产生的力矩为

$$\boldsymbol{M}_{\mathrm{d}}=FR=2\mu TR\sin\theta \tag{3}$$

式中：$\boldsymbol{M}_{\mathrm{d}}$为带材施加给板形辊的摩擦力矩。

上述计算过程中认为，带材张力在经过板形辊前、后并没有发生变化，但实际上由于摩擦力的作用，出口处的张力会略大于入口张力，两者之间的关系可以通过欧拉公式得到。两者之差等于包角处摩擦力总和，表示为[16]

$$F=T(\mathrm{e}^{2\mu\theta}-1) \tag{4}$$

相应地，由摩擦力对检测辊产生的力矩变为

$$\boldsymbol{M}_{\mathrm{d}}=FR=T(\mathrm{e}^{2\mu\theta}-1)R \tag{5}$$

实际精确计算时，建议采用式(5)，粗略估算时也可以采用式(3)。

1.2　轴承摩擦力矩

当板形辊为被动辊时，上述摩擦力矩 $\boldsymbol{M}_{\mathrm{d}}$ 即为板形辊转动的主动力矩。当稳态轧制时，板形辊需要克服的力矩只有轴承的摩擦力矩，计算公式为

$$\boldsymbol{M}_{\mathrm{p1}}=\frac{\mu_1(N+mg)d}{2} \tag{6}$$

式中：$\boldsymbol{M}_{\mathrm{p1}}$ 为板形辊轴承的摩擦力矩；μ_1 为板形辊轴承的摩擦因数，对于滚动轴承，可取 0.000 8～0.001 2；m 为板形辊质量；d 为滚动轴承内径；g 为重力加速度。

1.3　加、减速力矩

当带材加、减速时，还需克服板形辊的加、减速力矩，表示为[17]

$$\boldsymbol{M}_{\mathrm{p2}}=\boldsymbol{J}\beta \tag{7}$$

式中：$\boldsymbol{M}_{\mathrm{p2}}$ 板形辊的加、减速力矩；$\boldsymbol{J}$ 为板形辊转动惯量；β 为板形辊角加速度。

实际使用的板形辊有实心与空心两种结构，两种结构的转动惯量 $\boldsymbol{J}$ 计算公式为

$$\boldsymbol{J}_{\mathrm{s}}=\frac{1}{2}mR^2=\frac{1}{2}\pi R^2 l\rho R^2=\frac{1}{2}\pi\rho l R^4 \tag{8}$$

$$\boldsymbol{J}_{\mathrm{h}}=\frac{1}{2}m(R^2+r^2)=\frac{1}{2}\pi(R^2-r^2)l\rho(R^2+r^2)=\frac{1}{2}\pi\rho l(R^4-r^4) \tag{9}$$

式中：$\boldsymbol{J}_{\mathrm{s}}$ 为实心辊转动惯量；$\boldsymbol{J}_{\mathrm{h}}$ 为空心辊转动惯量；l 为板形辊长度；ρ 为板形辊密度；r 为空心板形辊内径。

为判定板形辊是否需要采用主动方案，本文提出打滑安全系数的概念，其表达式 ϕ 为

$$\phi=\frac{\boldsymbol{M}_{\mathrm{d}}}{\boldsymbol{M}_{\mathrm{p1}}+\boldsymbol{M}_{\mathrm{p2}}} \tag{10}$$

由于 $\boldsymbol{M}_{\mathrm{p1}}$ 与 $\boldsymbol{M}_{\mathrm{p2}}$ 和 $\boldsymbol{M}_{\mathrm{d}}$ 相比小得多，因此式(10)也可近似表示为

$$\phi\approx\frac{\boldsymbol{M}_{\mathrm{d}}}{\boldsymbol{M}_{\mathrm{p2}}} \tag{11}$$

1.4　分析

理论而言，只要打滑安全系数 $\phi>1$，则板形辊即可选用被动方案，但是实际生产过程中，由于张力会产生一定波动，为保证安全，可取 $\phi>1.2$ 作为已有轧机新增板形仪主、被动方案选择依据。当 $\phi>1.2$ 时，带材施加给板形辊的主动摩擦力矩可以克服加、减速力矩和轴承摩擦力矩，此时无须为板形辊配置主动电机；反之，则必须配置主动电机。

由式(3)可知，带材施加给板形辊的主动摩擦力矩主要受到摩擦因数、张力、半径和包角 4 个参数的影响。摩擦因数、张力、半径和主动摩擦力矩呈线性正比例关系，与包角的一半呈现曲线关系。实际生产中带材的张力与轧制工艺有关，通常当轧制产品规程确定之后，张力是不可随便调整的。板形辊半径增加虽可使带材主动摩擦力矩增加，但由式(7)～式(9)可知，随着板形辊半径的增加，加、减速力矩增加得更快，因此如果想增加打滑安全系数，应该减小板形辊半径。

理论上，虽然可以通过增加板形辊表面粗糙度来增加其与带材之间的摩擦因数，但工艺上通常对板形辊表面粗糙度有限制，因此只能在小范围内调整。对于新建轧机，一个有效增加打滑安全系数的措施是增加板形辊的包角，可在轧机设计阶段就提前设计好合适的包角，但对于已有轧机，板形辊通常是替换原来的转向辊或张力计辊，一般是无法改变板形辊的包角的。此时，由式(8)和式(9)可知，可通过将板形辊设计为空心结构来减小转动惯量，从而提高打滑安全系数。但是空心结

构会降低板形辊的刚度，当张力较大时会引起板形辊较大的挠曲，进而影响检测精度。另一方面，如果空心直径太大，无法保证板形辊内部传感器的安装空间。

2　被动辊实例

以某 1 780 mm 冷轧平整机为例，该轧机板形辊为新增设备，替换原来的张力计辊，因此其外形尺寸与包角大小需与原辊相同。板形辊基本结构尺寸如图 2 所示，外径 280 mm，辊体中空，中空处直径 168 mm，长度 1 616 mm，其他参数见表 1。如图 2 所示，为方便计算，将板形辊分为 5 个部分，4 处实心，1 处空心，分别计算每个部分的转动惯量，5 个转动惯量相加即为板形辊的转动惯量。其中第 I、第 II 与第 IV 段的长度均为 84 mm，第 III 段长度为 1 616 mm，第 V 段长度为 114 mm。

表 1　1 780 板形辊参数

Table 1　Parameters of 1 780 flatness meter

参数	数值
包角/(°)	10.59
范围张力/kN	10～100
最大线加、减速度/($\mathrm{m \cdot s^{-1} \cdot min^{-1}}$)	40
板形辊质量/kg	604
轴承内径/mm	130

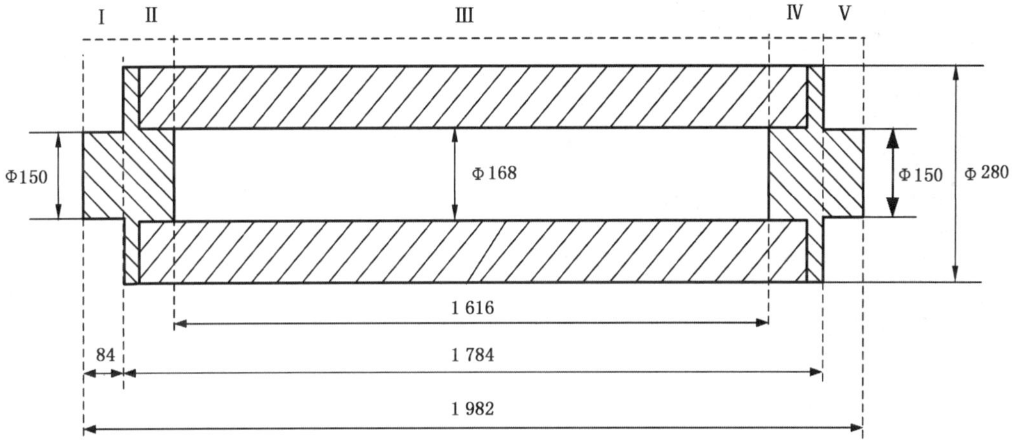

图 2　1 780 平整机板形辊结构

Fig. 2　Structure diagram of flatness meter for 1 780 temper rolling mill

由式(3)可知

$$\boldsymbol{M}_{\mathrm{d}}=2\mu TR\sin\theta=46.55\ \mathrm{N\cdot m} \tag{12}$$

由式(5)可知

$$\boldsymbol{M}_{\mathrm{d}}=T(\mathrm{e}^{2\mu\theta}-1)R=47.34\ \mathrm{N\cdot m} \tag{13}$$

对比式(12)与式(13)可知，式(5)计算值略大于式(3)计算值，但两者结果相差不大，式(3)的误差大概 2%。

由式(6)可知

$$\boldsymbol{M}_{\mathrm{p1}}=\frac{\mu_1(N+mg)d}{2}=1.03\ \mathrm{N\cdot m} \tag{14}$$

由最大线加、减速度 α 可计算出最大的角加、减速度 β 为

$$\beta=\frac{\alpha}{R}=4.762\ \mathrm{s^{-2}} \tag{15}$$

如图 2 所示，为精确计算转动惯量，将板形辊分为 5 个部分，其中 4 处实心，1 处空心，分别计算每个部分的转动惯量，5 个转动

惯量相加即为板形辊的总转动惯量 $\boldsymbol{J}_t$。

$$\boldsymbol{J}_t=7.4827\ \mathrm{kg\cdot m^2} \tag{16}$$

由式(7)可知，$\boldsymbol{M}_{p2}=\boldsymbol{J}_t\beta=4.762\times 7.4827=35.63\ \mathrm{N\cdot m}$。通过对比可知，$\boldsymbol{M}_{p1}$ 的数值比 $\boldsymbol{M}_{p2}$ 和 $\boldsymbol{M}_d$ 小得多。将上述数值代入式(10)，可得打滑安全系数 ϕ 为

$$\phi=\frac{\boldsymbol{M}_d}{\boldsymbol{M}_{p1}+\boldsymbol{M}_{p2}}=\frac{47.34}{1.03+35.63}=1.29>1.2 \tag{17}$$

因此，该 1 780 mm 板形辊无须配置主动电机。上述板形辊已在现场应用 5 年(图 3)，实际应用过程中并未出现打滑现象，可证明理论分析的正确性。

图 3　1 780 平整机板形辊实物

Fig. 3　Physical diagram of flatness meter for 1 780 temper rolling mill

3　主动辊实例

以某 1 720 mm 冷轧平整机为例，该轧机板形辊也为新增设备，替换原来的张力计辊，其外形尺寸与包角大小与原辊相同。板形辊基本结构尺寸如图 4 所示，外径 280 mm，辊体实心，长度 1 730 mm，其他参数见表 2。如图 4 所示，为方便计算，同样将板形辊分为 5 段，5 段均为实心。其中第 I 段的长度为 140 mm，第 II 与第 IV 段的长度均为 70 mm，第 III 段长度为 1 730 mm，第 V 段长度为 112 mm。

表 2　1720 板形辊参数

Table 2　Parameters of 1 720 flatness meter

参数	数值
固定包角/(°)	11
范围张力/kN	10～120
最大线加、减速度/($\mathrm{m\cdot s^{-1}\cdot min^{-1}}$)	65
板形辊质量/kg	862
轴承内径/mm	130

由式(5)可知

$$\boldsymbol{M}_d=T(e^{2\mu\theta}-1)R=49.2\ \mathrm{N\cdot m} \tag{18}$$

由式(6)可知

$$\boldsymbol{M}_{p1}=\frac{\mu_1(N+mg)d}{2}=1.2\ \mathrm{N\cdot m} \tag{19}$$

由最大线加、减速度可计算出最大的角加、减速度为

$$\beta=\frac{\alpha}{R}=7.738\ \mathrm{s^{-2}} \tag{20}$$

转动惯量为

$$\boldsymbol{J}_z=8.332\ \mathrm{kg\cdot m^2} \tag{21}$$

由式(5)可知，$\boldsymbol{M}_{p2}=\boldsymbol{J}_z\boldsymbol{\beta}=8.332\times 7.738=64.47\ \mathbf{N\cdot m}$。将上述数值代入式(10)，可得

$$\boldsymbol{\phi}=\frac{\boldsymbol{M}_d}{\boldsymbol{M}_{p1}+\boldsymbol{M}_{p2}}=\frac{49.2}{1.2+64.47}=0.749<1.2 \tag{22}$$

因此，该 1 720 mm 板形辊必须配置主动电机。假设电机实际扭矩为 $\boldsymbol{M}_f$，空转扭矩为 $\boldsymbol{M}_k$，则理论上只要保证式(19)成立即可。

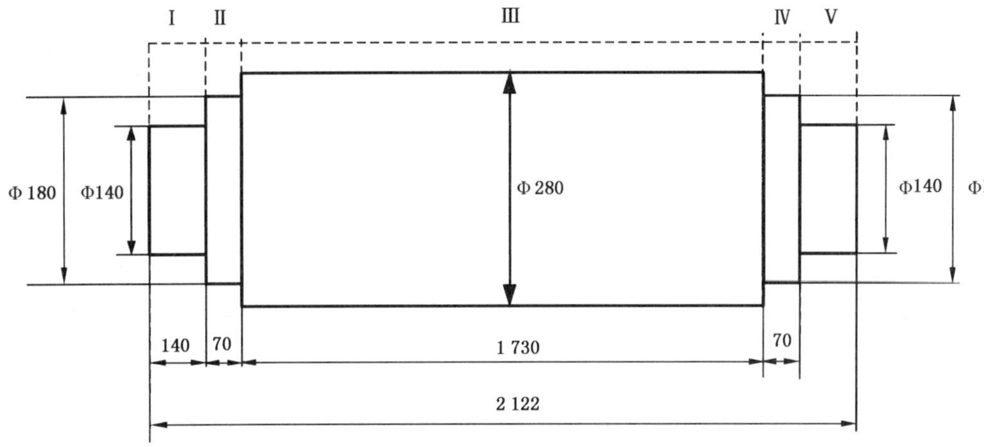

图 4　1 720 平整机板形辊结构

Fig. 4　Structure diagram of flatness meter for 1 720 temper rolling mill

$$\phi=\frac{\boldsymbol{M}_{\mathrm{d}}+\boldsymbol{M}_{\mathrm{f}}}{\boldsymbol{M}_{\mathrm{p1}}+\boldsymbol{M}_{\mathrm{p2}}}>1.2 \tag{23}$$

但是前文中 $\boldsymbol{M}_{\mathrm{d}}$ 中摩擦力的 F 是最大摩擦力，当配置主动电机后，很难确定其实际大小与方向，因此为简化控制方案，不再关注 $\boldsymbol{M}_{\mathrm{d}}$ 的大小，而是只将电机扭矩作为主动力矩，这样式(23)变为

$$\phi=\frac{\boldsymbol{M}_{\mathrm{f}}}{\boldsymbol{M}_{\mathrm{p1}}+\boldsymbol{M}_{\mathrm{p2}}}>1.2 \tag{24}$$

通过计算可得，电机最大实际扭矩为 78.804 N·m，而该平整机的最大轧制速度为 1 000 m/min，换算为板形辊的转速为 1 137 r/min，综合上述两个参数，选取西门子 1LG0 166-4AA 电机，该电机额定功率为 15 kW，额定转速为 1 460 r/min，额定扭矩为 98.1 N·m。上述板形辊已在生产现场应用一年多(图 5)，在调试阶段发现，不启动板形辊传动电机时确实存在打滑划伤带材现象，传动电机启用后则再没有出现过该现象。

4　结论

(1) 对于新建轧机，建议板形辊选取主动传动方案，可以通过增加包角来增加打滑安全系数，从而保证带材与板形辊之间不发生打滑；对于已有轧机，如果设备安装空间足够，则板形辊优先选取主动传动方案。

图 5　1 720 平整机板形辊实物

Fig. 5　Physical diagram of flatness meter for 1 720 temper rolling mill

(2) 对于已有轧机，如果设备安装空间不足，在保证板形辊刚度与板形辊内部传感器安装空间的前提下，可将板形辊设计为空心结构降低转动惯量，从而提高打滑安全系数，如果安全系数不超过 1.2，则即使需要移除或切割其他辅助设备，也必须采用主动传动方案，如果打滑安全系数大于 1.2，则建议采用被动传动方案。

(3) 当板形辊采用主动方案时，电机额定扭矩应该大于加、减速力矩与轴承力矩之和的 1.2 倍。

参考文献

[1] 胡建军，文杰，于孟，等. DR9镀锡板板形控制技术研究与应用[J]. 中国冶金，2018，28(6)：37.（HU Jian-jun，WEN Jie，YU Meng，et al. Research and application of flatness control on DR9 tinplate[J]. China Metallurgy，2018，28(6)：37.）

[2] 何小丽，王崇. 冷轧机组闭环板形控制策略研究[J]. 冶金自动化，2018，42(2)：44.（HE Xiao-li，WANG Chong. Study on Closed-loop Shape control strategy of cold colling [J]. Metallurgical Industry Automation，2018，42(2)：44.）

[3] 张维召. 邯钢2 180 mm酸轧机组板形控制研究[J]. 轧钢，2018，35(1)：82.（ZHANG Wei-zhao. Study on strip shape control technology of 2 180 mm picking and tandem cold mill of Hansteel[J]. Steel Rolling，2018，35(1)：82.）

[4] 徐利璞，尤磊，王大号，等. ABB板形仪在冷轧带钢生产中的应用[J]. 中国冶金，2014，24(1)：23.（XU Li-pu，YOU Lei，WANG Da-hao，et al. Application of ABB shape meter in cold-strip steel production[J]. China Metallurgy，2014，24(1)：23.）

[5] 梁勋国，矫志杰，王国栋，等. 冷轧板形测量技术概论[J]. 冶金设备，2006(6)：36.（LIANG Xun-guo，JIAO Zhi-jie，WANG Guo-dong，et al. The technology of flatness measurement in cold rolling [J]. Metallurgical Equipment，2006(6)：36.）

[6] 陈丽娟，韩斌，谭文，等. 带钢板形检测与控制技术现状及趋势[J]. 轧钢，2012，29(4)：38.（CHNE Li-juan，HAN Bin，TAN Wen，et al. Technology status and trend of shape detecting and shape controlling of rolled strip [J]. Steel Rolling，2012，29(4)：38.）

[7] WANG Dong-cheng，LIU Hong-min，LIU Jun. Research and development trend of shape control for cold rolling strip[J]. Chinese Journal of Mechanical Engineering，2017，30(5)：1.

[8] 刘宏民，刘军，于丙强，等. 带钢冷轧机整辊无线式板形仪和智能板形控制系统[J]. 机械工程学报，2017，53(12)：87.（LIU Hong-min，LIU Jun，YU Bing-qiang，et al. Entire roller wireless shape meter and intelligent shape control system for cold steel strip Mills[J]. Journal of Mechanical Engineering，2017，53(12)：87.）

[9] 刘宏民，于丙强，杨利坡，等. 整辊镶块智能型冷轧带钢板形仪的研制与工业应用[J]. 钢铁，2011，46(12)：86.（LIU Hong-min，YU Bing-qiang，YANG Li-po，et al. Development of cold strip shape meter with entire roller inlayed block intelligence and its Industrial Application [J]. Iron and Steel，2011，46(12)：86.）

[10] 刘宏民，于丙强，杨利坡，等. 一种用于冷轧带材板形仪的紧凑无线内嵌式信号处理器：中国，CN105005287A [P]. 2015-10-28.（LIU Hong-min，YU Bing-qiang，YANG Li-po，et al. A type of seamless and embedded signal processor used for shapemeter：China，CN105005287A [P]. 2015-10-28.）

[11] 张明，彭艳，孙建亮，等. 2 160 mm热连轧机组F2精轧机振动机理及测试[J]. 钢铁，2016，51(12)：103.（ZHANG Ming，PENG Yan，SUN Jian-liang，et al. Test of vibration on F2 of 2 160 mm hot strip mill[J]. Iron and Steel，2016，51(12)：103.）

[12] 王喜刚，叶爱山，王左力. F2轧机工作辊耦合振动分析[J]. 锻压技术，2017，42(11)：127.（WANG Xi-gang，YE Ai-shan，WANG Zuo-li. Analysis on coupling vibration of working roller for F2 rolling mill[J]. Forging and Stamping Technology，2017，42(11)：127.）

[13] 郭志强，卢欣欣，任学平. UR轧机主传动装置的有限元分析[J]. 铸造技术，2017，38(6)：1460.（GUO Zhi-qiang，LU Xin-xin，

REN Xue-ping. Finite element analysis of main drive device of UR rolling mill[J]. Foundry Technology,2017,38(6):1460.)

[14] 黄志刚,张林,陈雾,等. 宝钢轧制线电气传动装置的应用与建议[J]. 宝钢技术,2014(2):18.(HUANG Zhi-gang,ZHANG Lin,CHEN Wu,et al. Application and Suggestions of Electric Driving Devices Used in Baosteel[J]. Baosteel Technology,2014(2):18.)

[15] 樊立萍,邓永娟,王若然. 镁板轧机主传动系统的模糊免疫PID控制[J]. 机械制造与自动化,2017(3):208.(FAN Li-ping,DENG Yong-juan,WANG Ruo-ran. Fuzzy immune PID control of main drive system for magnesium plate rolling mill[J]. Mechanical Manufacture and Automation,2017(3):208.)

[16] 周国盈. 带钢精整设备[M]. 北京:冶金工业出版社,1982.(ZHOU Guo-ying. steel strip finishing equipment[M]. Beijing:Mechanical Industry Press,1982.)

[17] 马晓宝,王东城,张龙,等. 工作辊驱动UCM轧机支撑辊配辊策略[J]. 钢铁,2016,51(11):55.(MA Xiao-bao,WANG Dong-cheng,ZHANG Long,et al. Backup roll matching strategy for UCM mill driven by work roll[J]. Iron and Steel,2016,51(11):55.)

冷轧带材整辊式板形仪通道耦合与解耦①

于华鑫[1]，王东城[1,2]，刘宏民[1,2]，徐扬欢[1]，郭子健[3]
（1. 燕山大学国家冷轧板带装备及工艺工程技术研究中心，河北 秦皇岛 066004；
2. 燕山大学亚稳材料制备技术与科学国家重点实验室，河北 秦皇岛 066004；
3. 首钢智新迁安电磁材料有限公司，河北 唐山 064404）

摘　要：板形检测是提高板形质量的基础和关键。为保证带材表面不被划伤，整辊式板形仪应运而生。由于结构的特殊性，整辊式板形仪在某一通道受压力时不仅会对本通道信号产生作用，还会对邻近通道信号产生显著干扰，引起检测误差，因此需要对其进行解耦处理。为解决这一问题，首先通过力学分析提出了通道耦合的概念和影响矩阵模型，然后通过标定试验获得影响矩阵的数值，最终通过解耦方程消除通道间的相互干扰。仿真试验和工业应用证明，本文提出的理论和方法可有效提高板形检测和控制精度。

关键词：冷轧带材；整辊式板形仪；通道耦合；影响系数；解耦方程

Channel Coupling and Decoupling of Seamless Flatness Meter for Cold Rolling Strip

Yu Huaxin[1], Wang Dongcheng[1,2], Liu Hongmin[1,2], Xu Yanghuan[1], Guo Zijian[3]
(1. National Engineering Research Center for Equipment and Technology of Cold Rolling Strip, Yanshan University, Qinhuangdao 066004, Hebei, China;
2. State Key Laboratory of Metastable Materials Science and Technology, Yanshan University, Qinhuangdao 066004, Hebei, China;
3. Shougang Zhixin Qian'an Electromagnetic Material Co., Ltd., Tangshan 064404, Hebei, China)

Abstract: Flatness detection is the basis and key to improving flatness quality. To ensure that the strip surface is not scratched, a seamless flatness meter is developed. Because of the structure particularity of the seamless flatness meter, when a certain channel is pressed, a significant interference signals in the adjacent channel will be found, which causes the flatness detection error and needs to be eliminated by decoupling. To solve this problem, a channel coupling concept and an influence matrix model are firstly proposed by mechanics analysis. Then the entries of the influence matrix are obtained through calibration experiments. Finally, the interferences among channels are eliminated using the decoupling equation. The simulation experiment and industrial application prove that the theory and method proposed can effectively improve the accuracy of the flatness detection and control.

① 钢铁，2019，54(11)：63-68.

Key words: Cold rolling strip; Seamless flatness meter; Channel coupling; Influence coefficient; Decoupling equation

板形检测是板形反馈控制和提高板形质量的基础和关键，板形仪是生产高级冷轧带材和实现生产过程智能化必备的高端仪器设备[1-5]。长期以来，板形仪在国际上被少数大公司所垄断[6-8]。近年来，中国在冷轧带材板形仪的研究方面取得重要进展，自主研制了整辊式板形仪[9-13]，工业应用取得良好效果。整辊式板形仪可有效避免带材表面划伤，但在实验室调试标定和工业应用中发现，在某一通道受压力时不仅会对该通道信号产生作用，还会对邻近通道信号产生显著干扰，引起板形检测误差，因此需要对其进行解耦处理。目前，国际上尚未见到关于这一问题的研究。为解决这一问题，本文首先对整辊式板形仪进行力学分析，提出了通道耦合的概念和影响矩阵模型，然后通过标定试验获得影响矩阵的具体数值，最终通过解耦方程消除通道间的相互干扰。仿真试验和工业应用证明，本文提出的理论和方法可显著提高板形检测和控制精度。

1　整辊式板形仪通道耦合机理和数学模型

1.1　整辊式板形检测辊结构与检测原理

工业上应用的冷轧带材板形仪按结构形式可分为分片式（分段式）、探针式、整辊式等几种[14]，其中燕山大学研制的整辊式板形辊如图 1 所示。在板形检测辊内部靠近表面处，沿轴向加工 2～4 个细长孔，在孔内安装一系列传感器，每个传感器轴向宽度为 26 mm。与探针式板形检测辊螺旋布置传感器不同的是，这种板形辊安装孔数量少，传感器沿直线紧邻布置，可同时检测带材同一个横断面上的板形，即保证板形检测的同步性。但由于传感器紧邻布置，相邻通道会有显著干扰或耦合，给信号处理提出新的课题。

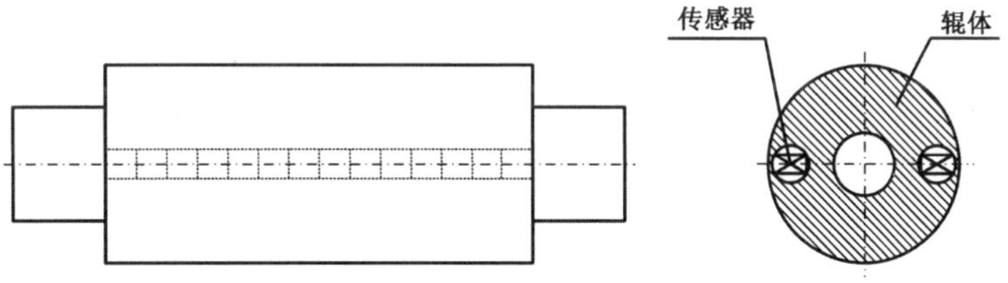

图 1　整辊式板形检测辊结构

Fig. 1　Structure diagram of seamless flatness meter

板形检测原理如图 2 所示，带材在张力作用下以一定的包角通过板形检测辊，在检测辊上产生径向压力。设带材绕过检测辊包角为 2θ，板形检测辊轴向共有 n 个检测通道，第 i 个通道受径向压力为 F_i，相应的带材张力为 T_i，则可通过式(1)计算板形分布[15]。

$$S_i = -\frac{1-\upsilon^2}{E} \cdot \frac{F_i - \overline{F}}{\overline{F}} \cdot \frac{T}{hB} \qquad (1)$$

式中：S_i 为板形分布；E、υ 分别为带材的弹性模量和泊松比；T 为带材总张力；B 为带材宽度；h 为带材厚度；$\overline{F}$ 为检测辊各通道的平均径向压力。

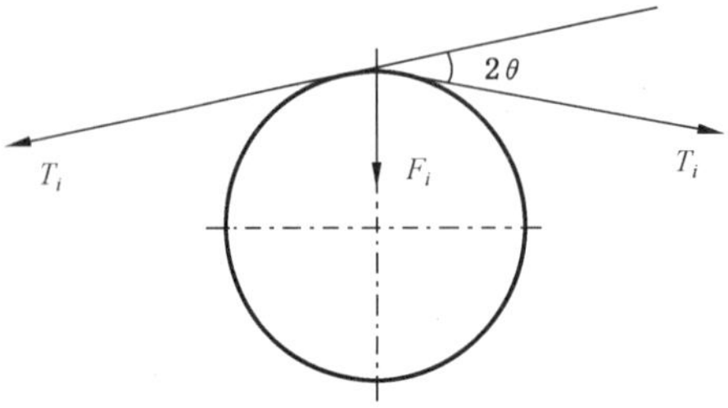

图 2　板形检测原理

Fig. 2　Principle of flatness detection

1.2　整辊式板形检测辊通道耦合和解耦方程

整辊式板形检测辊的内部结构和通道耦合机理如图 3 所示。每个轴向孔内的压力传感器共有 n 个，第 j 个传感器宽度即通道宽度为 b_j。当检测辊表面受到压力时，会通过外壁的弹性变形将压力传递到传感器产生相应的信号，从而感知压力的大小。由于整辊式板形仪的辊面是连续的整体，根据接触力学理论[16]，当第 j 通道辊面受到压力 F_j 时，不仅会引起该通道外壁产生弹性变形，还会使其他通道外壁也产生弹性变形。换言之，当只有第 j 通道辊面受力时，不仅该通道传感器能检测出力的大小，其他通道传感器也会耦合出受力信号。当辊面全部受到径向压力时，每个通道传感器检测到的力信号，不仅包含该通道辊面力的作用，而且也包含其他通道辊面力的作用，这就是通道干扰或耦合。

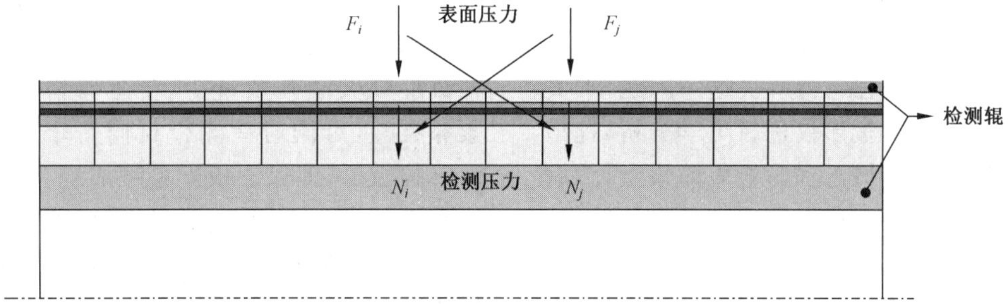

图 3　通道耦合机理

Fig. 3　Schematic diagram of channel coupling mechanism

当第 j 通道辊面受到单位压力 F_j 时，第 i 通道传感器由于上述干扰或耦合机制感知到的力 N_{ij} 为

$$N_{ij}=\beta_{ij}F_j \tag{2}$$

式中：β_{ij} 为第 j 通道对第 i 通道的影响系数或耦合系数，规定当 $i=j$ 时其数值为 1。

当板形检测辊辊面上完全覆盖带钢时，各通道均存在相互影响或耦合，则任意通道总的力信号为

$$N_i=\sum_{j=1}^{n}N_{ij}=\sum_{j=1}^{n}(\beta_{ij}F_j) \tag{3}$$

写成矩阵形式为

$$\begin{bmatrix}N_1\\N_2\\\vdots\\N_{n-1}\\N_n\end{bmatrix}=\begin{bmatrix}\beta_{11}&\beta_{12}&\cdots&\beta_{1(n-1)}&\beta_{1n}\\\beta_{21}&\beta_{22}&\cdots&\beta_{2(n-1)}&\beta_{2n}\\\vdots&\vdots&&\vdots&\vdots\\\beta_{(n-1)1}&\beta_{(n-1)2}&\cdots&\beta_{(n-1)(n-1)}&\beta_{(n-1)n}\\\beta_{n1}&\beta_{n2}&\cdots&\beta_{n(n-1)}&\beta_{nn}\end{bmatrix}\begin{bmatrix}F_1\\F_2\\\vdots\\F_{n-1}\\F_n\end{bmatrix} \tag{4}$$

再简写为

$$\overline{N}=\overline{B}\,\overline{F} \tag{5}$$

式中：$\overline{N}$ 为各通道检测到的力向量；$\overline{B}$ 为影响矩阵或耦合矩阵（方阵），其对角线系数为 1；$\overline{F}$ 为各通道辊面实际受到的力向量。

式(3)～式(5)称为板形检测耦合方程。由式(5)可得各通道辊面实际受到的力向量为

$$\overline{F}=(\overline{B})^{-1}\overline{N} \tag{6}$$

式(6)称为板形检测解耦方程。

2　影响系数标定和工业应用

耦合矩阵中影响系数的获得方法有 3 种。一是通过弹性力学与接触力学理论进行解析计算，这种计算方式一般需要将板形辊假设为半无限体，但实际的板形辊内部存在一个通长的传感器安装孔，与半无限体的假设存在较大出入。二是通过有限元理论精确建模，然后定量计算每个通道的影响系数，这种方法的计算精度高于第一种方法，但是无法考虑到传感器安装孔的加工误差、传感器轴向位置的安装误差、不同传感器安装过盈量的偏差、各个传感器灵敏度偏差等影响因素。三是进行标定试验，在试验方法科学合理的前提下，这种方法得到的影响系数是最精确的。

2.1　影响系数的试验标定

影响系数的数值可通过板形仪试验标定获得。板形仪标定装置如图 4 所示，标定力学模型如图 5 所示，板形检测辊受到的径向压力（标定力）F 为

$$F=\frac{m_1 g l_2+mgl}{l_1} \tag{7}$$

式中：m 为砝码质量；m_1 为加载杆和压轮的质量；g 为重力加速度；l、l_1、l_2 分别为相应的力臂长度。

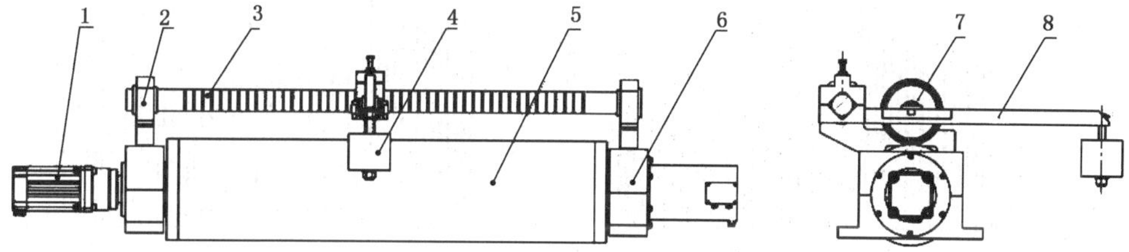

1—电机；2—支架；3—横梁；4—标定砝码；5—检测辊；6—轴承座；7—压轮；8—加载杆。

图 4　板形检测辊标定装置

Fig. 4　Schematic diagram of seamless flatness meter calibration device

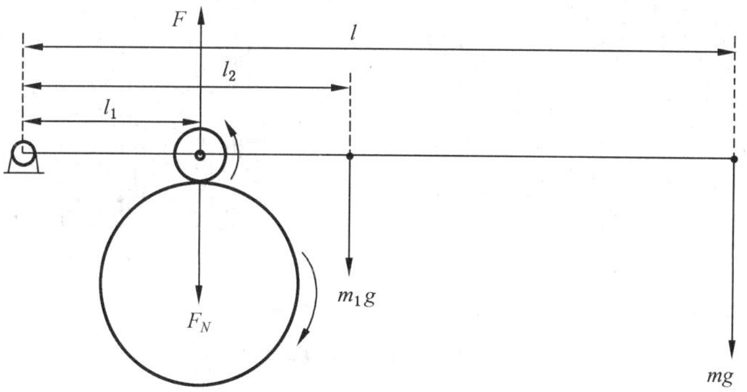

图 5　标定力学模型

Fig. 5　Mechanical relationship in calibration process

通过标定装置对某 1 450 mm 带钢冷轧机板形仪的 57 个通道进行了标定。标定发现，当对某一通道施加标定力时，不仅对该通道信号产生作用，而且对其左、右相邻通道信号都存在明显影响，影响系数范围为 0.08～0.22，均值约为 0.15；对其左二与右二通道的影响很小，影响系数约为 0.008；对其余通道的影响几乎为 0。因此，实际应用计算时可以只考虑相邻通道的相互影响，忽略其他通道的相互影响。

为提高耦合矩阵中影响系数的测量精度，上述标定试验需采用不同质量的砝码重复进行 3 次，耦合矩阵中的每个影响系数均取 3 次试验结果的平均值作为最终结果。此外，由接触力学理论可知，如果其他条件相同，并且施加载荷在弹性范围内时，影响系数的大小与施加载荷的大小是没有关系的，但与压轮宽度有一定关系。如果压轮宽度无穷小时，相当于在单通道施加了集中力，如果压轮宽度与通道宽度相同时，相当于在一个通道上施加了均布力。实际生产过程中带材对各个通道是完全覆盖的，因此从接近生产实际的角度出发，压轮宽度应该与通道宽度完全相等，即为 26 mm。但进行标定试验时，很难保证压轮的左、右边缘刚好与一个通道的左、右边缘完全重合，所以实际采用的压轮宽度为 25 mm。最终的影响系数 $\beta_{(i-1)i}$（$i=2\sim57$）、$\beta_{(i+1)i}$（$i=1\sim56$）、$\beta_{(i-2)i}$（$i=3\sim57$）与 $\beta_{(i+2)i}$（$i=1\sim55$）的标定结果如图 6 所示。

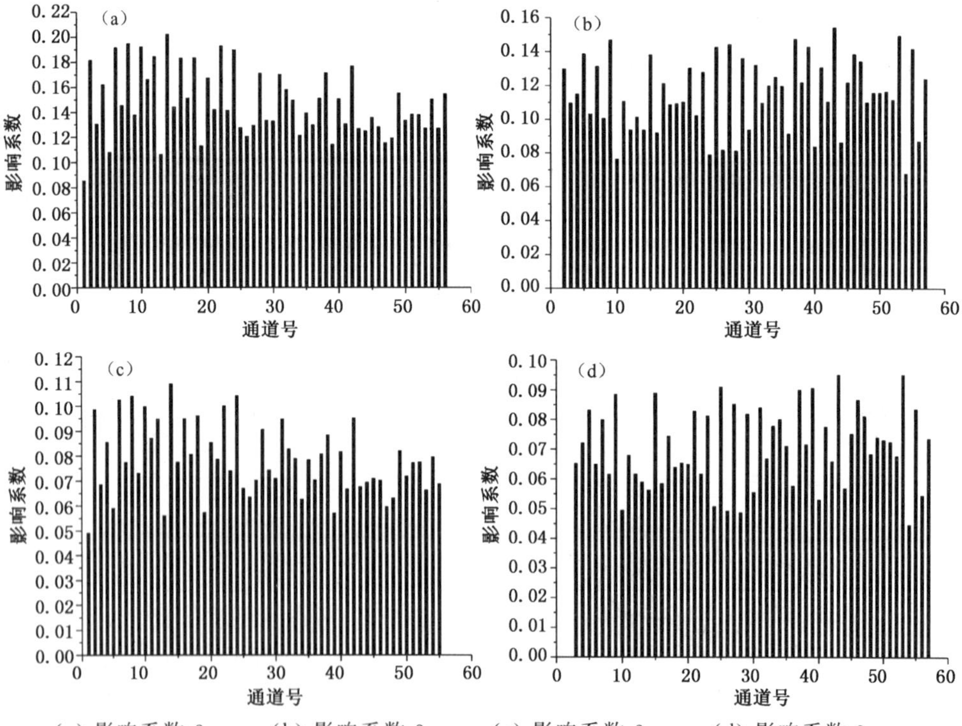

(a) 影响系数 $\beta_{(i-1)i}$；(b) 影响系数 $\beta_{(i+1)i}$；(c) 影响系数 $\beta_{(i-2)i}$；(d) 影响系数 $\beta_{(i+2)i}$

图 6　影响系数的标定结果

Fig. 6　Calibration results of influence coefficients

由图 6 可知，不同通道的影响系数大小存在一定程度的波动。造成这种波动的原因是多方面的，主要影响因素包括：传感器安装孔存在加工误差；传感器轴向位置存在安装误差；不同传感器安装过盈量存在误差；各个传感器的灵敏度不完全一致。因此，完全从理论上精确计算影响系数非常困难，而通过标定试验可以相对容易得到真实的结果。

2.2　不同分布力时板形对比

在生产实际中，通常会将板形分布分解为 4 次多项式，由式(1)可知，带材对板形辊相应的力分布也可分解为 4 次多项式。本节将分析不同分布力时解耦操作对板形测量精度的影响。各种分布力的表达式为

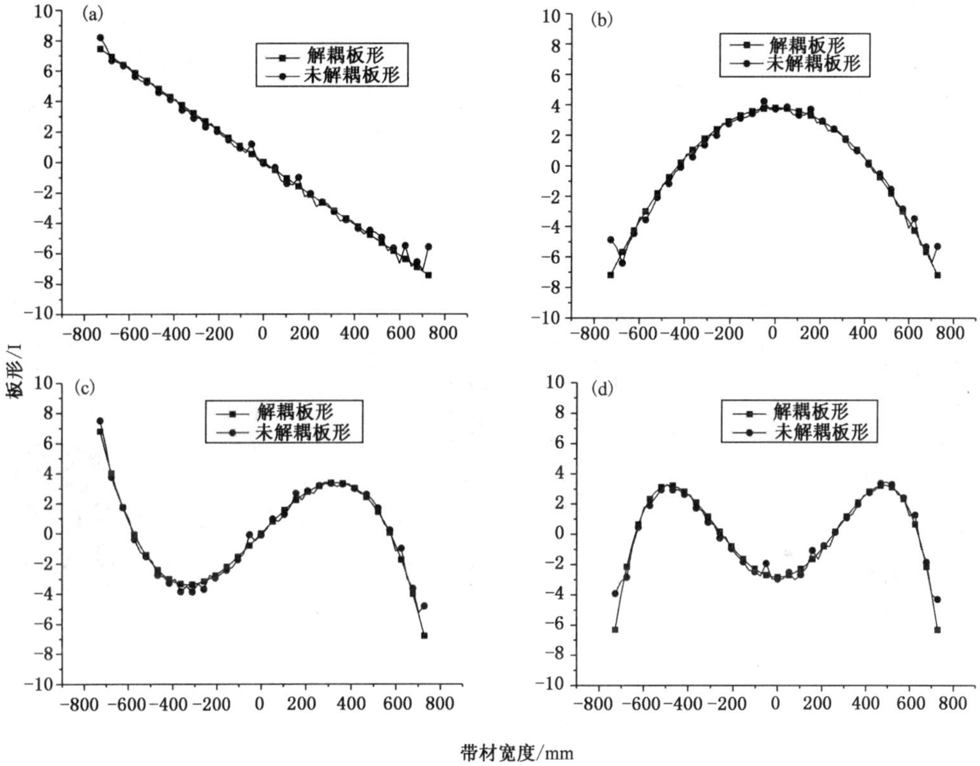

(a) 一次分布；(b) 二次分布；(c) 三次分布；(d) 四次分布。

图 7　不同分布力时板形对比

Fig. 7　Comparison of flatness with different distribution pressures

$$\begin{cases} p_1 = 50 + 25\bar{y} \\ p_2 = 50 + 25(3\bar{y}^2 - 1)/2 \\ p_3 = 50 + 25(5\bar{y}^3 - 3\bar{y})/2 \\ p_4 = 50 + 25(35\bar{y}^4 - 30\bar{y}^2 + 3)/8 \end{cases} \tag{8}$$

式中：$p_1 \sim p_4$ 分别为各次分布力，N/mm；$\bar{y}$ 为归一化坐标，在辊身轴向中心点为 0，变化范围为[−1,1]。

在上述分布力作用下，解耦前、后的板形对比如图 7 所示。由图可知，不同分布力作用下解耦板形与未解耦板形的主要区别有两点。一是未解耦板形沿带材宽度方向整体存在约±0.5 I 的波动，造成板形波动的原因是由于上节所述影响系数存在波动，如果传感器灵敏度完全一致，加工与安装过程完全是理想状态的话，则不会存在这种波动。通过通道解耦则可将上述因素对检测精度的影响完全

消除。二是边部两通道的未解耦板形比解耦板形大 2 I 左右，即造成 2 I 左右的附加双边浪。如果实际轧制过程中不对板形仪检测结果进行解耦，则上述两点均会造成检测误差，最终影响板形控制的精度。

2.3 通道解耦与工业应用

仍以 1 450 mm 带钢冷轧机板形仪为例，该轧机后步工序为连续退火，因此希望目标板形具有一定的微中浪趋势。轧制 1 000 mm 宽度带钢时解耦与不解耦的板形检测结果如图 8 所示，两种情况下控制的实物板形如图 9 所示。可见，解耦检测的板形与目标板形非常接近，已经进入板形控制的死区，不再调整弯辊力，控制的实物板形良好。未解耦检测的板形呈明显的边中浪状态，控制系统会加大弯辊力，控制的实物板形呈较大中浪。

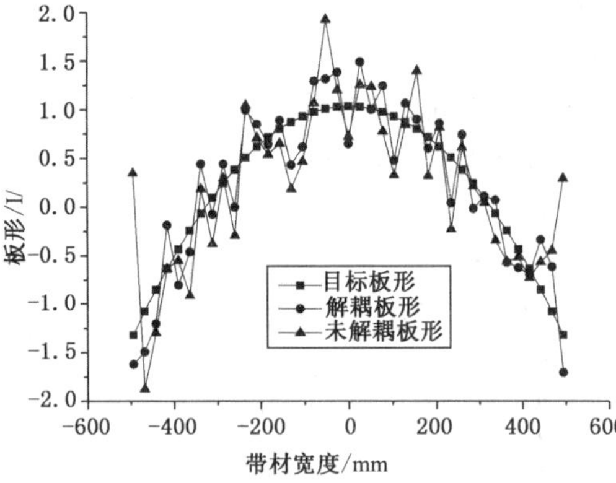

图 8 板形检测结果对比

Fig. 8 Comparison of flatness detection results

(a) 解耦检测控制的实物板形

(b) 未解耦检测控制的实物板形

图 9 解耦与未解耦检测时控制的实物板形对比

Fig. 9 Controlled actual flatness of decoupling and undecoupling detection

3 结论

(1) 本文提出了整辊式板形仪通道耦合和解耦的概念和数学模型，为板形精确检测研究开辟了新途径，提供了新方法。

(2) 整辊式板形辊在某一通道辊面受压时不仅会对该通道信号产生作用，还会对邻近通道信号产生显著干扰，引起板形检测误差，需要对其进行解耦处理，消除影响误差。

(3) 对某 1 450 mm 冷轧机板形仪的标定表明，当对某一通道施加标定力时，对其左、右相邻通道信号存在明显影响，影响系数约为 0.15；对其左二与右二通道影响很小，影响系数约为 0.008；对其他通道的影响几乎为零。

(4) 对某 1 450 mm 冷轧机板形检测辊施加不同分布力时，未解耦板形与解耦后板形相比存在一定程度的波动，两边部存在 2 I 左右的双边浪。

(5) 对某 1 450 mm 冷轧机板形检测与控制的工业应用证明，如果不进行检测解耦，将导致检测板形与实际板形明显不符，控制的板形明显不良；进行检测解耦后，可使检测板形与实际板形一致，控制的板形良好。

参考文献

[1] 胡建军，文杰，于孟，等. DR9镀锡板板形控制技术研究与应用[J]. 中国冶金，2018，28(6)：37.（HU Jian-jun，WEN Jie，YU Meng，et al. Research and application of flatness control on DR9 tinplate[J]. China Metallurgy，2018，28(6)：37.）

[2] 何小丽，王崇. 冷轧机组闭环板形控制策略研究[J]. 冶金自动化，2018，42(2)：44.（HE Xiao-li，WANG Chong. Study on closed-loop shape control strategy of cold colling[J]. Metallurgical Industry Automation，2018，42(2)：44.）

[3] 张维召. 邯钢2 180 mm酸轧机组板形控制研究[J]. 轧钢，2018，35(1)：82.（ZHANG Wei-zhao. Study on strip shape control technology of 2 180 mm picking and tandem cold mill of Hansteel[J]. Steel Rolling，2018，35(1)：82.）

[4] 刘相华，赵启林，黄贞益. 人工智能在轧制领域中的应用进展[J]. 轧钢，2017，34(4)：1.（LIU Xiang-hua，ZHAO Qi-lin，HUANG Zhen-yi. Prospect of artificial Intelligent application in rolling[J]. Steel Rolling，2017，34(4)：1.）

[5] 李铁. 本钢FTSR薄规格带钢板形控制与精度提高[J]. 轧钢，2018，35(4)：90.（LI Tie. Improvement of thin gauge strip shape in FTSR line of Benxi Steel[J]. Steel Rolling，2018，35(4)：90.）

[6] 徐利璞，尤磊，王大号，等. ABB板形仪在冷轧带钢生产中的应用[J]. 中国冶金，2014，24(1)：23.（XU Li-pu，YOU Lei，WANG Dahao，et al. Application of ABB shape meter in cold-strip steel production[J]. China Metallurgy，2014，24(1)：23.）

[7] 梁勋国，矫志杰，王国栋，等. 冷轧板形测量技术概论[J]. 冶金设备，2006(6)：36.（LIANG Xun-guo，JIAO Zhi-jie，WANG Guodong，et al. The technology of flatness measurement in cold rolling[J]. Metallurgical Equipment，2006(6)：36.）

[8] 陈丽娟，韩斌，谭文，等. 带钢板形检测与控制技术现状及趋势[J]. 轧钢，2012，29(4)：38.（CHNE Li-juan，HAN Bin，TAN Wen，et al. technology status and trend of shape detecting and shape controlling of rolled strip[J]. Steel Rolling，2012，29(4)：38.）

[9] WANG Dong-cheng，LIU Hong-min，LIU Jun. Research and development trend of shape control for cold rolling strip[J]. Chinese Journal of Mechanical Engineering，2017，30(5)：1.

[10] 刘宏民，刘军，于丙强，等. 带钢冷轧机整辊无线式板形仪和智能板形控制系统[J]. 机械工程学报，2017，53(12)：87.（LIU Hongmin，LIU Jun，YU Bing-qiang，et al. Entire roller wireless shape meter and intelligent shape control system for cold steel strip mills[J]. Journal of Mechanical Engineering，2017，53(12)：87.）

[11] 刘宏民，于丙强，杨利坡，等. 整辊镶块智能型冷轧带钢板形仪的研制与工业应用[J]. 钢铁，2011，46(12)：86.（LIU Hong-min，YU Bing-qiang，YANG Li-po，et al. Development of cold strip shape meter with entire roller inlayed block intelligence and its industrial application[J]. Iron and Steel，2011，46(12)：86.）

[12] 刘宏民，于丙强，杨利坡，等. 一种用于冷轧带材板形仪的紧凑无线内嵌式信号处理器：中国，CN105005287A[P]. 2015-10-28.（LIU Hong-min，YU Bing-qiang，YANG Li-po，et al. A type of eeamless and embedded signal processor used for shapemeter：China，CN105005287A[P]. 2015-10-28.）

[13] 于华鑫，王东城，刘宏民. 冷轧带材板形辊传动方案设计[J]. 钢铁，2019，54(7)：56.（YU Hua-xin，WANG Dong-cheng，LIU Hong-min. Electric drive scheme design of flatness meter for cold rolling strip[J]. I-

ron and Steel,2019,54(7):56.)

[14] 连家创,刘宏民. 板厚板形控制[M]. 北京:兵器工业出版社,1996.(LIAN Jia-chuang,LIU Hong-min. Thickness control and shape control[M]. Beijing: Weapons Industry Press,1996.)

[15] 中华人民共和国国家质量监督检验检疫总局. GB/T 34902—2017 冷轧带材接触式板形仪[S]. 北京:中国标准出版社,2017.(General Administration of Quality Supervision, Inspection and Quarantine of the People's Republic of China. GB/T 34902—2017 Contact shapemeter for cold rolling strip [S]. Beijing: China Standards Press,2017.)

[16] Johnson K L. Contact mechanics[M]. Cambridge:Cambridge University Press,1985.

Compensation Model for Shape Measuring of Cold Strip Rolling①

Yu Bingqiang, Sun Yabo, Liu Hongmin, You Lei, Peng Yan
(Engineering Research Center of Rolling Equipment and Complete Technology of Ministry of Education, Yanshan University, Qinhuangdao 066004, Hebei, China)

Abstract: Some unavoidable factors in the process of cold strip shape measurement interfere with the shape meter, so the shape measuring results can not reflect the true shape of the strip and the measuring precision is low. The influences of the measuring error of the strip edges, the transverse temperature difference of the strip, the deflection of shape detection roller, and the shape of the strip coil on the shape measuring results were analyzed in detail, and the corresponding compensation models were established. The simulation calculation and analysis were carried out on a cold strip mill, and a number of disciplinarian cognitions were obtained.

Key words: Cold strip rolling; Shape measuring; Compensation model

During cold strip rolling, the additional stresses are generated in the rolled strip owing to the existence of some interferers, so the online shape is changed, and the shape measuring results cannot accurately reflect the true shape of the strip. After the strip with good online shape is offline, the shape is becoming bad, so the precision of shape measuring should be ensured through compensation for these interferes. The experiential models for compensating various additional stresses are given in Ref. [1], and their precision depends on the compensation coefficients and is difficult to be ensured. In this study, the influences of the measuring error of the strip edges, the transverse temperature difference of the strip, the deflection of shape detection roller, and the shape of the strip coil on the shape measuring results were analyzed in detail, and corresponding compensation models were established. Finally, the simulation calculation and analysis were carried out on a 1 050 HC cold mill of Hengshui sheet Inc of Handan Iron and Steel Co as an example, and a number of disciplinarian cognitions were obtained.

① Journal of Iron and Steel Research, International, 2010, 17(6): 21-26.

1 Compensation Models for Shape Measuring

1.1 Compensation model for measuring error of strip edges

When the width of the strip is not equal to the effective measuring width of the shape detection roller, a portion of the limbic measuring unit of the shape detection roller is covered by the strip edges. The tensile stress of the strip calculated according to the conventional arithmetic is less than the true tensile stress of the strip, and the compensation should be done on the limbic shape measuring results.

As shown in Fig. 1, the stress of the strip by which the measuring unit of the shape detection roller is covered is assumed to be T_i, and it can be obtained according to the pressure acting on the measuring unit of the shape detection roller by the strip, P_i, as follows:

$$T_i = \frac{P_i}{2\sin\dfrac{\theta}{2}} \tag{1}$$

where θ is the rounding angle, that is, the size of the shape detection roller circle covered by the strip.

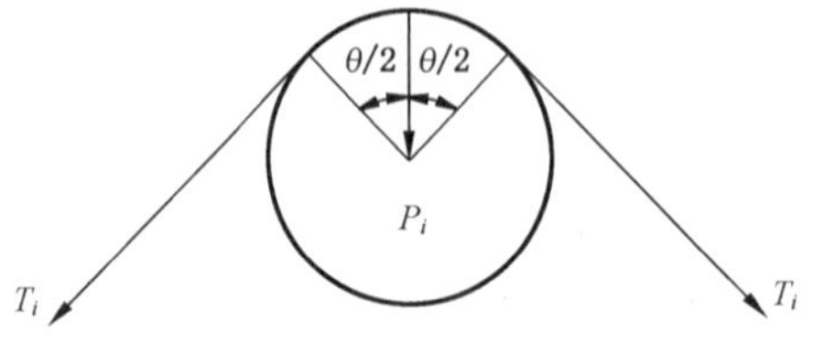

Fig. 1 Mechanical model of measuring unit of shape detection roller

When the measuring units of the shape detection roller are completely covered by the strip, the tensile stress of the strip $\sigma_m(i)$ is

$$\sigma_m(i) = \frac{T_i}{bh} \quad i = 2, 3, \cdots, n-1 \tag{2}$$

where b is the width of the measuring unit of the shape detection roller; and h is the thickness of the strip.

For the strip edges, the limbic measuring units of the shape detection roller are not always covered by the strip completely. Thus, the tensile stresses of the strip edges should be calculated according to the actual width of measuring unit of the shape detection roller covered by the strip edges, there is

$$\sigma_m(i) = \frac{T_i}{b_s h} \quad i = 1, n \tag{3}$$

where b_s is the actual width of the limbic measuring unit of the shape detection roller covered by the strip edges.

1.2 Compensation model for transverse temperature difference of strip

During cold strip rolling, the transverse distribution of the thermal elongation of strip is uneven because the temperature difference exists along the strip width direction, so the thermal stress is generated. The compensation of the transverse temperature difference of the strip should be done on the shape measuring results[2-3].

The transverse distribution of the measured or calculated strip temperature $t(y)$ can be expressed as the quartic polynomial

$$t(y) = t^0 + t^2 y^2 + t^4 y^4 \tag{4}$$

where, t^0, t^2, t^4 are fitting coefficients.

The compensation quantity caused

by the transverse temperature difference of the strip, i. e., the thermal stress that should be subtracted from the shape measuring results, $\sigma_t(y)$, can be obtained

$$\sigma_t(y)=\alpha_t \cdot E \cdot [\bar{t}-t(y)] \quad (5)$$

where, α_t is the linear expansion coefficient of the strip; E is the elastic modulus of the strip; and $\bar{t}$ is the average value of $t(y)$ across the strip width B.

1.3 Compensation model for deflection of shape detection roller and shape of strip coil

During shape measuring, the shape detection roller is pressed by the strip. The deflection of shape detection roller occurs, and the upper surface of the shape detection roller shows the concave state. Then, the transverse distribution of the elongation of the strip is changed and the additional stress is generated. At the same time, the transverse distribution of the tensile stress of the strip is changed. Thus, the transverse distribution of pressure measured by shape meter is not transformed from the forward tension which reflects the true shape, and the measuring error is formed. Thus, the compensation of the shape detection roller deflection should be done on the shape measuring results.

After the rolled strip with crown is coiled, the crown of the strip coil is formed, and the outside radiuses of the strip coil are not equal along the strip width direction. Thus, the transverse distribution of the elongation of the strip is changed, and the additional stress is generated. In the meanwhile, the transverse distribution of the tensile stress of the strip is changed, and the measuring error is formed. The compensation of the shape of the strip coil should also be done on the shape measuring results.

After the tensile stresses are measured by the shape meter, its transverse distribution $\sigma_m(y)$ is expressed

$$\sigma_m(y)=b_0+b_2y^2+b_4y^4 \quad (6)$$

where b_0, b_2, and b_4 are fitting coefficients.

1.3.1 Calculation of shape detection roller deflection

The shape detection roller deflection is calculated with the influence coefficient method[4-5]. The mechanical model is shown in Fig. 2.

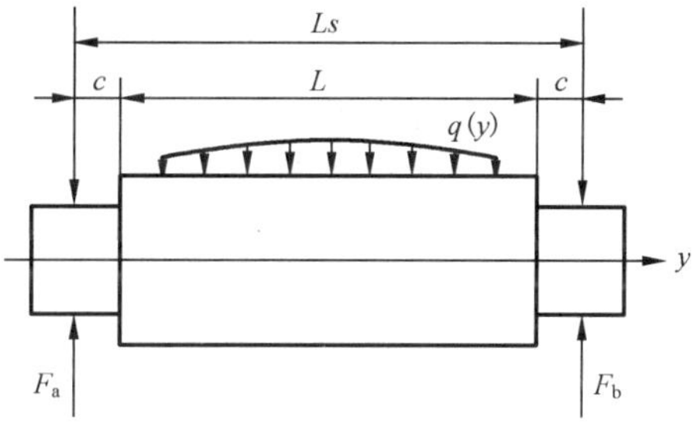

Fig. 2 Mechanical model of shape detection roller

The transverse distribution of the unit width contact pressure acting on the shape detection roller $q(y)$ is obtained as follows:

$$q(y)-2\sigma_m(y)h(y)\sin\frac{\theta}{2} \quad (7)$$

where $h(y)$ is the transverse distribution of the strip thickness.

It is assumed that n units (measuring units) of the shape detection roller are covered by the strip. And $q(y)$ and the strip are also divided into the same units. The deflection of the ith unit of the shape detection roller, i. e., the deflection in the point y_i caused by all the unit width contact pressures q_j $(j=1,2,\cdots,n)$ can be obtained

$$f_i=\sum_{j=1}^{n}\alpha_{ij}bq_j \quad (i=2,\cdots,n-1) \tag{8}$$

$$f_i=\sum_{j=1}^{n}\alpha_{ij}b_s q_j \quad (i=1,n) \tag{9}$$

where α_{ij} is the bending influence coefficient of the shape detection roller.

1. 3. 2 Calculation of outside radius of strip coil

Because the axial stress of the strip coil is very small, which can be divided into n small strip coils along the axial direction according to the measuring units of the shape detection roller, and the iteration of layer by layer[6-7] is taken to calculate the outside radius of the strip coil.

During coiling, the radial displacement of the ith small strip coil u_i can be expressed as

$$u_i=\frac{r_i}{E}\left[\sigma_{0i}+(1-\nu)p_{i,j}+r_i\frac{\mathrm{d}p_{i,j}}{\mathrm{d}r_i}\right]$$
$$(i=1,2,\cdots,n;j=1,2,\cdots,m) \tag{10}$$

where σ_{0i} is the coiling tensile stress of the ith small strip coil; $p_{i,j}$ is the inner radial pressure of the jth layer strip of the ith small strip coil; ν is the Poisson coefficient of strip; r_i is the coiling radius of the ith small strip coil; and m is the number of layers of the strip coil. For calculating, $\mathrm{d}r_i$ is set to be equal to h_i, where h_i is the strip thickness of the ith small strip coil, and $\mathrm{d}p_{i,j}$ is the radial pressure difference between the inside and outside surfaces of the jth layer strip of the ith small strip coil.

When coiling the $(j-1)$th layer strip, the radial displacement of the kth layer strip of the ith small strip coil $u_{i,k,j-1}$ can be expressed as

$$u_{i,k,j-1}=\frac{r_{i,k,j-1}}{E}\left[\sigma_{0i}+(1-\nu)p_{i,k,j-1}+r_{i,k,j-1}\frac{p_{i,k+1,j-1}-p_{i,k,j-1}}{h_{i,k,j-1}}\right]$$
$$(k=1,2,\cdots,j-1) \tag{11}$$

In the same way, when coiling the jth layer strip, the radial displacement of the kth layer strip of the ith small strip coil $u_{i,k,j}$ can be obtained

$$u_{i,k,j}=\frac{r_{i,k,j}}{E}\left[\sigma_{0i}+(1-\nu)p_{i,k,j}+r_{i,k,j}\frac{p_{i,k+1,j}-p_{i,k,j}}{h_{i,k,j}}\right]$$
$$(k=1,2,\cdots,j-1) \tag{12}$$

where $r_{i,k,j}$, $h_{i,k,j}$ are the coiling radius and the strip thickness of the kth layer strip of the ith small strip coil, respectively, when coiling the jth layer strip; $p_{i,k,j}$, $p_{i,k+1,j}$ are the radial pressure of the inside and outside surfaces of the kth layer strip of the ith small strip coil, respectively, when coiling the jth layer strip.

Therefore, the radial displacement increment of the kth layer strip of the ith small strip coil for a period of coiling time from the $(j-1)$th layer strip to the jth layer strip can be expressed as

$$\Delta u_{i,k,j}=u_{i,k,j}-u_{i,k,j-1} \tag{13}$$

Eqn. (11) and Eqn. (12) are combined with Eqn. (13), and $p_{i,k,j}$ can be obtained from Eqn. (14).

$$p_{i,k,j}=\frac{1}{(1-\nu)\dfrac{r_{i,k,j}}{E}-\dfrac{r_{i,k,j}^{2}}{Eh_{i,k,j}}}\left[\Delta u_{i,k,j}+u_{i,k,j-1}-\frac{r_{i,k,j}}{E}\left(\sigma_{0i}+r_{i,k,j}\frac{p_{i,k+1,j}}{h_{i,k,j}}\right)\right]\tag{14}$$

It can be seen that $r_{i,k,j}$ and $p_{i,k,j}$ can be obtained, synchronously. Then, when coiling the jth layer strip, the outside radius of the ith strip coil R_{Dj} can be expressed as

$$R_{Dj}(i)=r_{i,j,j}\quad(i=1,2,\cdots,n;j=1,2,\cdots,m)\tag{15}$$

1.3.3 Calculation of compensation quantity caused by deflection of shape detection roller and shape of strip coil

The additional stress caused by the deflection of shape detection roller and the strip coil is acting on a section of the strip from the mill exit to the coiler and the outermost layer strip of the strip coil. It is assumed that the strip is always contacting with the upper surface of the shape detection roller under σ_m during coiling, the longitudinal profile figure of the ith unit is shown in Fig. 3.

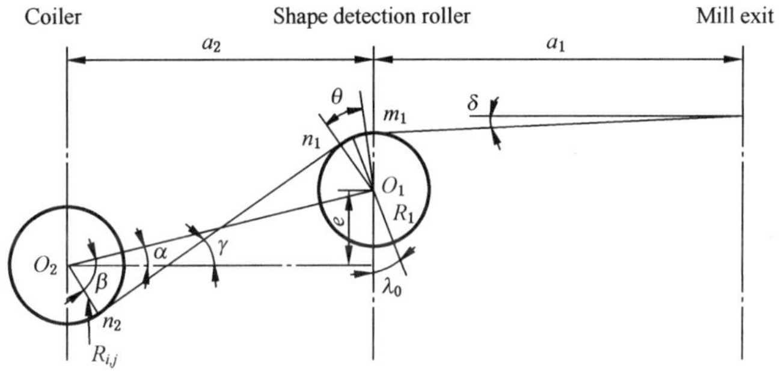

Fig. 3 Longitudinal profile of the ith unit

After the shape detection roller is bended, the geometric relationships in Fig. 3 are as follows:

$$\alpha=\arctan\frac{e}{a_2}=\arctan\frac{e_0-f_i\cos\lambda_0}{a_{20}+f_i\sin\lambda_0}\tag{16}$$

$$\beta=\arccos\frac{[R+R_{Dj}(i)]\sin\alpha}{e_0-f_i\cos\lambda_0}\tag{17}$$

$$\gamma=\frac{\pi}{2}-(\beta-\alpha)\tag{18}$$

$$\delta=\arctan\frac{f_i\cos\lambda_0}{a_{10}-f_i\sin\lambda_0}\tag{19}$$

$$\theta=\gamma-\delta\tag{20}$$

where e_0, a_{10}, and a_{20} are the center distances before the shape detection roller is bended; e, a_1, and a_2 are the center distances after the shape detection roller is bended; and R is the outside radius of the shape detection roller.

When coiling the jth layer strip, for the ith unit, the length of the strip from the mill exit to the coiler and the outermost layer strip of the strip coil $l_j(i)$ is expressed as

$$l_j(i)=\theta R+[R+R_{Dj}(i)]\tan\beta+\frac{a_{10}-f_i\sin\lambda_0}{\cos\delta}+R\tan\delta+2\pi R_{Dj}(i)\tag{21}$$

The average length of $l_j(i)$ across the strip width B, $\overline{l_j}$, is obtained

$$\overline{l_j}=\frac{\sum_{i=1}^{n}l_j(i)}{n} \tag{22}$$

The influence of the deflection of shape detection roller and the shape of the strip coil on the tensile strain of the strip $\Delta\varepsilon_j(i)$ is obtained

$$\Delta\varepsilon_j(i)=\frac{l_j(i)-\overline{l_j}}{\overline{l_j}} \tag{23}$$

According to the planar deformation theory, the influence of the deflection of shape detection roller and the shape of the strip coil on the tensile stress of the strip $\Delta\sigma_j(i)$ is obtained

$$\Delta\sigma_j(i)=\frac{E}{1-\nu^2}\Delta\varepsilon_j(i)$$

$$(i=1,2,\cdots,n;j=1,2,\cdots,m) \tag{24}$$

When coiling the jth layer strip, the compensation quantity caused by the shape detection roller deflection and the shape of the strip coil, i. e., the tensile stress that should be subtracted from the shape measuring results $\sigma_{sj}(y)$, can be expressed as

$$\sigma_{sj}(i)=\Delta\sigma_j(i)$$

$$(i=1,2,\cdots,n;j=1,2,\cdots,m) \tag{25}$$

When coiling the jth layer strip, σ_t and σ_{sj} are subtracted from the shape measuring results σ_m, and the true shape stress $\sigma(i)$ can be expressed as

$$\sigma(i)=\sigma_m(i)-\sigma_t(i)-\sigma_{sj}(i)$$

$$(j=1,2,\cdots,m) \tag{26}$$

2 Simulation Calculation and Analysis

According to the measuring results of the shape measuring system of Hengshui sheet Inc of Handan Iron and Steel Co, the simulation calculation and analysis are done. The width B and the thickness h of the strip are 890 and 2 mm, respectively, and the crown of the strip is 20 μm. The calculation parameters are shown in Table 1.

Table 1 Calculation parameters mm

Outside radius of shape detection roller	200
Inside radius of shape detection roller	135
Outside radius of coiler	300
Inside radius of coiler	158

When the compensation for the limbic measuring results is done, first of all, the positions of the strip edges are detected by the position sensor, and then, the actual width of the limbic measuring unit of the shape detection roller covered by the strip is calculated according to the strip width. Finally, the true tensile stresses of the strip edges are obtained according to Eqn. (3).

2.1 Calculation of compensation quantity caused by transverse temperature difference of strip

The transverse discrete values of $t(y)$ are measured by the intelligent temperature apparatus, then they are fitted into the distribution curve according to Eqn. (4). The transverse temperature difference is about 10 ℃, as shown in Fig. 4(a). σ_t is calculated and shown in Fig. 4(b). It can be seen that the online shape stress curve appears to be a parabola, and at the center of the strip, the stress is the lowest. Thus, there is trend that makes the strip form centre waves.

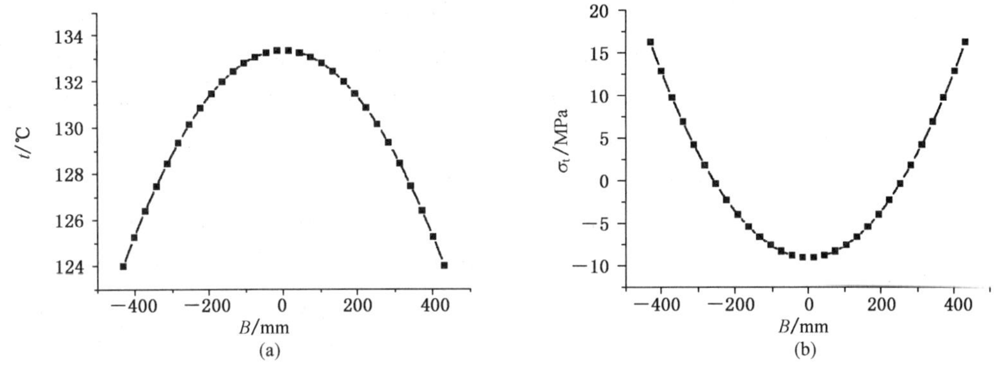

(a) Transverse distribution of strip temperature (t);

(b) Compensation quantity caused by transverse temperature difference of strip (σ_t)

Fig. 4　Calculation of compensation quantity caused by transverse temperature difference of strip

2.2　Calculation of compensation quantity caused by deflection of shape detection roller

Assming that R_{Dj} in Eqn. (21) is invariable, the compensation quantity caused by the shape detection roller deflection σ_b is obtained. σ_b is calculated under the shape conditions of flat, centre waves (transverse tensile stress difference of 21 MPa) and both edge waves (transverse tensile stress difference of 21 MPa), and is shown in Fig. 5. It can be seen that whatever the shape state of the strip is, the tension stress measured by the shape meter all is low in the center and high in the both edges compared to the true tension stress, and the compensation quantities under different conditions are nearly equal, that is, the size of the compensation quantity is not sensitive to the forms of the transverse distribution of the coiling tensile stress.

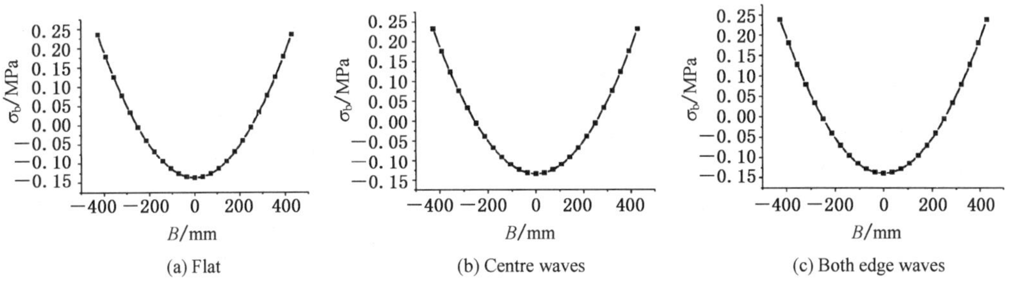

Fig. 5　Compensation quantity caused by detection roller deflection (σ_b)

2.3　Calculation of compensation quantity caused by shape of strip coil

It is assumed that f_i in Eqn. (21) is zero, and then the compensation quantity caused by the shape of the strip coil σ_c is obtained. σ_{cj} ($j=1,2,\cdots,m$) is calculated under the shape conditions of flat, centre waves (transverse tensile stress difference of 21 MPa) and both edge waves (transverse tensile stress difference of 21 MPa), respectively. Fig. 6 shows the compensation quantity caused by the shape of the strip coil when coiling the 10th, 20th, 30th, 40th, 50th, 60th and 70th layers. It can be seen that when the shape of the strip is flat, the compensation quantity is very small, and can be ignored. Under the shape conditions of centre waves and both edge waves, the compensation quantity is gradually increasing before coiling the 50th layer, and then, the compensation quantity is gradually stabilized with the increase in the coiling layers.

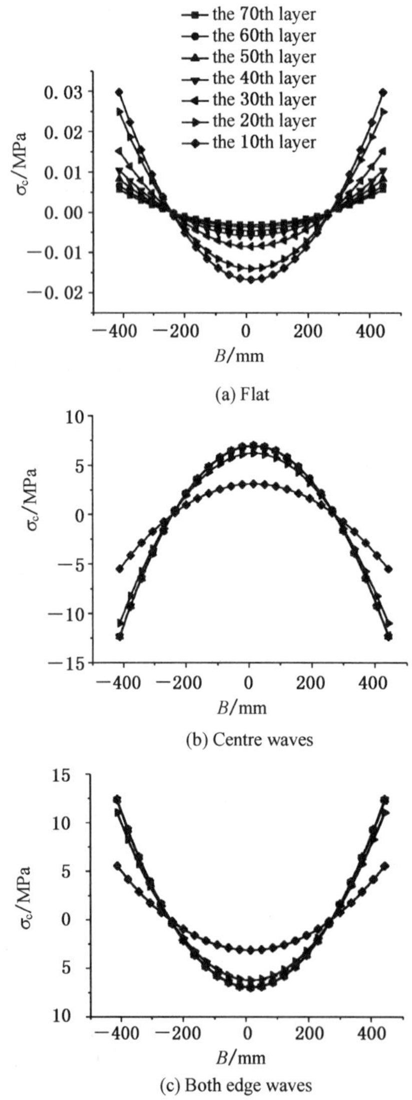

Fig. 6　Compensation quantity caused by shape of strip coil (σ_c)

2.4　General compensation quantity of shape measuring

σ_t and σ_{sj} are added, and the general compensation quantity of shape measuring σ_d is obtained, as shown in Fig. 7. It can be seen that when the shape of strip is flat, the general compensation quantity of shape measuring is mostly caused by the transverse temperature difference of the strip, and the compensation quantity caused by the shape detection roller deflection and the compensation quantity caused by the shape of the strip coil are very small correspondingly and can be ignored. Under the shape conditions of centre waves and both edge waves, the general compensation quantity of shape measuring varies largely, which is gradually decreasing under the shape conditions of centre waves and which is gradually increasing under the shape conditions of both edge waves, before coiling the 50th layer. Sith, the general compensation quantity of shape measuring is gradually stabilized with increase of the coiling layers.

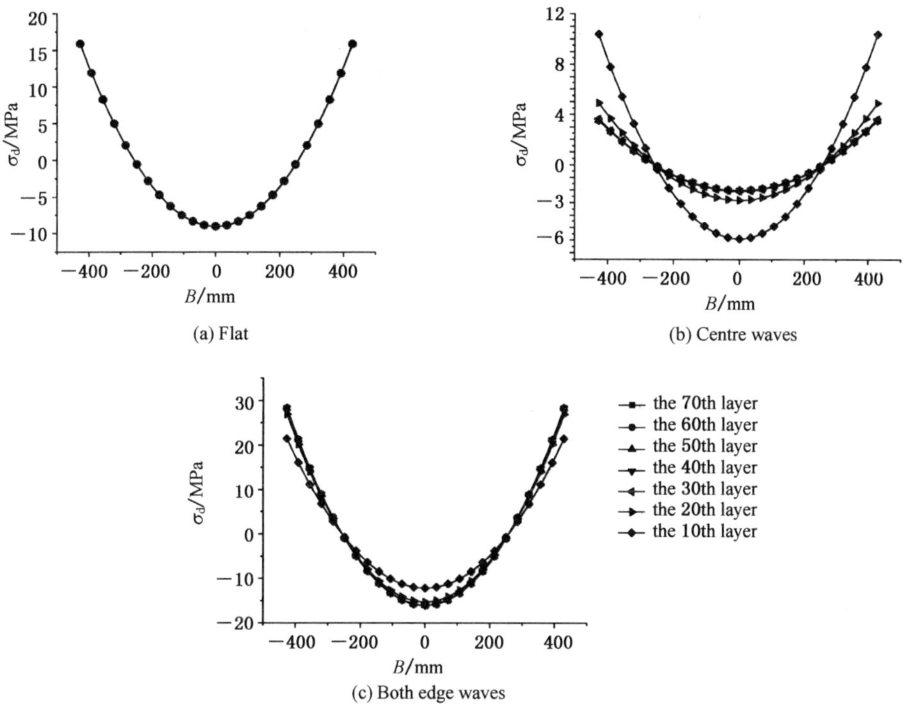

Fig. 7 Synthetic compensation quantity of shape measuring (σ_d)

3 Conclusions

1) The size of the compensation quantity caused by the deflection of shape detection roller is not sensitive to the forms of the transverse distribution of the coiling tensile stress, which can be calculated according to one or several kinds of easy waves.

2) When the shape is flat, the compensation quantity caused by the shape of the strip coil is very small, which can be ignored; under the conditions of centre waves and both edge waves, the compensation quantity is gradually increased before coiling the 50th layer, and then, the compensation quantity is gradually stabilized with the increase in the coiling layers, there is no need to recalculate .

3) The true shape stress of the strip is obtained after subtracting general compensation quantity of shape measuring from the shape measuring results and ignoring the influence of the transverse temperature difference of the strip, the deflection of the shape detection roller, and the shape of the strip coil.

References

[1] XU Le-jiang. Flatness control in cold strip rolling and mill type selection[M]. Beijing: Metallurgical Industry Press, 2007 (in Chinese).

[2] LI Ru-jia. The temperature impacts and its compensation measures during the strip flatness measuring and controlling[J]. Heavy Machinery, 1995(5): 26 (in Chinese).

[3] JIA Chun-yu, SHANG Zhi-dong. Compensation of plank shape target curves for cold-

rolling strip[J]. Journal of Iron and Steel Research,2000,12(4):64 (in Chinese).
[4] LIU Hong-min. Three-dimensional rolling theory and its applications[M]. Beijing: Science Press,1999 (in Chinese).
[5] LIAN Jia-chuang,LIU Hong-min. Gauge and shape control[M]. Beijing: Weapon Industry Press,1996 (in Chinese).
[6] LIAN Jia-chuang, LI Jun-hong, SUN Ji-quan. Calculating drum's unit pressure by the iteration of layer by layer[J]. Heavy Machinery,2001(6):30 (in Chinese).
[7] LIAN Jia-chuang. The calculation for unit pressure at the coiler's drum[J]. Chinese Journal of Mechanical Engineering,1980,16(3):78 (in Chinese).

Determination of Interference Fit Value on Entire Roller Embedded Shapemeter Roll①

Wu Haimiao(吴海淼)[1,2], Liu Hongmin(刘宏民)[1],
Yu Bingqiang(于丙强)[1], Yang Lipo(杨利坡)[1]
(1. National Engineering Research Center for Equipment and Technology of Cold Rolling Strip, Yanshan University, Qinhuangdao 066004, China;
2. College of Mechanical and Electrical Engineering, Hebei University of Engineering, Handan 056038, China)

Abstract: For entire roller embedded shapemeter roll, the relationship between the value of interference fit and the sensor pre-pressure, and the pressure transfer performance of shapemeter roll were analyzed by elasticity theory during the cold reversible rolling process. Considering the influence of strip temperature on the interference fit, the distributions of contact pressure of the framework's top surface and the sensor pre-pressure on different values of interference fit were analyzed by the finite element technology. The results show that the contact pressure of the framework's top surface and the sensor pre-pressure increase with the increase of the value of interference fit. When the value of interference fit is between 0.05 mm and 0.09 mm, roll body's inner hole surface, the framework and pressure magnetic sensitive component don't separate from each other, and the sensor works in the linear segment of characteristic curve, so the normal operation of shapemeter roll is guaranteed.

Key words: Reversible rolling; Shapemeter roll; Value of interference fit; Contact pressure; Finite element

1 Introduction

Entire roller embedded shapemeter is the latest development of contact shapemeter by Yanshan university, China. The outer surface of shapemeter roll is seamless. There are precision deep holes in shapemeter roll body, and the direction of holes depth is the axial direction of roll body. Pressure sensors are embedded in the precision deep holes by interference fit, which avoids strip surface scratches caused by shapemeter roll. During the seven passes of cold reversible rolling, the temperature of strip in contact with shapemeter roll changes significantly between every rolling pass, which makes the temperature field of shapemeter roll become instable [1-3]. Especially in the third rolling pass, the temperature difference between the framework's top surface and roll body's inner hole surface is

① Journal of Central South University, 2014, 21(12): 4503-4508.

the biggest, and the thermal deformation difference of interference fit surface between the framework's top surface and roll body's inner hole surface exceeds the value of interference fit, which makes sensor pre-pressure be close to zero and the pressure strip applied on the outer surface of shapemeter roll be not accurately measured by sensor. So, the scientific and reasonable determination of the value of interference fit between the framework's top surface and roll body's inner hole surface is crucial for accurate and effective flatness measure [4-5].

For entire roller embedded shapemeter roll, the relationship between the value of interference fit and the sensor pre-pressure, and the pressure transfer performance of shapemeter roll were analyzed by elasticity theory, and distributions of contact pressure of the framework's top surface and sensor pre-pressure on different values of interference fit were analyzed by the finite element technology. The reasonable value of interference fit is determined to ensure that sensor pre-pressure is greater than zero and sensor working pressure is in the range of allowance pressure, so the interference fit failure caused by the improper size and temperature difference between the framework's top surface and roll body's inner hole surface, and the failure of the strip pressure transfer are effectively avoided.

2 Analysis of design parameters

As shown in Fig. 1, the shapemeter roll is assembled by roll body and pressure sensors, and the pressure sensor is assembled by the framework and the pressure magnetic sensitive component. The internal and external diameters of shapemeter roll are 260 mm and 400 mm respectively. The diameter of pressure sensor is 40 mm.

2.1 Calculation of sensor pre-pressure

The working pressure of sensor is the suffered contact pressure of pressure magnetic sensitive component with applying strip pressure on shapemeter roll. The sensor pre-pressure is the suffered contact pressure of pressure magnetic sensitive component without applying strip pressure on shapemeter roll.

Working pressure of sensor can be expressed by [6-8]

$$[F_1] \leqslant P = P_1 + P_2 \leqslant [F_2] \quad (1)$$

where P is the working pressure of sensor, P_1 is the sensor pre-pressure, P_2 is the pressure that strip applied to the sensor, $[F_1]$ is the minimum allowable pressure of sensor on the linear segment of characteristic curve, $[F_2]$ is the maximum allowable pressure of sensor on the linear segment of characteristic curve.

The right sensor pre-pressure can ensure the normal work of the sensor, then the value of interference fit between the framework's top surface and roll body's inner hole surface directly affects the size of sensor pre-pressure. If the value of interference fit is too small, the difference of thermal deformation on interference fit surface caused by the temperature difference will exceed the value of interference fit, the interference fit surface will open, and the sensor pre-pressure will be close to zero. Therefore, the strip pressure can not be accurately measured by the sensor. If the value of interference fit is too big, the sensor will tend to work under the situation of the magnetic saturation, and generate the leakage of magnetic, so the sensor sensitivity will be reduced.

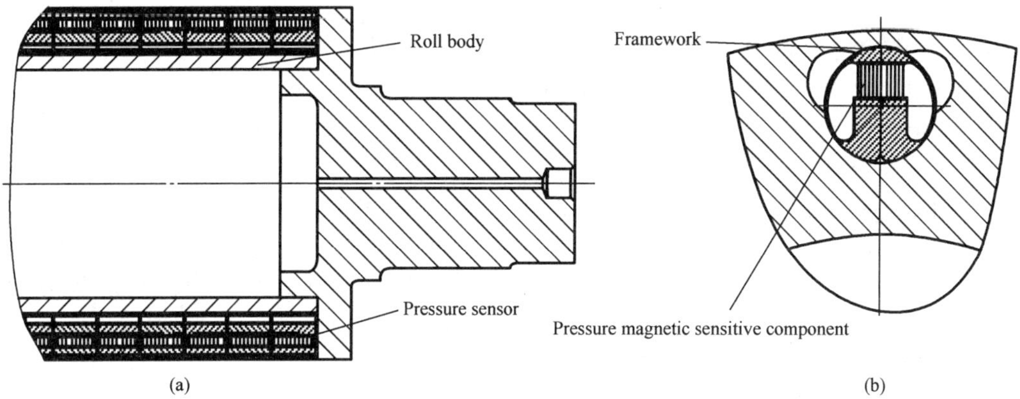

Fig. 1 Structure of entire roller embedded shapemeter roll: (a) Side view; (b) Top view

As shown in Fig. 1, the elastic deformation of roll body in contact with the framework's top surface is caused by sensor pre-pressure. The thickness of roll body in contact with the framework's top surface is much smaller than the diameter of roll body, the diameter of the framework is much smaller than the diameter of roll body, so the elastic deformation of roll body in contact with the framework's top surface can be simplified as the elastic deformation of a thin plate supported at both ends in Fig. 2.

The deflection of the thin plate caused by sensor pre-pressure can be expressed by [6-8]

$$w_1 = \frac{P_1}{384bA_1}[c^3 + 2e(e^2 - c^2)] \quad (2)$$

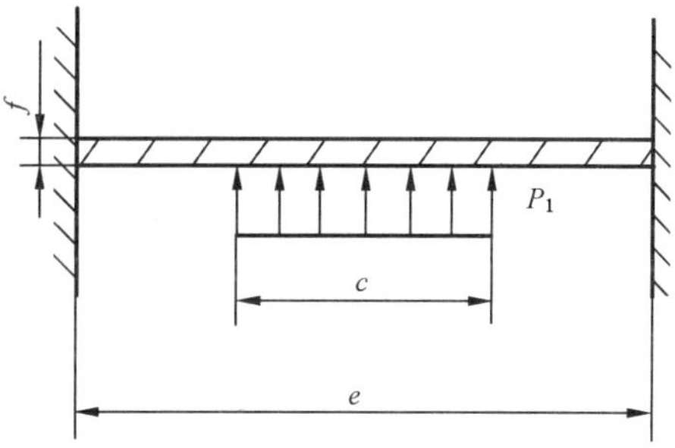

Fig. 2 Simplify model of roll body's deformation in contact with framework's top surface caused by sensor pre-pressure

where A_1 is the coefficient, $A_1 = \frac{E_1 f^3}{12(1-\mu_1)}$, e is the length of the thin plate, c is the width of the framework's top surface in contact with the roll body, b is the axial length of the framework, f is the thickness of roll body in the top of the framework, E_1 is the elasticity modulus of roll body, and μ_1 is Poisson ratio of roll body.

The elastic deformation of sensor caused by sensor pre-pressure is

$$u_1 = \frac{P_1 h}{E_2 bc} \tag{3}$$

where E_2 is the elasticity modulus of the sensor, and h is the framework height.

The mate of the sensor and roll body should satisfy

$$|w_1| + |u_1| = \delta \tag{4}$$

Substituting Eqs. (2) and (3) into Eq. (4) yields

$$P_1 = \frac{\delta}{\frac{12(1-\mu_1)}{384E_1 bf^3}[c^3 + 2e(e^2 - c^2)] + \frac{h}{E_2 bc}} \tag{5}$$

where δ is the value of interference fit.

It can be obtained from Eq. (5) that sensor pre-pressure has relationship with the width of the framework's top surface in contact with the roll body, thickness of roll body in the top of the framework, length of the thin plate, framework height, axial length of the framework, and the value of interference fit. While the width of the framework's top surface in contact with the roll body, length of the thin plate, framework height, and axial length of the framework can only take fixed value by the impact of machining. So, sensor pre-pressure can be changed by adjusting the thickness of roll body in the top of the framework or the value of interference fit.

2.2 Calculation of shapemeter roll pressure

2.2.1 Impact of wrap angle

As shown in Fig. 3, the balance equation of shapemeter roll pressure can be expressed by

$$2T\sin\frac{\varphi}{2} = n\int_{-\frac{\varphi}{2}}^{\frac{\varphi}{2}} p_0 Rb\cos\theta \mathrm{d}\theta \tag{6}$$

$$p_0 = \frac{T}{nRb} \tag{7}$$

where p_0 is the unit area pressure the strip applied on shapemeter roll, T is the strip tension, R is the radius of roll body, φ is the wrap angle of the strip, and n is the number of sensors.

Equation(7) shows that the unit area pressure the strip applied on shapemeter roll has nothing to do with the wrap angle of the strip. In the case that the wrap angle of the strip is larger than the corresponding central angle of the sensor, the pressure that the strip applied to the sensor has nothing to do with the wrap angle of the strip.

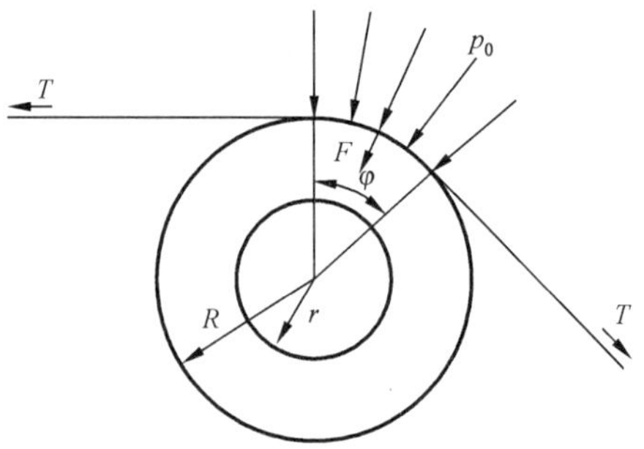

Fig. 3 Condition of shapemeter roll pressure

2.2.2 Calculation of pressure transfer performance

When the shapemeter roll is working, the strip tension is transformed into the pressure that applied to the sensor by shapemeter roll. In the process of pressure transfer, the elastic deformation of roll body will inevitably absorb some of strip pressure. Therefore, the pressure measured by sensor is smaller than the pressure that the strip applied to the sensor. The pressure transfer characteristic of shapemeter roll is described as the pressure transfer performance of shapemeter roll.

The deformation of roll body caused by the strip pressure can be simplified as the deformation of a thin plate supported at both ends in Fig. 4. The deflection of the thin plate caused by the unit area pressure can be expressed by [6-8]

$$w_2 = \frac{Te^4}{384nbRA_1} \tag{8}$$

The elastic deformation of the thin plate caused by the pressure that strip applied to the sensor can be expressed by

$$w_3 = \frac{P_2}{384bA_1}[c^3 + 2e(e^2 - c^2)] \tag{9}$$

The elastic deformation of sensor caused by the pressure that the strip applied to the sensor can be expressed by

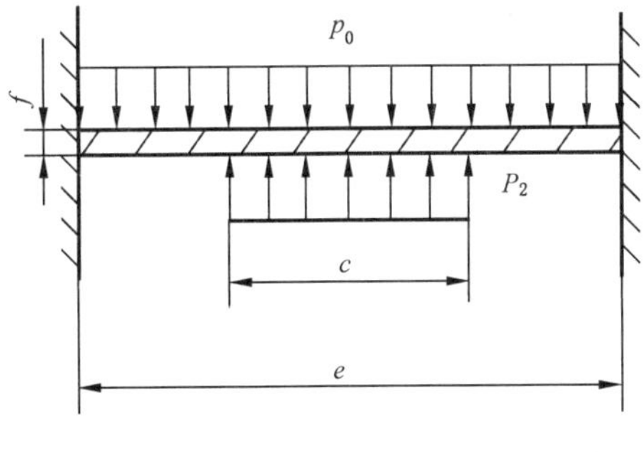

Fig. 4 Simplify model of roll body's deformation in contact with framework's top surface caused by strip pressure

$$u_2 = \frac{P_2 h}{E_2 bc} \tag{10}$$

As shapemeter roll is working, roll body is in contact with sensor, that is

$$u_2 = w_2 - w_3 \tag{11}$$

Substituting Eqs. (8), (9) and (10) into Eq. (11) yields

$$P_2 = \frac{T}{n} \frac{\frac{e^4}{R}}{c^3 + 2e(e^2 - c^2) + \frac{384A_1 h}{E_2 c}} \tag{12}$$

Assume that

$$P_2 = \frac{T}{n} \cdot K \tag{13}$$

Then,

$$K = \frac{\frac{e^4}{R}}{c^3 + 2e(e^2 - c^2) + \frac{24E_1 f^3 h}{(1-\mu)E_2 c}} \tag{14}$$

The coefficient K is called the pressure transfer coefficient, which means measure sensitivity of strip tension of shapemeter roll. The coefficient K has a relationship with width of the framework's top surface in contact with the roll body, thickness of roll body in the top of the framework, length of the thin plate, and framework height, then width of the framework's top surface in contact with the roll body, length of the thin plate, and framework height can only take fixed value by the impact of machining. Therefore, the coefficient K can be changed by adjusting the thickness of roll body on the framework's top surface. When the pressure that the strip applied to sensor is too big, the working pressure of sensor will exceed the allowable pressure of sensor. Therefore, the coefficient K can decrease by increasing the thickness of roll body on the top of the framework to ensure the normal operation of sensor. When the coefficient K or the strip tension is too small, the coefficient K can be increased in the range of sensor allowable pressure by decreasing the thickness of roll body on the framework's top surface.

3 Analysis on value of interference fit

The value of interference fit directly affects the actual mate situation of interference fit surface. The large value of interference fit is not easier to be offset by the thermal deformation difference of interference fit surface. Therefore, the value increase of interference fit is favorable to the pressure measure of sensor. Further, it can be deduced from Eq. (5) that the increase of sensor pre-pressure caused by the value increase of interference fit may make sensor work in the non-linear segment of sensor characteristic curve, and the distortion of the measure signal of the sensor pressure. Therefore, in condition that sensor pre-pressure is greater than zero and sensor working pressure is in the range of allowance pressure, the proper value of interference fit can only be selected.

The structure of shapemeter roll is complex, and the temperature field of shapemeter roll is constantly changing in the cold reversible rolling process. Therefore, the transient analysis of the value of interference fit is analyzed by the finite element software ANSYS [9-11].

Owing to the roll's symmetry, the investigation of one-fourth of the shapemeter roll is feasible and efficient [12-14]. The ANSYS software was used, and the model was built using Plane13 element. As shown in Fig. 5, the model was made of 4 088 elements, and the element size of contact area between framework's top surface and roll body's inner hole surface was refined. The material properties of roll body and sensor are listed in Table 1 [15-16].

Table 1 Material properties

Parameters	Roll body	Pressure sensor
Thermal conductivity /(W · m^{-1} · K^{-1})	50	50
Specific heat capacity/(J · kg^{-1} · K^{-1})	480	480
Density/(kg · m^{-3})	7.8×10^3	7.8×10^3
Coefficient of thermal expansion/(10^{-5} · K^{-1})	1.3	1.3
Elastic modulus/(GPa)	200	200
Poisson ratio	0.3	0.3
Coefficient of friction	0.2	0.2

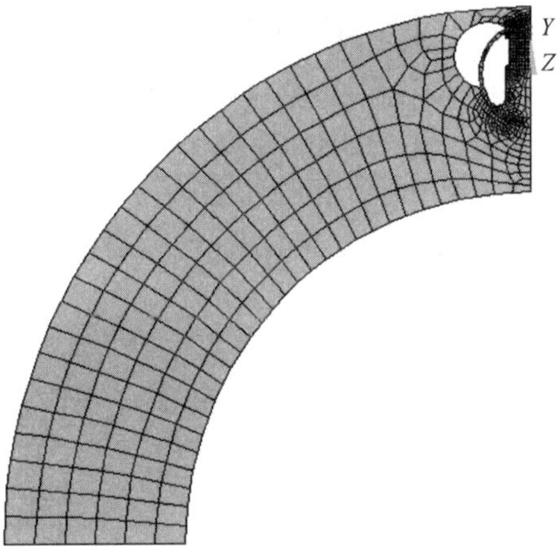

Fig. 5 Finite element model

Based on the actual condition of cold reversible rolling, the raw rolled material was Q195LD, and the thickness of strip was 2.5 mm before rolling and 0.2 mm after rolling. The amount of rolling passes is seven, and the rolling parameters are listed in Table 2.

The entire roller embedded shapemeter roll is installed on one side of the mill, so the temperatures of strip in contact with shapemeter roll are the temperatures of exit strip in the odd-numbered pass and entrance strip in the even-numbered pass respectively during the cold reversible rolling. Considering the strip cooling, the temperature of entrance strip in the even-numbered pass is lower than the temperature of exit strip in the previous pass. So, the temperature of strip in contact with shapemeter roll in the even-numbered pass is lower than that in the previous odd-numbered pass. Based on the actual rolling, the temperatures of strip in contact with shapemeter roll in rolling passes are listed in Table 3.

Table 2 Rolling parameters

Rolling pass	1	2	3	4	5	6	7
Temperature of strip after rolling/℃	87	127	130	146	135	151	115
Reduction ratio/%	27.57	29.71	30.89	31.76	31.03	30.00	28.57
Rolling time/s	600	330	390	420	540	660	870

Table 3 Temperature of strip in contact with shapemeter roll

Rolling pass	1	2	3	4	5	6	7
Temperature/℃	87	65	130	120	135	125	115

4 Results analysis

Theoretical analysis and field tests have proved the failure of interference fit and pressure transfer of shapemeter roll occurs in the third pass of the cold reversible rolling process. So, the finite element simulation and design parameters of shapemeter roll on the third pass are mainly analyzed. The thickness of roll body on framework's top surface is 5 mm, and substituting it into Eq. (1) yields that the value of interference fit is not greater than 0.09 mm. According to the actual rolling condition, the value of interference fit is simulated by the software ANSYS.

4.1 Contact pressure of framework's top surface

The nodes A_1—A_{49} are selected evenly on the framework's top surface, and the node A_{25} is located at the middle position of the framework's top surface.

Fig. 6 shows the distribution of contact pressure of framework's top surface in the third pass, when the value of interference fit is 0.05 mm. As shown in Fig. 6, the effective contact ratio of interference fit surface between the framework's top surface and roll body's inner hole surface is 20% at the one-fifth rolling time of the third pass, and the effective contact ratio of interference fit surface is 40% at the two-fifths rolling time of the third pass. At the other rolling time, most of contact pressure of interference fit surface is greater than zero, and the effective contact ratio of interference fit surface is greater than 60%.

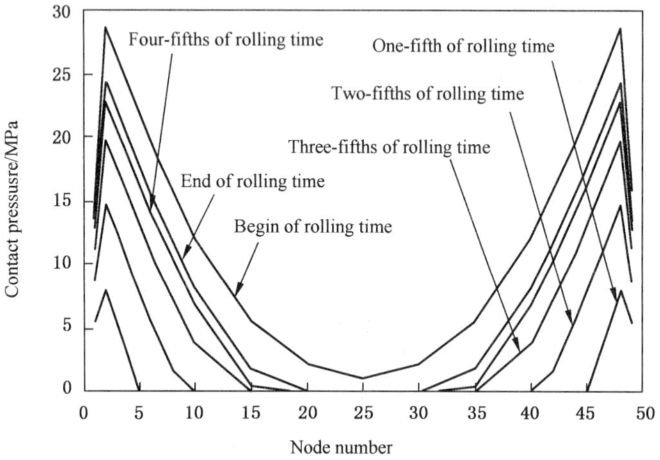

Fig. 6　Contact pressure of framework's top surface (Value of interference fit is 0.05 mm)

Fig. 7 shows the distribution of contact pressure of framework's top surface in the third pass, when the value of interference fit is 0.09 mm. As shown in Fig. 7, at the one-fifth rolling time of the third pass, most of contact pressure of interference fit surface are greater than 0 MPa, and the effective contact ratio of interference fit surface is greater than 60%. At the other rolling time, all the contact pressure of interference fit surface is greater than 0 MPa and the effective contact ratio of interference fit surface is 100%.

Fig. 6 and 7 show that contact pressure and contact surface of interference fit surface increase with the increase of interference fit.

4.2 Sensor pre-pressure

Fig. 8 shows the distribution of sensor pre-pressure in the third pass, when the value of interference fit is 0.05 mm. As shown in Fig. 8, sensor pre-pressure is greater than zero in the third pass. Only at the one-fifth rolling time of the third pass, the effective contact ratio of interference fit surface is only 20%, so sensor pre-pressure is smaller.

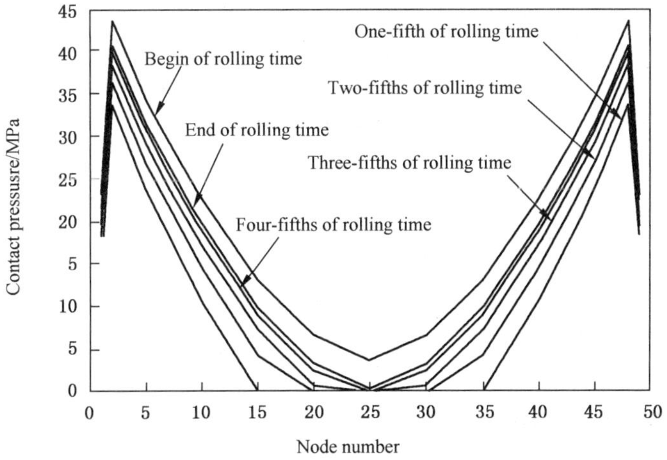

Fig. 7　Contact pressure of framework's top surface (Value of interference fit is 0.09 mm)

Fig. 9 shows the distribution of sensor pre-pressure in the third pass, when the value of interference fit is 0.09 mm. As shown in Fig. 9, sensor pre-pressure is significantly greater than zero in the third pass.

Fig. 8 and 9 show that sensor pre-pressure and the effective contact ratio of interference fit surface increase with the increase of interference fit. To ensure that sensor pre-pressure is greater than zero and sensor working pressure is in the range of the allowance pressure, the effective contact ratio of interference fit surface can not be too low (should be greater than 20%), and the value of interference fit should be between 0.05 mm and 0.09 mm.

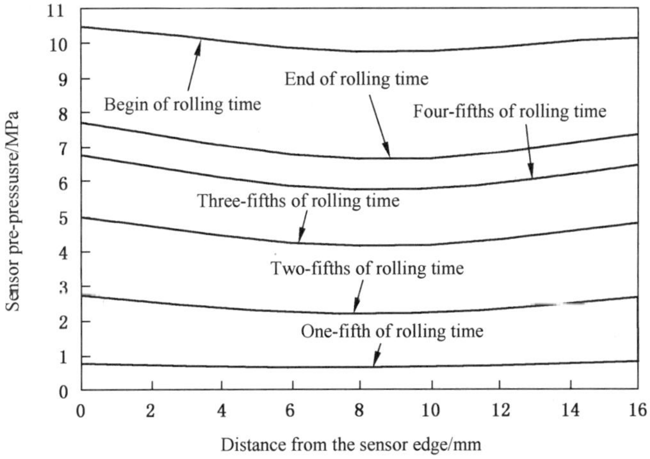

Fig. 8　Sensor pre-pressure (Value of interference fit is 0.05 mm)

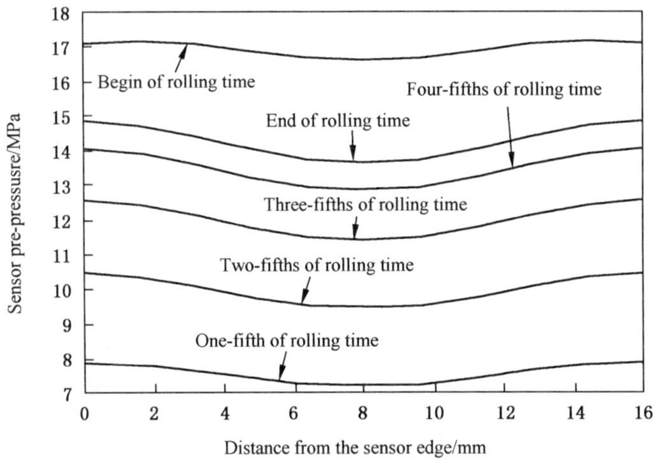

Fig. 9　Sensor pre-pressure (Value of interference fit is 0.09 mm)

5　Conclusions

1) Sensor pre-pressure has a relationship with the value of interference fit and the thickness of roll body on the framework's top surface, and increases with the increase of the value of interference fit or the thickness of roll body on the framework's top surface.

2) Pressure transfer coefficient of shapemeter roll only relates to the thickness of roll body on the framework's top surface. The smaller the thickness of roll body on the framework's top surface is, the greater the pressure transfer coefficient of shapemeter roll is, and the higher measure sensitivity of shapemeter roll is.

3) The increase of the value of interference fit is favorable to pressure transfer and pressure measure. During the actual condition of cold reversible rolling, the appropriate value of interference fit should be between 0.05 mm and 0.09 mm to ensure that sensor pre-pressure is greater than zero and sensor working pressure is in the range of allowance pressure. The foundation of depth analysis and further optimization for shapemeter roll is established by methods and results of this work.

References

[1] LIU Hong-min, YANG Li-po, YU Bing-qiang. Entire roller seamless wireless shapemeter[P]. Chinese Patent: CN101694368A. 2010-04-07. (in Chinese)

[2] YANG Biao, PENG Jin-hui, SHENG Hui. Acid-pickling plates and strips speed control system by microwave heating based on self-adaptive fuzzy PID algorithm[J]. Journal of Central South University of Technology, 2012, 19(8): 2179-2186.

[3] Yu Bing-qiang, Sun Ya-bo, Liu Hong-min. Compensation model for shape measuring of cold strip rolling[J]. Journal of Iron and Steel Research (International), 2010, 17(6): 21-26.

[4] YU Bing-qiang. Research on entire roller intelligence cold strip shape meter and its industrial application[D]. Qinhuangdao: Yanshan University, 2010. (in Chinese)

[5] YU Bing-qiang, YANG Li-po, SUN Jian-liang. Research status of shape detecting roller of cold rolled strip[J]. Steel Rolling, 2011,28(2):44-46. (in Chinese)

[6] YANG Gui-tong. Elasticity[M]. Beijing: Higher Education Press,2011. (in Chinese)

[7] ZHANG Y Q, LU Y, MA G W. Effect of compressive axial load on forced transverse vibration of a double beam system[J]. Internal Journal of Mechanical Sciences, 2007,27:1-7.

[8] YOU Lei. Research on cold-strip steel shape measuring roll[D]. Qinhuangdao: Yanshan University,2009 (in Chinese).

[9] TRUMAN C E,BOOKER J D. Analysis of a shrink-fit failure on a gear hub/shaft assembly[J]. Engineering Failure Analysis, 2007,14(4):557-572.

[10] YANG Li-po,YU Bing-qiang,DING Dong, LIU Hong-min. Industrial shape detecting system of cold rolling strip [J]. Journal of Central South University, 2012, 19 (4): 994-1001.

[11] CHEN Da-chuan, SHANG Shou-ping, ZHANG Cheng-qiang. Effect of vertical load difference on cracking behaviors in multistory masonry buildings and numerical simulation [J]. Journal of Central South University of Technology,2009,16 (6):1014-1021.

[12] TSENG A A, TONGA S X, CHEN T C. Thermal expansion and crown evaluations in rolling process[J]. Material and Design,1997,18(1):29-41.

[13] PELLIZZARI M, CESCATO D. Hot friction and wear behaviour of high speed steel and high chromium iron rolls[J]. Wear,2009,267(4):467-475.

[14] FENG Ming-jie, JI Hui. Numerical simulation on unsteady state temperature field of high speed steel composite roll during continuous hot slab rolling[J]. Journal of Central South University: Science and Technology, 2006, 37 (5): 837-840. (in Chinese)

[15] WU Hai-miao, LIU Hong-min. Study on design parameters of whole-roll shape detecting roll[C]// 2nd International Symposium on Advanced Rolling Equipment Technologies (ISARET2012). Beijing, China:ISARET,2012:328-333.

[16] YU Bing-qiang, YANG Li-po, LIU Hong-min. Development and industry application of contact shape meter with new structure[J]. Chinese Journal of Scientific Instrument,2010,31(4):904-911.

Modelling and Application of Signal Decoupling of Adjacent Channels of a Whole-Roller Seamless Flatness Meter①

Yu Huaxin[1], Wang Dongcheng[1,2], Liu Hongmin[1,2], Zhang Tongyuan[1], Yang Lipo[1,2]

(1. National Engineering Research Center for Equipment and Technology of Cold Strip Rolling;
2. State Key Laboratory of Metastable Materials Science and Technology, Yanshan University, Qinhuangdao 066004, China)

Abstract: For ultra-thin and super-wide cold rolled strips, the flatness problem are still very conspicuous. To ensure that the surface of a strip is not scratched, a whole-roller seamless flatness meter (abbreviated as WRS flatness meter) is developed. Due to the structure of the measuring roll, which has cylindrical holes under its surface, both the signal of the measuring channels and the signal of the adjacent channels will be significantly interfered when a load is applied to a WRS flatness meter, causing flatness measurement errors. To eliminate mutual interference between channels, flatness measuring principle and channel coupling mechanism are analyzed, and the concept and model of coupling coefficient are proposed. Then, some examples are given to illustrate significant errors caused by coupling, which demonstrates the necessity of decoupling the channels. Coupling coefficients between the channels are obtained by experimental calibration, and interference between the channels is eliminated with a decoupling matrix equation. Through simulation and industrial applications, it is shown that the theoretical model proposed in this paper realizes decoupling of the channels of the WRS flatness meter, which improves flatness detection and controlling accuracy.

Key words: Cold rolled strip; Flatness meter; Whole-roller seamless measuring roll; Channel coupling coefficient; Decoupling matrix equation.

1 Introduction

Cold rolled strips are widely used in food packaging, automotive, home appliances, electrical devices, electronics, rail transit, aerospace and other industries. Flatness is an important quality factor for cold rolled strips. Online flatness measurement and control is the core technology of high-precision strip cold rolling mills and is the premise of realizing closed-loop control of the flatness. Due to technical difficulties, fatness meters have long been monopolized by a few companies, such as ABB Stressometer from Sweden[1], SIFLAT developed by

① ISIJ International, 2020, 60(5): 939-947.

SIEMENS and flatness measurement systems developed by BFI in Germany[2], Optical hot rolling shape measuring device developed by Belgium Metallurgical research Center, Laser flatness meter with translation image method developed by French Iron and Steel Research Institute[3]. A large number of international scholars have also been carrying out theoretical and experimental studies on flatness measure and control. A novel contactless stress detection technology based on a magnetoresistance sensor and the magnetoelastic effect, enabling the detection of internal stress in manufactured cold-rolled strips, was presented by Ben Guan et al[4]. High-resolution full-field measurements were used to measure the wrinkling shape and thermal field by Dinh Cuong Tran et al[5]. A new flatness meter which employed LED dot pattern projection method was developed by Yoshito ISEI et al[6]. The application of a steady state elastic-viscoplastic finite element model was described by S. Abdelkhalek et al[7]. Based on the theoretical analysis and the practical engineering, a new high-precision flatness detection model and a new strip shape control model were established to analyse the problem of strip edge shape and achieve the synchronizing control of complex shape defects by Lipo Yang et al[8-9]. In the past 10 years, Yanshan University has made a breakthrough in the research of cold rolled strip flatness meters. A compact wireless embedded signal processor for cold rolling strip flatness meter and a new type of cold strip entire roller inlayed block intelligence flatness meter for on-line detection were developed[10-11]. Yanshan University and Anshan Iron and Steel Co., Ltd. cooperatively developed a new generation of whole roll wireless flatness meter and intelligent flatness control system[12]. Flatness control models and methods were summarized, which provided a new direction for the breakthrough of improving the shape quality using the new type flatness meters and flatness control systems[13]. The latest developed flatness meter has also been successfully applied in industrial applications.

In recent years, with the unceasing development of cold rolled strips and their downstream industries, users have increasingly strict requirements on surface quality of strips, especially for fine strips. As gaps between adjacent outer rings may scratch strips, segmented flatness rolls are not suitable for rolling finished strips and nonferrous metal strips during smoothing and finishing processes. To solve this problem, a WRS flatness meter is developed. Since the surface of the measuring roll is a complete and seamless cylindrical surface, it can completely avoid crushing and scratching surface of strips, which is the future development trend of flatness meters.

During flatness measuring process, a flatness meter will be disturbed by vibration, lateral temperature differences in the strip, measuring roll installation error and deflection deformation. To ensure accuracy of flatness measurement, flatness signal must be denoised and compensated. Scholars have conducted a great deal of research on this topic.

Flatness signal was filtered by a discrete tracking differentiator to eliminate noise interference[14]. The wavelet denoising technology was used to preprocess flatness signal, which improved recognition accuracy of flatness[15]. To evaluate residual stress profile of strips, a semi-analytical inverse Cauchy problem based on plane complex elasticity with conformal mapping techniques was presented by Daniel Weisz-Patrault for a measuring roll with cylindrical holes[16]. Liu Jiawei et al. analyzed the stress of a measuring roll and obtained a deflection model of a measuring roll by using the influence function method[17]. YU Bingqiang et al. analyzed the influences of measurement error of strip edges, transverse temperature difference in strips, deflection of measuring roll and the shape of the strip coil on the flatness measurement results and established a corresponding compensation models[18]. Li Rongmin et al. analyzed the influence of deflection and installation accuracy (precision) of a measuring roll on flatness signal, established a corresponding compensation model, and formulated installation accuracy requirements of a measuring roll[19-20]. A position error compensation model of a measuring roll without a guide roll was established by Zhao Zhangxian et al. [21], which improved accuracy of flatness control. Yang Lipo et al[22-23]. performed an in-depth analysis of influences of zero residual voltage, partial coverage of a channel by strips at the edge of a measuring roll, installation precision of a measuring roll and deflection deformation on flatness signal, and they established a compensation model, which significantly improved accuracy of detection signal and laid a foundation for improving control precision. Temperature field and thermal deformation models of a measuring roll based on heat transfer and thermal elasticity theory were established by Wu Haimiao et al[24]. Wang Pengfei et al. established an accurate compensation model for partial coverage of strips at the edge a channel of a measuring roll and proposed a method for determining flatness of strips when there is a failure in some channels of a measuring roll[25]. That is, they interpolated flatness signal to ensure accuracy and stability of a control system consequently.

Due to the special structure of the WRS flatness meter, when a load is applied to one of the measuring channels, both the signal of the stressed channel and the signal of the adjacent channels will be significantly interfered, which means that there is a coupling phenomenon between the channels. This coupling phenomenon causes significant errors in flatness measuring and must be decoupled to improve detection accuracy. However, relevant research on this issue has not yet been seen internationally. For this reason, based on the analysis of flatness measuring principle and channels coupling mechanism, a coupling matrix equation and a decoupling matrix equation of the WRS flatness measuring roll are proposed. The entries of the coupling matrix are obtained through experimental calibration. The substantial influence of the coupling phenomenon and the significant effects of the decoupling method are illustrated by examples.

2 Main Structures of the Flatness Measuring Roll

According to the structure of a measuring roll, a flatness meter can be divided into several types, such as a segmented type and a whole-roll seamless type[26-27]. The Swedish ASEA segmented flatness meter was widely used worldwide. Fig. 1 shows that this segmented flatness measuring roll consists of a core shaft, outer rings, and piezomagnetic sensors. Segmented flatness measuring rolls are easier to manufacture than other types. A series of outer rings and sensors are arranged along the axial direction of the measuring roll to detect the pressure F_i. Then, the values of F_i are converted into tension T_i by a signal processing computer to obtain a distribution of flatness along the width direction of strips. Because the segmented measuring roll has a gap that is dozens of micrometers wide between every two adjacent roll rings, the measuring channels are basically independent of each other, so there is no interference between adjacent channels. However, gaps between the channels may cause indentations or chromatic aberrations on strips. At present, this kind of measuring roll is suitable only for occasions where surface quality of strips is not high (or for semifinished strips). Segmented measuring rolls are not sufficient to meet surface quality requirements of high-end strip products.

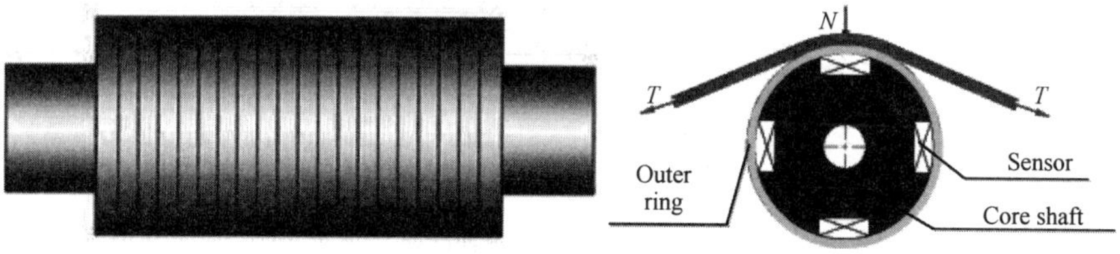

Fig. 1 Segment piezomagnetic type flatness measuring roll

To solve the problems above, a new type of WRS flatness measuring roll[10,28] was proposed, as shown in Fig. 2. The measuring roll surface is a complete cylinder with 2-4 axially cylindrical through-holes punched circumferentially under the surface. A series of piezoelectric sensors are mounted side-by-side at same distance in each hole. The distance between the sensors is 26 mm or 52 mm. The number of holes is determined by the number of signals to be detected when the measuring roll rotates once. The flatness measuring roll is suitable for measuring finished strips because the outer surface is seamless and does not crush or scratch the surface of strips. However, a new problem is generated by this type of roller. The outer surface of the measuring roll is a whole cylinder; Hence, sensors in several channels will be affected by deformation of a certain force, indicating that adjacent channels will be significantly interfered.

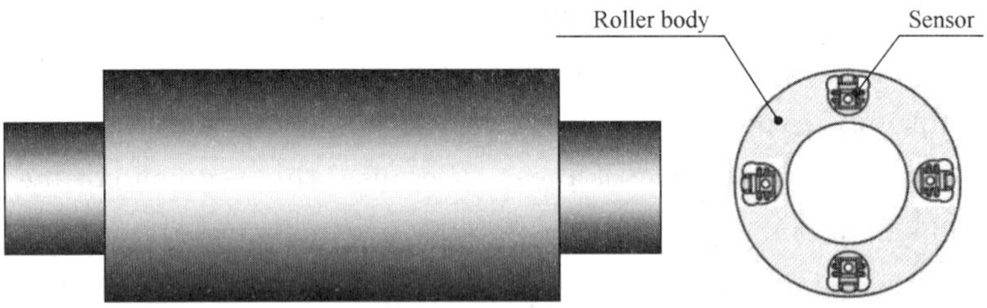

Fig. 2　Whole-roller seamless (WRS) flatness measuring roll.

3　Analysis and Modelling of Channels Coupling and Decoupling

3.1　Principle of Flatness Measurement

Fig. 3 shows that during flatness measuring process, strip is set above the measuring roll at a certain wrap angle under action of tension, which generates a radial pressure on the measuring roll. When the strip has flatness flaw, the non-uniform distribution of radial pressure along the axial direction can be detected by the shape meter, and the distribution of radial pressure can be converted to the flatness distribution.

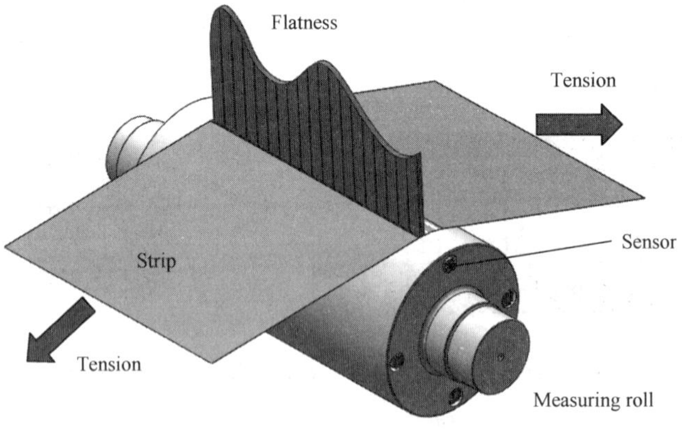

Fig. 3　Schematic diagram of flatness measurement

Assume the strip thickness is h, the width of the strip is B, the measuring roll has a total of n channels, radial pressure of the strip on the roll surface of channel i is F_i, average value of radial pressure on the roll surface of each channel is $\bar{F}$, the total tension of the strip is

T . E and ν are elastic modulus and Poisson's ratio of the strip, respectively.

I-Unit is used internationally to represent basic unit of flatness of strips. An I-Unit indicates that relative length difference is 10^{-5}. Then flatness ε can be expressed as

$$\varepsilon = -\frac{(1-\nu^2)}{E}\frac{F_i - \bar{F}}{\bar{F}}\frac{T}{Bh}\times 10^5 \quad \text{(I-Unit)} . \tag{1}$$

3.2 Mechanism Model of Channels Coupling

The internal structure of the measuring roll is shown in Fig. 4. The brown blocks are piezoelectric sensors, the total number of sensors is n, and the thickness of the outer part of the measuring roll is t. When the surface of the measuring roll is subjected to a pressure, elastic flattening deformation occurs. The pressure and deformation are transmitted to sensors to generate a linear change in the electric signal, thereby sensing the magnitude of the pressure. The outer part of the WRS flatness roll is a continuous whole. According to the elastic half-space theory[29-31], when a certain channel (channel j) of the roller surface is subjected to pressure F_j, it will cause elastic flattening displacement of the outer part of not only the certain channel (purple) but also other channels (green). Hence, even if only channel j is stressed, the other sensors will detect changes in the electrical signal, which is obviously contrary to the expectation that each measuring channel detects only the load applied to its own channel.

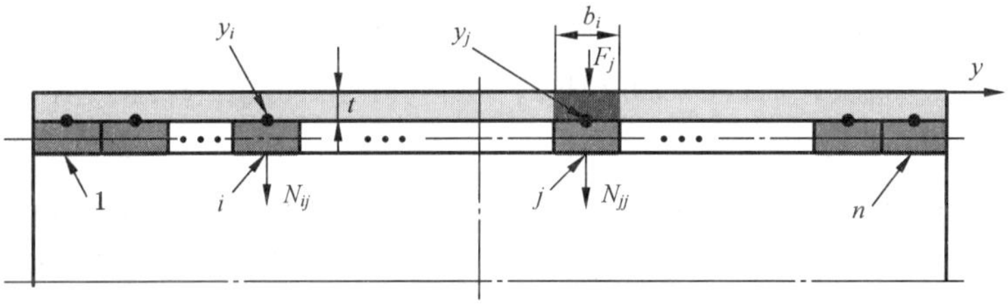

Fig. 4 Schematic diagram of channels coupling mechanism

When pressure F_j is applied to channel j, the displacement u_{ij} was generated at the center point (blue point) of the upper surface of channel i. This displacement can be expressed as

$$u_{ij} = \beta_{ij} F_j . \tag{2}$$

where β_{ij} is the influence coefficient. The detailed expression for the influence coefficient[30] is

$$\beta_{ij} = \frac{1-\nu_r^2}{\pi E_r b_j}\left\{\begin{aligned}&\ln\frac{\sqrt{t^2+[(y_i-y_j)+b_j/2]^2}+(y_i-y_j)+b_j/2}{\sqrt{t^2+[(y_i-y_j)-b_j/2]^2}+(y_i-y_j)-b_j/2}+\\&\frac{1}{2(1-v_w)}\ln\frac{(y_i-y_j)+b_j/2}{\sqrt{t^2+[(y_i-y_j)+b_j/2]^2}}-\\&\frac{1}{2(1-v_w)}\ln\frac{(y_i-y_j)-b_j/2}{\sqrt{t^2+[(y_i-y_j)-b_j/2]^2}}\end{aligned}\right\} . \tag{3}$$

where E_r and ν_r are elastic modulus and Poisson's ratio of the roll body, respectively.

Assuming that the stiffness of the sensor in channel i is k_i , the coupling force of channel i produced by the force of channel j is

$$N_{ij} = k_i u_{ij} = k_i \beta_{ij} F_j = \alpha_{ij} F_j . \quad (4)$$

where $\alpha_{ij} = k_i \beta_{ij} = N_{ij}/F_j$, which is referred to as the coupling coefficient. In particular, $\alpha_{jj} = 1$.

When the surface of the measuring roller is fully loaded along its axial direction, the coupling phenomenon exists in all channels, and the final measured force of channel i is

$$N_i = \sum_{j=1}^{n} N_{ij} = k_i \sum_{j=1}^{n} \beta_{ij} F_j = \sum_{j=1}^{n} \alpha_{ij} F_j . \quad (5)$$

Eq. (5) can be expressed in matrix form as

$$\begin{bmatrix} N_1 \\ N_2 \\ \vdots \\ N_{n-1} \\ N_n \end{bmatrix} = \begin{bmatrix} \alpha_{11} & \alpha_{12} & \cdots & \alpha_{1(n-1)} & \alpha_{1n} \\ \alpha_{21} & \alpha_{22} & \cdots & \alpha_{2(n-1)} & \alpha_{2n} \\ \vdots & \vdots & & \vdots & \vdots \\ \alpha_{(n-1)1} & \alpha_{(n-1)2} & \cdots & \alpha_{(n-1)(n-1)} & \alpha_{(n-1)n} \\ \alpha_{n1} & \alpha_{n2} & \cdots & \alpha_{n(n-1)} & \alpha_{nn} \end{bmatrix} \begin{bmatrix} F_1 \\ F_2 \\ \vdots \\ F_{n-1} \\ F_n \end{bmatrix} . \quad (6)$$

This matrix form can be abbreviated as

$$\boldsymbol{N} = \boldsymbol{AF}. \quad (7)$$

If the radial pressure received by the measuring roll is $F_j (j = 1 \sim n)$, the force detected by the sensor will become $N_j (j = 1 \sim n)$ due to the coupling of the channels. If we do not decouple the channels and assume $\boldsymbol{N} = \boldsymbol{F}$, it will cause significant measurement error. Eq. (6) and (7) are coupling matrix equations, and the coupling matrix coefficients can be obtained by theoretical calculation or flatness experimental calibration.

Eq. (3) shows that the influence coefficient of any channel to itself is a constant.

$$\beta_{ii} = \text{const} (i = 1 \sim n) . \quad (8)$$

In the theoretical calculation, stiffness of each sensor can be considered to be equal.

$$k_1 = k_2 = \cdots = k_{n-1} = k_n = 1/\beta_{ii} . \quad (9)$$

Now, the coupling matrix $\boldsymbol{A}$ becomes a symmetric matrix in which the diagonal entries are equal to one.

3.3 Analysis of Coupling Channels Instance and Decoupling Model

A measuring roll of a 1 450 mm six-high cold rolling mill has a total of 57 channels, and each channel has a width of 26 mm. The main technical parameters of the flatness meter are shown in Table 1. Pressure distribution and flatness distribution of the measuring roll are shown in Fig. 5 according to the theoretical calculation of the channel coupling coefficients, wherein a uniform pressure of 100 N/mm is applied to all channels. The measured pressure is approximately 2. 5 times higher than the actual pressure, and the flatness distribution is also significantly different. The measured coupling pressure is significantly lower at both ends than in the middle part. In fact, the uniform pressure corresponds to perfect flatness, i. e., the flatness value of each channel is 0. However, due to the channel coupling effect, the detected flatness has obvious bilateral waves, and the error is approximately 4 I-Units. If flatness closed-loop control system is adjusted according to bilateral waves and bending force is increased, a middle wave in physical strip will be inevitable.

Table 1 Main parameters of 1 450 flatness meter

Parameters	Value
Measuring roll diameter/mm	300
Roll length/mm	1 500
Measuring unit width/mm	26
Channel of measuring units	57
Effective detection length/mm	1 482
Roll surface hardness	HRC 61-63
Roll surface roughness	Ra 0.4

In production practice, flatness distribution is generally decomposed into four components. Roll tilting is adjusted to correct linear term of the defects. Then, bending roll is adjusted to correct quadratic term of the defects. Then, segmental cooling and asymmetric bending roll or shifting roll are adjusted to correct cubic and quartic term of defects. To analyze the coupling measurement error of each order of flatness, an uniform pressure is applied to the measuring roll one to four times as those four components mentioned above. The expression is

$$\begin{cases} p_1 = 100 + 100\bar{y} \\ p_2 = 100 + 100(3\bar{y}^2 - 1)/2 \\ p_3 = 100 + 100(5\bar{y}^3 - 3\bar{y})/2 \\ p_4 = 100 + 100(35\bar{y}^4 - 30\bar{y}^2 + 3)/8 \end{cases} . \tag{10}$$

In the formula, $\bar{y} = 2y/L_{ef}$ and the coordinates are normalized. The value equals 0 at the center point of the roll body in the axial direction. The variation range is $[-1, 1]$.

Fig. 6 shows that when the pressure distribution is applied as linear term, the pressure distribution from measuring becomes larger as a whole due to the coupling of the channels. The downward tendency tends to occur at the edges where the force is larger. At the less stressed edge, the flatness is 5 I-Units smaller than the actual flatness. The flatness is approximately 10 I-Units larger than the actual flatness at the edge with a larger force.

Fig. 7 shows that the pressure distribution at both edges is lower than the actual distribution when the distribution pressure is applied as a quadratic term. The flatness at the middle part of the roll body is 3 I-Units smaller than the actual flatness. The flatness at both edges is approximately 10 I-Units larger than the actual flatness. The flatness at one-quarter of the length on both sides is not substantially different from the actual flatness.

Fig. 8 shows that when the pressure distribution is applied as a cubic term, the pressure distribution at the right edge of the roll has a significant downward tendency compared with the actual distribution. The measured flatness at the left edge of the roll is approximately 3.5 I-Units smaller than the actual flatness. The flatness at the right edge is approximately 10 I-Units larger than the actual flatness. The flatness at one-quarter of the length on the left is 2.5 I-Units larger than the actual flatness. The flatness at one-quarter of the length on the right is 3 I-Units smaller than the actual flatness.

Fig. 9 shows that when the pressure distribution is applied as a quartic term, the measured pressure distribution at both edges has a small degree of downward turn compared with the actual distribution. The flatness at both edges is approximately 13 I-Units larger than the actual flatness, and the flatness at the middle part of the measuring roll is not substantially different from the actual flatness. The flatness at one-quarter of the length on both sides is approximately 2.5 I-Units smaller than the actual flatness.

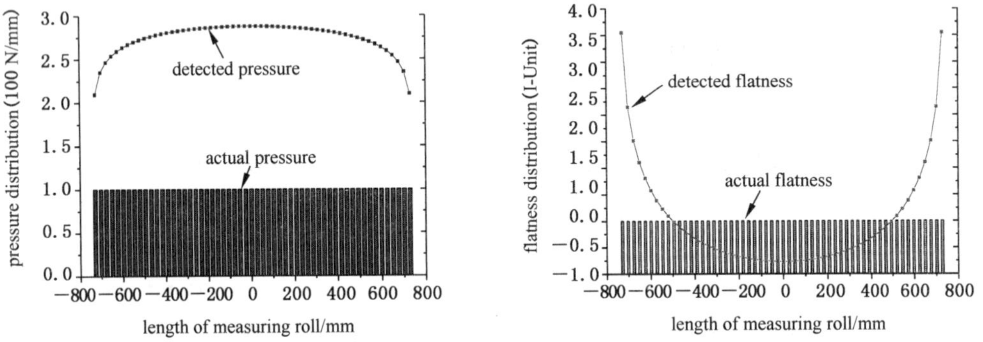

(a) pressure distribution　　(b) flatness distribution

Fig. 5　Detected coupling pressure and flatness distribution when uniform force is applied

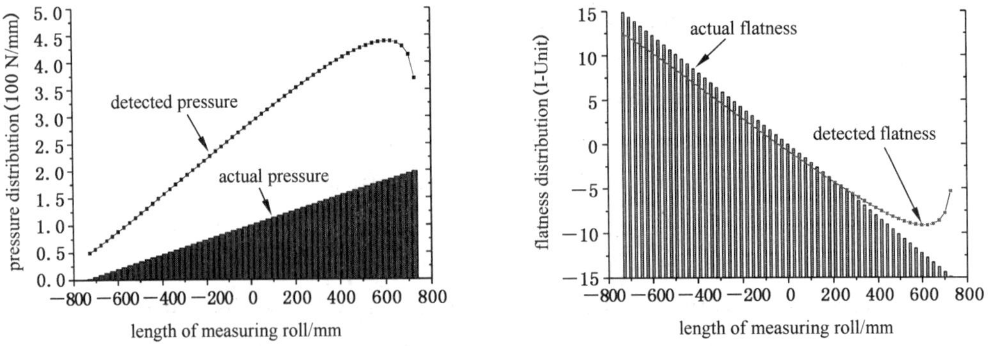

(a) pressure distribution　　(b) flatness distribution

Fig. 6　Detected coupling pressure and flatness distribution when applying load as linear term

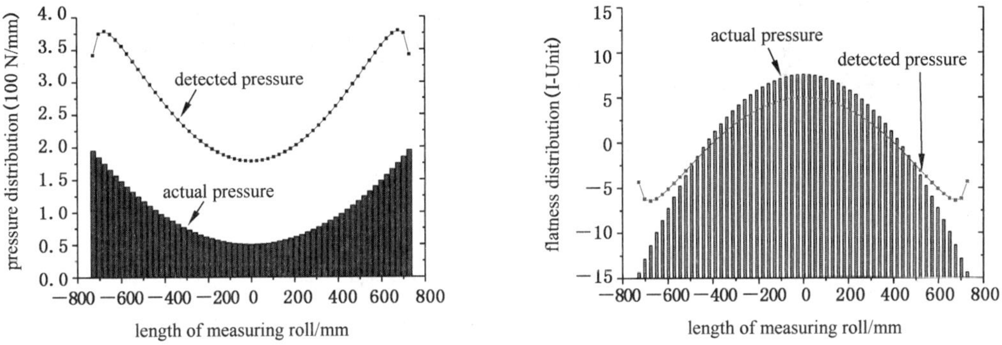

(a) pressure distribution (b) flatness distribution

Fig. 7 Detected coupling pressure and flatness distribution when applying load as a quadratic term

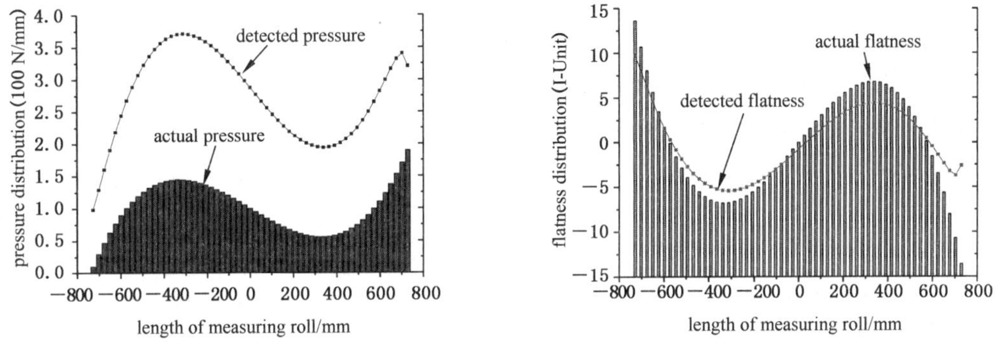

(a) pressure distribution (b) flatness distribution

Fig. 8 Detected coupling pressure and flatness distribution when applying load as a cubic term

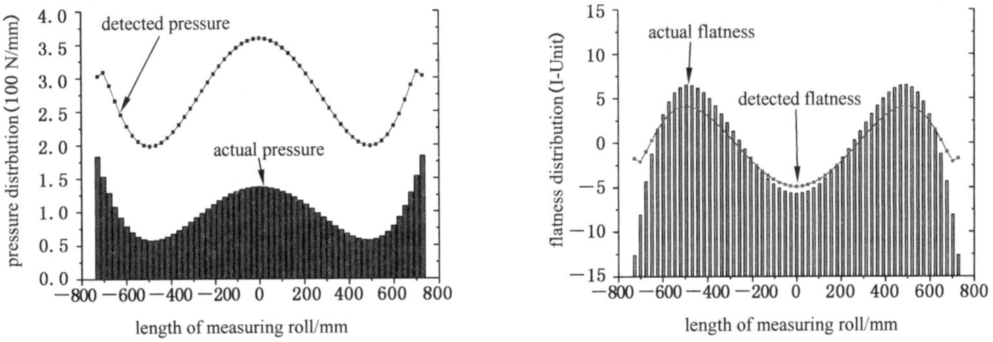

(a) pressure distribution (b) flatness distribution

Fig. 9 Detected coupling pressure and flatness distribution when applying load as a quartic term

In summary, when different distribution pressures are applied to the measuring roll, significant flatness measuring errors are caused by the coupling effect of the channels. The magnitude and direction of errors caused by different distributed pressures are also different. It is difficult to summarize a simple correction rule. To decouple the measuring channels, Eq. (6) and (7) can be transformed to

$$\begin{bmatrix} F_1 \\ F_2 \\ \vdots \\ F_{n-1} \\ F_n \end{bmatrix} = \begin{bmatrix} \alpha_{11} & \alpha_{12} & \cdots & \alpha_{1(n-1)} & \alpha_{1n} \\ \alpha_{21} & \alpha_{22} & \cdots & \alpha_{2(n-1)} & \alpha_{2n} \\ \vdots & \vdots & & \vdots & \vdots \\ \alpha_{(n-1)1} & \alpha_{(n-1)2} & \cdots & \alpha_{(n-1)(n-1)} & \alpha_{(n-1)n} \\ \alpha_{n1} & \alpha_{n2} & \cdots & \alpha_{n(n-1)} & \alpha_{nn} \end{bmatrix}^{-1} \begin{bmatrix} N_1 \\ N_2 \\ \vdots \\ N_{n-1} \\ N_n \end{bmatrix}. \tag{11}$$

Eq. (11) can be rewritten as

$$\boldsymbol{F} = \boldsymbol{A}^{-1}\boldsymbol{N}. \tag{12}$$

Eq. (11) and (12) are named decoupling matrix equations, and $\boldsymbol{A}^{-1}$ is decoupling matrix.

Eq. (11) shows that if all the entries of the coupling matrix $\boldsymbol{A}$ are known, the inverse matrix, which is the decoupling matrix $\boldsymbol{A}^{-1}$, can be obtained. Then, $\boldsymbol{A}^{-1}$ can be multiplied by detection force vector $\boldsymbol{N}$ to obtain real force vector $\boldsymbol{F}$. The force $\boldsymbol{F}$ applied to the roll surface calculated by decoupling can be obtained according to Eq. (11). However, there are still differences between the calculated and actual values, and the stiffness of each sensor is considered constant during the above theoretical analysis. In addition, the fact that the measuring roll is considered as an elastic half-space does not completely match actual situation. Therefore, to obtain an accurate coupling matrix, a measuring roll calibration experiment is required.

4 Experimental Calibration of the Coupling Channels

The WRS flatness meter calibration device is shown in Fig. 10. The transmission motor drives the rotational motion of the measuring roll. Together, the loading rod, the beam, the bracket, the pressure roller and the weight form a loading mechanism. The pressure roller is pressed at the surface of the measuring roll on the top. The loading mechanics model is shown in Fig. 11, and the radial pressure (calibration force) F obtained by the measuring roll is

$$F = \frac{m_1 g l_2 + m g l}{l_1}. \tag{13}$$

where m is the mass of the weight, which is an integral multiple of 9. 20 kg; m_1 is the mass of the loading rod and the pressure wheel, which is 7. 33 kg; g is the gravitational acceleration; $l = 800$ mm; $l_1 = 200$ mm; and $l_2 = 310$ mm.

The measuring roll of the 1 450 mm six-high cold rolling mill was experimentally calibrated by the above mentioned calibration device. The first channel to the 57th channel were sequentially loaded, and the values of all the measuring forces of the channels were recorded when each channel was loaded. Taking the intermediate channel (29th channel) loading process as an example, a comparison between the theoretical coupling coefficients and the experimental coupling coefficients is shown in Fig. 12. The channels coupling phenomenon does exist during the actual loading process, but the theoretically calculated coupling coefficients is larger than the experimental calibration value. The main reason of error is the difference between the elastic half-space hypothesis and the actual situation. Later, finite element method can be used for more accurate modeling calculations.

When a channel is stressed, the coupling coefficients of the first left and right adjacent channels are approximately 0.15, the coupling coefficients of the second left and right channels are approximately 0.008, and the coupling coefficients of other channels are approximately zero. In practical applications, only the effects on the first left and right adjacent channels and the second left and right channels are considered. Therefore, only the experimental calibration results of the coupling coefficients, $\alpha_{(i-1)i}(i=2-57)$, $\alpha_{(i+1)i}(i=1-56)$, $\alpha_{(i-2)i}(i=3-57)$ and $\alpha_{(i+2)i}(i=1-55)$, are given, as shown in Fig. 13. The figure shows that the coupling coefficients of different channels have a certain degree of fluctuation. The main reasons for these fluctuations are machining errors in the sensor mounting hole, installation errors in the axial position of the sensors, and deviations in the interference of different sensors installation. Therefore, it is difficult to calculate the coupling coefficients from a completely theoretical model while experimental calibration can be easy to obtain authentic results.

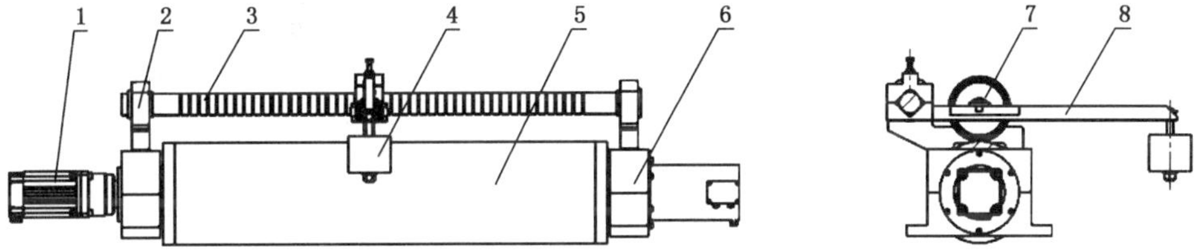

(1) Motor, (2) brackets, (3) beam, (4) weights, (5) measuring roll, (6) bearing seats, (7) pressure wheel, (8) loading rods

Fig. 10 Calibration device of flatness measuring roll

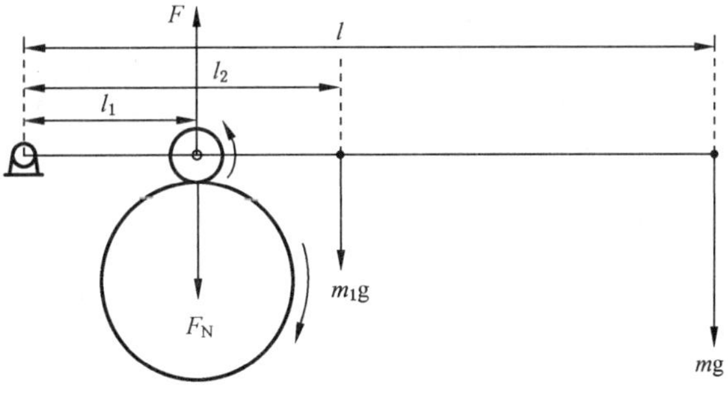

Fig. 11 Mechanics model of calibration device

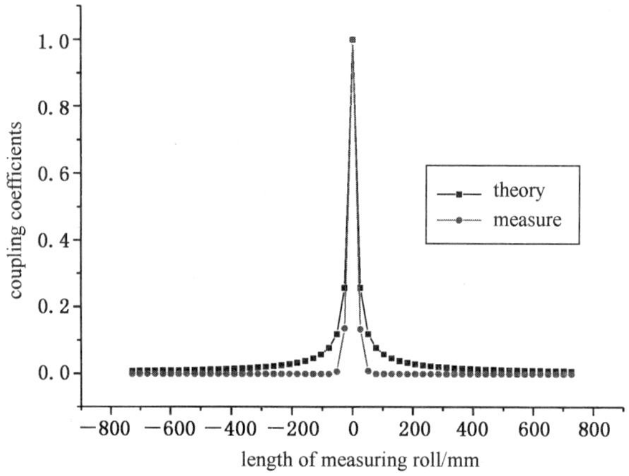

Fig. 12　Comparison of theoretical and experimental coupling coefficients

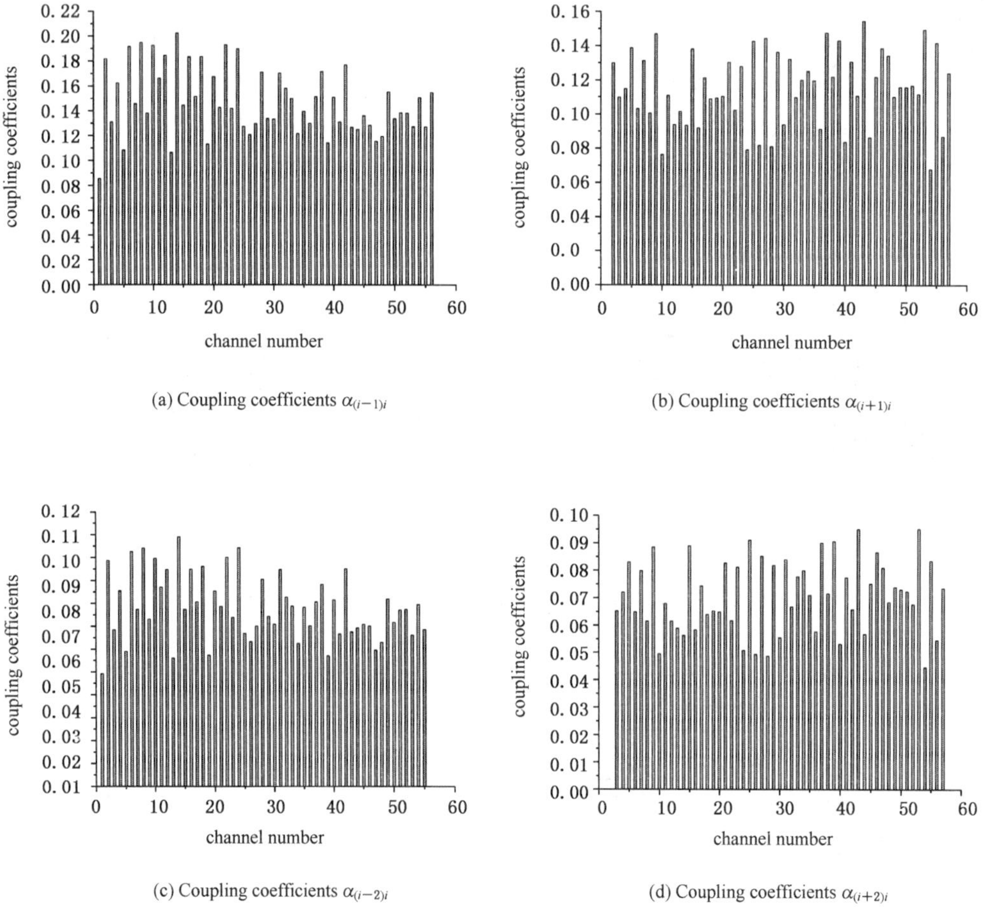

(a) Coupling coefficients $\alpha_{(i-1)i}$

(b) Coupling coefficients $\alpha_{(i+1)i}$

(c) Coupling coefficients $\alpha_{(i-2)i}$

(d) Coupling coefficients $\alpha_{(i+2)i}$

Fig. 13　Coupling coefficients of calibration

The intermediate channel (29th channel) loading process is again taken as an example; according to the coupling coefficients of Eq. (11) and experimental calibration, the measuring results before and after decoupling are shown in Fig. 14. The channel coupling phenomenon is nearly eliminated by decoupling process, which shows the necessity of the theoretical model and experimental calibration.

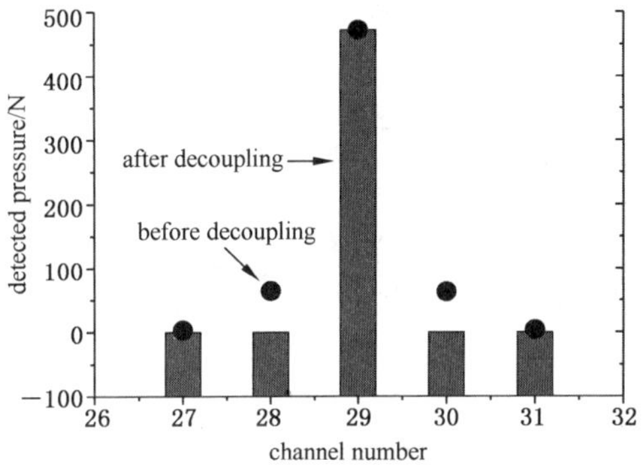

Fig. 14 Comparison of the measuring force before and after decoupling of each channel when applying load in the middle channel

5 Industrial Application

The 1 450 mm six-high cold rolling mill flatness meter, as mentioned above, was applied to an industrial site in May 2018. The 1 450 mm mill parameters and rolling parameters are shown in Table 2. For an SPCC rolled strip material with a thickness of 0.34 mm and a width of 1 000 mm, the pressure and flatness of two detection examples before and after decoupling are shown in Fig. 15. The pressure distributions before and after decoupling are very different. The average pressure before decoupling is approximately 1.3 times that after decoupling. The coupling pressure distribution shows a downward turning trend on both sides of the strip. Because the coupling coefficients fluctuate within a certain range, the coupling pressure distribution also has obvious fluctuations. After decoupling, the pressure distribution becomes smoother and closer to the actual state. The differences in the flatness before and after decoupling are mainly shown on the two sides of the strip. Before decoupling, there are both middle waves and side waves. After decoupling, there is only a simple middle wave. The flatness distribution before decoupling has larger fluctuations, while the decoupled flatness distribution is smoother.

Table 2 Mill parameters and rolling parameters

parameters	value
Tension range (KN)	10～120
wrap angle (°)	8
Max rolling force (KN)	20 000
Strip width range (mm)	800～1 250
Final strip thickness range (mm)	0.25～2.5
Work roll diameter (mm)	280～330
Work roll length (mm)	1 450
Max rolling speed (m/min)	800

In actual production, the target flatness of strip product from this mill is microscopic middle waves. The flatness defect cannot be completely eliminated in a subsequent continuous annealing processing line (CAPL) if the middle waves are large. If the decoupling process is not performed, the flatness control system will consider that there are waves on both sides of the strip, then the bending force will continuously increase, eventually causing physical flatness to be excessively large. After decoupling is applied, the flatness control system will accurately decrease the difference between target flatness and measuring flatness. The actual flatness is an approximately flat microscopic middle wave, which achieves the flatness control target. The flatness control results before and after decoupling are shown in Fig. 16. The comparison of Fig. 15 and 16 shows that the flatness after decoupling is consistent with the physical flatness.

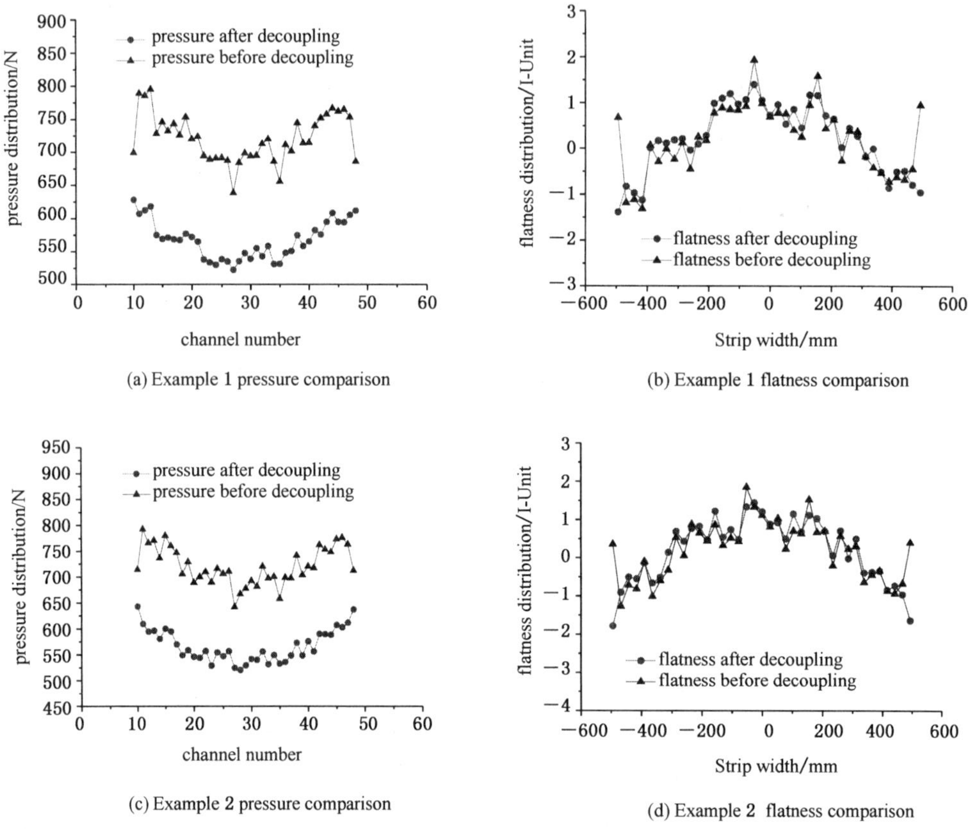

(a) Example 1 pressure comparison

(b) Example 1 flatness comparison

(c) Example 2 pressure comparison

(d) Example 2 flatness comparison

Fig. 15　Pressure and flatness comparison before and after decoupling

(a) Flatness before decoupling process

(b) Flatness after decoupling process

Fig. 16　Physical flatness of the strip before and after decoupling process

6　Conclusions

(1) When a load is applied to a certain measuring channel of the whole-roller seamless flatness meter, the signal of this channel will change and the signal of the adjacent channels will be significantly interfered, causing flatness measuring errors. If the flatness channel coupling effect is not considered, when the physical flatness is completely flat, the measured flatness will be a bilateral wave, which is very different from the actual situation.

(2) When different distribution forces act on the measuring roll, significant flatness measuring errors will occur due to the coupling of the channels. The magnitude and direction of the errors are also different. Because of the difference between the elastic half-space hypothesis and actual situation, the theoretically calculated coupling coefficient is larger than the coupling coefficient from experimental calibration.

(3) After decoupling by the decoupling matrix equation, the flatness measuring error can be eliminated. After decoupling, the detected flatness is quite close to the physical flatness, which is essential for controlling flatness of strips.

References

[1] L. P. Xu, L. You, D. H. Wang and X. T. Su: *China Metall.*, 24 (2014), 23 (in Chinese).

[2] X. G. Liang, Z. J. Jiao, G. D. Wang, X. H. Liu, J. F. Guo, H. T. Li and G. Wang: *Metall. Equip.*, 6 (2006), 36 (in Chinese).

[3] L. J. Chen, B. Han, W. Tan, A. P. Ruan and S. Z. Wang: *Steel Roll.*, 29 (2012), 38 (in Chinese).

[4] B. Guan, Y. Zang, X. H. Han and K. Zheng: *Sensors*, 18 (2018), 1638.

[5] D. C. Tran, N. Tardif and A. Limam: *Int. J. Solids Struct.*, 69-70 (2015), 343.

[6] Y. Isei, T. Kato, M. Osugi and T. Ohta: *Tetsu-to-Hagané*, 105 (2019), 20 (in Japanese).

[7] S. Abdelkhalek, P. Montmitonnet, M. Potier-Ferry, H. Zahrouni, N. Legrand and P. Buessler: *Ironmaking Steelmaking*, 37 (2010), 290.

[8] L. P. Yang, H. X. Yu, R. M. Li and W. Yuan: *Ironmaking Steelmaking*, 45 (2018), 457.

[9] L. P. Yang, H. X. Yu, D. C. Wang, Z. Zhang and Z. Y. Jiang: *Steel Res. Int.*, 88 (2017), 1600383.

[10] H. M. Liu, B. Q. Yu, L. P. Yang, D. Ding, H. X. Yu and S. W. Chen: A Type of Seamless and Embedded Signal Processor Used

for Shapemeter, China Patent CN105005287A,(2015).

[11] H. M. Liu, B. Q. Yu, L. P. Yang and Y. Peng: *Iron Steel*, 46 (2011), 86 (in Chinese).

[12] H. M. Liu, J. Liu, B. Q. Yu, L. Q. Yang and Y. Zhang: *J. Mech. Eng.*, 53 (2017), 87 (in Chinese).

[13] D. C. Wang, H. M. Liu and J. Liu: *Chin. J. Mech. Eng.*, 30 (2017), 1248.

[14] L. He, J. Wang and F. Zhang: *J. Iron Steel Res.*, 25 (2013), 58 (in Chinese).

[15] X. Y. Shan: Ph. D. thesis, Yanshan University, 2011, 6. (in Chinese).

[16] D. Weisz-Patrault: *Int. J. Solids Struct.*, 56-57(2015), 175.

[17] J. W. Liu, D. H. Zhang, J. S. Wang and P. F. Wang: *J. Iron Steel* Res. Int., 17 (2010), 35.

[18] B. Q. Yu, Y. B. Sun, H. M. Liu, L. You and Y. Peng: *J. Iron Steel Res. Int.*, 17 (2010), 21.

[19] R. M. Li, L. P. Yang, B. Q. Yu, H. M. Liu and H. X. Yu: *Iron Steel*, 48 (2013), 41 (in Chinese).

[20] R. M. Li, L. P. Yang, B. Q. Yu, H. M. Liu and C. Z. Du: *Iron Steel*, 48 (2013), 40 (in Chinese).

[21] Z. X. Zhao, D. C. Wang, P. F. Wang and H. M. Liu: *Iron Steel*, 50 (2015), 49 (in Chinese).

[22] L. P. Yang, B. Q. Yu, D. Ding and H. M. Liu: *J. Cent. South Univ.*, 19 (2012), 994.

[23] L. P. Yang, B. Q. Yu, R. M. Li, H. M. Liu and C. Z. Du: *Chin. J. Mech. Eng.*, 50 (2014), 30.

[24] H. M. Wu, H. M. Liu and K. Wang: *Int. J. Adv. Manuf. Technol.*, 94 (2018), 3189.

[25] P. F. Wang, D. H. Zhang, J. W. Liu, J. S. Wang and X. F. Yu: *Chin. J. Mech. Eng.* 47 (2011), 58.

[26] J. C. Lian and H. M. Liu: Thicness and Shape Control for Rolling Strip, Weapons Industry Press, Beijing, (1996), 106 (in Chinese).

[27] V. B. Ginzburg: High-Quality Steel Rolling: Theory and Practice, CRC Press, Boca Raton, FL, (1993), 489.

[28] H. M. Liu, B. Q. Yu, L. P. Yang, Y. Peng, D. Ding, Z. M. Li and Q. Fu: A Whole Roll Seamless Wireless Flatness Meter, China Patent CN101694368B, (2011).

[29] H. M. Liu: Three Dimensional Rolling Theory and Its Application, Science Press, Beijing, (1999), 293 (in Chinese).

[30] K. L. Johnson: Contact Mechanics, Cambridge University Press, Cambridge, UK (1985), 10.

[31] D. C. Wang, Y. L. Wu and H. M. Liu: *Iron Steel*, 50 (2015), 37 (in Chinese).

第四篇　板带轧机板形控制理论和技术

热带钢连轧机板形设定控制数学模型①

刘宏民[1]，F. Sanfilippo[2]，F. Dolci[2]，郜时建[3]
（1. 燕山大学，河北 秦皇岛 066004；
2. 意大利国家材料研究中心(CSM)；3. 河南省予通企业（集团）公司）

摘　要：将轧件三维塑性变形模型、辊系弹性变形模型和轧后带材失稳判别模型联立，组成完整的板形分析和控制数学模型。对 1 660 mm 七机架热带钢连轧机进行了板形设定控制的计算，板形和板凸度的实际控制效果良好。
关键词：板形；数学模型；热带钢连轧

The Mathematical Model for Shape Design Control in Hot Strip Steel Tandem Mill

Liu Hongmin[1]，F. Sanfilippo[2]，F. Dolci[2]，Gao Shijian[3]
(1. Yanshan University Qinhuangdao 066004，Hebei，China；2. Italian Material Developing Center；3. Henan Yutong Enterprises(Group)Co.)

Abstract: The mathematical model of shape analysis and control is formed based on the 3 dimensional plasticity deformation model of strip，the elastic deformation model of rolls and the criterion model of rolled strip stableness. The shape design control is carried out for 1 660 mm hot strip steel tandem mill with 7 stands. The control of shape and crown is good.
Key words: Shape；Mathematical model；Hot strip steel tandem rolling

1　引言

由于使用部门对板带材的板形精度的要求越来越高，使板形理论和板形控制技术的研究不断深入和实用。完整的板形理论模型包括轧件三维塑性变形模型、辊系弹性变形模型和轧后带材失稳判别即板形判别模型等，并且只有将这三个模型联立，才能更准确地进行板形控制的计算。目前，对轧件模型和辊系模型的孤立研究较多，将上述三个模型联立形成整体模型的研究极少。文献[1]对此问题进行了探索。尚未应用于生产。本文的研究旨在建立完整的板形分析和控制数学模型。并为工业热带钢连轧机制定板形设定控制的轧制规程。

2　理论模型

2.1　整体模型

以四辊轧机轧制带材为例（图 1），板形分析与控制计算程序如图 2 所示。轧件三维变形模型的任务是准确确定单位

① 钢铁，1996，31(10)：30-34，10.

宽度轧制压力 $p(y)$ 和前、后张应力 $\sigma_1(y)$、$\sigma_0(y)$ 等的横向分布；辊系模型的任务是准确确定负载辊缝形状即出口厚度分布 $h(y)$；板形判别模型的任务是判别轧后带材是否失稳，从而决定是否调整弯辊力 S_1、S_2 和轧辊凸度 ΔD_1、ΔD_2 等板形调节参数，直至板形满足要求为止。

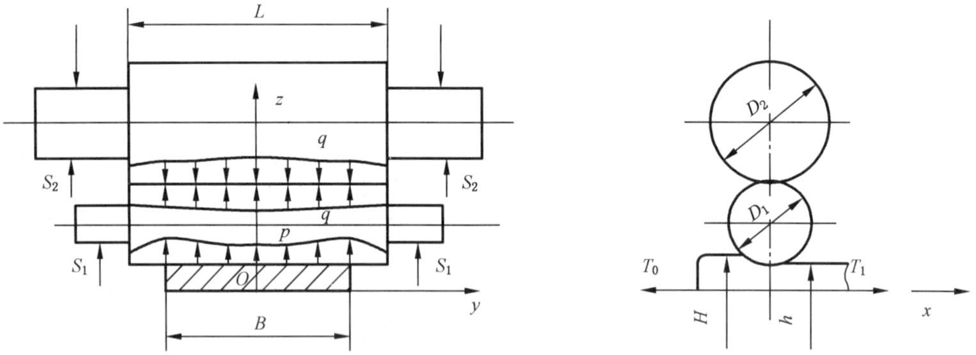

图 1　四辊轧机轧制带材模型

Fig. 1　Rolling strip model on a 4-h mill

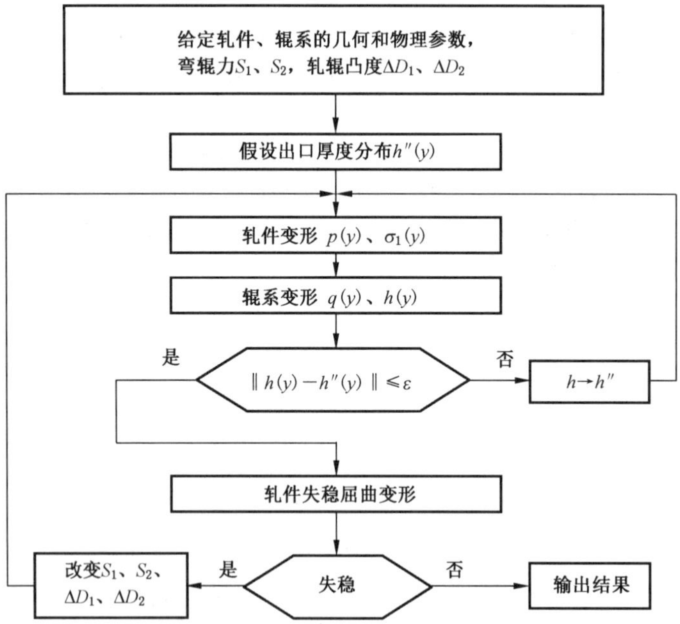

图 2　板形分析与控制程序框图

Fig. 2　Flowchart of strip shape analysis and control

2.2　轧件三维塑性变形

由于平面形变轧制理论不能解决与板形有关的轧制压力和张力的横向分布问题，因而研究轧件的三维变形理论非常必要。

采用作者提出的条元法[2,3]求解。变形区金属横向位移 U 用式(1)表示

$$U(x,y)=f(x)u(y) \tag{1}$$

式中 $f(x)$ 为关于 x 的三次函数[2]，$u(y)$ 为出口横向位移。$u(y)$ 用三次样条函数表示

$$u(y)=\{\varphi_i\}^{\mathrm{T}}[A]\{u_i\} \tag{2}$$

式中 $\{\varphi_i\}$ 为三次 B 样条函数列阵，$[A]$ 为插值矩阵，$\{u_i\}$ 为节线出口横向位移列阵。

进而可进行变形区三维变形分析[2]。

前、后张应力 $\sigma_1(y)$ 和 $\sigma_0(y)$ 的模型为[2,4]

$$\begin{bmatrix}\sigma_1\\ \sigma_0\end{bmatrix}=\begin{bmatrix}\dfrac{T_1}{B\bar{h}}\\ \dfrac{T_0}{B\bar{H}}\end{bmatrix}+\begin{bmatrix}\sigma_{00}\\ \sigma_{00}\end{bmatrix}+$$

$$\frac{E}{1-\nu^2}\begin{bmatrix}\dfrac{h}{\bar{h}}-\dfrac{H}{\bar{H}}+u'-\dfrac{\Delta B}{B}\\ \dfrac{\bar{H}h(1+u')}{\bar{h}H(1+\Delta B/B)}-1\end{bmatrix} \tag{3}$$

式中：T_1、T_0——前、后总张力；

E、ν——轧件弹性模量、泊松比；

H、h——入、出口厚度；

$\bar{H}$、$\bar{h}$——H 和 h 沿板宽积分平均值；

σ_{00}——来料纵向(x 方向)残余应力；

B、ΔB——轧件宽度、宽展量。

变形区内三向应力根据 Levy-Mises 塑性流动方程和 Von. Mises 塑性条件求得[3]。

单位轧制压力 p_z 根据平衡微分方程

$$\frac{\partial}{\partial x}(\sigma_x h)+\frac{\partial}{\partial y}(\tau_{xy}h)+2\tau_x+p_z\frac{\partial h}{\partial x}=0 \tag{4}$$

和入、出口应力边界条件，并用差分法求得。式(4)中 σ_x 为 x 方向的正应力；τ_{xy} 为剪应力；τ_x 为接触表面 x 方向单位摩擦力。

2.3　辊系弹性变形

采用分割模型影响系数法求解。将辊身长度 L 的一半划分为 m 段，每段宽度为 Δy，受轧制力作用的段数为 n。基本方程如下。

支承辊挠度 f_2(相对压下支点)

$$f_{2i}=\sum_{j=1}^{m}\alpha_{2ij}q_j\Delta y-\alpha_{2si}S_2 \quad (i=1,2,\cdots,m) \tag{5}$$

工作辊挠度(位移) f_1

$$f_{1i}=\sum_{j=1}^{m}\alpha_{1ij}(p_j-q_j)\Delta y-\alpha_{1si}S_1+C \quad (i=1,2,\cdots,m) \tag{6}$$

辊间弹性压扁量 δ

$$\delta_i=\lambda_i q_i \quad (i=1,2,\cdots,m) \tag{7}$$

辊间变形协调方程

$$f_{1i}=f_{2i}+\delta_i-\frac{1}{2}(\Delta D_{1i}+\Delta D_{2i}) \quad (i=1,2,\cdots,m) \tag{8}$$

工作辊平衡方程

$$\sum_{i=1}^{n}p_i\Delta y+S_1=\sum_{i=1}^{m}q_i\Delta y \tag{9}$$

工作辊与带材间的弹性压扁量 δ_1

$$\delta_{1i}=\sum_{j=1}^{n}\beta_{ij}p_j\Delta y \quad (i=1,2,\cdots,n) \tag{10}$$

轧后带材厚度 h

$$h_i=S_0+2f_{1i}+2\delta_{1i}-\Delta D_{1i}+\frac{P+2S_1+2S_2}{M_g} \quad (i=1,2,\cdots,m) \tag{11}$$

式中：i、j——轧辊分段标号变量；

α、β——弯曲和压扁影响系数；

p、q——单位宽度轧制压力、辊间压力；

λ——辊间压扁柔度；

C——工作辊辊身端部轴线位移；

S_0——空载辊缝；

P——总轧制压力；

M_g——轧辊以外各受力件总刚度。

辊间压扁变形计算采用半平面体模

型，工作辊与带材间的压扁变形计算采用半无限体模型。

2.4　轧后带材失稳判别

轧后的带材去除张力后，原前张力分布中的不均匀成分将转化为残余应力 σ_{1x}。采用三次样条函数条元法求解在 σ_{1x} 作用下带材的失稳问题[5]。

挠度函数 ω 可表示为

$$\omega(x,y)=\sum_{k=1}^{r}\omega_k(y)\sin\frac{k\pi x}{l} \quad (12)$$

式中 l 为屈曲半波长，待定参数；ω_k 为沿 x 方向的正弦波幅，待定参数，可用三次样条函数表示[5]。

采用文献[6]的方法，将 σ_{1x} 乘以判别因子 ξ

$$\sigma_{1x}^*=\xi\sigma_{1x} \quad (13)$$

使 σ_{1x}^* 恰好对应于临界失稳状态。此时，中面内力所做的功 W^* 等于弯曲变形能 U_1。

$$W^*=\xi W \quad (14)$$

式中

$$W=-\frac{\bar{h}}{2}\int_0^l\int_0^{B/2}\sigma_{1x}\left(\frac{\partial\omega}{\partial x}\right)^2\mathrm{d}x\mathrm{d}y \quad (15)$$

$$U_1=\frac{D}{2}\int_0^l\int_0^{B/2}\left\{(\nabla^2\omega)^2-2(1-\nu)\cdot\left[\frac{\partial^2\omega}{\partial x^2}\frac{\partial^2\omega}{\partial y^2}-\left(\frac{\partial^2\omega}{\partial x\partial y}\right)^2\right]\right\}\mathrm{d}x\mathrm{d}y \quad (16)$$

式中 D 为板的抗弯刚度。令 $W^*=U_1$，得

$$\xi=U_1/W \quad (17)$$

求临界载荷，实质就是求使薄板可能发生压曲的最小纵向载荷。这转化为求 ξ 的最小值[5]。

根据求得的稳定性判别因子 ξ 的数值，可以判别 σ_{1x} 对应的状态即轧后板形状态

$$\xi\begin{cases}<1 & \text{失稳(屈曲)}\\=1 & \text{临界失稳}\\>1 & \text{平直}\end{cases} \quad (18)$$

3　应用实例

应用上述数学模型和计算流程，对意大利 ILVA Taranto 厂 1 660 mm 七机架热带钢连轧机进行了板形设定控制的计算，制定了板形控制的轧制规程（在已知各架轧辊凸度的条件下，搜索确定各架弯辊力），轧后板形和板凸度的精度良好。

计算条件见表 1。其中的弯辊力 S_1、S_2 的数值系按图 2 所示的计算流程多次搜索得到的计算结果。轧件材质为低碳钢。计算结果与生产试验结果如图 3 和表 2 所示。单位宽度轧制压力 P 的横向分布（图 3a），在前 4 个机架（道次），均为从轧件宽度中心到边部减小；在后 3 个机架，在宽度中心及边部附近有峰值。辊间单位宽度压力 q 的横向分布（图 3b）在所有机架，均为从辊身中部到端部减小，但变化不大。出口横向位移 u 的分布（图 3c），前 4 个道次均为正，从中部到边部增大，金属向外流动；后 3 个道次，在中部区域为负，金属向内流动，在边部区域为正，金属向外流动。前张力 σ_1 的横向分布（图 3d），前 4 个道次为潜在中浪形式，后 3 个道次为潜在边浪形式，但是变化不大，都不引起轧后带材失稳，表明板形良好。生产实践也证明，轧后板形确实平直，成品板形精度约为 30 I，与第 7 道次的计算结果相近。轧后板凸度 Δh（图 3e）从第 1 到第 7 机架，总的趋势是减小，从来料原始凸度 300 μm 减小到约 50 μm。成品板凸度的计算结果与生产试验结果吻合甚好。可见，在保证板形良好的条件下，达到了缩小板凸度的目的。各架总轧制压力 P 的计算值与实测值接近（图 3f）。宽展量的计算值与实测值也相近（表 2）。

表 1 计算条件

Table 1 Computation conditions

机架	1	2	3	4	5	6	7
h /mm	20.064	11.384	6.882	4.394	3.055	2.391	2.040
T_0/N	0	56 910	61 450	59 140	63 890	62 680	62 710
T_1/N	56 910	61 450	59 140	63 890	62 680	62 710	34 870
t/C	1 018	990	966	950	934	914	896
v/(m·s^{-1})	1.5	2.6	4.3	6.8	9.8	12.4	14.6
D_1/mm	723	744	675	660	620	605	638
D_2/mm	1 479	1 462	1 318	1 403	1 310	1 431	1 450
ΔD_1/mm	−0.075	−0.075	−0.050	0.075	0.075	0.025	0.0
ΔD_2/mm	0.075	0.075	0.150	0.150	0.150	0.150	0.075
S_1/N	437 780	437 780	328 340	328 340	328 340	328 340	609 250
S_2/N	510 750	510 750	380 350	380 350	380 350	380 350	431 030
其他	L=1 660 mm,B=1 100 mm,$\bar{H}_0$=38.677 mm,ΔH_0=300 μm						

注：t—轧制温度；v—轧制速度；D_1—工作辊直径；D_2—支撑辊直径；$\bar{H}_0$—来料原始厚度；ΔH_0—来料原始板凸度。

表 2 宽展量计算与试验结果

Table 2 Computed and experimental results of spread

机架	1	2	3	4	5	6	7
宽展/mm	12.4	8.8	6.4	4.6	3.2	1.8	1.0
总宽展/mm	计算 38.2;实测 40						

4 结论

本文建立的板形分析与设定控制数学模型，在热带钢连轧机板形设定控制方面取得了成效，证明了模型的正确性和实用性。

板形设定控制是获得良好板形的重要前提。对于有板形闭环自动控制系统的轧机，准确的板形设定控制可以减轻板形闭环系统的负担，减少板形超差的带材长度。对于没有板形闭环系统的轧机，板形设定决定了轧后的板形，因而更具有重要意义。

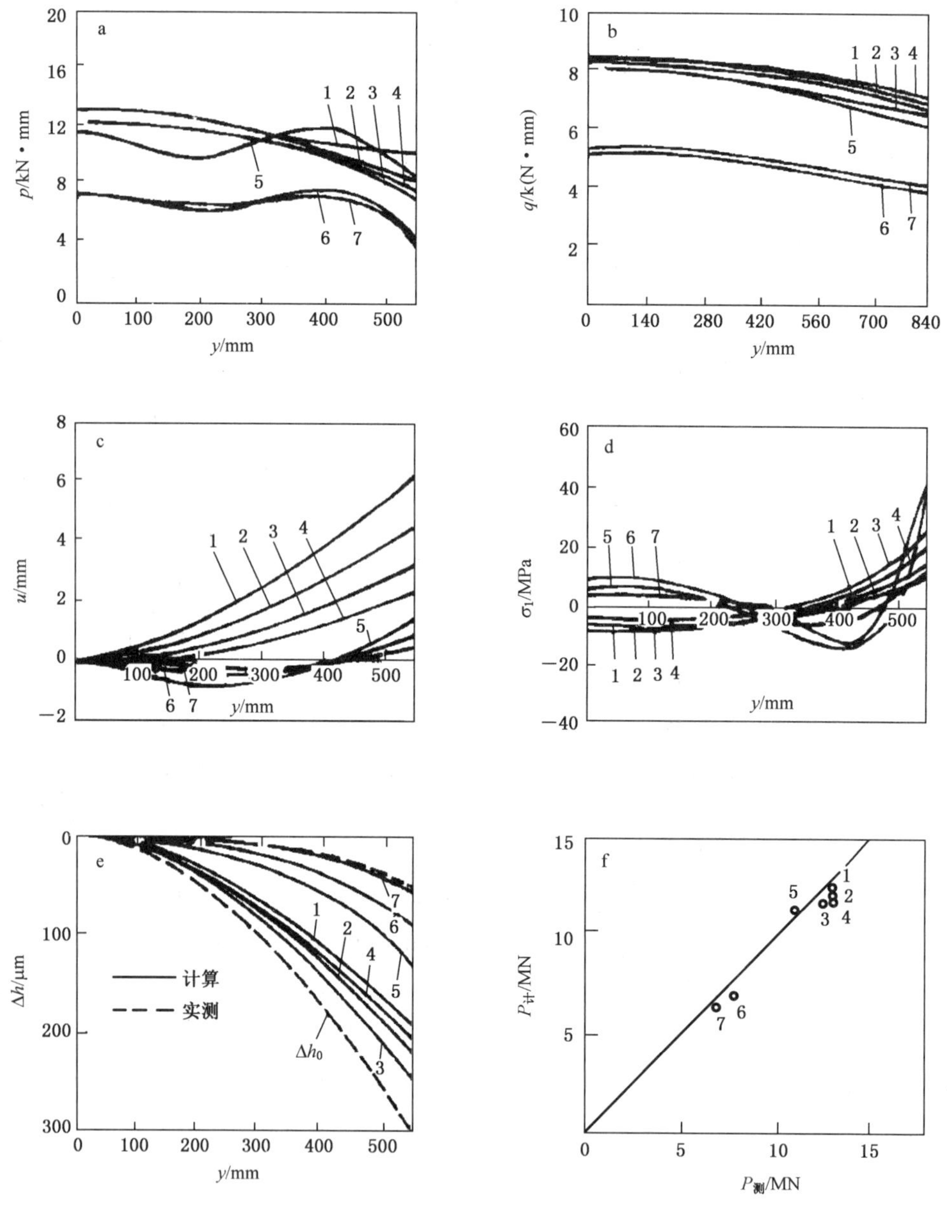

图 3　计算结果与试验结果对比

Fig. 3　Comparison of computed and experimental results

参考文献

[1] Takashi Ishikawa. Nobuki Yukawa. Yasuhisa Tozawa. Analytical approach to occurrence and suppression of flatness defect in strip rolling. Proc. 4th Int. Conf. Steel Rolling. Deauville. France. Vol. 2. 1987：E7(1～10).

[2] Liu Hongmin. Lian Jiachuang. Transverse distributions of front and back tension stresses in cold strip rolling. Chin. J. Met. Sci. Technol，1992，8(6) ：427～434.

[3] Liu Hongmin. Lian Jiachuang. Simulation of cold strip rolling by third power b-spline finite strip method. Advances in Engineering Plasticity and its Applications. W. B. Lee (Editor). Amsterdam. The Netherlands : Elsevier Science Publishers B. V. 1993 ：703～710.

[4] 刘宏民. 连家创. 研究冷轧带材金属横向流动和张力横向分布的线性条元法. 钢铁研究学报，1992，4(3)：37～44.

[5] 边宇虹. 刘宏民. 求解带材轧后大挠度屈曲变形的一个通用方法. 机械工程学报，1994，30(10)：21～27.

[6] Lian Jiachuang. Duan Zhenyong. Lu Shengjiang. Study on the large deflection buckling deformation for rolled strip losing stability. Proc. 4th Int. Conf. Steel Rolling. Deauville. France. Vol. 2. 1987：E5 (1～7).

板带轧机板形控制倾辊弯辊神经模糊 PID 模型①

单修迎，贾春玉，刘宏民
（燕山大学轧制设备及成套技术教育部工程研究中心，河北 秦皇岛 066004）

摘　要：板形是板带轧制的重要质量指标，倾辊和弯辊是板形控制的重要手段。目前常规的 PID 控制算法被广泛应用到板带轧机倾辊和弯辊板形控制系统中，但由于实际系统随机干扰严重，具有多变量、非线性、强耦合的特征，难以建立较为准确的数学模型，常规的 PID 控制算法很难满足板形高精度控制的要求。为能提高倾辊和弯辊板形控制系统的性能，在常规 PID 控制算法的基础上，建立基于神经网络的模糊 PID 倾辊弯辊板形控制模型，通过神经网络的自学习能力和模糊控制的"概念"抽象能力的有机结合寻找一个最佳的 P、I、D 非线性组合控制律，增强对控制环境变化的适应能力和自学习能力。仿真实验结果表明，该模型能很好地跟踪板形的目标设定值，响应快，超调小，鲁棒性强，可提高倾辊和弯辊对板形的控制精度，为板形高精度控制提供了一种新方法。

关键词：板形控制，倾辊，弯辊，神经模糊，PID

Neural Fuzzy PID Model of Tilting Roll and Bending Roll Flatness Control for Strip Mill

Shan Xiuying, Jia Chunyu, Liu Hongmin
(Engineering Research Center of Rolling Equipment and Complete Technology of Ministry of Education, Yanshan University, Qinhuangdao 066004, Hebei, Chian)

Abstract: Flatness is an important quality indicator in strip rolling, and tilting roll and bending roll are important means of flatness control. Now conventional PID control algorithm is widely applied to tilting roll and bending roll flatness control system for strip mill, but it is very difficult to build an exact math model and conventional PID control algorithm is hard to meet the need of high-precision flatness control because of actual system's severe random and multivariable, non-linear and strong coupling characters. Fuzzy PID tilting roll and bending roll flatness control model based on neural network is built on the ground of conventional PID control algorithm. An optimized non-linear combined control rule of P, I, and D is built by the self-learning ability of neural network and the "conception" abstraction ability of fuzzy control to strengthen the ability of self-adaptation and self-leaning to the change of control environment. Simulation results of the model indicate that flatness target value is tracked well with rapid response, small overshot and strong robust. In conclusion, flatness control precision of tilting roll and bending roll is increased and a new method is provided for high-preci-

① 机械工程学报，2009，45(9)：255-260.

sion flatness control.

Key words: Flatness control; Tilting roll; Bending roll; Neural fuzzy; PID

0　引言

随着钢铁产品需求层次的提高,用户对带材的尺寸精度和形状精度提出了更高的要求,因而研制响应快速、精度高的板形控制系统,就成为提高现代冷带轧机板形控制水平的一项关键技术。

倾辊和弯辊是板带轧机最常用和最主要的板形控制手段,可以满足高速轧制的需要,在现代化板带轧机上得到了广泛的应用。目前板带轧机倾辊和弯辊板形控制模型多数采用常规的 PID 控制算法[1-2],然而现代金属轧制过程特别是连轧过程的控制非常复杂,它涉及压力、速度、流量和温度等大量物理参数,以及弹性变形、塑性变形、热力耦合等复杂过程、工件内部组织结构与性能的变化等多方面的问题[3-4],因而现代金属轧制过程具有多变量、非线性、强耦合的特征,在这样复杂的条件下,很难准确地整定出能够满足不断变化的轧制状况的一组 PID 控制器参数。智能控制的出现为板形控制带来了新的生机,它是以无模型为特征的更接近于人脑思维方式的一种控制理论,是以知识信息为基础进行学习和推理、用启发式方法来引导求解的非传统数学公式化过程[5-6]。神经网络和模糊控制是智能控制的两个重要方向,已被广泛应用到轧制领域的理论研究中,文献[7]和文献[8]分别将神经网络和模糊控制应用到板形控制中。神经网络和模糊控制各有特长,存在着互补性,神经网络具有自学习能力和大规模并行计算能力,在认知处理上比较擅长。而模糊控制则是模仿人脑的逻辑思维机理,用于处理模型未知或不精确的控制问题,在技能处理上比较擅长[9-11]。将两者有机结合,融合各自的优点,将可以得到性能更好的控制器。

综上所述,常规的 PID 控制算法已不能满足现代化高精度轧制过程在线控制的要求。为了能提高倾辊和弯辊板形控制的性能,结合神经网络和模糊控制各自的优点,建立了基于神经网络的模糊 PID 倾辊弯辊板形控制模型,提高了倾辊和弯辊的板形控制精度,取得了良好的板形控制效果。

1　基于神经网络的模糊 PID 倾辊弯辊板形控制模型的建立

基于神经网络的模糊 PID 倾辊弯辊板形控制模型的结构如图 1 所示,它主要由四部分组成:板形模式识别模块、模糊化模块、自适应神经网络、倾辊和弯辊 PID 控制器。其中,r 为板形标准曲线,e 为板形偏差,e_1 和 e_2 分别为一次板形偏差系数和二次板形偏差系数,简称板形系数,$\{E_1\}$和$\{E_2\}$分别为模糊量化后的一次板形系数和二次板形系数,K_{P1},K_{I1},K_{D1} 和 K_{P2},K_{I2},K_{D2} 分别为倾辊 PID 控制器参数和弯辊 PID 控制器参数,u_1 和 u_2 分别为倾辊控制量和弯辊控制量,y 为轧机板形输出。

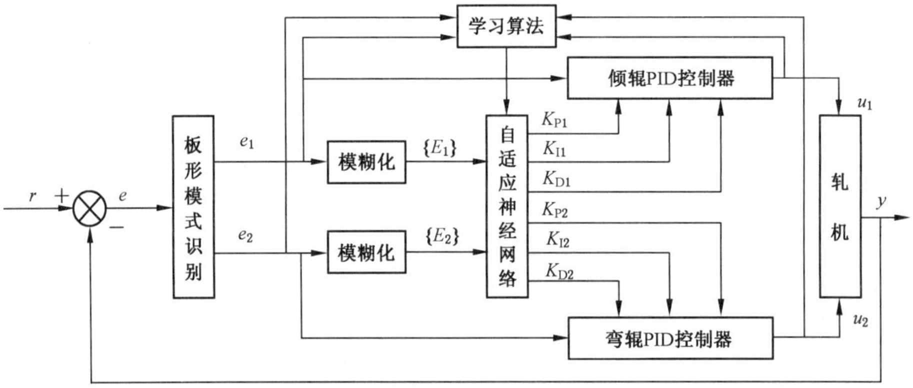

图 1　基于神经网络的模糊 PID 倾辊弯辊板形控制模型结构

1.1　模式识别模块

模式识别模块用来对板形进行模式识别，识别出一次板形系数 e_1 和二次板形系数 e_2。目前模式识别的方法很多，有最小二乘法、模糊分类法和神经网络方法等，本文采用文献[11]中介绍的神经网络方法。

1.2　模糊化模块

模糊化模块的功能是对系统状态变量一次板形系数 e_1 和二次板形系数 e_2 进行“归档”模糊化、归一化处理。所谓模糊化，就是把输入的数值，根据输入变量模糊子集的隶属函数找出相应的隶属度的过程。这样做的优点是，利用模糊控制的鲁棒性和非线性控制作用，对自适应神经网络的输入进行预处理，避免了自适应神经网络的传递函数采用 Sigmoid 函数时，直接输入量过大而导致输出的饱和，使对输入不再敏感的缺点。

这种模糊量化的方法多种多样。这里采用一种简单而行之有效的精确量模糊化方法，即“归档模糊化”，它是通过计算 $e_i/e_i^*(i=1,2)$，其中 e_1^* 和 e_2^* 分别为一次板形系数和二次板形系数的量化基准（规定的最大值），然后将其在闭区间[0,1]内分成若干等级，完成“归档”模糊量化，即

$$E_i=\begin{cases}5\text{sgn}e_i & |e_i/e_i^*|\geqslant 0.8\\ 4\text{sgn}e_i & |e_i/e_i^*|\geqslant 0.5\\ 3\text{sgn}e_i & |e_i/e_i^*|\geqslant 0.3\\ 2\text{sgn}e_i & |e_i/e_i^*|\geqslant 0.1\\ 1\text{sgn}e_i & |e_i/e_i^*|\geqslant 0.03\\ 0 & |e_i/e_i^*|<0.03\end{cases}\qquad i=1,2 \tag{1}$$

1.3　自适应神经网络

自适应神经网络用于表示模糊规则，根据系统的运行状态，调节倾辊 PID 控制器和弯辊 PID 控制器的参数，以达到控制性能的最优化，也就是使输出层神经网络神经元的输出状态对应于两个 PID 控制器的 6 个可调参数，通过神经网络的自身学习、加权系数调整，从而使其稳定状态对应于某种最优控制律下的 PID 控制器参数。

建立的自适应神经网络采用一个三层 BP 网络，如图 2 所示，有 $S=S_1+S_2$ 个输入节点，H 个隐层节点，6 个输出节点，其中 S_1、S_2 分别为 E_1、E_2 输入的个数。神经网络的输出分别对应两个 PID 控制器的 6 个参数 K_{P1}，K_{I1}，K_{D1} 和 K_{P2}，K_{I2}，K_{D2}，因为这些参数均不能取负值，所以输出层传递函数采用对数 Sigmoid 函数，隐层传递函数取正切 Sigmoid 函数。

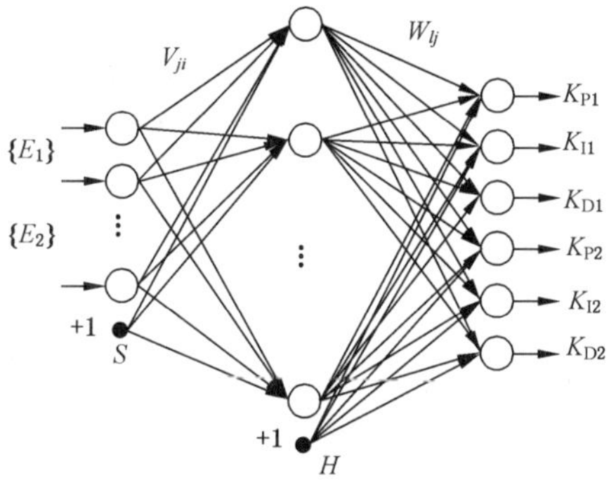

图 2　自适应神经网络

网络输入层为经过模糊量化处理后的系统状态变量

$$O_i^{(1)}=\begin{cases}E_1(k-i) & i=0,1,\cdots,S_1-1\\ E_2(k-i+S_1) & i=S_1,S_1+1,\cdots,S_1-1\\ 1 & i=S\end{cases} \quad (2)$$

网络隐层为

$$I_j^{(2)}(k)=\sum_{i=0}^{S}V_{ji}O_i^{(1)}(k) \quad (3)$$

$$O_j^{(2)}(k)=\begin{cases}f[I_j^{(2)}(k)] & j=0,1,\cdots,H-1\\ 1 & j=H\end{cases} \quad (4)$$

式中$\{V_{ji}\}$为隐层权系数，$\{V_{jS}\}=\theta_j$ 为阈值，上标(1)和(2)分别代表输入层和隐层，$f(x)$为正切 Sigmoid 函数，即

$$f(x)=\frac{1-\exp(-x)}{1+\exp(-x)} \quad (5)$$

输出层为

$$I_l^{(3)}(k)=\sum_{j=0}^{H}W_{lj}O_j^{(2)}(k) \quad (6)$$

$$O_l^{(3)}(k)=g[I_l^{(3)}(k)] \quad l=0,1,2,\cdots,5 \quad (7)$$

$$O_0^{(3)}(k)=K_{P1}$$
$$O_1^{(3)}(k)=K_{I1} \quad (8)$$
$$O_2^{(3)}(k)=K_{D1}$$
$$O_3^{(3)}(k)=K_{P2}$$
$$O_4^{(3)}(k)=K_{I2} \quad (9)$$
$$O_5^{(3)}(k)=K_{D2}$$

式中$\{W_{lj}\}$是输出层权系数，$\{W_{lH}\}=\theta_l$ 为阈值，上标(3)代表输出层，$g(x)$为对数 Sigmoid 函数，即

$$g(x)=\frac{1}{1+\exp(-x)} \quad (10)$$

取性能指标

$$J_c=\frac{1}{2}\sum_{i=1}^{2}[r_i(k+1)-y_i(k+1)]^2 \quad (11)$$

式中，$r_1(k+1)$和$r_2(k+1)$分别为$k+1$时刻一次板形标准值和二次板形标准值，$y_1(k+1)$和$y_2(k+1)$分别为$k+1$时刻轧机一次板形和二次板形输出值。

按照最速下降法修正网络权系数，则有

$$\Delta W_{lj}(k+1)=-\eta\frac{\partial J_c}{\partial W_{lj}}+\gamma\Delta W_{lj}(k) \quad (12)$$

$$\begin{aligned}\frac{\partial J_c}{\partial W_{lj}}=&\frac{\partial J_c}{\partial y_1(k+1)}\frac{\partial y_1(k+1)}{\partial u_1(k)}\frac{\partial u_1(k)}{\partial O_l^{(3)}(k)}\frac{\partial O_l^{(3)}(k)}{\partial I_l^{(3)}(k)}\frac{\partial I_l^{(3)}(k)}{\partial W_{lj}}+\\&\frac{\partial J_c}{\partial y_2(k+1)}\frac{\partial y_2(k+1)}{\partial u_1(k)}\frac{\partial u_1(k)}{\partial O_l^{(3)}(k)}\frac{\partial O_l^{(3)}(k)}{\partial I_l^{(3)}(k)}\frac{\partial I_l^{(3)}(k)}{\partial W_{lj}}+\\&\frac{\partial J_c}{\partial y_1(k+1)}\frac{\partial y_1(k+1)}{\partial u_2(k)}\frac{\partial u_2(k)}{\partial O_l^{(3)}(k)}\frac{\partial O_l^{(3)}(k)}{\partial I_l^{(3)}(k)}\frac{\partial I_l^{(3)}(k)}{\partial W_{lj}}+\\&\frac{\partial J_c}{\partial y_2(k+1)}\frac{\partial y_2(k+1)}{\partial u_2(k)}\frac{\partial u_2(k)}{\partial O_l^{(3)}(k)}\frac{\partial O_l^{(3)}(k)}{\partial I_l^{(3)}(k)}\frac{\partial I_l^{(3)}(k)}{\partial W_{lj}}\end{aligned} \quad (13)$$

式中：η——学习效率

γ——动量系数

式(13)中，由于$\frac{\partial y_1(k+1)}{\partial u_1(k)}$、$\frac{\partial y_1(k+1)}{\partial u_2(k)}$、$\frac{\partial y_2(k+1)}{\partial u_1(k)}$和$\frac{\partial y_2(k+1)}{\partial u_2(k)}$未知，所以近似用符号函数 sgn $\frac{\partial y_1(k+1)}{\partial u_1(k)}$、sgn $\frac{\partial y_1(k+1)}{\partial u_2(k)}$、

$\operatorname{sgn}\dfrac{\partial y_2(k+1)}{\partial u_1(k)}$和 $\operatorname{sgn}\dfrac{\partial y_2(k+1)}{\partial u_2(k)}$来代替，由此计算带来的不精确的影响，可以通过调整学习效率 η 来补偿。

这样，可以得到网络输出层权系数修正量

$$\Delta W_{lj}(k+1)=\eta\delta_l O_j^{(2)}(k)+\gamma\Delta W_{lj}(k) \quad j=0,1,\cdots,H \tag{14}$$

$$\begin{aligned}\delta_l=&e_1\operatorname{sgn}\frac{\partial y_1(k+1)}{\partial u_1(k)}\frac{\partial u_1(k)}{\partial O_l^{(3)}(k)}g'[I_l^{(3)}(k)]+\\&e_2\operatorname{sgn}\frac{\partial y_2(k+1)}{\partial u_1(k)}\frac{\partial u_1(k)}{\partial O_l^{(3)}(k)}g'[I_l^{(3)}(k)]+\\&e_1\operatorname{sgn}\frac{\partial y_1(k+1)}{\partial u_2(k)}\frac{\partial u_2(k)}{\partial O_l^{(3)}(k)}g'[I_l^{(3)}(k)]+\\&e_2\operatorname{sgn}\frac{\partial y_2(k+1)}{\partial u_2(k)}\frac{\partial u_2(k)}{\partial O_l^{(3)}(k)}g'[I_l^{(3)}(k)]\end{aligned} \tag{15}$$

式中：$l=0,1,\cdots,5$

$$\frac{\partial u_1(k)}{\partial O_l^{(3)}(k)}=\begin{cases}e_1(k)-e_1(k-1) & l=0\\ e_1(k) & l=1\\ e_1(k)-2e_1(k-1)+e_1(k-2) & l=2\\ 0 & l=3,4,5\end{cases} \tag{16}$$

$$\frac{\partial u_2(k)}{\partial O_l^{(3)}(k)}=\begin{cases}0 & l=0,1,2\\ e_2(k)-e_2(k-1) & l=3\\ e_2(k) & l=4\\ e_2(k)-2e_2(k-1)+e_2(k-2) & l=5\end{cases} \tag{17}$$

同理，可得隐层权系数修正量

$$\Delta V_{ji}(k+1)=\eta\delta'_j O_i^{(1)}(k)+\gamma\Delta V_{ji}(k) \quad i=0,1,\cdots,S \tag{18}$$

$$\delta'_j = f'[I_j^{(2)}(k)]\sum_{l=0}^{5}\delta_l W_{lj} \quad j = 0,1,\cdots,H-1 \tag{19}$$

$$g'(x)=g(x)[1-g(x)] \quad f'(x)=[1-f^2(x)]/2 \tag{20}$$

1.4 倾辊和弯辊 PID 控制器

倾辊和弯辊 PID 控制器包括倾辊 PID 控制器和弯辊 PID 控制器，分别对倾辊过程和弯辊过程进行控制，控制器的 6 个参数 K_{P1}，K_{I1}，K_{D1} 和 K_{P2}，K_{I2}，K_{D2} 通过自适应神经网络在线整定。倾辊控制量 u_1 和弯辊控制量 u_2 由式(21)，(22)进行计算

$$u_1(k+1)=u_1(k)+\Delta u_1(k) \tag{21}$$

$$u_2(k+1)=u_2(k)+\Delta u_2(k) \tag{22}$$

$$\Delta u_1(k)=K_{P1}[e_1(k)-e_1(k-1)]+K_{I1}e_1(k)+K_{D1}[e_1(k)-2e_1(k-1)+e_1(k-2)] \tag{23}$$

$$\Delta u_2(k)=K_{P2}[e_2(k)-e_2(k-1)]+K_{I2}e_2(k)+K_{D2}[e_2(k)-2e_2(k-1)+e_2(k-2)] \tag{24}$$

2 模型仿真实验

为了验证建立的基于神经网络的模糊 PID 倾辊弯辊板形控制模型的控制效果，对于图 1 所示的系统，需要建立轧机板形控制效果的仿真实验模型，即板形的预报模型。采用某 1 220 五机架四辊冷连轧机第五机架轧制过程的实测数据，建立了图 3 所示的板

形预报神经网络仿真器。对于固定的轧机和轧件，板形主要取决于倾辊量、弯辊力、出口张应力和轧制力等几个参数，所以将图 3 中神经网络的输入确定为 8 个参量：$k-1$、k 时刻一次板形系数 $e_1(k-1)$、$e_1(k)$ 和二次板形系数 $e_2(k-1)$、$e_2(k)$，k 时刻出口张应力的实测值 $\sigma(k)$、倾辊量 $L_m(k)$、弯辊力 $F_w(k)$ 和轧制力 $F(k)$。即

$$X=[e_1(k-1),e_1(k),e_2(k-1),e_2(k),\sigma(k),L_m(k),F_w(k),F(k)] \tag{25}$$

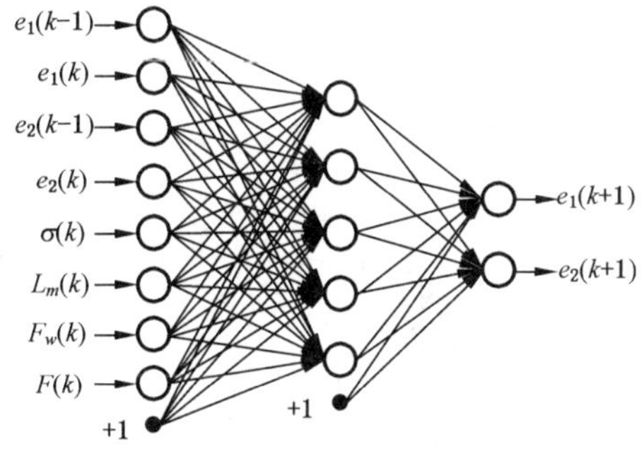

图 3　板形预报神经网络仿真器

网络的输出为 2 个参量：$k+1$ 时刻的一次板形系数 $e_1(k+1)$ 和二次板形系数 $e_2(k+1)$。即

$$y_d=[e_1(k+1),e_2(k+1)] \tag{26}$$

对轧制多种不同材质、规格的带材进行了仿真实验。仿真实验时，把整定的常规 PID 控制器参数作为神经模糊 PID 控制器的初始参数。各仿真实例的结果都表现出了大体相同的规律。其中一个仿真实例的钢卷号为 5073840000，原料厚度为 2.77 mm，成品规格为 0.42 mm×1 006 mm，材质为 Stw22。轧制工艺参数如表 1 所示。取 $S_1=S_2=2$，$\eta=0.15$，$\gamma=0.95$。为了比较常规 PID 控制和本文神经模糊 PID 控制两种控制模型的抗干扰性，仿真实验时在时间 $t=5$ s 时，令神经网络仿真实验模型特性发生突变，即令板形仿真实验模型的输出值发生相对于初始值 20%的突变。

常规 PID 控制模型和神经模糊 PID 控制模型的仿真实验结果分别如图 4 和图 5 所示。图 6 是控制过程中 PID 控制器参数的变化情况。从以上仿真实验结果可以看出：

表 1　钢卷 5073840000 轧制工艺参数

轧制参数	机架号				
	F1	F2	F3	F4	F5
出口厚度 δ/mm	1.99	1.22	0.81	0.57	0.42
相对压下量 Δ/%	28.00	39.07	33.21	30.08	25.99
出口张应力 σ/MPa	264.84	176.44	133.66	88.43	28.98
轧制力 F/kN	6 925	85 945	8 762	7 649	6 616
弯辊力 F_w/kN	49.00	91.81	96.56	66.17	−35.16
轧制速度 v/(m·min^{-1})	50.54	82.94	124.18	177.60	240.00
倾辊量 L_m/mm	0	0	0	0	0
辊缝值 s_0/mm	0.80	−0.44	−0.99	−1.04	−0.91

(1) 相对于常规 PID 控制模型，神经模糊 PID 控制模型对于一次板形和二次板形的控制都具有较小的超调量、较高的稳态精度和较短的响应时间，在 $t=3$ s 时就能达到很高的控制精度，而基本稳定下来，适用于在线板形控制。

(2) 在受到干扰时，对于常规 PID 控制模型，板形误差尤其是二次板形误差下降特别缓慢，而神经模糊 PID 控制模型能迅速调整 PID 控制器的参数，经过 4 s 左右的时间又达到较高的精度，具有较强的抗干扰能力，能较好地适应板形在线控制中出现的各种复杂情况变化。

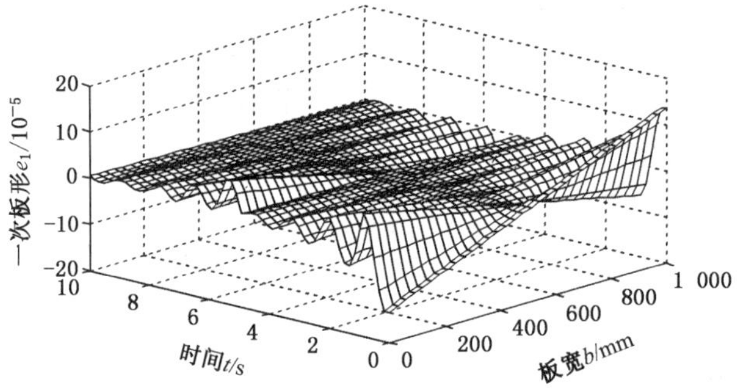

(a) 一次板形控制效果

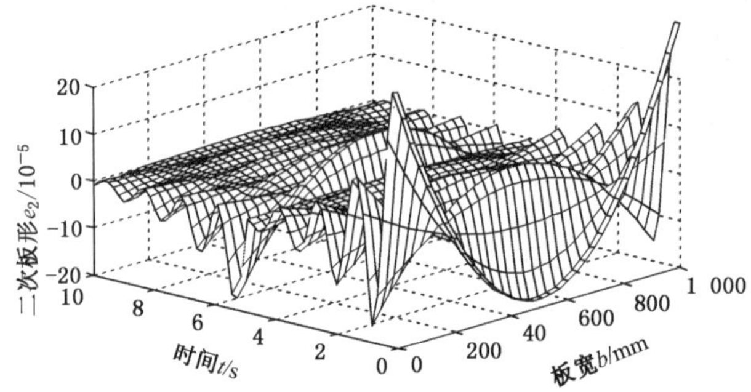

(b) 二次板形控制效果

图 4　常规 PID 模型板形控制效果(钢卷 5073840000)

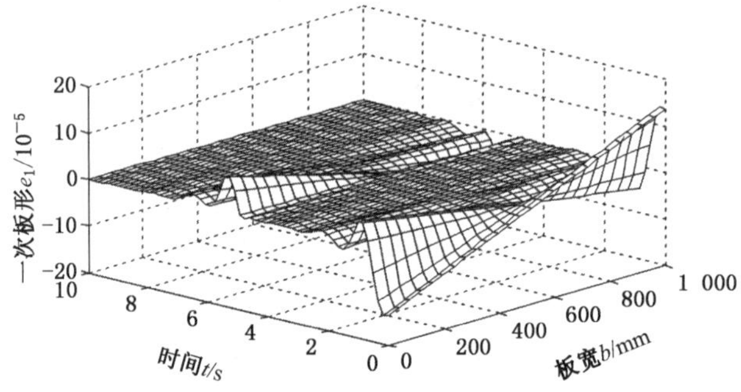

(a) 一次板形控制效果

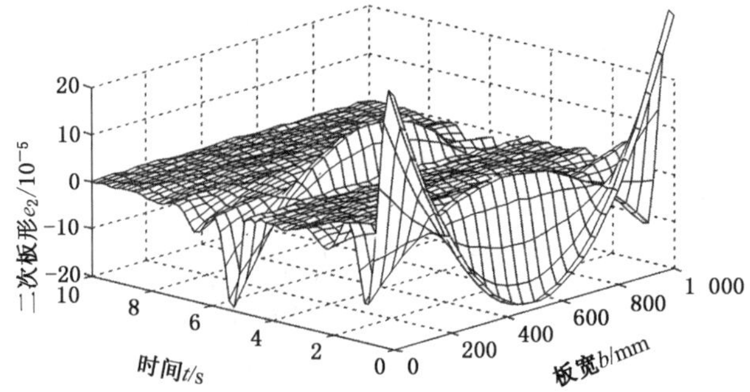

(b) 二次板形控制效果

图 5　神经模糊 PID 模型板形控制效果(钢卷 5073840000)

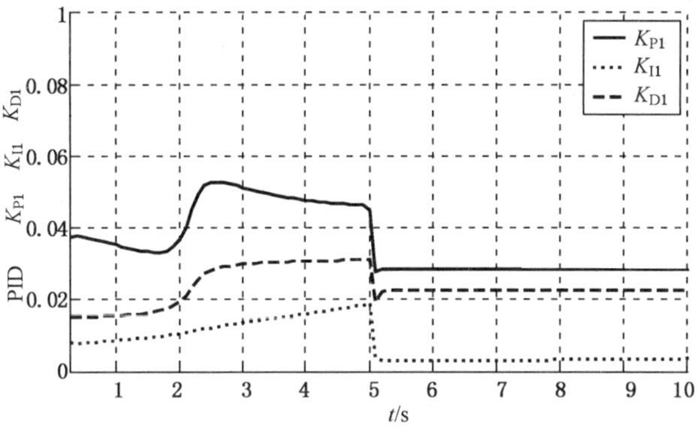

(a)倾辊PID控制器参数

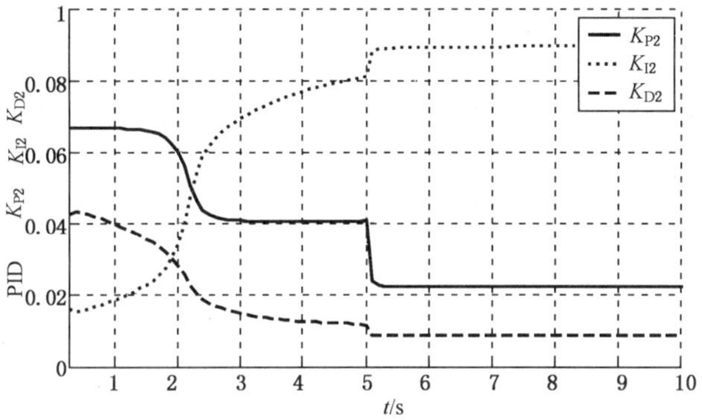

(b)弯辊PID控制器参数

图6　神经模糊 PID 控制器参数变化情况(钢卷 5073840000)

3　结论

(1) 神经网络模糊 PID 控制器根据在线板形偏差直接得到倾辊和弯辊两种板形控制手段的调节量,无须经过解耦计算。

(2) 基于神经网络的模糊 PID 倾辊弯辊板形控制模型的板形控制能力随着自适应神经网络的不断学习训练而逐渐增强,并逐步趋向稳定,自适应神经网络为 PID 控制器提供合理的控制参数,使系统保持在最优的控制状态。

(3) 基于神经网络的模糊 PID 倾辊弯辊板形控制模型,充分利用了神经网络和模糊控制的优点,控制精度高,响应时间短,具有较强的抗干扰能力,各方面控制性能都要优于常规 PID 控制方法,可大大提高倾辊和弯辊对板形的控制精度,能较好地满足板带轧机在线高精度板形控制的需要。

参考文献

[1] 陶永华,尹怡欣,葛芦生. 新型 PID 控制及其应用[M]. 北京:机械工业出版社,1998.
TAO Yonghua, YIN Yixin, GE Lusheng. New PID control and its application [M]. Beijing:China Machine Press,1998.

[2] 施丽莲,杨丽明,蔡晋辉,等. 薄板冷却系统的智能 PID 控制[J]. 化工自动化及仪表, 2003,30(4):73-74.
SHI Lilian, YANG Liming, CAI Jinhui, et al. Intelligence PID control of thin strip cool system [J]. Control and Instruments in Chemical Industry,2003,30(4):73-74.

[3] 连家创,刘宏民. 板厚板形控制[M]. 北京:兵

器工业出版社,1996.
LIAN Jiachuang, LIU Hongmin. Gauge and shape control [M]. Beijing: Weapon Industry Press, 1996.

[4] 王国栋. 板形控制和板形理论[M]. 北京:冶金工业出版社,1986.
WANG Guodong. Shape control and shape theory [M]. Beijing: Metallurgical Industry Press, 1986.

[5] 王国栋,刘相华. 金属轧制过程人工智能优化[M]. 北京:冶金工业出版社,2000.
WANG Guodong, LIU Xianghua. Intelligence optimization of metal rolling process [M]. Beijing: Metallurgical Industry Press, 2000.

[6] 张秀玲,刘宏民. 神经网络模型参考自适应控制及其在带材板形控制系统中的应用[J]. 机械工程学报,2001,37(9):83-87.
ZHANG Xiuling, LIU Hongmin. Neural network model reference adaptive control and its application in the strip shape control system [J]. Chinese Journal of Mechanical Engineering, 2001, 37(9): 83-87.

[7] 王莉,王学秀,马云. 基于 IGA 的板形板厚神经网络分散解耦 PID 控制[J]. 计算机仿真,2003,20(12):82-85.
WANG Li, WANG Xuexiu, MA Yun. Shape and gauge neural network separate decoupling PID control based on IGA [J]. Computer Simulation, 2003, 20(12): 82-85.

[8] 王东升. 模糊自整定 PID 控制器在热轧板形控制中的应用[J]. 宝钢技术,2001(增刊):30-33.
WANG Dongsheng. Application of fuzzy adaptive PID controller in hot rolling flatness control [J]. Baosteel Technology, 2001(Suppl.): 30-33.

[9] 韦巍. 智能控制技术[M]. 北京:机械工业出版社,2000.
WEI Wei. Intelligence control technology [M]. Beijing: China Machine Press, 2000.

[10] JIA Chunyu, LIU Hongmin. Fuzzy shape control based on Elman dynamic recursion network predication model [J]. Journal of Iron and Steel Research, International, 2006, 13(1): 36-40.

[11] 周会锋. 板形识别·预测和控制仿真的智能方法研究[D]. 秦皇岛:燕山大学,2005.
ZHOU Huifeng. Research on intelligent methods of flatness recognition · prediction and control simulation [D]. Qinhuangdao: Yanshan University, 2005.

含有三次板形的新型板形模式识别方法①

单修迎，刘宏民，贾春玉
（燕山大学轧制设备及成套技术教育部工程研究中心，河北 秦皇岛 066004）

摘　要：为了提高板形模式识别的精度，在传统一次、二次和四次板形基模式的基础上增加了三次板形基模式，提出了以一次、二次、三次和四次勒让德正交多项式为基模式的板形模式识别方法。通过该方法对机理模型计算的板形数据和实测的板形数据进行了分析，表明该方法提高了板形模式识别的精度，使识别结果更具有完备性，细化了板形控制的目标，有利于提高板形控制的精度。

关键词：三次板形；模式识别；勒让德多项式

A Recognition Method of New Flatness Pattern Containing the Cubic Flatness

Shan Xiuying，Liu Hongmin，Jia Chunyu
(Engineering Research Center of Rolling Equipment and Complete Technology of Ministry of Education，Yanshan University，Qinhuangdao 066004，Hebei，China)

Abstract: In order to increase the precision of flatness pattern recognition，the flatness pattern recognition method with the linear，quadratic，cubic and biquadratic flatness Legendre orthogonal polynomials as basic patterns was proposed on the basis of the traditional linear，quadratic and biquadratic flatness patterns. According to the analysis of the flatness data calculated by theory model and the measured flatness data，it is indicated that the method increases the precision of flatness pattern recognition，makes the recognition result more self-contained and details the target of flatness control，which is in favor of increasing the precision of flatness control.

Key words: Cubic flatness；Pattern recognition；Legendre orthogonal polynomial

板形是板带材的重要质量指标，板形模式识别是板形控制系统的重要组成部分[1-2]。板形模式识别就是对实测的一组板形信号进行分析，采用一定的数学方法判别该板形信号中存在的板形缺陷类型，为制定板形控制策略提供依据，其主要任务是把在线检测到的（或理论计算得到的）一组张力（或残余应力）分布离散值经过一定的数学方法，映射为较少的几个特征参数[3]。

板形模式识别的研究内容主要有以下 3 个方面：1）板形基模式曲线形式的选择；2）板形特征参数个数的选择；3）模式识别算法的选择。目前，对前两个方面研

① 钢铁，2010，45(8)：56-60.

究的较少，板形基模式曲线形式主要有普通多项式和正交多项式，板形特征参数个数一般取2或3，即识别出的板形有一次板形和二次板形或者一次板形、二次板形和四次板形；对第3个方面的研究较多，有最小二乘法、多项式回归分解法、模糊方法、神经网络方法、遗传算法等[4]。随着用户对板形精度要求的提高以及轧制理论、设备和工艺的进步，板形控制手段呈现出多样化，如倾辊、弯辊、非对称弯辊、轧辊横移等，使板形控制能力大大提高，传统的一次、二次和四次板形基模式已不适应板形控制技术发展的需要。因此，本文在板形识别结果中增加三次板形，建立了以一次、二次、三次和四次勒让德正交多项式为基模式的板形模式识别方法，这样板形识别结果中就有2种非对称板形和2种对称板形，使识别结果更具有完备性，提高了板形模式识别的精度，细化了板形控制的目标，有利于提高板形控制的精度。

1　板形基模式选择

轧后板形的本质为残余应力的横向分布，它应满足自相平衡即沿带宽横向积分为零的约束条件。由于勒让德多项式具有正交性质，它所表示的曲线形状与板形的实际分布非常接近，而且满足自相平衡的条件，所以板形基模式选择勒让德多项式更接近实际[5]。

板形模式识别的目的就是从带材的残余应力分布中提取与板形控制手段相对应的有用参数，为板形控制提供依据。考虑到现代板带轧机板形控制手段的多样化和板形控制能力的提高，在传统模式识别方法中一次板形、二次板形和四次板形的基础上增加三次板形，采用一次、二次、三次和四次勒让德多项式作为板形基模式，这样板形识别结果中就有4种板形，即一次板形、二次板形、三次板形和四次板形，其中一次板形和三次板形属于非对称板形，二次板形和四次板形属于对称板形。

新增加的三次板形缺陷称之为三分浪，又可分为左三分浪（左半板宽中心受压应力，右半板宽中心受拉应力）和右三分浪（左半板宽中心受拉应力，右半板宽中心受压应力）。以勒让德多项式作为板形基模式的各种板形缺陷的表达式如下：

$$Y_1=p_1(y)=y \tag{1}$$

$$Y_2=-p_1(y)=-y \tag{2}$$

$$Y_3=p_2(y)=\frac{3}{2}y^2-\frac{1}{2} \tag{3}$$

$$Y_4=-p_2(y)=-\left(\frac{3}{2}y^2-\frac{1}{2}\right) \tag{4}$$

$$Y_5=p_3(y)=\frac{1}{2}(5y^3-3y) \tag{5}$$

$$Y_6=-p_3(y)=-\frac{1}{2}(5y^3-3y) \tag{6}$$

$$Y_7=p_4(y)=\frac{1}{8}(35y^4-30y^2+3) \tag{7}$$

$$Y_8=-p_4(y)=-\frac{1}{8}(35y^4-30y^2+3) \tag{8}$$

式(1)～(8)分别为左边浪、右边浪、中间浪、双边浪、右三分浪、左三分浪、四分浪和边中浪的标准归一化方程。其中 $y\in[-1,1]$，是板宽坐标，原点位于板宽中心；$p_1(y)$，$p_2(y)$，$p_3(y)$和 $p_4(y)$是正，表示左边浪、中间浪、右三分浪和四分浪4种板形基模式，在它们前面加负号，变为互反模式。图1中各图分别表示板形缺陷中的左边浪、右边浪、中间浪、双边浪、右三分浪、左三分浪、四分浪和边中浪。

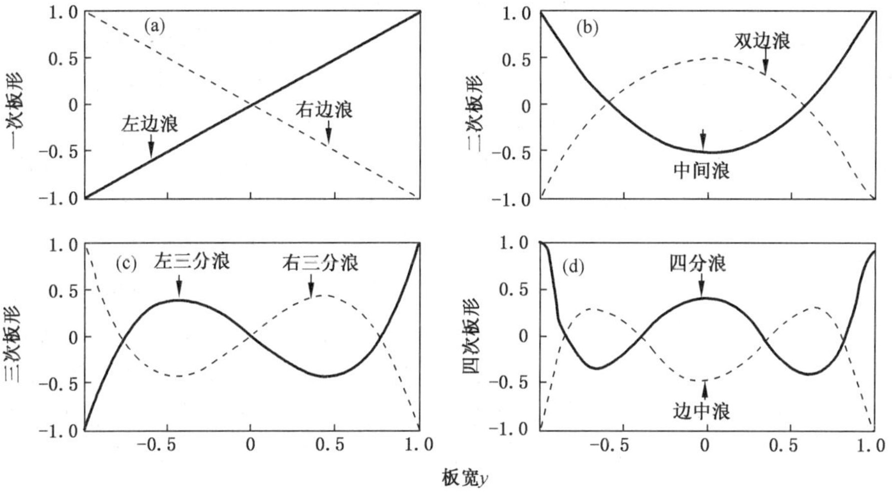

图 1　板形基模式图示

Fig. 1　Figures of basic flatness patterns

2　板形模式识别模型建立

最小二乘法是一种传统的基于数学公式描述的方法[6]，在用于板形模式识别时，计算过程简单、直观，可称为是一种简便、实用的板形模式识别方法。这里采用基于最小二乘原理的勒让德多项式回归分解法。

设待识别的一组板形数据为(y_i, σ_i) $(i=1,2,\cdots,m)$，其中 m 为测量点数，σ_i 为坐标 y_i 处的板形偏差，则模式识别的任务就是寻找一个函数 $P(y_i)$，满足

$$\min \sum_{i=1}^{m} [P(y_i) - \sigma_i]^2 \tag{9}$$

式中

$$P(y) = c_1 p_1(y) + c_2 p_2(y) + c_3 p_3(y) + c_4 p_4(y) \tag{10}$$

这一问题可转化为求多元函数

$$\phi(c_1, c_2, c_3, c_4) = \sum_{i=1}^{m} \left[\sum_{j=1}^{4} c_j p_j(y_i) - \sigma_i \right]^2 \tag{11}$$

的极值问题，根据多元函数极值的必要条件，有

$$\frac{\partial \phi}{\partial c_k} = 2 \sum_{i=1}^{m} \left[\sum_{j=1}^{4} c_j p_j(y_i) - \sigma_i \right] p_k(y_i) = 0 \quad (k=1,2,3,4) \tag{12}$$

若令

$$a_{jk} = \sum_{i=1}^{m} p_j(y_i) p_k(y_i) \tag{13}$$

$$b_k = \sum_{i=1}^{m} p_k(y_i) \sigma_i \quad (k=1,2,3,4) \tag{14}$$

则式(12)可写成

$$\sum_{\delta=1}^{4} a_{jk} c_j = b_k \quad (k=1,2,3,4) \tag{15}$$

写成矩阵形式为

$$\boldsymbol{AC} = \boldsymbol{B} \tag{16}$$

式中

$$\boldsymbol{C} = [c_1, c_2, c_3, c_4]^{\mathrm{T}} \tag{17}$$

$$\boldsymbol{B} = [b_1, b_2, b_3, b_4]^{\mathrm{T}} \tag{18}$$

$$\boldsymbol{A} = \begin{bmatrix} a_{11} & a_{12} & a_{13} & a_{14} \\ a_{21} & a_{22} & a_{23} & a_{24} \\ a_{31} & a_{32} & a_{33} & a_{34} \\ a_{41} & a_{42} & a_{43} & a_{44} \end{bmatrix} \tag{19}$$

由于 $p_1(y)$、$p_2(y)$、$p_3(y)$ 和 $p_4(y)$ 为勒让德正交多项式，$|\boldsymbol{A}|\neq 0$，方程(16)存在唯一解。通过解方程(16)可求得 $\boldsymbol{C}$，此时 $\boldsymbol{C}$ 的值即是方程(12)的最优解，$\boldsymbol{C}$ 中的元素 $c_i(i=1,2,3,4)$ 为第 i 次板形系数，表示回归后第 i 类板形所占的分量。

3　仿真实验分析

3.1　按照实测数据分析

将含有三次板形的板形模式识别方法称为新模式识别方法，不含三次板形的板形模式识别方称为旧模式识别方法。为了验证新模式识别方法的有效性，用新模式识别方法和旧模式识别方法分别对某一实测板形数据归一化后进行了模式识别。

图 2 为旧模式识别方法识别结果，图 3 为新模式识别方法识别结果，图 4 为综合板形识别结果。比较图 2 和图 3 可以看出，对于 2 种方法，二次板形和四次板形识别结果完全一样，而一次板形识别结果不一样，旧模式识别方法识别出的一次板形含有部分新模式识别方法识别出的三次板形的信息，而新模式识别方法将三次板形彻底分离出来，可以看出三次板形所占的比例比较大。从图 4 可以看出，旧模式识别方法的识别结果与实际板形吻合较差，而新模式识别方法的识别结果与实际板形吻合较好。可见，含有三次板形的新模式识别方法其识别精度更高。

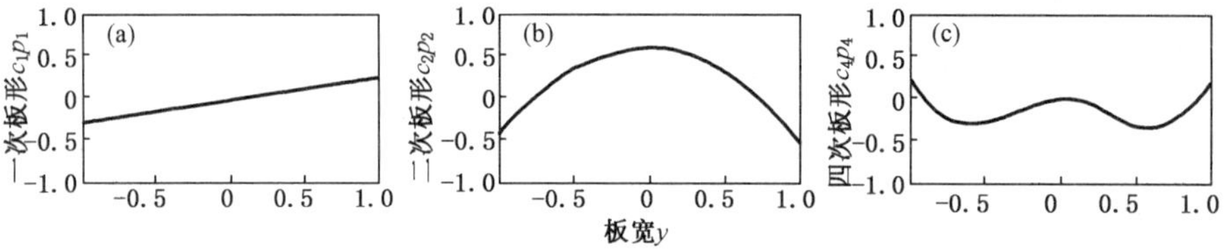

图 2　实测数据旧模式识别方法识别结果

Fig. 2　Recognition result of the measured data by the old pattern recognition method

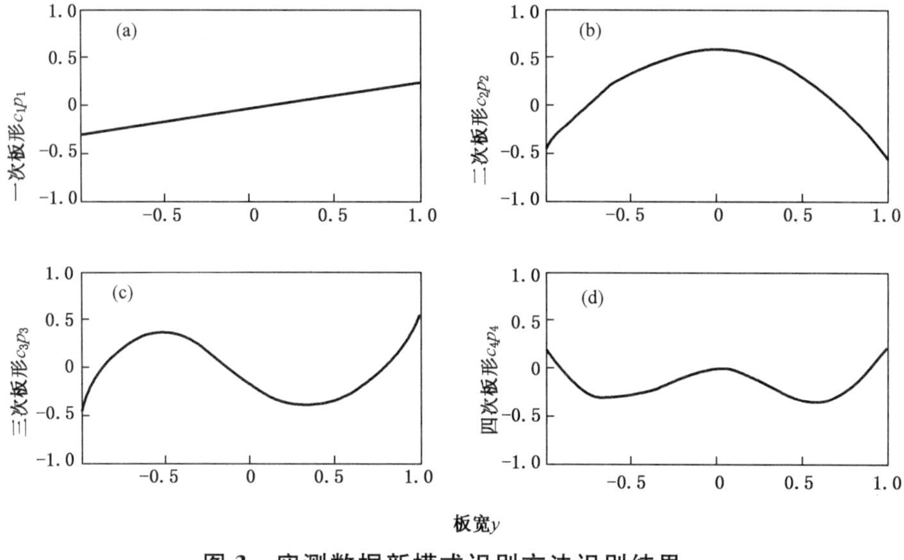

图 3　实测数据新模式识别方法识别结果

Fig. 3　Recognition result of the measured data by the new pattern recognition method

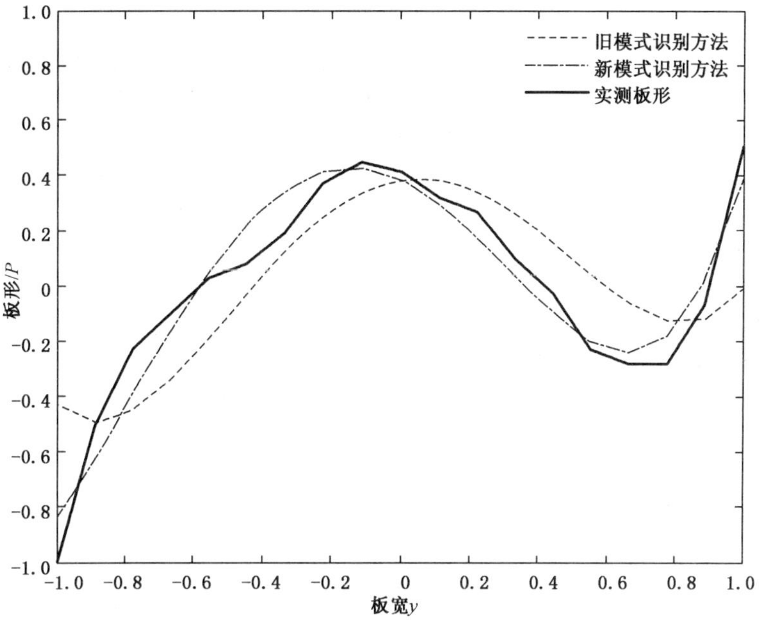

图 4 实测数据综合板形识别结果

Fig. 4 Integrated flatness recognition result of the measured data

3.2 按照机理模型计算数据分析

为了进一步考察新板形模式识别方法的有效性，对机理模型计算的板形数据进行了模式识别。用来计算板形的机理模型包括辊系模型和金属模型[7]，辊系模型根据给定的轧制力横向分布计算辊缝形状即带材出口厚度分布，金属模型根据给定的带材出口厚度分布计算板形，由于这 2 个模型相互耦合，需要多次迭代才能求得最终板形。这里辊系模型的求解采用分割模型影响函数法，金属模型的求解采用条元变分法。

以 900 mm HC 轧机为例，辊系参数如表 1 所示，带材参数：宽度 800 mm，入口厚度 2.5 mm，出口厚度 1.75 mm，变形抗力 600 MPa，摩擦系数 0.015，前、后张力均为 0。图 5 为倾辊量为 50 μm、其它板形控制量均为 0 时，2 种方法的综合板形归一化识别结果，从中可以看出新模式识别方法的识别结果与实际板形吻合程度仍然比就旧模式识别方法好得多，可见对于机理模型计算的板形数据，新模式识别方法仍然比旧模式识别方法识别精度高。图 6 为倾辊量分别取 25、50 和 75 μm，其他板形控制量均为 0 时，三次板形的归一化识别结果，从图中可以看出随倾辊量的增加三次板形按照递增的规律变化，这表明三次板形与非对称板形控制手段之间有对应关系。

表 1 辊系参数

Table 1 Parameters of the roll system

参数	支撑辊	中间辊	工作辊
直径/mm	790	320	245
辊身长度/mm	850	920	900
弹性模量/GPa	200	200	200
泊松比	0.3	0.3	0.3
轧辊凸度/μm	0	0	0

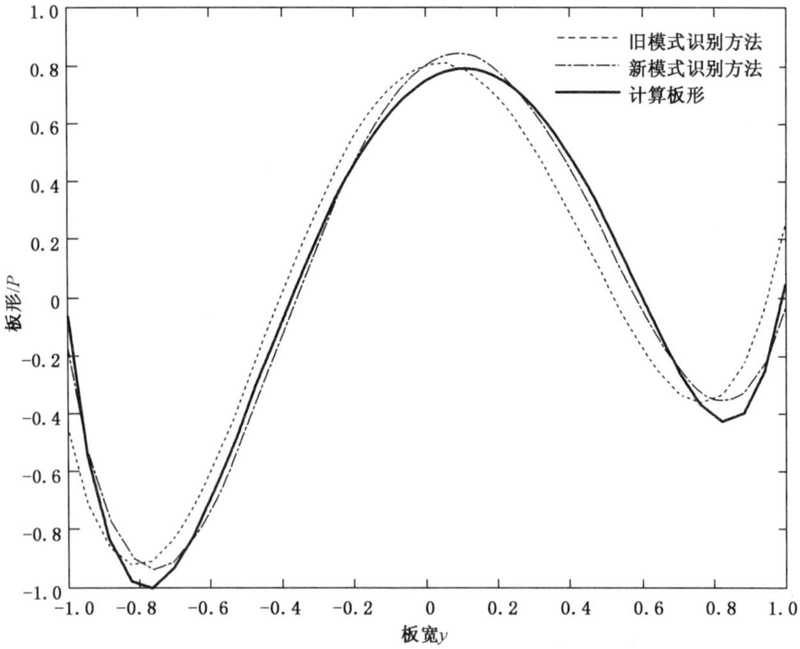

图 5　计算数据综合板形识别结果(倾辊 50 μm)

Fig. 5　Integrated flatness recognition result of the calculated data(titling roll 50 μm)

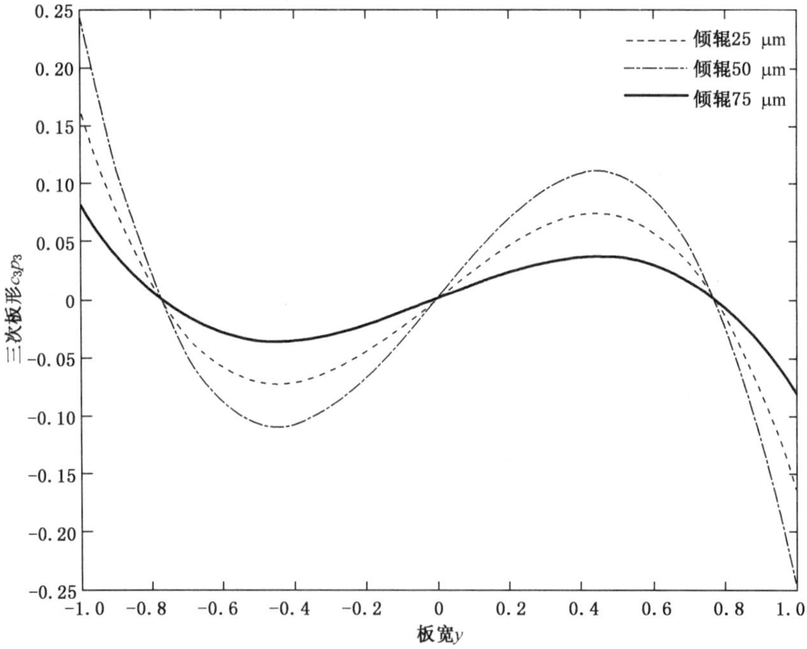

图 6　计算数据三次板形识别结果

Fig. 6　Cubic flatness recognition result of the calculated data

4　结论

1）无论是对于实测的板形数据还是机理模型计算的板形数据，含有三次板形的新模式识别方法都比不含三次板形的旧模式识别方法识别精度高。

2）三次板形与非对称板形控制手段之间存在着对应关系，可以通过非对称板形控制手段来控制三次板形。

3）增加三次板形使板形识别结果更具有完备性，能细化板形控制目标，有利于提高板形控制的精度。

参考文献

[1] 郑岗，谢云鹏，刘丁，等. 板形检测与板形控制方法[J]. 重型机械，2002(4)：1.

[2] 张新宇，曹长修，唐芳纯. 基于图像序列差分法的冷轧薄板板形识别[J]. 重庆工学院学报(自然科学版)，2008，22(4)：31.

[3] 张秀玲，刘宏民. 板形模式识别的 GA-BP 模型和改进的最小二乘法[J]. 钢铁，2003，38(10)：29.

[4] 周会锋. 板形识别·预测和控制仿真的智能方法研究[D]. 秦皇岛：燕山大学，2005：21.

[5] 彭艳. 基于条元法的 HC 冷轧机板形预设定控制理论研究及工业应用[D]. 秦皇岛：燕山大学，2000：60.

[6] 李庆扬，王能超，易大义. 数值分析[M]. 武汉：华中科技大学出版社，1986.

[7] 刘宏民. 三维轧制理论及其应用[M]. 北京：科学出版社，1999.

热轧带钢断面形状的评价及其控制①

王义栋[1,2]，于　斌[2]，刘宏民[1]，彭　艳[1]

（1. 燕山大学机械工程学院，亚稳材料制备技术与科学国家重点实验室，河北 秦皇岛 066004；
2. 鞍钢股份有限公司鲅鱼圈钢铁分公司，辽宁 营口 115007）

摘　要：为简便客观地评价带钢断面形状，特别提出了一种适合于供冷轧原料的带钢断面评价新方法，并基于金属塑性变形和辊系弹性变形等模型耦合建立起描述带钢断面形状的仿真系统，定量分析了初始辊形、轧辊磨损和热变形等因素对带钢断面形状的影响和断面形状评价方法的可行性。数学模型的可靠性得到了模拟计算和生产试验验证，从而为热轧带钢断面形状控制提供了重要的技术支持。研究结果表明，采用合理的初始辊形可以一定程度上弥补轧辊磨损和热变形对带钢断面的不良影响，大大优化了带钢断面形状。

关键词：断面形状；断面评价；初始辊形；磨损辊形；热凸度

Evaluation and Control of Hot-Rolled Strip Profile

Wang Yidong[1,2], Yu Bin[2], Liu Hongmin[1], Peng Yan[1]

(1. Institute of Mechanical Engineering, National Key Laboratory of Metastable Materials Science and Technology, Yanshan University, Qinhuangdao 066004, Hebei, China;
2. Bayuquan Subsidiary Company, Angang Steel Company Limited, Yingkou 115007, Liaoning, China)

Abstract: To simply and objectively evaluate strip profile, a new way of profile evaluation was presented for original strip of cold-rolled production, and the simulation system of strip profile was established based on coupling the metal deformation model and rolls elastic deformation model etc. The influence of composite roller contour on strip profile and feasibility of profile evaluation way were quantitatively analyzed by numerical simulation, and the accuracy of mathematic model was verified by simulated calculation and production experiment, then provided the important technical support for controlling of hot-rolled strip profile. Research results show that bad strip profile caused by wear and thermal crown of roller may be properly repaired by sound original roller contour, and strip profile is greatly improved.

Key words: Strip profile; Profile evaluation; Original roller contour; Wear roller contour; Thermal crown

带钢断面形状可基于最小二乘法的拟合多项式表示，但项系数求解复杂不便于分析，目前，钢企一般简单用二次凸度作为带钢断面形状的评价依据[1]，这一指

① 钢铁，2011，46(9)：50-54.

标对于断面形状正常的带钢是可行的，却无法客观地反映不规则的断面形状，而不良的热轧带钢断面形状往往会引起后续冷轧卷的“起筋”“附加浪形”等缺陷[2-3]。因此，如何简单和客观地评价带钢断面形状，对于其良好控制具有重要指导意义。

本文在综合考虑带钢断面形状简单成分和高次成分的基础上，提出一种带钢断面评价新方法，建立起描述带钢断面形状的仿真系统，并以某钢铁公司普通4辊热连轧机生产的带钢断面形状为研究对象，定量分析了初始辊形、轧辊磨损和热变形等因素对带钢断面形状的影响，验证了带钢断面评价方法的可行性，同时为断面形状良好控制提供了理论依据，进而在实际生产中采用工作辊辊形技术较好地优化了热轧带钢断面形状。

1　带钢断面形状评价新方法的提出

带钢断面不仅是对称抛物线形，而且有双峰形、三峰形等形状，如图1所示，在一般情况下，带钢断面形状是左右对称的，因此奇次项不存在，可用带钢厚度 h_c 和带宽方向距中心线距离 x 之间的4次多项式表示：

$$h(x)=h_c+a_2x^2+a_4x^4 \quad x\in[-B/2,B/2] \tag{1}$$

式中：a_2、a_4 为断面形状的特征系数；B 为带钢宽度。

为定量分析带钢断面形状函数，式(1)可分解为常数部分 $h_0(x)$、二次部分 $h_2(x)$ 和四次部分 $h_4(x)$ 三个分量：

$$h(x)=h_0(x)+h_2(x)+h_4(x) \tag{2}$$

以上3部分中与带钢横向厚差有关的主要是二次部分和四次部分，这两部分可以用二次凸度 C_{w2} 和四次凸度 C_{w4} 表示。在不影响描述带钢断面形状的情况下，为简化计算，令四次凸度等于带钢1/4部分与边部厚度之差，考虑到带钢边部减薄效应，边部厚度 x_2 取距板边40 mm处(见图1)，这样，二次凸度和四次凸度公式分别为：

$$C_{w2}=h(0)-h(x_2)=h(0)-h(B/2-40) \tag{3}$$

$$C_{w4}=h(x_1)-h(x_2)=h(B/4)-h(B/2-40) \tag{4}$$

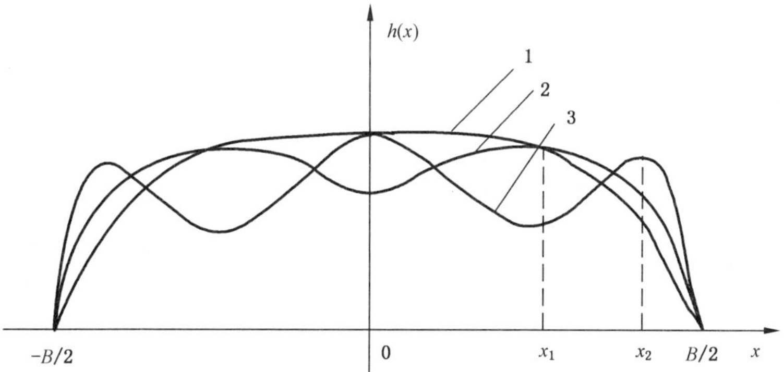

1—抛物线形断面；2—双峰形断面；3—三峰形断面

图1　带钢断面形状示意图

Fig. 1　Scheme of strip profile

带钢四次凸度与二次凸度的比例关系，对应着断面形状高次成分和简单成分的相对关系，反映着整个断面形状的趋势程度，因此，提出一个表征断面形状的参

数 λ:

$$\lambda = C_{w4}/C_{w2} \tag{5}$$

根据控制要求，任意规格产品的断面形状应是比较稳定的，这就意味着 λ 值应在一个合理范围内波动，如果 λ 与断面形状控制目标 λ_0 差值为 δ，则 δ 越小，说明带钢断面形状控制的越理想，反之，δ 越大，断面形状就越差，对后续加工产品的不良影响就越大。这样，可以用不等式(6)作为判断带钢断面形状是否合格的条件，如不等式(6)成立，表明带钢断面形状满足控制要求。

$$|\delta| = |\lambda - \lambda_0| \leqslant \sigma \tag{6}$$

式中，σ 为控制临界值。双峰形、三峰形等断面形状只有在一定程度上才会对后续产品产生不良影响，根据现场大量实测数据并与控制目标作差统计，σ 取 0.53。

显然，为了得到 δ 值，就必须求出 λ_0 的具体表达式，即目标断面形状的四次凸度与二次凸度比值，对于任意一特定轧机下的某一规格产品而言，其理想带钢断面中部与 1/4 部分的厚度差应是一定值，但对于不同规格产品，断面厚度差会随着带钢凸度和宽度的变化而变化，采用现场试验回归的方法，λ_0 函数式可简单表达如下

$$\lambda_0 \approx \left(C_{o2} - g\frac{C_{o2}}{C_a}\frac{B_0}{B}\right)/C_{o2} = 1 - g\frac{1}{C_a}\frac{B_0}{B} \tag{7}$$

式中：C_{o2} 为二次凸度目标值；C_a 为二次凸度基准，本文取 45 μm；B_0 为带钢基准宽度，取现场常规产品宽度规格，B_0 = 1 000 mm；g 为基准带钢中部与 1/4 部分厚度差，根据现场数据统计，g 取 8.5 μm。

2　带钢断面形状计算模型的建立

2.1　金属塑性变形和辊系弹性变形的耦合

轧制压力的计算采用文献[4]的模型，该模型不仅考虑了切应力对塑性条件的影响和正应力沿高度方向的变化，还采用平均摩擦力的方法，大大简化了轧制力计算，单位宽度轧制压力 p 和前、后张应力 σ_1、σ_0 分别可用式(8)、(9)和(10)的函数来表示。辊系弹性变形的计算采用影响函数法，其中辊间接触压扁采用弹性半平面模型，工作辊与轧件间接触压扁采用半空间模型，根据文献[5]带钢出口厚度分布 h 可用式(11)的函数表示

$$p = f_0(k_s, \sigma_1, \sigma_0, \mu, H, h, l) \tag{8}$$

$$\sigma_1 = f_1(h, H, L, B, \overline{\sigma_1}, \overline{\sigma_0}) \tag{9}$$

$$\sigma_0 = f_2(h, H, L, B, \overline{\sigma_1}, \overline{\sigma_0}) \tag{10}$$

$$h = f_3(p, S, \Delta D_w, \Delta D_b, H, \overline{\sigma_1}, \overline{\sigma_0}) \tag{11}$$

式中：k_s 为剪切应力强度；μ 为摩擦因数；l 为接触弧长度；h 为带钢出口厚度横向分布值；H 为带钢来料厚度横向分布值；L 为带钢来料长度横向分布值；$\overline{\sigma_1}$、$\overline{\sigma_0}$ 分别为平均前、后张应力；S 为弯辊力；ΔD_w、ΔD_b 为工作辊和支承辊的凸度分布值。

2.2　工作辊磨损计算模型

工作辊磨损量包括与支承辊接触和与轧件接触引起的磨损量，但后者是主要的，其值决定于单位宽度轧制压力横向分布及工作辊与轧件接触的距离。工作辊总的磨损量 Q(y) 为[6]

$$Q(y) = \sum_{i=1}^{n}\frac{L_i}{\pi D}\left\{q_i\left[g_1 + k_1\left(1 - \frac{R_1}{R_2}\cdot\frac{R_2(y)}{R_1(y)}\right)\right] + q'_i\left(g_s + k_s\frac{\Delta h_i}{h_{ci}}C(u)\right)\right\} \tag{12}$$

式中：L_i 为工作辊换辊周期内的第 i 块钢轧制长度；D 为工作辊名义直径；q_i、q'_i 分别为工作辊与支承辊和工作辊与轧件之间的单位宽度轧制力；R_1、R_2 分别为工

作辊和支承辊的工作半径；$R_1(y)$、$R_2(y)$ 分别为工作辊和支承辊的负载半径分布值；y 为轧辊径向方向；g_1、k_1、g_s、k_s 分别为工作辊与支承辊和工作辊与轧件接触的滚动和滑动磨损系数；Δh_i、h_{ci} 分别为带钢轧制时的压下量与平均厚度；$C(u)$ 为辊缝中金属横向流动有关的函数[5]。

2.3　工作辊热凸度计算模型

轧辊温度场计算采用有限差分法[7]，是从能量平衡原理出发建立轧辊内部温度场方程，辊身中部热膨胀量与边部热膨胀量之差即为热凸度，工作辊径向热膨胀量为

$$u_t = 2(1+\nu)\frac{\beta}{R_1}\int_0^{R_1}(T(r,z)-T_0)r\mathrm{d}r \tag{13}$$

式中：ν 为泊松比；β 为热膨胀系数；T 为差分法得到的温度分布；T_0 为轧辊初始温度；z 为轧辊轴向方向。

计算热轧带钢断面形状是个复杂的过程，需要联立式(8)～(13)的多次耦合迭代，从而按照轧制计划计算出每一块钢的轧制压力等工艺参数，以及轧辊负载半径、磨损量和热凸度的分布值，最终得出各带钢的断面形状，计算流程图如图 2 所示。

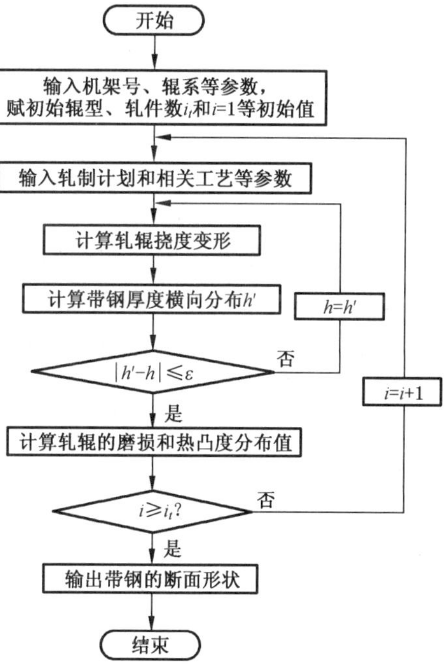

图 2　带钢断面形状计算流程图

Fig. 2　Calculation flow chart of strip profile

3　带钢断面形状的评价与控制

3.1　带钢断面形状的模拟分析与评价

为验证带钢断面评价方法的可行性，提供断面形状良好控制的理论依据，以现场典型轧制计划(表 1)中第 1、第 70 块带钢(材质 St12、规格 3.75 mm×1 016 mm)为例，在基态弯辊力(500 kN)下对带钢断面形状进行模拟计算，因为工作辊辊形直接构成辊缝形状，成为带钢断面形状控制最有效的手段，所以 F1～F6 机架工作辊分别采用平辊、二次幂曲线和余弦曲线 3 种辊形(图 3)，辊系主要参数如下：支承辊直径 1 300 mm，支承辊长度 1 450 mm，工作辊直径 650 mm，工作辊长度 1 450 mm，液压弯辊压下间距 2 400 mm。

表 1　典型轧制计划

Table 1　Representative rolling planning

材质	规格/ mm	块数
St12	3.75 ×1 016	4
Q235B	4.60 ×1 250	6
Q235B	3.60 ×1 250	3
St37	3.50 ×1 195	5
SPHC	2.70 ×1 180	3
DX53D+Z	2.75 ×1 025	7
DX51D+Z	2.50 ×1 020	30
St12	2.50 ×1 016	7
St12	3.75 ×1 016	5

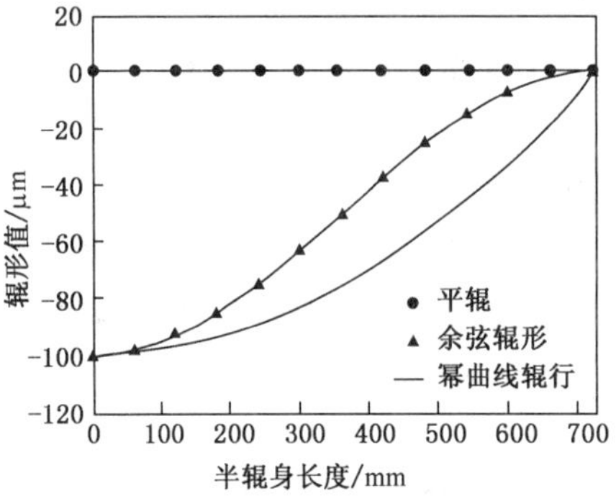

图 3　工作辊辊形曲线

Fig. 3　Curve of work roller contour

带钢的入口断面形状会遗传至出口断面形状，因此以上一个机架的出口厚度横向分布作为下一个机架入口厚度横向分布的给定值，从 F1 机架开始，一直计算到最后一个机架。受篇幅所限，本文只给出末机架出口带钢断面形状的计算结果，图 4(a)、(b)分别为 3 种辊形下第 1 块钢(此时轧辊的磨损量和热凸度为 0)和第 70 块钢的带钢断面形状，从图中对比可见，随着轧制的不断进行，轧辊的磨损和热变形 2 个因素对带钢断面形状影响较大，在其共同作用下，带钢断面形状开始从抛物线形向三峰形变化，带钢边部厚度反翘趋势逐渐明显。这一方面由于工作辊热凸度不断增大，造成带钢中部厚度变小，一方面工作辊磨损缓慢累积，尤其是“猫耳形”磨损反映到轧后带钢的横断面上，引起带钢边部增厚。

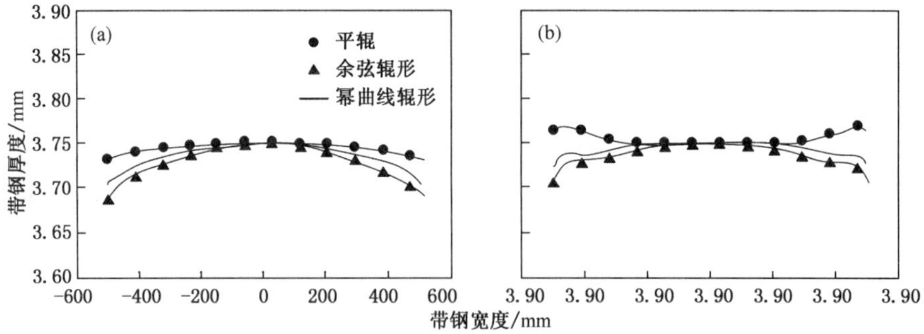

(a) 第1块钢；(b) 第70块钢

图 4　工作辊综合辊形对带钢断面形状的影响

Fig. 4　Effect of strip profile on composite contour of work roller

图 5 为计算带钢的 δ 值。从图中可见，余弦辊形和幂曲线辊形控制下的带钢断面形状，在轧制周期内 δ 值较小且波动不大，说明断面形状较好且控制稳定；而平辊控制下的断面形状，δ 值波动较大，轧制末期的 δ 值已超出下临界值，表明断面形状较差。从图 4 和图 5 对比可见，δ 值可以客观地反映带钢断面形状控制要求，作为衡量带钢断面形状好坏的评价指标是可行的、合理的。

同时，从图 4、图 5 可以看出，利用辊形技术可明显改善带钢断面形状，其中余弦辊形对断面形状的控制能力最强，幂曲线辊形次之，而平辊辊形最弱。换句话说，余弦辊形对于由工作辊热辊形和“猫耳”磨损孔形引起的三峰形断面控制效果最好。

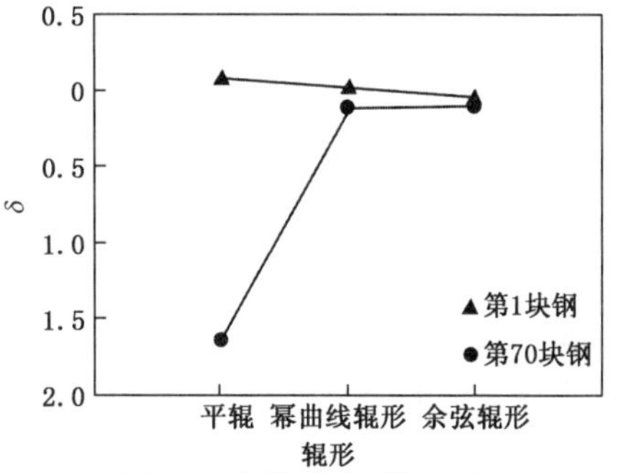

图 5　计算带钢的 δ 值

Fig. 5　δ value of simulated strip

3.2　带钢断面形状的现场控制

为控制热轧带钢的断面形状，该钢铁公司基于上述数值仿真分析，作为开展治理工作的指导依据，分别采用平辊、余弦辊形进行现场生产试验。图 6 是 2 种辊形在表 1 轧制计划编排下，工作辊轧制公里数末期时的带钢断面形状比较。为尽可能反映通卷带钢断面形状，本文每隔 5 m 取一断面（共取 6 段），可以看出，余弦辊形对带钢断面形状的控制效果明显好于平辊。从图 4(b)与图 6 对比可见，带钢断面形状计算值与实测值分布规律吻合较好，说明模型能达到较高的计算精度。图 7 为平辊和余弦辊形下的带钢 δ 值比较。从图中可见，轧制末期的带钢断面形状合格率由 52%提高到 99%，此批卷经冷轧后的“起筋”缺陷封锁率从 45%下降至 0。根据现场 3 个多月的统计与考核，带钢断面评价命中率达到 92%以上，完全满足工程上对带钢断面形状的评价和预报，且使用辊形技术后，热轧带钢断面形状得到明显改善，后续冷轧钢卷“起筋”缺陷率月平均为 0.35%，下降了 5.62%。

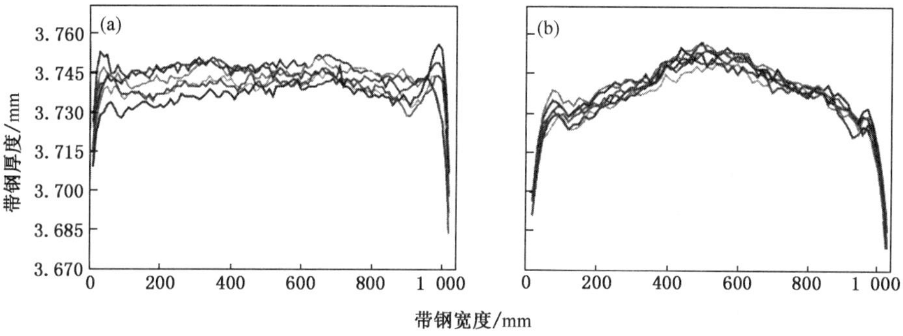

(a) 平辊；(b) 余弦辊形

图 6　使用辊型技术前、后的带钢断面形状比较

Fig. 6　Comparison of strip profile before and after using roller contour technique

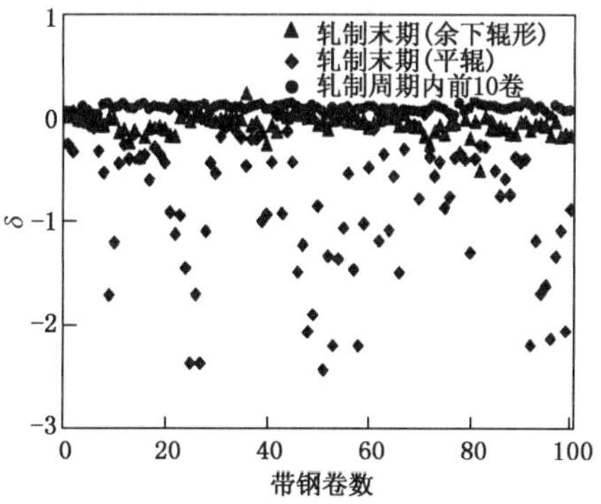

图 7　2 种辊形下的带钢 δ 值比较

Fig. 7　Comparison of δ value under two type roller contour

4　结论

1）在综合考虑带钢断面形状简单成分和高次成分的基础上，提出了一种适合于供冷轧原料的带钢断面评价新方法，经现场应用，该方法简便可靠，相关命中率达到 92%以上，可满足工程上对带钢断面形状的评价和预报。

2）建立了热轧带钢断面形状的仿真模型，对比和分析了初始辊形、磨损辊形和热辊形对带钢断面形状的影响，进而采用辊形技术应用于现场生产实践，不仅解决了热轧带钢断面形状不良问题，满足了生产的迫切需要，而且研究结果对于推动热轧及后续冷轧带钢良好质量控制技术的发展，提高产品的竞争力，具有重要的理论意义和实用价值。

参考文献

[1] 金兹伯格 V B. 板带轧制工艺学[M]. 北京：冶金工业出版社，2003.

[2] H D Park, I J Kim, J J Yi, et al. Effect of the hot-coil profile on the flatness and profile of cold-rolled strip [J]. Journal of Materials Processing Technology, 1994, 41(3): 349.

[3] 王义栋，于斌，杨旭，等. 局部高点对冷轧开卷带钢附加浪形的影响[J]. 钢铁，2010, 45(8): 47.

[4] 连家创. 热轧板轧制压力的计算[J]. 重型机械，1975(1): 1.

[5] 连家创，刘宏民. 板厚板形控制[M]. 北京：兵器工业出版社，1996.

[6] 陈连生，连家创. 热带钢轧机轧辊磨损研究[J]. 钢铁，2001, 36(1): 66.

[7] 李兴东，孙大乐，连家创，等. 宝钢 1 580 工作辊热变形的数值模拟与实验研究[J]. 中国机械工程，2006, 17(3): 279.

面向局部高点控制的工作辊同宽轧制公里数①

于　斌[1]，王义栋[1]，杨　旭[1]，郭宝安[1]，刘宏民[2]

（1. 鞍钢股份有限公司鲅鱼圈钢铁分公司，辽宁 营口 115007；

2. 燕山大学机械工程学院，亚稳材料制备技术与科学国家重点实验室，河北 秦皇岛 066004）

摘　要：为适应市场和节能降耗的迫切需要，提出了工作辊同宽轧制公里数研究，基于金属塑性变形和辊系弹性变形等模型耦合建立起描述带钢断面形状的仿真系统，以带钢断面形状良好即局部高点为控制对象，研究了在不同轧制模式下，工作辊同宽轧制公里数与带钢局部高点的关系。模拟计算和生产试验表明，普通模式下工作辊轧制公里数明显受限于同宽带钢轧制，相比普通轧制，采用合理的窜辊轧制可以大大提高带钢同宽轧制公里数，有效控制带钢局部高点，研究结果对组织轧制生产和制定换辊制度具有重要的指导意义和实用价值。

关键词：局部高点；同宽带钢；轧制公里数；窜辊轧制；普通轧制

Research of Work Roll Same Width Rolling Kilometer for Local High Point Control

Yu Bin[1], Wang Yidong[1], Yang Xu[1], Guo Baoan[1], Liu Hongmin[2]

(1. Bayuquan Subsidiary Company, Anshan Iron and Steel(Group) Company, Yingkou 115007, Liaoning, China;

2. Institute of Mechanical Engineering, National Key Laboratory of Metastable Materials Science and Technology of Yanshan University, Qinhuangdao 066004, Hebei, China)

Abstract: For the urgent need of meeting market and saving energy, the research of work roll same width rolling kilometer was put forward, and the simulation system of strip profile was established based on coupling the metal deformation model and rolls elastic deformation model etc. Taking local high point of strip as control object, the relationship between same width rolling kilometer and local high point was researched in different rolling mode. The simulated calculation and production experiment shows that work roll rolling kilometer is obviously restricted by same width strip in ordinary rolling mode, compared to ordinary mode, the reasonable shift roll rolling can greatly improve same width rolling kilometer, and local high point of strip is effectively controlled, therefore the research results has the important direction meaning and practical value for organizing production and making change roll system.

Key words: Local high point; Same width strip; Rolling kilometer; Shift roll rolling; Ordinary rolling

① 钢铁，2013，48(4)：40-44.

在以往的大生产中，一个工作辊换辊周期内，产品的宽度轧制顺序一般按照"龟壳状"原则进行编排。目前，在全世界范围内钢材生产能力已过剩的形势下，这种轧制计划方式与钢材买方市场相矛盾，另一方面，以节能降耗为目的开发出的连铸连轧直接轧制技术，要求连铸机和轧机的生产步调相一致，也很大程度制约了宽度的合理编排[1]。而带钢同宽度轧制可适应买方市场的需要，根据合同灵活组织生产，同时，同宽轧制还可以大大提高热装率和直装率，达到钢厂节能减排的目的。

但带钢同宽轧制对轧辊均匀磨损是一个极大考验，轧辊磨损不均，特别是下游机架工作辊磨损不均极容易造成带钢局部高点缺陷，因此，为了保证带钢断面形状和表面质量，轧辊在一定轧制公里数后必须更换[2]。而换辊的时机往往很难掌握，过早换辊会造成辊耗上升，换辊不及时又会影响带钢产品质量。本文以 1 580 mm 热连轧带钢断面形状良好为控制目标，取局部高点为控制对象，分析工作辊同宽轧制公里数对带钢局部高点的影响，研究结果对组织轧制生产和制定换辊制度具有重要的指导意义和实用价值。

1　带钢断面形状计算模型的建立

1.1　金属塑性变形和辊系弹性变形的耦合

轧制压力的计算采用文献[3]的模型，该模型不仅考虑了切应力对塑性条件的影响和正应力沿高度方向的变化，还采用平均摩擦力的方法，大大简化了轧制力计算，单位宽度轧制压力 p 和前后张应力 σ_1、σ_0 分别可用式(1)、(2)和(3)的函数来表示。辊系弹性变形的计算采用影响函数法，其中辊间接触压扁采用弹性半平面模型，工作辊与轧件间接触压扁采用半空间模型，根据文献[4]带钢出口厚度分布 h 可用式(4)的函数表示。

$$P=f_0(k_s,\sigma_1,\sigma_0,\mu,H,h,l) \qquad (1)$$

$$\sigma_1=f_1(h,H,L,B,\overline{\sigma_1},\overline{\sigma_0}) \qquad (2)$$

$$\sigma_0=f_2(h,H,L,B,\overline{\sigma_1},\overline{\sigma_0}) \qquad (3)$$

$$h=f_3(p,S,\Delta D_w,\Delta D_b,H,\overline{\sigma_1},\overline{\sigma_0}) \qquad (4)$$

式中：k_s 为剪切应力强度；μ 为摩擦因数；l 为接触弧长度；h 为带钢出口厚度横向分布值；H 为带钢来料厚度横向分布值；L 为带钢来料长度横向分布值；$\overline{\sigma_1}$，$\overline{\sigma_0}$ 分别为平均前后张应力；S 为弯辊力；ΔD_w、ΔD_b 为工作辊和支承辊的凸度分布值。

1.2　工作辊磨损计算模型

工作辊磨损量包括与支承辊接触和与轧件接触引起的磨损量，但后者是主要的，其值取决于单位宽度轧制压力横向分布及工作辊与轧件接触的距离，工作辊总的磨损量 $Q(y)$[5]为

$$Q(y)=\sum_{i=1}^{n}\frac{L_i}{\pi D}\left\{q\left[g_1+k_1\left(1-\frac{R_1}{R_2}\frac{R_2(y)}{R_1(y)}\right)\right]+p\left(g_s+k_s\frac{\Delta h_i}{h_{ci}}C(u)\right)\right\} \qquad (5)$$

式中：L_i 为工作辊换辊周期内的第 i 块钢轧制长度；D 为工作辊名义直径；q 为工作辊与支承辊之间的单位宽度轧制力；R_1、R_2 分别为工作辊和支承辊的工作半径；$R_1(y)$、$R_2(y)$分别为工作辊和支承辊的负载半径分布值；y 为轧辊径向方向；g_1、k_1、g_s、k_s 分别为工作辊与支承辊和工作辊与轧件接触的滚动和滑动磨损系数；Δh_i、h_{ci} 分别为带钢轧制时的压下量与平均厚度；$C(u)$为辊缝中金属横向流

动有关的函数[4]。

1.3　工作辊热凸度计算模型

轧辊温度场计算采用有限差分法[6]，是从能量平衡原理出发建立轧辊内部温度场方程，辊身中部热膨胀量与边部热膨胀量之差即为热凸度，工作辊径向热膨胀量为

$$u_t = 2(1+\nu)\frac{\beta}{R_1}\int_0^{R_1}(T(r,z)-T_0)\,r\mathrm{d}r \tag{6}$$

式中：ν 为泊松比；β 为热膨胀系数；T 为差分法得到的温度分布；T_0 为轧辊初始温度；z 为轧辊轴向方向。

计算热轧带钢断面形状是个复杂的过程，需要联立式(1)～(6)的多次耦合迭代[7]，按照轧制计划计算出轧制压力等工艺参数，以及轧辊负载半径、磨损量和热凸度的分布值，才能得到带钢的断面形状。

目前，在一般的供冷轧原板订货技术协议中，对局部高点值都有明确要求，文献[8]给出表征局部高点的推荐值 $b=$ 10 mm 和 $h_s=10$ μm，其定义是在宽度 $b=10$ mm 范围内，$h_s\geqslant 10$ μm 视为局部高点，即局部高点一般不允许超过 10 μm。工作辊同宽轧制公里数的计算流程如图 1 所示。

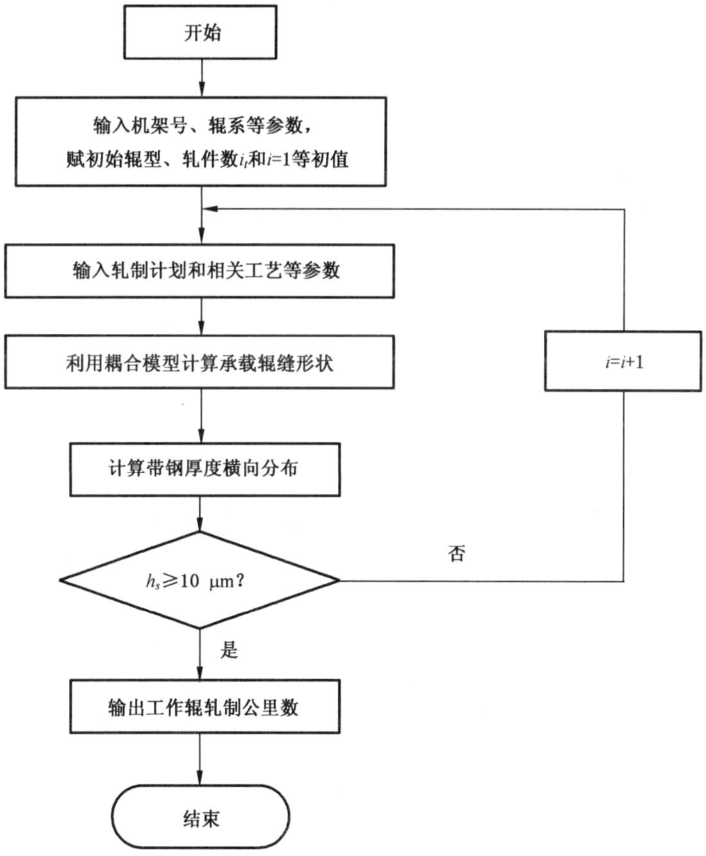

图 1　工作辊同宽轧制公里数的计算流程

Fig. 1　Flow diagram of work roll rolling kilometer with same width strip

2　轧制条件对局部高点的影响分析

为研究工作辊同宽轧制公里数对带钢局部高点的影响，以现场典型产品 SPHC 厚宽规格 2.73 mm×1 030 mm 为研究对象，选择普通轧制和窜辊轧制 2 种工况条件进行论分析，相关辊系参数、轧制工艺参数见表 1 和表 2，弯辊力取平衡力 700 kN。

2.1　普通轧制对带钢局部高点的影响

轧机有时会因窜辊磁尺、液压故障等因素，造成某一机架、甚至全部机架工作辊窜辊停用，当轧机窜辊停用时相当于普通轧制，因此，研究结果对于普通轧机和特殊工况下窜辊轧机的组织生产具有现实指导意义。图 2 给出了工作辊轧制第 10、15、20 和 22 卷时的带钢断面形状。

表 1　热连轧机辊系参数

Table1　Rolls parameter in hot-rolled strip mill　mm

机架号	F1	F2	F3	F4	F5	F6	F7
支承辊直径/长度	1 509/1 580	1 509/1 580	1 498/1 580	1 511/1 580	1 503/1 580	1 500/1 580	1 501/1 580
工作辊直径/长度	711/1 780	730/1 780	797/1 780	642/1 880	659/1 880	640/1 880	678/1 880

表 2　轧制工艺参数

Table2　Rolling technique parameter

机架号	F1	F2	F3	F4	F5	F6	F7
厚度/mm	23.88	13.18	8.59	5.84	4.12	3.22	2.73
轧制力/MN	17.86	17.14	14.70	11.69	10.78	8.02	6.34
轧制温度/℃	972	967	962	957	949	929	901
出口张力/MPa	5.0	5.0	6.9	10.7	13.0	14.3	14.6

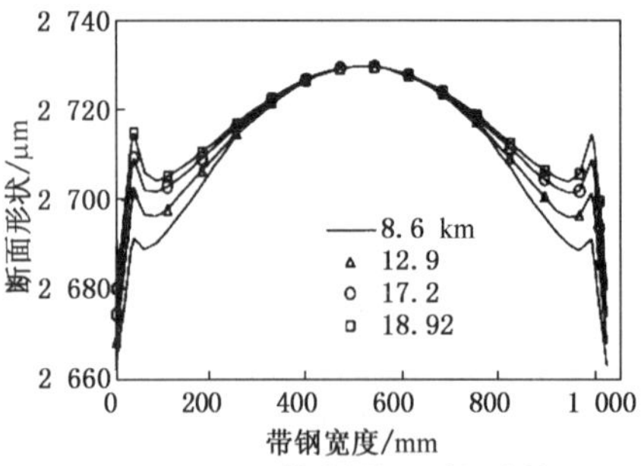

图 2　不同轧制公里数时的带钢断面形状(普通轧制)

Fig. 2　Strip profile under the conditions of different rolling kilometer(ordinary rolling)

从图 2 可以看出，随着工作辊同宽轧制公里数的增加，带钢边部局部高点逐渐增大，与第 10 卷(轧制公里数 8.6 km)带钢比较，工作辊轧制到第 15 卷(轧制公里数 12.9 km)、第 20 卷(轧制公里数 17.2 km)时，局部高点分别增加了 3.91 和 7.1 μm。当工作辊同宽轧制到第 22 卷(轧制公里数 18.92 km)时，带钢局部高点达到 10 μm。

分析可见，在普通轧制模式下，随着同宽轧制计划的进行，带钢宽度范围内工作辊有效热凸度增加，造成带钢断面凸度的逐渐减小；由于轧辊磨损，尤其是工作辊“猫耳形”磨损，与轧辊热凸度和辊系弹性变形的综合作用下，造成带钢边部局部高点趋势增强。

2.2　窜辊轧制对带钢局部高点的影响

窜辊采用行程 100 mm、步长 20 mm、频率 1 卷的常规窜辊模式，图 3 给出了轧制第 45、65、85 和 102 卷时的带钢断面形状。从图 3 可以看出，随着工作辊同宽轧制公里数的增加，边部局部高点逐渐增大，与第 45 卷

(轧制公里数 38.7 km)带钢比较，工作辊轧制到第 65 卷(轧制公里数 55.9 km)、第 85 卷(轧制公里数 73.1 km)时，局部高点分别增加了 2.47 和 4.45 μm。当工作辊同宽轧制到第 102 卷(轧制公里数 87.72 km)时，带钢边部局部高点达到 10 μm。

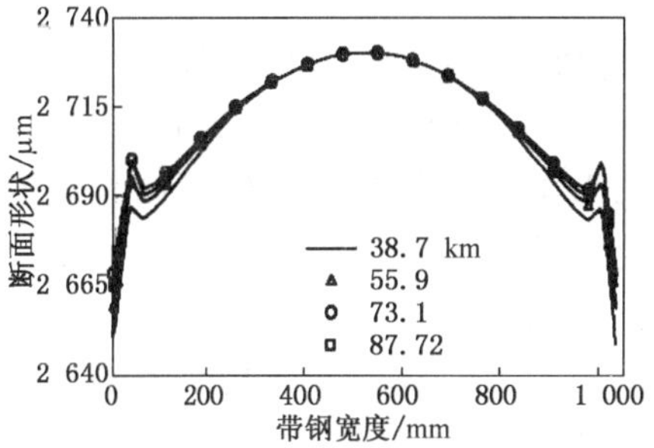

图 3　不同轧制公里数时的带钢断面形状(窜辊轧制)

Fig. 3　Strip profile under the conditions of different rolling kilometer(shift roll rolling)

采用工作辊窜辊后，轧辊的磨损和受热区域扩大为板宽加横移量，从而分散了轧辊磨损和热辊型，使得综合辊型作用下的带钢断面形状得到明显改善，尤其是边部局部高点得到了较好的控制。从图 2 与图 3 对比可见，在其他条件不变的情况下，窜辊轧制比普通轧制时的工作辊同宽轧制公里数延长了 68.8 km，增加幅度达到 363.3%。

3　带钢同宽轧制的工业试验

为验证计算模型的准确性，和考察工作辊同宽轧制公里数对带钢局部高点的影响程度，以便为制定合理轧制计划提供客观依据，1 580 mm 现场组织了同宽带钢轧制试验。

3.1　普通模式下的带钢同宽轧制试验

同宽试验轧制计划钢种为 SPHC，带钢宽度为 1 013 mm，共轧制 62 卷钢，其中：5 卷厚度为 3.099 mm，38 卷厚度为 2.750 mm，19 卷厚度为 2.500 mm，平均厚度为 2.702 mm。图 4 给出了轧制第 15、25、45 和 62 卷时带钢断面形状的实测值和计算值。

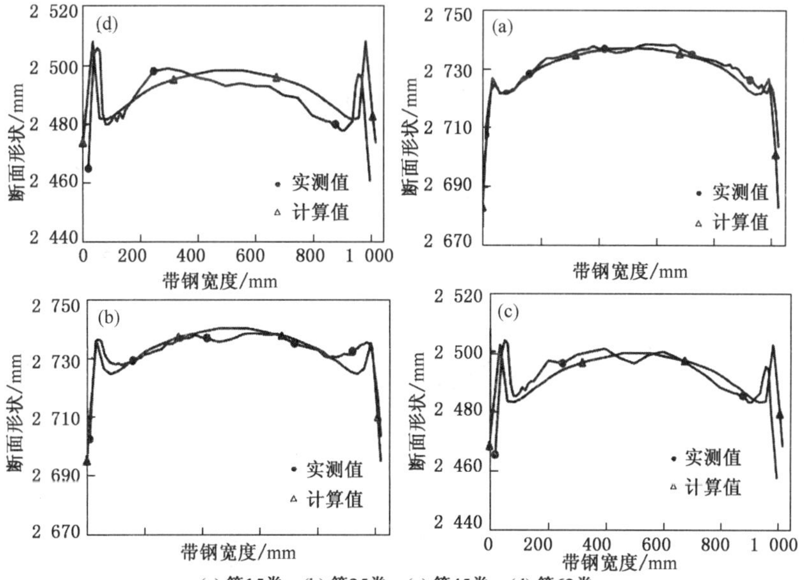

(a) 第15卷；(b) 第25卷；(c) 第45卷；(d) 第62卷

图 4　普通轧制模式下不同轧制公里数时的带钢断面形状

Fig. 4　Strip profile under the conditions of different rolling kilometer in ordinary rolling

从图 4 可以看出，普通轧制模式下的带钢断面形状不良趋势增加比较明显，当轧制到第 15 卷（轧制公里数 12.41 km）带钢时，带钢边部开始出现局部高点，随着轧制的不断进行，工作辊轧制公里数的不断增加，轧制到第 25 卷（轧制公里数 21.01 km）带钢时，局部高点为 10 μm，第 45 卷（轧制公里数 38.37 km）带钢局部高点已经达到了 20 μm，而轧制到第 62 卷（轧制公里数 54.5 km）带钢时，局部高点高达 28 μm。

3.2　窜辊模式下的带钢同宽轧制试验

同宽试验轧制计划钢种为 SPHC，带钢宽度为 1 025 mm，共轧制 80 卷钢，其中：8 卷厚度为 3.599 mm，60 卷厚度为 2.730 mm，2 卷厚度为 2.420 mm，10 卷厚度为 2.279 mm，平均厚度为 2.753 mm。图 5 给出了轧制第 40、60、70 和 80 卷时带钢断面形状的实测值和计算值。

从图 5 可以看出，窜辊轧制模式对带钢断面形状的控制能力大大增强，整个单位轧制周期内，带钢断面形状良好，轧制到第 80 卷（轧制公里数 69.82 km）时，带钢边部局部高点仅 2 μm。

通过带钢同宽轧制理论研究与现场试验对比可见，理论分析同宽轧制公里数与现场试验结果趋势一致，吻合较好，表明计算模型可以作为热轧带钢断面形状的理论分析和计算工具。为此，1 580 mm 现场采用上述数学模型作为同宽轧制的理论指导依据，研究发现，窜辊对带钢局部高点的控制效果跟带钢宽度有关，带钢宽度的增加使轧辊分散热变形和均匀磨损的能力降低，带钢越宽，可使用的有效窜辊行程就越短，窜辊控制效果也就越小，根据现场 3 个多月的统计与考核，1 580 mm 单位计划同宽轧制公里数稳定达到 50 km 以上，受工作辊辊面质量的限制，最大达到 70.78 km，带钢断面形状良好，无明显局部高点。

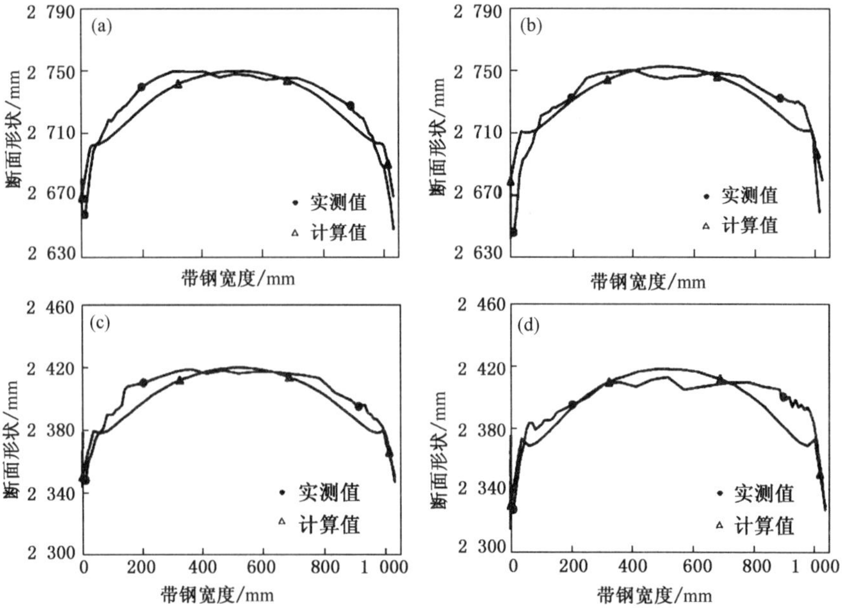

(a) 第40卷；(b) 第60卷；(c) 第70卷；(d) 第80卷

图 5　窜辊轧制模式下不同轧制公里数时的带钢断面形状

Fig. 5　Strip profile under the conditions of different rolling kilometer in shift roll rolling

4　结论

（1）在普通轧制模式下，随着同宽轧制计划的进行，带钢宽度范围内工作辊有效热凸度增加，与轧辊磨损，尤其是工作辊“猫耳形”磨损，及辊系弹性变形的综合作用下，造成带钢边部局部高点趋势明显增强。

（2）采用工作辊窜辊后，轧辊的受热和磨损区域扩大为板宽加横移量，从而分散了轧辊热辊型和磨损，使得综合辊型作用下的带钢断面形状得到明显改善，尤其是局部高点得到较好的控制。对于宽度 1 000 mm 左右带钢，在其他条件不变的情况下，窜辊轧制比普通轧制的同宽轧制公里数增加 3 倍以上。

参考文献

[1] 刘相华，王国栋. 热轧带钢新技术的发展[J]. 钢铁研究，2000；116(5)：1.

[2] Stevens P G. Increasing work roll life by improved roll cooling practice [J]. Journal of the Iron and Steel Institute，1971，34(8)：1.

[3] 连家创. 热轧板轧制压力的计算[J]. 重型机械，1975(1)：1.

[4] 连家创，刘宏民. 板厚板形控制[M]. 北京：兵器工业出版社，1996.

[5] 陈连生，连家创. 热带钢轧机轧辊磨损研究[J]. 钢铁，2001，36(1)：66.

[6] 李兴东，孙大乐，连家创，等. 宝钢 1 580 工作辊热变形的数值模拟与实验研究[J]. 中国机械工程，2006，17(3)：279.

[7] 王义栋，于斌，刘宏民，等. 热轧带钢断面形状的评价及其控制[J]. 钢铁，2011，46(9)：50.

[8] Ginzburg V B. High-quality steel rolling theory and practice [M]. NewYork：Marcel Dekker，Inc，1993.

面向板形控制的辊型窜辊与弯辊技术应用①

于　斌[1]，王义栋[2]，杨　旭[1]，郭宝安[1]，何安瑞[3]，刘宏民[4]

(1. 鞍钢股份有限公司鲅鱼圈钢铁分公司，辽宁 营口 115007；
2. 鞍钢股份有限公司，辽宁 鞍山 114001；
3. 北京科技大学高效轧制国家工程研究中心 北京 100083；
4. 燕山大学机械工程学院，河北 秦皇岛 066004)

摘　要：根据板形控制理论和现场实际工况，研究了 1 580 mm 热连轧精轧机组机型配置，基于中值弯辊力，开发了与各机架机型适配的支承辊和工作辊辊型，扩大了弯辊力对辊缝的调节能力，建立起与工作辊辊型匹配的窜辊工艺制度，形成了正弦工作辊 VCR 支承辊、长行程窜辊和强力弯辊这 3 项控制的组合技术方案。生产实践表明，长行程 WRS 技术分散了轧辊热变形，使工作辊磨损曲线平缓、光滑，结合辊型与弯辊技术可以保持承载辊缝形状正常和可控，实现了热轧带钢板形和断面形状的良好控制。

关键词：辊型；窜辊；弯辊；板形控制；局部高点

Application of Roll Contour Shifting Roll and Bending Roll for Shape Control

Yu Bin[1], Wang Yidong[2], Yang Xu[1], Guo Baoan[1], He Anrui[3], Liu Hongmin[4]

(1. Anshan Iron and Steel Company Bayuquan Subsidiary Company, Yingkou 115007, Liaoning, China;
2. Anshan Iron and Steel Company, Anshan 114001, Liaoning, China;
3. National Engineering Research Center for Advanced Rolling Technology, University of Science and Technology Beijing, Beijing 100083, China;
4. Institute of Mechanical Engineering, Yanshan University, Qinhuangdao 066004, Hebei, China)

Abstract: According to the shape control theory and actual working condition, the type configuration of a 1 580 mm hot-rolled finishing mill train was researched. Roll contour of back-up roll and work roll with the type adaptation was developed based on the middle bending force, which expanded the adjustment ability of bending force on roll gap, and technology system of shifting roll matching work roll contour was established, which formed the combined control technology of sine curve work roll+VCR back-up roll, long stroke shifting roll and strong bending roll. The production practice showed that long stroke WRS technology discretized the roll thermal deformation and made the work roll wear curve flat and smooth, and combining roll contour and bending roll technology can keep normal bearing roll gap shape, which achieved good control of shape and profile of hot-rolled strip.

Key words: Roll contour; Shifting roll; Bending roll; Strip shape control; Local high point

① 钢铁，2014，49(11)：42-45.

轧机机型在技术性能上各有长短，必须进行合理配置，就轧机控制而言，足够窜辊行程加上辊型自主开发，能成为以满足带钢板形控制、调节需求的一种强有力手段[1]。窜辊是一种慢速控制元素，用于均匀轧辊磨损或设定下块钢的辊缝并增大弯辊力调节范围，而工作辊弯辊用做快速控制元素，能够迅速改变承载辊缝形状，在轧制进程中对轧辊热变形和磨损等变动干扰因素进行补偿，这是实现板形在线控制所必需的柔性调节手段。

本文结合 1 580 mm 轧机装备和轧制工艺实际，研究了热连轧机组选型配置，开发了轧辊初始辊型、工作辊窜辊以及工作辊弯辊的高动态响应共同构筑的带钢板形综合控制技术。实践表明，制定合理的板形技术方案，对提高带钢板形控制具有重要实际意义。

1　1 580 mm 热连轧精轧机组机型配置研究

热轧精轧机组上游及下游各机架的机型选择与配置，是决定轧机板形控制性能的第一要素和基础，并将对轧机板形控制性能的优劣长期起作用。可供工作辊窜辊的 1 580 mm 精轧机组选用的四辊轧机机型主要有 2 种：工作辊短行程窜移型（窜移行程为－100 ～ ＋100 mm，如 CVC 轧机）；工作辊长行程窜移型（窜移行程为－150 ～ ＋150 mm 及以上，如 WRS 轧机）。这 2 种类型的四辊轧机本质区别在于工作辊辊型配置形式不一样，即高次曲线辊型（如 CVC、LVC）和常规曲线辊型（如抛物线、正弦曲线），在板形控制特性方面各有千秋，见表 1。

表 1　CVC 和 WRS 轧机性能比较

Table1　Comparison of performances on CVC and WRS rolling mill

项目	辊缝形状调控域	辊型自保持性	轧辊磨损均匀性
CVC	A	B	B
WRS	B	A	A

在 1 580 mm 热连轧机型设计过程中，为充分发挥长行程窜辊的优势，工作辊辊型首选常规曲线。各机架辊型配置计算大体分 2 步进行：首先将窜辊位置固定、弯辊力设为基准值，根据带钢目标凸度和按照比例凸度恒定的原则，对辊型配置进行优化计算；然后，计算典型产品的凸度和平直度在弯辊力调节范围内是否满足控制要求，如不满足，工作辊辊型设计为高次曲线，搜索满足带钢凸度和平直度控制要求的最佳窜辊位置。从末机架开始，依次对上游机架辊型进行优化设计，热连轧机型配置策略流程如图 1 所示。计算热轧带钢断面凸度是个复杂的过程，根据文献[2-3]，需要联立金属塑性变形模型、辊系弹性变形模型、轧辊热变形计算模型和轧辊磨损计算模型的多次耦合迭代，计算得出的承载辊缝形状乘以修正系数，才能得到符合实际的带钢断面形状。

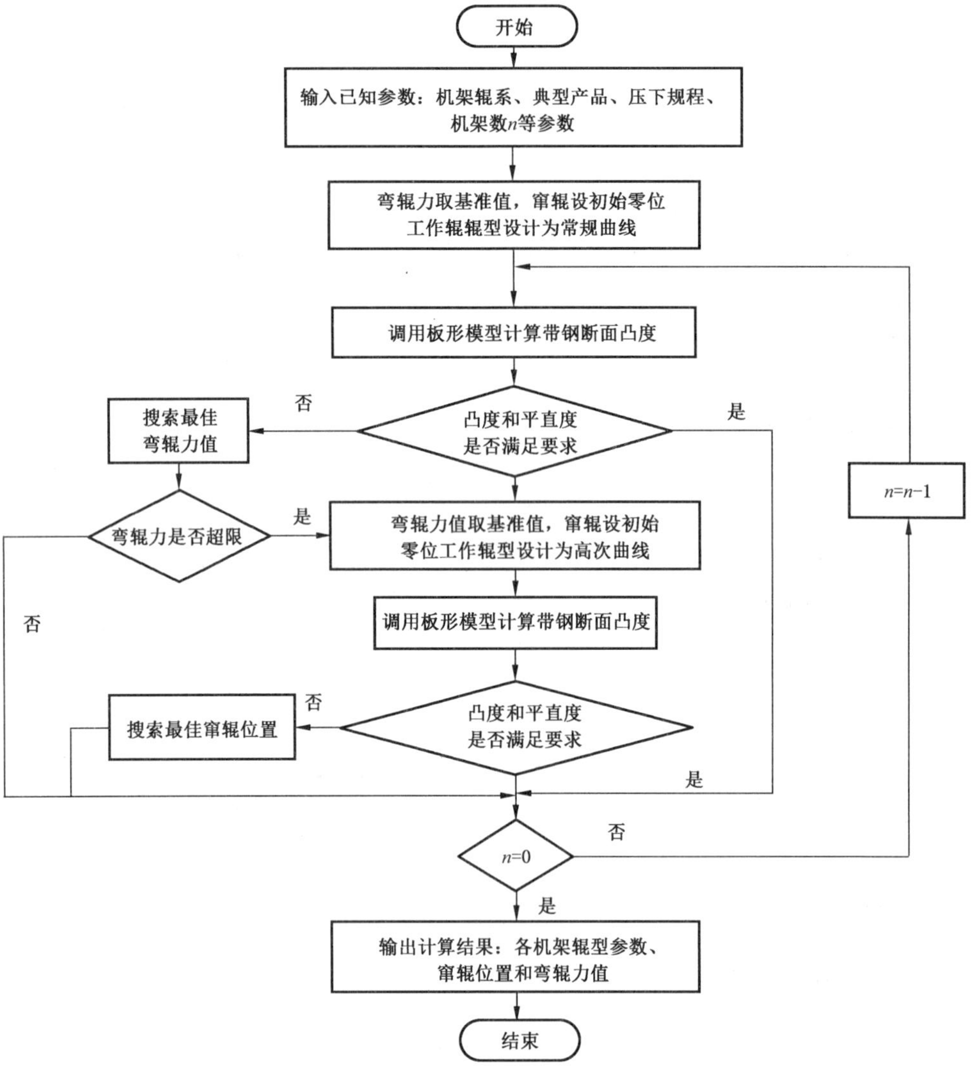

图 1　1 580 mm 热连轧机型配置策略流程图

Fig. 1　Flow diagram of type configuration on 1 580 mm hot-rolled mill

2　精轧机组辊型和窜辊配置设计

2.1　工作辊辊型配置

合理的工作辊初始辊型设计，不仅能满足生产带钢的断面凸度和平直度控制要求，而且具有提高带钢局部高点的控制能力[4]。在 1 580 mm 热连轧机型配置研究基础上，工作辊辊型采用正弦函数曲线，辊型曲线方程可用式(1)表示，工作辊辊型的设计形式如图 2 所示。

$$D_w(y)=D_w-\frac{C}{2}\left[\cos\left(\frac{y\alpha_s}{l_w}\right)-\cos\left(\frac{\alpha_s}{2}\right)\right] \tag{1}$$

式中：C 为工作辊辊型幅值；α_s 为正弦函数包角变量；l_w 为工作辊辊身长度；y 为以辊身中点为原点的轴向坐标值。

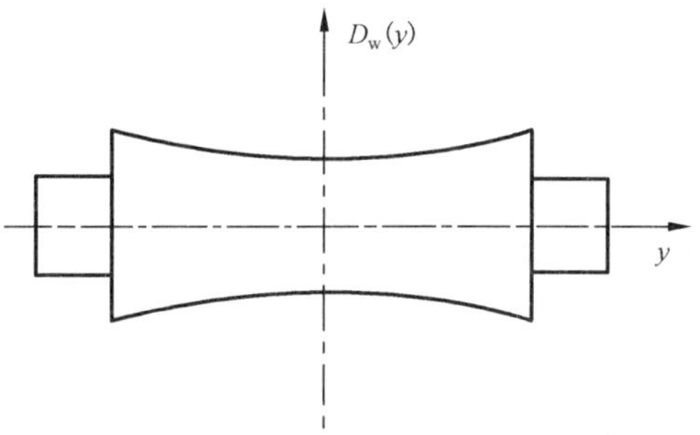

图 2　工作辊辊型示意图

Fig. 2　Contour curve of work roll

2.2　支承辊辊型配置

VCR 支承辊技术不仅可以均匀辊间的接触压力分布，而且可以消除或减小板宽以外有害接触区的接触压力，并适应带宽变化而自动调节辊间接触线长度，确保轧机有较高的横向刚度，提高弯辊力控制效果[5-8]。为提高支承辊与工作辊辊间的有效接触，保证轧制稳定性，支承辊辊型采用多项式曲线形式，方程可用式(2)表示，支承辊辊型如图 3 所示。

$$D_b(y)=a_0+a_1y+a_2y^2+a_3y^3+a_4y^4+a_5y^5+a_6y^6 \tag{2}$$

式中：a_0、a_1、a_2、a_3、a_4、a_5、a_6 分别为支承辊辊型曲线各次项系数；y 为以辊身任一端部为原点的轴向坐标值。

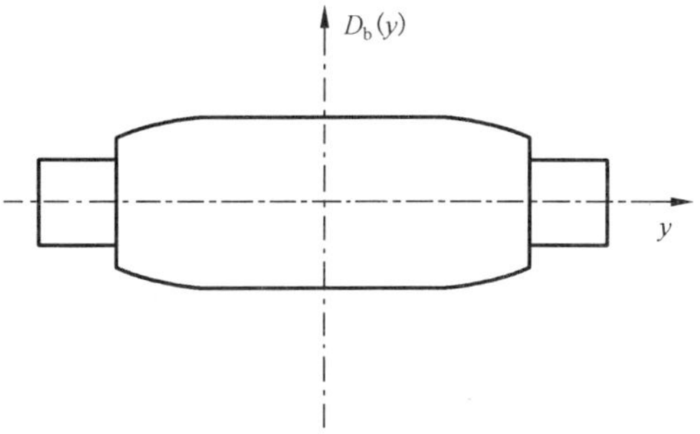

图 3　支承辊辊型曲线示意图

Fig. 3　Contour curve of back-up roll

2.3　与辊型相匹配的窜辊策略

以往窜辊策略研究中，大都以均匀轧辊磨损为目标[9-10]，而在轧制过程中除磨损辊型外，轧辊热变形对带钢板形和断面形状的影响也很大[11-12]。为保持承载辊缝形状的平缓变化，合理兼顾均匀轧辊磨损和热变形是非常必要的。为此，开发了“长行程＋变位置”的周期变步长窜辊策略，使工作辊轧制周期内窜辊位置周期变化，避免同宽轧制时带钢边部与工作辊辊身固定位置接触，从而提高了工作辊有效轧制单位辊身的使用效率，F1～F7 机架工作辊窜辊策略如图 4 所示。

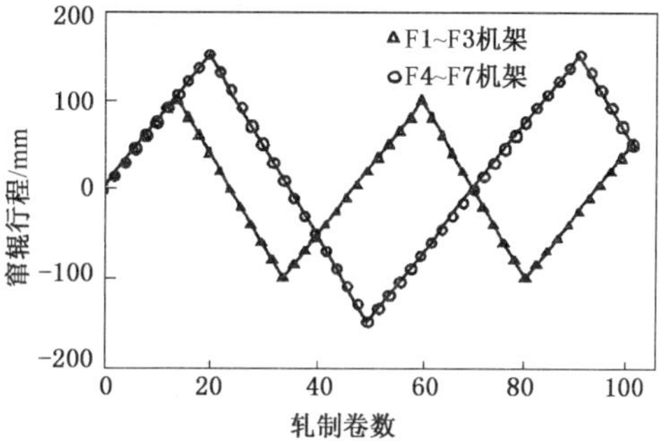

图 4　F1～F7 机架工作辊窜辊策略

Fig. 4　Work roll shifting way on stands F1-F7

3　现场实际应用效果

3.1　下机辊型曲线

图 5 所示为下机后的 F1、F7 机架支承辊磨损曲线。从图中可见，上游机架支承辊磨损量较小且辊型自保持好，下游机架支承辊磨损程度增大，磨损均匀性降低，但没有出现采用圆柱形支承辊时所产生的严重局部磨损现象。经生产统计，多数能在服役周期结束时仍基本保持其原设计的轮廓形状，表明所设计的 VCR 支承辊辊型具有良好的自保持性，可以在一次服役周期中持续稳定保持其在均匀辊间压力和提高弯辊力控制性能方面的作用。

图 6 所示为 F6、F7 机架工作辊下机后辊型曲线，图中分别为工作辊下机空冷 30 min 时带有残余热变形的辊型曲线和工作辊实际磨损曲线。从图 6 可见，轧辊下机带有残余热变形的辊型没有“猫耳朵”现象，磨损辊型接近于箱孔形，磨损曲线整体均匀，边缘比较平缓、相对近似光滑，这表明所设计的窜辊策略具有分散轧辊热变形和磨损的能力，有利于带钢板形和断面形状的控制。

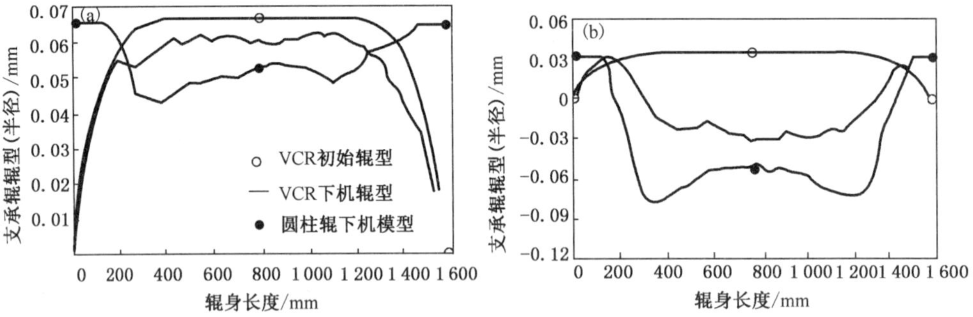

(a) F1机架；(b) F7机架。

图 5　支承辊下机辊型曲线

Fig. 5　Back-up roll contour curve after rolling

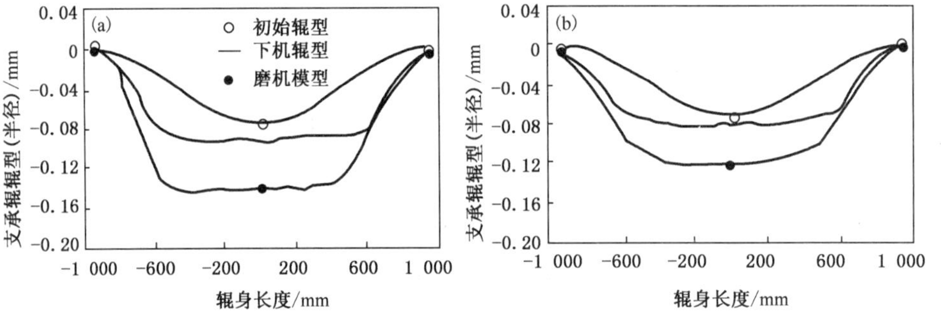

(a) F6机架；(b) F7机架

图 6　工作辊下机辊型曲线

Fig. 6　Work roll contour curve after rolling

3.2　带钢板形控制效果

1 580 mm 热轧机组除采用辊型、窜辊和弯辊技术外，还结合了具有弯辊力前馈、凸度和平直度反馈等功能的板形自动控制系统，进一步保证了带钢断面凸度和平直度的控制精度。经连续 1 年的数据统计与考核，带钢成品 95% 长度上平直度实测精度小于 35 IU，通过精度 ±0.1% 的 IMS 凸度仪测量，凸度偏差 ±20 μm 内的命中率达到 95.3% 以上；单位计划平均轧制公里数大于 65 km，带钢断面形状良好，无局部高点，这证明上述控制技术可成功应用于 1 580 mm 热连轧线实际生产。典型产品板形指标统计见表 2。

表 2　典型产品板形指标统计

Table2　Statistics indexes of typical product shape

序号	材质	规格 (厚×宽)/(mm×mm)	平直度 (通卷考核长度 95%)/IU	凸度合格率 (±20 μm)/%	局部高点合格率 (<10 μm)/%
1	SPHC	2.73×1 030	24	98.35	100
2	SPHC	2.73×1 268	30	98.87	100
3	Q235B	2.70×1 065	9	98.16	100
4	Q235B	2.70×1 253	15	97.38	100
5	SAE1008	2.35×935	16	96.79	100
6	HP295	3.00×1 158	8	97.52	100
7	SPA-H	3.80×1 400	35	95.32	100
8	St14	3.25×1 130	6	98.47	100

4　结论

(1) 合理的窜辊策略具有轧辊磨损和热变形分散化和平缓化的功能，使得综合辊型没有“猫耳形”等不良现象，对带钢板形平稳控制、延长轧制公里数和实现一定程度的自由程序轧制均具有积极意义。

(2) 开发的“正弦工作辊 VCR 支承辊辊型配置＋长行程窜辊＋强力弯辊”相结合的板形控制技术，辅以板形自动控制系统，可以保持承载辊缝形状正常和可控，实现了热轧带钢断面凸度、平直度和局部高点的良好控制。

参考文献

[1] 曹建国，张杰，陈先霖，等. 宽带钢热连轧机选型配置与板形控制[J]. 钢铁，2005，42(7)：47.

[2] 于斌，王义栋，杨旭，等. 面向局部高点控制的工作辊同宽轧制公里数[J]. 钢铁，2013，48(4)：40.

[3] 于斌，王义栋，杨旭，等. 热连轧带钢断面形状的修正模型及其应用[J]. 钢铁，2014，49(6)：46.

[4] 于斌，岳晓丽，余广夫，等. 热轧辊型技术对冷轧钢卷局部突起缺陷的抑制[J]. 钢铁，2007，42(7)：47.

[5] 何安瑞，杨荃，陈先霖，等. 变接触轧制技术在热带钢轧机上的应用[J]. 钢铁，2007，42(2)：31.

[6] 于斌，岳晓丽，余广夫，等. 热连轧机支承辊辊型的多目标优化设计及其应用[J]. 钢铁，2008，43(5)：51.

[7] 王晓东，李飞，董立杰，等. 热轧薄规格带钢平整过程板形控制技术[J]. 中国冶金，2012，22(6)：13.

[8] 王康健，白振华，刘卫. 宝钢冷连轧机组末机架辊型改造策略的探讨[J]. 中国冶金，2012，22(6)：23.

[9] 徐宁，刘红艳，徐致让. WRS 轧机工作辊横移方案及辊系变形研究[J]. 安徽工业大学学报，2006，4：410.

[10] 李维刚，刘相华，易剑，等. 热轧带钢变行程窜辊策略优化模型[J]. 钢铁，2012，47(3)：46.

[11] 孔祥伟，徐建忠，王国栋，等. 采用平辊实现自由程序轧制最优横移方案新方法[J]. 东北大学学报，2002，23(12)：1166.

[12] 王义栋，于斌，刘宏民，等. 热轧带钢断面形状的评价及其控制[J]. 钢铁，2011，46(9)：50.

冷轧带材板形测控系统国家标准解读①

于华鑫[1]，刘宏民[1,2]，徐扬欢[1]，王东城[1,2]

（1. 燕山大学国家冷轧板带装备及工艺工程技术研究中心，河北 秦皇岛 066004；
2. 燕山大学亚稳材料制备技术与科学国家重点实验室，河北 秦皇岛 066004）

摘　要：为了推动 GB/T 34901—2017 与 GB/T 34902—2017 两项国家标准的实施和推广应用，提高中国冷轧带材板形测控技术的标准化、智能化水平，提高板形质量和国际竞争力，对这两项标准进行系统地解读。首先阐述了这两项国家标准的制定背景与意义，其次介绍了标准的使用范围与术语定义，最后系统地解读了标准中板形仪和板形闭环控制系统的结构组成、技术要求、试验方法和检验规则等。

关键词：冷轧带材；板形仪；板形闭环控制；国家标准

Interpretation of National Standards for Cold Rolled Strip Shape Detection and Control System

Yu Huaxin[1], Liu Hongmin[1,2], Xu Yanghuan[1], Wang Dongcheng[1,2]

(1. National Engineering Research Center for Equipment and Technology of Cold Rolling Strip, Yanshan University, Qinhuangdao 066004, Hebei, China;
2. State Key Laboratory of Metastable Materials Science and Technology, Yanshan University, Qinhuangdao 066004, Hebei, China)

Abstract: In order to promote the implementation and application of GB/T 34901—2017 and GB/T 34902—2017 national standards, enhance the standardization and intelligence level of China's cold-rolled strip shape measurement and control technology, and improve the shape quality and international competitiveness, these two standards were interpreted systematically. Firstly, the background and significance of these two national standards are expounded. Secondly, the scope of the application and the term definitions of the standards are introduced. Finally, structural compositions, technical requirements, experimental methods and inspection rules of shape meter and shape control system are interpreted.

Key words: Cold rolled strip; Shape meter; Shape close-loop control; National standard

冷轧带材包括钢带、铝带和铜带等，属于高端金属带材，广泛应用于汽车家电、电工电子、建筑航空、轨道交通等行业[1-3]。板形（平直度）是冷轧带材特别是宽带材（1 000 mm 以上）的重要质量指标。板形的在线检测与控制是板带材生

① 钢铁，2019，54(10)：52-57.

产的关键技术和高端技术，是中国冷轧带材生产工艺装备智能升级急需解决的重大技术难题[4-7]。板形仪是板形在线检测的眼睛，是实现板形闭环控制的前提。由于板形仪制造困难、使用环境恶劣，长期以来被瑞士 ABB、德国 SIEMENS 等国际大公司所垄断。进口板形仪价格昂贵，供货周期长，技术保密，售后服务不到位。目前国内只有冷连轧机和极少数单机架冷轧机配备了板形仪，大多数冷轧机仍然依靠操作工人目测和棍棒敲击感觉板形，手动调整，导致板形检测和控制水平低，生产的冷轧带材不能作为高级产品使用。

为打破国外垄断，攻克板形在线检测这一难题，该标准起草单位依托国家科技支撑计划项目“精密冷轧带钢轧机与板形测控系统研制”，在板形仪研制方面取得重大突破，自主研制了整辊无缝无线式板形仪，并与企业合作研发板形闭环控制系统，实现冷轧带材板形在线检测与闭环控制技术的国产化[8]，通过一系列工业应用证明，技术指标达到国际先进水平。经过多年研究与应用，中国从板形测控技术的理论模型和工程软件，到板形测控系统的设计、加工、安装、调试、运行、维护等，已经积累了系统丰富的成果和经验[8-19]，但还没有总结、提炼、发展、形成相关技术标准，从而影响该项技术的标准化，影响引领推动行业技术发展的能力。

为此，全国冶金设备标准化技术委员会于 2016 年 12 月 19 日下发了板形检测与控制系统国家标准制定的通知（国冶标〔2016〕24 号），推荐燕山大学国家冷轧板带装备及工艺工程技术研究中心进行起草，经过近 1 年的调研编制、征求意见、最终修订形成 GB/T 34902—2017《冷轧带材接触式板形仪》和 GB/T 34901—2017《冷轧带材板形闭环测控系统》[20-21]，于 2017 年 11 月 1 日发布，2018 年 5 月 1 日实施。本文对这两项国家标准进行了系统地介绍。

1　标准的适用范围和术语定义

1.1　标准适用范围

GB/T 34901—2017 与 GB/T 34902—2017 适用于冷轧带材轧机、平整带材轧机的板形在线检测和闭环控制，其他冷轧生产机组（如连退、矫直机组等）的板形检测和控制也可参照使用。冷轧带材主要指冷轧带钢、铝带、铜带等金属带材。冷轧机结构形式有四辊轧机、六辊轧机和多辊轧机等。轧机布置形式有连轧机、单机架轧机。轧机轧制方式主要有冷轧机、平整机、光整机等。

1.2　标准术语和定义

GB/T 34901—2017 与 GB/T 34902—2017 中规定了关于冷轧带材板形仪与板形闭环控制系统使用的主要术语定义，介绍如下。

（1）板形（平直度），指自然状态（无张力）下的带材长度或残余应力沿宽度方向的分布形态。

（2）板形检测辊，通常安装于轧机出口侧，通过检测前张力横向分布反映板形状态，为接触式检测装置。

（3）板形信号传输处理器，与板形检测辊相连接，由信号传输模块和处理模块两部分组成。

（4）板形仪，即板形检测仪器系统，由板形检测辊、信号传输处理器、信号处理计算机 3 部分组成。

（5）实测板形信号，指经过消噪处理和误差补偿后的板形信号，反映了在线板形真实状态。

(6) 板形模式识别，即把复杂的板形分解为几个简单的板形分量(1次、2次、3次、4次等)，以便采取相应的控制措施。

(7) 板形目标曲线，指为考虑轧制和后续加工工艺要求而制定的板形控制目标曲线。在板形控制过程中，要使实测板形逼近目标板形[22-26]。

(8) 板形控制参数(手段)，指能够改变轧辊辊缝形状和带材板形状态的参数(装置)，主要有轧辊倾斜、轧辊弯曲、轧辊横移和轧辊分段冷却参数(装置)等。

(9) 板形控制效率，指板形控制参数的单位变化量对各板形分量或横向各点板形造成的改变量。

(10) 板形控制矩阵，指板形控制效率矩阵的逆矩阵，反映了板形改变量与板形控制手段调节量之间的关系[12-14]。

(11) 板形控制精度，通常用实测板形与目标板形之间的标准误差(均方差)来表示。

(12) 板形闭环控制周期，指从产生板形信号到完成调整板形动作的整个时间。

2　标准的主要技术内容

冷轧带材板形检测与控制系统如图1所示，GB/T 34901—2017与GB/T 34902—2017这两项标准给出了板形仪与控制系统的结构组成、基本参数、技术要求、试验方法和检验规则等。

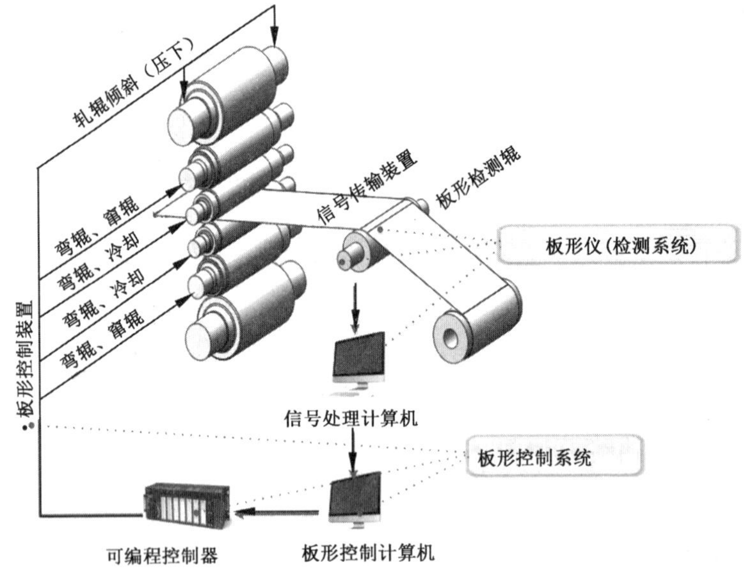

图1　板形检测与控制系统

Fig. 1　Shape detection and control system

2.1　板形仪结构组成与技术要求

2.1.1　板形仪设备系统组成

板形仪设备系统主要包括板形检测辊、板形信号传输处理器、板形检测计算机3个组成部分。

板形检测辊中布置一系列高灵敏度的传感器，通过感知带材对板形检测辊的径向压力分布，提供原始板形模拟信号。板形信号传输处理器对原始板形模拟信号进行采集和数字处理，并将得到的原始板形数字信号传送给板形检测计算机。板形检测计算机由计算机硬件及操作系统、通信接口和板形检测软件 3 部分组成，主要完成原始板形数字信号处理和板形通信。板形检测软件首先进行原始板形数据解包操作，然后换算为径向压力、张应力、残余应力和相对长度差（板形值），最后进行消噪处理和误差补偿[27]，形成反映实际板形状态的信号。

常用的板形检测辊包括分片式检测辊、整辊镶块式检测辊、整辊无缝式检测辊、探针式检测辊和空气轴承式检测辊等 5 种，标准对目前主要应用的前 3 种板形检测辊的结构、特点和适用场合分别进行了说明。常用的板形信号传输处理器包括碳刷滑环式和无线式两种，标准分别对其结构组成、工作原理、性能特点进行了说明。

2.1.2　板形仪基本参数

标准中对板形仪检测辊直径、辊身长度、检测通道宽度、辊面粗糙度、辊面硬度、板形分辨力等基本参数做出了规定，见表 1。其中 I 表示 1 个板形单位，数值为 10^{-5}。板形检测分辨力指板形仪能检测出来的最小板形变化量，用于表述板形仪的最小板形识别能力。

表 1　板形仪基本参数

Table 1　Basic parameters of shape meter

结构名称	参数	结构名称	参数
辊身直径/mm	260～400	辊身长度/mm	300～2 200
信号路数	≤81	通道宽度/mm	26/52
有效测量长度/mm	≤2 106	辊面粗糙度/μm	0.2～3.2
板形分辨力/I	0.5	辊面硬度(HRC)	50～62

2.1.3　板形仪技术要求

检测辊直径范围一般为 260～400 mm，宜选用 280、313 和 400 mm 3 个规格。检测通道宽度，根据板形检测精细程度要求，可设置为宽、窄两种类型，对应宽度分别为 52 和 26 mm。检测通道数量，首先根据轧机规格和带材最大宽度确定检测辊的有效检测长度，然后根据有效检测长度和通道宽度确定通道数量。检测辊的工作温度范围为－30～180 ℃，辊面粗糙度为 0.2～3.2 μm，辊面硬度为 HRC 50～62。对检测辊的标记和轴承润滑方式等也做出了规定。

检测辊一般安装在轧辊与卷取机之间。对于改造轧机，可在导向辊位置安装板形检测辊，替换导向辊；对新建轧机，应在出口导向辊前留有板形检测辊安装位置。安装精度应保证检测辊水平度小于 50 μm/m，检测辊与前后导辊（包括卷取机）的相对平行度小于 50 μm/m。带材对检测辊的包角范围应为 4°～50°，固定包角有助于提高检测精度。

标准对板形信号传输处理器的工作温度、防护等级、信号接地方式等以及板形检测计算机硬件、通信接口、板形检测软件的功能等做出了规定。

标准对板形仪标定的量程、检测辊转速、数据平滑次数、标定精度和需要重新标定的情况等做出了规定。

2.1.4　板形仪试验方法和检验规则

板形仪的试验方法包括离线试验和在线试验。离线试验的内容有检测辊辊面硬度、粗糙度、圆度、检测单元精度、板形仪精度等；在线试验的内容有检测辊安装精度、板形信号零点波形、板形仪精度、轧制工艺参数对板形信号的影响等；对各个试验方法做了规定和介绍，特别是对板形仪精度的试验，介绍了波浪度法和分条长度差法两种测量方法。

板形仪的检验包括出厂检验和在线检验。出厂检验为制造商出厂前对板形仪性能进行相关检测，在线检验为板形仪在用户现场设备上运行过程中的性能检测。

板形仪出厂前应当进行出厂检验。对设备部件、主要参数和检测性能等进行逐项检验，确保满足技术要求。检验合格后，方能出厂。制造商应向用户提供板形仪的《产品合格证》和检验报告。

板形仪在冷轧带材生产线上应用时，应当进行在线检验。板形仪上线安装后，首先保证安装精度，之后测试原始板形信号是否正常，按照接口编码协议测试接口通讯数据是否准确无误。生产测试时，观察高速下板形检测辊和信号传输处理器是否正常，观察生产过程中带材表面是否出现压伤或划伤缺陷，同时检查检测辊的辊面状况和表面温度。

采用波浪度法或分条长度差法测量板形，检验板形仪在线检测精度。比较在线板形与板形仪实测板形是否一致、离线板形与板形仪实测板形是否一致，判断板形检测效果和精度。进而将板形仪与板形控制系统联调，测试板形闭环控制效果。

2.2 板形闭环控制系统结构组成与技术要求

2.2.1 板形闭环控制系统的组成

冷轧带材板形闭环控制系统主要包括控制计算机、可编程控制器和板形控制装置 3 部分(图 1)。板形控制计算机由板形信号采集处理单元、板形控制计算单元、I/O 接口单元、信息存储单元、信息显示单元等 5 个功能模块组成，如图 2 所示。板形控制系统应该留有相应接口，用于与轧机其他控制系统进行信息交换。

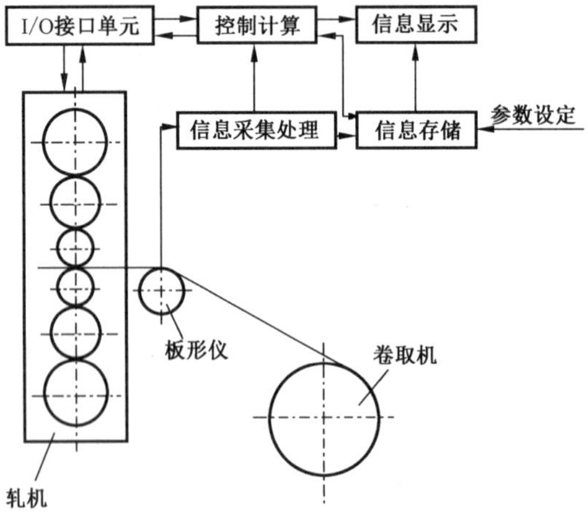

图 2　板形闭环控制系统结构组成

Fig. 2　Structure components of shape closed-loop control system

信号采集处理单元从板形仪实时读取检测到的信号，必要时还应进行板形模式识别。

控制计算单元首先从信号采集处理单元读取板形信号，从 I/O 接口读取控制参数，从信息存储单元读取工艺参数、目标曲线和自学习系数等。然后，计算实测板形与目标板形之间的偏差，再通过板形控制矩阵方程计算各控制参数的最佳调节量。最后，将控制参数的调整量通过 I/O 接口传递给板形控制装置。

I/O 接口单元具有双向传递功能，保证控制单元与控制装置之间数据传递的准确性。

信息存储单元负责从参数设定、信号采集处理和控制计算等单元读取并存储工艺参数、控制参数、实测数据、目标曲线和自学习系数等。在断电时，应保留已采集的信息。在存储量达到设定值前，应提示备份保存。

信息显示单元从信息储存和控制计算单元读取数据，显示实测板形、目标板形、工艺参数和控制参数等[26]。

2.2.2　板形闭环控制系统主要模型

板形闭环控制的计算系统主要由八大理论模型组成[13,28]，每个模型的主要作用及与其他模型的关系如图 3 所示。

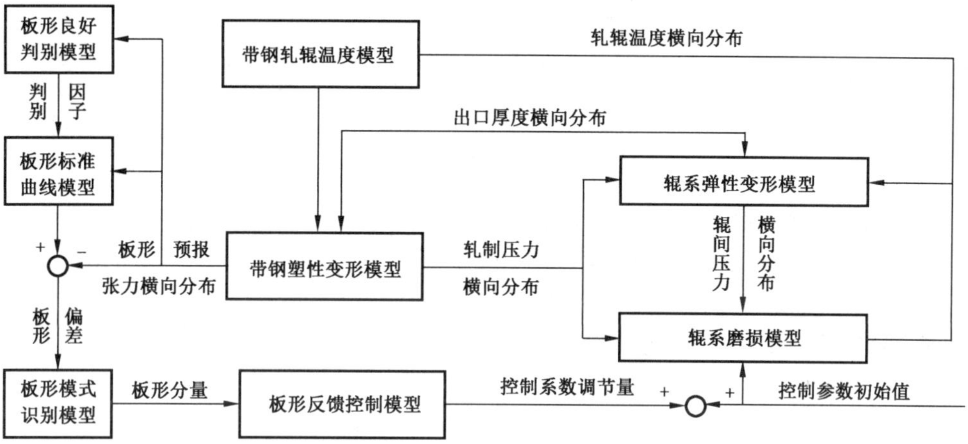

图 3　板形控制基本模型及其相互关系

Fig. 3　Basic model of shape control and their relationship

2.2.3　板形闭环控制系统主要技术要求

板形闭环控制系统应显著提高板形质量，减少人工操作，稳定轧制过程。冷轧带材板形闭环控制的目标值规定见表 2 和表 3。表 2 要求来料板形在 40 I 以内，表 3 要求来料板形在 25 I 以内。

表 2　冷轧带材轧机板形闭环控制目标值

Table 2　Cold rolled strip mill shape closed-loop control target value

带材厚度 h/mm	板形目标值/I		
	稳态轧制 速度大于 300 m/min	加减速过程轧制 速度大于 300 m/min	90～300 m/min
$h \leqslant 0.4$	≤10	≤20	≤25
$0.4 < h < 0.6$	≤8	≤16	≤20
$h \geqslant 0.6$	≤6	≤12	≤16

板形闭环控制系统投入时的轧制速度宜大于 60 m/min。如果速度过小，则

可能造成轧制过程不稳定。闭环控制周期应在 200 ms 以内，时间长则滞后性大，控制效果差。板形控制系统与轧机其他控制系统之间推荐采用以太网或 DP 进行通讯。板形控制系统应具有人工调控和自动调控两种模式。人工调控优先级高，一旦人工参与调控，系统自动切换为手动模式[26]。

表 3　冷轧带材平整机或光整机板形闭环控制目标值

Table 3　Cold strip temper rolling mill or brushing machine closed-loop control target value

带材厚度 h/mm	板形目标值/I		
	稳态轧制 速度大于 200 m/min	加减速过程轧制 速度大于 200 m/min	90～200 m/min
$h\leqslant 0.3$	≤8	≤10	≤15
$0.3<h<0.5$	≤6	≤8	≤12
$h\geqslant 0.5$	≤5	≤7	≤10

3　结语

本文对 GB/T 34901—2017 和 GB/T 34902—2017 两项国家标准进行了解读，以便对冷轧带材板形检测系统（板形仪）和板形闭环控制系统的技术内容和要求有系统清晰的了解，推动标准的实施应用，提高中国冷轧带材生产工艺和技术装备的标准化、智能化水平，提高冷轧带材板形质量和国际竞争力。

参考文献

[1] 李靖，马进峰，王飞，等. 四辊平整机板形前馈模型的研究与应用[J]. 轧钢，2019，36(1)：58.（LI Jing，MA Jin-feng，WANG Fei，et al. Development and application of flatness feedforward model for four-high skin pass mill [J]. Steel Rolling，2019，36(1)：58.）

[2] 王雪松，李群，王志勇，等. 首秦公司管线钢板形控制的研究与实践[J]. 中国冶金，2018，28(5)：51.（WANG Xue-song，LI Qun，WANG Zhi-yong，et al. Research and application of shape control of pipeline steel in Shouqin Company [J]. China Metallurgy，2018，28(5)：51.）

[3] 张维召. 邯钢 2 180 mm 酸轧机组板形控制研究[J]. 轧钢，2018，35(1)：82.（ZHANG Wei-zhao. Study on strip shape control technology of 2 180 mm picking and tandem cold mill of Hansteel[J]. Steel Rolling，2018，35(1)：82.）

[4] 常安，王树岗，张栋，等. 薄规格铝镇静钢板形缺陷的控制研究[J]. 轧钢，2017，34(5)：35.（CHANG An，WANG Shu-gang，ZHANG Dong，et al. Research on control of shape defect of thin gauge Al-killed steel strip[J]. Steel Rolling，2017，34(5)：35.）

[5] 李铁. 本钢 FTSR 薄规格带钢板形控制与精度提高[J]. 轧钢，2018，35(4)：90.（LI Tie. Improvement of thin gauge strip shape in FTSR line of Benxi Steel[J]. Steel Rolling，2018，35(4)：90.）

[6] 胡建军，文杰，于孟，等. DR9 镀锡板板形控制技术研究与应用[J]. 中国冶金，2018，28(6)：37.（HU Jian-jun，WEN Jie，YU Meng，et al. Research and application of flatness control on DR9 tinplate[J]. China Metallurgy，2018，28(6)：37.）

[7] 刘相华，赵启林，黄贞益. 人工智能在轧制领域中的应用进展[J]. 轧钢，2017，34(4)：1.（LIU Xiang-hua，ZHAO Qi-lin，HUANG Zhen-yi. Prospect of artificial intelligent ap-

plication in rolling[J]. Steel Rolling, 2017, 34(4):1.)

[8] 刘宏民,刘军,于丙强,等. 带钢冷轧机整辊无线式板形仪和智能板形控制系统[J]. 机械工程学报,2017,53(12):87.(LIU Hong-min, LIU Jun, YU Bing-qiang, et al. Entire roller wireless shape meter and intelligent shape control system for cold steel strip mills[J]. Chinese Journal of Mechanical Engineering,2017,53(12):87.)

[9] 刘宏民,于丙强,杨利坡,等. 整辊内嵌式板形仪:中国,201310209604. 2[P]. 2015-09-16.(LIU Hong-min, YU Bing-qiang, YANG Li-po, et al. Entire roller embedded shapemeter:China, 201310209604. 2[P]. 2015-09-16.)

[10] 刘宏民,于丙强,杨利坡,等. 一种用于冷轧带材板形仪的紧凑无线内嵌式信号处理器:中国,CN105005287A[P]. 2015-10-28.(LIU Hong-min, YU Bing-qiang, YANG Li-po, et al. A type of seamless and embedded signal processor used for shapemeter: China, CN105005287A[P]. 2015-10-28.)

[11] 刘宏民,丁开荣,李兴东,等. 板形标准曲线的理论计算方法[J]. 机械工程学报,2008,44(8):137.(LIU Hong-min, DING Kai-rong, LI Xing-dong, et al. Theoretical Computational method of shape standard curve [J]. Chinese Journal of Mechanical Engineering,2008,44(8):137.)

[12] LIU Hong-min, SHAN Xiu-ying, JIA Chun-yu. Theory-intelligent dynamic matrix model of flatness control for cold rolled strips[J]. Journal of Iron and Steel Research, International,2013,20(8):1.

[13] LIU Hong min, HE Hai tao, SHAN Xiu-ying, et al. Flatness control based on dynamic effective matrix for cold strip mills [J]. Chinese Journal of Mechanical Engineering,2009,22(2):287.

[14] LIU Hong-min, ZHANG Xiu-ling, WANG Ying-rui. Transfer matrix method of flatness control for strip mills[J]. Journal of Materials Processing Technology, 2005, 166:237.

[15] 于丙强,杨利坡,刘宏民,等. 冷轧带钢接触式板形仪研制及其工业应用[J]. 仪器仪表学报,2010,31(4):904.(YU Bing-qiang, YANG Li-po, LIU Hong min, et al. Development and Industry Application of contact shape meter with new structure[J]. Chinese Journal of Scientific Instrument,2010, 31(4):904.)

[16] 何小丽,汪峰,孙祖春. 梅钢1420冷轧自动板形控制系统[J]. 梅山科技,2010(5):59.(HE Xiao-li, WANG Feng, SUN Zu-chun. Automatic strip shape control system of 1 420 mm TCM at Meigang[J]. Baosteel Meishan,2010(5):59.)

[17] 冷轧机板形控制系统核心技术自主研发与工业应用[J]. 中国冶金,2013,23(4):61.(Independent Research and Development and Industrial Application of Core Technology for Shape Control System of Cold Rolling Mill. China Metallurgy, 2013, 23(4): 61.)

[18] WANG Dong-cheng, LIU Hong-min. A model coupling method for shape prediction [J]. Journal of Iron and Steel, International,2012,19(2):22.

[19] 王东城,张威,王志杰,等. 六辊冷轧机板形快速预报方法[J]. 钢铁,2016,51(9):51.(WANG Dong-cheng, ZHANG Wei, WANG Zhi-jie, et al. Fast shape prediction method for six-high cold rolling mill[J]. Iron and Steel,2016,51(9):51.)

[20] 全国冶金设备标准化技术委员会. GB/T 34901—2017 冷轧带材板形闭环测控系统[S]. 北京:中国标准出版社,2017.(National Metallurgical Equipment Standardization Technical Committee. GB/T 34901—2017 Shape closed-loop control system for

cold rolling strip[S]. Beijing: Standards Press of China,2017.)

[21] 全国冶金设备标准化技术委员会. GB/T 34902-2017 冷轧带材接触式板形仪[S]. 北京:中国标准出版社,2017.(National Metallurgical Equipment Standardization Technical Committee. GB/T 34902—2017 Contact shapemeter for cold rolling strip[S]. Beijing: Standards Press of China,2017.)

[22] 孙文权,何安瑞,邵建,等. 高精度冷轧自动控制系统研究及实践[J]. 冶金自动化,2015,39(3):44.(SUN Wen-quan,HE Anrui,SHAO Jian,et al. Research and application of automatic control system for high precision cold rolling[J]. Metallurgical Industry Automation,2015,39(3):44.)

[23] 贾生晖,张杰,曹建国,等. 冷连轧机硅钢板形控制目标的改进[J]. 北京科技大学学报,2002,24(3):303.(JIA Sheng-hui,ZHANG Jie,CAO Jian-guo,et al. Flatness object curve for non-tropism silicon steel rolling in 5-stand tandem cold rolling mill [J]. Journal of University of Science and Technology Beijing,2002,24(3):303.)

[24] 杨荃,陈先霖. 冷轧机的板形控制目标模型[J]. 北京科技大学学报,1995,17(3):254.(YANG Quan,CHEN Xian-lin. Target model of the automatic shape control on cold strip mill[J]. Journal of University of Science and technology Beijing,1995,17(3):254.)

[25] 贾春玉,尚志东. 冷轧板形目标曲线的补偿设定[J]. 钢铁研究学报,2000,12(4):64.(JIA Chun-yu,SHANG Zhi-dong. Compensation of plank shape target curves for cold-rolling strip[J]. Journal of Iron and Steel Research,2000,12(4):64.)

[26] 王东城,刘宏民,苏静,等. GB/T 34901—2017《冷轧带材板形闭环测控系统》解读[J]. 标准科学,2018(11):117.(WANG Dong-cheng,LIU Hong-min,SU Jing,et al. Interpretation of GB/T 34901-2017: shape close-loop control system for cold rolling strip[J]. Standard Science,2018(11):117.)

[27] 赵章献,王东城,王鹏飞,等. 板形仪位置误差补偿模型的研究及应用[J]. 钢铁,2015,50(3):49.(ZHAO Zhang-xian,WANG Dong-cheng,WANG Peng-fei,et al. Research and application of position error compensation model for shape meter[J]. Iron and Steel,2015,50(3):49.)

[28] WANG Dong-cheng,LIU Hong-min,LIU Jun. Research and development trend of shape control for cold rolling strip[J]. Chinese Journal of Mechanical Engineering,2017,30(5):1248.

带钢横断面形状特征参数识别方法①

王东城[1,2]，吴燕林[1]，刘宏民[1,2]

（1. 燕山大学国家冷轧板带装备及工艺工程技术研究中心，河北 秦皇岛 066004；

2. 燕山大学亚稳材料制备技术与科学国家重点实验室，河北 秦皇岛 066004）

摘　要：针对目前带钢横断面形状特征参数识别方法的缺点，分析普通多项式识别精度差的主要原因，基于弹性半空间理论，推导了多项式分布力作用下轧辊弹性压扁的解析表达式，将其与普通四次多项式联合作为带钢横断面形状的基本特征模式，通过最小二乘原理得到特征参数。方法的主要特色是特征参数物理意义明确，有利于参数识别后相应控制手段的调节，同时在整个带钢宽度方向上只采用一个函数进行描述，无须分段处理，简化了计算过程。最终通过实测数据对比了各种方法的精度与稳定性，结果表明，基于弹性压扁机理的识别方法在带钢边部与中部均与实测断面吻合很好，其识别精度与稳定性是各种方法中最令人满意的。

关键词：带钢；横断面形状；特征参数；识别方法；弹性半空间

Characteristic Parameters Recognition Method of Strip Cross-sectional Shape

Wang Dongcheng[1,2], Wu Yanlin[1], Liu Hongmin[1,2]

(1. National Engineering Research Center for Equipment and Technology of Cold Rolling Strip, Yanshan University, Qinhuangdao 066004, Hebei, China;

2. State Key Laboratory of Metastable Materials Science and Technology, Yanshan University, Qinhuangdao 066004, Hebei, China)

Abstract: In view of the shortcoming of existing methods to identify the characteristic parameters of strip cross-sectional shape, the reason of how general polynomial's identification accuracy is analyzed. Based on the theory of elastic half-space, the analytical expression of roll's elastic-flattening under polynomial distribution force is derived, which is combined with the general polynomial and regarded as the basic characteristic patterns of strip shape. The characteristic parameters are obtained by the least squares principle. The main feature of this method is, the physical meaning of characteristic parameter is clear, so it's favorable to the adjustment of corresponding control measures after identifying. At the same time, only one function is used to describe the entire cross-sectional and no segmentation process is needed, so the calculation process is simplified. Finally, the accuracy and stability of various methods are compared through experimental data, and the results show that the method based on elastic flattering mechanism is in well agreement with experimental data no matter for the

① 钢铁，2015，50(10)：37-44.

edge of strip or middle zone, so it is the most satisfying model.

Key words: Strip; Cross-sectional shape; Characteristic parameters; Identification method; Elastic half-space

横断面形状与平直度是带钢的重要质量指标,两者紧密联系。国内外对平直度控制设备、理论与技术进行了大量研究[1-5],目前平直度控制系统在生产实践中的应用已经较为普遍[6]。尤其是近几年来,我国宝钢、鞍钢等企业均将国内自主开发的平直度控制系统应用于生产实践,并取得了很好的控制效果[7-8]。相对而言,带钢横断面形状检测与控制系统在生产实践中的应用并不常见。

目前,工业中只对电工钢与造币钢等高附加值产品的横断面形状有严格要求。但在可预期的未来,随着工业用户对高质量、低成本的不断追逐,对汽车板、镀锡原板等产品的横断面形状也将提出明确要求[9]。特别是受能源短缺、环境污染等问题的影响,汽车轻量化以及高强钢的开发与应用成为重要发展方向[10],与普碳钢相比,高强钢的轧制力会显著增加,从而导致带钢凸度与边部减薄也显著增加,带钢横断面形状检测与控制系统的重要性就更加凸显[11-12]。

另一方面,来料横断面形状对产品平直度有很大影响[13],目前,进行平直度设定计算时通常只采用一个简单的二次凸度值描述来料横断面形状,势必造成设定精度的降低,增加了平直度闭环控制系统的负担。文献[13]与文献[14]将横断面形状检测仪安装于冷连轧机入口,根据来料实测横断面形状进行平直度前馈控制,进一步提高了平直度质量。无论对于平直度设定控制、前馈控制,还是横断面形状反馈控制,都存在一个基本的问题——如何简单精确地对带钢横断面形状的特征进行描述与参数识别。

1　研究现状

目前常见的第 1 类描述方法是在带材宽度上整体采用 1 个多项式,如:连家创[15]等人认为一般可采用 2 次加 4 次多项式描述带材横断面形状;王宏旭[16-17]等人认为 4 次偶函数拟合的板厚分布与实际板厚有误差,造成前张应力横向分布计算值与实测值相差较大,因此,采用 6 次与 12 次偶函数描述带材横断面形状,提高了张应力的计算精度;唐成龙[18]等人采用 1、2、4、6 次组合多项式描述带钢厚度横向分布,可以描述非对称横截面。

第 1 类方法提出时间早,目前仍在广泛应用[19-20]。仔细分析相关文献可以发现,早期应用这一方法所描述的带材要么宽度很窄(小于 300 mm),要么轧制材料较软(铝),此时带材的边部减薄现象不显著,采用 1 个连续多项式就可以获得较高的拟合精度,但对于工业生产的冷轧带钢而言,这一描述方法将产生很大的误差。一个典型实例如图 1 所示,由图可以明显看出,4 次多项式在带钢边部与实测值相差将近 40 μm,同时在带钢中部呈现凹形,与实测规律刚好相反,随着拟合多项式次数的增加,尽管带钢最边部与实测值逐渐接近,但带钢中间大部分区域出现了明显的波动,这就是著名的龙格现象,拟合多项式次数越高,则波动越显著。由此可知,采用这类方法很难精确描述带钢横断面形状。

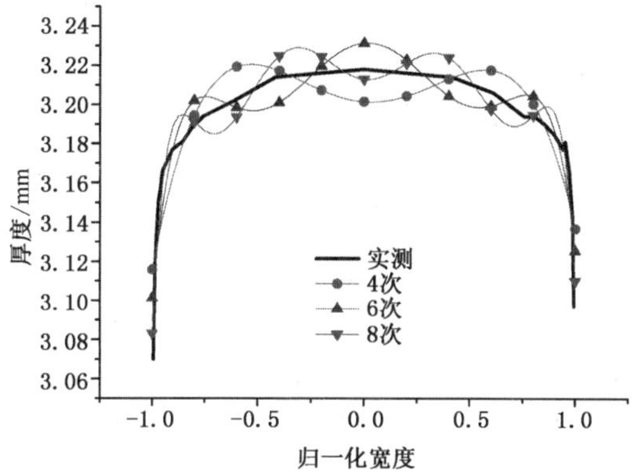

图 1　典型实例

Fig. 1　typical example

第 2 类描述方法是在带钢宽度上进行分区，每个区域采用单独的多项式进行描述，如：韦尔莫特等人采用 2 条抛物线近似带钢断面，采用连续性条件消除部分参数后，最终只需要 3 个参数就可以描述带钢断面形状[21]，但是这种方法只能描述对称断面，对生产实践中存在的大量非对称断面无能为力；毛红朝[22]等人采用三段多项式作为逼近函数，通过区间分界点处光滑连接的约束条件与最小二乘原理获得特征参数，可以明显提高拟合精度；此外，本文作者还尝试将各段区域长度也作为变量，将拟合残差最小作为目标，对带钢进行自动分段和参数识别，可以进一步提高拟合精度。

第 2 类方法的主要缺点是将带钢宽度分割为几个区段，每个区段均有各自的特征参数，为了保证连续性与光滑性，各区段的特征参数不是独立的，参数物理意义不够明确，在进行特征参数识别后进行控制存在困难。

2　基本思路

冷轧与热轧带钢横断面形状的反馈控制需要对成品机架带钢横断面形状进行精确描述与识别；冷轧带钢平直度设定控制与前馈控制需要对来料的横断面形状进行精确描述与识别，而冷轧带钢的来料是热轧卷，其横断面形状是热轧成品机架形成的。冷轧带钢与热轧带钢横断面形状具有类似的形成机理，同样都分为中心区与边部减薄区，因此可以采用统一的特征描述与参数识别方法。

为实现带钢横断面形状的精确描述与识别，本文提出了一种基于弹性压扁机理的识别方法。该方法首先对普通多项式识别带钢横断面形状精度差的主要原因进行分析，然后基于弹性半空间理论，推导了多项式分布力作用下弹性压扁量的解析表达式，将其与普通 4 次多项式联合作为带钢横断面形状的基本特征模式，最终通过最小二乘原理得到特征参数。其主要特色是特征参数物理意义明确，有利于参数识别后相应控制手段的调节，同时在整个带钢宽度方向上只采用一个函数进行描述，无须分段处理，简化了计算过程。

2.1　边部减薄

目前工程中常见的带钢轧机主要是四辊轧机与六辊轧机，无论对于四辊轧机还是六辊轧机，带钢的横断面形状实际就是承载辊缝形状。根据板形理论[23]，承载辊缝形状由 5 部分构成：轧辊原始磨削形状、轧辊热辊型、轧辊磨损辊型、轧辊弹性挠曲与轧辊弹性压扁。常见的轧辊原始磨削形状为抛物线或者 CVC 辊型，两者均可用普通多项式进行描述。轧辊热辊型与轧辊磨损辊型也可用普通多项式进行描述[24-25]。

对于轧辊弹性挠曲与弹性压扁，采用图 2 所示的工作辊受力图进行分析。图 2 中 F 为工作辊弯辊力，q 为单位宽度辊间接触压力，p 为单位宽度轧制压力，三者均会引起工作辊的弹性挠曲，最终影响带钢的横断面形状。根据本文作者的前期研究结果[26]，采用普通多项式可很好地拟合轧制压力与辊间压力横向分布，而弯辊力与普通多项式分布力引起的轧辊弹性挠曲同样是普通多项式。辊间接触压力与轧制压力均会引起轧辊的弹性压扁，但是轧辊弹性压扁是局部现象，辊间接触压力造成的弹性压扁并不会直接影响带钢横断面形状，只有轧制压力引起的弹性压扁才会直接影响带钢横断面形状，尽管轧辊中部弹性压扁数量级较小，形状也较为平缓，但接近带钢边部时压扁量会急剧下降，造成带钢的边部减薄现象。

采用与图1相同的实测数据，只需去除少量边部区域（单边小于4%）后，采用4次多项式就可以很好地描述横断面形状（图3）。由此可知，采用普通多项式无法精确描述带钢横断面形状的主要原因是轧辊弹性压扁引起的边部减薄现象。因此，需要寻求一种描述轧辊弹性压扁的解析函数，将其与普通4次多项式联合作为带钢横断面形状的基本特征模式。

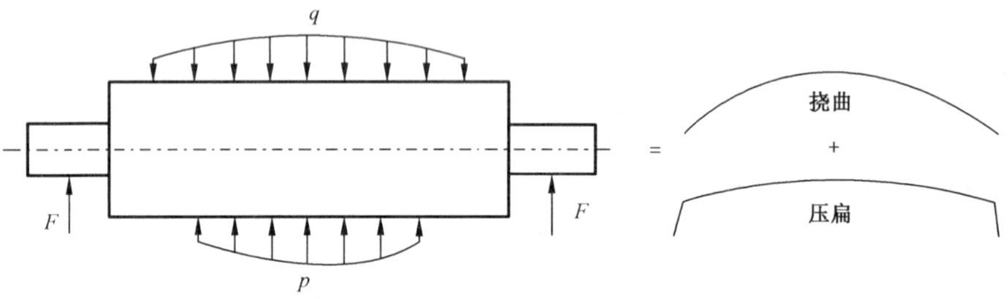

图2　工作辊受力图

Fig. 2　Force diagram of work roll

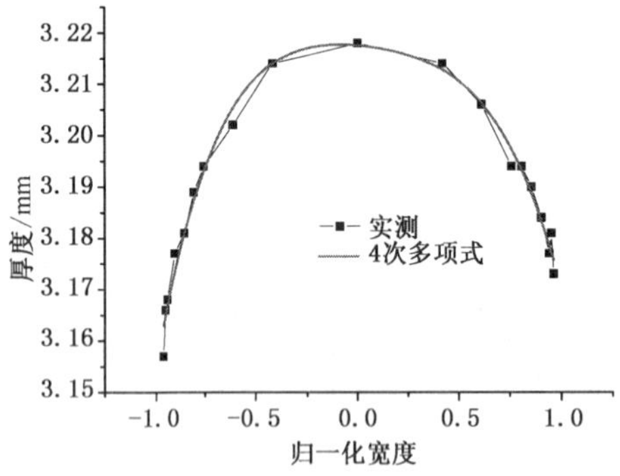

图3　边部区域去除后拟合效果

Fig. 3　Fitting effect without edge area

2.2　轧辊弹性压扁

为得到轧辊弹性压扁的解析表达式，需将轧制压力横向分布也采用多项式进行描述，根据本文作者的前期研究结果[26]，采用4次多项式即可很好地拟合轧制压力横向分布，因此，轧制压力横向分布的表达式为：

$$p(x)=\sum_{i=0}^{4}a_i x^i\ (x_s<x<x_e) \quad (1)$$

式中，a_i为多项式的系数，x_s、x_e分别为轧制力的左、右边界坐标。

根据弹性半空间理论[27]，在轧制力作用下，轧辊竖直方向位移在水平方向的导数为：

$$\frac{\partial v}{\partial x}=-\frac{2(1-\nu_R^2)}{\pi E_R}\int_{x_s}^{x_e}\frac{p(s)}{x-s}\mathrm{d}s \quad (2)$$

式中，v为竖直方向上的位移；ν_R、E_R分别为轧辊的泊松比和弹性模量。

将式(1)代入式(2)可得

$$\frac{\partial v}{\partial x}=-\frac{2(1-\nu_R^2)}{\pi E_R}\int_{x_s}^{x_e}\frac{\sum_{i=0}^{4}a_i s^i}{x-s}\mathrm{d}s=$$
$$\frac{2(1-\nu_R^2)}{\pi E_R}\sum_{i=0}^{4}\left\{a_i\sum_{j=0}^{i-1}\left[\frac{(x_e^{i-j}-x_s^{i-j})x^j}{i-j}\right]\right\}-\tag{3}$$
$$\frac{1-\nu_R^2}{\pi E_R}\sum_{i=0}^{4}\{a_i x^i[\ln(x-x_s)^2-\ln(x_e-x)^2]\}$$

对式(3)进行积分，可以得到竖直方向上的位移为：

$$v(x)=\frac{1-\nu_R^2}{\pi E_R}\left\{2\sum_{i=0}^{4}a_i\left[\sum_{j=0}^{i-1}\frac{(x_e^{i-j}-x_s^{i-j})x^{j+1}}{(i-j)(j+1)}\right]-\right.$$
$$\sum_{i=0}^{4}a_i\left[\frac{(x^{i+1}-x_s^{i+1})\ln(x-x_s)^2+(x_e^{i+1}-x^{i+1})\ln(x_e-x)^2}{i+1}\right]+\tag{4}$$
$$\left.2\sum_{i=0}^{4}\left[\frac{a_i}{i+1}\sum_{j=0}^{i}\left(\frac{x^{i-j+1}x_s^j}{i-j+1}-\frac{x_e^{i-j}x^{j+1}}{j+1}\right)\right]\right\}+\mathrm{const}$$

2.3　特征模式

式(4)是4次多项式分布力综合作用下轧辊弹性压扁位移表达值，由式(4)可以分离出各次轧制力作用下轧辊弹性压扁位移的基本模式为

$$f_m(x)=2\sum_{j=0}^{m-1}\frac{(x_e^{m-j}-x_s^{m-j})x^{j+1}}{(m-j)(j+1)}-$$
$$\frac{(x^{m+1}-x_s^{m+1})\ln(x-x_s)^2+(x_e^{m+1}-x^{m+1})\ln(x_e-x)^2}{m+1}+\tag{5}$$
$$\frac{2}{m+1}\sum_{j=0}^{m}\left(\frac{x^{m-j+1}x_s^j}{m-j+1}-\frac{x_e^{m-j}x^{j+1}}{j+1}\right)$$

式中：m 为各次多项式的次数，取值范围为 0～4。

式(5)表示的基本模式是横向坐标 x 的解析函数，将其与普通4次多项式综合后，可以得到描述带钢横断面形状的函数形式为

$$h(x)=b_{-1}+b_0f_0(x)+b_1f_1(x)+b_2f_2(x)+b_3f_3(x)+b_4f_4(x)+ b_5x+b_6x^2+b_7x^3+b_8x^4\tag{6}$$

2.4　参数识别

设总测量点数为 n，当宽度方向坐标为 $x_i(i=0,1,\cdots,n-1)$ 时，实测厚度为 h_i，对宽度方向坐标进行归一化处理后，带材宽度中心为原点，左右边界坐标分别为−1和1，归一化后各点坐标值为 $\overline{x}_i$，分别令 $x_{0i}=f_0(\overline{x}_i)$，$x_{1i}=f_1(\overline{x}_i)$，$x_{2i}=f_2(\overline{x}_i)$，$x_{3i}=f_3(\overline{x}_i)$，$x_{4i}=f_4(\overline{x}_i)$，$x_{5i}=\overline{x}_i$，$x_{6i}=\overline{x}_i^2$，$x_{7i}=\overline{x}_i^3$，$x_{8i}=\overline{x}_i^4$；可以得到 n 组处理后数据($x_{0i},x_{1i},\cdots,x_{8i},h_i$)，$i=0,1,\cdots,n-1$。

根据最小二乘原理，为使式(7)达到最小，需满足式(8)条件。

$$q=\sum_{i=0}^{n-1}[h_i-(b_0x_{0i}+b_1x_{1i}+\cdots+b_8x_{8i}+b_{-1})]^2\tag{7}$$

$$\begin{cases}\dfrac{\partial q}{\partial b_0}=2\sum\limits_{i=0}^{n-1}\{[h_i-(b_0x_{0i}+b_1x_{1i}+\cdots+b_8x_{8i}+b_{-1})](-x_{0i})\}=0\\ \dfrac{\partial q}{\partial b_1}=2\sum\limits_{i=0}^{n-1}\{[h_i-(b_0x_{0i}+b_1x_{1i}+\cdots+b_8x_{8i}+b_{-1})](-x_{1i})\}=0\\ \vdots\\ \dfrac{\partial q}{\partial b_8}=2\sum\limits_{i=0}^{n-1}\{[h_i-(b_0x_{0i}+b_1x_{1i}+\cdots+b_8x_{8i}+b_{-1})](-x_{8i})\}=0\\ \dfrac{\partial q}{\partial b_{-1}}=2\sum\limits_{i=0}^{n-1}\{[h_i-(b_0x_{0i}+b_1x_{1i}+\cdots+b_8x_{8i}+b_{-1})](-1)\}=0\end{cases}\tag{8}$$

根据式(8)可以得到特征参数表达式为[28]

$$(b_0,b_1,\cdots,b_8,b_{-1})^{\mathrm{T}}=(\boldsymbol{C}\boldsymbol{C}^{\mathrm{T}})^{-1}\boldsymbol{C}(h_0,h_1,\cdots,h_{n-1})^{\mathrm{T}}\tag{9}$$

其中

$$\boldsymbol{C}=\begin{bmatrix}x_{00} & x_{01} & \cdots & x_{0,n-1}\\ x_{10} & x_{11} & \cdots & x_{1,n-1}\\ \vdots & \vdots & & \vdots\\ x_{80} & x_{81} & \cdots & x_{8,n-1}\\ 1 & 1 & \cdots & 1\end{bmatrix}\tag{10}$$

3　实例分析

为验证该方法的精度，采用某冷轧厂带钢入口横断面形状的实测数据进行验证。首先，分别采用普通多项式、自调整宽度分段多项式以及本文方法对4种不同规格带钢的单个横断面形状进行参数识别，4种规格带钢厚度横向分布实测数据见表1～表4，识别结果见表5～表9，分别为采用普通4次多项式，普通8次多项式，自调整宽度分段多项式和本文方法识别后得到的特征系数，对横断面形状进行拟合后的结果如图4所示。

由图4可知，对于4种不同规格带钢，普通4次多项式在带钢边部与实测值均存在很大偏差，在带钢中部也不能真实体现实测值分布规律；普通8次多项式在带钢边部与实测值偏差有所减小，但仍然不能令人满意，同时在带钢中部均出现明显的2凸1凹波动现象，完全不能体现实测值分布规律；自调整宽度分段多项式在带钢边部与实测值偏差显著减小，对某些断面形状（规格b与c）能够大体体现带钢中部实测值分布规律，对另外的断面形状（规格a与d）则不能很好地体现实测规律；本文方法在带钢边部与实测值吻合很好，在带钢中部也能够很好地体现实测值分布规律。通过对比各种方法的识别误差，对于给出的4个例子，本文方法的识别精度是最高的。

表1　规格a实测厚度分布

Table 1　Measured thickness distribution of specification a

坐标	−635	−633	−631	−628	−623	−618	−613	−608	−588	−563
实测厚度/mm	2.431	2.441	2.452	2.455	2.466	2.476	2.49	2.494	2.503	2.506
坐标	−538	−513	−438	−338	0	338	438	513	538	563
实测厚度/mm	2.508	2.511	2.514	2.528	2.52	2.528	2.521	2.512	2.514	2.51
坐标	588	608	613	618	623	628	631	633	635	
实测厚度/mm	2.509	2.508	2.506	2.493	2.485	2.469	2.461	2.446	2.435	

表 2　规格 b 实测厚度分布

Table 2　Measured thickness distribution of specification b

坐标	−612	−610	−608	−605	−600	−595	−590	−585	−565	−540
实测厚度/mm	3.363	3.383	3.402	3.402	3.41	3.409	3.416	3.411	3.404	3.404
坐标	−515	−490	−415	−315	0	315	415	490	515	540
实测厚度/mm	3.407	3.408	3.415	3.422	3.432	3.422	3.411	3.4	3.396	3.389
坐标	565	585	590	595	600	605	608	610	612	
实测厚度/mm	3.385	3.383	3.386	3.381	3.385	3.376	3.376	3.363	3.356	

表 3　规格 c 实测厚度分布

Table 3　Measured thickness distribution of specification c

坐标	−512	−510	−508	−505	−500	−495	−490	−485	−465	−440
实测厚度/mm	3.07	3.094	3.117	3.133	3.151	3.157	3.166	3.168	3.177	3.181
坐标	−415	−390	−315	−215	0	215	315	390	415	440
实测厚度/mm	3.189	3.194	3.202	3.214	3.218	3.214	3.206	3.194	3.194	3.19
坐标	465	485	490	495	500	505	508	510	512	
实测厚度/mm	3.184	3.177	3.181	3.173	3.166	3.151	3.142	3.119	3.097	

表 4　规格 d 实测厚度分布

Table 4　Measured thickness distribution of specification d

坐标	−602	−600	−598	−595	−590	−585	−580	−575	−555	−530
实测厚度/mm	3.842	3.851	3.87	3.879	3.904	3.915	3.926	3.921	3.926	3.93
坐标	−505	−480	−405	−305	0	305	405	480	505	530
实测厚度/mm	3.926	3.932	3.956	3.971	3.973	3.971	3.966	3.961	3.956	3.954
坐标	555	575	580	585	590	595	598	600	602	
实测厚度/mm	3.953	3.95	3.954	3.949	3.945	3.923	3.903	3.886	3.878	

表 5　普通 4 次多项式拟合系数

Table 5　Coefficients obtained from ordinary quartic polynomial

带钢规格	0 次项	1 次项	2 次项	3 次项	4 次项
a	2.508	−0.002	0.139	0.008	−0.188
b	3.429	0.004	−0.016	−0.017	−0.030
c	3.201	−0.008	0.116	0.018	−0.19
d	3.961	0.001	0.096	0.018	−0.162

表 6　普通 8 次多项式拟合系数

Table 6　Coefficients obtained from ordinary eight power polynomial

带钢规格	0 次项	1 次项	2 次项	3 次项	4 次项	5 次项	6 次项	7 次项	8 次项
a	2.519	0.021	0.535	−0.113	−2.839	0.194	4.659	−0.096	−2.438
b	3.431	−0.043	0.178	0.267	−1.200	−0.488	1.983	0.255	−1.018
c	3.213	−0.012	0.326	0.098	−2.161	−0.201	3.899	0.128	−2.181
d	3.970	−0.045	0.553	0.244	−3.179	−0.333	5.299	0.153	−2.777

表 7　自调整宽度分段多项式拟合系数

Table 7　Coefficients obtained from width self-adjusting piecewise polynomial

带钢规格	操作侧			中部			传动侧		
	0 次项	1 次项	2 次项	0 次项	1 次项	2 次项	0 次项	1 次项	2 次项
a	−7.900	−22.625	−12.300	2.528	0.002	−0.024	−32.428	73.363	−38.515
b	−294.595	−605.912	−307.995	3.430	−0.011	−0.037	−61.377	132.844	−68.125
c	−72.937	−158.472	−82.497	3.224	0.005	−0.057	−56.790	124.884	−65.019
d	−50.079	−112.758	−58.861	3.979	0.015	−0.047	−82.287	178.439	−92.306

表 8　自调整宽度分段多项式拟合区间

Table 8　Zones obtained from width self-adjusting piecewise polynomial

带钢规格	操作侧	中部	传动侧
a	[−1.000,−0.922]	[−0.922,0.953]	[0.953,1.000]
b	[−1.000,−0.984]	[−0.984,0.976]	[0.976,1.000]
c	[−1.000,−0.961]	[−0.961,0.961]	[0.961,1.000]
d	[−1.000,−0.959]	[−0.959,0.967]	[0.967,1.000]

表 9　本文方法拟合系数

Table 9　Coefficients obtained from present method

带钢规格	b_{-1}	b_0	b_1	b_2	b_3	b_4	b_5	b_6	b_7	b_8
a	2.520	1.821	0.346	0.519	−0.221	−1.170	−1.068	3.521	0.671	1.796
b	3.433	34.147	−0.490	−39.016	0.303	7.421	1.538	141.242	−0.964	−34.519
c	3.220	36.126	−0.155	−39.562	0.077	6.902	0.516	146.689	−0.292	−34.085
d	3.977	28.052	−0.226	−29.618	0.155	4.617	0.676	112.284	−0.410	−24.935

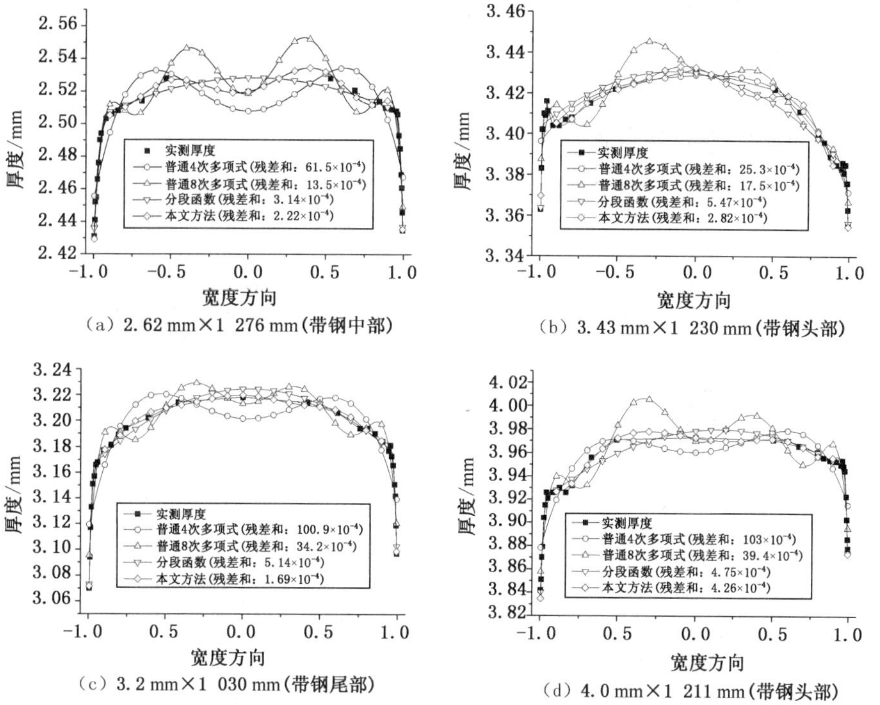

(a) 2.62 mm×1 276 mm(带钢中部)　(b) 3.43 mm×1 230 mm(带钢头部)

(c) 3.2 mm×1 030 mm(带钢尾部)　(d) 4.0 mm×1 211 mm(带钢头部)

图 4　不同规格带钢单一横断面识别情况

Fig. 4　A single cross-section identifying case of different specifications steel

在实际生产过程中，带钢横断面形状不断变化，在某个断面上，传统识别方法可能会比本文方法的精度更高。为验证这种可能性，对每卷带钢通长方向大量实际采样点的识别精度进行了计算，结果如图 5 所示。图 5 中的采样点号是按照整卷带钢从头到尾的顺序排列的，每隔 3 s 一个采样周期。由图可知，无论对于哪种断面形状，普通多项式的识别精度都是最差的，而且随着断面形状的不同，其识别稳定性很差，呈现时好时坏的状况；自调整宽度分段多项式的识别精度比普通多项式显著提高，部分横截面识别精度比本文方法略高(规格 a)或基本不相上下(规格 d)，部分横截面识别精度明显低于本文方法(规格 b 与 c)，其识别稳定性也有明显提高，但仍然存在较小程度的波动；本文方法的识别精度对于大多数横截面是最高的，其识别稳定性也很好，识别误差随断面形状的不同波动很小。综合看来，本文提出的基于弹性压扁机理的带钢横断面形状特征参数识别方法是最令人满意的。

4　结论

(1)普通多项式识别精度差的主要原因在于带钢两边部存在边部减薄现象，去除少量边部区域后，采用 4 次多项式就可以很好地描述横断面形状。

(2)普通多项式在带钢边部与中部均存在较大识别误差，自调整宽度分段多项式在带钢边部识别误差显著减小，但对某些断面形状在带材中部不能很好地体现实测规律，本文方法在带钢边部与实测值吻合很好，在带钢中部也能够很好地体现实测值分布规律。

(3)无论对于哪种断面形状，普通多项式的识别精度都是最差的，而且稳定性很差；自调整宽度分段多项式的识别精度与稳定性比普通多项式显著提高，本文方法的识别精度对于大多数横截面是最高的，其识别稳定性也很好，是最令人满意的。

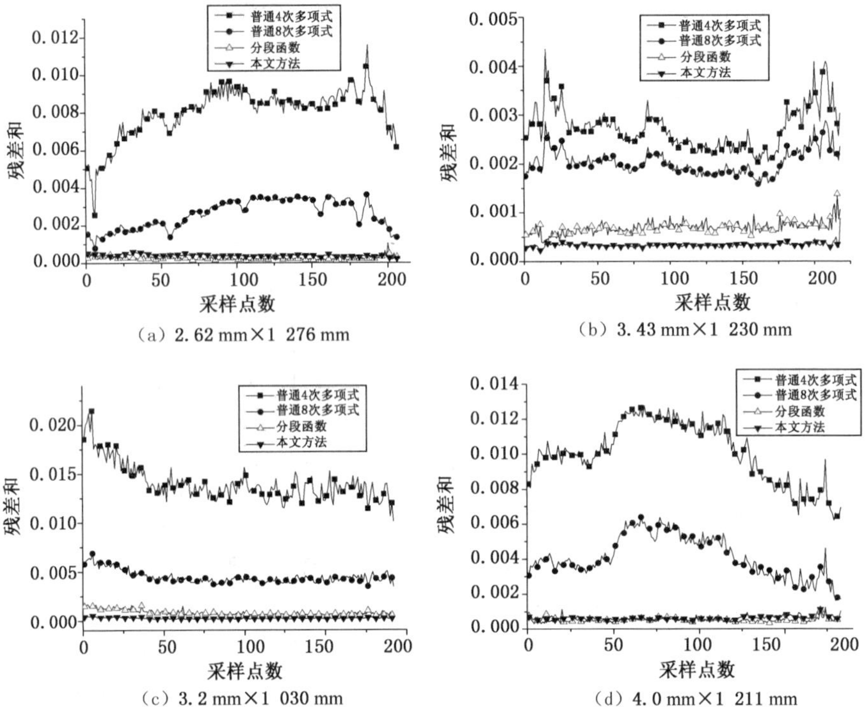

(a) 2.62 mm×1 276 mm

(b) 3.43 mm×1 230 mm

(c) 3.2 mm×1 030 mm

(d) 4.0 mm×1 211 mm

图5　残差和沿长度方向的分布

Fig. 5　Distribution of residual sum of squares in the length direction

参考文献

[1] 黄长清，赵旻. 冷轧板带板形识别及控制的研究进展[J]. 钢铁研究学报，2013，25(12)：1.(HUANG Chang-qing, ZHAO Min. Research progress of plate-profile recognition and control for cold-rolled strip[J]. Journal of Iron and Steel Research, 2013, 25(12):1.)

[2] 于丙强，杨利坡，高朋. 冷轧带钢板形测量方法对比分析[J]. 钢铁研究学报，2014，26(5):36.(YU Bing-qiang, YANG Li-po, Gao Peng. Comparison of shape measurement methods of cold rolling strip[J]. Journal of Iron and Steel Research, 2014, 26(5):36.)

[3] 周国平，谷田，李一栋，等. 唐钢冷连轧边浪缺陷分析及消除方法[J]. 钢铁研究学报，2013，25(1)：48.(ZHOU Guo-ping, GU Tian, LI Yi-dong, et al. Defect analysis and eliminating method of tandem cold rolling edge wave in Tangsteel[J]. Journal of Iron and Steel Research, 2013, 25(1):48.)

[4] 梁勋国. 六辊冷连轧机弯辊力设定模型[J]. 钢铁，2014，49(10):40.(LIANG Xun-guo. Preset model of bending force for six-high tandem cold rolling mill [J]. Iron and Steel, 2014, 49(10):40.)

[5] 孙静娜，薛涛，杜凤山，等. 基于刚度特性分析的UCM冷轧机板形板厚综合设定模型[J]. 钢铁，2014，49(8):64.(SUN Jing-na,

XUE Tao, DU Feng-shan, et al. Strip shape and gauge integrated set model of UCM cold mill based on rigidity characteristics analysis [J]. Iron and Steel, 2014, 49(8):64.)

[6] 徐利璞，尤磊，王大号，等. ABB板形仪在冷轧带钢生产中的应用[J]. 中国冶金，2014, 24(11):23.(XU Li-pu, YOU Lei, WANG Da-hao, et al. Application of ABB shape meter in cold-strip steel production [J]. China Metallurgy, 2014, 24(11):23.)

[7] 何小丽，汪峰，孙祖春. 梅钢1 420冷轧自动板形控制系统[J]. 梅山科技，2010(5): 59.(HE Xiao-li, WANG Feng, SUN Zu-chun. Automatic strip shape control system of 1 420 mm TCM at Meigang[J]. Meishan Keji, 2010(5):59.)

[8] 刘宏民，于丙强，杨利坡，等. 整辊镶块智能型冷轧带钢板形仪的研制与工业应用[J]. 钢铁，2011, 46(12):86.(LIU Hong-min, YU Bing-qiang, YANG Li-po, et al. Development of cold strip shape meter with entire roller inlayed block intelligence and its industrial application[J]. Iron and Steel, 2011, 46(12):86.)

[9] 唐成龙. 关联数据自适应模糊聚类与带钢板形前馈控制[D]. 上海：上海交通大学，2010.(TANG Cheng-long. Correlative data adaptive fuzzy clustering and shape feed forward control of rolled steel strip[D]. Shanghai: Shanghai Jiaotong University, 2010.)

[10] 李光瀛，唐荻，王先进. 汽车板深加工技术的发展[J]. 轧钢，2013, 30(1):1.(LI Guang-ying, TANG Di, WANG Xian-jin. Development in deep working technology of sheet steels for automobiles[J]. Steel Rolling, 2013, 30(1):1.)

[11] 于斌，王义栋，杨旭，等. 热连轧带钢断面形状的修正模型及其应用[J]. 钢铁，2014, 49(6):43.(YU Bin, WANG Yi-dong, YANG-Xu, et al. Application of hot-rolled strip profile correction model[J]. Iron and Steel, 2014, 49(6):43.)

[12] 左远鸿. 热轧带钢断面轮廓的控制与优化[J]. 中国冶金，2013, 23(7):37.(ZUO Yuan-hong. Hot strip profile control and optimization[J]. China Metallurgy, 2013, 23(7):37.)

[13] 刘华，顾廷权，缪明华. 带钢断面形状检测与特征参数识别方法[J]. 钢铁研究学报，2012, 24(2): 59.(LIU Hua, GU Ting-quan, MIAO Ming-hua. Transversal thickness deviation detection and characteristic parameters identification of strip[J]. Journal of Iron and Steel Research, 2012, 24(2): 59.)

[14] TANG Cheng-long, GU Ting-quan, MIAO Ming-hua. Development of integrated measurement system of transversal thickness deviation and flatness based on laser vision compensation[C]// Proceedings of the 10th International Conference on Steel Rolling. Beijing: Metallurgical Industry Press, 2010:1750.

[15] 连家创，段振勇. 轧件宽展量的研究[J]. 钢铁，1984, 19(11): 15.(LIAN Jia-chuang, DUAN Zhen-yong. Research on the lateral spread of rolled stock[J]. Iron and Steel, 1984, 19(11): 15.)

[16] 王宏旭，连家创，陈淑云. 四辊冷轧带钢中张应力横向分布的求解[J]. 钢铁研究学报，1996, 8(1): 16.(WANG Hong-xu, LIAN Jia-chuang, CHEN Shu-yun. Calculation for transverse distribution of tension stress in rolling strip on 4-high mill[J]. Journal of Iron and Steel Research, 1996, 8(1): 16.)

[17] 王宏旭. 板形计算理论和工作辊辊型优化曲线的研究[D]. 秦皇岛：东北重型机械学院，1996: 21.(WANG Hong-xu. Study on profile calculating theory and work roll shape optimal curve[D]. Qinhuangdao: Northeast Heavy Machinery Institute,

1996：21.）

[18] TANG Cheng-long，WANG Shi-gang，LIANG Qin-hua，et al. Improved pattern clustering algorithm for recognizing transversal distribution of steel strip thickness [J]. Journal of Iron and Steel，International，2009，16(5)：50.

[19] 刘宏民，单修迎，贾春玉. 板带轧制断面形状控制的矩阵模型[J]. 燕山大学学报，2011，35(1)：15.（LIU Hong-min，SHAN Xiu-ying，JIA Chun-yu. Section configuration control matrix model for strip rolling [J]. Journal of Yanshan University，2011，35(1)：15.）

[20] 白振华，石晓东，王瑞，等. 4 辊冷连轧机组虚拟凸度仪的设计及断面特性反馈控制技术的开发[J]. 钢铁研究学报，2013，25(9)：58.（BAI Zhen-hua，SHI Xiao-dong，WANG Rui，et al. Design of virtual profile gauge meter for four-high cold rolling mills and development of feedback control for section property[J]. Journal of Iron and Steel Research，2013，25(9)：58.）

[21] 金兹伯格 V B. 高精度板带钢轧制理论与实践[M]. 姜明东，王国栋，译. 北京：冶金工业出版社，2002.（GINZBURG V B. High-quality steel rolling：theory and practice[M]. JIANG Ming-dong，WANG Guo-dong. Beijing：Metallurgical Industry Press，2002.）

[22] 毛红朝，贾银芳，曹德亮，等. 一种带钢断面形状检测识别方法：中国，CN101905248A [P]. 2010-12-08.（MAO Hong-chao，JIA Yin-fang，CAO De-liang，et al. A detection and identification method of steel strip section shape：China，CN101905248A [P]. 2010-12-08.）

[23] 连家创，刘宏民. 板厚板形控制[M]. 北京：兵器工业出版社，1996：43.（LIAN jia-chuang，LIU Hong-min. Thickness and shape control for plate[M]. Beijing：Weapons Industry Press，1996：43.）

[24] 李俊洪. 板带轧机板形计算理论及其在宽带轧制中应用研究[D]. 秦皇岛：燕山大学，2003.（LI Jun-hong. Study on Strip shape computational theory of strip mill and its application in wide strip rolling [D]. Qinhuangdao：Yanshan University，2003.）

[25] 邹家祥. 轧辊磨损预报计算[J]. 钢铁，1986，21(7)：23.（ZOU Jia-xiang. Roll wear prediction by calculation[J]. Iron and Steel，1986，21(7)：23.）

[26] 王东城. 基于机制的板形在线设定模型研究[D]. 秦皇岛：燕山大学，2009.（WANG Dong-cheng. Research on theory models of online shape preset control for strip tandem mill[D]. Qinhuangdao：Yanshan University，2009.）

[27] JOHNSON K L. Contact mechanics [M]. Cambridge：Cambridge University Press，1985.

[28] 何渝. 计算机常用数值算法与程序(C＋＋版)[M]. 北京：人民邮电出版社，2003.（HE Yu. Commonly used computer numerical algorithms and procedures(C＋＋)[M]. Beijing：Post and Telecom Press，2003.）

基于循环神经网络的板形模式识别模型①

宋明明[1]，王东城[1,2]，张　帅[1]，徐扬欢[1]，刘宏民[1,2]

（1. 燕山大学国家冷轧板带装备及工艺工程技术研究中心，河北 秦皇岛 066004；
2. 燕山大学亚稳材料制备技术与科学国家重点实验室，河北 秦皇岛 066004）

摘　要：板形模式识别是板形控制关键一环。传统的板形模式识别模型存在识别精度差、抗干扰能力差等缺点。随着数据回归任务复杂程度的增加，以深度学习为基础的深度神经网络已经大量用于数据分类、图像处理、模式识别、特征提取等任务。深度学习可通过学习一种深层非线性网络结构，实现复杂函数逼近。基于这一背景提出了基于循环神经网络 RNN 的板形模式识别模型。结果表明，基于 RNN 的板形模式识别模型可以完成板形的大数据训练，模型的识别精度和泛化能力都很高，为进一步提高板形控制精度提供了新方法。

关键词：板形；模式识别；深度学习；循环神经网络

Flatness Pattern Recognition Model Based on Recurrent Neural Network

Sing Mingming[1]，Wang Dongcheng[1,2]，Zhang Shuai[1]，
Xu Yanghuan[1]，Liu Hongmin[1,2]

（1. National Engineering Research Center for Equipment and Technology of Cold Rolling Strip，Yanshan University，Qinhuangdao 066004，Hebei，China；
2. State Key Laboratory of Metastable Materials Science and Technology，Yanshan University，Qinhuangdao 066004，Hebei，China）

Abstract：The flatness pattern recognition is the key link of the flatness control. The traditional flatness pattern recognition has some shortcomings，such as the poor recognition precision and the poor anti-interference ability. With the complexity of the data regression tasks increasing，the classification algorithm based on the deep learning has been used for many tasks such as the data classification，the image processing，the pattern recognition and the feature extraction. A deep learning can achieve a complex function approximation by learning a kind of deep nonlinear network structure. Based on this background，a flatness pattern recognition model based on the recurrent neural network was proposed. The results showed that the flatness pattern recognition model based on RNN could achieve the training of large flatness data，and the recognition accuracy and the generalization ability of the model were very high. It provides a new method for the further improvement of the accuracy of the flatness control.

Key words：Flatness；Pattern recognition；Deep learning；Recurrent neural network

---

① 钢铁，2018，53(11)：56-62.

随着工业产品需求层次提高，对带钢的形状精度和尺寸精度有了更高的需求，板形控制成为轧钢企业重点也是难点课题[1-7]。模式识别是板形控制中非常重要的一环，识别结果直接影响板形控制的精度[8]。在板形模式识别理论方面，最常见的是基于最小二乘法的多项式拟合法[9]，该方法的缺点有：抗干扰能力差、逼近精度有限、无法确定逼近阶次大小等。近几年，随着人工智能的迅猛发展，出现了基于模糊理论和神经网络等板形模式识别方法[10]。起初神经网络模式识别方法是以 n 个分段实测板形应力差为输入的，这种方法对于宽带轧机，需要多个不同的网络拓扑结构，网络的拓扑结构不能确定。后来出现了基于欧氏距离的神经网络识别方法[11-13]，这种方法是以实际板形偏差与板形偏差的 8 种基本模式的欧氏距离作为输入的，为解决网络拓扑结构提出了一种新思路。基于神经网络的板形模式识别中的标准样本及各标准样本所反映的特征参数都是预先确定的，是一个有导师的分类问题[14]。神经网络做分类问题的基本思想是特征提取进行回归，以往的基于欧氏距离的板形模式识别方法只是简单地用欧式距离固定网络的输入层大小，求得的欧式距离直接输入网络通过隐含层进行非线性拟合，这忽略了求取欧氏距离特征提取的作用。循环神经网络（recurrent neural network，简称 RNN）是深度神经网络的一种，其多对一模型做分类问题已经成功地应用在手写字体识别和图像分类等分类问题中[15]。RNN 做分类问题时是将特征分步进行考虑，这种分类方式非常适合做基于欧氏距离的板形模式识别，因为分步考虑的分类方法可以分步考虑 8 个欧式距离，减少没必要的线性拟合。在工业应用方面，文献[12]将 GA-BP 应用于铝材轧制板形模式识别，文献[13]将 GA_T_S 云推理网络应用于 900 mm HC 可逆冷轧机板形模式识别。针对此背景，本文以 RNN 为核心建立了基于 RNN 的板形模式识别模型，对板形模式识别做了深入研究。

1　板形信号基本模式

轧制过程中板形仪测得的张应力、残余应力与板形之间存在定量的相互转化关系，其中张应力与残余应力之间的关系如图 1 所示。

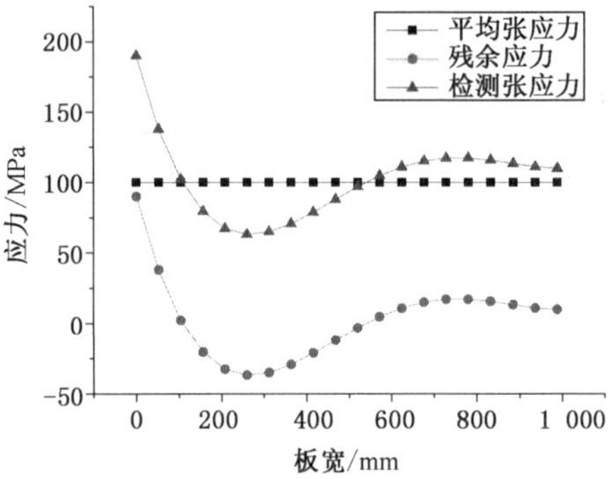

图 1　转化关系示意图

Fig. 1　Schematic diagram of transformation relations

转化关系式为

$$\sigma(i)=\sigma^*(i)-\frac{T}{B\bar{h}} \tag{1}$$

式中：$\sigma^*(i)$ 为板形仪各通道检测张应力；$\sigma(i)$ 为各通道残余应力；$T/(B\bar{h})$ 为平均张应力；T 为总张力；B 为带材宽度；$\bar{h}$ 为带材平均厚度。

残余应力与板形之间的关系为

$$\varepsilon(i)=\frac{-\sigma(i)(1-\nu^2)}{E} \tag{2}$$

式中：E 为带材弹性模量；ν 为带材泊松比；$\varepsilon(i)$ 为带材板形，工业中一般将 10^{-5} 作为一个单位，称为 1 I-Uint。

式(2)中右侧的负号是由于工业中表示残余应力分布时一般规定张应力为正值,压应力为负值,而板形大小的规定刚好相反,延伸率大的部位为正值(残余应力为负),延伸率小的部位为负值(残余应力为正)。

由式(1)与式(2)可知,张应力、残余应力与板形是同一现象的3种描述方式,在几何上是对一条曲线的线性变换,因此在进行板形模式识别时,可将3者中任意一项作为输入参数,这对识别结果不会产生影响。另外,由于轧制后部工序的要求,冷轧带材一般有一条板形目标曲线,该目标曲线一般采用4次曲线描述,在进行模式识别时可以直接对实测板形进行模式识别,然后再与目标曲线的各次项系数相减,或对两条曲线的差值直接做模式识别,其结果也是等效的。

本文选取板形作为模式识别模型的输入,并采用勒让德多项式作为板形基本模式。勒让德多项式满足横向积分为0的约束条件且具有正交性,其基本模式与板形的实际分布非常接近[16]。如图2所示,采用4次勒让德多项式可表示8种基本残余应力分布模式[17]。

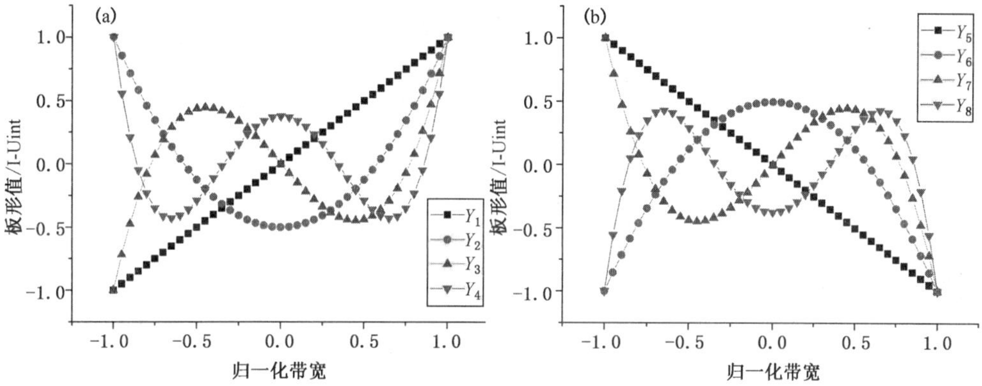

(a) 特征系数为正的板形基本模式;(b)特征系数为负的板形基本模式

图2　板形基本模式

Fig. 2　Basic flatness modes

图2中各曲线方程为[18]

$$
\begin{cases}
Y_1 = y = -Y_5 \\
Y_2 = \dfrac{1}{2}(3y^2 - 1) = -Y_6 \\
Y_3 = \dfrac{1}{2}(5y^3 - 3y) = -Y_7 \\
Y_4 = \dfrac{1}{8}(35y^4 - 30y^2 + 3) = -Y_8
\end{cases}
\tag{3}
$$

实际板形可以表示为板形基本模式的线性组合,即

$$
f(y) = \sum_{k=1}^{4}(a_k Y_k) \text{ 或 } f(y) = \sum_{k=5}^{8}(a_k Y_k) \tag{4}
$$

板形模式识别的实质就是提取出板形的基本特征系数 $a_1 \sim a_4$ 或 $a_5 \sim a_8$,由于这8个参数均可为正或负,故采用式(4)中的任意一种组合方式均可表示出常见的各种板形缺陷。

2　板形模式识别模型

2.1　RNN网络

目前深度学习网络处于机器学习算法的前沿,其核心思想是:逐级抽象、提取特征、进行回归[19]。自从Hinton G E等人在2006年提出深度学习网络[20]以来,相继涌现出了一系列深度学习的算法[21]。其中比较有代表性的有卷积神经网络 CNN(convolutional neural network)[22]、循环神经网络 RNN(recurrent neural network)[23]等。如图 3 所示,RNN 隐藏层的输入不仅包括输入层的输出,还包括上一时刻隐藏层的输出,其实质是一个多隐藏层的神经网络。

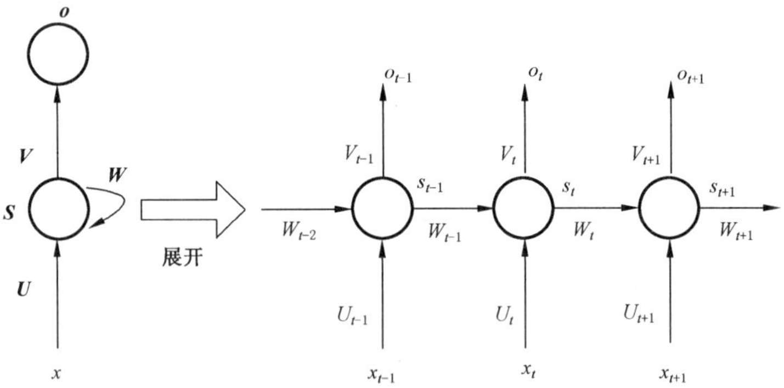

图 3 RNN 模型

Fig. 3 RNN model

图 3 中,x_t 为 t 时刻网络的输入;s_t 为 t 时刻隐藏层的输出;o_t 为 t 时刻网络的输出;输入层到隐藏层之间的权重用 $\boldsymbol{U}$ 表示,它将原始输入进行抽象后作为隐藏层的输入;隐藏层之间的权重用 $\boldsymbol{W}$ 表示,它是网络的记忆控制者,负责调度记忆;隐藏层到输出层的权重用 $\boldsymbol{V}$ 表示,从隐藏层学习到的特征将通过 $\boldsymbol{V}$ 再一次抽象,并作为最终输出。RNN 分为前向和反向两个阶段。前向阶段网络会逐层计算网络的隐层和输出层的输出值,运算过程为

$$s_t = f(x_t\boldsymbol{U} + s_{t-1}\boldsymbol{W}) \tag{5}$$

$$o_t = g(s_t\boldsymbol{V}) \tag{6}$$

式中:f、g 可以是 tanh、sigmoid 等激活函数。

反向阶段可通过时间进化反传算法(BPTT)方法[24-27]求解各个权重的梯度$\triangledown\boldsymbol{U}$,$\triangledown\boldsymbol{V}$,$\triangledown\boldsymbol{W}$,然后利用梯度下降法更新各个权重。

2.2 网络输入输出

由于带材宽度不尽相同,通道数也会发生变化,如果直接将各通道板形偏差作为 RNN 的输入,会造成网络拓扑结构的多变,给实际应用造成不便。为解决这一问题,采用文献[11]提出的方法将原始输入变换为距离 8 个板形基本模式的欧式距离。板形偏差样本归一化为 $Y=[\sigma(1),\sigma(2),\cdots,\sigma(n)]$,第 k 个基本模式 $Y_k=[\sigma_k(1),\sigma_k(2),\cdots\sigma_k(n)](k=1,2,\cdots,8)$,$n$ 为通道数,则待识别样本 Y 与基本模式 Y_k 的欧氏距离 D_k 为

$$D_k = PY - Y_kP = \sqrt{\sum_{i=1}^{n}[\sigma(i) - \sigma(i)_k]^2}, k=1,2,\cdots,8 \tag{7}$$

从式(7)可看出,D_k 都是大于 0 的数,而 tanh、sigmoid 等激活函数的输入既可为正也可为负,为充分利用激活函数全部输入空间,网络的最终输入值取 $d_1=D_1$,$d_2=D_2$,$d_3=D_3$,$d_4=D_4$,$d_5=-D_5$,$d_6=-D_6$,$d_7=-D_7$,$d_8=-D_8$。板形缺陷的 8 种基本模式中包括 4 对两两相反的模式,识别出的板形基本模式中

相反的 2 种模式不能同时存在，因此，RNN 神经网络的输出层只需输出 4 个特征系数。

2.3　网络结构

确定了网络模型的输入和输出后，选择 RNN 的多对一模型可建立如图 4 所示的网络结构。图中，$U_1, U_2, \cdots, U_8$ 为输入层到隐层的链接权值；$s_1, s_2, \cdots, s_7$ 为各隐层的输出 $W_1, W_2 \cdots, W_7$ 为隐层间的相互连接权值；V_8 为最后一隐层到输出层的链接权值；o_8 为网络识别出的 4 个板形特征系数向量；m 为隐层神经元数，其确定方法下节给出。

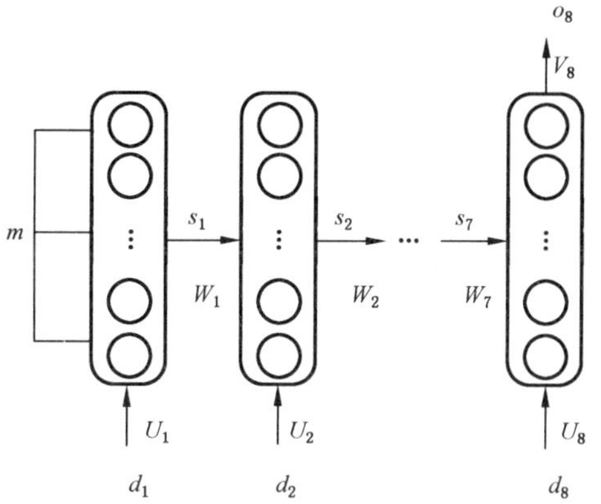

图 4　网络结构

Fig. 4　Net structure

3　模型训练对比

3.1　网络参数选择

为充分利用激活函数的非线性，首先对网络的输入信号进行归一化处理。为确定隐层神经元数量，分析了不同隐层神经元数量与均方差下降的关系，结果如图 5 所示。由图可知，随着隐层神经元数量增加，相同训练代数的训练误差逐渐减小，但当神经元数量增大到一定程度后，均方差震荡变大。综合考虑精度与稳定性，最终选择隐层神经元数为 40。

由于训练数据集较大，因此采用小批量梯度下降法进行训练。批容量与均方差下降关系如图 6 所示。由图可知，随着批容量的减小，均方差震荡会逐渐变得很大，网络很难收敛；随着批容量的增加，均方差震荡逐渐消失，但容易造成数据间梯度相互抵消，使网络收敛于局部最优解。综合考虑稳定性与精度，最终网络的批容量选取为 100。

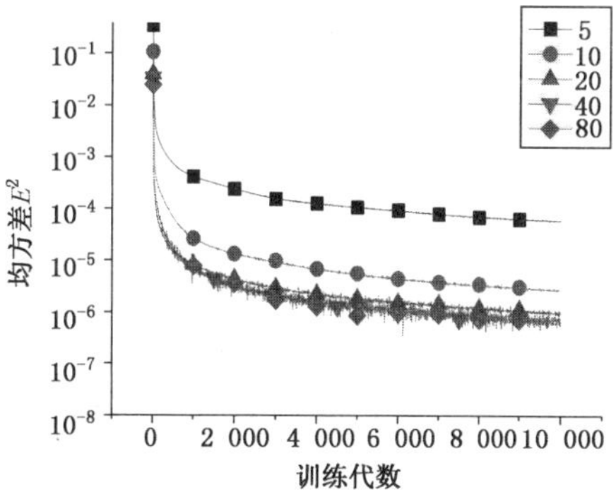

图 5　不同的隐层神经元数训练过程

Fig. 5　Training process of different hidden layer neuron number

3.2　梯度反向算法的选择及改进

循环神经网络在反向求解权重的梯度时，常用的算法有：SGD、Momentum、

FTRL、RMSProp、Adagrad、Adam 等。每种算法都有自己的优点，由于训练样本集中，每个样本对应的目标输出都不同，而且训练数据集特别大，所以本文选择了适用于求解带有大规模数据的 Adam 算法，其算法为

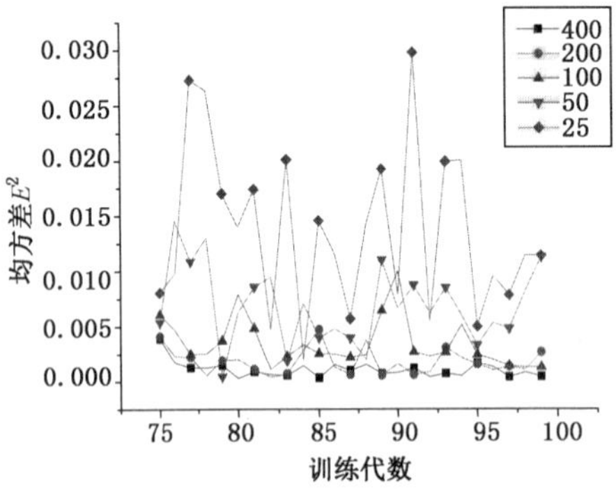

图 6 不同批容量训练过程

Fig. 6 Training process of different batch

$$g_t=\nabla_\theta f_t(\theta_{t-1}) \tag{8}$$

$$m_t=\beta_1 m_{t-1}+(1-\beta_1)g_t \tag{9}$$

$$n_t=\beta_2 n_{t-1}+(1-\beta_2)(g_t)^2 \tag{10}$$

$$\hat{m}_t=\frac{m_t}{1-\beta_1^t} \tag{11}$$

$$\hat{n}_t=\frac{n_t}{1-\beta_2^t} \tag{12}$$

$$\nu_t=\frac{\hat{m}_t}{\sqrt{\hat{n}_t}+\varepsilon} \tag{13}$$

$$\Delta\theta_t=\theta_t-\theta_{t-1}=-\nu_t\eta \tag{14}$$

式中：g_t 为当前的梯度；θ 为权值矩阵；f_t 为 t 时刻 θ 的随机分布函数；$\nabla_\theta f_t(\theta_{t-1})$ 为 t 时刻 f_t 对 θ 的偏导数；η 为学习率；ε 为一个非常小的值，防止分母为 0；m_t、n_t 分别是梯度的一阶矩估计和二阶矩估计；β_1、β_2 分别为一阶矩估计 m_t 和二阶矩估计 n_t 的衰减量；$\hat{m}_t$ 和 $\hat{n}_t$ 分别是对 m_t 和 n_t 的校正，可以看作对期望 $E[g]_t$ 和 $E[g^2]_t$ 的无偏估计。

从上述公式可以看出，该算法对内存没有额外的要求，而且可以根据梯度进行动态调整。ν_t 对 $\Delta\theta_t$ 形成一个动态约束，即 $\Delta\theta_t$ 的置信区间[28]。$\Delta\theta_t$ 的置信区间有两种情况。

在 $(1-\beta_1)>\sqrt{1-\beta_2}$ 时，有

$$|\Delta\theta_t|\leqslant\eta(1-\beta_1)/\sqrt{1-\beta_2} \tag{15}$$

在 $(1-\beta_1)=\sqrt{1-\beta_2}$ 时，有

$$|\Delta\theta_t|\leqslant\eta \tag{16}$$

可以将 v_t 称为信噪比（signal-to-noise ratio/SNR）。如果 SNR 值较小，那么有效步长 $\Delta\theta_t$ 将接近于 0，目标函数也将收敛到极值，这是非常令人满意的属性。在 python3.5 编程环境下以 $d_1,d_2,\cdots,d_8$ 为输入，以均方差 E^2 最小为训练目标，学习率 η、β_1 和 β_2 分别为 0.001、0.9、0.999（tensorflow 框架的推荐参数），batch 选为 400，隐层神经元选为 40，10 000 个训练样本误差的变化过程如图 7 中的曲线 A 所示。

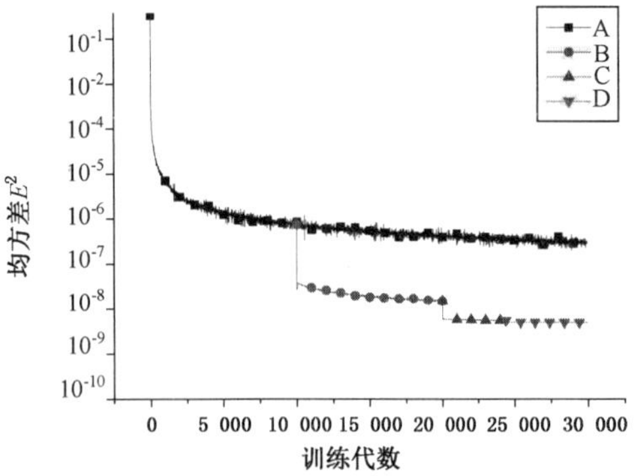

图 7 变化学习率训练过程

Fig. 7 Training process with varied learning rate

从图 7 曲线 A 可以看出，随着训练代数的增加，E^2 的值会减小但曲线的振动会变大。由于 β_1 为 0.9，β_2 为 0.999，都为定值，所以 $\Delta\theta_t$ 的置信区间是确定的，即 $|\Delta\theta_t|\leqslant\eta(1-\beta_1)/\sqrt{1-\beta_2}$。由式(15)可知，如果学习率 η 在整个训练过程不变化，$\Delta\theta_t$ 的

置信区间在整个训练过程也不会变化，这样势必会造成当网络误差很小后，θ 的变化仍然很大，网络不容易收敛到全局最优解。针对这一问题，本文对 Adam 算法的学习率进行了调整，即在网络训练一段时间后对学习率进行了缩放，$\Delta\theta_t$ 的置信区间得到缩放，这样就使网络在小的误差下有小的置信区间，网络容易收敛于全局最优解。图 7 中 B 段曲线学习率改为 A 曲线学习率的 1/10，C 段曲线的学习率改为 B 的 1/10，D 段曲线学习率改为 C 段的 1/10。从图 7 可以看出，学习率减小后，训练的误差会立即减小，而且跳变幅度会随着训练误差的减小而减小。

3.3　训练和验证

通过上述参数与策略的选择，当网络训练到 30 000 次以后精度已经很高，虽然误差仍可继续减小，但为了防止网络过拟合，当训练 31 000 代后停止训练，此时网络的均方差为 $4.9e^{-9}$。为测试网络的识别效果，分别取 10 000 条训练样本和 10 000 条测试样本作为网络的输入，网络识别的均方差分别如图 8 和图 9 所示。任取 4 个测试样本进行模式识别，结果如图 10 所示。由图 8 可知，对于训练过的样本，网络识别精度很高。由图 9 与图 10 可知，对于未经训练的样本，网络的识别精度同样很高，这证明网络具有很好的泛化能力。

3.4　对比及应用

为表明本文方法的优越性，本文的识别精度与传统的基于欧氏距离的板形模式识别方法做了对比。本文识别精度比文献[29]提出的基于改进遗传算法优化 Elman 网络的板形模式识别法识别精度提高了 4 个数量级，比文献[11]提出的变结构 BP 网络的板形模式识别法识别精度提高了 3 个数量级，比文献[30]提出的基于 DBN 的板形模式识别法识别精度提高了 4 个数量级。

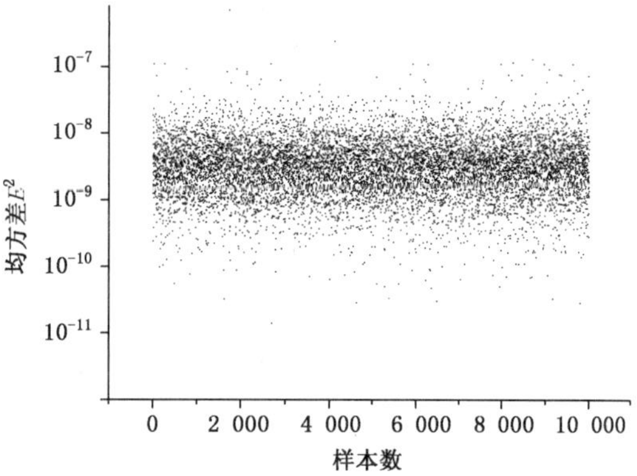

图 8　训练样本识别精度

Fig. 8　Recognition precision of training samples

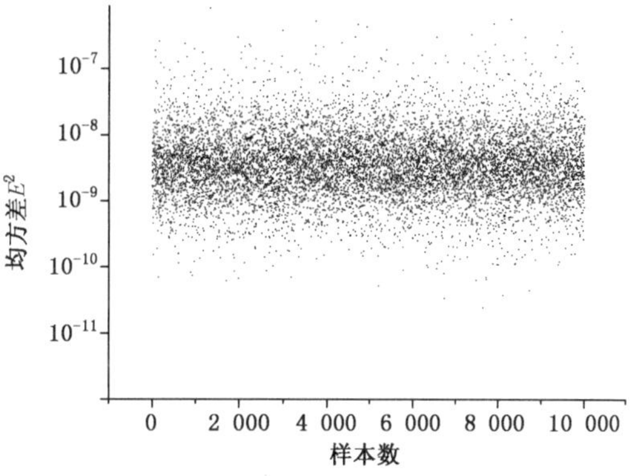

图 9　测试样本识别精度

Fig. 9　Recognition precision of testing samples

本文模型作为板形测控系统的一部分已经在线应用于邯钢附企 1 550 mm 冷轧机板形测控系统中，该板形测控系统结构与控制效果将在专文进行详细介绍，本文不再赘述。应用表明，基于 RNN 的板形模式识别模型可以准确地识别板形缺陷，这显示了 RNN 进行板形模式识别的有效性，为进一步提高板形控制精度提供了新方法。

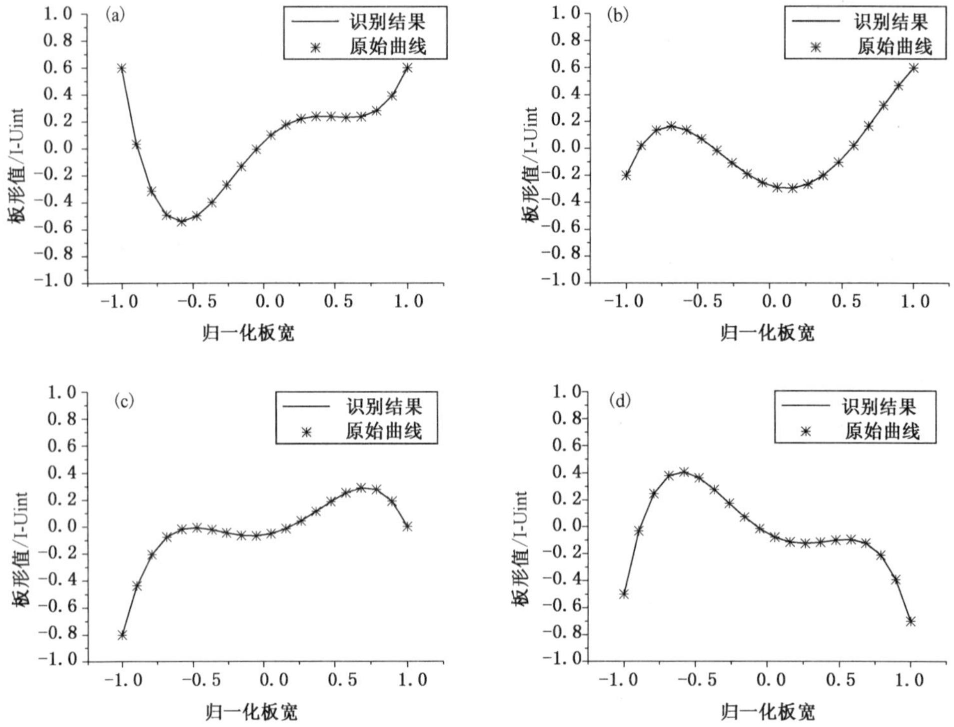

(a) 曲线 1;(b) 曲线 2;(c) 曲线 3;(d) 曲线 4

图 10　识别结果对比

Fig. 10　Recognition results

4　结论

(1) 在使用 Adam 算法时,可以在训练持续一段时间后通过缩放学习率的方式缩放梯度的置信区间,加快网络的收敛速度。

(2) 基于循环神经网络的板形模式识别模型,通过深层的网络结构分批学习大量样本完成了板形的大数据训练,模型的识别精度较以往的基于欧氏距离的板形模式识别方法在数量级上由 e^{-6} 提高到了 e^{-9},而且网络的泛化能力非常好,为板形精确识别提供了新方法。

参考文献

[1] 张雪伟, 王焱. 智能识别方法在板形识别中的应用及发展趋势[J]. 钢铁研究学报, 2010, 22(1): 1.(ZHANG Xue-wei, WANG Yan. Application and development trend of intelligent recognition methods for flatness recognition[J]. Journal of Iron and Steel Research, 2010, 22(1): 1.)

[2] 王雪松, 李群, 王志勇, 等. 首秦公司管线钢板形控制的研究与实践[J]. 中国冶金, 2018, 28(5): 51.(WANG Xue-song, LI Qun, WANG Zhi-yong, et al. Research and application of shape control of pipeline steel in Shouqin Company [J]. China Metallurgy, 2018, 28(5): 51.)

[3] 张维召. 邯钢 2 180 mm 酸轧机组板形控制研究[J]. 轧钢, 2018, 35(1): 82.(ZHANG Wei-zhao. Study on strip shape control technology of 2 180 mm pickling and tandem cold mill of Hansteel [J]. Steel Rolling, 2018, 35(1): 82.)

[4] 李维刚, 邓肯, 刘翱, 等. 基于案例学习的

PC轧机板形智能设定方法[J]. 钢铁研究学报，2017，29（8）：654.（LI Wei-gang，DENG Ken，LIU Ao，et al. Intelligent setting method of strip profile in PC mill based on case study[J]. Journal of Iron and Steel Research，2017，29(8)：654.）

[5] 孙珏璐，林潇，张立元. 基于轧辊凸度优化的冷轧平整机边浪控制技术[J]. 中国冶金，2017，7（2）：45.（SUN Jue-lu，LIN Xiao，ZHANG Li-yuan. Control technology of edge wave based on optimization of roll profile convexity for cold rolling akin pass mill[J]. China Metallurgy，2017，27(2)：45.）

[6] 胡建军，文杰，于孟，等. DR9镀锡板板形控制技术研究与应用[J]. 中国冶金，2018，28(6)：37.（HU Jian-jun，WEN Jie，YU Meng，et al. Research and application of flatness control on DR9 tinplate[J]. China Metallurgy，2018，28(6)：37.）

[7] 靳振伟，滕洪宝，张长利，等. 高强钢SFB700热轧板形缺陷的成因及控制措施[J]. 中国冶金，2018，28(7)：50.（JIN Zhen-wei，TENG Hong-bao，ZHANG Chang-li，et al. Cause and control measure of shape defects of high strength steel SFB700 hot rolling strip[J]. China Metallurgy，2018，28(7)：50.）

[8] 王益群，尹国芳，孙旭光. 板形信号模式识别方法的研究[J]. 机械工程学报，2003，39（8）：91.（WANG Yi-qun，YIN Guo-fang，SUN xu-Guang. Research on pattern recognition method of flatness signal[J]. Chinese Journal of Machine Engineering，2003，39（8）：91.）

[9] 张秀玲，刘宏民. 板形模式识别的GA-BP模型和改进的最小二乘法[J]. 钢铁研究学报，2003，38(10)：29.（ZHANG Xiu ling，LIU Hong-min，GA-BP model of flatness pattern recongnition and improved least-squares method[J]. Journal of Iron and Steel Research，2003，38(10)：29.）

[10] JIA Chun-yu，SHAN Xiu-ying，LIU Hong-min，et al. Fuzzy neural model for flatness pattern recongnition[J]. Journal of Iron and Steel Research，International，2008，15（6）：33.

[11] 张秀玲，刘宏民. 变结构神经网络在板形信号模式识别方面的应用[J]. 钢铁研究学报，2001，13(2)：62.（ZHANG Xiu-ling，LIU Hong-min. Pattern recognition of shape signal by variable structure neural network[J]. Journal of Iron and Steel Research，2001，13(2)：62.）

[12] 张材，谭建平. 基于遗传算法-反向传播模型的板形模式识别[J]. 中南大学学报：自然科学版，2006，37(2)：294.（ZHANG Cai，TAN Jian-ping，Strip flatness pattern recognition based on genetic algorithm-back propagation model[J]. Journal of Central South University：Science and Technology，2006，37(2)：294.）

[13] 李海滨，高武杨，来永进，等. GA-T-S云推理网络板形模式识别的DSP实现[J]. 中国机械工程，2015，27(17)：2341.（LI Hai-bin，GAO Wu-yang，LAI Yong-jin，et al. Flatness pattern recognition via GA-T-S cloud inference network implemented by DSP[J]. China Mechanical Engineering，2015，27(17)：2431.）

[14] 张秀玲，刘宏民. 基于人工神经网络的板形模式识别方法[J]. 自动化仪器仪表，2001（1）：20.（ZHANG Xiu-ling，LIU Hong-min. Flatness recognition method based on artificial neural network [J]. Automation and Instrumentation，2001（1）：20.）

[15] Chandra B，Rajesh Kumar Sharma. On improving recurrent neural network for image classification[C]//International Joint Conference on Neural Networks. Anchorage，USA：International Network Society and the IEEE Computaltional Intellgence Society，2017：2161.

[16] 单修迎，刘宏民，贾春玉. 含有三次板形的

新型板形模式识别方法[J]. 钢铁研究学报，2010，45(8)：56.(SHAN Xiu-ying, LIU Hong-ming, JIA Chun-yu. A recognition method of new flatness pattern containing the cubic flatness[J]. Journal of Iron and Steel Research, 2010, 45(8): 56.)

[17] ZHANG Xiu-ling, ZHANG Shao-yu, TAN Guang-zhong, et al. A novel method for flatness pattern recognition via least squares support vector regression[J]. Journal of Iorn and Steel Research, International, 2012, 19(3): 25.

[18] 任海鹏，刘丁. 一种基于遗传算法的板形模式识别方法[J]. 重型机械，2002(3)：9.(REN Hai-peng, LIU Ding, A cenetic algorithm approach to shape pattern recognition[J]. Heavy Machine, 2002(3): 9.)

[19] Hinton G E, Osindero S. A fast learning algorithm for deep belief nets[J]. Neural Computation, 2006, 18(7): 1527.

[20] Hinton G E, Salakhutdinov R R. Reducing the dimensionality of data with neural networks[J]. Science, 2006, 313(5786): 504.

[21] Krizhevsky A, Sutskever I, Hinton G E. Imagenet classification with deep convolutional neural networks[C]//Advances in Neural Information Processing Systems. Lake Tahoe, USA: NIPS Foundation, 2012: 1097.

[22] Alpayd E. 机器人学习导论[M]. 范明，等译. 北京：机械工业出版社，2009.(Alpayd E. Introduction to robot learning [M]. Translation of Fan Ming and others. Beijing: Machinery Industry Press, 2009.

[23] Hinton G E, Training products of experts by minimizing contrastive divergence[J]. Neural Computation, 2002, 14(8): 1771.

[24] Rumelhart D E, Hinton G E, Williams R J. Learning representions by back-propagating errors[J]. Nature, 1986, 323(6088): 533.

[25] Hochreiter S, Schmidhuber J. Long short-term memory[J]. Neural Computation, 1997, 9(8): 1735.

[26] Ger F A, Schimidhuber J. Recurrent nets that time and count[C]//Proceedings of the IEEE-INNS-ENNS International Joint Conference on Neural Networks. Como, Italy: IEEE Neural Network Council, 2000: 189.

[27] Ger F A, Schmidhuber J, Cummins F. Learning to forget: continual prediction with LSTM [J]. Neural Computation, 2000, 12(10): 2451.

[28] Diederik P Kingma , Jimmy Lei Ba. ADAM: A method for stochastic optimization [C]//International Conference on Learning Representations. San Diego, Spain: ICLR Foundation, 2015: 1.

[29] 毕志敏，王焱. 基于改进遗传算法优化 Elman 网络的板形识别方法[J]. 钢铁研究学报，2017，29(4)：305.(BI Zhi-min, WANG Yan. Method of flatness pattern recognition based on improved genetic algorithm optimization elman neural network [J]. Journal of Iron and Steel Research, 2017, 29(4): 305.)

[30] 张秀玲，来永进，高武杨，等. 基于 DBN 神经网络的板形识别研究[C]//第 35 届中国控制会议. 成都：中国自化学会，2016：3537.(ZHANG Xiu-ling, LAI Yong-jin, GAO Wu-yang, et al. Method of flatness pattern recognition based on improved genetic algorithm optimization elman neural network[C]//Proceedings of the 35th Chinese Control Conference. Chengdu: China Automation Society, 2016: 3537.)

Transfer Matrix Method of Flatness Control for Strip Mills①

Liu Hongmin, Zhang Xiuling, Wang Yingrui
(School of Mechanical Engineering, Yanshan University, Qinhuangdao 066004
Hebei, China)

Abstract: The key to realizing fast and accurate flatness control is to establish a mathematical model between the flatness error character parameters and the flatness adjustment parameters. In this paper, the concepts and the mathematical models of transfer function and transfer matrix are proposed for the flatness control of strip mills. For a 900 mm HC 6-high mill, the transfer matrix is set up by GA-BP network model, and successfully applied into the flatness setting control. This paper provides a theoretical framework for flatness control.
Key words: Strip rolling; Flatness control; Transfer matrix; GA-BP model

1 Introduction

Flatness control is the key to the most advanced technology of modern high precision plate and strip mills. The theory and the mathematical model of flatness control are the bases of this technology. For nearly 20 years, people have been doing a lot of research work on the forming mechanism, the pattern identification method, the control strategy and the control system of the flatness defect, and obtained good application results. But little attention has been paid towards the research on the explicit mathematical model for flatness control (the mathematical relationship between the flatness defect character parameters and the flatness adjustment parameters). In Refs. [1-11], the theoretical models and the simulation softwares of flatness analysis, prediction and control have been set up from the physical mechanism of the rolling process. However, the relevant models are so many and so complex that the amount of computing simulation is very large, and the simulating time is very long. Because there is not any explicit model of flatness control, it needs a good deal of iterative calculation to search for the adjustment parameter values which ensure flatness. Evidently, it cannot adapt to the requirement of fast on-line control. In Ref. [12], the explicit model of the transfer function between the adjustment value of the work roll bending force and the flatness error has been set up, and fast calculation of the work roll bending force can be realized. But because many factors are ignored and

① Journal of Materials Processing Technology, 2005, 166: 237-242.

the model is rougher, the accuracy of the calculation is lower.

Therefore, the establishment of a fast and exactly explicit model of flatness control has become the key to the development of flatness control theory and technology. Speediness is not only the requirement of on-line control calculation, but also of great importance for off-line presetting control calculation. This paper puts forward the transfer matrix method of fast flatness control calculation, and sets up the transfer matrix for a 900 mm HC 6-high mill based on GA-BP network prediction model. A good flatness control result is obtained.

2 Transfer matrix method of flatness control

2.1 Mathematical expression of flatness

The flatness can be expressed by the transverse distribution of residue stress, so the objective flatness $\sigma_T(y)$, the actual flatness $\sigma_R(y)$ and the flatness error can be expressed as

$$\sigma_T(y)=a_1^T p_1(y)+a_2^T p_2(y)+a_4^T p_4(y) \quad (1)$$

$$\sigma_R(y)=a_1^R p_1(y)+a_2^R p_2(y)+a_4^T p_4(y) \quad (2)$$

$$\sigma(y)=\sigma_R(y)-\sigma_T(y)=a_1 p_1(y)+a_2 p_2(y)+a_4 p_4(y) \quad (3)$$

where, a_1^T, a_1^R, a_1 are the linear character coefficients of flatness, a_2^T, a_2^R, a_2 the quadratic character coefficients of flatness, a_4^T, a_4^R, a_4 the quartic character coefficients of flatness, y the normalized transverse coordinate. From one side to another of strip width y changes from -1 to $+1$, $p_1(y)$, $p_2(y)$, $p_4(y)$ is the linear, quadratic, quartic Legendre orthogonal polynomials. They are also called the basic pattern polynomials of flatness (the normalized distribution patterns of residue stress):

$$p_1(y)=y \quad (4)$$

$$p_2(y)=\frac{3}{2}y^2-\frac{1}{2} \quad (5)$$

$$p_4(y)=\frac{1}{8}(35y^4-30y^2+3) \quad (6)$$

In Eq. (3), the physical meanings of a_1, a_2, a_4 are, respectively, the residue stresses of strip right side ($y=1$) on the conditions of the linear flatness pattern (left or right waves), the quadratic flatness pattern (center waves or both edge waves) and the quartic flatness pattern (quarter waves or edge and center waves), also the maximal values of the residue stress distribution. The meanings of the coefficients in Eqs. (1) and (2) are the same as those of the coefficients mentioned above. The aim of flatness control is that the coefficients a_1, a_2, a_4 tend to zero. The coefficients a_1, a_2, a_4 can be obtained by identifying the flatness patterns.

2.2 Transfer function and transfer matrix

For a HC 6-high mill, roll inclining, work roll bending and intermediate roll shifting are the usual flatness adjustment methods. In order to analyse and evaluate the influence and the control ability of every adjustment method on flatness, the transfer function is introduced into the control theory of flatness. The transfer function of flatness control is defined as the flatness change caused by the unit change of an adjustment parameter, and can be expressed as

$$f_1(y)=\frac{\Delta\sigma(y)}{\Delta x_1}=c_{11}p_1(y)+c_{21}p_2(y)+c_{41}p_4(y) \tag{7}$$

$$f_2(y)=\frac{\Delta\sigma(y)}{\Delta x_2}=c_{12}p_1(y)+c_{22}p_2(y)+c_{42}p_4(y) \tag{8}$$

$$f_3(y)=\frac{\Delta\sigma(y)}{\Delta x_3}=c_{13}p_1(y)+c_{23}p_2(y)+c_{43}p_4(y) \tag{9}$$

where $\Delta x_1, \Delta x_2, \Delta x_3$ are the changes of roll inclining displacement, work roll bending force and intermediate roll shifting position, $f_1(y)$, $f_2(y)$, $f_3(y)$ the transfer functions of roll inclining, work roll bending and intermediate roll shifting, respectively.

$c_{ij}(i=1, 2, 4; j=1, 2, 3)$ are the transfer coefficients which mean the character coefficient change of the ith order flatness pattern caused by the unit change of the jth flatness adjustment parameter. Because the deformations of rolls and strip are complex and the rolling process is usually unsymmetrical about the strip width center, the change of any adjustment parameter causes not only the change of one flatness pattern but also changes in various flatness patterns. Eqs. (7)-(9) express this standpoint.

The total flatness change caused by Δx_1, Δx_2 and Δx_3 can be expressed as

$$\Delta\sigma(y)=f_1(y)\Delta x_1+f_2(y)\Delta x_2+f_3(y)\Delta x_3 \tag{10}$$

Eqs. (7)—(9) are substituted into Eq. (10), and there is

$$\Delta\sigma(y)=\Delta a_1 p_1(y)+\Delta a_2 p_2(y)+\Delta a_4 p_4(y) \tag{11}$$

Where

$$\begin{bmatrix}\Delta a_1\\ \Delta a_2\\ \Delta a_4\end{bmatrix}=\begin{bmatrix}c_{11} & c_{12} & c_{13}\\ c_{21} & c_{22} & c_{23}\\ c_{41} & c_{42} & c_{43}\end{bmatrix}\begin{bmatrix}\Delta x_1\\ \Delta x_2\\ \Delta x_3\end{bmatrix} \tag{12}$$

Eq. (12) can be simplified as

$$\Delta \boldsymbol{A}=\boldsymbol{C}\Delta \boldsymbol{X} \tag{13}$$

Where

$$\Delta \boldsymbol{A}=\begin{bmatrix}\Delta a_1\\ \Delta a_2\\ \Delta a_4\end{bmatrix},\quad \boldsymbol{C}=\begin{bmatrix}c_{11} & c_{12} & c_{13}\\ c_{21} & c_{22} & c_{23}\\ c_{41} & c_{42} & c_{43}\end{bmatrix},\quad \Delta \boldsymbol{X}=\begin{bmatrix}\Delta x_1\\ \Delta x_2\\ \Delta x_3\end{bmatrix}$$

$\boldsymbol{C}$ is named as the transfer coefficient matrix or the transfer matrix, $\Delta \boldsymbol{X}$ the change vector of flatness adjustment parameter, $\Delta \boldsymbol{A}$ the change vector of the flatness character parameter. Eq. (13) can be named as the transfer equation of flatness adjustment.

2.3 Control equation

Flatness can be expressed by flatness character parameters. The current flatness state is expressed by $\boldsymbol{A}=[a_1\ a_2\ a_4]^{\mathrm{T}}$. If there is an increment $\Delta \boldsymbol{A}$ which makes the flatness better, namely $\boldsymbol{A}+\Delta \boldsymbol{A}=0$, then

$$\Delta \boldsymbol{A}=-\boldsymbol{A} \tag{14}$$

According to Eq. (13), the change vector $\Delta \boldsymbol{X}$ of the adjustment parameters can be obtained

$$\Delta \boldsymbol{X}=\boldsymbol{C}^{-1}\Delta \boldsymbol{A}=-\boldsymbol{C}^{-1}\boldsymbol{A} \tag{15}$$

Eq. (15) is named as the flatness control equation, $\boldsymbol{C}^{-1}$ the flatness control matrix.

2.4 Determination of the transfer matrix

The establishment of the transfer matrix $\boldsymbol{C}$ is the key to realize the fast calculation of flatness control, so the flatness prediction model of the mill should be established. There are two kinds of prediction models, the mechanism model and the artificial neural network model. Because the amount of calculation needed for the mechanism model is large, this paper puts forward the GA-BP network prediction model by combining the genetic algorithm (GA) with the BP neural network. The genetic algorithm is used to globally optimize the structure and the power and threshold values of the network, and the BP algorithm is used to optimize locally. This overcomes the disadvantages of the stochastic structure selection and the fall to the local minimum point of the BP model. The training data are the experimental data of the production plant and the simulated data of the mechanism model. After being trained, the network can conclude, summarize, and memory the flatness states in many rolling conditions, and be used to predict flatness.

The flatness prediction network model of a 900 mm HC 6-high mill is shown in Fig. 1. As many factors as possible, which influence flatness, are taken into account. There are 23 input parameters. The 20 basic rolling parameters among them are, respectively, the initial width B of strip, the entry average thickness $\overline{h}_0$ of strip, the exit average thickness $\overline{h}_1$ of strip, the entry quarter crown Δh_q of strip, the entry crown Δh_b of strip, the friction coefficient μ, the yield strength σ_s of strip, the elastic modulus $\boldsymbol{E}$ of strip, the entry thickness slope λ of strip, the total front tension T_1, the total back tension T_0, the Poisson coefficient ν of strip, the work roll diameter D_w, the intermediate roll diameter D_m, the backup roll diameter D_b, the work roll crown ΔD_w, the intermediate roll crown ΔD_m, the backup roll crown ΔD_b, the rolling temperature T (℃) and the axial temperature difference ΔT of the work roll. The other three parameters are the adjustment parameters of flatness, namely the roll inclining displacement x_1, the work roll bending force x_2 and the intermediate roll shifting position x_3. The output parameters are the flatness character parameters a_1, a_2, a_4. After being optimized by the genetic algorithm, the optimal number of hiding nodes is 12.

From the flatness prediction model, we give every adjustment parameter an increment (or an unit increment) Δx_j ($j=1, 2, 3$), and get the flatness character parameter increments Δa_{ij} ($i=1, 2, 4$; $j=1, 2, 3$). The computing equation of the transfer matrix coefficients is

$$c_{ij}=\frac{\Delta a_{ij}}{\Delta x_j}(i=1,\ 2,\ 4;\ j=1,\ 2,\ 3) \tag{16}$$

where Δa_{ij} is the change of a_i caused by Δx_j.

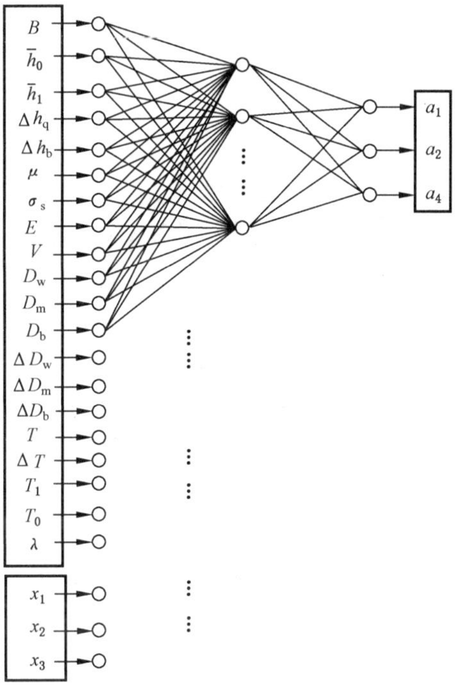

Fig. 1 The topology structure of the flatness prediction on the model

3 Application of the transfer matrix method in a 900 HC mill

3.1 Transfer matrix of a 900 HC mill

Based on the GA-BP network model, the transfer matrices of the work roll bending and the intermediate roll shifting are built for a 900 mm HC 6-high mill for rolling cold strip steel.

The unit change of the work roll bending force is 100 kN, and the unit change of the intermediate roll shifting position is 10 mm. Table 1 gives the transfer matrices of different rolling passes on the conditions that the strip widths are, respectively, 482 and 662 mm. The first column of the transfer matrix is the transfer coefficients of work roll bending, and the second column is the transfer coefficients of intermediate roll shifting. From Table 1 and Eq. (15), the adjustment amounts of the work roll bending force and the intermediate roll shifting position can be calculated rapidly to eliminate the flatness error.

Table 1 The transfer matrices of the flatness control of a 900 HC mill

Strip width (mm)	Transfer matrix $\boldsymbol{C}$				
	First pass	Second pass	Third pass	Fourth pass	Fifth pass
482	$\begin{bmatrix}-17.60 & -4.14\\-10.88 & -11.03\\1.60 & 9.99\end{bmatrix}$	$\begin{bmatrix}-44.79 & -11.36\\15.64 & -48.68\\-47.69 & 52.92\end{bmatrix}$	$\begin{bmatrix}-18.59 & -13.92\\3.49 & -32.31\\-22.41 & 29.72\end{bmatrix}$	$\begin{bmatrix}-17.71 & 6.76\\0.27 & -8.51\\-15.80 & 16.46\end{bmatrix}$	$\begin{bmatrix}-3.10 & 2.23\\-0.51 & -0.50\\-2.21 & 2.47\end{bmatrix}$
662	$\begin{bmatrix}-16.1 & -16.40\\9.16 & -33.20\\-19.78 & 25.24\end{bmatrix}$	$\begin{bmatrix}-8.61 & 0.69\\7.54 & -0.10\\-12.94 & 0.68\end{bmatrix}$	$\begin{bmatrix}-16.31 & 0.45\\-256.9 & -3.55\\33.4 & 1.24\end{bmatrix}$	$\begin{bmatrix}-34.58 & 1.37\\-198.2 & -6.98\\2.60 & 9.45\end{bmatrix}$	$\begin{bmatrix}-11.14 & 0.37\\-7.17 & -4.24\\-10.86 & 5.79\end{bmatrix}$

3.2 Transfer function of the 900 HC mill

From the transfer matrix coefficients in Table 1 and Eqs. (8)−(9), we can get the transfer functions of work roll bending and intermediate roll shifting. The transfer function curves are shown in Figs. 2 and 3.

From the curves, we can see that the different passes' transfer function curves, with the same width, are different, and the different widths' transfer function curves at the same pass are also different. This is determined mainly by rolling conditions. So, the calculation of the flatness control adjustment parameters should be done from the transfer matrix of each pass.

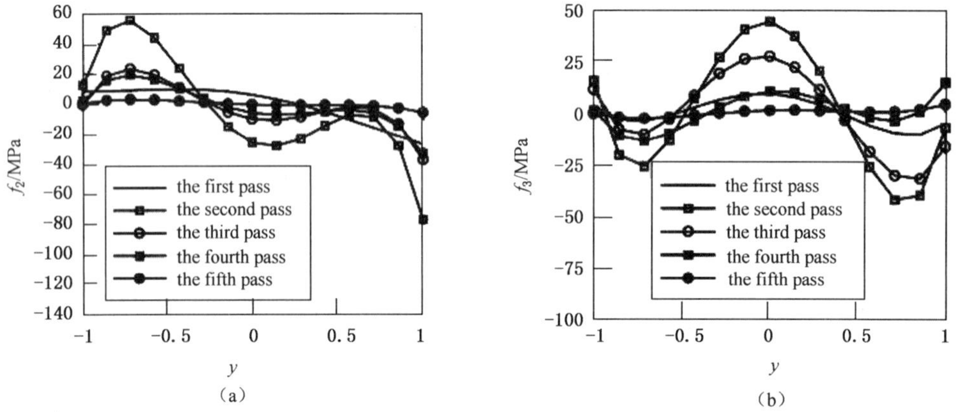

Fig. 2 The transfer function curves of the work roll bending and the intermediate roll shifting of strip width 482 mm: (a) work roll bending; (b) intermediate roll shifting.

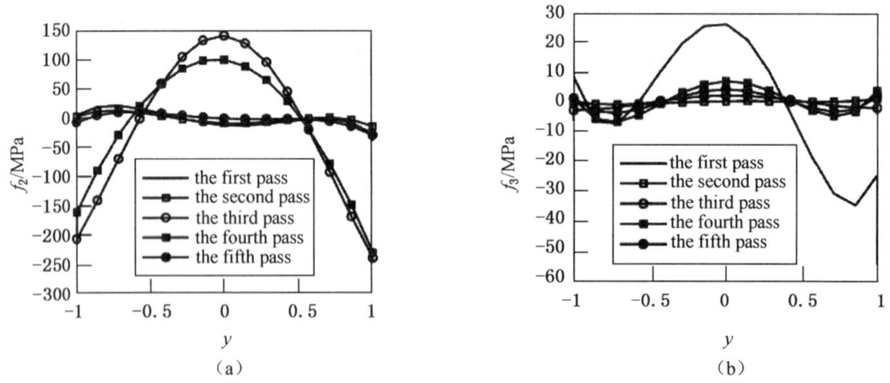

Fig. 3 The transfer function curves of the work roll bending and the intermediate roll shifting of strip width 662 mm: (a) work roll bending; (b) intermediate roll shifting

3.3 Control example

From the prediction model, the transfer matrix and the control equation mentioned above, for the 900 mm HC 6-high mill, we can conduct the flatness presetting controls. The rolled strip material is plain carbon steel. The strip width is 482 mm, the initial strip thickness 2.2 mm, and the final product thickness 0.248 mm after rolling five passes. The aim of the flatness presetting calculation is to determine the work roll bending force and the intermediate roll shifting position of good flatness. A comparison of this paper's scheme (the new scheme) and the old rolling scheme is shown in Table 2, and the control effects of the two schemes are shown in Figs. 4 and 5. Compared with the old scheme, the work roll bending force of the new scheme shows a decrease of 22% on average, 40% maximally (the fifth pass), and the final control effect (the fifth pass) of the new scheme is improved. The decrease of the work roll bending force helps to reduce the loads on the work rolls and their bearings, and increase their lives.

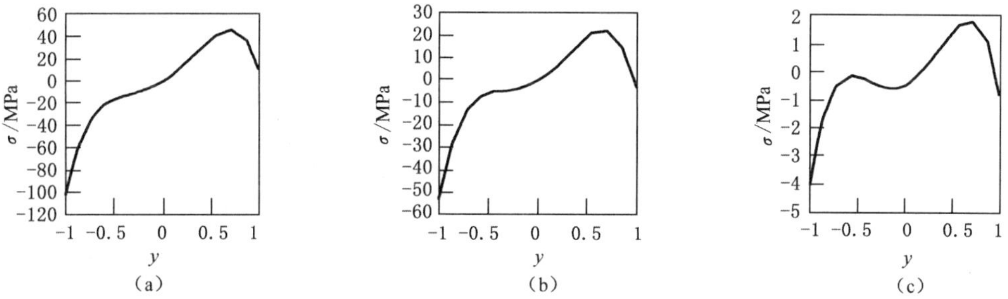

Fig. 4 The flatness control effect of the new scheme: (a) the first pass; (b) the third pass; (c) the fifth pass.

Table 2 Comparison of two control schemes

Pass	Work roll bending force/kN		Intermediate roll shift position/mm	
	New scheme	Old scheme	New scheme	Old scheme
1	144.8	139.0	−160.2	−148.8
2	147.4	212.8		
3	141.0	153.6		
4	140.6	227.1		
5	161.3	270.0		

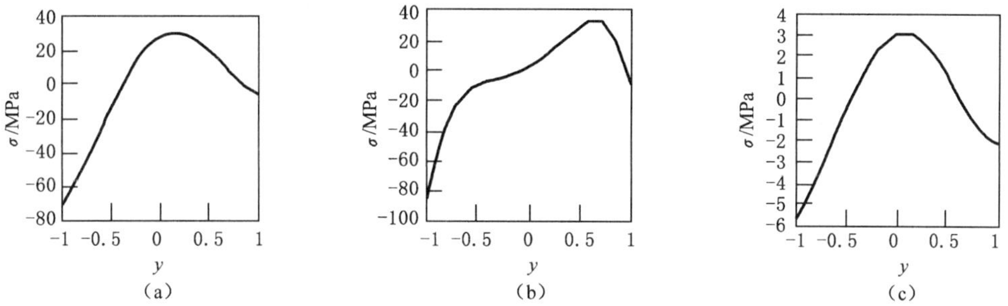

Fig. 5 The flatness control effect of the old scheme: (a) the first pass; (b) the third pass; (c) the fifth pass

4 Conclusions

(1) The flatness control calculation based on the transfer matrix (or the control matrix) method is simple and quick, practical and effective, and adapts to both the closed loop control and the presetting control. This paper provides a new theoretical framework for the research into and the application of flatness control.

(2) Both the transfer matrix and the control matrix are dynamic matrices. They change with changes in rolling conditions. Only in this way, can a good control effect be obtained.

(3) Because the deformations of rolls and strips are complex and the rolling process is usually unsymmetrical about the strip width center, the change of any adjustment parameter causes not only the change of one flatness pattern but also changes of various flatness patterns. Therefore, based on the flatness control equation, every flatness adjustment means should be used, thus the best adjustment effect will be obtained.

Acknowledgement

This project was supported by National Natural Science Foundation of China, grant number: 50175095.

References

[1] H. Liu, F. Sanfilippo, F. Dolci, Flatness control mathematic model of hot strip steel continuous rolling mill, Iron Steel 31 (10) (1996) 30-34 (in Chinese).

[2] H. Liu, Z. Zheng, Y. Peng, Computer simulation of shape control character for 6-high CVC wide strip mill, J. Iron Steel Res. 13 (1) (2001) 14-18 (in Chinese).

[3] H. Liu, Z. Zheng, Y. Peng, Computer simulation of the roll contact pressure characteristic for 6-high CVC wide strip mill, Chin. J. Mech. Eng. 36 (8) (2000) 69-73 (in Chinese).

[4] Y. Peng, Z. Zheng, H. Liu, Simulation research of cold rolled shape control for 6-high HC mill, China Mech. Eng. 11 (9) (2000) 1061-1063 (in Chinese).

[5] J. Guo, G. Jiang, J. Lian, Control strategy of bending force and cross-angle for PC hot strip mill, J. Iron Steel Res. 13 (2) (2001) 24-27 (in Chinese).

[6] Y. Peng, H. Liu, et al., Shape and profile control strategy for HC mill, Iron Steel 37 (4) (2002) 35-38 (in Chinese).

[7] H. Liu, J. Lian, Y. Peng, Third-power spline function strip element method and its simulation of the three-dimensional stresses and deformations of cold strip rolling, J. Mater. Process. Technol. 116 (2-3) (2001) 235-243.

[8] H. Liu, Z. Zheng, Y. Peng, Streamline strip element method for analysis of the three-dimensional stresses and deformations of strip rolling, Int. J. Numer. Meth. Eng. 50 (5) (2001) 1059-1076.

[9] H. Liu, Study on strip and roll deformation coupling of cold strip rolling, Chin. J. Mech. Eng. 10 (4) (1997) 268-274.

[10] H. Wang, J. Lian, H. Liu, Determination of optimal initial work roll profile for cold strip mill, J. Iron Steel Res. 5 (1) (1998) 8-12.

[11] Y. Peng, H. Liu, Coupling solved the roll contact pressure transverse distribution of HC strip mill based on the metal model and roll system model, Trans. Nonferrous Met. Soc. China 11 (6) (2001) 891-894.

[12] J. Lian, H. Liu, Control of Thickness and Shape, Armament Industry Publishing House, Beijing, 1996 (in Chinese).

Flatness Control Based on Dynamic Effective Matrix for Cold Strip Mills①

Liu Hongmin[1,2], He Haitao[3], Shan Xiuying[1,2], Jiang Guangbiao[4]

(1. Engineering Research Center of Rolling Equipment and Complete Technology of Ministry of Education, Yanshan University, Qinhuangdao 066004, China;
2. State Key Laboratory of Metastable Materials Science & Technology, Yanshan University, Qinhuangdao 066004, China;
3. College of Information Science and Engineering, Yanshan University, Qinhuangdao 066004, China;
4. Baogang Branch, Baoshan Iron and Steel Co., Ltd., Shanghai 200941, China)

Abstract: Steel strips are the main of steel products and flatness is an important quality indicator of steel strips. Flatness control is the key and highly difficult technique of strip mills. The bottle-neck restricting the improvement of flatness control techniques is that the research on flatness theories and control mathematic models is not in accordance with the requirement of technique developments. To build a simple, rapid and accurate explicit formulation control model has become an urgent need for the development of flatness control technique. This paper puts forward the conception of dynamic effective matrix based on the effective matrix method for flatness control proposed by the authors under the consideration of the influence of the change of parameters in rolling processes on the effective matrix, and the concept is validated by industrial productions. Three methods of the effective matrix generation are induced: the calculation method based on the flatness prediction model; the calculation method based on the data excavation in rolling processes and the direct calculation method based on the network model. A fuzzy neural network effective matrix model is built based on the clusters, and then the network structure is optimized and the high-speed-calculation problem of the dynamic effective matrix is solved. The flatness control scheme for cold strip mills is proposed based on the dynamic effective matrix. On stand 5 of the 1 220 mm five-stand 4-high cold strip tandem mill, the industrial experiment with the control methods of tilting roll and bending roll is done by the control scheme of the static effective matrix and the dynamic effective matrix, respectively. The experiment result proves that the control effect of the dynamic effective matrix is much better than that of the static effective matrix. This paper proposes a new idea and method for the dynamic flatness control in the rolling processes of cold strip mills and develops the theory and model of the flatness control effective matrix method.

Key words: Cold strip mill; Flatness control; Dynamic effective matrix; Cluster; Fuzzy neural network

---

① Chinese Journal of Mechanical Engineering, 2009, 22(2): 287-296.

1　Introduction

Steel strips are the main of steel products and the level of their manufacturing technique marks the technical levels of the metallurgical industry, the machinery industry and the auto control technique of a country. Flatness is an important quality indicator of steel strips and flatness control is the key and highly difficult technique of strip mills. In recent years, the higher and higher requirement for flatness precision from the users and the keen competition in the steel strip markets have become the driving force for the development of flatness control techniques. There is possibility for the development of flatness control techniques with the improvement of rolling theories, rolling processes, rolling equipments and measurement and control techniques. Now, the bottle-neck and key for the improvement of flatness control techniques is that the research on flatness theories and control mathematic models is not in accordance with the requirement of technique developments. Therefore, an all-around and in-depth research on flatness control theories and mathematic models is inevitable and urgent need for flatness control technique developments.

By the principle and method of researches, the mathematic models for flatness control can be mainly categorized into the theory model based on the basic theory of mills and the intelligent model based on the experience and data. The theory model has firm theory foundations and strong abilities of analysis and prediction, but it is only suitable for the off-line analysis simulation and the presetting control because of its huge and complicated model and long time calculation. The intelligent model is suitable for the on-line control because of its strong self-learning ability, simple model and rapid calculation. So it is feasible and effectual to combine the theory model with the intelligent model according to the need of researches and applications. The building of the intelligent model also needs basic theory analyses.

The theory model for flatness control is the foundation of the research and development of new mills, new techniques and mathematic models for flatness control and it can support and guide the research and development of flatness on-line control models which are highly technical, very difficult, heavily work loaded and long time demanding. The basic flatness control theory model includes 8 models: (1) the three-dimensional plastic deformation model of strips[1-5], (2) the elastic deformation (including hot deformation) model of roll system[5-7], (3) the temperature field model of strips and rolls[8-11], (4) the roll system wear model[12-14], (5) the flatness good discrimination model[15-16], (6) the flatness deviation pattern recognition (disintegration) model[17-18], (7) the flatness standard curve model[19-20], (8) the flatness control model[21-24]. Each one of the eight models has relatively independent theoretical foundation, research method and function and they are associated with each other. Only when they are combined, the problem about flatness can be resolved commendably, as shown in Fig. 1. Based on these 8 models, many concrete flatness control models and techniques can be researched and developed, such as the tilting roll model and technique, the bending roll model and technique, the axial shifting roll model and technique, the roll curve optimization model and technique, the subsectional cooling roll model and technique and the flatness on-line control model and technique.

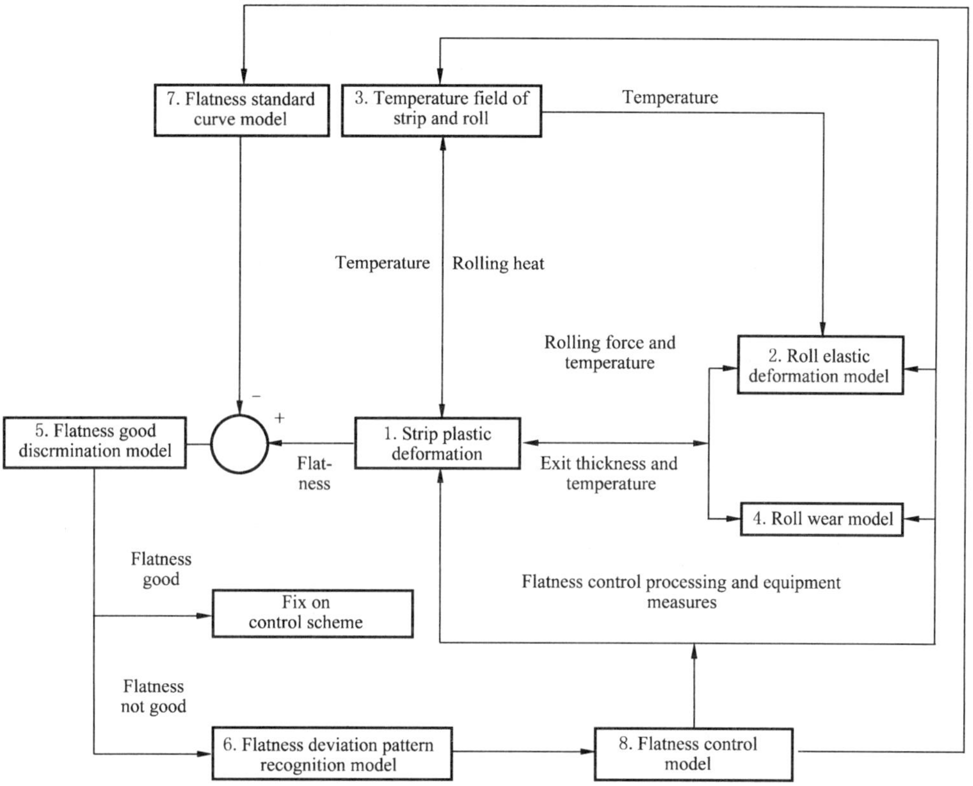

Fig. 1　Basic theory model system for flatness control

The flatness prediction model is constructed by the combination of the anterior four models above. The flatness predication model can be built by the theory model and can also be built by the intelligent method according to the experience and data, and on the basis of theory analyses. The flatness good discrimination model and the flatness standard curve model can be built by the theory analysis method[15,19] through analyzing the flection deformation of strips under the residual stress. Its expression can also be given directly according to the engineering experience and requirement, for example, it can be deemed that the flatness is good if its flatness deviation is specified to be within a numerical extent. Flatness deviation pattern recognition is a kind of mathematic operation, which disintegrates a complicated flatness deviation curve into several relatively simple curves (patterns), so that the relevant control measures can be adopted. The flatness control model can be built by theory analyses and calculations and can also be built by the intelligent method, which is mentioned in the following text. The structure of the flatness control model is shown in Fig. 2 after the anterior four models in Fig. 1 are merged into the flatness prediction model.

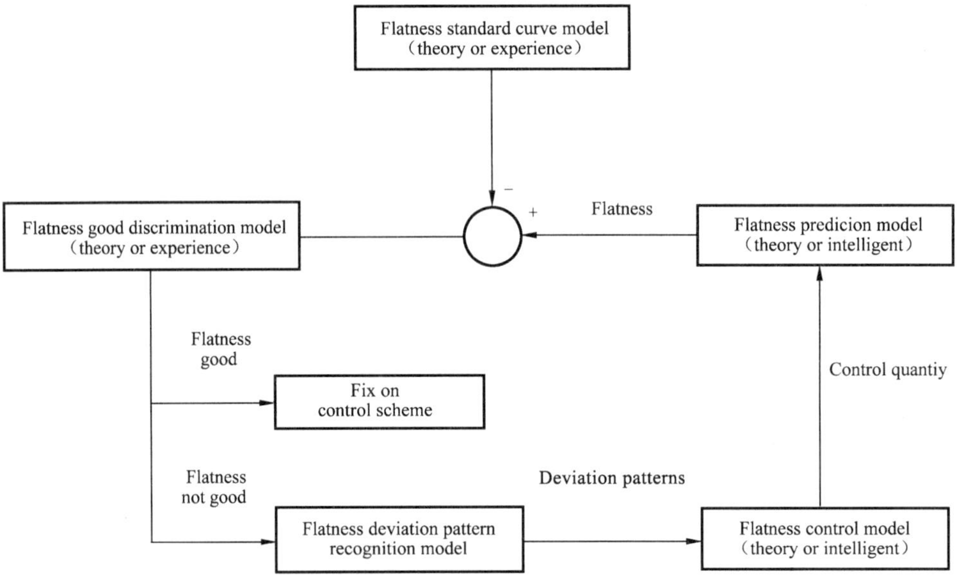

Fig. 2　Structure of flatness control model

In the model system for flatness control, the control model has very important position and role, by which the control scheme is given. It is hard for the theory analyses and calculations to satisfy the need of high-speed-calculation since the adoption of the implicit expression model requires a step by step iterative approach, a large amount of calculation and a long time for the calculation. So, to build a simple, fast and accurate explicit formulation control model has become an urgent demand for the development of flatness control technique. The matrix equation for flatness control[24] has been brought forward by the first author of this paper and the explicit formulation model between flatness regulation qualities and flatness deviation components has been built for resolving the high-speed-calculation problem of flatness regulations. However, it is just a static matrix control method because the influence of the change of the parameters in rolling processes on the effective matrix coefficients is not put into consideration. In this paper, the calculations of production data indicate that every matrix coefficient is variable because of the change of the parameter in rolling processes, i. e., each flatness regulation quantity has different regulation effect on flatness deviations under different rolling conditions. Therefore, the dynamic effective matrix method for flatness control is brought forward. It is proved through industrial experiments that the control effect of the dynamic matrix is much better than that of the static matrix.

2 Effective Matrix and Control Equation for Flatness Regulation

The flatness is expressed by the transverse (the direction of strip width) distribution of the lognitudinal (the direction of strip length) residual stress in the strip. A complicated flatness is disintegrated into three components, the linear component, the quadratic component and the biquadratic component, and then the flatness deviation σ can be expressed by

$$\sigma(y)=\sigma_R(y)-\sigma_T(y)=a_1p_1(y)+a_2p_2(y)+a_3p_3(y), \tag{1}$$

where

σ_R, σ_T—Actual flatness, target flatness,

a_1, a_2, a_3—inear, quadratic and biquadratic flatness component coefficient,

y—Transverse relative coordinate, from a side to the other side of strip, y varying from -1 to $+1$,

$p_1(y)$, $p_2(y)$, $p_3(y)$—Linear, quadratic and biquadratic Legendre orthogonal polynomials, also being called flatness basic pattern polynomials (normalized distribution patterns of residual stress), where

$$\begin{cases} p_1(y)=y \\ p_2(y)=\dfrac{3}{2}y^2-\dfrac{1}{2} \\ p_3(y)=\dfrac{1}{8}(35y^4-30y^2+3) \end{cases}. \tag{2}$$

The flatness means the flatness deviation σ hereinafter. In Eq. (1), the physical meanings of a_1, a_2 and a_3 are the residual stress values of the linear component, the quadratic component and the biquadratic component on the right side of the strip ($y=1$), respectively, i. e., the maximum of the residual stress (when a_1, a_2 and a_3 are positive) or the minimum of the residual stress (when a_1, a_2 and a_3 are negative). The target of flatness control is to make a_1, a_2 and a_3 all approach to zero, i. e., the residual stress deviation σ in the strip approaches to zero and its transverse distribution approaches to a zero beeline.

In engineering, general flatness control means are tilting roll, bending roll, axial shifting roll and sub-sectional cooling roll, etc. For a fixed mill, there are two or there kinds of flatness means used in rolling processes. The analysis in this paper is based on the examples of three means for flatness regulation and flatness control. Let the roll tilting be x_1 (μm), bending roll force be x_2 (N or kN) and roll axial shifting be x_3 (mm). Regulating the parameters will bring the change of flatness and, in this way, the need of regulating and controlling flatness is met. The conception of effective function is put forward in order to analyse and evaluate the effect of each regulation means on flatness. The effective function of flatness regulation is defined as the flatness variation brought by the unit variation of the regulation parameter, i.e., the partial derivative of the flatness on the regulation parameter, which can be expressed as follows:

$$\begin{cases} f_1(y)=\dfrac{\partial\sigma}{\partial x_1}=\dfrac{\partial a_1}{\partial x_1}p_1(y)+\dfrac{\partial a_2}{\partial x_1}p_2(y)+\dfrac{\partial a_3}{\partial x_1}p_3(y) \\ f_2(y)=\dfrac{\partial\sigma}{\partial x_2}=\dfrac{\partial a_1}{\partial x_2}p_1(y)+\dfrac{\partial a_2}{\partial x_2}p_2(y)+\dfrac{\partial a_3}{\partial x_2}p_3(y), \\ f_3(y)=\dfrac{\partial\sigma}{\partial x_3}=\dfrac{\partial a_1}{\partial x_3}p_1(y)+\dfrac{\partial a_2}{\partial x_3}p_2(y)+\dfrac{\partial a_3}{\partial x_3}p_3(y) \end{cases} \tag{3}$$

where $f_1(y)$, $f_2(y)$ and $f_3(y)$ are the effective functions of tilting roll, bending roll and axial shifting roll for flatness, respectively.

The flatness variation brought by the variations Δx_1, Δx_2 and Δx_3 of the three regulation parameters x_1, x_2 and x_3 is

$$\Delta\sigma(y)=f_1(y)\Delta x_1+f_2(y)\Delta x_2+f_3(y)\Delta x_3. \tag{4}$$

Substitute Eq. (3) into Eq. (4) and there is

$$\Delta\sigma(y)=\Delta a_1 p_1(y)+\Delta a_2 p_2(y)+\Delta a_3 p_3(y), \tag{5}$$

where

$$\begin{pmatrix}\Delta a_1\\ \Delta a_2\\ \Delta a_3\end{pmatrix}=\begin{pmatrix}\dfrac{\partial a_1}{\partial x_1} & \dfrac{\partial a_1}{\partial x_2} & \dfrac{\partial a_1}{\partial x_3}\\ \dfrac{\partial a_2}{\partial x_1} & \dfrac{\partial a_2}{\partial x_2} & \dfrac{\partial a_2}{\partial x_3}\\ \dfrac{\partial a_3}{\partial x_1} & \dfrac{\partial a_3}{\partial x_2} & \dfrac{\partial a_3}{\partial x_3}\end{pmatrix}\begin{pmatrix}\Delta x_1\\ \Delta x_2\\ \Delta x_3\end{pmatrix}. \tag{6}$$

If $\Delta\boldsymbol{A}=(\Delta a_1\quad \Delta a_2\quad \Delta a_3)^{\mathrm{T}}$, $\Delta\boldsymbol{X}=(\Delta x_1\quad \Delta x_2\quad \Delta x_3)^{\mathrm{T}}$,

$$\boldsymbol{C}=\begin{pmatrix}c_{11} & c_{12} & c_{13}\\ c_{21} & c_{22} & c_{23}\\ c_{31} & c_{32} & c_{32}\end{pmatrix}=\begin{pmatrix}\dfrac{\partial a_1}{\partial x_1} & \dfrac{\partial a_1}{\partial x_2} & \dfrac{\partial a_1}{\partial x_3}\\ \dfrac{\partial a_2}{\partial x_1} & \dfrac{\partial a_2}{\partial x_2} & \dfrac{\partial a_2}{\partial x_3}\\ \dfrac{\partial a_3}{\partial x_1} & \dfrac{\partial a_3}{\partial x_2} & \dfrac{\partial a_3}{\partial x_3}\end{pmatrix}. \tag{7}$$

Eq. (6) can be abbreviated as

$$\Delta\boldsymbol{A}=\boldsymbol{C}\Delta\boldsymbol{X}, \tag{8}$$

where

$\Delta\boldsymbol{A}$—Flatness component coefficient increment vector,

$\Delta\boldsymbol{X}$—Flatness regulation parameter increment vector,

$\boldsymbol{C}$—Flatness regulation effective coefficient matrix or effective matrix.

Eq. (6) and Eq. (8) are called effective matrix equations for flatness regulations, which reflect the relation between each regulation parameter variation and each flatness component coefficient variation brought by it.

Now, let's study the flatness control. The flatness can be expressed by flatness component coefficients according to Eq. (1). Set the current flatness to be $A=(a_1 \quad a_2 \quad a_3)^T$ and its increment to be ΔA under which the flatness becomes good, i. e., $A+\Delta A=0$, there is

$$\Delta A=-A. \tag{9}$$

According to Eq. (8), the required regulation parameter variation in order to have the flatness change ΔA is obtained:

$$\Delta X=C^{-1}\Delta A=C^{-1}(-A), \tag{10}$$

where C^{-1} is Control matrix. Eq. (10) is called the matrix equation for flatness control.

To sum up, how to calculate the effective matrix C becomes the key of flatness control calculations.

3 Building of Flatness Regulation Effective Matrix

According to Eq. (7), each element (effective coefficient) in the effective matrix C can be calculated by

$$c_{ij}=\frac{\partial a_i}{\partial x_j}=\frac{\Delta a_{ij}}{\Delta x_j}(i,j=1,2,3), \tag{11}$$

where the physical meaning of c_{ij} is the variation of the ith flatness component coefficient a_i brought by the unit variation of the jth regulation parameter x_j, and the physical meaning of Δa_{ij} is the variation of a_i brought by Δx_j. There are three calculation methods about c_{ij} as follows.

3.1 Calculation based on flatness prediction model

According to the theory model or the network model (the intelligent model) for flatness prediction, the regulation parameter x_j is given a increment Δx_j ($j=1, 2, 3$) to calculate the variation Δa_{ij} ($i, j=1, 2, 3$) of the flatness component coefficient a_i brought by Δx_j and the effective matrix coefficient c_{ij} ($i, j=1, 2, 3$) is calculated by Eq. (11), as shown in Fig. 3. In Fig. 3, rolling processing parameters include: strip width, entry thickness transverse average value, exit thickness transverse average value, entry whole crown and center area crown, entry thickness transverse obliquity, friction coefficient, deformation resistance, forward tension, backward tension, roll diameter, initial roll shape (or crown) of the roll, elasticity modulus and Poisson ratio of the roll, rolling speed, the number of kilometers rolled (the rolled strip length), rolling temperature and transverse temperature difference, etc. For a fixed mill, when some parameters (such as initial roll crown, elasticity modulus and Poisson ratio, etc) are invariable, it is allowable not to input them.

3.2 Calculation based on the data in rolling processes—data excavation

Abundant and detailed data in rolling processes are accumulated in industrial production processes. These data implicate many causal relations including the relation between the regulation parameters and flatness component parameters and the relation between their increments. The relation of their increments can be calculated according to the rolling data and the effective matrix can be built.

(1) When x_1 is variable and x_2 and

x_3 are invariable, Δx_1, Δa_{11}, Δa_{21} and Δa_{31} are calculated, then $c_{i1}=\Delta a_{i1}/\Delta x_1$ ($i=1, 2, 3$) is obtained.

(2) When x_2 is variable and x_1 and x_3 are invariable, Δx_2, Δa_{12}, Δa_{22} and Δa_{32} are calculated, then $c_{i2}=\Delta a_{i2}/\Delta x_2$ ($i=1, 2, 3$) is obtained.

(3) When x_3 is variable and x_1 and x_2 are invariable, Δx_3, Δa_{13}, Δa_{23} and Δa_{33} are calculated, then $c_{i3}=\Delta a_{i3}/\Delta x_3$ ($i=1, 2, 3$) is obtained.

3.3 Direct calculation based on effective coefficient prediction model

The network model for predicting the effective coefficients is built according to the abundant data of the effective matrix $\boldsymbol{C}$ calculated by the flatness prediction model and (or) the data excavation method, then new effective coefficients are directly calculated by the network model, as shown in Fig. 4.

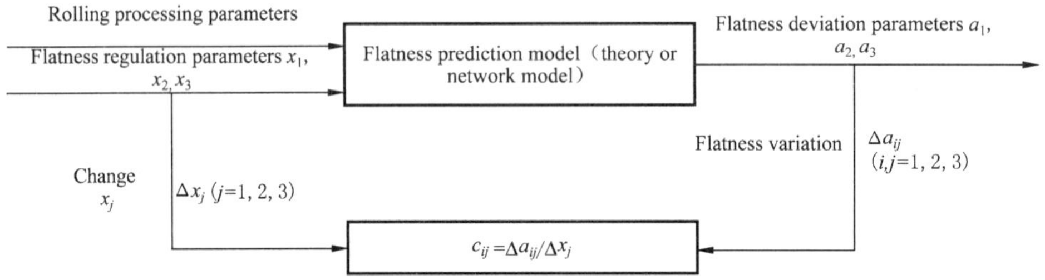

Fig. 3 Effective coefficient calculation method based on flatness prediction model

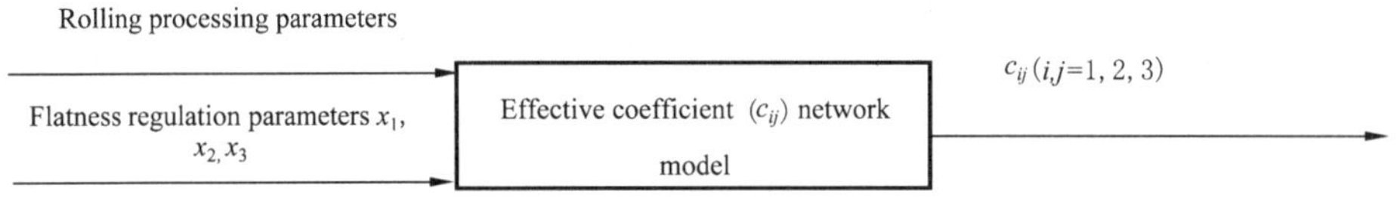

Fig. 4 Effective coefficient direct calculation method based on network model

4 Dynamic Change of Effective Matrix and Network Model of Dynamic Effective Matrix

4.1 Dynamic change of effective matrix

In Ref. [24], the effective matrix method for flatness control is put forward. It can be called the static effective matrix method because of not considering the influence of the parameter change (the change of rolling conditions) in rolling processes on effective matrix coefficients. Actually, rolling conditions are always variational because of the change of incoming material conditions and the change of flatness and thickness control parameters in the rolling process of the same strip coil. The control effect of each flatness regulation variable is different under different rolling conditions, i.e., the effective matrix is different at different values of rolling parameters. In order to realize dynamic accurate control, the new effective matrix should be built to substitute the old one and be put into the new control calculation with the change of rolling conditions. Therefore, the conception of dynamic effective matrix is proposed in this paper.

In order to validate the idea of the dynamic effective matrix, a series of experiments and data calculations and analyses are done on stand 5 of 1 220 mm five-stand 4-high cold strip tandem mill.

Firstly, take four coils of typical strips to be rolled. The bending roll force and the roll axial shifting quantity are both set to be zero and only the roll tilting quantity is variable, then the exit flatness variation is measured. The effective coefficient c_{11} of roll tilting quantity x_1 on the linear flatness component coefficient a_1 is calculated by Eq. (11) and the change curves of the effective coefficient c_{11} under different roll tilting quantities are shown in Fig. 5.

Secondly, again take four coils of typical strips to be rolled. The roll tilting quantity and the roll axial shifting quantity are both set to be zero and only the bending roll force is variable, then the exit flatness variation is measured. The effective coefficient c_{22} of the bending roll force x_2 on the quadratic flatness component coefficient a_2 is calculated by Eq. (11) and the change curves of the effective coefficient c_{22} under different bending roll forces are shown in Fig. 6.

Thirdly, the measured data for two coils of strips in normal production processes are calculated by Eq. (11) and the effective matrixes of two flatness regulation means, tilting roll and bending roll, on the linear flatness, the quadratic flatness and the biquadratic flatness under different rolling conditions are attained, as shown in Table. The effective coefficients of roll axial shifting on each power flatness can not be calculated according to the calculated data because the roll axial shifting position is fixed in the rolling process of the two coils of strips. Table shows the calculated effective matrixes of two strip widths under four different rolling conditions. It can be clearly seen that the effective matrix is dynamically variational in rolling processes.

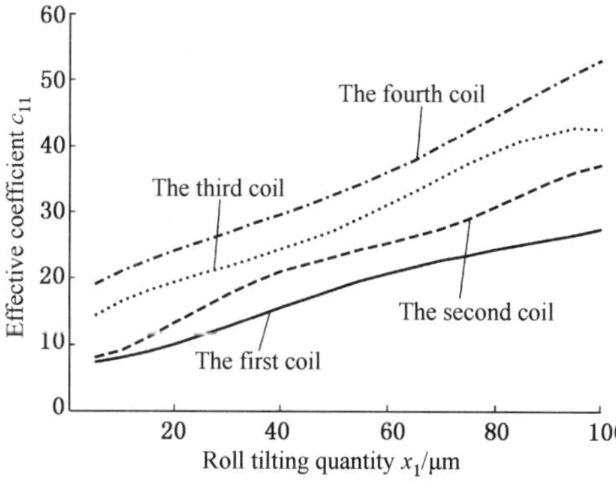

Fig. 5　Change curves of effective coefficient c_{11} with roll tilting quantity

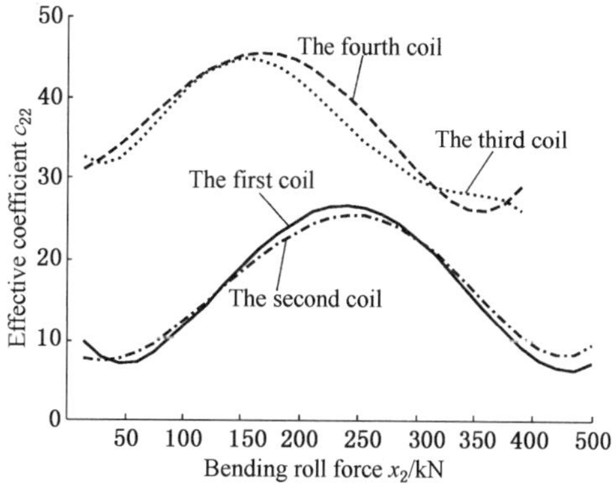

Fig. 6　Change curves of effective coefficient c_{22} with bending roll force

Table　Effective matrix change in rolling processes (roll axial shifting quantity x_3 is invariable)

Strip width B/mm	Effective matrix $\boldsymbol{C}$			
776	$\begin{bmatrix} 24.0878 & 6.2356 \\ -4.3670 & 13.2548 \\ 3.5434 & 5.1236 \end{bmatrix}$	$\begin{bmatrix} 28.0345 & 5.1256 \\ -3.3570 & 16.2348 \\ 4.5489 & 4.1356 \end{bmatrix}$	$\begin{bmatrix} 27.0245 & 6.2334 \\ -5.6490 & 19.2580 \\ 4.2389 & 5.5456 \end{bmatrix}$	$\begin{bmatrix} 25.0845 & 5.8956 \\ -5.3590 & 13.2598 \\ 5.5489 & 4.1256 \end{bmatrix}$
1 006	$\begin{bmatrix} -14.4045 & 8.0856 \\ 7.8359 & 34.0980 \\ 4.5379 & 6.1228 \end{bmatrix}$	$\begin{bmatrix} -14.0845 & 8.8450 \\ 7.3590 & 33.2568 \\ 2.5349 & 6.1256 \end{bmatrix}$	$\begin{bmatrix} -14.6750 & 8.4660 \\ 6.3523 & 33.2680 \\ 2.5349 & 6.3456 \end{bmatrix}$	$\begin{bmatrix} -14.0850 & 6.6756 \\ 7.3590 & 32.2530 \\ 4.5489 & 5.4556 \end{bmatrix}$

According to the above experiments, calculations and analyses, the following conclusions can be reached:

(1) The effective matrix of flatness regulation is not invariable with the change of rolling processing parameters and flatness regulation parameters (the change of rolling conditions).

(2) A new effective matrix and control matrix can be built to substitute the old matrixes and do new control calculations at regular intervals with the change of rolling conditions when the dynamic control is done in rolling processes.

4.2　Fuzzy neural network model of dynamic effective matrix based on cluster

There are many factors affecting flatness, mainly including two aspects: the first one is the rolling processing parameters, such as material and geometry dimension of the strip, geometry dimension of the roll system, friction coefficient, rolling temperature and rolling speed etc; the second one is flatness regulation parameters, such as roll tilting quantity, bending roll force, roll axial shifting quantity and roll sub-sectional cooling flow distribution, etc. If the dynamic effective matrix is calculated by the theory model, it is hard to meet the demand of high-speed-calculation of the on-line flatness control for too many calculations and too long calculation time are needed. It would be a method worthy studying to explore the relation of each flatness effective factor and the effective matrix and build a simple, convenient, rapid and accurate intelligent model based on the data measured from productions and the data from the off line calculations by the theory model.

A neural network can usually be used to built the relation between the input data and output data, but for those samples with a lot of rules, if the neural network is directly used to learn, the structure of the neural network will be very complicated and the convergence speed will be slowed down, however, if the cluster method is adopted and the neural network is used to learn and refine its fuzzy rule base, the learning speed will be accelerated greatly. For those steel strips with the same material and dimension, the effect of each regulation means on flatness should be the same under the same rolling condition, so they can be clustered into a category. By the cluster method, some fuzzy subsets are combined and those cases with the same regulation effect are reduced to a category, then these rules are combined and the structure of the fuzzy neural network can be simplified.

A cluster algorithm is put forward in Ref. [25]. By an unsupervised cluster method, the input and output space can be divided automatically from the given input and output data without any prior assumption of the concerned data structure. In this paper, the cluster algorithm is adopted to determine the number of fuzzy rules and the initial parameters of the premise and structure of each rule.

The main idea of the cluster learning algorithm is: a reference vector is chosen first and those vectors closely-related to the reference vector are searched for in sample space, and then the reference vector is substituted for the average value of these vectors as the cluster center to cluster.

Taking stand 5 of 1 220 mm five-stand 4-high cold strip tandem mill for example, its fuzzy neural network model of the dynamic effective matrix based on cluster is shown in Fig. 7. The input rolling process parameters are as follows: strip material M, strip width B, strip entry thickness H_0 and entry crown C_0, strip exit thickness H_1 and exit crown C_1, working roll diameter D_w and temperature T_w, rolling force P, forward tension T_1 and backward tension T_0. The input flatness regulation parameters are as follows: roll tilting displacement x_1 (the measured difference between the driving side and the working side of the roll), bending roll force x_2, tilting roll regulation increment Δx_1 and bending roll force regulation increment Δx_2 in last time interval. The output parameters are the values of the elements in the effective matrix: c_{ij} ($i=1,2,3$; $j=1,2$). For the roll of the mill can not be shifted axially, the flatness regulation parameter x_3 is invariable and there is no need to input it as a parameter.

After the topological structure of the fuzzy neural network model of the dynamic effective matrix is built based on luster, two methods can be used to obtain enough data pairs to train the network model.

The first method is described as follows: to obtain the training data pairs according to the flatness prediction model. For the trained flatness prediction model, if only one regulation parameter is changed and the other two regulation parameters are invariable, the output increment of the flatness prediction network can reflect the regulation ability of the regulation means for different flatness patterns. Each flatness regulation parameter is given a increment (or unit increment) Δx_j ($j=1, 2$), respectively and then flatness characteristic parameter variation Δa_{ij} ($i=1, 2, 3$; $j=1, 2$) can be obtained according to the flatness prediction model. The flatness effective matrix coefficient c_{ij} can be calculated by Eq. (11). Under different rolling conditions, these regulation parameters are changed and the above calculations are done continually, then an effective matrix data base can be built.

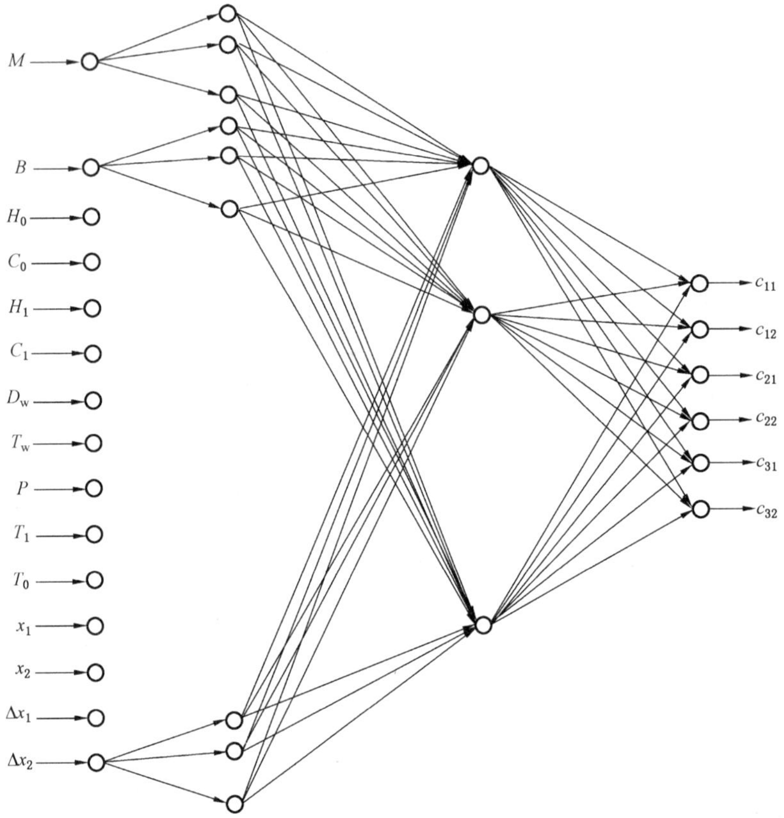

Fig. 7　Dynamic effective matrix neural network model of 4-high mill (without roll axial shifting)

The second method is: training data pairs are obtained from the measured data in industrial productions and experiments. In rolling processes, one flatness regulation parameter is given a increment (or unit increment) Δx_j ($j=1, 2$) and the traverse distribution of flatness is measured before and after the regulation parameter is changed. The flatness characteristic parameter increment Δa_{ij} ($i=1, 2, 3$; $j=1, 2$) can be obtained after flatness characteristic parameters are recognized by the flatness recognition model and then the effective matrix coefficient c_{ij} can be calculated by Eq. (11). Under different rolling conditions, these regulation parameters are changed and the above calculations are done continually, then an effective matrix data base can be built.

Two steps can be taken to train the built fuzzy neural network by MATLAB using the prepared data[26]. For the first step, the four hundred samples with similar specifications (lesser breeds) are normalized in advance, among which two hundred data are used for off line training and the other two hundred data are used to test the neural network. The training samples are clustered by the cluster algorithm and the cluster results indicate that these samples are divided into 9 categories and there are 9 cluster centers. So the number of fuzzy rules is fixed as 9 and the third layer of the neural network has 9 nerve cells. The network has 15 input variables and the input layer has 15 nerve cells. Membership function layer (the second layer) has 9×15 nerve cells. The second step, the constructed network model is trained by BP algorithm where the relation degree value is set as 0.2, the initial width of Gauss function 0.1, the learning efficiency of BP algorithm 0.3 and the variance 0.001.

Although the fuzzy neural network is not sensitive to the parameter change of the controlled object and can adjust weight coefficients of itself according to the input and output data of the system, output error will be enlarged if the number of rules doesn't meet the requirement of samples. Therefore, for the trained neural network, the automatic rule identification function is added to the on-line control in order to control the error of the network within a certain range. The idea is that for a new sample, the distance between the sample and the already existent sample is judged. If the distance is less than the given relation value, it is indicated that the new sample belongs to some cluster. If the distance is greater than the given relation value, it is indicated that the new sample is a new category, in such a case, the data should be put into the data base and when there are enough data, a new fuzzy rule needs to be added.

The trained network model is used in the on-line control. The network is tested using the remained two hundred pairs of data firstly, and then the data with new specifications are added. The test results indicate that the output error would be biggish if the automatic fuzzy-rule-identification function is not put into operation. By contraries, after the automatic fuzzy-rule-identification function is put into operation, one fuzzy rule is added automatically with the data being input continually, then output error is within the limited range and the convergence speed of the network is fast. The speed of flatness's being regulated into the limited error range is faster than that of previous BP network control models.

5 Flatness Control Scheme Based on Dynamic Effective Matrix and its Application Effect

Taking stand 5 of 1 220 mm five-stand 4-high cold strip tandem mill for example, the flatness control scheme based on the dynamic effective matrix is shown in Fig. 8.

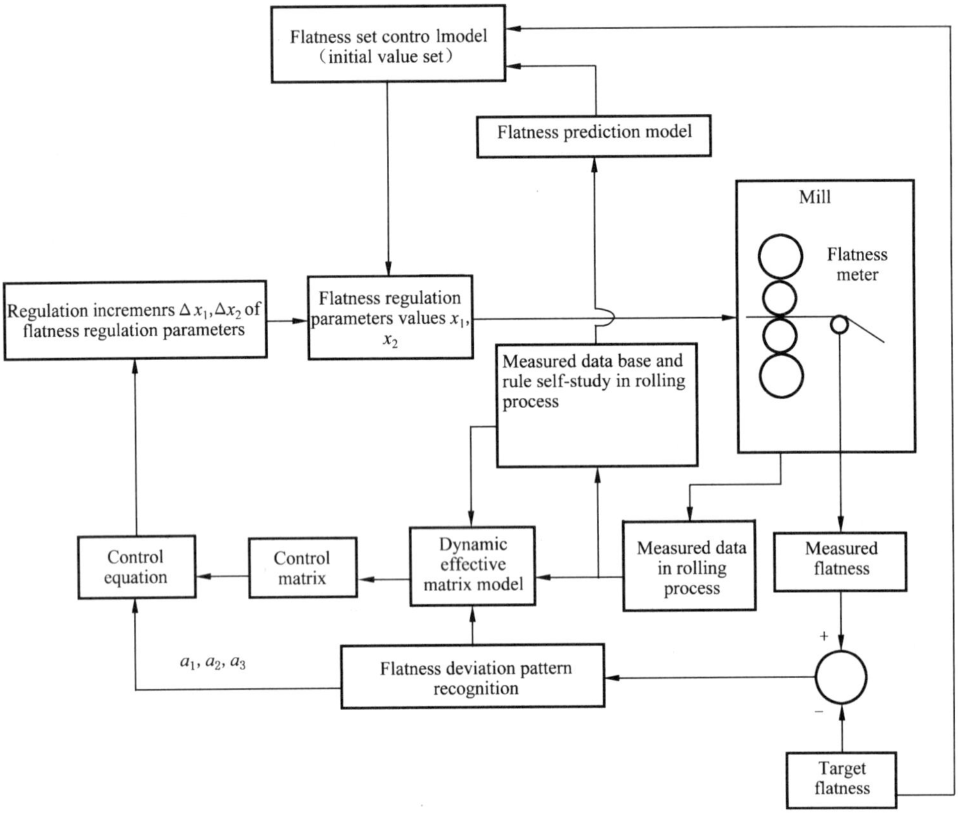

Fig. 8 Flatness control scheme based on dynamiceffective matrix

In the control scheme of Fig. 8, only two control means, tilting roll regulation and bending roll regulation, are adopted because there is no roll axial shifting measure for the mill. Firstly, the initial values (set values) of the roll tilting quantity x_1 and bending roll force x_2 are calculated and set according to the flatness set control model (the inverse model of the flatness prediction model) and the requirement of the target flatness. Secondly, according to the measured flatness deviation, the values of x_1 and x_2 are regulated for the feed back control by the existing effective matrix and the control equation based on effective matrix. The actual flatness measured by flatness meter and the required target flatness are compared and then the flatness deviation is obtained. The flatness deviation component coefficients a_1, a_2, and a_3 are obtained by the pattern recognition for the flatness deviation. The required tilting roll regulation increment Δx_1 and bending roll regulation increment Δx_2 are calculated for eliminating these flatness deviation components by the control equation. Δx_1 and Δx_2 are superposed with the initial x_1 and x_2, respectively and then the new x_1 and x_2 are obtained to regulate and control the mill. If the deviation between the measured flatness and the target flatness exceeds the limited range, x_1 and x_2 are regulated again by the above algorithm. Thirdly, the effective matrix is dynamically changed. The data in rolling processes are measured continuously and a new effective matrix is calculated by the effective matrix model at regular intervals, and then a new control matrix is obtained, which supplies conditions for the dynamic control. At the same time, the measured data base is accumulated in rolling processes and the dynamic effective matrix and the flatness prediction model are trained and improved continuously, which supplies a more accurate model for the real-time dynamic control.

For the tandem rolling process of the cold steel strip with material SPHC, raw thickness 2.3 mm, raw width 1006 mm and finished product thickness 0.33 mm, the computer simulations of flatness control are done on stand 5 by the static effective matrix method in Ref. [24] and the dynamic effective matrix method mentioned in this paper, respectively. The raw flatness of stand 5 and the simulation results of the two control methods are shown in Fig. 9.

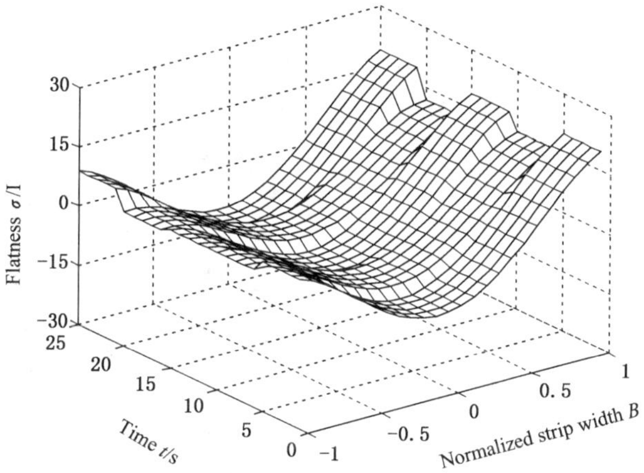

(a) Incoming flatness

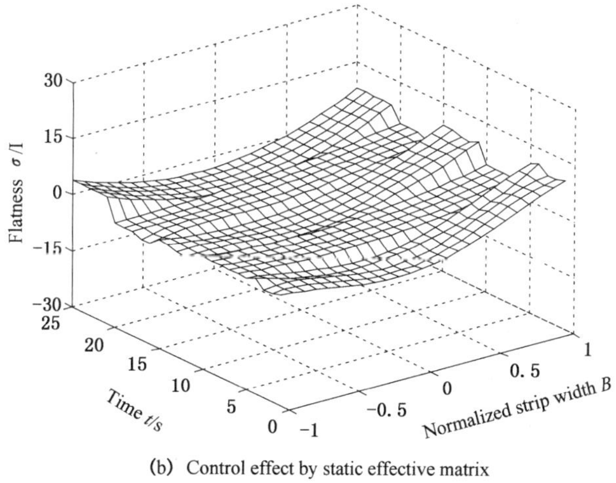

(b) Control effect by static effective matrix

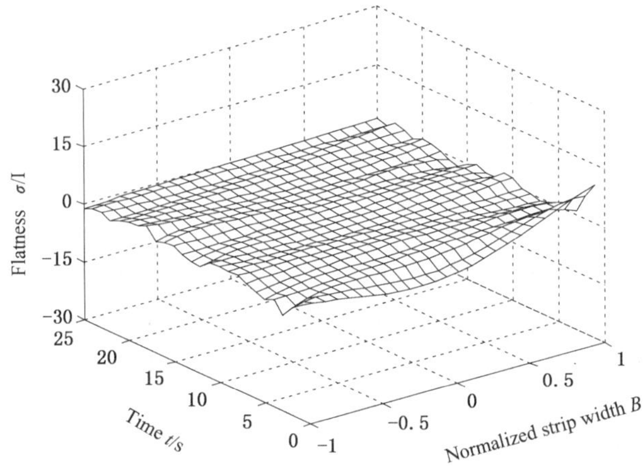

(c) Control effect by dynamic effective matrix

Fig. 9　Simulation results of flatness control (stand 5)

Form Fig. 9, it can be clearly seen that the flatness control effect of the static effective matrix method is not good because its effective coefficients can not be real time changed, however, the flatness control effect of the dynamic effective matrix method is obviously better because it can change effective coefficients according to the change of rolling conditions, and the variation of each regulation parameter can be calculated more accurately.

Based on the simulation, the dynamic effective matrix method for flatness control is applied into the control system of the mill and the industrial experiment of the on-line real-time flatness control is done. The strip material is SPHE, the thickness of the raw material is 2.75 mm, its width is 1 024 mm and its finished product thickness is 0.47 mm. The flatness of the raw material is rather bad, about 50 I. However, the controlled finished product flatness is rather good, about 5 I. So the control effect is very distinct. The finished product flatness is shown in Fig. 10.

Fig. 10　Industrial experiment results of flatness control based on dynamic effective matrix (finished product flatness of stand 5)

6　Conclusions

(1) The dynamic effective matrix method for flatness control is put forward based on the static effective matrix method, considering the influence of the parameter change in rolling processes on the effective matrix. Simulation results indicate that the variation of each flatness regulation parameter can be calculated more accurately by real time changing

the values of effective coefficient because the dynamic matrix method overcomes the disadvantage that the static effective matrix method can not real time change effective coefficients with the change of rolling conditions. The industrial experiment indicates that the on-line real-time control effect of the dynamic effective matrix method is satisfying and it can meet the need of the on-line real-time rapid control. Therefore, the dynamic matrix method for flatness control has a good prospect for research and application.

(2) According to the industrial experiments and the calculations and analyses for the measured data, it is found that the effective matrix (coefficients) is variational with the change of rolling conditions (rolling processing parameters and flatness regulation parameters), which validates the conception of dynamic effective matrix proposed in this paper. Therefore, in order to regulate the flatness accurately in rolling processes, new effective matrixes and control matrixes should be built timely to substitute the old matrixes in order to realize the real-time dynamic change of the effective matrix and control matrix.

(3) The fuzzy neural network model of the dynamic effective matrix based on cluster and its modeling method are proposed. Fuzzy cluster is brought in the modeling of the fuzzy neural network, and the problem of hard determination of the network structure is solved. The network structure and the parameters as well as the rule base are optimized and the number of fuzzy rules is reduced, which makes the calculation of dynamic flatness regulations meet the real-time requirement. The fuzzy neural network model can add new rules to realize the self-learning of the rules, which increases the function and precision of the network. For those strips with different specifications and materials which have not been rolled, the model can predict the flatness and the effective matrix after self-learning to realize flatness presetting control and closed loop feedback control.

References

[1] LIU Hongmin, LIAN Jiachuang, PENG Yan. Third-power spline function strip element method and its simulation of the three-dimensional stresses and deformations of cold strip rolling [J]. *Journal of Materials Processing Technology*, 2001, 116(2-3): 235-243.

[2] LIU Hongmin, ZHENG Zhenzhong, PENG Yan. Streamline strip element method for analysis of the three-dimensional stresses and deformations of strip rolling [J]. *International Journal for Numerical Methods in Engineering*, 2001, 50 (5): 1059-1076.

[3] LIU Hongmin, WANG Yingrui. Stream surface strip element method for simulation of the three-dimensional deformations of plate and strip rolling [J]. *International Journal of Mechanical Sciences*, 2003, 45 (9): 1541-1561.

[4] LIU Hongmin, JIN Dan, WANG Yingrui. Strip layer method for simulation of the three-dimensional deformations of plate and

strip rolling [J]. *Communications in Numerical Methods in Engineering*, 2004, 20(3): 183-191.

[5] LIU Hongmin. *Three-dimensional rolling theory and its applications* [M]. Beijing: Science Press, 1999. (in Chinese)

[6] LIU Hongmin, ZHENG Zhenzhong, PENG Yan. Computer simulation of the roll contact pressure characteristic for 6-high CVC wide strip mill [J]. *Chinese Journal of Mechanical Engineering*, 2000, 36(8): 69-73. (in Chinese)

[7] LIU Hongmin, ZHENG Zhenzhong, PENG Yan. Computer simulation of shape control character for 6-high CVC wide strip mill [J]. *Journal of Iron and Steel Research*, 2001, 13(1): 14-18. (in Chinese)

[8] YANG Lipo, LIU Hongmin, PENG Yan, et al. Study on transient temperature field of roll during hot strip rolling [J]. *Iron and Steel*, 2005, 40(10): 38-41. (in Chinese)

[9] YANG Lipo, PENG Yan, LIU Hongmin. Two-dimensional transient temperature field of finish rolling section in hot tandem rolling [J]. *Journal of Iron and Steel Research (International)*, 2004, 11(4): 29-33.

[10] LI Xingdong, YANG Lipo, LIU Hongmin. Optimization model of genetic algorithm about heat exchange parameters of hot rolling work rolls [J]. *Journal of Iron and Steel Research*, 2007, 19(10): 25-28. (in Chinese)

[11] LI Junhong, LIAN Jiachuang, YUE Xiaoli. Prediction model of temperature field and crown of work roll for hot strip mill [J]. *Journal of Iron and Steel Research*, 2003, 15(6): 25-28. (in Chinese)

[12] HE Anrui, ZHANG Qingdong, XU Jinwu, et al. Genetic algorithms of work roll wear model for hot rolling [J]. *Iron and Steel*, 2000, 35(2): 56-59. (in Chinese)

[13] BAO Zhongnan, CHEN Xianlin, ZHANG Qingdong, et al. Research on work roll hot-regrinding for strip hot rolling mill [J]. *Iron and Steel*, 1999, 34(9): 58-62. (in Chinese)

[14] LIAN Jiachuang, HUANG Chuanqing, CHEN Liansheng. Roll wear on finishing train of 2050 CVC hot strip mill [J]. *Iron and Steel*, 2002, 37(3): 24-27. (in Chinese)

[15] LIU Hongmin, PENG Yan, CHU Yupeng, et al. Strip element method for shape discrimination of strip rolling [J]. *Communications in Numerical Methods in Engineering*, 2004, 20(9): 709-720.

[16] LIN Zhenbo, ZHANG Bo, LIAN Jiachuang, et al. Analysis and discussion of shape discriminant model of cold rolled strip [J]. *Iron and Steel*, 1995, 30(8): 39-43. (in Chinese)

[17] ZHANG Xiuling, LIU Hongmin. GA-BP model of flatness pattern recognition and improved least-squares method [J]. *Iron and Steel*, 2003, 38(10): 29-34. (in Chinese)

[18] QIAO Junfei, GUO Ge, CHAI Tianyou. Fuzzy shape pattern recognition method [J]. *Iron and Steel*, 1998, 33(6): 37-40. (in Chinese)

[19] LIU Hongmin, DING Kairong, LI Xingdong, et al. Theoretical computation method of shape standard curve [J]. *Chinese Journal of Mechanical Engineering*, 2008, 44(8): 137-142. (in Chinese)

[20] LIN Zhenbo, LIAN Jiachuang, LIU Hongmin. ABB shape measurement-control system and shape standard curve [J]. *Steel Rolling*, 1994, (4): 20-24. (in Chinese)

[21] LIU Hongmin, SANFILIPPO F, DOLCI F. The mathematic model for shape design

control in hot strip steel tandem mill [J]. *Iron and Steel*, 1996, 31(10): 30-34, 10. (in Chinese)

[22] PENG Yan, LIU Hongmin, HU Jianping, et al. Software for flatness analysis and presetting control of cold strip rolling (FAPCSR) and application [J]. *Iron and Steel*, 2003, 38(2): 34-37. (in Chinese)

[23] PENG Yan, LIU Hongmin, ZHANG Shougang, et al. Shape and profile control strategy for HC mill [J]. *Iron and Steel*, 2002, 37(4): 35-38. (in Chinese)

[24] LIU Hongmin, ZHANG Xiuling, WANG Yingrui. Transfer matrix method of flatness control for strip mills [J]. *Journal of Materials Processing Technology*, 2005, 166(2): 237-242.

[25] WONG Chingchang, CHEN Chiachong. Hybrid clustering and gradient descent approach for fuzzy modeling [J]. *IEEE Transactions on Systems, Man, and Cybernetics-part B: Cybernetics*, 1999, 29(6): 686-693.

[26] LI Guoyong. *Intelligent control and its implementation by MATLAB* [M]. Beijing: Publishing House of Electronics Industry, 2005. (in Chinese)

Theory-Intelligent Dynamic Matrix Model of Flatness Control for Cold Rolled Strips①

Liu Hongmin[1,2], Shan Xiuying[1,2], Jia Chunyu[1,2]

(1. National Engineering Research Center for Equipment and Technology of Cold Strip rolling, Yanshan University, Qinhuangdao 066004, Hebei, China;

2. State Key Laboratory of Metastable Materials Science and Technology, Yanshan University, Qinhuangdao 066004, Hebei, China)

Abstract: In order to increase the precision of flatness control, considering the principle and the measured data of rolling process essence, the theory-intelligent dynamic matrix model of flatness control is established by using theory and intelligent methods synthetically. The network model for rapidly calculating the theory effective matrix is established by the BP network optimized by the particle swarm algorithm. The network model for rapidly calculating the measurement effective matrix is established by the RBP network optimized by the cluster algorithm. The flatness control model can track the practical situation of rolling process by on-line self-learning. The scheme for flatness control quantity calculation is established by combining the theory control matrix and the measurement control matrix. The simulation result indicates that the establishment of theory intelligent dynamic matrix model of flatness control with stable control process and high precision supplies a new way and method for studying flatness on-line control model.

Key words: Flatness control; Dynamic matrix; Theory model; Measured data; Neural network; Particle swarm; Cluster

Flatness is an important quality indicator of steel strips. It influences the lumber recovery of steel products, the quality of subsequent deeply processed products and the well-off performance of the deep processing directly and it is also the most strict and difficult indicator among the performance indicators of cold-rolled strip products[1-3].

Flatness control model has the key and decisive status and function in flatness control system. Flatness control scheme is given by flatness control model The theory analysis and calculation cannot satisfy the need of high-speed calculation since the adoption of the implicit expression model requires a step by step iterative approach, a large amount of calculation and a long time for the calculation[4-5]. So, to establish a simple, fast and accurate explicit formulation control model has become an urgent demand for

① Journal of Iron and Steel Research, International, 2013, 20(8): 1-7.

the development of flatness control technique. The matrix model[6-8] of flatness control resolves the problem of the fast calculation for flatness regulation.

The explicit mathematical model of flatness control can be established by analyzing the relation between flatness regulating quantities and flatness deviation components. Control quantities can be quickly calculated to control flatness if the control matrix is given. How to calculate the control matrix quickly and precisely is the key of implementing flatness control based on the matrix model. Previous studies[9-10] brought forward the dynamic matrix method of flatness control which incarnates the real-time change characteristic of flatness control and has higher precision than the static matrix method brought forward in Ref. [6-8]. However, it depends on the abundant and all-around measured data to implement the method. Occasionally, abundant measured data are hard to be obtained because of the restriction of rolling conditions. At the same time its application is restricted and it needs to be improved in commonality because the function of the theory model is not considered.

The calculation methods of flatness control matrix can be mainly categorized into the theory model based on the basic theory of mill and the intelligent model based on the experience and data[11-14]. The strong points of the two models are integrated into this work and the theory-intelligent dynamic matrix model of flatness control is established by using the data calculated by the theory model and the measured data synthetically. The experimental result indicates that the model can improve the reliability and accuracy of flatness control and it is an effective flatness control model.

1 Matrix Model of Flatness Control

Modern high-tech mills usually have many flatness regulating means[15-16]. In practical applications many flatness regulating means are used to eliminate flatness deviation by the interaction of control effects. For traditional flatness control methods, each regulation means controls a certain type of flatness solely. However, various regulating means are reciprocally coupled in practice and each regulation means has influences on various flatness components. So the high-precision flatness control model can be established by only considering the relation between various regulation means and various order flatness components in the round. The matrix model of flatness control is an explicit control model which establishes the relation of various flatness regulation means and various order flatness components by an effective matrix and can implement the parallel control of various regulation means.

Taking HC mill for example, take the tilting roll, the bending work roll, the asymmetry bending work roll and the axial shifting intermediate roll as flatness regulation means and the relation between flatness variations and regulation quantities of various regulation means can be expressed by Eqn. (1).

$$\begin{bmatrix}\Delta e_1\\ \Delta e_2\\ \Delta e_3\\ \Delta e_4\end{bmatrix}=\begin{bmatrix}c_{11} & c_{12} & c_{13} & c_{14}\\ c_{21} & c_{22} & c_{23} & c_{24}\\ c_{31} & c_{32} & c_{33} & c_{34}\\ c_{41} & c_{42} & c_{43} & c_{44}\end{bmatrix}\begin{bmatrix}\Delta u_1\\ \Delta u_2\\ \Delta u_3\\ \Delta u_4\end{bmatrix} \tag{1}$$

where, Δe_1, Δe_2, Δe_3 and Δe_4 are the variations of the linear flatness component e_1, the quadratic flatness component e_2, the cubic flatness component e_3 and the biquadratic flatness component e_4, respectively; Δu_1, Δu_2, Δu_3 and Δu_4 are the variations of the tilting roll quantity, the work roll bending force, the work roll asymmetry bending force and the intermediate roll axial shifting quantity respectively; and c_{ij} ($i,j=1,2,3,4$) is an effective coefficient whose physical meaning is the variation of the ith flatness component coefficient e_i brought by the unit variation of the jth regulation parameter u_j.

Let

$$C=\begin{bmatrix}c_{11} & c_{12} & c_{13} & c_{14}\\ c_{21} & c_{22} & c_{23} & c_{24}\\ c_{31} & c_{32} & c_{33} & c_{34}\\ c_{41} & c_{42} & c_{43} & c_{44}\end{bmatrix},$$

$$\Delta \boldsymbol{E}=\begin{bmatrix}\Delta e_1\\ \Delta e_2\\ \Delta e_3\\ \Delta e_4\end{bmatrix},\ \Delta \boldsymbol{U}=\begin{bmatrix}\Delta u_1\\ \Delta u_2\\ \Delta u_3\\ \Delta u_4\end{bmatrix}$$

then Eqn. (1) can be abbreviated as

$$\Delta \boldsymbol{E}=\boldsymbol{C}\Delta \boldsymbol{U} \tag{2}$$

where, $\boldsymbol{C}$ is defined as the effective matrix; $\Delta \boldsymbol{E}$ is the variation of flatness parameters; and $\Delta \boldsymbol{U}$ is the variation of flatness regulation parameters.

If the measured flatness deviation is $\Delta \boldsymbol{E}$, according to the effective matrix $\boldsymbol{C}$ of flatness control the flatness regulating quantity can be obtained as follows

$$\Delta \boldsymbol{U}=\boldsymbol{C}^{-1}\Delta \boldsymbol{E} \tag{3}$$

Eqn. (3) is called the control matrix equation. The aim of flatness control is to eliminate flatness deviation and the actual flatness regulation quantity is $-\Delta \boldsymbol{U}$. In this way, if the effective matrix is given, the control quantity can be easily calculated to control flatness by the flatness deviation.

It is obvious that how to calculate the effective matrix becomes the key of implementing the matrix model of flatness control. In order to implement the exact calculation of flatness control, the theory-intelligent dynamic matrix model of flatness control is established in this study.

2 Building-Up of Theory-Intelligent Dynamic Matrix Model

2.1 Structure of Control Model

Flatness control models can be mainly categorized into the theory model based on the basic theory of mill and the intelligent model based on the experience and data. These two kinds of models have their respective advantages, which can be integrated and used in flatness control. The control quantity is calculated by integrating the theory control equation established by the data of the theory model and the measurement control equation established by the measured data, The former reflects the main rules of rolling process and the latter is on-line modified by the practical situation of rolling process, which can improve the reliability and accuracy of flatness control model and the flatness control effect can be improved accordingly.

Fig. 1 shows the structure of the theory-intelligent dynamic matrix model of flatness control. In Fig. 1, $\boldsymbol{R}_{\mathrm{f}}(k)$ is the standard flatness curve at time k; $\boldsymbol{Y}_{\mathrm{f}}(k)$ is the flatness at time k; $\Delta\boldsymbol{E}_{\mathrm{z}}(k)=\boldsymbol{R}_{\mathrm{f}}(k)-\boldsymbol{Y}_{\mathrm{f}}(k)$ is the flatness deviation at time k; $\Delta\boldsymbol{E}(k)=[\Delta e_1(k), \Delta e_2(k), \Delta e_3(k), \Delta e_4(k)]$, where $\Delta e_1(k)$, $\Delta e_2(k)$, $\Delta e_3(k)$ and $\Delta e_4(k)$ are the linear flatness deviation, the quadratic flatness deviation, the cubic flatness deviation and the biquadratic flatness deviation, respectively; $\boldsymbol{C}_1$ and $\boldsymbol{C}_2$ are the theory effective matrix and the measurement effective matrix, respectively; $\Delta\boldsymbol{U}_1(k)$ and $\Delta\boldsymbol{U}_2(k)$ are the flatness regulation quantities calculated by the theory effective matrix and the measurement effective matrix, respectively; $\Delta\boldsymbol{U}(k)$ is the final flatness regulation quantity calculated according to $\Delta\boldsymbol{U}_1(k)$ and $\Delta\boldsymbol{U}_2(k)$; NN1 and NN2 are two neural networks used to calculate $\boldsymbol{C}_1$ and $\boldsymbol{C}_2$, respectively; $\boldsymbol{X}_1$ and $\boldsymbol{X}_2$ are the input vectors of NN1 and NN2, respectively.

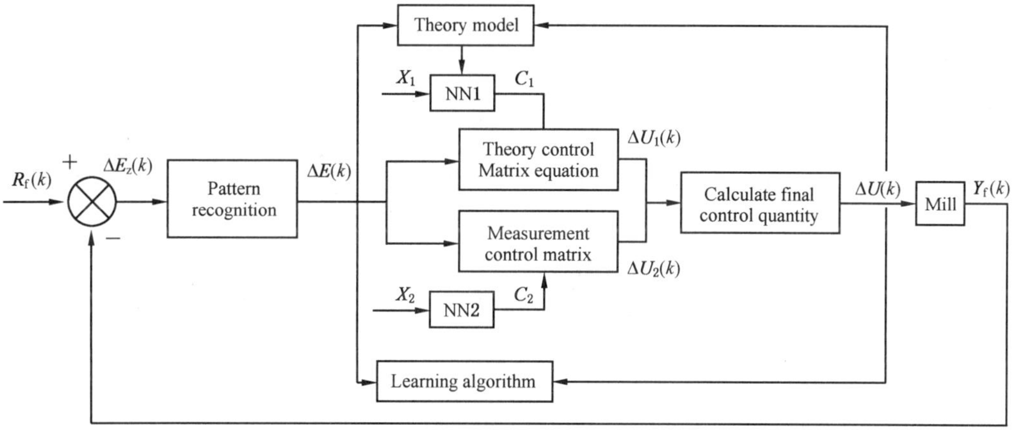

Fig. 1　Structure of theory-intelligent dynamic matrix flatness control model

The network NN1 is used to calculate $\boldsymbol{C}_1$ which is trained according to the data calculated by the theory model. The influcncc of various parameters on the effective matrix can be roundly analyzed for the strong analyzing ability of the theory model. So a large number of large-scale data can be provided by the theory model and these data can reflect the characteristic of the theory model. The network NN2 is used to calculate $\boldsymbol{C}_2$ and it is trained by the measured data. On one hand, the network is trained off-line by the given data; on the other hand, it is trained on-line, realizing its self-learning.

2.2 Network Model of Theory Effective Matrix

The theory model is a traditional method for analyzing rolling process. From the essence of rolling process, it is the model deduced by basic physical theory with strong calculating and analyzing ability and its calculated results have better rules. BP network is a maturely-used network among various neural network models and it incarnates the best essential part of artificial neural network[17]. If the theory effective matrix model is established based on the BP network trained according to the data calculated by theory model, the advantages of the theory model and BP network can be integrated to establish a model for calculating the effective matrix which can reflect the essence rules of rolling process with fast calculation speed.

2.2.1 Structure of BP Network

Strip rolling process is influenced by many factors including mill parameters, such as the material, diameters and crowns of rolls, body length of the rolls the dimension of roll neck, bearing parameters and the transverse rigidity and the longitudinal rigidity of the mill, etc; strip parameters, such as strip material, strip width, entry thickness, exit thickness and strip crown, etc; and process parameters, such as front tension, back tension, rolling force, rolling speed, rolling temperature, tilting roll quantity, roll bending force and axial shifting quantity, etc. Main parameters are chosen to be the input parameters of the network in order to make the model simply applied and avoid enormous network structure.

The BP network model of the theory effective matrix NN1 is shown in Fig. 2. The input parameters of NN1 are set as strip width B, entry thickness h_{0m}, exit thickness h_{1m}, deformation resistance σ_s, elasticity modulus E_s, front tension σ_1, back tension σ_0, rolling force P, tilting roll quantity u_1, work roll bending force u_2, work roll asymmetry bending force u_3 and intermediate roll axial shifting quantity u_4, i. e., the input vector is

$$\boldsymbol{X}_1 = [B, h_{0m}, h_{1m}, \sigma_s, E_s, \sigma_1, \sigma_0, P, u_1, u_2, u_3, u_4] \quad (4)$$

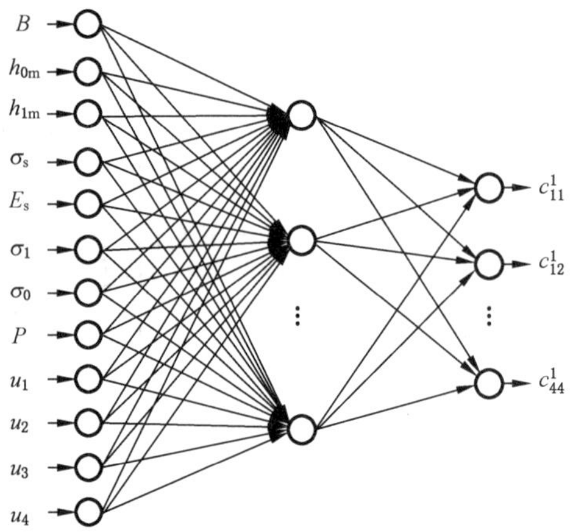

Fig. 2 NN1(BP) network model of theory effective matrix

The output parameters of NN1 are the elements of $\boldsymbol{C}_1$, i. e., the output vector is

$$\boldsymbol{Y}_{c1} = [c^1_{11}, c^1_{12}, \cdots, c^1_{44}] \quad (5)$$

2.2.2 Training Algorithm Amelioration of BP Network

The weight values and the threshold values of various layers of BP network are expressed in vector form and the correcting formulas of the weight values and the threshold values of the standard BP algorithm can be expressed as

$$\Delta \boldsymbol{V}(k)=\eta \boldsymbol{G}(k) \tag{6}$$

$$\boldsymbol{V}(k+1)=\boldsymbol{V}(k)+\Delta \boldsymbol{V}(k) \tag{7}$$

where, $\boldsymbol{V}(k)$ is the vector of weight values and threshold values of the kth iteration; $\Delta \boldsymbol{V}(k)$ is the increment vector of the weight values and the threshold values of the kth iteration; $\boldsymbol{G}(k)$ is the negative grads vector of the error $E_r(k)$ for the weight values and the threshold values of the kth iteration; and η is the learning efficiency.

When BP network is trained by the standard BP algorithm, the error grads are small. Under this circumstance, the error is not sensitive to the change of the weight values and the error declines slowly with the increase of adjusting time. If the big learning efficiency is adopted, the error may vibrate and the convergence speed is influenced. Therefore, many improved BP algorithms are brought forward by many scholars[18]. The momentum BP algorithm, the learning-efficiency-alterable BP algorithm and the grads-alterable BP algorithm are common and using these algorithms synthetically, the improved BP algorithm can be obtained,

$$\Delta \boldsymbol{V}(k)=\gamma \Delta \boldsymbol{V}(k)+\eta(1-\gamma) \boldsymbol{H}(k) \quad (0<\gamma<1) \tag{8}$$

where

$$\eta(k+1)=\begin{cases} k_{\text{inc}}\eta(k) & E_r(k+1)<E_r(k) \\ k_{\text{dec}}\eta(k) & E_r(k+1)>E_r(k) \end{cases} \tag{9}$$

$$\boldsymbol{H}(k)=\begin{cases} \boldsymbol{G}(0) & k=0 \\ \boldsymbol{G}(k)+\beta(k)\boldsymbol{G}(k-1) & k>0 \end{cases} \tag{10}$$

k_{inc} is accretion factor and k_{dec} is diminution factor; and $\beta(k)$ is a correction coefficient which can be calculated by

$$\beta(k)=\frac{\boldsymbol{G}^{\mathrm{T}}(k)\boldsymbol{G}(k)}{\boldsymbol{G}^{\mathrm{T}}(k-1)\boldsymbol{G}(k-1)} \tag{11}$$

2.2.3 Optimization of BP Network by Particle Swarm Algorithm

BP algorithm is a part optimizing method and the weight values are optimized by the grads decline method. So BP network is prone to get into part minimum and cannot obtain the globally optimum solution. Therefore, the particle swarm algorithm is introduced in the training of the network. The algorithm can search for the optimum solution globally. At first, the weight values and the threshold values of the network are optimized globally by the particle swarm algorithm, and then they are optimized partially by the improved BP algorithm, which can make the network obtain the globally optimum solution.

The particle swarm algorithm is also an evolutionary algorithm. According to the adaptive values of particles, it searches for the optimum solution based on a group of initial solutions generated randomly by iterative calculations. The particle swarm algorithm mainly includes some points as follows. 1) Particles fly in the whole problem space and evaluate the environment where they are in (calculate sufficiency). 2) Each particle can memorize the best position which it has lived through. 3) Each particle can apperceive the best position which the swarm has lived through. 4) When each particle changes its speed, it can consider the best position which it has lived through and the best position which the swarm has lived through at the same time.

If $\boldsymbol{X}_i=[x_{i1},x_{i2},\cdots,x_{in}]$ is set as the current position of the particle i, $\boldsymbol{V}_i=[v_{i1},v_{i2},\cdots,v_{in}]$ is set as the current speed of the particle i, $\boldsymbol{P}_i=[p_{i1},p_{i2},\cdots,p_{in}]$ is set as the best position which the particle i has lived through and $\boldsymbol{P}_g=[p_{g1},p_{g2},\cdots,p_{gn}]$ is set as the best position which all the particles of the swarm has lived through (the globally best position), the evolution equation of the particle swarm algorithm can be expressed as

$$v_{ij}(t+1)=v_{ij}(t)+c_1r_{1j}(t)[p_{ij}(t)-x_{ij}(t)]+c_2r_{2j}(t)[p_{gj}(t)-x_{ij}(t)] \tag{12}$$

$$x_{ij}(t+1)=x_{ij}(t)+v_{ij}(t+1) \tag{13}$$

where, the suffix "j" expresses the jth dimension of the particle swarm; "i" expresses the particle i; "t" expresses the tth generation; c_1 and c_2 are acceleration constants which are in the domain of 0-2 commonly and r_1 and r_2, are two mutually independent random numbers which are in the domain of 0-1.

2.3 Network Model of Measurement Effective Matrix

In the practical rolling process, the abundant measured data can be accumulated. These data reflect the actual rolling process and they are the best reliable data source for researching on the rolling theory models. Therefore, the network model NN2 for calculating the measurement effective matrix is established according to the measured data. The model can on-line modify the measurement effective matrix by on-line self-learning according to the measured data.

For BP network is a type of globally approaching neural network, it learns slowly and it is not suitable to the situation of high real-time performance. So a type of part approaching network—RBF (Radial Basis Function) is adopted to establish the model of NN2. The structure of RBF network is similar to that of the BP network with three layers and it only adjusts lesser weight values and threshold values for each training sample. Therefore, it is suitable to on-line control with fast training speed.

2.3.1 Structure of RBF Network

For there are a large number of parameters influencing rolling process, main parameters are chosen as the input parameters of NN2 and the influence of other parameters can be added to these parameters equivalently, which is convenient for centralization control and the precision improvement of flatness control. The established network NN2 of the measurement effective matrix is shown in Fig. 3. The input vector is

$$\boldsymbol{X}_2=[B,h_{0\mathrm{m}},h_{1\mathrm{m}},\sigma_1,\sigma_0,P,u_1,u_2,u_3,u_4] \tag{14}$$

The output parameters of NN2 are

the elements of $\boldsymbol{C}_2$, i. e., the output vector is

$$\boldsymbol{Y}_{c2}=[c_{11}^2,c_{12}^2,\cdots,c_{44}^2] \tag{15}$$

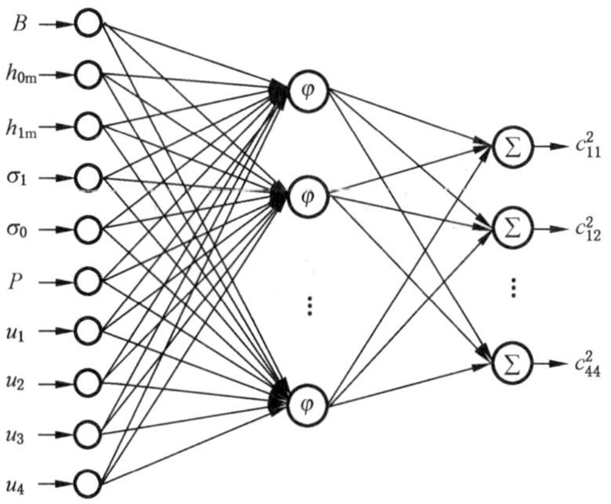

Fig. 3 NN2(RBF) network model of measurement effective matrix

2.3.2 Learning algorithm of RBF NetWork

The node numbers of the input layer, the middle layer and the output layer of RBF network are set as m_0, m_1 and m_2, respectively; $\boldsymbol{X}_b=[x_{b1},x_{b2},\cdots,x_{bm0}]$ is the input vector; $\boldsymbol{R}_i(i=1,2,\cdots,m_1)$ is the center vector of the ith node of the middle layer and $b_i(i=1,2,\cdots,m_1)$ is the width of the ith node of the middle layer. Let

$$\boldsymbol{R}_i=[r_{i1},r_{i2},\cdots,r_{im0}]^{\mathrm{T}} \tag{16}$$

then the output of the ith nerve cell of the middle layer is

$$h_{bi}=\exp\left[-\frac{1}{2b_i^2}\sum_{j=1}^{m_0}(x_{bj}-r_{ij})^2\right] \quad (1\leqslant i\leqslant m_1) \tag{17}$$

The output of the ith nerve cell of the output layer is

$$y_{bi}=\sum_{j=1}^{m_1}(h_{bj}w_{ij}) \quad (1\leqslant i\leqslant m_2) \tag{18}$$

where w_{ij} the connection weight value between the jth nerve cell of the middle layer and the ith nerve cell of the output layer.

In the training process of RBF network, the center r_i and the width b_i of each node of the middle layer and the connection weight value w_{ij} between the middle layer and the output layer need to be determined.

1) Determination of the center r_i. A kind of unsupervised cluster learning algorithm is adopted to determine r_i and the main thought of the cluster learning algorithm is that a reference vector is chosen and those vectors closely connected with the reference vector are searched for in sample space and then the reference vector is substituted by the average value of these vectors. Detailed approaches are as follows.

(a) Every sample is regarded as a cluster center, i. e., the reference vector is $\boldsymbol{r}_{ci}=\boldsymbol{X}_i(i=1,2,\cdots,N)$;

(b) The relation degree between the reference vector $\boldsymbol{r}_{ci}$ and other vector $\boldsymbol{r}_{cj}$ in the sample space is calculated,

$$d_{ij}=\exp[-\|\boldsymbol{r}_{ci}-\boldsymbol{r}_{cj}\|^2/(2b_c^2)] \quad (i,j=1,2,\cdots,N) \tag{19}$$

(c) The relation degree between $\boldsymbol{r}_{ci}$ and $\boldsymbol{r}_{cj}$ is adjusted, i. e., if $d_{ij}<\varepsilon_c$, let $d_{ij}=0$, or else keep d_{ij} invariable, where ε_c is a small constant;

(d) The average value of all the vectors which have big relation degree with the reference vector $\boldsymbol{r}_{ci}$ is calculated, i. e., the convergence vector is

$$\boldsymbol{r}_{zi}=\sum_{j=1}^{N}d_{ij}\boldsymbol{r}_{cj}/\sum_{j=1}^{N}d_{ij}\quad(i=1,2,\cdots,N)\tag{20}$$

(e) Let $\boldsymbol{r}_{zi}=\boldsymbol{r}_{ci}(i=1,2,\cdots,N)$ and return to (b) to calculate repeatedly until all $\boldsymbol{r}_{zi}$ and $\boldsymbol{r}_{ci}$ are the same.

The last result of clustering is that those sample data with the same convergence vector are divided into a category and the cluster center of each category can be the representation of the category. The value of b_c is in 0.1−0.3 according to experiment test and ε_c is a random small constant which has no influence on the clustering result.

2) Determination of the width b_i of RBF. After the center of RBF is determined according to sample data, the width of RBF can be determined by

$$b_i=d_{\max}/\sqrt{2M_r}\tag{21}$$

where, $d_{\max}$ is the maximum distance of all types, and M_r is the number of RBF centers.

3) Determination of the weight value w_{ij}. The weight value w_{ij} can be calculated by grads algorithm

$$w_{ij}(k+1)=w_{ij}(k)-\beta G_b(k)\quad(i=1,2,\cdots,m_2;j=1,2,\cdots,m_1)\tag{22}$$

where, y_{bi}^d is the anticipant output; β is learning efficiency; and $G_b(k)$ is the grads of the kth iteration, $G_b(k)=-[y_{bi}^d-y_{bi}(k)]h_{bj}(k)$.

2.4 Calculation of Flatness Regulation Quantity

According to the model shown in Fig. 1, the respective regulating quantities can be calculated based on $\Delta\boldsymbol{E}$ after $\boldsymbol{C}_1$ and $\boldsymbol{C}_2$ are calculated by NN1 and NN2

$$\Delta\boldsymbol{U}_1=\boldsymbol{C}_1^{-1}\Delta\boldsymbol{E}\tag{23}$$

$$\Delta\boldsymbol{U}_2=\boldsymbol{C}_2^{-1}\Delta\boldsymbol{E}\tag{24}$$

The final regulating quantity can be calculated by

$$\Delta\boldsymbol{U}=\alpha\Delta\boldsymbol{U}_1+(1-\alpha)\Delta\boldsymbol{U}_2\tag{25}$$

where α is the control adjusting factor within 0 and 1 and it is on-line adjusted according to the control effect of the system. α can be adjusted by

$$\alpha(k+1)=\alpha(k)+\alpha_{\min}\mathrm{sgn}[e_m(k-1)-e_m(k)]\tag{26}$$

where, $\alpha_{\min}$ is the adjusting step length of α; sgn is the sign function; and $e_m(k)$ is the average flatness deviation at time k.

3 Simulation of Model

The control effect of the established theory-intelligent dynamic matrix model of flatness control is tested and compared with the static matrix control model on the basis of the theory model. The parameters of some 1 800 mm mill are shown in Table 1. The strip width is 1 400 mm, the entry thickness is 2.5 mm and the exit thickness is 1.75 mm. Fig. 4 shows the whole flatness before control. Fig. 5 and Fig. 6 show the control effects of various flatness components by the static matrix control model and the established theory- intelligent dynamic matrix control model, respectively. Fig. 7 shows the whole flatness controlled by the two methods.

Table 1　Roll system parameters of 1 800 mm mill mm

Parameter	Backup roll	Intermediate roll	Work roll
Diameter	1 295	505	430
Roll body length	1 850	2 350	1 850
Distance between bearings	2 960	3 380	2 960

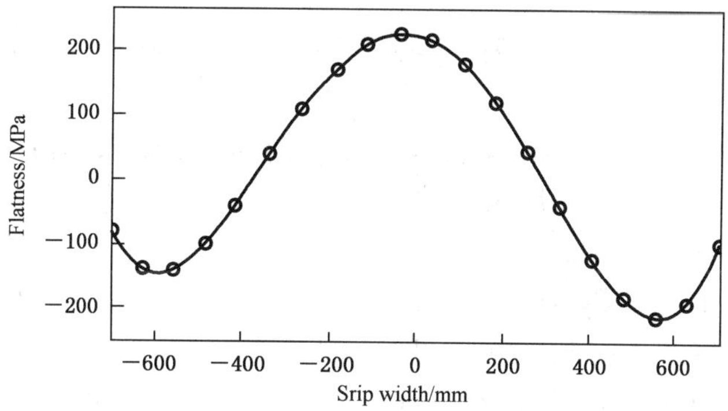

Fig. 4　whole flatness before control

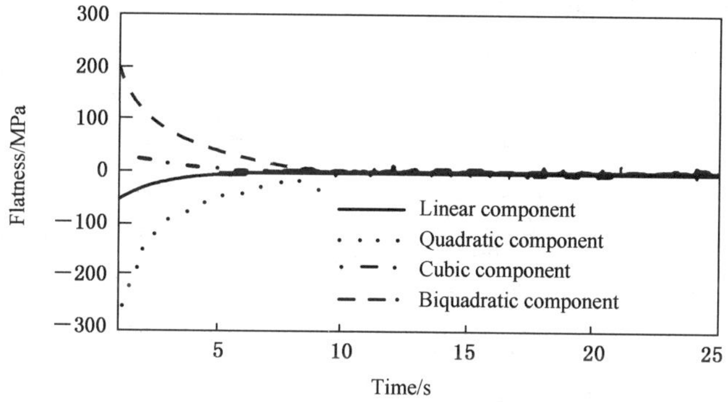

Fig. 5　Control result by the static matrix model

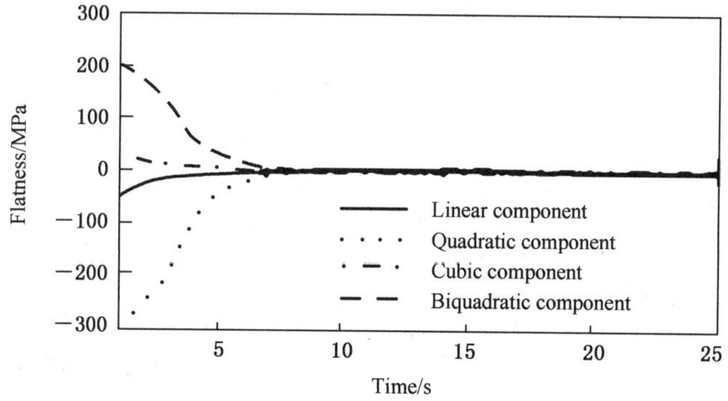

Fig. 6　Control result by the theory-intelligent dynamic matrix model

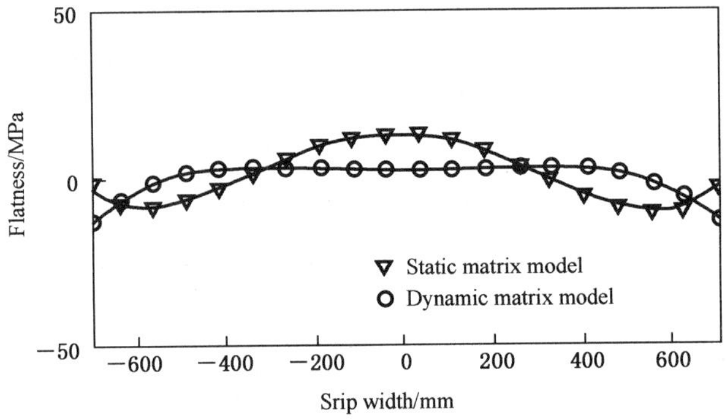

Fig. 7 Whole flatness controlled by the two models

From Fig 5, it can be seen that the error declines slowly and the error is big all the same in the steady state by the static matrix model; from Fig. 6, it can be seen that the error declines quickly and the error is small all along in the steady state by the theory-intelligent dynamic matrix model; from Fig. 7, it can be seen that the control effect of the theory-intelligent dynamic matrix model is distinctly better than that of the static matrix model. According to the above analysis, it is perceptible that the theory-intelligent dynamic matrix model is more suitable to flatness control for considering the change of rolling process and the control precision and efficiency by it are all better than that by the static matrix model.

4 Conclusions

1) By considering the rolling process essence and the measured data, the theory control matrix and the measurement control matrix are integrated organically to establish the flatness control scheme, which can improve the commonality, flexibility and accuracy of flatness on-line control scheme.

2) The BP network optimized by the particle swarm algorithm can be used to calculate the theory effective matrix quickly and avoid the hard problem to meet the need of fast calculation for the enormous structure of the theory model and the long calculation time.

3) The RBF network optimized by the cluster algorithm can be used to calculate the measurement effective matrix quickly, which makes the flatness on-line control model track rolling process dynamically and be suitable for on-line control with fast learning speed.

4) The simulation result of flatness control indicates that the established theory-intelligent dynamic matrix model has stable control process and high precision and its control effect is distinctly better than that of the static matrix model.

References

[1] LIU Hong-min, JIA Chun-yu, SHAN Xiu-ying. Application of intelligent methods in flatness control [J]. Journal of Yanshan University, 2010, 34(1): 1 (in Chinese).

[2] PENG Yan, SUN Jia-liang, LIU Hong-min.

Development of dynamic model building and simulation of rolling mill system based on shape and thickness control [J]. Journal of Yanshan University,2010, 34(1):6(in Chinese).

[3] PENG Yan,LIU Hong-min. Pattern recognition method progress of measured signals of shape in cold rolling [J]. Journal of Yanshan University,2003, 27(2):142(in Chinese).

[4] FAN You-qin,DUAN Zhen-yong. Deformation of tension-measuring roll formed by beams of pieces construction [J]. Journal of Yanshan University,1992, 16(4):317 (in Chinese).

[5] LIU Hong-min. Three-dimensional rolling theory and its applications [M]. Beijing:Science Press,1999(in Chinese).

[6] ZHANG Xiu-ling. Research on Intelligent Control and Recognition of Flatness for Cold Strip Mill [D]. Qinhuangdao: Yanshan University,2002(in Chinese).

[7] ZHANG Xiu-ling,LIU Hong-min. Transfer matrix method of flatness control [J]. Chinese Journal of Mechanical Engineering, 2003,39(11):100(in Chinese).

[8] LIU Hong-min, ZHANG Xiu-ling, WANG Ying-rui. Transfer matrix method of flatness control for strip mills[J]. Journal of Materials Processing Technology, 2005, 166 (2):237.

[9] HE Hai-tao. Research on flatness on-line intelligent control for the wide strip steel cold mill [D]. Qinhuangdao: Yanshan University,2008(in Chinese).

[10] LIU Hong-min, HE Hai-tao, SHAN Xiu-ying, et al. Flatness control based on dynamic effective matrix for cold strip mills [J]. Chinese Journal of Mechanical Engineering,2009,22(2):287.

[11] PENG Yan, ZHENG Zhen-zhong, WANG Jian-guo. Influence and compensating means of profile in strip flatness measuring and controlling of reversible rolled strip profile [J]. Journal of Yanshan University, 1999, 23(1):76(in Chinese).

[12] JIA Chun-yu,REN Yu-bo,NI Yu-hui. Fuzzy control on strip shape of 20-high Sendzimir mill [J]. Journal of Yanshan University,1999, 23(4):352(in Chinese).

[13] LI Yuan, LIU Wen-zhong, SUN Yi-kang. Application of neural network to prediction rolling force for the finisher [J]. Iron and Steel,1996, 31(1):54 (in Chinese).

[14] WU Gang, SUN Yi-kang. Application of multivariable fuzzy predictive control in AGC-AFC [J]. Journal of University of Science and Technology Beijing, 1999, 21 (4):403(in Chinese).

[15] SUN Tie-kai,ZHAO Yong-he. Research on profile controlling characteristics of WRS mill [J]. Journal of Yanshan University, 1991, 15(2):139 (in Chinese).

[16] PENG Yan, ZHENG Zhen-zhong, LIU Hong-min. Simulation research of cold rolled strip shape control in 6-roller hc mill [J]. China Mechanical Engineering, 2000, 11(9):1061 (in Chinese).

[17] ZHOU Kai-li, KANG Yao-hong. Neural network model and its simulation programming by MATLAB [M]. Beijing:Tsinghua University Press,2005(in Chinese).

[18] WANG Hong-yuan,SHI Guo-dong. Artificial neural network technology and its application [M]. Beijing:China Petrochemical Press,2002(in Chinese).

Decoupling Strategy and Dynamic Decoupling Model of Flatness Control in Cold Rolling Strip①

Song Mingming[1], Liu Hongmin[1,2], Wang Dongcheng[1,2], Xu Yanghuan[1]
(1. National EngineeringResearch Center for Equipment and Technology of Cold Strip Rolling, Yanshan University, Qinhuangdao 066004, Hebei, China;
2. State Key Laboratory of Metastable Materials Science and Technology, Yanshan University, Qinhuangdao 066004, Hebei, China)

Abstract: Taking a 1 420 mm UCM six-high cold rolling mill as the research object, by calculating and analyzing the relative gain array of flatness adjustments, the flatness control strategy of independent control primary flatness, decoupling control quadratic and quartic flatness is proposed, which simplifies the complex three-loop decoupling to the two-loop decoupling, and facilitates the design of flatness control system. In order to overcome the shortcomings of the long response time and the process fluctuation of the static matrix decoupling control, based on the multi-input and multi-output decoupling control theory, a method and model for the whole process decoupling of quadratic and quartic flatness control loops is proposed by introducing dynamic decoupling matrix instead of static decoupling matrix. The simulation results show that the dynamic matrix decoupling control method can make the system adjust quickly and smoothly, and by controlling the primary, quadratic and quartic flatness, the cubic flatness can also be controlled effectively. This paper opens up a new way and method for developing a simple, practical and high performance flatness control system.

Key words: Flatness control; Influence matrix; Relative gain array; Static decoupling matrix; Dynamic decoupling matrix; Process decoupling

1 Introduction

Flatness control is an important key technology in cold rolling strip production and how to establish a simple, fast and stable control model is a very difficult scientific problem[1-6]. According to the flatness representation method, the flatness control model can be divided into two kinds. One is to represent the flatness by the flatness set of many points, and establish a mathematical model between the adjustment parameters of flatness and the flatness of each point according to the rolling deformation theory, which is called multi-point flatness control method[7-9]. The other is to represent the flatness by the superposition of the main flatness components, and establish a mathematical model between the

① ISIJ International, 2020, 60(2): 286-296.

adjustment parameters of flatness and the coefficient of each flatness component according to the rolling deformation theory, which is called component flatness control method [10,11]. Multi-point flatness control method does not need flatness pattern recognition, but there are many target parameters, complex control model and large amount of calculation. Component flatness control method has fewer target parameters after flatness pattern recognition[12-14], usually 3 and the control model is concise and the calculation is small. Component flatness control method grasps the main contradictions and achieves the purpose of controlling the flatness of each point by controlling the main flatness components. In this paper, the decoupling model of component flatness control is studied.

At present, six-high rolling mill is widely used to cold rolling strip. Its online flatness adjustment means are roll tilting (RT), work roll bending (WRB) and intermediate roll bending (IRB). The main components of flatness control are primary, quadratic and quartic flatness. It is a multi-input and multi-output (MIMO) coupling control system. There are decoupling and non-decoupling control modes for MIMO coupling control systems, and the control modes need to be selected according to their relative gain array (RGA)[15,16]. Over the years, many scholars have established a flatness decoupling model based on influence matrix[17,18], but it is limited to steady-state decoupling control, not achieving the process decoupling of flatness control. Because the process coupling still exists in the control system based on the decoupling of the influence matrix, which results in the adjustment time of flatness control becoming longer and response of the actuators producing fluctuation. Moreover, the previous flatness decoupling control strategy decouples all control loops, which is feasible when process decoupling is not involved, but when process decoupling is involved, with the increase of coupling loops, the decoupling model is very complex and the practicability is poor[19]. In order to solve the above problems, the RGA theory[20] is applied to simplify the complex three-loop decoupling to the two-loop decoupling, and the control strategy of independent control primary flatness, decoupling control quadratic flatness and quartic flatness is proposed. And applying the idea of influence matrix model and process decoupling, the static and process coupling are all decoupled, the whole process decoupling control scheme using dynamic decoupling matrix is proposed, which achieves the whole process decoupling control of the flatness control system.

2 Decoupling Strategy for Flatness Control

2.1 Principle of Flatness Control

The intermediate rolls shifting (IRS) of a 1 420 mm UCM (universal crown control mill) six-high cold rolling mill is controlled by setting value, that is, the intermediate rolls are shifted to a certain position according to rolling technology before rolling and remain unchanged during rolling process. There are three kinds of on-line flatness adjustment means: RT, WRB and IRB control. According to the rolling deformation theory and the engineering practice, RT mainly controls primary flatness, WRB and IRB mainly control quadratic and quartic flatness. The principle of flatness control is shown in Fig. 1, in which, $\boldsymbol{\sigma}=\{\sigma_1,\sigma_2,\cdots,\sigma_m\}$ is a vector of the flatness of each section along the strip width direction measured by the shapemeter, and m is the number of measurement sections. $\boldsymbol{A}=\{a_1,a_2,a_4\}$ is the measured flatness component coefficient vector by flatness pattern recognition, a_1, a_2 and a_4 represent the measured primary, quadratic and quartic flatness component coefficient respectively. $\boldsymbol{A}^{\mathrm{T}}=\{a_1^{\mathrm{T}},a_2^{\mathrm{T}},a_4^{\mathrm{T}}\}$ is the target flatness component coefficient vector, a_1^T, a_2^T and a_4^T represent the primary, quadratic and quartic target flatness component coefficient respectively. $\boldsymbol{E}=\boldsymbol{A}^{\mathrm{T}}-\boldsymbol{A}=\{e_1,e_2,e_4\}$ is the vector of flatness deviation component coefficient, e_1, e_2 and e_4 represent primary, quadratic and quartic flatness deviation coefficient component respectively. $\Delta\boldsymbol{U}=\{\Delta u_1,\Delta u_2,\Delta u_3\}$ is the regulator vector of given flatness adjustment parameter, Δu_1, Δu_2 and Δu_3 are the given RT displacement adjustment, WRB and IRB force adjustment respectively. $\Delta\boldsymbol{U}^*=\{\Delta u_1^*,\Delta u_2^*,\Delta u_3^*\}$ is the actual output flatness adjustment parameter adjustment vector, Δu_1^*, Δu_2^* and Δu_3^* are the actual adjustment of RT displacement adjustment, WRB and IRB force adjustment respectively. In each control cycle, the flatness control system makes the target flatness $\boldsymbol{A}^{\mathrm{T}}$ minus the

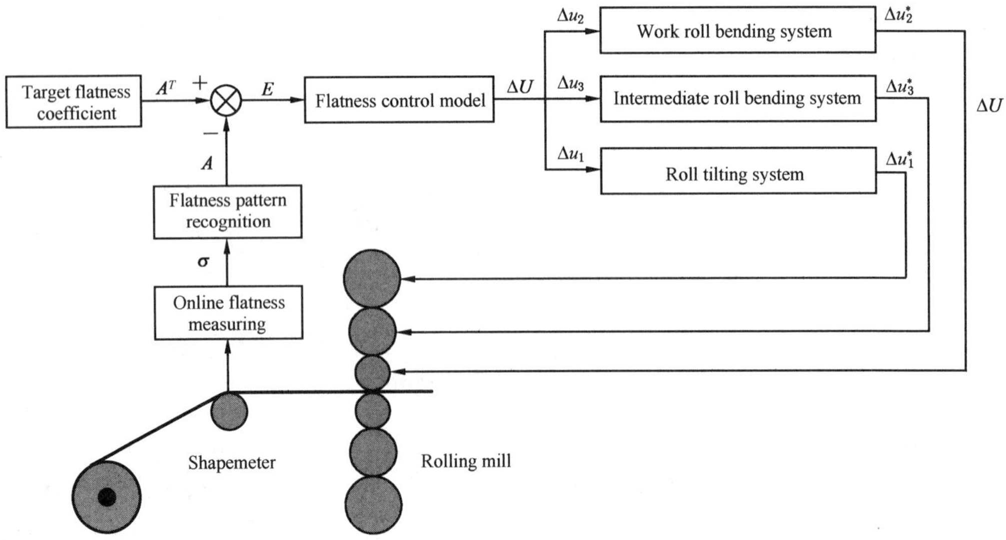

Fig. 1　Flatness control principle

measured flatness $\boldsymbol{A}$ to get the flatness deviation $\boldsymbol{E}$ firstly, then calculates the adjustment amount $\Delta\boldsymbol{U}$ according to the flatness deviation $\boldsymbol{E}$ and gives it to the hydraulic system. Finally, the hydraulic system of each actuator outputs the actual adjustment amount $\Delta\boldsymbol{U}^*$ to the roll system according to its dynamic response, and adjusts flatness through the deformation of roll system.

2.2 Open-loop Flatness Control System

Fig. 1 shows that the flatness control system of the 1 420 mm UCM six-roll cold rolling mill is a three-input-three-output MIMO coupling control system. In order to discuss the problem conveniently, an open-loop flatness control system is constructed as shown in Fig. 2, in which $G_{TM}(s) = G_T(s)G_M(s)$, $G_{WM}(s) = G_W(s)G_M(s)$, $G_{IM}(s) = G_I(s)G_M(s)$, $G_T(s)$, and $G_W(s)$, $G_I(s)$ and $G_M(s)$ are the transfer functions of RT, WRB, IRB and shapemeter respectively. Δa_1, Δa_2, Δa_4 are the change of the flatness coefficients of primary, quadratic and quartic flatness respectively, a_1^0, a_2^0, a_4^0 are the initial measured (last time) primary, quadratic and quartic flatness coefficient respectively. Element c_{ij} is the open-loop gain of the flatness control system, whose physical meaning is the influence coefficient of the j-th adjustment means on the i-th flatness component coefficient[21], which constitutes the open-loop gain matrix of the flatness control called the flatness adjustment influence matrix $\boldsymbol{C}$.

$$\boldsymbol{C} = \begin{bmatrix} c_{11} & c_{12} & c_{13} \\ c_{21} & c_{22} & c_{23} \\ c_{41} & c_{42} & c_{43} \end{bmatrix}, \quad c_{ij} = \Delta a_i / \Delta u_j^* \tag{1}$$

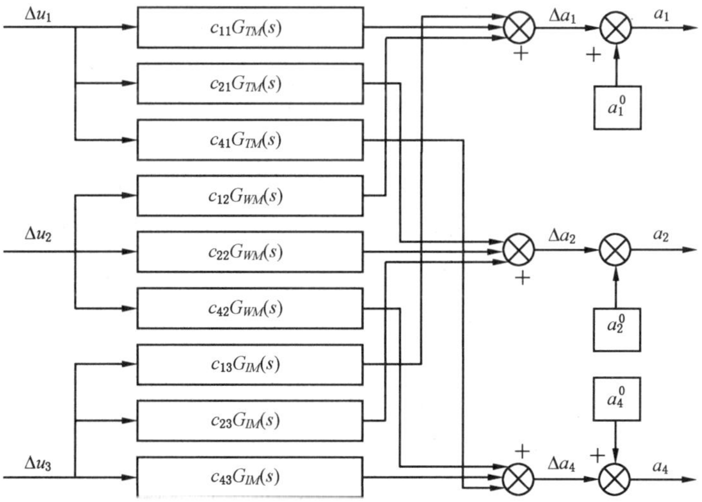

Fig. 2 Open-loop flatness control system

The hydraulic system of RT, WRB and IRB of cold rolling mill and the shapemeter can be approximated to a first-order model[22], and their respective transfer functions are as follow. In the Formula, T_T, T_W, T_I and T_M is the time constant of the RT ,WRB,IRB system and shapemeter respectively.

$$G_T(s)=\frac{1}{T_Ts+1},G_W(s)=\frac{1}{T_Ws+1},$$
$$G_I(s)=\frac{1}{T_Is+1},G_M(s)=\frac{1}{T_Ms+1} \quad (2)$$

2.3 Relative Gain of Flatness Adjustment

Decoupling control is an effective method to solve MIMO coupling systems. However, with the increase of coupling loops, the complexity of decoupling controllers increases and the practicability of decoupling structures decreases. In this paper, the relative gain theory is applied to calculate the coupling degree between the loops, pike out the control loops that do need decoupling, simplify the decoupling structure, reduce the difficulty of decoupling design, so as to make the flatness control system more practical. Relative gain is a level used to measure the effect of a preselected regulating amount on a particular regulated amount. If the relative gain is between 0.3 and 0.7 or greater than 1.5, it indicates that there is a very serious coupling in the system, which indicates decoupling design is necessary. If the relative gain is not in this area, decoupling is not necessary. The relative gain matrix of the open-loop flatness control system shown in Fig. 2 is 3×3 square matrix. Since the relative gain matrix has the property that the sum of elements in each row or column is 1, the RGA $\bar{\boldsymbol{C}}$ can be obtained only by calculating the following four special relative gains.

$$|\boldsymbol{C}|=c_{11}c_{22}c_{43}+c_{13}c_{21}c_{42}+c_{12}c_{23}c_{41}-c_{11}c_{23}c_{42}-c_{13}c_{22}c_{41}-c_{12}c_{21}c_{43} \quad (3)$$

$$\bar{c}_{11}=\frac{c_{11}c_{22}c_{43}-c_{11}c_{23}c_{42}}{|\boldsymbol{C}|} \quad (4)$$

$$\bar{c}_{22}=\frac{c_{22}c_{11}c_{43}-c_{22}c_{13}c_{41}}{|\boldsymbol{C}|} \quad (5)$$

$$\bar{c}_{33}=\frac{c_{43}c_{11}c_{22}-c_{43}c_{12}c_{21}}{|\boldsymbol{C}|} \quad (6)$$

$$\bar{c}_{12}=\frac{c_{21}c_{13}c_{42}-c_{21}c_{12}c_{43}}{|\boldsymbol{C}|} \quad (7)$$

The meaning of each element $\bar{c}_{ij}$ in the RGA represents the degree of influence of the j-th adjusting parameter on the i-th flatness component. The closer the $\bar{c}_{ij}$ approaches 1, the greater the influence, and the closer the $\bar{c}_{ij}$ approaches 0, the smaller the influence. From Formula (3) to Formula (7), the RGA of the flatness control system can be determined after the influence matrix is obtained. The rolling model of rolling mill, i. e. the flatness control deformation mechanism model, is needed to calculate the influence matrix.

2.4 Flatness Control Deformation Mechanism Model and Simulation

Two key models of flatness control deformation mechanism model are strip plastic deformation model and roll elastic deformation model. Firstly, the strip plastic deformation model is established by using the principle of strip element variational method, and the roll elastic deformation model is established by using the influence function method. Then a set of linear equations is directly formed according to the deformation coordination and force balance conditions of strip and roll system. Without iteration, the transverse distribution of flatness, cross section shape, rolling pressure and inter-roll pressure can be solved at one time, which has advantages of high accuracy, fast speed and good stability[23].

Given the transverse distribution of strip exit thickness, the transverse distribution of the rolling pressure and front tension (flatness) calculated by the strip plastic deformation model can be abbreviated as follows[24].

$$(p_l, \sigma_1) = f_1(\sigma_s, \mu, h_0, h_1, B, T_0, T_1) \quad (8)$$

In the Formula, σ_s is the average deformation resistance, μ is the friction factor, h_0 and h_1 are the transverse distribution of strip entry and exit thickness respectively, B is the width of strip, T_1 and T_0 are the front and post total tension respectively, σ_1 and p_l are the transverse distribution of front tension (stress) and per unit width rolling pressure respectively. Generally, only the transverse distribution of exit thickness is an unknown parameter, so the formula (8) can be abbreviated as follows.

$$(p_l, \sigma_1) = f_1(h_1) \quad (9)$$

Given the transverse distribution of rolling pressure, the transverse distribution of strip exit thickness calculated by the elastic deformation model of roll system can be abbreviated as follows.

$$h_1 = f_2(p_l) \quad (10)$$

Formula (9) and Formula (10) show that the transverse distribution of strip exit thickness and rolling pressure is causal to each other. The usual calculation method is that the results of Formula (9) and Formula (10) are iterated with each other, which is called the coupling method of calculation results[25], whose calculation speed is slow and the stability is not good. In order to solve this problem, strip plastic deformation model and roll elastic deformation model are solved together in reference[23], and a model coupling method is formed, which can solve the transverse distribution of rolling pressure and exit thickness directly at one time.

$$(\sigma_1, p_l, h_1) = f_3(X_1, X_2) \quad (11)$$

In the Formula, X_1 is a series value of strip parameters, X_2 is a series value of rolling mill and the flatness control parameters.

In order to verify the correctness and accuracy of the mechanism model, the measured flatness of the 1 420 mm UCM six-high cold rolling mill are compared with the calculated flatness. Many examples have been validated. The rolling conditions of two examples are shown in Table 1, and the comparison results between measured and calculated flatness are shown in Fig. 3. It can be seen that the calculated results are in good agreement with the measured results, which proves that the established flatness calculation model and algorithm are of high accuracy.

Table 1　Main rolling parameters of flatness calculation

Serial number	Strip width/mm	Rolling force/T	Entry thickness/mm	Exit thickness/mm	Front tension/kN	Post tension /kN	WRB/kN	IRB/kN	IRS/mm	RT/μm
1	1 150	820	1.14	0.89	105	75	120	130	105	0
2	1 200	1 016	2.40	1.60	146	52	160	170	130	0

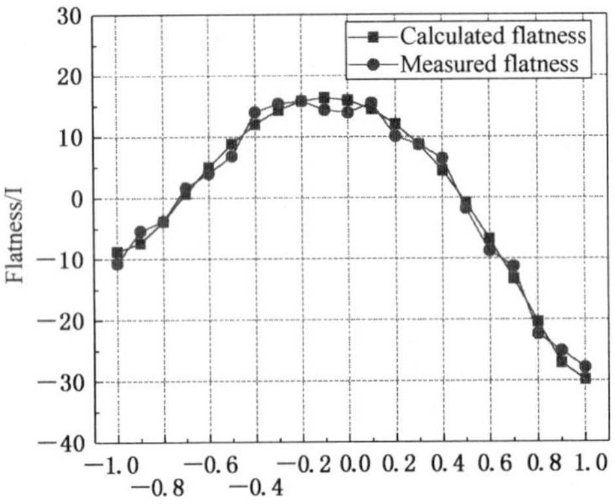

(a) example 1

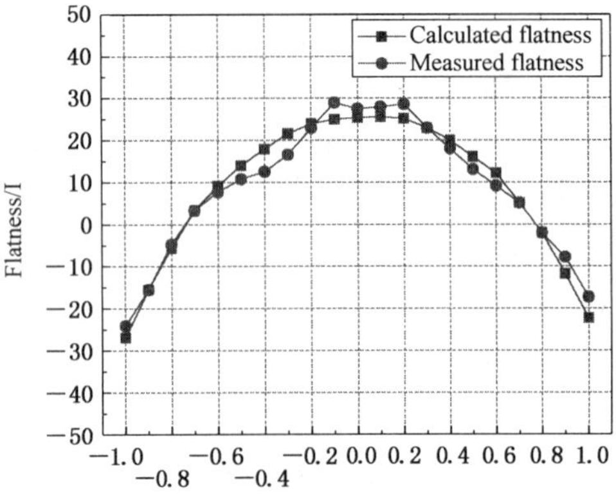

(b) example 2

Fig. 3　Comparisons between calculated flatness and measured flatness

2.5　Closed-loop Flatness Decoupling Control Strategy

Using the established rolling model of rolling mill, the flatness adjustment influence matrix and the RGA under various rolling conditions are established in units of 1 μm change in RT, 1 kN change in WRB and 1 kN change in IRB. The flatness adjustment influence matrix and RGA under four rolling conditions are shown in Table 2. A large number of calculations show that the calculated $\bar{c}_{11}$ is close to 1, while $\bar{c}_{12}$ and $\bar{c}_{13}$ are close to 0, which shows that Δa_1 is mainly affected by Δu_1, and Δu_2 and Δu_3 have very little influence on Δa_1, which can be regarded as interference to Δa_1. The coupling effect of the primary flatness control loop to the quadratic and quartic flatness control loops is very weak, and decoupling is not necessary. $\bar{c}_{22}$, $\bar{c}_{23}$, $\bar{c}_{42}$ and $\bar{c}_{43}$ are between 0.3 and 0.7, while $\bar{c}_{21}$ and $\bar{c}_{41}$ are close to 0, which shows that quadratic and quartic flatness control loop are seriously coupled and need to be decoupled, Δu_1 has little influence on Δa_2 and Δa_4, which can be regarded as interference. Therefore, the primary flatness can control independently, and the quadratic and quartic flatness need decoupling control.

Table 2　Influence matrix and relative gain array of flatness adjustment under four rolling conditions

Strip width/mm	Rolling force/T	Entry thickness/mm	Exit thickness/mm	Front force/kN	Post tension/kN	IRS/mm	Influence matrix	RGA
1 297	1 130	2.29	1.65	140	117	82	−0.150 9　0.000 3　0.000 1 0.000 2　−0.454 4　0.032 8 0.000 1　0.432 3　0.044 1	1　0　0 0　0.586 2　0.431 8 0　0.431 8　0.586 2
1 230	864	1.04	0.79	107	80	115	−0.182 9　−0.000 1　0.000 2 0.000 3　−0.408 4　0.039 8 0.000 5　0.307 9　0.037 3	1　0　0 0　0.554 2　0.445 8 0　0.445 8　0.554 2
1 151	972	1.54	1.11	136	112	155	−0.141 7　−0.000 2　0.000 1 0.000 3　−0.259 5　0.031 4 0.000 6　0.156 9　0.028 0	1　0　0 0　0.595 9　0.404 1 0　0.404 1　0.595 9
1 012	880	1.24	0.85	95	75	224	−0.133 2　−0.000 2　0.000 2 0.000 3　−0.197 3　0.035 0 0.000 5　0.090 5　0.021 4	1　0　0 0　0.714　0.428 6 0　0.428 6　0.571 4

According to the strategy of independent control primary flatness, decoupling control quadratic and quartic flatness, the closed-loop flatness decoupling control system is shown in Fig. 4, in which $G_1(s)$, $G_2(s)$ and $G_4(s)$ are the controller of primary, quadratic and quartic flatness respectively. $E^* = \{e_1^*, e_2^*, e_4^*\}$ is the flatness deviation component coefficient vector output by PID controller, e_1^*, e_2^* and e_4^* are primary, quadratic and quartic flatness deviation coefficient of the output by PID controller respectively. Because the closed-loop flatness control is negative feedback control, the flatness deviation is also the increment of flatness needed for flatness control.

3　Decoupling Model of Flatness Control

3.1　Influencing Matrix Static Decoupling Model

The essence of decoupling is to design a computational network to cancel the correlation in the process, so as to ensure that the control systems of each loop can work independently. Ignoring the interference of RT, the decoupling part of Fig. 4 is taken out and the dual input and dual output coupling system as shown in Fig. 5 is obtained.

According to decoupling control theory, for the coupling system shown in Fig. 5, the purpose of decoupling is to decouple it into two independent generalized control systems as shown in Fig. 6.

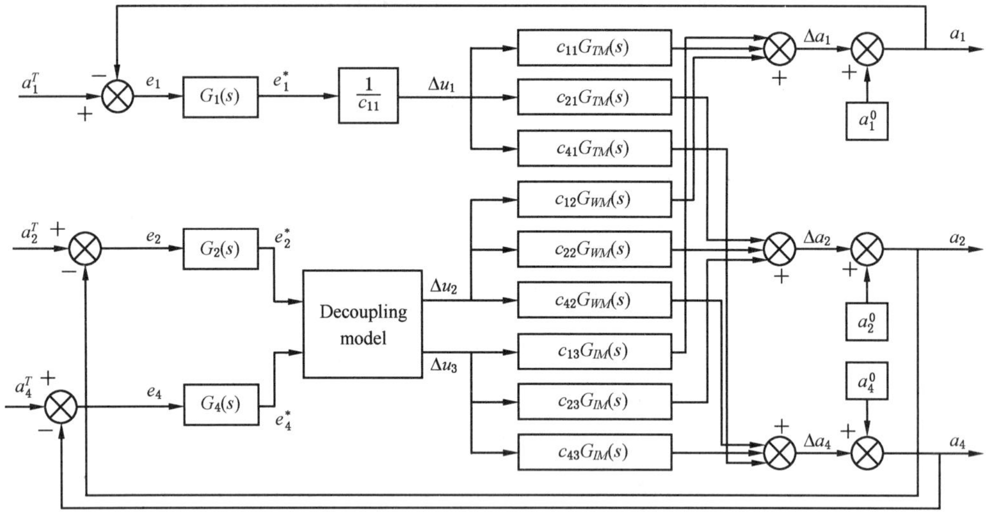

Fig. 4　Closed-loop flatness decoupling control system

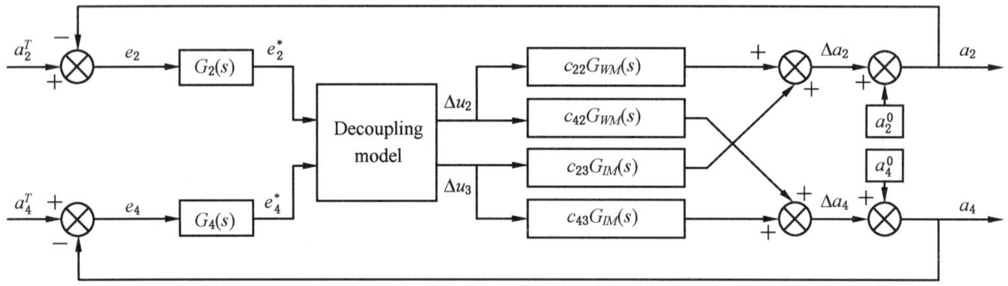

Fig. 5　Closed-loop decoupling control system of quadratic and quartic flatness

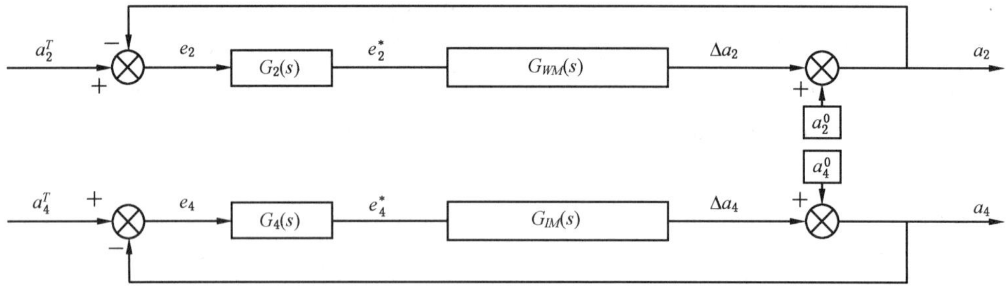

Fig. 6　Decoupled generalization closed-loop control system of quadratic and quartic flatness

For component flatness control method, a static decoupling matrix control model based on influence matrix was proposed by predecessors[26]. The static coupling equation for flatness adjustment is as follow:

$$\Delta \boldsymbol{A} = \boldsymbol{C} \times \Delta \boldsymbol{U} \tag{12}$$

Since only quadratic and quartic flatness need decoupling control, the influence matrix $\boldsymbol{C}$ is second-order. That is to say:

$$\Delta A=\begin{bmatrix}\Delta a_2\\ \Delta a_4\end{bmatrix},\ \Delta U=\begin{bmatrix}\Delta u_2\\ \Delta u_3\end{bmatrix},$$

$$C=\begin{bmatrix}c_{22} & c_{23}\\ c_{42} & c_{43}\end{bmatrix} \tag{13}$$

Considering that the closed-loop flatness control system is a negative feedback control system, in order to eliminate the steady-state flatness deviation, the required flatness increment is $\Delta A = E^*$, and the required flatness adjustment is as follow.

$$\Delta U = C^{-1}\times E^* \tag{14}$$

In the Formula, C^{-1} is the static decoupling matrix, there are only static items and no dynamic items. Therefore, the decoupling control based on static matrix only decouples the final steady-state and does not decouple the control process.

To further illustrate this problem, a flatness control system based on thestatic decoupling matrix as shown in Fig. 7 is established. Then there are:

$$\begin{bmatrix}\Delta a_2\\ \Delta a_4\end{bmatrix}=\begin{bmatrix}c_{22}G_{WM}(s) & c_{23}G_{IM}(s)\\ c_{42}G_{WM}(s) & c_{43}G_{IM}(s)\end{bmatrix}\times\begin{bmatrix}\Delta u_2\\ \Delta u_3\end{bmatrix} \tag{15}$$

$$\begin{bmatrix}\Delta u_2\\ \Delta u_3\end{bmatrix}=\begin{bmatrix}c_{22} & c_{23}\\ c_{42} & c_{43}\end{bmatrix}^{-1}\times\begin{bmatrix}e_2^*\\ e_4^*\end{bmatrix} \tag{16}$$

Simplification and simultaneous Formula (15) and Formula (16), the Formula (17) can be obtained.

$$\begin{bmatrix}\Delta a_2\\ \Delta a_4\end{bmatrix}=\begin{bmatrix}\dfrac{c_{22}c_{43}G_{WM}(s)-c_{23}c_{42}G_{IM}(s)}{c_{22}c_{43}-c_{23}c_{42}} & \dfrac{c_{22}c_{23}(G_{IM}(s)-G_{WM}(s))}{c_{22}c_{43}-c_{23}c_{42}}\\ \dfrac{c_{42}c_{43}(G_{WM}(s)-G_{IM}(s))}{c_{22}c_{43}-c_{23}c_{42}} & \dfrac{c_{22}c_{43}G_{IM}(s)-c_{23}c_{42}G_{WM}(s)}{c_{22}c_{43}-c_{23}c_{42}}\end{bmatrix}\times\begin{bmatrix}e_2^*\\ e_4^*\end{bmatrix} \tag{17}$$

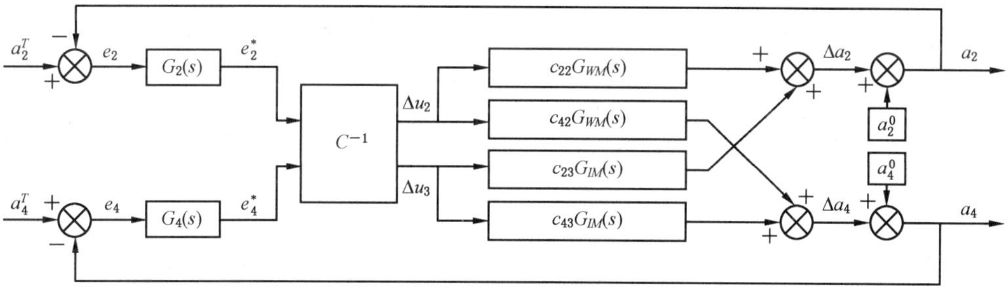

Fig. 7　Closed-loop control system of quadratic and quartic flatness based on static decoupling matrix

The simplified quadratic and quartic flatness control system based on static decoupling matrix is obtained as shown in Fig. 8. It can be seen that after static matrix decoupling, two independent generalized control systems are not obtained as shown in Fig. 6. There are still interacting terms between the two control loops. Because $G_{WM}(s)=G_W(s)G_M(s)$, $G_{IM}(s) = G_I(s)G_M(s)$, $G_W(s)$ and $G_I(s)$ are first-order inertia model, when time t approaches $5T_{\max}$ (the larger value of T_W and T_I), $G_W(s)$ and $G_I(s)$ approach 1, the difference of $G_{WM}(s)$ and $G_{IM}(s)$ approaches 0, and the coupling between the two control loops will disappear.

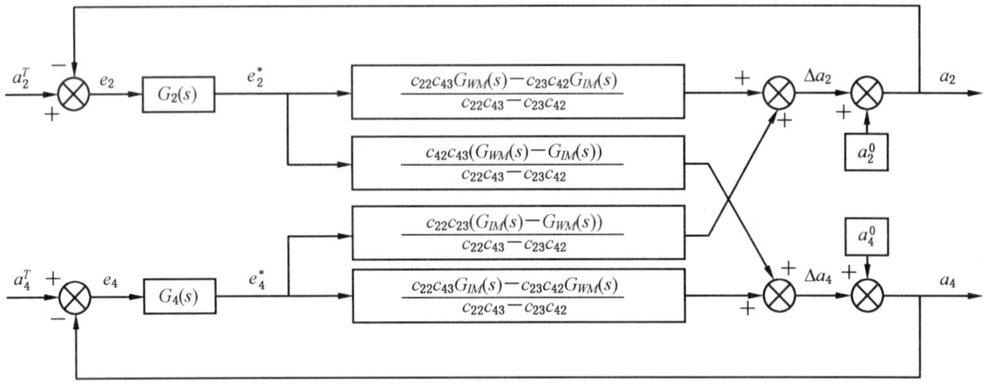

Fig. 8 Simplified closed-loop control system of quadratic and quartic flatness based on static decoupling matrix

3.2 Dynamic Matrix Whole Process Decoupling Model

High-level flatness control model must realize complete decoupling of control system. The commonly used methods for the complete decoupling design of MIMO include feed forward, feedback and diagonal matrix decoupling[27-29]. Among them, diagonal matrix decoupling theory is widely used[30], which achieves complete decoupling by adding a dynamic decoupling matrix to the control system, which makes the product of the dynamic decoupling matrix and the transfer function matrix of the controlled object to a diagonal matrix. The quadratic and quartic flatness control scheme based on dynamic decoupling matrix is shown in Fig. 9. The dotted line part is decoupling structure, in which $G_{D22}(s)$, $G_{D42}(s)$, $G_{D23}(s)$ and $G_{D43}(s)$ are four elements of dynamic decoupling matrix $\boldsymbol{G}_D(s)$.

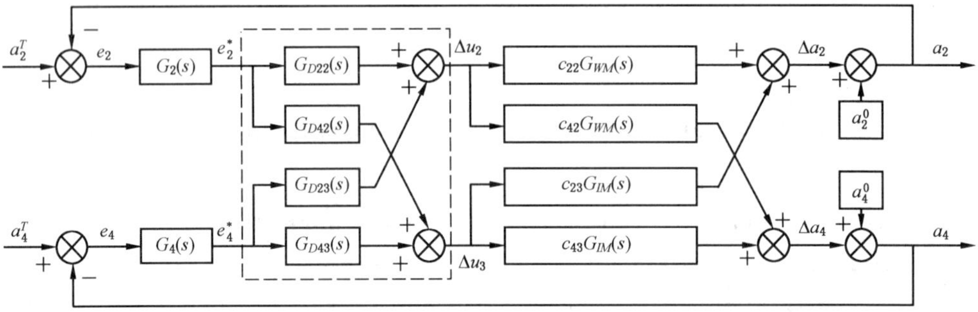

Fig. 9 Closed-loop control system of quadratic and quartic flatness based on dynamic matrix decoupling

According to the diagonal matrix decoupling theory, when the dynamic decoupling matrix satisfies Formula (18), the flatness control system is completely decoupled.

$$\begin{bmatrix} c_{22}G_{WM}(s) & c_{23}G_{IM}(s) \\ c_{42}G_{WM}(s) & c_{43}G_{IM}(s) \end{bmatrix} \times \begin{bmatrix} G_{D22}(s) & G_{D23}(s) \\ G_{D42}(s) & G_{D43}(s) \end{bmatrix} = \begin{bmatrix} G_{WM}(s) & 0 \\ 0 & G_{IM}(s) \end{bmatrix} \tag{18}$$

The dynamic decoupling matrix $G_D(s)$ is obtained by solving the Formula (18).

$$\boldsymbol{G}_D(s) = \frac{1}{c_{22}c_{43} - c_{23}c_{42}} \begin{bmatrix} c_{43} & -c_{23}\dfrac{G_{IM}(s)}{G_{WM}(s)} \\ -c_{42}\dfrac{G_{WM}(s)}{G_{IM}(s)} & c_{22} \end{bmatrix} \tag{19}$$

It can be seen that the dynamic decoupling matrix is composed of open-loop gain and dynamic response of the system.

The decoupling control system represented by Fig. 9, Formula (18) and Formula (19) is equivalent to the decoupled generalized control system shown in Fig. 6, whose sub-diagonal element of the transfer function matrix is zero, and the two control loops are no longer related, and are two generalized single-input and single-output control systems, realizing the complete decoupling of the control process.

4　Decoupling Simulation of Flatness Control

4.1　Decoupling Simulation of Open-loop Flatness Control

It is known that T_T, T_W, T_I and T_M are 0.05 s, 0.15 s, 0.25 s and 0.003 s of a 1 420 mm UCM six-roll cold rolling mill in a factory respectively. In order to compare the decoupling effect of the two above decoupling models, the strip with 1 230 mm of Table 2 is taken as the research object, and the simulation system of open-loop MATLAB based on static decoupling matrix and dynamic decoupling matrix are established as shown in Fig. 10 and 11 respectively. Suppose the initial flatness $a_2^0 = 0$, $a_4^0 = 0$ and let $e_2^* = 0$, $e_4^* = 10$ and $e_2^* = 10$, $e_4^* = 0$ respectively, the response of the two loops is shown in Fig. 12. It can be seen that using static decoupling matrix, when only one flatness deviation is existed, another flatness deviation will occur in the adjustment process and when time t approaches 1 s($5T_I$), the another flatness deviation will approach 0, which shows that the two control loops only achieve steady-state decoupling, but not process decoupling. Using dynamic decoupling matrix, when only one flatness deviation is existed, there is no another flatness deviation in the adjustment process, which shows that the two control loops achieve complete decoupling.

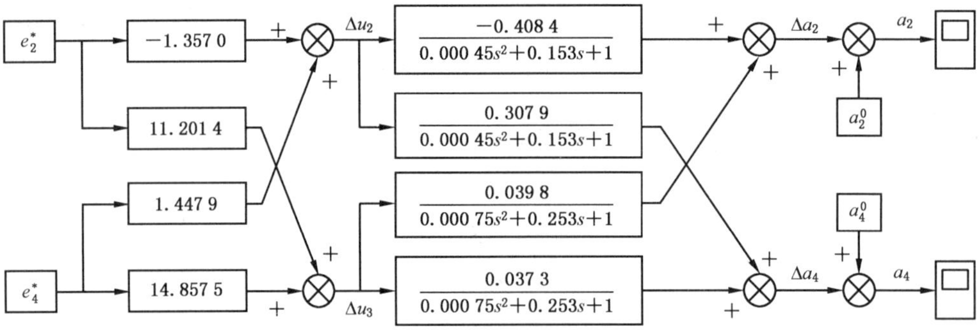

Fig. 10　Open-loop flatness control simulation system based on static decoupling matrix

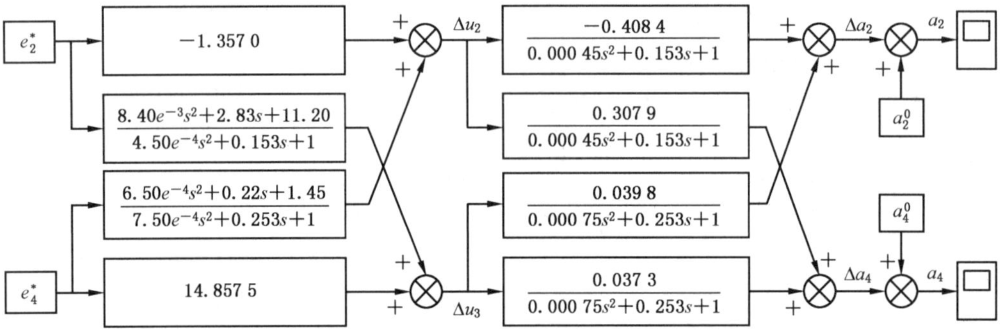

Fig. 11　Open-loop flatness control simulation system based on dynamic decoupling matrix

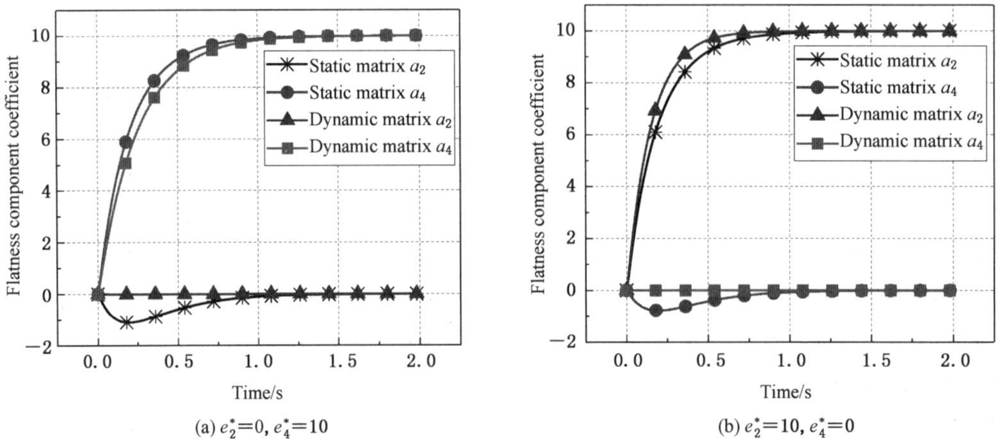

Fig. 12　The decoupling effect comparison of open-loop flatness control

4. 2　Decoupling Simulation of Closed-loop Flatness Control

In order to compare the closed-loop control effects of the above two decoupling models, using the same controller, the MATLAB simulation system of static decoupling matrix shown in Fig. 13 and dynamic decoupling matrix shown in

Fig. 14 are established, in which PID2 and PID4 are the quadratic and the quartic flatness controller respectively. The commonly used Ziegler-Nichols[31] method is selected to tune the PID parameters, and the proportional, integral and differential coefficients of PID2 are 1.8, 12 and 0.005 respectively and that of PID4 are 3, 12 and 0.003 respectively. Suppose the target flatness $a_2^T=0$, $a_4^T=0$, and let the initial flatness $a_2^0=0$, $a_4^0=10$ and $a_2^0=10$, $a_4^0=0$, the response comparison of the two decoupling modes shown in Fig. 15 is obtained respectively. It can be seen that in the process of static decoupling matrix control, when only one kind of flatness deviation component is controlled, another kind of flatness deviation component will be generated, while dynamic decoupling matrix control does not have this problem, and the whole process decoupling control can be realized.

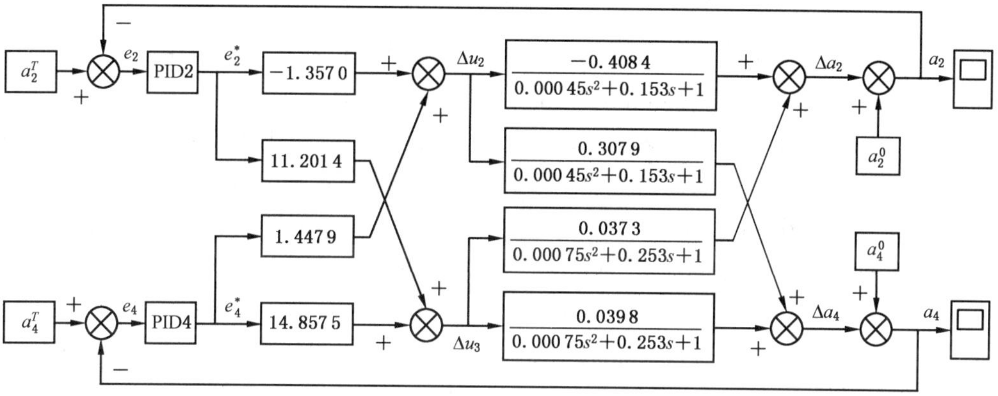

Fig. 13　Closed-loop flatness control simulation system based on static decoupling matrix

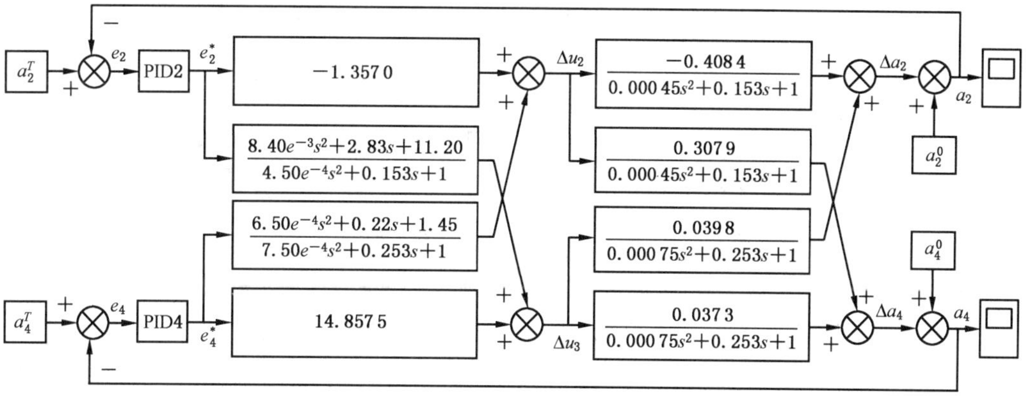

Fig. 14　Closed-loop flatness control simulation system based on dynamic decoupling matrix

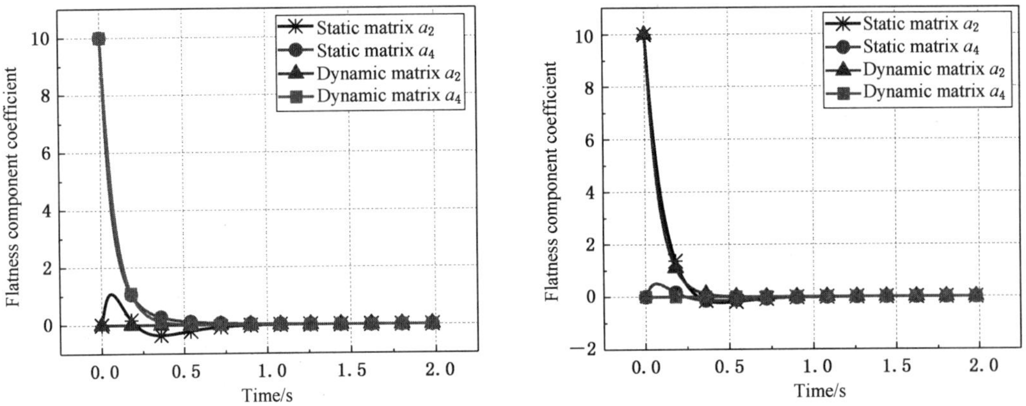

(a) $a_2^0=0$, $a_4^0=10$　　(b) $a_2^0=10$, $a_4^0=0$

Fig. 15　The decoupling effect comparison of closed-loop flatness control

In order to further prove the advantages of dynamic matrix decoupling, the simulation of closed-loop flatness control in two production practices is carried out. The initial flatness of strip 1 is $a_2^0=7.789$, $a_4^0=-25.048$, that of strip 2 is $a_2^0=-30.374$, $a_4^0=10.505$, and that of target is $a_2^T=0$, $a_4^T=0$. The changes of the component coefficients of flatness and the adjustments of the actuator are shown in Fig. 16 and 17 respectively. It can be seen that the flatness component coefficients of the dynamic matrix decoupling control and the adjustments of the actuator maintain a fast and non-overshoot response. However the static matrix decoupling control will extend the quadratic flatness adjustment time from 0.53 s to 1 s, and the quartic flatness adjustment time from 0.53 s to 1.25 s, moreover, the response of WRB, especially IRB produce fluctuation.

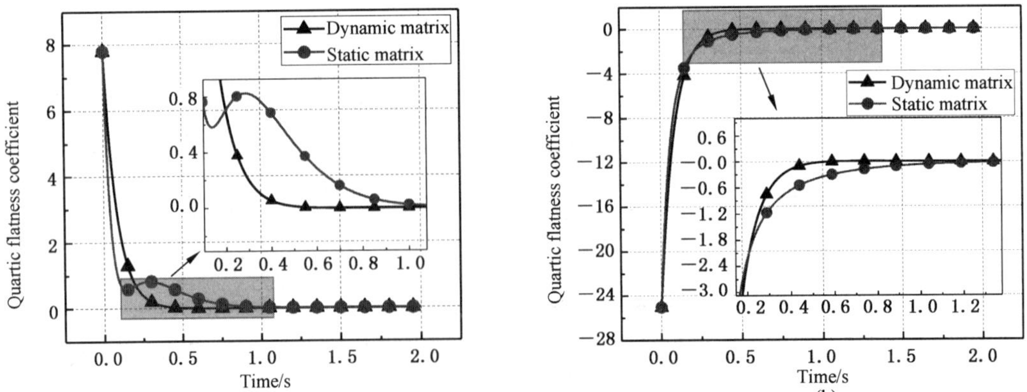

(a)　　(b)

Fig. 16　Comparison of closed-loop flatness control processes of strip 1

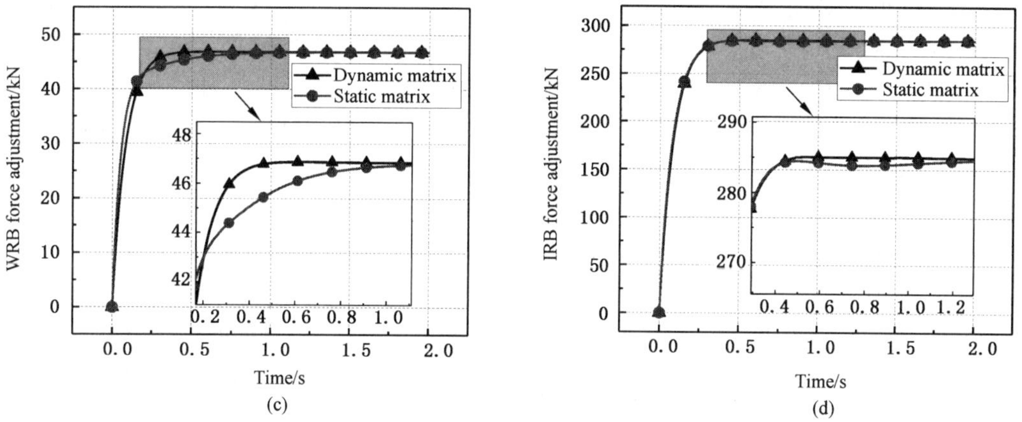

Fig. 16 continued

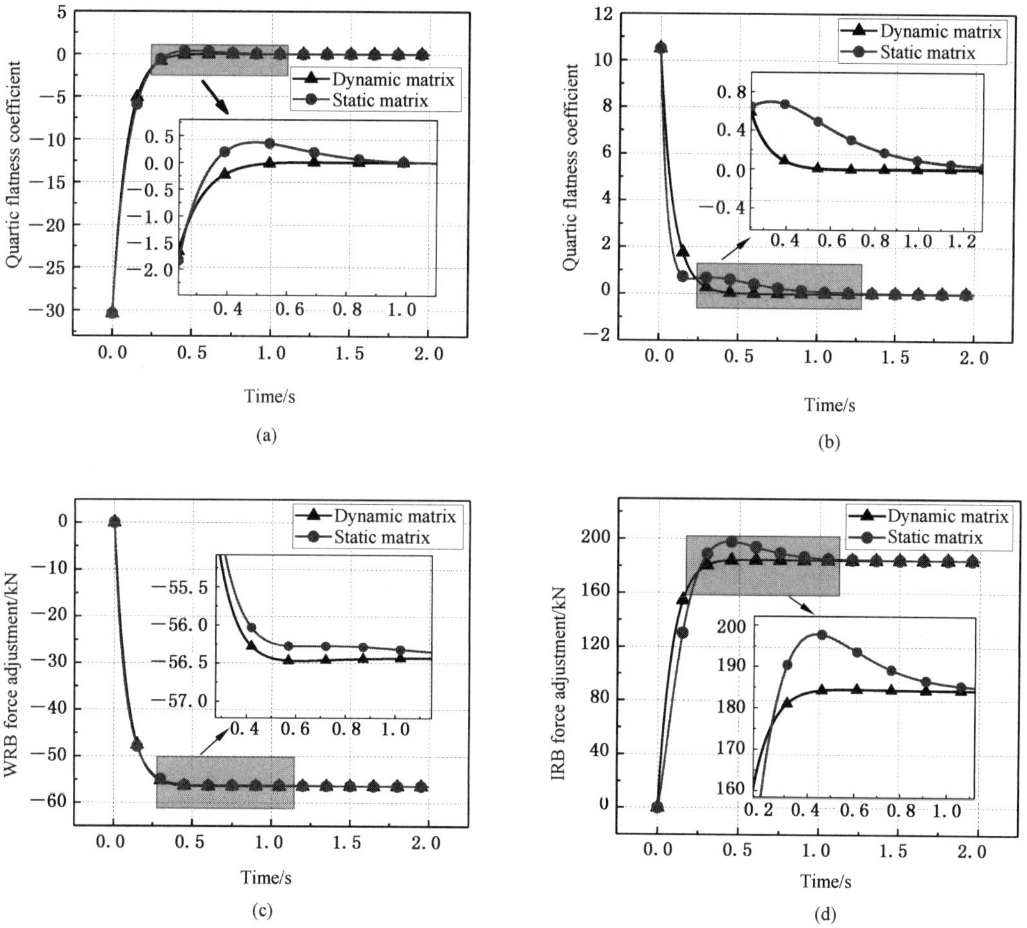

Fig. 17　Comparison of closed-loop flatness control processes of strip 2

In summary, the static matrix decoupling control system has process coupling, which makes the adjustment time longer, the response of adjustment actuator fluctuate, while the dynamic matrix decoupling control system removes the process decoupling, with a shorter system adjustment time and stable adjustment process.

4.3 Closed-loop Decoupling Simulation of Comprehensive Flatness Control

In order to verify the effectiveness and practicability of the control strategy shown in Fig. 4, a comprehensive simulation system based on dynamic decoupling matrix as shown in Fig. 18 is established, in which, PID1 is a primary flatness controller with proportional, integral and differential coefficients of 8.4, 17.4 and 0.46 respectively. The parameters of PID2 and PID4 are the same as above, and target flatness $\mathbf{A}^{\mathrm{T}}=\{0,0,0\}$. The initial setting value of TR is 0 μm, the initial setting value of WRB is 110 kN, the initial setting value of IRB is 120 kN, the initial setting value of IRS is 115 mm. The adjustment of parameters, the flatness component coefficients and the whole flatness change process are shown in Fig. 19. It can be seen that the adjusting quantity of each actuator has reached the ideal value quickly without overshoot, and the controlled primary, quadratic and quartic flatness component coefficients have reached the target value quickly without overshoot, and the cubic flatness coefficients without special control measures is also adjusted from the initial −1.055 to the vicinity of 0, and the flatness values of the strip transverse parts are within +1 I. The simulation results show that the flatness control strategy of independent control primary flatness, decoupling control quadratic and quartic flatness is effective.

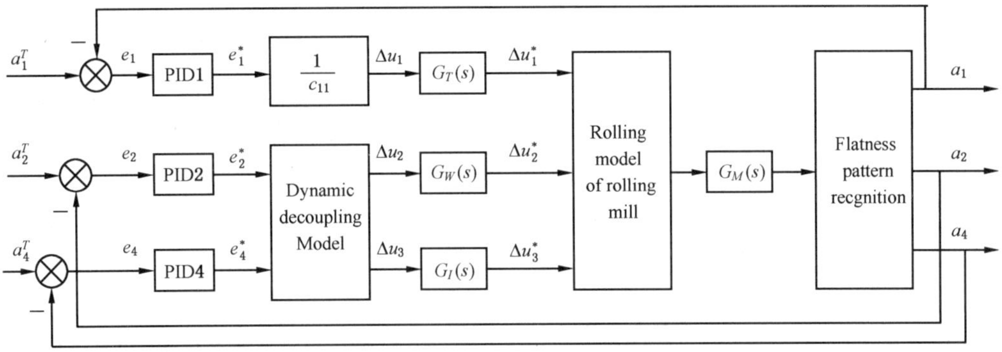

Fig. 18 Dynamic decoupling simulation system of comprehensive flatness closed-loop control

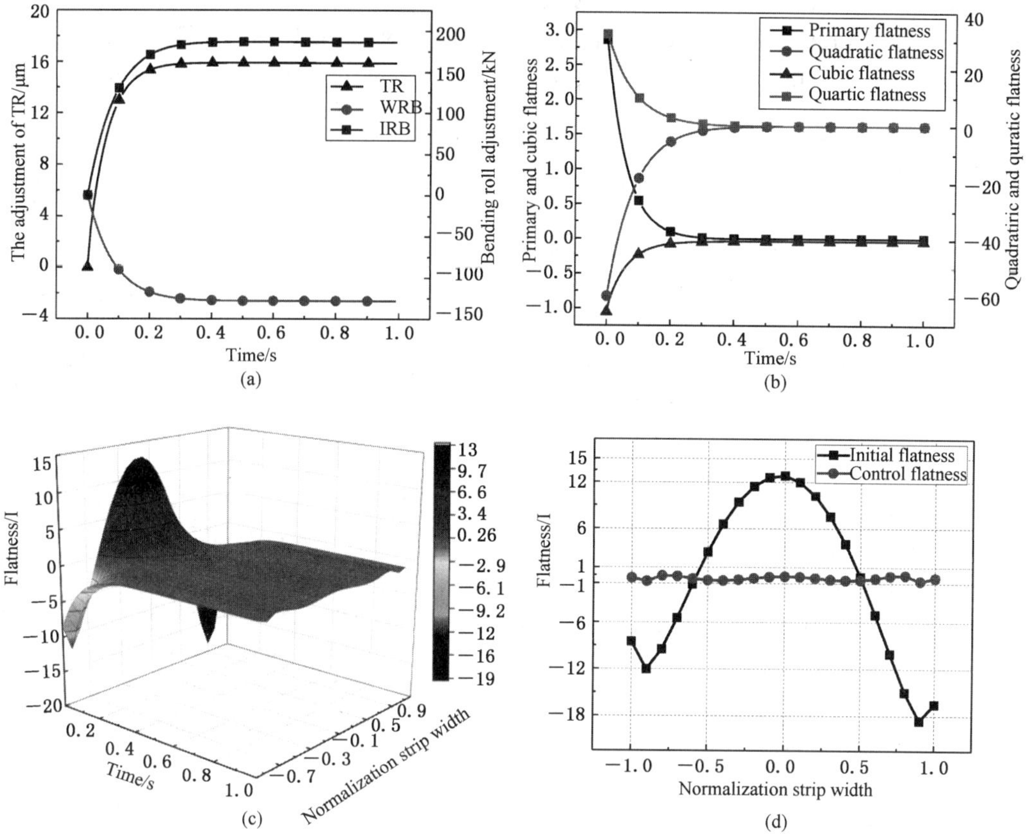

Fig. 19　Dynamic decoupling simulation results of comprehensive flatness closed-loop control

5　Conclusion

(1) By calculating and analyzing the RGA of flatness adjustment, the flatness control strategy of independent control primary flatness, decoupling control quadratic and quartic flatness is proposed, which simplifies the complex three-loop decoupling to the two-loop decoupling, and facilitates the design of flatness control system.

(2) The method and model of decoupling the whole process of quadratic and quartic flatness control loop by introducing dynamic decoupling matrix are proposed. The simulation results show that the dynamic decoupling model can make the system adjust quickly and process smoothly.

(3) The simulation results show that by controlling the primary, quadratic and quartic flatness, the cubic flatness can be controlled to a great extent, and the flatness deviation can be eliminated to the greatest extent under the existing control actuator technology conditions.

(4) The control strategy and model of flatness for cold rolling based on whole process decoupling control presented in this paper provide a new way and

method for developing simple and practical flatness control system with higher precision, more stable process and faster speed.

References

[1] Bemporad A, Bernardini D, Cuzzola F A, et al. Optimization-Based Automatic Flatness Control in Cold Tandem Rolling[J]. Journal of Process Control, 2010, 20(4): 396-407.

[2] JIA Chun-yu, BAI Tao, SHAN Xiu-ying, et al. Cloud Neural Fuzzy PID Hybrid Integrated Algorithm of Flatness Control[J]. Journal of Iron and Steel Research, International, 2014, 21(6): 559-564.

[3] YoneGi Hur, DaeKeun Rhee. Application of Fuzzy Logic for Automatic Shape Control in Stainless Steel Rolling Process[C]. Proceedings Joint 9th IFSA World Congress and 20th NAFIPS International Conference, Vancouver, BC, Canada. Piscataway, NJ, USA, IEEE, 2001, 1: 251-256.

[4] ZHANG Xiu-ling, ZHAO Liang, ZANG Jia-yin, et al. Flatness Intelligent Control Based on T-S Cloud Inference Neural Network[J]. ISIJ Int, 2014, 54(11): 2608-2617.

[5] Ataka, Matsuo. Rolling Technology and Theory for the Last 100 Years: The Contribution of Theory to Innovation in Strip Rolling Technology[J]. ISIJ Int, 2015, 55: 89-102.

[6] T. Ogasahara, T. Kitumura, S. -i. Aoe, j. -i. Tateno, K. Asano: Tetsu-to-Hagané, 105 (2019), 512.

[7] Nappez C, Boulot S, Mcdermott R C. Control of Strip Flatness in Cold Rolling: A Global-approach[J]. Iron and Steel Engineer, 1997, 74(4): 42-45.

[8] HAO Liang, DI H S, GONG D Y, et al. Advanced Flatness Control Strategies for Multivariable Optimisation Flatness Control System of Foil Rolling Mill[J]. Advanced Materials Research, 2013, 655-657: 1450-1455.

[9] WANG Peng-fei, ZHANG Zhi-jie, SUN Jie, et al. Flatness Control of Cold Rolled Strip Based on Relay Optimisation[J]. Ironmaking & Steelmaking, 2016: 1-10.

[10] Hattori Satoshi, Nakajima Masaaki, MorookaYasuo. Application of Pattern, Recognition and Control Techniques to Shape Control of Rolling Mills. Hitachi Rec, 1993, 42(4): 165-170.

[11] SHAN Xiu-ying, JIA Chun-yu, LIU Hong-min. Neural Fuzzy PID Model of Tilting Roll and Bending Roll Flatness Control for Strip Mill[J]. Journal of Mechanical Engineering, 2009, 45(9): 255-260.

[12] ZHANG Xiu-ling, FENG Zong-peng, LI Shao-qing. Adynamic Influence Matrix Method for Flatness Control Based on Adaptive-Network-Based Fuzzy Inference Systems[J]. CAAI Transactionson Intelligent Systems, 2010, 5(4): 360-365.

[13] WANG Yi-qun, YIN Guo-fang, SUN Xu-Guang. Research on Pattern Recognition of flatness Signal [J]. Journal of Mechanical Engineering, 2003, 39(8): 91-94.

[14] SONG Ming-ming, WANG Dong-cheng, ZHANG Shuai, et al. Flatness Pattern Recognition Based on Recurrent Neural Network[J]. Iron and Steel, 2018, 53(11): 56-62.

[15] XU Feng, WEI Xiao-Li, REN Li-Hong, et al. A Control Structure Selection Method Based on Multivariable Generalized Predictive Control for Unstable Processes[J]. Acta Automatica Sinica, 2013, 39(9): 1547-1551.

[16] Bristol E . On a New Measure of Interaction for Multivariable Process Control [J]. IEEE Transactions on Automatic Control, 2003, 11(1): 133-134.

[17] LIU Hong-min, HE Hai-tao, SHAN Xiu-

ying, JIANG Guang-biao. Flatness Control Based on Dynamic Effective Matrix for Cold Strip Mills [J]. Chinese Journal of Mechanical Engineering, 2009, 22 (2): 41-75.

[18] YANG Li-po, YU Hua-xin, WANG Dong-cheng, et al. Intelligent Shape Regulation Cooperative Model of Cold Rolling Strip and Its Application[J]. Steel Research International, 2017, 88(7): 1-11.

[19] JIN Yi-hui. Process Control [M]. Beijing: Tsinghua University Press, 1993: 150-183.

[20] Licéaga-Castro E, Licéaga-Castro J, Ugalde-Loo CE. Beyond the Existence of Diagonal Controllers: From the Relative Gain Array to the Multivariable Structure Function. In: Proceedings of the 44th Ieee Conference on Decision and Control and 2005 European Control Conference; 2005. 7150-7156.

[21] LIU Hong-min, SHAN Xiu-Ying, JIA Chun-yu. Theory-Intelligent Dynamic Matrix Model of Flatness Control for Cold Rolled Strips[J]. Journal of Iron and Steel Research, International, 2013, 20(8): 1-7.

[22] WANG Peng-fei, PENG Yan, WANG Dongcheng, et al. Flatness Control Strategy Based on Delay Compensation for Cold Rolling Mill[J]. 2017, 88(2): 1-10

[23] WANG Dong-cheng, LIU Hong-min. A Model Coupling Method for Shape Prediction[J]. Journal of Iron and Steel Research, International, 2012, 19(2): 22-27.

[24] WANG Dong-cheng, Zhang-wei, WANG Zhi-jie, et al. Fast Shape Prediction Method for Six-High Cold Rolling Mill [J]. Iron and Steel, 2016, 51(9): 51-56.

[25] LIU Xue-feng WANG Ling-yun. Analysis of Elastic Deformation of Rolls System in Rolling Mill Based on Influential Function Andprediction of Plate Shape [J]. Journalof Chongqing University, 2000, 23(6): 87-90.

[26] LIU Hong-min, ZHANG Xiu-ling, WANG Ying-rui. Transfer Matrix Method of Flatness Control for Strip Mills[J]. Journal of Materials Processing Technology, 2005, 166(2): 237-242.

[27] LIU Tao, ZHANG Wei-dong, GAO Furong. Analytical Decoupling Control Strategy Using a Unity Feedback Control Structure for Mimo Processes with Time Delays [J]. Journal of Process Control, 2007, 17(2): 173-186.

[28] Pothin R. Disturbance Decoupling for a Class of Nonlinear Mimo Systems By Static Measurement Feedback[J]. Systems & Control Letters, 2001, 43(2): 111-116.

[29] Arvo Kaldmäe, Ülle Kotta. Disturbance Decoupling by Measurement Feedback [J]. IFAC Proceedings Volumes, 2014, 47(3): 7735-7740.

[30] WANG Jun, WANG Yan, SHAO Hui-he. Performance Improvement of Vav Air Conditioning Control System Through Diagonal Matrix Decoupling and Lonworks Technology [J]. Energy and Buildings, 2005, 37(9): 911-919.

[31] Šekara T B, Mataušek M R. Revisiting the Ziegler-Nichols Process Dynamics Characterization[J]. Journal of Process Control, 2010, 20(3): 360-363.

Research and Development Trend of Shape Control for Cold Rolling Strip①

Wang Dongcheng[1,2], Liu Hongmin[1,2], Liu Jun[1,3]

(1. National Engineering Research Center for Equipment and Technology of Cold Rolling Strip, Yanshan University, Qinghuangdao 066004, China;
2. State Key Laboratory of Metastable Materials Science and Technology, Yanshan University, Qinhuangdao 066004, China;
3. Angang Steel Company Limited, Anshan 114002, China)

Abstract: Shape is an important quality index of cold rolling strip. Up to now, many problems in the shape control domain have not been solved satisfactorily, and a review on the research progress in the shape control domain can help to seek new breakthrough directions. In the past 10 years, researches and applications of shape control models, shape control means, shape detection technology, and shape control system have achieved significant progress. In the aspect of shape control models, the researches in the past improve the accuracy, speed and robustness of the models. The intelligentization of shape control models should be strengthened in the future. In the aspect of the shape control means, the researches in the past focus on the roll optimization, mill type selection, process optimization, local strip shape control, edge drop control, and so on. In the future, more attention should be paid to the coordination control of both strip shape and other quality indexes, and the refinement of control objective should be strengthened. In the aspects of shape detection technology and shape control system, some new types of shape detection meters and shape control systems are developed and have successfully industrial applications. In the future, the standardization of shape detection technology and shape control system should be promoted to solve the problem of compatibility. In general, the four expected development trends of shape control for cold rolling strip in the future are intelligentization, coordination, refinement, and standardization. The proposed research provides new breakthrough directions for improving shape quality.

Key words: Cold rolling strip; Shape control; Development trend; Theory models; Shape detection; Control system

1 Introduction

With the serious excess of iron and steel production in the world, the profit of iron and steel enterprises is getting smaller and smaller, and the competition is more and more fierce. Continuous improvement of product quality has become

① Chinese Journal of Mechanical Engineering, 2017, 30(5): 1248-1261.

one of the main measures to tide over the difficulties. In order to respond to the challenges, it is necessary to conduct a whole analysis of the present situation to seek new theories, technologies, measures and rules.

Cold rolling strip is widely used for automobiles, electrical appliances, building decoration, food packaging, electronic manufacturing, and so on. Strip shape is one important quality index of cold rolling strip. As a core high-end technology, shape control is not only the inevitable choice to produce high-grade cold rolling strip, but also the main requirement of production and equipment manufacturing upgrading in iron and steel industry.

Scholars have made profound and systematic researches in the shape control domain, achieving a wealth results. However, up to now, many problems in the shape control domain have not been solved satisfactorily, and a review on the research progress in the shape control domain can help to seek new breakthrough directions.

Based on the above purpose, this paper makes a systematic investigation and analysis on the developments of shape theory models, shape control means, shape detection technology, and shape control system in the past 10 years. On the basis, the future development trends of shape control theory and technology are forecasted.

2 Shape Control Models

Shape control models include mechanism and intelligent models in terms of research methods. With regard to physical principles, shape control models consist of strip plastic deformation, rolls elastic deformation, strip and roll temperature field, rolls wear, strip buckling, shape pattern recognition, shape standard curve, and shape feedback control model [1]. Researches on shape control models have achieved remarkable progress in the past 10 years.

2.1 Strip Plastic and Rolls Elastic Deformation

The strip plastic and rolls elastic deformation models are the core of shape theory models, and they serve as the basis and premise of theory research on shape prediction and control. The modelling methods of strip plastic deformation include slab method, variation method, difference method, strip element method, and finite element method, while the modelling methods of rolls elastic deformation mainly include influence function method and finite element method. Research achievements in the strip plastic deformation model, rolls elastic deformation model, and the coupling method between them have further improved computational model accuracy, speed, and robustness.

Wang[2] proposed a new calculation method that combines the strip element method and engineering difference method to improve the accuracy and speed of strip plastic deformation model. Its calculation speed is high, and the prediction results of the strip profile and rolling pressure distribution are in good agreement with experimental and industrial data. Based on the difference method, Kong, et al. [3], proposed a fast algorithm using for rolls elastic deformation model, and the computation speed is improved by 1 time compared with that of the traditional method. Qin, et al. [4], proposed a matrix iteration method to improve the calculation speed of the rolls elastic deformation for a multi-rolls mill. A fast influence function method[5] using a high-order polynomial to describe the transverse distribution of rolling pressure and the pressure between rolls was proposed to significantly reduce the computation time. Zhu, et al. [6], Yang, et al. [7], built an integrated roll-and-strip shape prediction model that combined the 2D variable thickness finite element with the energy method or the 3D difference method, and its calculation speed is improved. Dixon, et al. [8], proposed a set of mechanism models of strip plastic and rolls elastic deformation, but the calculation procedure still requires iterative calculation between the calculation results of the two models, which affects its computational efficiency. Wang, et al. [9, 10], proposed a model coupling method to avoid the mutual iteration between the calculation results of strip plastic and rolls elastic deformation models, and its calculation speed is improved under the premise of ensuring calculation accuracy.

2.2 Shape Pattern Recognition

The shape pattern recognition model is a basic model of shape theory. It decomposes the deviation of the measuring shape and the target shape into a series of standard patterns, providing the basis for shape control. The traditional modelling method of shape pattern recognition is the least-squares method based on Legendre or other orthogonal polynomials. The property that the integral of Legendre orthogonal polynomials along the strip width is zero satisfies the condition of the self-equilibrium of residual stress. Researches on the shape pattern recognition model mainly focuses on two aspects, namely, intelligence of the recognition algorithms and precision improvement of the standard patterns.

Recognition algorithms have developed rapidly. Various intelligent methods were adopted to improve anti interference capability[11-14]. Zhang, et al. [15], combined the genetic algorithm with the back propagation neural network to improve the capability and precision of shape recognition. The combination of the particle swarm optimization theory with the fuzzy method overcomes the shortcomings of traditional recognition methods[16]. The combination of the universal gravitation optimization algorithm and the support vector machine model improves model precision [17]. The cerebellar model used in shape pattern recognition reduces model training time[18]. Jia, et al. [19], improved the shape recognition precision significantly through combining the genetic algorithm, fuzzy theory, and neural network. Moreover, a series of novel shape pattern recognition models were established based on support vector machine, cloud model, neural network, genetic algorithm, and other intelligent methods combined with one another or with the traditional least-squares method[20-23].

In the aspect of the standard pattern, the traditional pattern generally involves linear, quadratic, and quartic orthogonal polynomials. Shan, et al. [24], proposed a new standard pattern containing the cubic component of strip shape. Bao, et al. [25], found that the cubic component of strip shape exists in the ultra-wide strip rolling process, and the cubic component of strip shape makes the results of shape pattern recognition highly accurate. Yang, et al. [26], believed that some complex shapes in the rolling process of an ultra-wide strip cannot be described by quartic orthogonal polynomials, thus, a vector extraction method of typical shape defects was proposed. Finally, the ratio of various typical defect vectors was obtained with a clustering algorithm.

2.3 Strip Buckling

The strip buckling model is a basic model of shape theory too. It is used to discriminate the state that the strip under a specific residual stress status is stable or not and to calculate the buckling deformation. Researches of strip buckling aim to improve the speed and accuracy of buckling and post-buckling models.

A reduced-order model of strip buckling was established based on the strip element discrimination method [27]. The number of unknowns is reduced by half through introducing the continuous two-order derivative of the nodal line and the stress boundary condition of the free edge, so its calculation speed has also improved significantly. Furthermore, the buckling and post-buckling models of the central wave and local shape defects were established by Zhang, et al. [28-31]. Theoretical and experimental studies on the buckling behavior of a strip with initial wave and a flat strip have been conducted to enrich the strip buckling theory. Nakhoul, et al. [32], applied the multi-scale method in solid mechanics to discriminate if the strip is unstable and to calculate the post-buckling behavior. Tran, et al. [33], studied the relation between residual stress, global tensile stress and buckling for wavy edge flatness defect during the mechanical unloading. Abdelkhalek, et al. [34], applied asymptotic numerical and finite element methods to predict the buckling and post-buckling behaviors of strips under any stress boundary condition, which is the most complete strip buckling model at so far.

2.4 Shape Standard Curve

The shape standard curve is also called shape target curve, which is the target of shape control. The traditional presetting method of shape standard curve is mainly based on experience and lacks in-depth theoretical analysis, which is the weakest part in shape theory models. Mechanism modeling of the shape standard curve has been promoted with the insights into the nature of the shape standard curve and the maturity of models in the shape prediction (strip plastic deformation theory) and shape discrimination (strip buckling theory).

The shape standard curve of the first stand of a tandem cold rolling mill was established by Bai et al. [35] to control strip edge drop and keep the rolling process stable. The established curve compensates for the influence of the strip temperature transverse distribution, increases the bending force, and reduces the strip edge drop. The shape standard curve model was put forward for the high-strength steel according to the transverse distribution of strip temperature and the requirement of the subsequent processing [36], and the shape quality is improved. The strip shape standard curve in a tandem cold rolling mill was established to compensate for the comprehensive effects of the strip coiling shape variation, fetching machine installation error, strip transverse temperature difference, edge drop control, and other factors[37], and both the shape quality and the edge drop quality are improved. The possibility of the occurrence of holes and broken strips is reduced by dynamically setting the shape standard curve[38].

The complete mechanism method of the shape standard curve has been proposed by Liu, et al. [1]. The method combines shape prediction and discrimination models and considers the influence of the incoming crown, control requirement of the strip transverse thickness difference, and other factors. Its principles are to improve the strip crown to the maximum degree and ensure good shape (maintaining strip stability) in the first several passes while keeping the strip shape ideal in the last two passes. The method not only overcomes the drawback of the empirical method but also ensures comprehensive optimal control of strip shape and crown.

2.5 Shape Feedback Control

The shape feedback control model is used for closed-loop control. This model establishes the increment relationship between the shape control means and the shape parameters. A one-to-one mapping relation between the shape control means and the standard patterns is adopted by the traditional shape feedback control model. The interaction of various shape control means is not considered, showing that the theory is imperfect and its calculation precision is poor. Researches on the shape feedback control model aim to improve calculation accuracy and speed. According to the criterion whether the shape pattern recognition is used, the shape feedback control model can display in two forms, namely, multi-point control method and standard pattern control method.

According to the concept of the control efficiency coefficient, Wang, et al. [39], established a multi-point control model based on the increment relationship between the control means and the shape parameters of every point along the strip width, and designed an effective self-learning algorithm of the control efficiency coefficients, which improves the control precision of strip shape. Further more, the matrix analytical method was applied to realize shape control optimization under saturation statuses of single or multiple adjustment parameters [40]. The multi-point control method deals with the interaction of various shape control means and overcomes the deficiency of the traditional shape feedback control model. However, its calculation amount is large that its speed is low because of the use of numerous shape parameters along the strip width.

According to the concept of the influence function, the control matrix model was established based on the increment relationship between the control means and the shape standard patterns. Two calculation methods, namely, mechanism control matrix and intelligent control matrix, were also proposed to improve the reliability and versatility of models [41-43]. This standard pattern control method overcomes the shortcomings of the traditional shape feedback control model too. Its speed is fast because the method employs less shape parameters to represent the entire shape along the strip width.

2.6 Shape Mechanisms Explored in Depth

The presence of numerous influencing factors makes the generation mechanism of strip shape highly complex. Consequently, this mechanism requires extensive researches. Several new shape mechanisms have been established in recent years because of the progress in research methods, computing power, and experimental techniques. Abdelkhalek, et al. [44], analyzed the influence mechanism of the local shape instability at the exit of deformation zone on shape in detail, and a calculation method was put forward to solve the coupling relationship among strip plastic deformation, rolls elastic deformation, and strip buckling models, which improves the shape prediction precision. Kim, et al. [45], pointed out that the pre-deformation at the entry of deformation zone exerts a significant effect on strip shape, and the finite element simulation results are close to the calculation results in consideration of the effect of pre-deformation. Through finite element softwares, Abdelkhalek, et al. [44], Moazeni, et al. [46], proved again the conclusion [47] that the transverse distribution of strip flow velocity at the exit of deformation zone is unevenly and must be considered when the transverse distribution of tension stress is calculated. The industrial data collected by Wang, et al. [48], showed that the strip tension feedback mechanism exerts a significant effect on strip shape surely. Liu [49] identified the mechanisms of self-healing, dominant inheritance, and recessive inheritance of the incoming shape defects, and provided a method to quantitative calculating the influence of the incoming shape defects on the shape at the exit of deformation zone. Kapil, et al. [50], Sun, et al. [51,52] explored the dynamic characteristic of shape during the cold rolling process.

2.7 Summary

In the past 10 years, the researches of shape control models improve their accuracy, speed and robustness. In addition, some new shape mechanisms are explored. The breakthroughs of some new technology such as artificial intelligence and big data provide new hope for the development of shape control models. In the future, the intelligentization of the models should be strengthened.

3 Shape Control Means

The basic shape control means of cold rolling strip mainly include roll tilting, roll bending, roll shifting, roll cooling, roll profiles optimization, rolling process optimization, and so on. Researches on the basic shape control means, such as roll profile optimization, rolling mill type selection, rolling process optimization, local shape control, edge drop control, and comprehensive control of shape and surface quality, have achieved great progress in the past 10 years.

3.1 Roll Profile Optimization

The technology of roll profile design and optimization has been applied early and remains an important part of related research. The application range of roll profile optimization has expanded from simply improving strip shape to comprehensively controlling strip shape, crown, edge drop, and roll wear. In particular, edge drop control by optimizing the roll profile has become a popular research topic.

Taking the ideal shape as target, the back-up and work roll profiles of a temper rolling mill[53] and a variable crown rolling mill[54] were optimized, and roll-bending control efficiency and strip quality were improved. Taking the ideal shape and the uniformity of the pressure distribution among rolls as dual target, Bai, et al. [55], Xie, et al. [56], optimized back-up and work roll profiles to improve the shape quality, and the service life of rolls was enhanced. Yang, et al. [57, 58], achieved comprehensive control of strip shape, crown, and edge drop by optimizing the configuration of the work and back-up roll profiles.

3.2 Rolling Mill Type Selection

The shape control capability of a particular type of rolling mill exerts a decisive effect on strip quality. According to product positioning, analyzing and comparing the control performances of various rolling mill types, and selecting the appropriate rolling mill type are an essential task for newly built and rebuilt mills. Researches on rolling mill type selection aim to the scientificity of evaluation method and integrity of evaluation indexes.

A vector evaluation method for overall control of the whole crown and center crown was proposed by Peng, et al. [59]. The method can be used to analyze the advantages and disadvantages of 6-high HC, 6-high CVC, 4-high CVC, and ordinary 4-high mills and thus serves as an analytical tool and an important reference for rolling mill type selection. Xv [60] proposed a set of complete evaluation indexs system for shape control performance. The seven specific indexes are the adjustment range of the roll gap crown, roll gap transverse stiffness, uniformity of contact pressure among rolls, crown control performance of roll bending, edge drop control performance, shape controlling actuator efficiency, and the basic crown of loaded roll gap. This set of index system provides the measure for the comprehensive performance evaluation of various rolling mills. Liu[61] introduced two new indexes including the adjustment range of shape and shape control performance of roll bending, which make the indexs system more scientific and practical.

3.3 Rolling Process Optimization

Reasonable design of rolling process parameters is the premise to ensure shape quality. Improving strip shape through optimizing the rolling process is a traditional technical method. However, numerous new applications of this method have been established. Researches on rolling process optimization mainly focus on the diversification of optimization parameters and optimization targets.

Shape quality was improved by optimizing the emulsion flux of the process cooling and multi-zone cooling[62]. The steel-sticking phenomenon caused by the bad shape of the strip head was avoided by optimizing the roll-bending force[63]. Shape control difficulty was reduced by optimizing the strip elongation rate of the temper mill[64]. The shape quality, mechanical properties, and surface roughness of a strip rolled by a cold rolling mill were guaranteed by optimizing the rolling force and tension[65]. Comprehensive improvement of strip shape and surface quality could also be realized by optimizing the rolling force, strip elongation rate, and tension [66]. Under the premise of ensuring good strip shape, the flux, concentration, and temperature of the emulsion were optimized to prevent slipping and thermal scratching between the strip and rolls[67]. As a result, the cleaning degree of the strip surface is improved, and the emulsion consumption is reduced.

3.4 Local Shape Control

The local shape control is difficult because its scope is small. "Convex rib" is a typical local shape defect. It has become the focus of production enterprises of cold rolling strips in recent years. Convex rib is due to the existence of a local high point along the strip width, forming an apparent bulge corresponding to the position of the local high point. This defect leads to longitudinal convex rib at the local position after unwinding the coil and thus seriously affects product quality. Researches on this area have achieved significant progress in modelling the convex rib degree and prevention measures.

A set of mechanism model to predict the convex rib degree was proposed by Bai, et al. [68], and its calculation results are in good agreement with the measured values, which provides a theoretical basis and an analytical tool for the prevention of the convex rib defect. A large amount of industrial data collected by Li, et al. [69], showed that the convex rib of cold rolling strip is mainly caused by the inheritance of hot rolling strip local high points, which pointes out the origin of preventing the convex rib. Zhu, et al. [70], established a mathematical model of the critical condition for the convex rib and found that appropriately reducing the tension and increasing the friction coefficient can effectively prevent the convex rib.

Yu, et al. [71], put forward a roll profile optimization technology of hot rolling mill, which is effective to prevent the convex rib for cold rolling strip. The possibility of convex rib defect in a cold rolling strip was effectively reduced by reasonably arranging the hot rolling schedule, controlling the thermal crown of hot rolling work roll, and optimizing the roll profile[72]. Improving the uniformity of slab heating temperature, decreasing the bending force, and increasing the deformation of the last pass were also used to control the strip convex rib[73]. Lu, et al. [74], reduced the strip convex rib ratio through optimization process and implementing strict process standards of hot rolling, cold rolling, and continuous annealing.

3.5 Edge Drop Control

The edge drop control technology can reduce the cutting loss and increase the yield. The application of edge drop control technology to silicon steel has received increasing attention in recent years. The research achievements of edge drop control technology are mainly embodied in developing automatic control systems and designing roll profiles.

The most advanced edge drop control technology at present is the K-WRS technology of the 6-high UCMW cold rolling mill. This technology was successfully applied to a 1 550 mm tandem cold rolling mill at *Baosteel*[75-78]. This development indicates that the edge drop control technology of the 6-high UCMW cold rolling mill has matured.

However, most of the cold rolling mills are 6-high UCM rolling mills or 4-high CVC rolling mills. Given that the 4-high CVC mill has work roll shifting function, it can use the K-WRS technology to realize similar function of the 6-high UCMW mill [79]. However, the edge drop control capacity of the 6-high

UCM rolling mill is obviously insufficient because of the lack of work roll shifting function. Sun, et al. [80], adopted a single-side straight-taper work roll profile to enhance the edge drop control capacity of the 6-high UCM rolling mill. He, et al. [81], designed a sextic polynomial work roll curve and achieved remarkable results.

3.6 Comprehensive Control

With the continuous increasing demand of high surface quality, the researches on the control of surface roughness, surface cleanliness, surface color difference, and so on have emerged[82]. Optimizing the rolling process parameters is a common and effective technical measure to improve surface quality. In related researches, surface quality control is often combined with shape control.

Comprehensive control of the surface roughness and shape of a double cold reduction mill was realized by optimizing the process parameters, such as rolling force and tension[65]. The rolling force, strip elongation rate, and tension of temper rolling mill were optimized to realize comprehensive control of the surface quality and shape of temper rolling strip [66]. In addition, the surface cleanliness and shape of the strip were improved by optimizing the flux, concentration, and temperature of the emulsion [67]. At present, the applications of the comprehensive control technology are pretty rare and worthy to be further promoted.

3.7 Summary

In the past 10 years, the researches of the shape control means mainly focus on the roll optimization, mill type selection, process optimization, local strip shape control, edge drop control, and so on. However, the shape control objective and variable are usually single and rough, lack of global concept. In the future, more attention should be paid to the coordination control of both strip shape and other quality indexes, and the refinement of control objective should be strengthened.

4 Shape Detection Technology

Shape detection is the premise to realize shape closed-loop control and is the key to improve shape quality. The strip shape meter is the "eye" of online detection. It is a high-end measuring instrument of the rolling process. The strip shape meter consists of two main parts, namely, shape detection roller and shape signal transmission processor. The development of a shape meter is so difficult that it has been monopolized for a long time by *Sweden's ABB*, *Germany's SIEMENS*, *SUNDWIG*, and other international companies[83-87]. In the past 10 years, a major breakthrough on the shape meter has achieved in *China*. The seamless shape detection roller and wireless shape signal transmission processor have been independently developed and successfully applied in industry[88-91].

4.1 Seamless Shape Detection Roller

The internationally popular sectional shape detection roller is shown in Fig. 1

[92,93]. This roller consists of a core shaft, outer rings and piezo-magnetic sensors. The strip surrounds the shape detection roller to form a certain angle. Strip tension T acts on the shape detection roller and results in pressure N. A series of outer rings and sensors are arranged along the axial direction of the shape detection roller, and pressure N is transmitted and detected. The axial pressure distribution is converted into tension distribution by the signal-processing computer so that the strip shape can be calculated. This kind of shape detection roller may crush and scratch the strip surface for two reasons. First, a gap exists among the outer rings. Second, the axial temperature of the shape detection roller is different. The temperature difference between the meter roller's middle and edge is approximately dozens of degrees Celsius, resulting in radial thermal expansion differences among different outer rings.

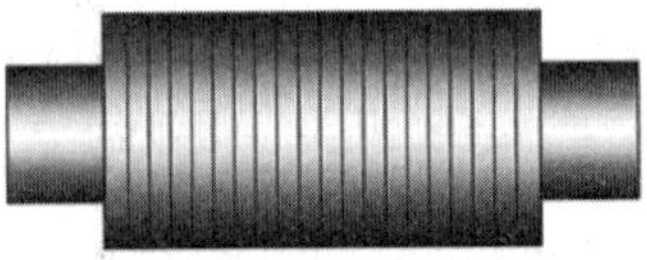

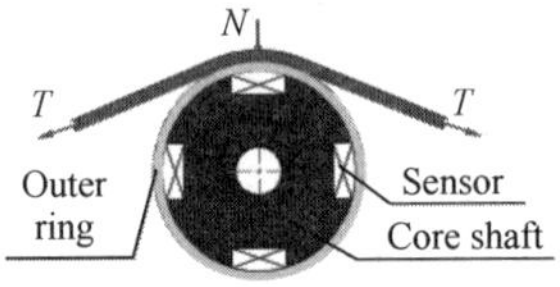

Fig. 1　Sectional shape detection roller

An inlayed block shape detection roller, which is shown in Fig. 2, was developed by *Yanshan University* to overcome the shortcomings of sectional shape detection roller [94]. Two rectangular grooves are machined on the body of the detection roller, and a set of elastic blocks with sensors is installed in each rectangular groove. The structure effectively avoids scratching the strip surface caused by the uneven thermal expansion of the sectional detection roller. However, the "skin effect" of the current easily leads to uneven hardness of the rectangular groove edge and other part of the roller body when heat treatment is applied. The broken strip can easily damage the soft part of the roller body, and the damaged roller surface may scratch the strip surface in subsequent production.

A new type of seamless shape detection roller was developed to completely solve the mentioned problems[95]. This shape detection roller is shown in Fig. 3. Two to four precise through-holes are machined along the circumferential direction near the roller surface in the roller body. The wall thickness between the hole and the outer surface of the roller is between 6 mm and 8 mm. The wall thickness must not only be conducive to the pressure transfer, but also retain enough thickness for the roller grinding. A series of sensors are arranged inside each through-hole. The roller material is GCr15, and the roller surface hardness exceeds 60 HRC after quenching. The hardened layer thickness is 4 mm or more. This shape detection roller presents the advantages of seamless surface, high hardness, and deep hardened layer, which completely solve the technical problems of crushing and scratching strip surface.

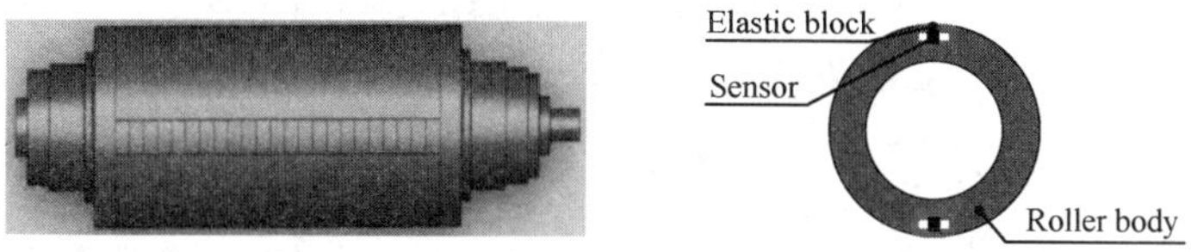

Fig. 2　Inlayed block shape detection roller

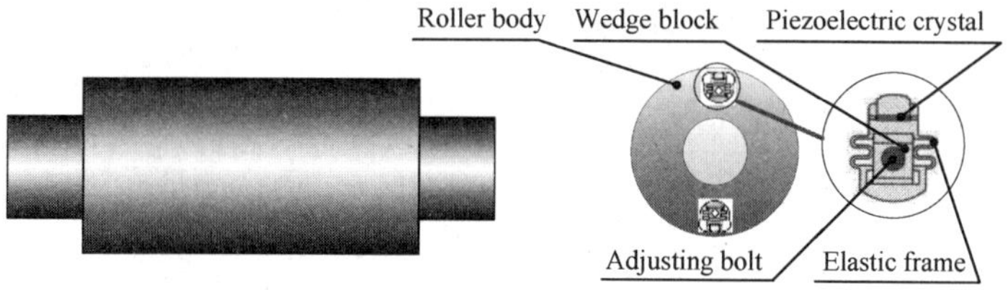

Fig. 3　Seamless shape detection roller

A certain pre-pressure is applied on the sensor by an interference fit manner to keep the sensor working in the linearity range[96]. In fact, a certain temperature difference and thermal deformation difference exist between the outer surface of the detection roller and the internal sensor in the rolling process, and these differences may weaken or reduce the magnitude of interference and pre-pressure between sensors and the inner wall of through-holes, resulting in detection signal distortion. Therefore, the assembly of sensors must have an adequate magnitude of interference and pre-pressure. To solve the problem, the temperature field, thermal deformation, and pressure transfer of the detection roller and sensors in the rolling process were simulated with the finite element software. The structure size of the roller and the magnitude of interference were optimized according to the simulation results[97,98].

4.2　Wireless Signal Transmission Processor

The carbon brush and slip ring are the popular structures for signal transmission and power supply, as shown in Fig. 4. A series of copper slip rings are fixed on the rotating end of the detection roller's neck, and a series of carbon brushes are fixed on the cover that is connected with the bearing chock. The signals of the detection roller are transmitted to the slip rings via wires. The rotating slip rings then transmit the signals to the fixed carbon brushes. Finally, the signals are transmitted to the remote terminals via long-distance wires. The principle of power supply is similar with that of signal transmission. Owing to the friction between the carbon brush and slip ring, wear, vibration, and serious signal distortion may occur. The carbon brush and slip ring needed to be maintained frequently and equipped with cooling and cleaning devices. The remote transmission of analog signal can be easily interfered by electromagnetic, vibration, temperature, and other factors, which may increase the error.

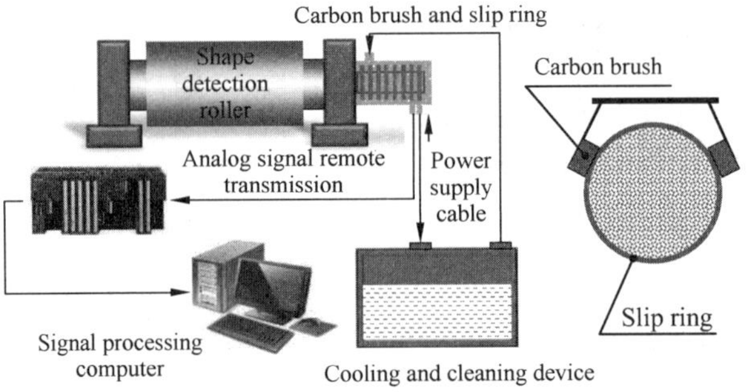

Fig. 4 Carbon brush and slip ring structure

A wireless and integrated signal transmission processor, as shown in Fig. 5, was developed by *Yanshan University* to solve the above problems [99]. The signal processor consists of a rotating head and a fixed cover. The rotating head is connected to the detection roller and rotates synchronously. An excitation power board, an analog acquisition board, a digital processing board, a wireless transmission board, and an inner magnetic ring are arranged on the rotating head. The cover is fixed on the bearing chock, and a wireless receiving board, an outer magnetic ring, and a voltage-stabilizing circuit board are installed on the cover.

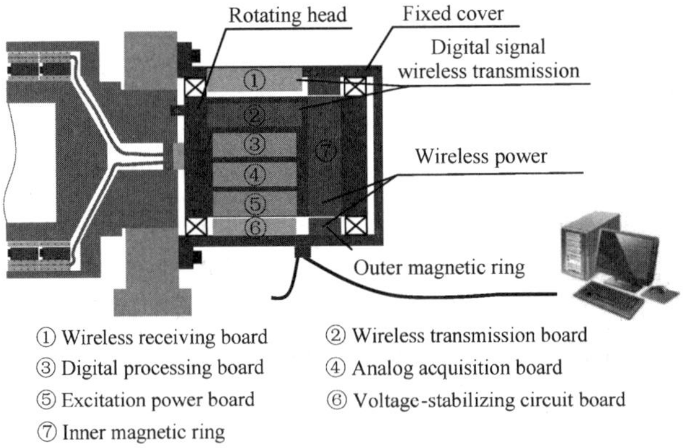

Fig. 5 Wireless signal processing and power supply system

The working principle is that power is supplied to the wireless receiving board and the outer magnetic ring on the cover by the cable and voltage-stabilizing circuit board. The rotating inner magnetic ring receives the voltage-stabilizing signal by wireless induction transmission, and all sensors in the detection roller and all the circuit boards on the rotating head are powered by the excitation power board. The output signals of sensor are gathered by the analog acquisition board, and the digital processing board implements analog-to-digital conversion. Digital processing and coding are performed under the conditions of magnetic coupling isolation and photoelectric isolation. The signals are then delivered to the wireless transmission board. The wireless transmission board converts the signals into high-frequency wireless signals and transmits the wireless signals to the wireless receiving board. The wireless receiving board converts the wireless signals to wired signals. Finally, the signals are transmitted to the remote signal-processing computer via the shielded cable.

4.3 Signal Denoising and Error Compensation

Shape detection is affected by vibration, electromagnetic, temperature difference, detection roller installation error, deformation, coil shape changes, and other factors, so the shape detection signals need noise cancellation and error compensation to ensure the precision.

A discrete-time tracking differentiator was applied to eliminate the noise of the shape detection signal by He, et al. [100]. Wavelet denoising technology was used to smooth the detection signal by Shan, et al. [101]. Li, et al. [102, 103], analyzed the influence of installation error and deformation of detection roller on the shape signal and established the compensation models, finally, the installation accuracy standards of shape detection roller was developed. A compensation model for installation error of shape detection roller was provided under the condition of no guide roller [104]. Yang, et al. [105], analyzed the influence of zero residual voltage, coverage width of the detection unit, installation errors and deformation of detection roller, and other factors on the shape detection signal, and a relatively complete compensation model was established. Wang, et al. [106], developed a compensation model for partial coverage of the strip edge and proposed an interpolation method for the fault measurement unit. All these studies have improved the accuracy of shape detection.

5 Shape Control System

The shape control system can be divided into pre-setting control system and closed-loop control system according to the control sequence, and the modelling of shape control system includes mechanism and intelligent models. Pre-setting control is a predictive control, and closed-loop control is a monitoring control. The two control systems complement each other and ensure the strip shape quality. The mechanism models are based on solid theoretical basis and have strong expansibility, but it is hard to realize accurate modelling and fast calculation. The intelligent models demonstrate strong learning capability, fast calculation speed, and simple modeling but poor analyticity and scalability. Coordination between these two models can effectively improve the control level. The shape control system of cold rolling strip is a complex control system with multiple variables, strong coupling, and nonlinearity. For a long time, the whole set of shape control system can only be provided by *German's SIEMENS*, *Japan's MITSUBISHI*, or other large international companies. In the past 10 years, several new computer control systems are developed for the cold rolling strip. Its industrial applications have achieved good results[107-109].

5.1 Shape Pre-setting Control

Shape pre-setting control is the foundation of closed-loop control. Closed-loop control precision, speed, and stability are directly influenced by the precision of pre-setting control. Research progress in shape pre-setting control is mainly manifested in the aspects of improving calculation accuracy and speed.

Gong, et al. [110], established a shape pre-setting control model of a 6-high reversing cold rolling mill based on the data regression method. Another regression model of shape pre-setting control for the 6-high reversing cold rolling mill was established based on the results of the influence function method[111]. The regression models possess the advantages of simple structure and high calculation speed. Based on the mechanism model, Bai, et al. [112], divided shape pre-setting course into two steps, namely rough calculation step and precise calculation step, and a set of optimization algorithm was proposed to improve calculation speed. Wang[2] developed the models and softwares of shape pre-setting control for cold rolling strip according to the basic model of shape theory, which was successfully applied to multiple sets of cold rolling mills. The models and softwares are characterized by the strip element method. Under the premise of ensuring model accuracy, the calculation speed is improved significantly by the multistep optimization strategy. The pre-setting calculation time is less than 1 s.

5.2 Shape Closed-Loop Control

The core and key in shape closed-loop control are the control models, which include the control strategy and model algorithm. When the strip shape signal is detected, the control model rapidly calculates the adjustment amount of control means (e. g., roll tilting amount, roll bending force, multi-zone cooling spray) to realize timely and accurate adjustment of the strip shape. Research progress in the model of the closed-loop control is mainly embodied in the aspects of matrix model considering the mutual influence of various shape control means, collaboration technology between mechanism and intelligence models, and dynamic self-adaptive technology.

Jelali[113] introduced the monitoring technology to shape closed-loop control system of the cold rolling strip. The insufficiency of control system was observed and the adaptive improvement was realized through the online batch evaluation and shock diagnosis. Benporad, et al. [114], proposed three different control strategies based on quadratic optimization and hysteresis compensation techniques and significantly improved the performance of control system. Pin, et al. [115, 116], decomposed the shape signal into several orthogonal components corresponding to different shape control means, and the adjustment amount of control means was obtained by constrained optimization. The control precision was then improved by online adaptive technology. A control model of asymmetrical shape was established by evaluating the influence of roll tilting, work roll and intermediate roll asymmetrical bending on the asymmetrical shape through simulation calculation [117]. Furthermore, a reduced dimension control model and two times control strategies were proposed based on Legendre orthogonal polynomials and the concept of shape efficiency coefficient to improve the control performance [118].

Liu, et al. [41-43], proposed a shape control matrix model, a dynamic matrix model and a mechanism-intelligence collaboration matrix model in turn based on the relation between the shape control means and the shape standard patterns. The mechanism-intelligence collaboration control system is shown in Fig. 6. The mechanism control matrix is established based on the calculation data of the mechanism models, and the intelligent control matrix is established based on the measured data on the rolling process. The two control schemes are weighted to form a final closed-loop control scheme. Control precision can be improved by the self-adaptive adjusting of the weight coefficient.

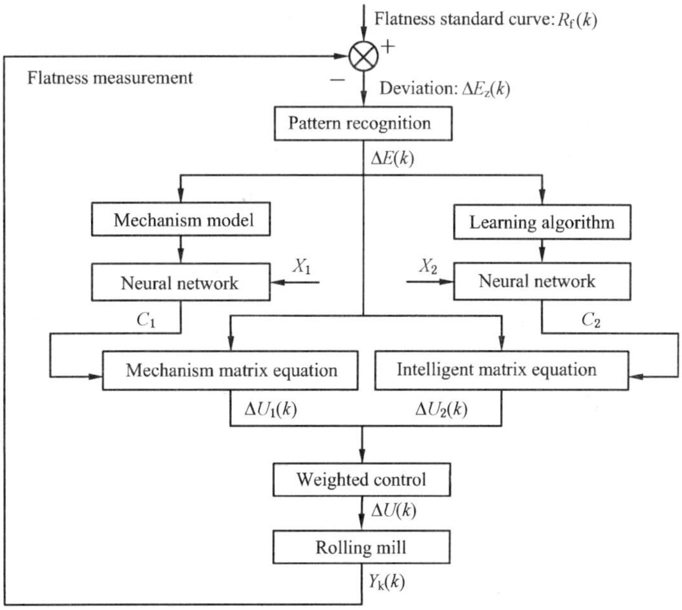

Fig. 6　Mechanism-intelligence collaboration control system

5.3 Intelligent Regulation of Tilting and Bending

Roll tilting and bending are the most flexible and fast shape control means. The fuzzy-neural PID model of roll tilting and bending adjustment was established based on the coordination of the two intelligent methods of fuzzy theory and neural network[119]. The fuzzy-neural PID model is shown in Fig. 7. The conventional PID control algorithm cann't be directly adapted to the complex and changeable rolling process, so the fuzzy theory, which is good at dealing with unknown models, is combined with the neural network with a strong self-learning capability to improve the shape control effect.

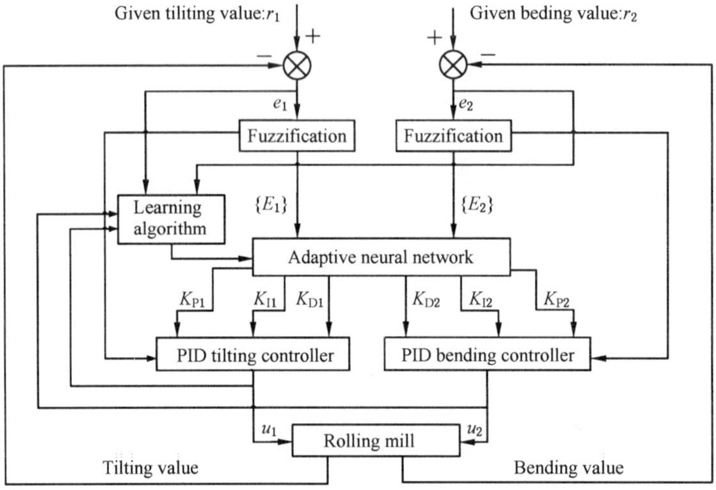

Fig. 7　Fuzzy-neural PID model

5.4 Application of Shape Detection and Control System

The seamless and wireless shape meter and the mechanism-intelligence collaboration control system are successfully applied to 1 780 mm temper rolling mill and 2 130 mm skin pass mill in *Ansteel*. The strip quality is obviously improved from common level to advanced level. Such a development is of great significance for metallurgical industry technology upgrading and product quality improvement.

5.5 Summary

In the past 10 years, some new types of shape detection meters and shape control systems are developed and have successfully industrial applications, which provide more choices for the iron and steel plants. However, it also increases the compatibility difficulty. In the future, the standardization of shape detection technology and shape control system should be promoted to solve the problem of compatibility.

6 Development Trend of Shape Control

6.1 Intelligentization

The global manufacturing industry has opened the curtain for the fourth industrial revolution [120]. Germany has developed the "Industrial 4.0" program, the United States has put forward the "Advanced Manufacturing Partner" program, and China has formulated the "China Manufacturing 2025" plan. The iron and steel industry, which accounts for a large proportion of the manufacturing industry, is the key industry in the implementation of the above plans.

The intelligentization of shape control technology needs to be closely combined with the industrial internet of things, big data, artificial intelligence and cloud computing technologies.

6.2 Coordination

Strip shape, thickness, and surface quality are important quality indexes of cold rolling strip, and their control technologies are all the key technologies for cold rolling mill. The control systems of these indexes, which are both relatively independent and mutually influenced, must be coordinated handling to ensure the overall quality of the cold rolling strip. Therefore, the influence of all control means on the shape, thickness, and surface quality of the strip should be evaluated comprehensively.

6.3 Refinement

At present, the shape control technology can be easily using to eliminate single-edge, bilateral, and central waves. However, for some more complicated shape defects, such as edge-central wave, quarter wave, local wave, and edge drop, the control effect does not satisfy the requirement of industrial production. For these complicated shape problems, some more fine control technology, such as fine multi-zone cooling and fine roll profile optimization need to be further studied.

6.4 Standardization

A large number of researches and applications have resulted in abundant scientific experience and achievements in theoretical models, engineering software, shape control system designing, installation, commissioning, operation, and maintenance. However, the industry technical standards of shape control have not been drafted, which influences technology standardization and the capability to lead and promote the development of industry technology.

In the future, the technical standards of shape control need to be studied and drafted as soon as possible.

7 Conclusions

(1) Shape control is not only the inevitable choice to produce high-grade cold rolling strip, but also the main requirement of production and equipment manufacturing upgrading in iron and steel industry. In the past 10 years, researches and applications of shape control models, shape control means, shape de-

tection technology, and shape control system have achieved significant progress.

(2) In the aspects of shape control models and shape control means, the intelligentization of shape control models should be strengthened. More attention should be paid to the coordination control of both strip shape and other quality indexes, and the refinement of control objective should be strengthened too.

(3) In the aspects of shape detection technology and shape control system, some new types of shape detection meters and shape control systems are developed and have successfully industrial applications. In the future, the standardization of shape detection technology and shape control system should be promoted to solve the problem of compatibility.

(4) In the future, the four expected development trends of shape control are intelligentization, coordination, refinement, and standardization.

References

[1] H M Liu, K R Ding, X D Li, et al. Theoretical computational method of shape standard curve. Chinese Journal of Mechanical Engineering, 2008, 44(8): 137-142. (in Chinese)

[2] D C Wang. Research on theory models of online shape pre-set control for strip tandem mill. Qinhuangdao: Yanshan University, 2009. (in Chinese)

[3] F F Kong, A R He, J Shao. Research on rapid online calculation methods of roll stack deformation. Chinese Journal of Mechanical Engineering, 2012, 48(2): 121-126. (in Chinese)

[4] J Qin, Q Miao. The matrix iteration method for elastic deformation of multi-roll mill based on influence function method. Engineering Mechanics, 2013, 30(5): 271-276. (in Chinese)

[5] D C Wang, Y L Wu, H M Liu. High-efficiency calculation method for roll stack elastic deformation of four-high mill. Iron and Steel, 2015, 50(11): 69-74. (in Chinese)

[6] J R Zhu, X Z Lin, P Wu, et al. Development of unified simulation model of rolling for 6-Hi UCMW wide strip cold Mill. Metallurgical Equipment, 2005, 8(4): 7-10, 28. (in Chinese)

[7] Y T Yang, Q D Zhang, W G Wang, et al. Research on an integrative simulating model for strip shape prediction during cold rolling. Steel Rolling, 2007, 24(5): 13-16. (in Chinese)

[8] A E Dixon, W Y D Yuen. A physical based method to predict spread and shape during flat rolling for real-time application. Steel Research International, 2008, 79(4): 287-296.

[9] D C Wang, Z X Zhao, H M Liu. High-efficiency software and its application for shape analysis and presetting of cold rolling strip. Iron and Steel, 2015, 50(7): 54-60. (in Chinese)

[10] D C Wang, H M Liu. A model coupling method for shape prediction. Journal of Iron and Steel International, 2012, 19(2): 22-27.

[11] X W Zhang, Y Wang. Application and development trend of intelligent recognition methods for flatness recognition. Journal of Iron and Steel Research, 2010, 22(1): 1-13. (in Chinese)

[12] H S Di, G M Liu, G W Jiang. A review of pattern recognition method for measured signals of shape in cold strip rolling. Henan

Metallurgy,2009,17(4):1-6,24. (in Chinese)

[13] C Q Huang,M Zhao. Research progress of plate-profile recognition and control for cold-rolled strip. Journal of Iron and Steel Research,2013,25(12):2-7. (in Chinese)

[14] L Hao,H S Di,D Y Gong,et al. Software development of strip flatness off-line display and pattern recognition. Journal of Northeastern University (Natural Science),2010,31(10):1414-1416,1420. (in Chinese)

[15] C Zhang,J P Tan. Strip flatness pattern recognition based on genetic algorithms-back propagation model. Journal of Central South University (Science and Technology),2006,37(2):294-299. (in Chinese)

[16] J Liu,Y Q Wang,F Sun,et al. Fuzzy pattern recognition method if flatness based on particle swarm theory. Chinese Journal of Mechanical Engineering, 2008, 44 (1): 173-178. (in Chinese)

[17] P F Niu,P F Li,G Q Li,et al. Application of GAS-SVR model in flatness pattern recognition. Iron and Steel,2012,47(12):45-49. (in Chinese)

[18] H T He,Y Li. A new flatness pattern recognition model based on cerebellar model articulation controllers network. Journal of Iron and Steel International,2008,15(5):32-36.

[19] C Y Jia,X Y Shan,H M Liu,et al. Fuzzy Neural model for flatness pattern recognition. Journal of Iron and Steel International,2008,15(6):33-38.

[20] X L Zhang,S Y Zhang,G Z Tan,et al. A novel method for flatness pattern recognition via least squares support vector regression. Journal of Iron and Steel International,2012,19(3):25-30.

[21] X L Zhang,S Y Zhang,W B Zhao,et al. A novel method for flatness pattern recognition via MLSSVN. China Mechanical Engineering,2013,24(2):258-263. (in Chinese)

[22] X L Zhang,T Xv,L Zhao,et al. Method of flatness pattern recognition based on GA-PID neural network. Journal of Shenyang University (Natural Science),2013,25(3):209-215. (in Chinese)

[23] X L Zhang,L Zhao,J Y Zang,et al. Flatness intelligent based on t-s cloud inference neural network. ISIJ International, 2014, 54 (11):2608-2617.

[24] X Y Shan,H M Liu,C Y Jia. A recognition method of flatness pattern containing the cubic flatness. Iron and Steel,2010,45(8):56-60. (in Chinese)

[25] R R Bao,J Zhang,H B Li,et al. Flatness pattern recognition of ultra-wide tandem cold rolling mill. Chinese Journal of Engineering,2015,37(S1):6-11. (in Chinese)

[26] G H Yang,J Zhang,H B Li,et al. Extraction method of typical shape defect vector for super-wide strip steel. Journal of University of Science and Technology Beijing, 2014,36(4):523-528. (in Chinese)

[27] Y B Sun,H M Liu,Y Peng. Reduced order model for shape discrimination of strip rolling. Engineering Mechanics, 2014, 36 (4): 523-528. (in Chinese)

[28] J T Dai,Q D Zhang,J Qin. Analysis of local bucking for thin cold-rolled strip. Engineering Mechanics,2011,28(10):236-242. (in Chinese)

[29] J T Dai,Q D Zhang. Analysis and experiment on central bucking and post bucking of thin cold-rolled sheet. Chinese Journal of Mechanical Engineering, 2011, 47 (2): 44-50. (in Chinese)

[30] Q D Zhang,X F Lu,X F Zhang. Analysis of bucking deformation for thin cold-rolled strip with initial warping defect. Engineer-

ing Mechanics, 2014, 31(8): 243-249. (in Chinese)

[31] Q D Zhang, X F Lu, X F Zhang. Deformation of warping in apparent straight strip after shearing process. Engineering Mechanics, 2014, 31(S1): 217-222. (in Chinese)

[32] R Nakhoul, P Montmitonnet, M Potier. Multi-scale method for modeling thin sheet bucking under residual stresses in the context of strip rolling. International Journal of Solids and Structures, 2015, 66: 62-76.

[33] D C Tran, N Tardif, H E Khaloui, et al. Thermal buckling of thin sheet related to cold rolling: latent flatness defects. Thin-Walled Structures, 2017, 113: 129-135.

[34] S Abdelkhalek, H Zahrouni, N Legrand, et al. Post-bucking modeling for strips under tension and residual stresses using asymtotic numerical method. International Journal of Mechanical Science, 2015, 104: 126-137.

[35] J Bai, Q D Zhang, T Z Chang, et al. Target curve setting model for automatic flatness control on stand 1 of 1 420 cold tandem mill. Iron and Steel, 2007, 42(10): 56-59. (in Chinese)

[36] F Z Lu, J Wen, J Bai. Research of flatness target curve optimization for high strength steel of 2 030 mm tandem cold mill. Steel Rolling, 2009, 26(4): 4-6. (in Chinese)

[37] P F Wang, D H Zhang, J W Liu, et al. Research and application of flatness target curve setting model for cold rolling mill. Iron and Steel, 2010, 45(4): 50-55. (in Chinese)

[38] M Luo. Application of flatness curve dynamic set on the hole in strip rolling process. China Metallurgy, 2015, 25(6): 49-53. (in Chinese)

[39] P F Wang, Y Peng, H M Liu. Actuator efficiency adaptive flatness control model and its application in 1250 mm reversible cold strip mill. Journal of Iron and Steel International, 2013, 20(6): 13-20.

[40] L Ma, P F Wang, D C Wang, et al. Optimization algorithm for closed-loop control system of flatness. Journal of Iron and Steel Research, 2015, 27(7): 42-45. (in Chinese)

[41] H M Liu, X L Zhang, Y R Wang. Transfer matrix method of flatness control for strip mills. Journal of Materials Processing Technology, 2005, 166: 237-242.

[42] H M Liu, H T He, X Y Shan, et al. Flatness control based on dynamic effective matrix for cold strip mills. Chinese Journal of Mechanical Engineering, 2009, 22(2): 287-296.

[43] H M Liu, X Y Shan, C Y Jia. Theory-intelligent dynamic matrix model of flatness control for cold rolled strips. Journal of Iron and Steel Research International, 2013, 20(8): 1-7.

[44] S Abdelkhalek, P Montmitonnet, N Legrand, et al. Coupled approach for flatness prediction in clod rolling of thin strip. International Journal of Mechanical Science, 2011, 53: 661-675.

[45] Y K Kim, W J Kwak, T J Shin, et al. A new model for the prediction of roll force and tension profiles in flat rolling. ISIJ International, 2010, 50(11): 1644-1652.

[46] B Moazeni, M Salimi. Investigations on formation of shape defects in square rolling of uniform thin flat sheet product. ISIJ International, 2013, 53(2): 257-264.

[47] X H Liu, Z Y Jiang, G D Wang. Analysis of 3-D deformation for crowning strip rolling by rigid-plastic FEM. Advanced Technology of Plasticity, 1993: 717-720.

[48] X C Wang, Q Yang, J W Xv, et al. Research on the improvement effect of high tension

on flatness deviation in cold strip rolling. Steel Research International, 2014, 85(11): 1560-1570.

[49] Y L Liu. The self-curability and explicit and implicit heritability of shape defects in cold rolling//AISTech 2015 Proceedings, Cleveland, Usa, May 4-7, 2015: 2878-2893.

[50] S Kapil, P Eberhard, S K Dwivedy. Dynamic analysis of cold-rolling process using the finite-element method. Journal of Manufacturing Science and Engineering, 2016, 138(4): 041002.

[51] J L Sun, Y Peng, H M Liu, et al. Vibration of moving strip with distributed stress in rolling process. Journal of Iron and Steel Research International, 2010, 17(4): 24-30.

[52] Y Peng, Y Zhang, J L Sun, et al. Tandem strip mill's multi-coupling dynamic modeling based on the thickness control. Chinese Journal of Mechanical Engineering, 2015, 28(2): 353-362.

[53] D C Wang, Q L Ma, H M Liu, et al. Study of backup roll contour optimization for cold strip temper rolling mill. Iron and Steel, 2009, 44(8): 56-59. (in Chinese)

[54] Z H Bai, K Wang, Y J Wang, et al. Inner roll shape optimization design technology of VC mill. China Mechanical Engineering, 2013, 24(22): 3096-3099. (in Chinese)

[55] Z H Bai, L P Yang, X D Li, et al. Roll shape setting technology of hot galvanizing and planishing mill. Journal of Iron and Steel Research International, 2007, 14(1): 33-36.

[56] H H Xie, A R He, J Liu, et al. Research of the roll contour optimization on 1 720 mm cold rolling skin pass mill. China Metallurgy, 2009, 44(8): 56-59. (in Chinese)

[57] G H Yang, J G Cao, J Zhang, et al. Comprehensive control for strip edge drop & crown and flatness on tandem cold rolling mill. Metallurgical Equipment, 2008, 6: 1-4. (in Chinese)

[58] G H Yang, J Zhang, J G Cao, et al. Roll configuration for edge drop control of wide strip on 4-hi tandem cold rolling mills. Journal of Tianjin University, 2012, 45(12): 1051-1056. (in Chinese)

[59] Y Peng, H M Liu, D C Wang. Simulation of type selection for 6-high cold tandem mill based on shape control ability. Journal of Central South University of Technology, 2007, 14(2): 278-284.

[60] L J Xv. Flatness Control in cold strip rolling and mill type selection. Beijing: Metallurgical Industry Press, 2007. (in Chinese)

[61] X Q Liu. Shape simulation and mill type evaluation software development of cold rolling strip based on coupling model method. Qinhuangdao: Yanshan University, 2012. (in Chinese)

[62] L Song, M G Shen, X B Chen, et al. Optimum control for technology coolant of cold rolling mill. Journal of Liaoning Technical University (Natural Science), 2014, 33(5): 647-650. (in Chinese)

[63] G Y Hu, Y Cui. Optimizing the shape control process of thin strip with bright roll in cold tandem mill. Journal of Liaoning Institute of Science and Technology, 2010, 12(2): 11-12. (in Chinese)

[64] S Q Li, S Q Xing, Y L Ma, et al. Study on leveling process optimization of cold rolled strip. Steel Rolling, 2011, 28(4): 16-19. (in Chinese)

[65] S M Wu. Model of temper rolling for chroming base plate by double cold reduction mill. Steel Rolling, 2008, 25(4): 28-29, 42. (in Chinese)

[66] H C Chen, S M Wu, X J Li. Combination control of shape and surface quality for double UCM temper mill. China Metallurgy, 2009, 19(6): 23-25. (in Chinese)

[67] Z H Bai, H X Si, Q T Zhou, et al. Comprehensive optimized technology of processing lubrication system in double cold reduction. Iron and Steel, 2011, 46(6): 60-62, 73. (in Chinese)

[68] Z H Bai, X D Li, J C Lian, et al. Influence of local shape wave on ribbing of cold-rolled coil. Chinese Journal of Mechanical Engineering, 2006, 42(9): 229-232. (in Chinese)

[69] X D Li, H M Liu, J H Li. Origin of side convex defect for cold-rolled strip coil. Journal of Iron and Steel Research, 2008, 20(7): 29-33. (in Chinese)

[70] X M Zhu, G H Feng, H L Zhang. Defect analysis on ridge buckles of cold-rolled pure titanium strip. Hot Working Technology, 2014, 43(19): 227-230. (in Chinese)

[71] B Yu, X L Yue, G F She, et al. Research on roll contour optimization in solving defect of local convexity of steel coil. China Mechanical Engineering, 2008, 19(8): 969-971. (in Chinese)

[72] J H Li, J Li, W P Li. Elimination of ridge defect of cold rolled strip coil. Iron and Steel, 2008, 43(9): 49-52. (in Chinese)

[73] Z Y Dou, B Huang, S Q Feng. Analysis and countermeasures of bulging defect at the edge of cold-rolled products. Iron Steel Vanadium Titanium, 2012, 33(6): 91-94. (in Chinese)

[74] Y L Lu, G Chen, Z Y Zhu, et al. Causes and control strategy for ridge buckle of silicon steel in continuous annealing line. Shanghai Metals, 2015, 37(2): 54-56, 62. (in Chinese)

[75] X M Zhou, Q D Zhang, C S Wang, et al. Automative edge drop control system of UC-MW cold mill and its optimization. Iron and Steel, 2007, 42(9): 56-59. (in Chinese)

[76] Z Y Li, J R Zhu, X W Ye, et al. Development of a new edge drop control system for the PL-TCM. Baosteel Technology, 2006, 5: 40-42. (in Chinese)

[77] Q Hu, X C Wang, Q Yang. Design and application of automatic edge drop control system for 6-high tandem cold rolling mill. Metallurgical Industry Automation, 2016, 40(1): 34-39, 44. (in Chinese)

[78] K J Wang, J H Xv, S Q Li. Automatic edge drop control system of Baosteel//Proceedings of the National Production of Rolling Technology, Ningbo, China, August 14-15, 2012: 1016-1019. (in Chinese)

[79] Q D Zhang, X F Zhang, J Wen. Theory and technology of transverse thickness deviation control for DI tinplate during tandem cold rolling. Journal of Mechanical Engineering, 2013, 49(24): 30-38. (in Chinese)

[80] W Q Sun, Q Yang, J Shao, et al. Edge drop control technique of silicon steel for UCM tandem cold rolling mills. Journal of University of Science and Technology Beijing, 2010, 32(10): 1340-1345. (in Chinese)

[81] A R He, J Shao, W Q Sun, et al. Transverse thickness deviation control of non-oriented silicon steel during cold rolling. Journal of Mechanical Engineering, 2011, 47(10): 25-30. (in Chinese)

[82] R Li, Q D Zhang, X F Zhang, et al. Control method for steel strip roughness in two-stand temper mill rolling. Chinese Journal of Mechanical Engineering, 2015, 28(3): 573-579.

[83] L P Xv, L You, D H Wang, et al. Application of ABB shape meter in cold-strip steel production. China Metallurgy, 2014, 24(1): 23-26. (in Chinese)

[84] X G Liang, Z J Jiao, G D Wang, et al. The technology of flatness measurement in cold rolling. Metallurgical Equipment, 2006, 6: 36-39, 77. (in Chinese)

[85] L J Chen, B Han, W Tan, et al. Technology

status and trend of shape detecting and shape controlling of rolled strip. Steel Rolling,2012,29(4):38-42. (in Chinese)

[86] D Wen, Z Li. Application of non-contact shape meter in CAL of cold rolling line. Steel Rolling,2015,32(5):62-65. (in Chinese)

[87] G H Yang,J Zhang,J G Cao,et al. Relationship between strip amplitude and shape for shapemeter based on airflow excitation and eddy current. Transactions of Beijing Institute of Technology,2015,35(7):671-676. (in Chinese)

[88] H M Liu,B Q Yu,L P Yang,et al. Development of cold strip shape meter with entire roller inlayed block intelligence and its industrial application. Iron and Steel,2011,46(12):86-89. (in Chinese)

[89] B Q Yu,L P Yang,J L Sun. Research status of shape detecting roller of cold rolled strip. Steel Rolling,2011,28(2):44-46. (in Chinese)

[90] B Q Yu,L P Yang,H M Liu,et al. Development and industry application of contact shape meter with new structure. Chinese Journal of Scientific Instrument, 2010, 31(4):904-911. (in Chinese)

[91] B Q Yu,L P Yang,Z M Li,et al. Research on embedded DSP shape signal processing system for cold rolling strip. Measurement and Control Technology, 2011, 30(8):23-26. (in Chinese)

[92] J C Lian, H M Liu. Thickness and shape control for rolling strip. Beijing: Weapons Industry Press,1996. (in Chinese)

[93] V B Ginzburg. High quantity steel rolling: theory and practice. New York: Marcel Dekker,Inc. ,1993.

[94] B Q Yu. Research on entire roller intelligence cold strip shape meter and its industrial application. Qinhuangdao: Yanshan University,2010. (in Chinese)

[95] H M Liu,B Q Yu,L P Yang,et al. Entire roller embedded shapemeter: China, 201310209604. 2. 2015-09-16. (in Chinese)

[96] H M Wu,H M Liu,B Q Yu,et al. Determination of interference fit value on entire embedded shapemeter. Journal of Central South University,2014,21(12):4503-4508.

[97] H M Wu. Study of thermal deformation and optimization design of entire roller embedded shapemeter roll. Qinhuangdao: Yanshan University,2015. (in Chinese)

[98] H M Wu,H M Liu,B Q Yu,et al. Transient temperature field and stress field analysis of entire roller embedded shapemeter roll. Iron and Steel,2014,49(5):47-51. (in Chinese)

[99] H M Liu,B Q Yu,L P Yang,et al. A Type of seamless and embedded signal processor used for shapemeter: China, CN105005287A. 2015-10-28. (in Chinese)

[100] L He,J Wang,F Zhang. Research and application of discrete tracking differentiator in shape flatness recognition. Journal of Iron and Steel Research, 2013, 25(2):58-62. (in Chinese)

[101] X Y Shan. Research on matrix model of shape control for cold strip mills. Qinhuangdao: Yanshan University, 2011. (in Chinese)

[102] R M Li,L P Yang,B Q Yu,et al. Effect of shape detecting roll deflection on original waveform signal of cold rolling strip. Iron and Steel,2013,48(5):41-45. (in Chinese)

[103] R M Li,L P Yang,B Q Yu,et al. Effect of detection roll installation precision on online shape signal of cold rolling strip. Iron and Steel,2013,48(7):40-40,48. (in Chinese)

[104] Z X Zhao,D C Wang,P F Wang,et al. Research and application of position error

compensation model for shape meter. Iron and Steel,2015,50(3):49-53. (in Chinese)

[105] L P Yang,B Q Yu,R M Li,et al. Compensation model of abnormal signal and shape detection error of cold rolling strip. Chinese Journal of Mechanical Engineering, 2014,50(6):30-38. (in Chinese)

[106] P F Wang,D H Zhang,J J Liu,et al. Research and application of the flatness measurement calculation model on cold rolling mill. Chinese Journal of Mechanical Engineering,2011,47(4):58-65. (in Chinese)

[107] X L He,F Wang,Z C Sun. Automatic strip shape control system of 1420 mm TCM at meigang. Meishan Keji, 2010, 5: 59. (in Chinese)

[108] W Q Sun,A R He,J Shao,et al. Research and application of automatic control system for high precision cold rolling. Metallurgical Industry Automation, 2015, 39 (3):44-49. (in Chinese)

[109] Z F Li,H Y Li,Z H Cao,et al. Development and application of flatness control system for temper mill. Angang Technology,2016,1:25-28,62. (in Chinese)

[110] D Y Gong,J Z Xv,J Zhang, et al. Shape preset mathematic model establishment of UCM reversing mill. Steel Rolling, 2011, 28(6):1-3. (in Chinese)

[111] X G Liang. Preset model of bending force for six-high tandem cold rolling mill. Iron and Steel,2014,49(10):40-43,50. (in Chinese)

[112] Z H Bai,X P Kang,S M Wu. Technology of online setting shape parameter in double frame UCM tempers. Iron and Steel, 2009,44(5):39-43. (in Chinese)

[113] M Jelali. Performance assessment of control systems in rolling mills-application to strip thickness and flatness control. Journal of Process Control,2007,17:805-816.

[114] A Benporad,D Bernardini,F A Cuzzola,et al. Optimization-based automatic flatness control in cold tandem rolling. Journal of Process Control,2010,20:396-407.

[115] G Pin,V Francesconi,F A Cuzzola,et al. Adaptive task-space control of strip flatness in multiroll mill stands. IFAC Proceedings Volumes, 2011, 44 (1): 11720-11725.

[116] G Pin,V Francesconi,F A Cuzzola,et al. Adaptive task-space metal strip-flatness control in cold multi-roll mill stands. Journal of Process Control,2013,23:108-119.

[117] Y Zhang, Q Yang, X C Wang. Control strategies of asymmetric strip shape in six-high cold rolling mill. Journal of Iron and Steel International,2011,18(9):27-32.

[118] L Song,M G Shen,L P Yang,et al. Shape control dimensionality reduction efficiency inherited regulation method of cold rolling wide strip. Iron and Steel,2016,51(1):70-75. (in Chinese)

[119] X Y Shan,C Y Jia,H M Liu. Neural fuzzy PID model of tilting roll and bending roll flatness control for strip mill. Journal of Mechanical Engineering,2009,45(9):254-259. (in Chinese)

[120] Y N Xia, S Zhao. China manufacturing 2025. Beijing:China Machine Press,2016. (in Chinese)

Decoupling Adaptive Smith Prediction Model of Flatness Closed-Loop Control and Its Application①

Song Mingming[1], Liu Hongmin[1,2], Xu Yanghuan[1], Wang Dongcheng[1,2], Huang Yangyang[1]

(1. National Engineering Research Center for Equipment and Technology of Cold Rolling Strip, Yanshan University, Qinhuangdao 066004, China;
2. State Key Laboratory of Metastable Materials Science and Technology, Yanshan University, Qinhuangdao 066004, China)

Abstract: Flatness control system is characterized by multi-parameters, strong coupling, pure time delay, which complicate the establishment of an accurate mathematical model. Therefore, a control scheme that combines dynamic decoupling, PI (Proportion and Integral) control and adaptive Smith predictive compensation is proposed. To this end, a dynamic matrix is used to decouple the control system. A multivariable coupled pure time-delay system is transformed into several independent generalized single-loop pure time-delay systems. Then, a PI-adaptive Smith predictive controller is constructed for the decoupled generalized single-loop pure time-delay system. Simulations show that the scheme has a simple and feasible structure, and good control performance. When the mathematical model of the control system is inaccurate, the control performance of adaptive Smith control method is evidently better than that of the ordinary Smith control method. The model is successfully applied to the cold rolling production site through LabVIEW, and the control accuracy is within 5 I. This study reveals a new solution to the problem of coupled pure time-delay in flatness control system.

Key words: cold rolling; flatness control; dynamic decoupling; pure time-delay; adaptive Smith

1 Introduction

Cold rolling strip is characterized by high speed (rolling speed), heavy load, large width-thickness ratio, multi-parameters etc. It requires high dimensional accuracy (micron level) and short measurement and control period (millisecond level). In recent years, with the development of science and technology, some industries, such as automobiles, household appliances, precision instruments, aerospace equipment, etc., have higher and higher requirements on the quality of strip flatness. It is urgent to eliminate the strip flatness defects as much as possible[1]. The flatness control technology of cold rolling strip has a complex principle, numerous influencing factors and a strong technical comprehensiveness. It is in-

---

① Processes, 2020, 8(895): 1-14.

volved in different fields, such as mechanical, material, instrument, control, electronics, information and computer, among others. It has also been a trending but complex research topic locally and abroad for decades[2-8]. Firstly, available flatness actuators, and the components that characterize flatness, are numerous; moreover, each adjustment actuator affects each flatness component, thereby making flatness control a multi-input and multi-output (MIMO) coupling control system[9]. Secondly, there is a certain distance between the position of the shapemeter and the roll gap. A period is spent for the shapemeter to measure the flatness after rolling, thereby making flatness control a typical pure time-delay control system. Thirdly, the open-loop gain matrix (influence matrix) calculated by the flatness control deformation mechanism model according to the set parameters deviates from the actual open-loop gain matrix because the actual rolling parameters fluctuate at any time[10]. Therefore, an accurate flatness control model is difficult to obtain.

In conclusion, the flatness control system is multi-parameter and has strong coupling and pure time-delay. As a result, the control model is difficult to establish timely and accurately, thereby increasing the instability and design difficulty of the system. For this reason, Wang et al., [11] proposed the Smith predictive control method, Ma[12], proposed the Dahlin-Smith predictive control algorithm and Liu et al. [13], proposed the dynamic variable gain control algorithm. Their studies were all based on the multi-point flatness control method, which has a large calculation amount and low calculation efficiency[14]. Furthermore, the control effect is poor when the model mismatches. Li Bo et al[15]. proposed a predictive control method, and Zhang et al. [16], proposed the Smith predictive control method. Their studies were based on the component flatness control method, which has a small calculation amount and high calculation efficiency. However, they all believed that an actuator only affects one flatness component, thereby neglecting the coupling effect of each flatness control loop. Moreover, the control effect is poor when the model is mismatched.

Following the above analysis, this study presents a decoupling adaptive Smith predictive control algorithm based on component flatness control. This algorithm handles the coupling and pure time-delay of the loop respectively, and simplifies the design of the control system. Initially, a multivariable coupled pure time-delay system is decoupled into several generalized single variable pure time-delay systems by using the dynamic decoupling matrix. Then, for the generalized single-loop pure time-delay system, an adaptive Smith predictor is designed to solve the problem of pure time-delay, and improve the control performance when the model is mismatched[17]. In this control system, the transverse multi-point flatness is recognized as several characteristic components by pattern recognition[18], and the overall flatness is controlled by controlling the characteristic components. Compared with the multi-point flatness control system, the calculation amount is greatly reduced. Based on the theory of MIMO, the essence of the flatness control system is revealed. The whole process decoupling of the control system is realized by using the diagonal matrix decoupling method. The overshoot and adjustment time of the system are reduced by using the adaptive Smith method. Compared with other components flatness control system, the control process is more stable and faster.

2 Flatness Decoupling Control System

2.1 Principle of Flatness Control

The intermediate roll shifting (IRS) of a 1 420 mm UCM (universal crown control mill) six-high cold rolling mill is controlled by setting values, that is, the intermediate rolls are shifted to a certain position using rolling technology before rolling and remain unchanged during the process. The three kinds of online flatness adjustment are roll tilting (RT), work roll bending (WRB) and intermediate roll bending (IRB) control. Following rolling deformation theory and the engineering practice, RT controls primary flatness mainly, whereas WRB and IRB control quadratic and quartic flatness mainly. Fig 1 shows the principle of flatness control, in which, $\boldsymbol{\sigma}=\{\sigma_1, \sigma_2, \cdots, \sigma_m\}$ is a vector of the flatness of each section along the strip width direction measured by the shapemeter, and m is the number of measurement sections, where σ_m is the measured flatness value of the m-th measurement section. After flatness pattern recognition the measured flatness component coefficient vector $\boldsymbol{A}=\{a_1, a_2, a_4\}$ can be obtained, where a_1, a_2 and a_4, represent the measured primary, quadratic and quartic flatness component coefficients, respectively. $\boldsymbol{A}^{\mathrm{T}}=\{a_1^{\mathrm{T}}, a_2^{\mathrm{T}}, a_4^{\mathrm{T}}\}$ is the target flatness component coefficient vector, a_1^{T}, a_2^{T} and a_4^{T} represent the primary, quadratic and quartic target flatness component coefficient respectively. $\boldsymbol{E}=\boldsymbol{A}^{\mathrm{T}}-\boldsymbol{A}=\{e_1, e_2, e_4\}$ is the vector of flatness deviation component coefficient, where e_1, e_2 and e_4 represent the primary, quadratic and quartic flatness deviation coefficient components respectively. $\Delta\boldsymbol{U}=\{\Delta u_1, \Delta u_2, \Delta u_4\}$ is the regulator vector of a given flatness adjustment parameter, where Δu_1, Δu_2 and Δu_4 are the given RT displacement adjustment, WRB and IRB force adjustment respectively. $\Delta\boldsymbol{U}^*=\{\Delta u_1^*, \Delta u_2^*, \Delta u_4^*\}$ is the actual output flatness adjustment parameter adjustment vector, Δu_1^*, Δu_2^* and Δu_4^* are the actual adjustment of RT displacement adjustment, WRB and IRB force adjustment respectively. In each control cycle, the flatness control system makes the target flatness $\boldsymbol{A}^{\mathrm{T}}$ minus the measured flatness $\boldsymbol{A}$ initially obtain the flatness deviation $\boldsymbol{E}$. Then, it calculates the adjustment amount $\Delta \boldsymbol{U}$ according to the flatness deviation $\boldsymbol{E}$ and sends it to the hydraulic system. Lastly, the hydraulic system of each actuator outputs the actual adjustment amount $\Delta \boldsymbol{U}^*$ to the roll system according to its dynamic response. Meanwhile, the flatness of the roll gap is changed by changing its shape. The flatness after rolling reaches the shapemeter after $\tau = l/v$ time in which l (m) is the distance between the roll gap and the shapemeter, and v (m/s) is the rolling speed.

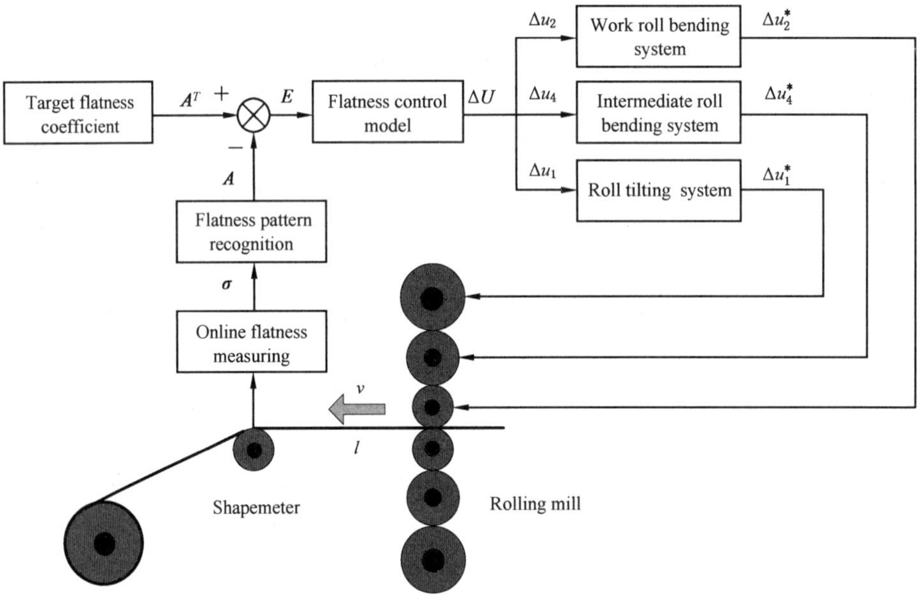

Fig. 1 Flatness control principle

2.2 Flatness Open-Loop Control Model

The flatness control system of the 1 420 mm UCM six-roll cold rolling mill shown is Fig. 1 is a three-input-three-output MIMO coupling pure time-delay control system. In accordance with the flatness control principle in Fig. 1, the flatness open-loop control system which is shown in Fig. 2 is constructed; in such system, $G_{TM}(s) = G_T(s) G_M(s)$, $G_{WM}(s) = G_W(s) G_M(s)$, $G_{IM}(s) = G_I(s) G_M(s)$, where $G_T(s)$, $G_W(s)$, $G_I(s)$ and $G_M(s)$ are the transfer functions of RT, WRB, IRB and shapemeter, respectively. Here, Δa_1, Δa_2 and Δa_4 are the changes of the flatness coefficients of primary, quadratic and quartic flatness, respectively; meanwhile, a_1^0, a_2^0 and a_4^0 are the initial measured (last time) primary, quadratic and quartic flatness coefficients respectively. Element c_{ij} is the open-loop gain of the flatness control system, whose physical meaning is the influence coefficient of the j-th adjustment means on the i-th flatness component coefficient. This flatness component coefficient constitutes the open-loop gain matrix of the flatness control, which is called the flatness adjustment influence matrix $\boldsymbol{C}$[19].

$$\boldsymbol{C}=\begin{bmatrix} c_{11} & c_{12} & c_{13} \\ c_{21} & c_{22} & c_{23} \\ c_{41} & c_{42} & c_{43} \end{bmatrix} \quad c_{ij}=\Delta a_i/\Delta u_j^* \tag{1}$$

Equation (1), Δa_i is the change of the i-th flatness component and Δu_j^* is the change of the j-th actuator. The transfer functions of hydraulic system of RT, WRB and IRB of the cold rolling mill and the shapemeter are shown is Equation(2) which can be approximated to a first-order model[20].

$$G_T(s)=\frac{1}{T_T s+1},$$
$$G_W(s)=\frac{1}{T_W s+1},$$
$$G_I(s)=\frac{1}{T_I s+1},$$
$$G_M(s)=\frac{1}{T_M s+1} \tag{2}$$

Equation (2), s is the variable after Laplace transformation (differential operator). T_T, T_W, T_I and T_M are the time constants of the RT, WRB, and IRB system and the shapemeter, respectively. After the transfer function of each link and the influence matrix of flatness adjustment are known, the transfer function matrix $\boldsymbol{G}(s)$ of flatness control is obtained as follows. Equation (3), $e^{-\tau s}$ indicates that the system has a time-delay of τ seconds.

$$\boldsymbol{G}(s)=\begin{bmatrix} c_{11}G_{TM}e^{-\tau s} & c_{12}G_{WM}e^{-\tau s} & c_{14}G_{IM}e^{-\tau s} \\ c_{21}G_{TM}e^{-\tau s} & c_{22}G_{WM}e^{-\tau s} & c_{24}G_{IM}e^{-\tau s} \\ c_{41}G_{TM}e^{-\tau s} & c_{42}G_{WM}e^{-\tau s} & c_{44}G_{IM}e^{-\tau s} \end{bmatrix} \tag{3}$$

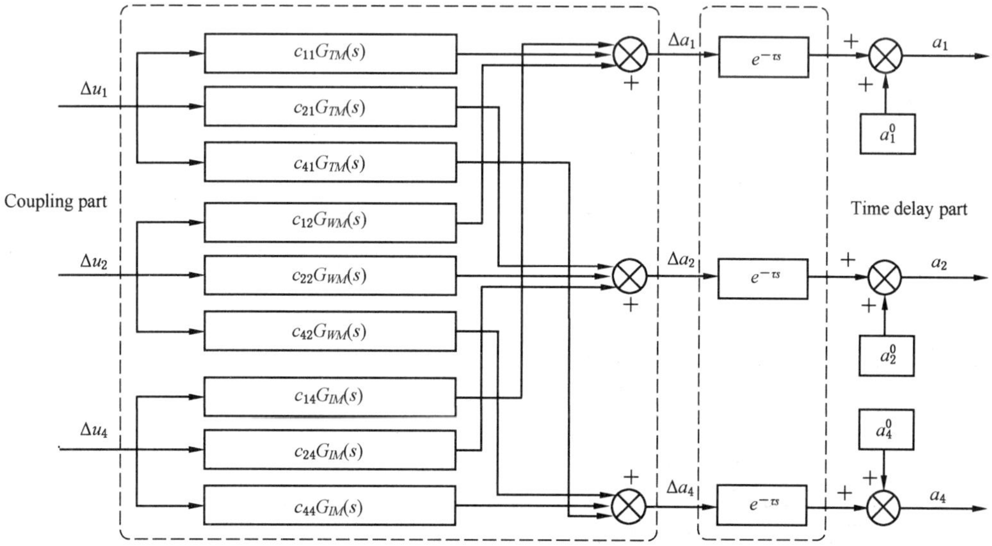

Fig. 2　Open-loop control system

2.3 Flatness Closed-Loop Decoupling Control Model

The pure time-delay time of each flatness component control loop is the same. Hence, the coupling and the time-delay parts of the strip control system can be dealt, respectively. For the coupling part in Fig. 2, the coupling system can be transformed into three generalized single-loop control systems by decoupling. In this study, the closed-loop control strategy of independent control primary flatness, decoupling control quadratic and quartic flatness proposed by the author in another study is adopted[21]. The slight influence of RT on quadratic and quartic flatness and the slight influence of WRB and IRB on primary flatness are ignored. Fig. 3 shows the flatness closed-loop decoupling control system. The dotted lines in Fig. 3 is a dynamic decoupling model. $G_{D22}(s)$, $G_{D42}(s)$, $G_{D24}(s)$ and $G_{D44}(s)$ are the four elements of the dynamic decoupling matrix $\boldsymbol{G}_D(s)$. $G_1(s)$, $G_2(s)$ and $G_4(s)$ are primary, quadratic and quartic flatness PI controllers, respectively. $\boldsymbol{E}^* = \{e_1^*, e_2^*, e_4^*\}$ is the coefficient vector of flatness deviation component output by PI controllers, in which e_1^*, e_2^* and e_4^* are the primary, quadratic and quartic flatness deviation components output by PI controllers, respectively. In accordance with diagonal matrix decoupling theory [22], the control system will be decoupled completely when the when the dynamic decoupling matrix satisfies Equation (4), and the Equation (5) is obtained, which is called dynamic decoupling matrix.

$$\begin{bmatrix} c_{22}G_{WM}(s) & c_{24}G_{IM}(s) \\ c_{42}G_{WM}(s) & c_{44}G_{IM}(s) \end{bmatrix} \times \begin{bmatrix} G_{D22}(s) & G_{D24}(s) \\ G_{D42}(s) & G_{D44}(s) \end{bmatrix} = \begin{bmatrix} G_{WM}(s) & 0 \\ 0 & G_{IM}(s) \end{bmatrix} \tag{4}$$

$$\boldsymbol{G}_D(s) = \frac{1}{c_{22}c_{44} - c_{24}c_{42}} \begin{bmatrix} c_{44} & -c_{24}G_{IM}(s)/G_{WM}(s) \\ -c_{42}G_{WM}(s)/G_{IM}(s) & c_{22} \end{bmatrix} \tag{5}$$

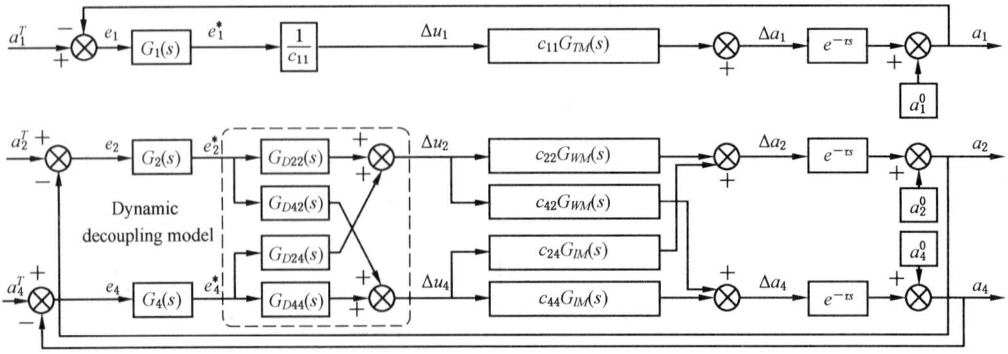

Fig. 3 Closed-loop decoupling control system

3 Flatness Decoupling Adaptive Smith Predictive Control

3.1 Primary Flatness Adaptive Smith Predictive Control

Decoupling control solves the coupling problem of the flatness control system, but does not solve the pure time-delay problem. The decoupled flatness control system can be regarded as three independent loops, and the predictive controller can be designed by solving single-loop pure time-delay; in this manner, the controller design is simplified and the practicability of the controller is enhanced[23, 24]. Smith predictive control is an effective solution to the problem of single-loop pure time-delay. However, it depends on an accurate control object model to obtain good control effect[25, 26]. However, in the general industrial process, the control object often contains uncertainties. As a result, the predictive model is difficult to match with the control object completely. Therefore, the desired control effect is difficult to achieve when the traditional Smith predictive control algorithm used[27]. In view of this deficiency of Smith predictive control, an adaptive Smith predictive control algorithm is proposed. By adjusting the parameters of the cascade controller adaptively, the output of the controller can be adjusted in real time to reduce the overshoot and adjustment time caused by model mismatch and enhance the stability of the system. Each control loop can be described by a first-order plus pure time-delay model because T_M is more than one order of magnitude smaller than T_T, T_W and T_I. In other words, $G_{TM}(s) \approx G_T(s)$, $G_{WM}(s) \approx G_W(s)$ and $G_{IM}(s) \approx G_I(s)$ as shown in Fig. 3. By taking the primary flatness control loop as an example, and ignoring the slight influence of WRB and IRB on primary flatness, the cascade controller adopts proportional control $K_1(t)$ to obtain a PI-adaptive Smith predictive control system of primary flatness as shown in Fig. 4, where, K_1^*, $G_{TM}^*(s)$ and τ^* are the open-loop gain coefficient, dynamic response and delay time of the primary flatness Smith predictor, respectively. Δa_1^* is the primary flatness change output of the Smith predictor, and e_{y1} is the deviation between the actual and predicted outputs of the primary flatness control loop.

Let $G_{TM}^*(s) = 1/(T_T^* + 1)$, where T_T^* is the time constant of Smith predictor, the following can be inferred from Fig. 4. $\Delta a_1'(t)$ and $\Delta a_1^{*\prime}(t)$ are the derivatives of $\Delta a_1(t)$ and $\Delta a_1^*(t)$ with respect to t, respectively.

$$\Delta a_1'(t) = -\frac{1}{T_T}\Delta a_1(t) + \frac{K_1(t)}{T_T}e_1^*(t) \tag{6}$$

$$\Delta a_1^{*\prime}(t) = -\frac{1}{T_T^*}\Delta a_1^*(t) + \frac{K_1^*}{T_T^*}e_1^*(t) \tag{7}$$

$$e_{y1}(t) = \Delta a_1(t)e^{-\tau t} - \Delta a_1^*(t)e^{-\tau^* t} \tag{8}$$

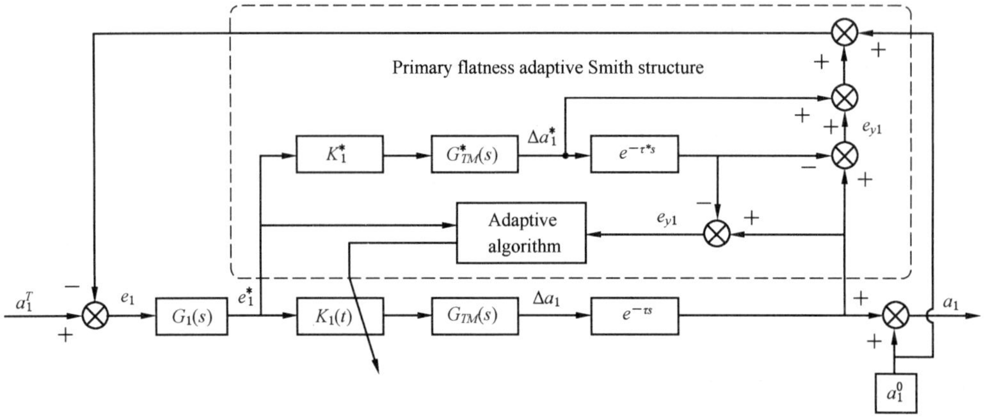

Fig. 4　Flatness adaptive Smith control system

Given $G_{TM}^*(s)=1/(T_T^*+1)$ and $T_T^*=T_T$, we can rewrite Equation (8) to Equation (9) because $e^{-\tau s}$ only shifts $\Delta a_1(t)$ and $\Delta a_1^*(t)$ on the time axis by a time τ, which can be calculated, so the time-delay can be ignored[28]. Transforming Equation (8) to time domain and ignoring time-delay, it can be written as Equation (9).

$$e_{y1}(t)=\Delta a_1(t)-\Delta a_1^*(t) \tag{9}$$

Taking the derivative of Equation (9), Equation (10) can be obtained.

$$e'_{y1}(t)=-\frac{1}{T_T}e_{y1}(t)+\frac{1}{T_T}[K_1(t)-K_1^*]e_1^*(t) \tag{10}$$

Given Ω as a two-dimensional space containing variables $e_{y1}(t)$ and $K_1(t)-K_1^*$, and $\boldsymbol{\varepsilon}^{\mathrm{T}}=\{e_{y1}(t),(K_1(t)-K_1^*)\}$ as a vector of space Ω, we choose Equation (11) as a Lyapunov-function[29].

$$V(\boldsymbol{\varepsilon})=\frac{1}{2}\left\{T_T e_{y1}^2(t)+\frac{1}{\lambda_1}[K_1(t)-K_1^*]^2\right\} \tag{11}$$

Equation (11), λ_1 is a constant greater than zero, and $T_T>0$ holds for all $V(\boldsymbol{\varepsilon})>0$. Taking the derivative of Equation (11), Equation (12) can be obtained.

$$V'(\boldsymbol{\varepsilon})=T_T e_{y1}(t)e'_{y1}(t)+\frac{1}{\lambda_1}[K_1(t)-K_1^*]K_1'(t) \tag{12}$$

By bring Equation (10) in Equation (12) and sorting out, Equation (13) can be obtained.

$$V'(\boldsymbol{\varepsilon})=-e_{y1}^2(t)+[K_1(t)-K_1^*]\cdot\left[\frac{1}{\lambda_1}K'(t)+e_{y1}(t)e_1^*(t)\right] \tag{13}$$

Given $K_1'(t)=-\lambda_1 e_{y1}(t)e_1^*(t)$, Equation (14) can be obtained.

$$K_1(t)=-\lambda_1\int e_{y1}(t)e_1^*(t)\mathrm{d}t+K_1(0) \tag{14}$$

$$V'(\boldsymbol{\varepsilon})=-e_{y1}^2(t)\leqslant 0 \tag{15}$$

Equation (14), $K_1(0)$ is the initial value of $K_1(t)$. Following Lyapunov's asymptotic stability theorem[30], Equation (10) is asymptotically stable, when $V'(\boldsymbol{\varepsilon})\leqslant 0$. Equation (14) is the adaptive equation. To speed up the adjustment speed and improve the performance of the adaptive algorithm $K_1(t)$, an adaptive algorithm for the primary flatness is obtained as Equation (16) by adding $-\lambda_1^* e_{y1}(t)e_1^*(t)$ (λ_1^* is a constant greater than zero) to the adaptive equation [31,32].

$$K_1(t)=-\lambda_1\int e_{y1}(t)e_1^*(t)\mathrm{d}t-\lambda_1^* e_{y1}(t)e_1^*(t)+K_1(0) \quad (16)$$

3.2 Quadratic and Quartic Flatness Decoupling Adaptive Smith Predictive Control

The decoupled quadratic and quartic flatness control loops are two independent and uncoupled single-loops as shown in Fig. 5. Each adaptive Smith predictive control system can be designed on the basis of single-loop. Ignoring the slight influence of RT on the quadratic and quartic flatness, and the cascade controllers adopt proportional control, the quadratic and quartic flatness decoupling PI-adaptive Smith predictive control system shown in Fig. 6 is obtained. $K_2(t)$ and $K_4(t)$ are the quadratic and quartic flatness cascade proportional controllers, K_2^* and K_4^* are the open-loop gain coefficients of the quadratic and quartic flatness Smith predictors, $G_{WM}^*(s)$ and $G_{IM}^*(s)$ are the dynamic responses of the quadratic and quartic flatness Smith predictors, Δa_2^* and Δa_4^* are the quadratic and quartic flatness changes of the Smith predictors, and e_{y2} and e_{y4} are the deviation between the actual and predicted outputs of the quadratic and quartic flatness control loops respectively. Referring to the adaptive algorithm of primary flatness control, the adaptive algorithm of quadratic and quartic flatness control loops is obtained as shown in Equation (17) and Equation (18), respectively, in which $K_2(0)$ and $K_4(0)$ are the initial values of $K_2(t)$ and $K_4(t)$, respectively, and λ_2, λ_2^*, λ_4 and λ_4^* are four constants greater than zero.

$$K_2(t)=-\lambda_2\int e_{y2}(t)e_2^*(t)\mathrm{d}t-\lambda_2^* e_{y2}(t)e_2^*(t)+K_2(0) \quad (17)$$

$$K_4(t)=-\lambda_4\int e_{y4}(t)e_4^*(t)\mathrm{d}t-\lambda_4^* e_{y4}(t)e_4^*(t)+K_4(0) \quad (18)$$

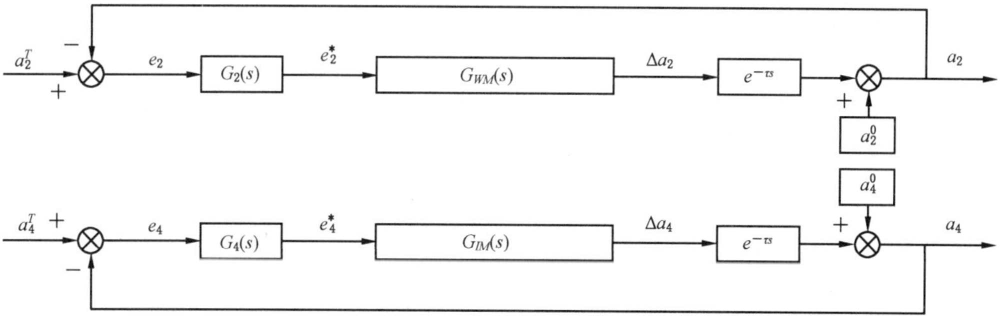

Fig. 5　Generalization closed-loop control system of quadratic and quartic flatness

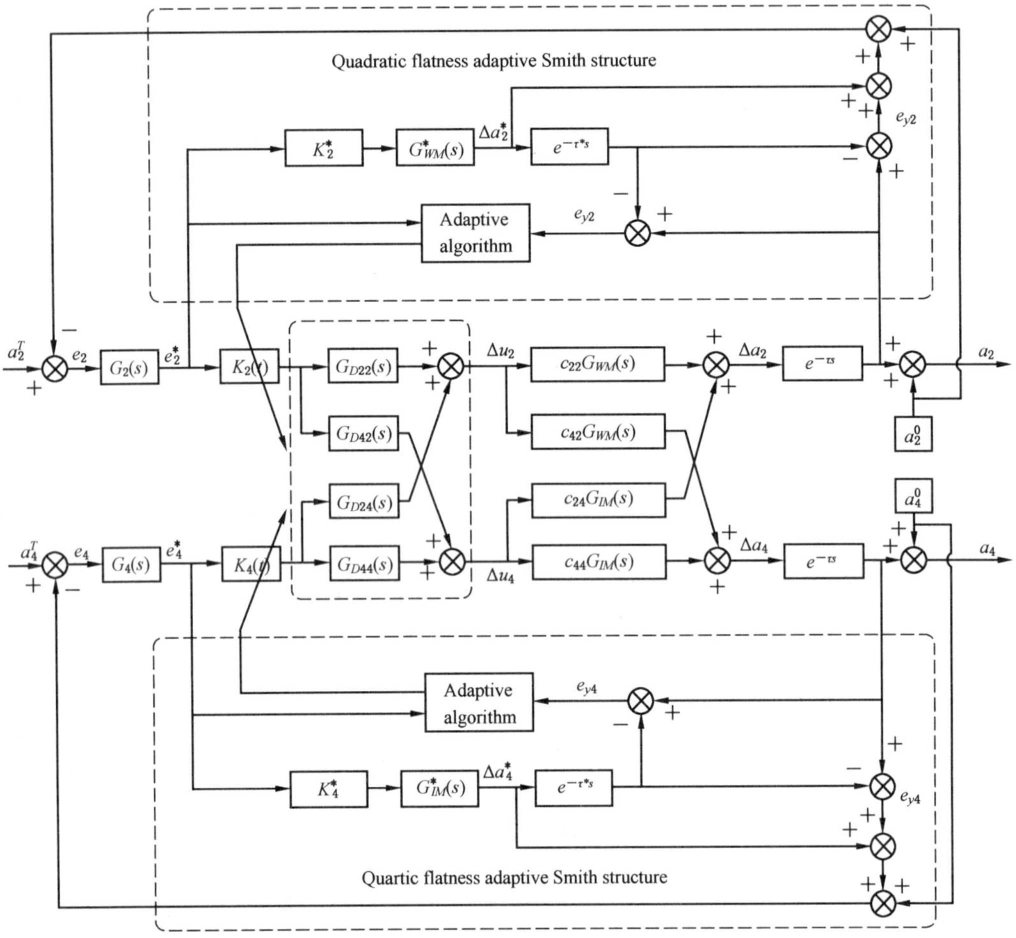

Fig. 6　Quadratic and quartic flatness decoupling adaptive Smith control system

4　Simulation Comparison and Industrial Application

4.1　Simulation Comparison

T_T, T_W, T_I and T_M are 0.05 s, 0.15 s, 0.25 s and 0.003 s of a 1 420 mm UCM six-roll cold rolling mill in a factory respectively. The normal rolling speed of the mill is between 5.0 and 13.3 m/s (according to field rolling process), and the distance between the shapemeter and the roll gap is 2.0 m (field measurement). Therefore, the delay time is between 0.15 and 0.4 s. The normal rolling speed of the strip with a width of 1 230 mm is 10 m/s, i. e., delay time τ= 0.2 main rolling parameters and the flatness adjustment influence matrix (calculating matrix) calculated from the flatness control deformation mechanism model are shown in Table 1[33]. The simulation systems of flatness control Simulink based on decoupling PI, decoupling PI-Smith and decoupling PI-adaptive Smith are built, respectively. Fig. 5 shows that when the model matches perfectly, the open-loop gain coefficient of the generalized quadratic and quartic flatness control loops after decoupling is 1. Hence, the initial value of the cascade controller of the quadratic and quartic flatness control loops and the open-loop gain of Smith predictor are all 1, i. e., $K_2(0)=1$, $K_4(0)=1$, $K_2^*=1$ and $K_4^*=1$, similarly $K_1(0)=1$, $K_1^*=1$. The parameters of each loop controller and the adaptive parameters are selected as shown in Table 2, in which K_{P1}, K_{I1}, K_{P2}, K_{I2}, K_{P4} and K_{I4} are the proportional and integral coefficients of the primary, quadratic and quartic flatness PI controllers, respectively. Taking the primary flatness control loop as an example, its PI controller equation is shown in Equation (19)[34].

$$u_t=K_{P}e(t)+K_{I}\int e(t)\mathrm{d}t \tag{19}$$

Table 1　Main rolling parameters and calculating matrix

Strip Width/mm	Rolling Force/10kN	Entry Thickness/mm	Exit Thickness/mm	Front Force/kN	Post Tension/kN	IRS/mm	Calculating Matrix C_0
1 230	864	1.04	0.79	107	80	115	$\begin{matrix} -0.1829 & -0.0001 & 0.0002 \\ 0.0003 & -0.4084 & 0.0398 \\ 0.0005 & 0.3079 & 0.0373 \end{matrix}$

Table 2　Main parameters of control system

K_{P1}	K_{I1}	λ_1	λ_1^*	K_{P2}	K_{I2}	λ_2	λ_2^*	K_{P4}	K_{I4}	λ_4	λ_4^*
0.2	0.033	0.01	0.5	0.6	0.107	0.03	0.45	0.5	0.167	0.02	0.40

In accordance with Equation (3), the transfer function matrix of the flatness control system is composed of three parts: influence matrix, dynamic response and time-delay. RT, WRB and IRB are the inner rings of flatness control. Their time constants, i. e., their dynamic response is determined. The delay time is $\tau=l/v$, where l is fixed, and v is measured in real time, so the delay time is determined. Therefore, the major factor affecting the transfer function matrix is the influence matrix. The influence matrix for control is usually calculated from the flatness control deformation mechanism model according to the set (specific) parameters, which is called calculating matrix. The actual rolling parameters fluctuate at any time, thereby result in a large deviation between the calculating matrix and the actual matrix, which can be calculated in accordance with the measured data of the rolling process and changes at any time. In summary, only the influence matrix is uncertain in the flatness control system model. Hence, in this study, only the matching and mismatching control performance comparison between the calculating matrix of the decoupling part and the actual matrix of the coupling part are discussed.

Assuming the initial flatness is $a_1^0=0$, $a_2^0=0$ and $a_4^0=0$, let $a_1^T=1$, $a_2^T=1$ and $a_4^T=1$, and the various situations of actual matrix and calculating matrix of rolling mill are simulated and compared. Three representative cases are presented in Table 3 and Fig. 7. The interpretations of the curves in Fig. 7 are shown in Table 4.

(1) From the comparison of Curves A and B, when the model matches perfectly, after adding Smith predictive control, the flatness components are not overshoot and the adjustment time is greatly shortened. Hence the control strategy of decoupling first and then Smith predictive control is effective.

(2) From the comparison of Curves C and D, when the absolute value of each element of the actual matrix is larger than that of the calculating matrix, PI-Smith predictive control produces large overshoots for each flatness component. After using PI-adaptive Smith predictive control, the overshoots of the primary and quadratic flatness are evidently reduced, the quartic flatness is no overshoot.

(3) From the comparison of Curves E and F, when the absolute value of each element in the actual matrix is smaller than that of the calculating matrix, and the adjustment time of each flatness component is long using PI-Smith predictive control, whereas that of PI-adaptive Smith predictive control is short.

In summary, the flatness control system using decoupled PI-adaptive Smith predictive control can greatly reduce overshoot caused by pure time-delay, shorten the adjustment time, and stabilize control process. Furthermore, the adaptive algorithm can improve the control quality of the system when the mathematical model is mismatched.

Table 3　Actual matrix

$\boldsymbol{C}_0$			$\boldsymbol{C}_1$			$\boldsymbol{C}_2$		
−0.182 9	−0.000 1	0.000 2	−0.256 0	−0.000 1	0.000 3	−0.109 7	−0.000 1	−0.000 1
0.000 3	−0.408 4	0.039 8	0.000 4	−0.571 8	0.055 7	0.000 2	−0.245 0	0.023 9
0.000 5	0.307 9	0.037 3	0.000 7	0.431 0	0.052 2	0.000 3	0.184 7	0.022 4

Table 4　The meanings of the curves in Fig. 7

Curve label	A	B	C	D	E	F
Calculating matrix	$\boldsymbol{C}_0$	$\boldsymbol{C}_0$	$\boldsymbol{C}_0$	$\boldsymbol{C}_0$	$\boldsymbol{C}_0$	$\boldsymbol{C}_0$
Actual matrix	$\boldsymbol{C}_0$	$\boldsymbol{C}_0$	$\boldsymbol{C}_1$	$\boldsymbol{C}_1$	$\boldsymbol{C}_2$	$\boldsymbol{C}_2$
Control method	PI	PI-Smith	PI-Smith	PI-adaptive Smith	PI-Smith	PI-adaptive Smith

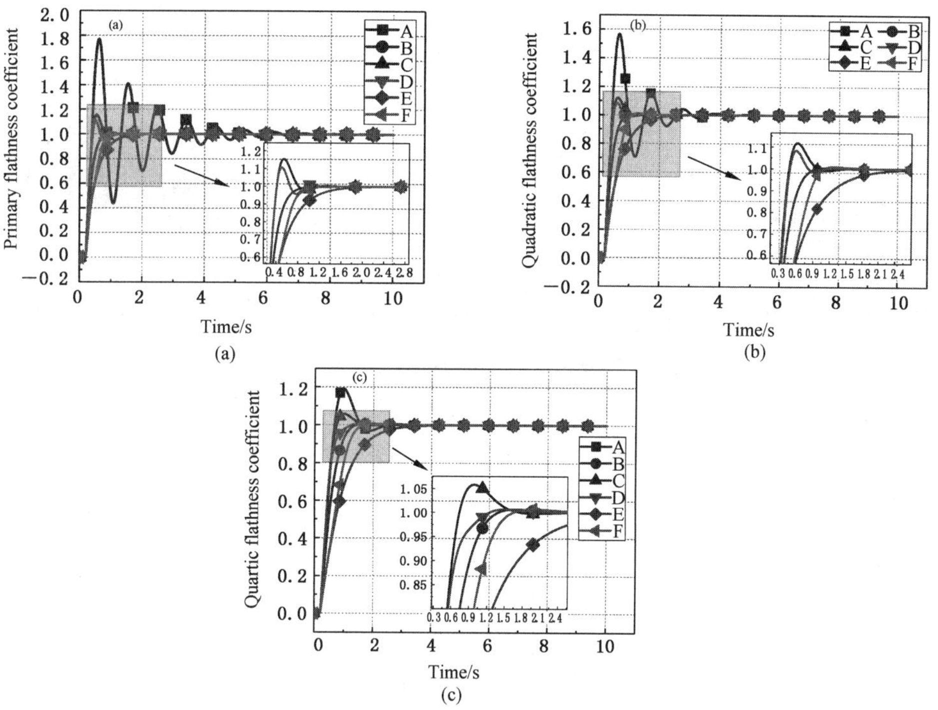

Fig. 7 Contrast of flatness control change process

4.2 Industrial Application

The flatness control method proposed in this paper has been applied to a 1 420 mm UCM six-high cold rolling mill. The control program is written with LabVIEW as the development environment, and its application process principle is shown in Fig. 8. Ni OPC server is the bridge between LabVIEW and S7-400 to establish data connection, and plays the function of communication protocol conversion. The flatness control program first reads the parameters needed for flatness control in S7-400 through Ni OPC server, then reads the measured flatness of the flatness measuring host through the switch, calculates the flatness control amount and writes it into S7-400 through Ni OPC server, and finally, S7-400 gives the control adjustment amount to the corresponding actuator through its input and output (I/O) equipment. The variation range of RT is −150 μm~150 μm, the variation range of WRB is −200 kN~500 kN, the variation range of IRB is 0 kN~500 kN, and the variation range of IRS is −200 mm~200 mm. Take the strip of Table 1 as an example, control period is 50ms, the target flatness $a_1^T=0$, $a_2^T=0$ and $a_4^T=0$, the initial RT is 0 μm, the initial WRB is 110 kN, the initial IRB is 120 kN, the actual change of flatness component coefficient, actuator adjustment amount, the overall flatness change process and the strip after rolling are shown in (a), (b), (c) and (d) of Fig. 9, respectively. The flatness data is from the flatness control host (sampling period 50 ms), and the actual change of actuator adjustment parameters is from the factory PDA (sampling period 1ms).

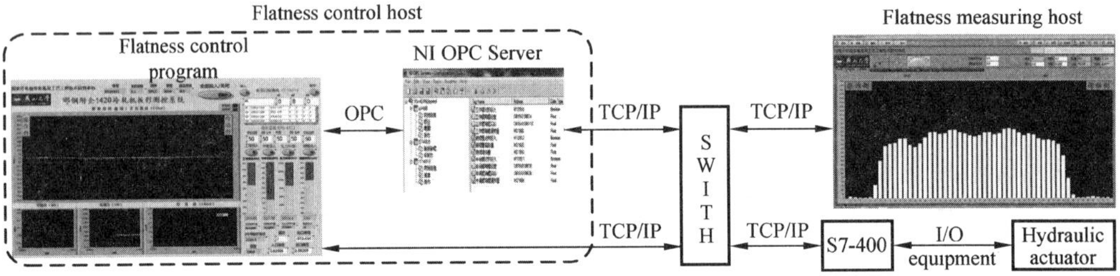

Fig. 8　Principle of flatness control system

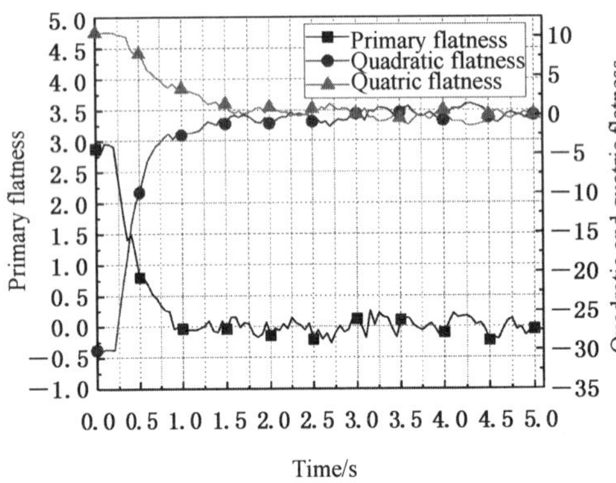

(a) Change process of flatness components

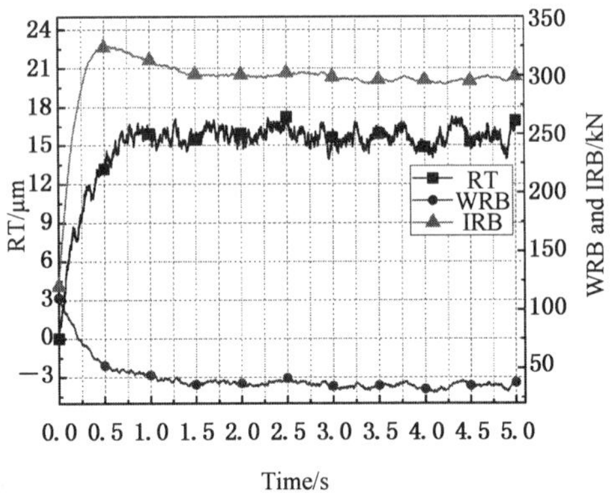

(b) Change process of actuator

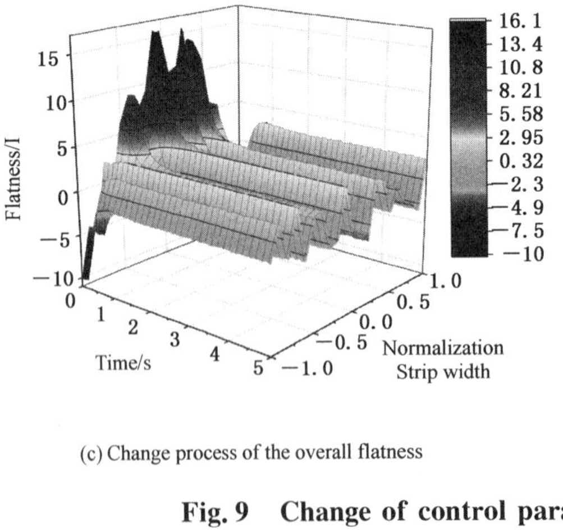

(c) Change process of the overall flatness

(d) The strips after rolling

Fig. 9　Change of control parameters in rolling process

It can be seen that the controlled primary, quadratic and quartic flatness coefficients do not overshoot and reach the target value in about 1.5 s. After control, the flatness of all transverse parts of the strip are within ±5 I. The remaining flatness defects are high-order, whose shape is wave, which indirectly shows that RT, WRB and IRB can't adjust the high-order flatness. In the process of adjustment, only the IRB produces overshoot of about 10%, and the RT and WRB do not produce overshoot. The overall flatness of the strip changes rapidly and stably, and the surface shape of the strip is good after rolling without obvious deformation. After a long time of industrial application, different specifications of strip only have different response of the actuator and flatness during the adjustment process, the adjustment time is mostly within 2.5 s, and the final flatness deviation is mostly within ±5 I, which shows that the decoupling strategy and control method proposed in this paper are effective. With the setting value of IRS is appropriate, the integral flatness deviation of strip can be eliminated by adjusting the primary, quadratic and quartic flatness components through roll RT, WRB and IRB, and the local flatness deviation cannot be eliminated.

5 Discussion

The flatness control system can control the overall flatness of strip by controlling the three characteristic components: primary, quadratic and quartic. Compared with the multi-point flatness control system in references[11-14], the design is simple, the control variables are fewer, and the calculation amount is small. When the control system model is mismatched, the adjustment time of the system is shorter, the flatness control process is more stable and the actuator will not produce large overshoot. Compared with the predictive control algorithm in reference[15], the process coupling of the system is considered in this paper. The dynamic term is added to the decoupling process to realize the whole process decoupling of the control system. Moreover, the influence of various actuators means that the flatness components is considered, so the design of the control system is more perfect and the operation more stable. Compared with the traditional Smith predictive control algorithm in reference[16], the adaptive Smith algorithm proposed in this paper is more suitable for industrial field, the flatness control effect is better, the overshoot of actuator is smaller, and the adjustment time is shorter. Because the control system is specially designed for a 1 420 mm UCM reversible cold rolling mill, it is not equipped with subsection cooling system, the system cannot be combined with subsection cooling, and the flatness control accuracy remains at ±5 I, which cannot be further improved.

6 Conclusions

1. Through analysis the internal structure of the flatness control system, the control strategy of decoupling first and then compensating time-delay is proposed. A complex multi-loop coupled time-delay system is decoupled into simple multi-generalized single-loop time-delay systems. In this manner, the design difficulty of the control system is simplified.

2. To address solve the difficulty in accurately calculating the influence matrix of flatness adjustment and the poor effect of ordinary Smith predictive control method, this study proposes an adaptive Smith predictive control method. Adjusting the cascade controller coefficients in real time reduces the overshoot and adjustment time caused by model mismatch, improving the control quality.

3. The simulation results show that for the time-delay flatness control system Smith predictive control is effective when the model is matched. When the control model is mismatched, the adaptive Smith method is better than the ordinary Smith method.

4. The industrial application shows that the setting value of IRS is appropriate, the integral flatness deviation of strip can be controlled within ±5I by adjusting the primary, quadratic and quartic flatness components, through roll RT, WRB and IRB, and the local flatness deviation cannot be eliminated.

Founding: This work is supported by the National Science and Technology Planning Program (Grant No. 2011BAF15B00) and the Natural Science Foundation of Hebei Province (Grant No. E2016203482).

References

[1] Yang, L. P.; Yu, H. X.; Zhang, Y. S.; Liu, H. M. Shape Detection and control system of cold rolling strip based on the virtual instrument and its industrial application. J. Mech. Eng. 2018, 54, 1-7.

[2] Li, X.; Luan, F.; Wu, Y. A. Comparative assessment of six machine learning models for prediction of bending force in hot strip rolling process. Metals 2020, 10, 685.

[3] Pin, G.; Francesconi, V.; Cuzzola, F. A.; Parisini, T. Adaptive task-space metal strip-flatness control in cold multi-roll mill stands. J. Process Control 2013, 23, 108-119.

[4] Jin, X.; Li, C. S.; Wang, Y.; Li, X. G.; Xiang, Y.; Gu, T. Investigation and optimization of load distribution for tandem cold steel strip rolling process. Metals 2020, 10, 677.

[5] Ogasahara, T.; Kitamura, T.; Aoe, S. I.; Tateno, J. I.; Asano, K. Dynamic control of flatness and elongation of the strip in a skin pass mill. Tetsu Hagane 2019, 105, 512-521.

[6] Xie, H. B.; Li, L. J.; Liu, T. W.; Wang, E. R.; Liu, X.; Jiang, Z. Y. Three dimensional finite element simulation of strip shape and flatness of high strength steel. Key Eng. Mater. 2019, 794, 232-245.

[7] Kozhevnikov, A.; Kozhevnikov, I.; Bolobanova, N. Dynamic model of cold strip rolling. Metalurgija 2018, 57, 99-102.

[8] Ataka, M. Rolling technology and theory for the last 100 years: the contribution of theory to innovation in strip rolling technology. ISIJ Int. 2015, 55, 89-102.

[9] Liu, H. M.; He, H. T.; Shan, X. Y.; Jiang, G. B. Flatness control based on dynamic effective matrix for cold strip mills. J. Mech. Eng. 2009, 22, 41-75.

[10] Yang, L. P.; Yu, H. Y.; Wang, D. C.; Zhang, Z.; Jiang, Z. Y. Intelligent shape regulation cooperative model of cold rolling strip and its application. Steel Res. Int. 2017, 88, 1600383.

[11] Wang, P. F.; Peng, Y.; Wang, D. C.; Sun, J.; Zhang, D. H.; Liu, H. M. Flatness control strategy based on delay compensation for cold rolling mill. Steel Res. Int. 2017,

88,1600065.
[12] Ma,L. Strategy of Flatness Control System Lag Compensation. Master's Thesis, Yanshan University, Qinhuangdao, China, 2014.
[13] Liu, J. W. ; Jiang, D. P. ; Wu, H. L. ; Chen, R. J. Algorithm research and application of dynamic variable gain controller based on flatness control in cold mill. In Proceedings of the 8th Youth Academic Annual Meeting off China Metal Society, Beijing, China, 23-25 October 2013; pp. 1-6.
[14] Wang, P. F. ; Zhang, Z. J. ; Sun, J. ; Zhang, D. H. ; Liu, H. M. ; Gao, X. L. Flatness control of cold rolled strip based on relay optimization. Ironmak. Steelmak. 2016, 45, 166-175.
[15] Li, B. ; Zhang, Q. D. Study on flatness predictive control for cvc-4th cold mill. Metall. Equip. 2008, 4, 9-12.
[16] Zhang, R. C. ; Zheng, X. Automatic flatness control strategy with a smith predictor for steel strip rolling. In Proceedings of the 2011 International Conference on Photonics, 3D-Imaging, and Visualization, Guangzhou, China, 30-31 October 2011; pp. 1-6.
[17] Xing, Z. W. ; Ding, B. J. Intelligent control method for aircraft deicing fluid temperature based on a new adaptive smith predictor. Adv. Mater. Res. 2012, 424, 936-940.
[18] Song, M. M. ; Wang, D. C. ; Zhang, S. ; Xu, Y. H. ; Liu, H. M. Flatness pattern recognition based on recurrent neural network. Iron Steel 2018, 53, 56-62.
[19] Yang, L. P. ; Zhang, Z. ; Wang, D. C. ; Li, R. M. ; Yu, H. X. ; Zhang, Y. S. Mechanism-intelligent coordination shape control model of cold strip. Iron Steel 2017, 52, 52-57.
[20] Zhu, Y. ; Tang, S. ; Wang, C. ; Jiang, W. ; Zhao, J. ; Li, G. Absolute stability condition derivation for position closed-loop system in hydraulic automatic gauge control. Processes 2019, 7, 766.
[21] Song, M. M. ; Liu, H. M. ; Wang, D. C. ; Xu, Y. H. Decoupling strategy and dynamic decoupling model of flatness control in cold rolling strip. ISIJ Int. 2020, 60, 286-296.
[22] Wang, J. ; Yan, W. ; Shao, H. Performance Improvement of VAV air conditioning control system through diagonal matrix decoupling and lonworks technology. Energy Build. 2005, 37, 911-919.
[23] Chou, J. H. ; Chang, J. F. ; Lin, D. B. ; Wu, T. L. Dual-band WLAN MINO antenna with a decoupling element for full-metallic bottom cover tablet computer applications. Microw. Opt. Technol. Lett. 2018, 60, 1245-1251.
[24] Xu, S. ; Hashimoto, S. ; Jiang, W. Pole-zero cancellation method for multi input multi output (MIMO) temperature control in heating process system. Processes 2019, 7, 497.
[25] Kaya, I. Improving performance using cascade control and a smith predictor. IAS Trans. 2001, 40, 223-234.
[26] Wang, Y. Q. ; Sun, F. ; Liu, J. ; Sun, M. H. ; Xie, Y. H. Application of Smith predictor based on single neural network in cold rolling shape control. Chin. J. Mech. Eng. 2009, 22, 282-286.
[27] Zhang, P. ; Yuan, M. Z. ; Wang, H. Self-adaptive fuzzy-smith control for a long time-delay system. Comput. Simul. 2006, 23, 88-90.
[28] Li, X. ; Song, D. Q. ; Yu, S. Y. ; Gui, W. H. Feedback automatic gauge control system using model reference adaptive smith predictor. Control Theory Appl. 2009, 26, 999-1003.
[29] Gao, H. J. ; Lam, J. ; Chen, T. W. ; Wang, C. H. Stability analysis of uncertain discrete-time systems with time-varying state de-

lay: a parameter-dependent lyapunov function approach. Asian J. Control 2010, 8, 433-440.

[30] Zheng, D. Z. Liner system theory; tsinghua university press: beijing, china, 1990; pp. 213-242.

[31] Zhou, Y.; Song, D. D.; Nie, P. P.; Hao, H. M. Application of model reference adaptive control-improved smith-predictor in temperature control of fermentation. J. Hebei Univ. Tech. 2011, 40, 5-9.

[32] Song, Y. X.; Zhu, X. F. An Improved adaptive Smith predictor system. Meas. Control Tech. 2002, 8, 37-40.

[33] Wang, D. C.; Liu, H. M. A Model Coupling method for shape prediction. J. Iron Steel Res. Int. 2012, 19, 22-27.

[34] Rodríguez-Miranda, E.; Beschi, M.; Guzmán, J. L.; Berenguel, M.; Visioli, A. Daytime/nighttime event-based pi control for the pH of a microalgae raceway reactor. Processes 2019, 7, 247.

第五篇　板带和线材轧机振动分析及控制技术

高速线材吐丝机吐丝管空间曲线研究和改进①

刘宏民[1]，姚双吉[1]，杨利坡[1]，庞志峰[1]，李双来[2]，刘武斌[2]，闫胜友[2]，褚建东[2]
（1. 燕山大学机械工程学院，河北 秦皇岛 066004；
2. 唐山钢铁股份有限公司，河北 唐山 063016）

摘　要：针对唐钢高线吐丝机存在的吐丝质量问题，采用三次样条拟合现场实测数据得到吐丝管曲线方程；根据吐丝管中线材的速度和受力模型，分析线材在吐丝管中的运动状态，研究吐丝管空间曲线对吐丝质量的影响，得到吐丝管空间曲率波动过大和出口速度变化过快是导致吐丝质量不好的主要原因；通过改善吐丝管空间曲线和规范煨管工艺制度，显著改善了甩尾、吐圈摆动等吐丝质量，吐丝管寿命提高了1倍。

关键词：高速吐丝机；吐丝管；空间曲线

Research and Improvement of the Pipe Space Curve of High-speed Laying Head

Liu Hongmin[1], Yao Shuangji[1], Yang Lipo[1], Pang Zhifeng[1],
Li Shuanglai[2], Liu Wubin[2], Yan Shengyou[2], Chu Jiandong[2]
(1. College of Mechanical, Yanshan University, Qinhuangdao 066004, Hebei, China;
2. Tangshan Iron and Ste l Co. Ltd., Tangshan 063016, Hebei, China)

Abstract: For the working problems of laying head of high speed wire rod, choosing cubic spline function to fit the actual measurement data, the velocity and force model is used to analyze the state of the wire rod and research the curve's effect on the laying head. On the basis of the consequence of calculation and the measured data, the bad working state is due to the sharply changed value of curvature of the pipe and the speed fast changing at the outlet of the pipe. By making some improvement on the space curve and bending processing of the pipe, the working state of laying head such as tail throwing is improved remarkably and the service life of single pipe doubles. The reform consequence approved that the theory model is correct and the renovation methods are reasonable.

Key words: High speed laying head; Pipe of loop laying head; Space curve

20世纪80年代以来，我国陆续引进了多套高速线材生产线。但是吐丝机的最核心技术——吐丝管空间曲线方程及相关参数，外商均不提供，只提供煨制吐丝管的胎具。国内对吐丝管曲线的研究主要集中在理论方面。吐丝机吐丝质量与吐丝管空间曲线是否合理有着最直接的关系[1]。国内线材生产厂家由于没有

① 中国工程科学，2006，8(11)：80-85.

吐丝管曲线方程的信息，在怀疑吐丝管设计曲线存在问题时，只能以试验方式对其进行改造，这样做不但费时费力，而且难以找到问题的根源。因此，寻求精确的吐丝管曲线方程，并对吐丝管的曲率、速度、受力情况进行分析，是解决上述问题的关键。

笔者探讨了吐丝管空间曲线方程的取得方法，并以唐山钢铁公司高速线材生产线为例，拟合得到了吐丝管的空间曲线方程。在此基础上，针对该厂吐丝机在工作过程中出现的吐圈不圆、吐圈左右摆动、吐丝管使用寿命短、甩尾以及打尾等问题，进行多方面的分析，提出了相应的改造方案，取得了一定的实际效果。该方法也可供其他线材厂在技术改造时参考。

1　吐丝管中线材的力学模型

1.1　吐丝管空间曲线描述

如图1所示，根据吐丝管曲线形状特点，建立了三维柱面坐标形式的参数方程：

$$\begin{cases}R=R(t)\\ \theta=\theta(t)\\ z=z(t)\end{cases} \tag{1}$$

式中：R 为吐丝管回转半径（径向坐标）；θ 为吐丝管回转切向转角（切向坐标）；z 为吐丝管回转轴线方向坐标；t 为时间参数。

1.2　吐丝管中线材的运动模型

吐丝管曲线在三维空间的切向量为：

$$\boldsymbol{v}_{\mathrm{T}}=v_{\mathrm{r}}\boldsymbol{e}_{\mathrm{r}}+v_{\theta}\boldsymbol{e}_{\theta}+v_{z}\boldsymbol{e}_{z} \tag{2}$$

$$\begin{cases}v_{\mathrm{r}}=R'(t)\\ v_{\theta}=\theta'(t)R(t)\\ v_{z}=z'(t)\end{cases} \tag{3}$$

式中：$\boldsymbol{e}_{\mathrm{r}}$、$\boldsymbol{e}_{\theta}$、$\boldsymbol{e}_{z}$ 分别为 R 向、θ 向、z 向的单位矢量；v_{r}、v_{θ}、v_{z} 分别为吐丝管曲线切向量模的径向分量、回转切向分量和轴向分量。

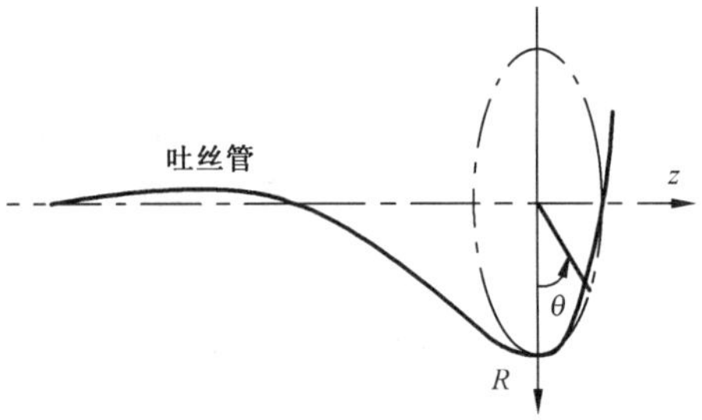

图1　吐丝管曲线坐标示意图

Fig. 1　The coordinate pipe of loop laying head

根据秒流量相等原理，线材在吐丝管内相对于吐丝管的速度恒为 v（线材来料速度）其方向沿吐丝管曲线的切线，即与吐丝管曲线上升速度方向相同。因此线材对吐丝管的相对速度为：

$$\boldsymbol{v}_{\mathrm{g}}=\frac{\boldsymbol{v}_{\mathrm{T}}}{|\boldsymbol{v}_{\mathrm{T}}|}v=v_{\mathrm{g}r}\boldsymbol{e}_{\mathrm{r}}+v_{\mathrm{g}\theta}\boldsymbol{e}_{\theta}+v_{\mathrm{kz}}\boldsymbol{e}_{z} \tag{4}$$

式中：$v_{\mathrm{g}r}$，$v_{\mathrm{g}\theta}$，$v_{\mathrm{g}z}$ 分别为线材相对于吐丝管径向、切向（回转方向）和轴向的速度。

v_{g} 对 t 求导可得线材相对于吐丝管的加速度：

$$\boldsymbol{a}_{\mathrm{g}}=a_{\mathrm{g}r}\boldsymbol{e}_{r}+a_{\mathrm{g}\theta}\boldsymbol{e}_{\theta}+a_{\mathrm{g}z}\boldsymbol{e}_{z} \tag{5}$$

式中：$a_{\mathrm{g}r}$，$a_{\mathrm{g}\theta}$，$a_{\mathrm{g}z}$ 分别为线材相对于吐丝管的径向、切向和轴向的加速度。

吐丝管在工作时做匀速定轴转动，此即为牵连运动，于是牵连速度 $\boldsymbol{v}_{\mathrm{e}}$ 和牵连加速度 $\boldsymbol{a}_{\mathrm{e}}$ 分别为

$$\boldsymbol{v}_{\mathrm{e}}=-R\omega_{0}\boldsymbol{v}_{\theta},\boldsymbol{a}_{\mathrm{e}}=-R\omega_{0}^{2}\boldsymbol{e}_{r} \tag{6}$$

牵连运动为定轴转动，故存在柯氏加速度为

$$\boldsymbol{a}_{\mathrm{k}}=2\omega_{\mathrm{e}}\boldsymbol{v}_{\mathrm{g}}=2\omega_{0}(-\boldsymbol{e}_{z})\boldsymbol{v}_{\mathrm{g}}=2v_{\mathrm{g}\theta}\omega_{0}\boldsymbol{e}_{\mathrm{r}}-2v_{\mathrm{g}r}\omega_{0}\boldsymbol{e}_{\theta} \tag{7}$$

吐丝管内任意点处线材对地的绝对加速度为

$$\boldsymbol{a}_{\mathrm{a}}=\boldsymbol{a}_{\mathrm{g}}+\boldsymbol{a}_{\mathrm{e}}+\boldsymbol{a}_{\mathrm{k}}=a_{\mathrm{a}r}\boldsymbol{e}_r+a_{\mathrm{a}\theta}\boldsymbol{e}_\theta+a_{\mathrm{a}z}\boldsymbol{e}_z \tag{8}$$

式中：$a_{\mathrm{a}r}$，$a_{\mathrm{a}\theta}$，$a_{\mathrm{a}z}$ 分别为线材绝对加速度在径向、切向和轴向的投影。

1.3　吐丝管中线材的动力模型

取吐丝管内微段线材 i 分析。设该段线材质量为 m_i，则其所受惯性力为

$$\boldsymbol{f}_i=-m_i\boldsymbol{a}_{\mathrm{a}i}=f_{ri}\boldsymbol{e}_r+f_{\theta i}\boldsymbol{e}_\theta+f_{zi}\boldsymbol{e}_z \tag{9}$$

式中：f_{ri}，$f_{\theta i}$，f_{zi} 分别为微段线材的惯性力在径向、切向和轴向的分量：

$$\begin{cases}f_{ri}=-m_i(a_{\mathrm{a}r})_i\\ f_{\theta i}=-m_i(a_{\mathrm{a}\theta})_i\\ f_{zi}=-m_i(a_{\mathrm{a}z})_i\end{cases} \tag{10}$$

吐丝机工作时，线材在吐丝管内向前运动，由于受到吐丝管壁向后的摩擦阻力，某微段线材总是受其前后相邻部分的推拉作用，故线材有一定的“轴向力”，并且总是沿线材中心线方向。

吐丝机稳定工作时，吐丝管出口处线材吐出后的加速度为零，即线材微段所受合力为零，并且线材不受任何外力，故线材内部作用在该微段的轴向力为零。根据线材出口处轴向力为零的边界条件，可以递推计算吐丝管中各点处线材的轴向力。

如图 2 所示，取吐丝管内第 i，$i+1$ 两微段线材进行研究[2]。假定第 $i+1$ 段线材受第 i 段的轴向拉力已知，记为 $\boldsymbol{N}_{i+1}$。由于轴向作用力总是沿线材中心线方向，因此可求第 i 段线材 AB 所受到的第 $i-1$ 段的轴向拉力 $\boldsymbol{N}_i$。

对微段 i 而言，在法向上受到吐丝管壁的正压力为

$$\boldsymbol{p}_{ni}=-(\boldsymbol{f}_i)_n-(\boldsymbol{N}_{i-1})_n=p_{ri}\boldsymbol{e}_r+p_{\theta i}\boldsymbol{e}_\theta+p_{zi}\boldsymbol{e}_z \tag{11}$$

根据式(11)吐丝管壁对微段 i 的正压力 $\boldsymbol{p}_{ni}$，由库仑摩擦定律可求得微段 i 受吐丝管壁的摩擦力为

$$\boldsymbol{f}_{mi}=-|\boldsymbol{p}_{ni}|\mu_{AB} \tag{12}$$

式中：μ 为滑动摩擦系数。

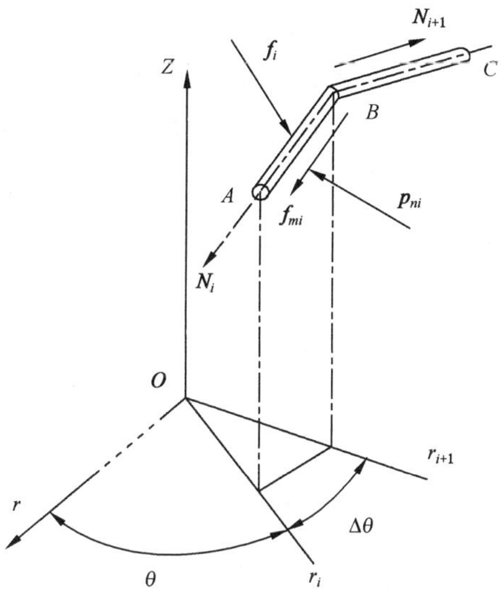

图 2　线材受力模型

Fig. 2　The mechanical model of wire

2　吐丝管空间曲线测量和理论分析

2.1　吐丝管曲线测量

采用精密三坐标测量仪对唐山钢铁公司高线厂 1 线、2 线轧制 ϕ6.5 mm 线材时使用的吐丝管进行精确测量，得到高精度的吐丝管点云数据。应用三维造型软件对点云数据做逆向处理，可以得到吐丝管实体及中心线空间曲线。

图 3 为用该测量仪对两条生产线的吐丝管扫描外部特征获得点云数据后，利用逆向工程软件 Imagewave 制作出的实体造型。图 4 是根据实体造型得到的唐钢高线两条生产线吐丝管曲线的曲率计算值。从图 4 中可以看出，两条吐丝管的曲率变化明显不同。1 线吐丝管曲率变化非常剧烈，而 2 线的曲率波动相

对较小。现场实际情况也印证了这一点：1 线吐丝质量不好，吐圈左右摆动、甩尾等问题比较严重；而 2 线吐丝相对较好。理想的吐丝管在入口段曲率应缓慢增加，而实际使用的吐丝管在入口处曲率变化过快。吐丝管在该处与线材的摩擦最剧烈，对吐丝管的使用不利。从唐钢高线现场使用过的报废吐丝管来看，磨损最严重的位置就在距吐丝管入口 300～600 mm 处。

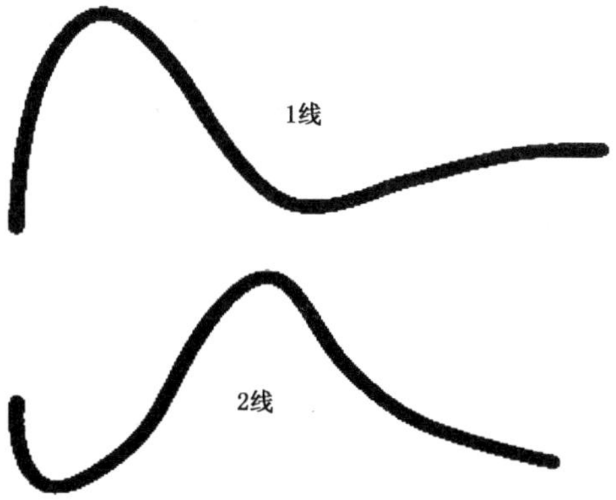

图 3　1 线、2 线吐丝管实体造型

Fig. 3　The solid masses of the pipes for the first and the second product line

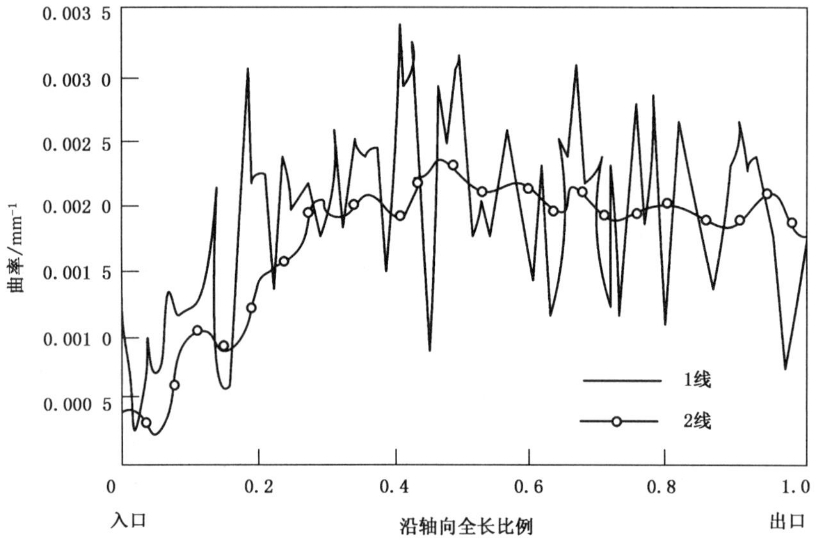

图 4　现场使用的吐丝管曲率变化

Fig. 4　The reality curvature change of the pipes of the laying head

2.2　吐丝管的速度和受力分析

2.2.1　吐丝管曲线方程

考虑到吐丝管曲线的柱面坐标形式和特点，对 z 和 θ 采用正旋三角多项式或高次多项式的形式表示[5]，用非线性最小二乘法或多项式拟合；而对吐丝管回转半径 R，考虑到吐丝管曲线本身的特性，采用三次分段多项式样条曲线进行拟合。对 t 经过归一化处理后得到曲线方程拟合结果：

$$1\text{线}:\begin{cases} z = 1\,674.5t + 631.2\sin(\pi t) \\ \theta = 358.1t + 12[\sin(\pi t)]^{2.716} \\ R = R_1(t) \end{cases} \qquad 0 < t < 1 \tag{13}$$

$$
2\text{线}:\begin{cases} z = 1\,755.9t + 590.3\sin(\pi t) \\ \theta = -1\,020.1t + 2\,835.6t^4 - 2\,953.4t^3 + 1\,471t^2 + 15t & 0 < t < 1 \\ R = R_2(t) \end{cases} \quad (14)
$$

式中：$R_1(t)$，$R_2(t)$分别为以 t 为自变量的三次样条曲线方程。

2.2.2　吐丝管内部线材的速度分析

唐钢高速线材生产线轧制 $\phi 6.5$ mm 线材的主要工艺参数如表 1 所示。

根据线材的速度模型，得到线材在吐丝管内运动的半径方向相对速度 v_r、切向方向相对速度 v_θ 以及轴向相对速度 v_z，如图 5 所示。1 线和 2 线不同之处在于 1 线的径向速度 v_r 变化不太稳定；2 线的径向速度 v_r 变化较为平稳，没有上下波动。1 线径向速度 v_r 及轴向速度 v_z 在接近吐丝管出口处急剧减小，这是导致 1 线吐圈不稳定的因素之一；2 线径向速度 v_r 在吐丝管入口部分由小至大变化较快，在吐丝管出口部分由大至小下降缓慢，在出口处基本稳定。因此 2 线吐丝管在线材入口 300～600 mm 处发生严重磨损。

表 1　唐钢高速线材轧制主要工艺参数（ϕ6.5 mm）

Table 1　The main processing parameters of the high speed wire（ϕ6.5mm）

设备名称	电机转速/($r \cdot min^{-1}$)	轧制速度/($m \cdot s^{-1}$)	温度/℃	延伸率/%
末架精轧机	915.52	90.0	1 130	1.265 1
夹送辊	1 255.79	89.283 7	981.0	1.0
吐丝机	1 352.86	92.020 5	980.0	1.0

2.2.3　吐丝管内部线材的受力分析

1 线、2 线吐丝管的受力计算结果如图 6 、图 7 所示。其中 1 线吐丝管的受力峰值虽然小于 2 线，但是波动次数较多，这也说明了 2 线吐丝效果优于 1 线的事实。1 线、2 线的线材在进入吐丝管入口后所受的摩擦力急剧增大，摩擦力最大的位置在距离吐丝管入口 500 mm 左右，该位置为吐丝管的变形起始段。线材在此位置与吐丝管壁接触面积有限，由于长时间磨损，该处必然首先磨穿，这恰恰印证了 1 线吐丝管在距入口 300～600 mm 处磨损最严重的事实。

3　吐丝管技术改造措施及实施效果

3.1　吐丝管技术改造措施

以理论计算结果为依据，在保证生产稳定的前提下，对吐丝管做合理性改造。改造主要解决吐丝管入口段曲率变化过快、吐丝管曲率整体变化不均匀、1 线吐丝管出口处线材径向相对速度 v_r 变化过快等问题。主要改造措施有：

1）延长吐丝管直线段和定型段长度。由于吐丝管入口段曲率变化过快，入口段管壁磨损严重，因此可以适当增加入口段长度，减缓曲率变化。针对 1 线吐丝管出口处线材径向速度 v_r 及轴向速度 v_z 变化过快问题，适当延长吐丝管出口段长度，可以稳定线材出口速度。具体方法是：将 1 线的吐丝管入口直线段加长 15 mm，出口定型段按原有曲率加长 100 mm，并同时调整吐丝机的动平衡[3]。

2）规范煨管工艺和制度

a. 煨管时吐丝管加热温度不均，致使煨成的吐丝管经常产生局部缩径，即轻微的“竹节”现象，这是造成吐丝管曲率变化不均匀的主要原因。为了使吐丝管各位置加热均匀，有效避免因加热不均造成的“竹节”现象，加热温度精确控制在 850～870 ℃。

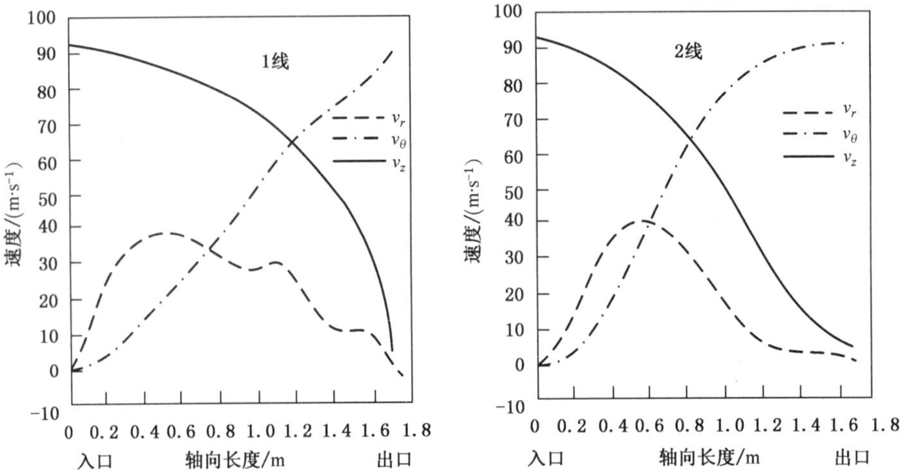

图5　1线、2线吐丝管中线材相对速度变化趋势

Fig. 5　The relative velocities of the wire in the first and second product lines

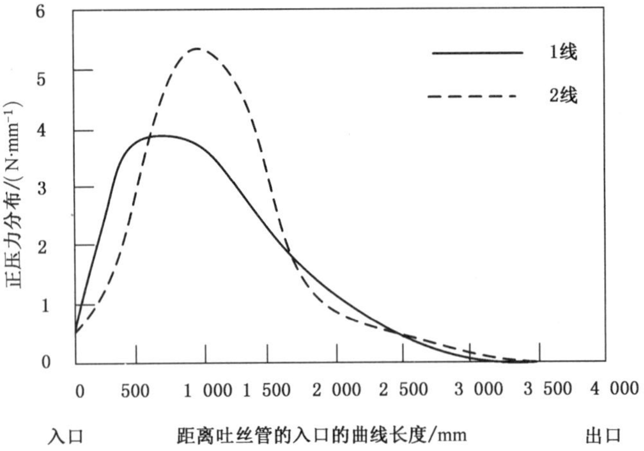

图6　吐丝管内壁所受压力分布

Fig. 6　The pressure of the pipe inwall

b. 为避免煨管机两卡子支点位置出现过大曲率，吐丝管均匀加热到工艺所要求的温度后，两卡子支点之间的压弯次数由原来的2次增加到3～4次，特别是在易磨损点，更应注意曲率连续过渡。

c. 煨管工人按照工艺制度熟练操作规程，连续加热、连续煨制，减少吐丝管局部受力和加热不均现象。

d. 吐丝管煨制成型后，必须经过一段时间的时效处理，以消除其内部残余应力[4]。

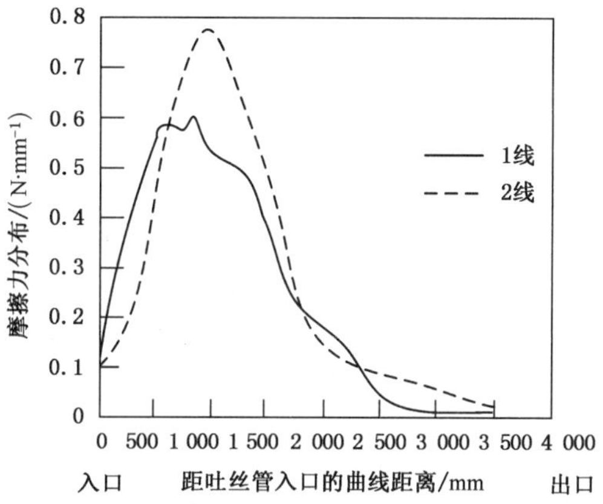

图 7 吐丝管内壁所受摩擦力分布

Fig. 7 The friction force of the pipe inwall

3.2 吐丝管改造前后效果对比

图 8 和图 9 分别示出了 1 线、2 线吐丝管改造前后的摩擦力和吐丝管曲率的对比。从图 8 可以看出，改造后 1 线吐丝管的曲率有了明显的改进，曲率变化大致平缓，使吐丝管内壁受力趋于均匀，降低高速线材运行时对吐丝管内部的冲击性磨损，有利于提高吐丝管寿命[5,6]。改造前后在同样条件下轧制 $\phi 6.5$ mm 线材时，各统计了 8 根吐丝管的寿命情况。吐丝管的过钢量由原来 5～6 kt 增至现在的 9～10 kt 以上。改造后的吐丝管在过钢量达到 9 kt 以后，纵向剖开可以看到其内壁磨损较均匀，磨损最严重位置壁厚至少还有 2 mm。根据实际吐丝过程中吐丝管单位过钢量的磨损程度估计，可以再过钢 4～5 kt。从图 9 可以看出，由于 2 线原吐丝管空间曲线相对于 1 线较合理，故对 2 线的改造效果不如 1 线明显。

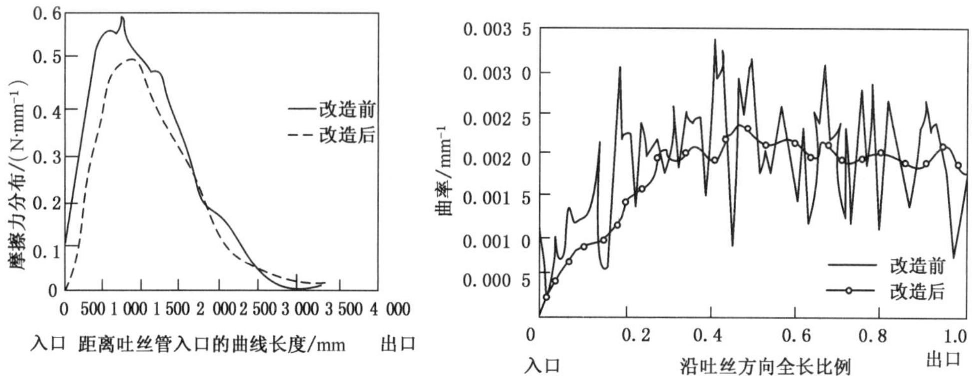

图 8 1 线吐丝管改造前后线材摩擦力和吐丝管曲率对比

Fig. 8 The friction force of rod wire and the curvature change of pipe before and after renovation on the first product line

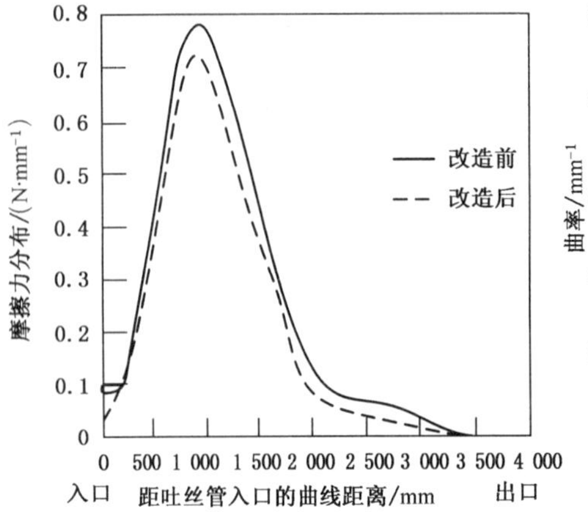

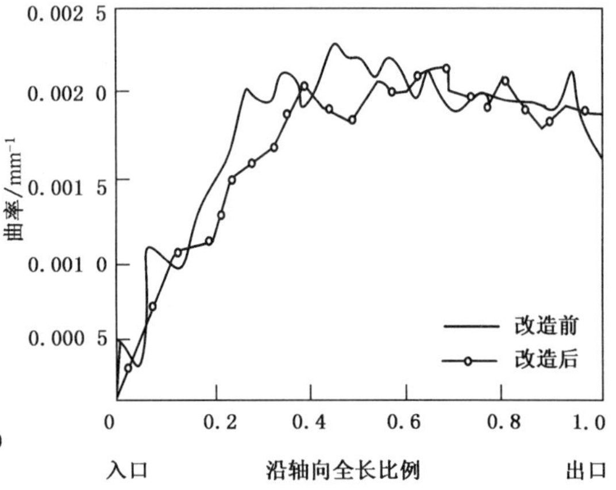

图 9　2 线吐丝管改造前后线材摩擦力和吐丝管曲率对比

Fig. 9　The friction force of rod wire and the curvature change of pipe before and after renovation on the second product line

吐丝管尾部延长后，甩尾的线材长度由原来的 3 圈降低到 2 圈以下，最好时甚至基本不甩尾。改造后圈形下落趋势均匀，以理想状态连续均匀地布置到辊道上，吐丝圈形质量提高，事故卷减少，线圈排列整齐容易集卷，打捆包装后的效果非常美观。

4　结论

1）采用柔性三坐标空间坐标测量仪精确测量现场吐丝管空间坐标，通过三次样条拟合得到吐丝管曲线。根据吐丝管速度和受力模型，分析吐丝管空间曲线对吐丝质量的影响，得出吐丝管曲率波动过大和线材出口速度变化过快是造成吐丝质量不好的主要因素。

2）针对 1 线吐丝质量比较严重的问题，改进了吐丝管空间曲线：通过延长吐丝管入口段长度，减缓了入口段的曲率变化，减小了线材对入口处管壁的冲击；延长吐丝管出口段长度，降低了出口处线材的速度，在一定程度上减小了甩尾现象。此外，通过改善煨管工艺制度，改善了吐丝管空间曲线曲率，吐丝管寿命提高 1 倍，平均单管过钢量由原来的 5～6 kt 提高到了 9～10 kt。

参考文献

[1] 艾沛龄，马家骥. 高线轧机吐丝机稳定工作条件分析[J]. 轧钢，1992(3)：13～16；

[2] 刘金山，周庆田. 吐丝机吐丝曲线的设计及力能参数的分析[J]. 钢铁，1997，32(5)：75～80；

[3] 甘宜文. 酒钢高线吐丝机动态分析及改进[D]. 秦皇岛：燕山大学，2002；

[4] Rohweder R A，Suchanek M，Shore M. Laying head temperature control at Raritan River Steel [J]. Iron and Steel Engineer，1990，67(4)：45～49；

[5] 吴从善，周敏，赵自义，等. 小规格线材生产中吐丝管使用方法的优化[J]. 轧钢，2003，20(6)：67～69；

[6] Ichida Y，Miyawaki S，Motoyashiki S，et al. Overview of the new finishing block mill and coil handling line at the No. 7 Wire Rod Mill [J]. KOBELCO Technology Review，2002，25：8～14.

厚板轧机万向节疲劳破坏分析①

申延智[1],杜国君[1],高亚南[1],熊　杰[2],刘宏民[1]
(1. 燕山大学,河北 秦皇岛 066044;
2. 上海宝山钢铁股份有限公司,上海 200940)

摘　要:针对某厂 5 000 mm 轧机主传动系统中十字节发生多次断裂事故的问题,根据实测数据进行了疲劳强度计算,并对十字叉头进行有限元拟动力学仿真,发现轧机主传动系统扭矩波动较大,并出现了单辊拖动现象,因此应消除单辊拖动,同时对十字节叉头进行材料强化处理。

关键词:十字万向节;厚板轧机;疲劳损伤;有限元

Analysis of Universal Joint Fatigue Failure in Heavy Plate Mill

Shen Yanzhi[1],Du Guojun[1],Gao Ya'nan[1],Xiong Jie[2],Liu Hongmin[1]
(1. Yanshan University,Qinhuangdao 066004,Hebei,China;
2. Baoshan Iron and Steel Co.,Ltd.,Shanghai 200940,Hebei,China)

Abstract: In view of the joint often broken of the main drive system of a 5 000 mm heavy plate mill,the fatigue strength of joint was calculated,and the dynamics simulation of the joint was carried out by finite element method. Based on these results,the torque of the main drive system was big wave values,and the single-roller drag was appeared. Therefore,some countermeasure were put forward,and the material of joint was strengthened.

Key words: Universal joint;Heavy plate;Fatigue damage;Finite element method

1　引言

万向节是轧机主传动系统的关键设备,损坏后必将导致轧机无法正常生产[1-4],造成较大经济损失,本文根据某厂厚板轧机实际生产数据对十字节进行了强度分析和有限元模拟计算。分析了现场实际破坏形式和破坏机理,为今后避免此类事故的发生提供理论参考。

2　厚板轧机主传动系统及其动力学模型

某厂 5 000 mm 厚板轧机为四程可逆 CVC 轧机,由于轧机所受的轧制力矩较大,因此采用上下主传动系统单独驱动形式。为保证轧辊尺寸和压下位置,主传动系统中设计了异轴传动,采用十字万向节形式实现异轴传动。为了保证轧机稳定性,两个万向节并列布置,因此万向节直

① 轧钢,2010,27(2):32-34,53.

径不得大于轧辊直径。由于十字节的传动要求，其构件内部为中空，且加工有十字轴轴孔，因此十字节强度相对较弱。

以该轧机上主传动系统为例，对系统在轧制过程中的动力学性能进行分析，根据集中质量法，建立的6自由度离散模型如图1所示。系统中转动惯量（$kg \cdot m^2$）分别为：$J_1=45\ 652$，$J_2=2\ 822$，$J_3=2\ 614$，$J_4=2\ 785$，$J_5=9\ 726$，$J_6=88\ 443$；扭转刚度（$N \cdot m/rad$）分别为：$K_1=1\ 047\ 019\ 756$，$K_2=846\ 957\ 997$，$K_3=860\ 000\ 000$，$K_4=38\ 592\ 455\ 726$，$K_5=828\ 107\ 850$。

轧机轧制力矩的加载是由钢坯咬入开始的，轧制力矩从零开始增加（忽略空载力矩），直至咬入钢坯后达到稳定轧制力矩，这个过程所经历的时间为咬钢时间，通过对轧机主传动系统进行动力学分析，得到系统各轴段扭矩放大系数随咬钢时间的变化规律如图2所示。

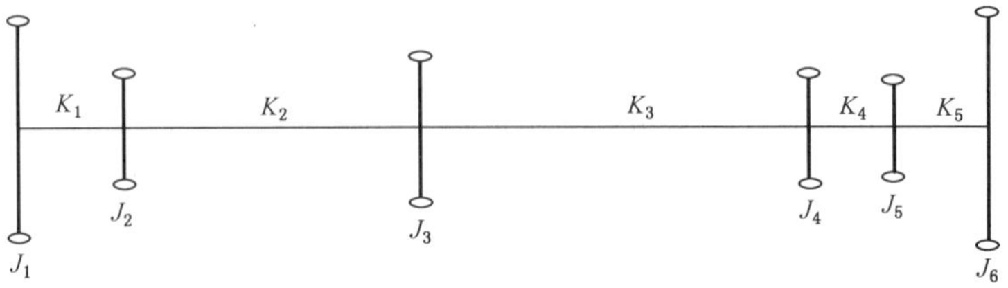

图1　厚板轧机主传动系统动力学模型

J_1—轧辊；J_2—轧机侧十字节；J_3—支撑轴承节；J_4—电机侧十字节；J_5—安全联轴器；J_6—电机

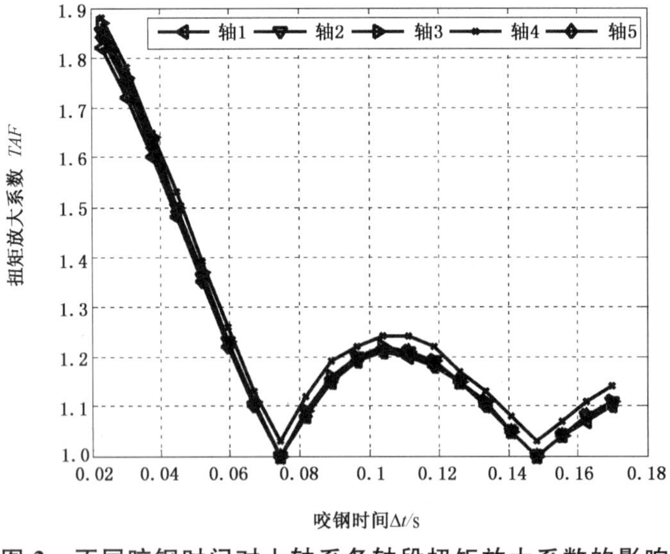

图2　不同咬钢时间对上轴系各轴段扭矩放大系数的影响

3　十字节有限元模拟和叉头破坏形式

根据轧机咬钢时间对各轴段扭矩放大系数的影响规律，在知道轧机稳态轧制力矩 T_w 的情况下，可以根据式(1)推算轧机十字节的最大负载，加载到有限元模型后计算其应力状态：

$$T_{max}=TAF\times T_w \tag{1}$$

式中，TAF 为扭矩放大系数。

在 UG 三维软件中建立十字节的实体模型，导入 ANSYS 有限元分析软件，划分网格后加载边界条件，加载后的有限元计算模型如图 3 所示。当施加 4 000 kN · m 扭矩后计算得到叉头的等效应力云图如图 4 所示。

根据厂方提供的现场照片（图 5）可以看到，叉头的破坏形式是典型的疲劳破坏，在断面处存在明显的疲劳源[5]，当轧机主传动系统扭矩过大（由于咬钢冲击引起的扭矩放大等因素），将直接撕裂叉头。叉头破坏的位置位于叉头孔 45°位置，与有限元计算结果一致。

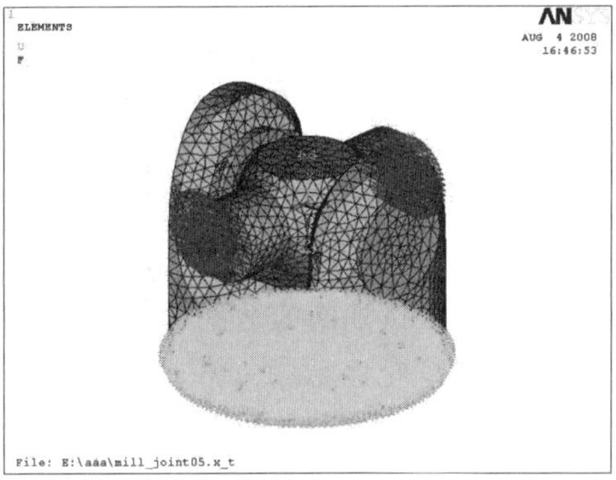

图 3　施加载荷和约束的模型

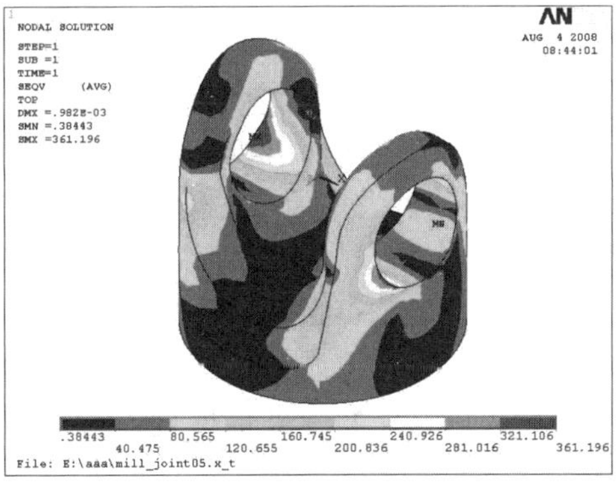

图 4　叉头等效应力云图

(a) 实物破坏形状

(b) 疲劳源

图 5　轧机叉头实物破坏照片

4　轧机承载力矩统计

在轧机生产期间，对轧机主传动系统进行了扭矩测试，如图 6 所示。测试时间为 4 d，按照轧机每年工作日为 300 d 计算，可以推算轧机每年的负载情况。根据疲劳累计损伤原理，对系统外载进行统计，获得测试 4 d 中单个主轴扭矩的变幅载荷统计情况如图 7 所示。如图 8 为动态扭矩示波图。

图 6　扭矩测点现场布置示意图

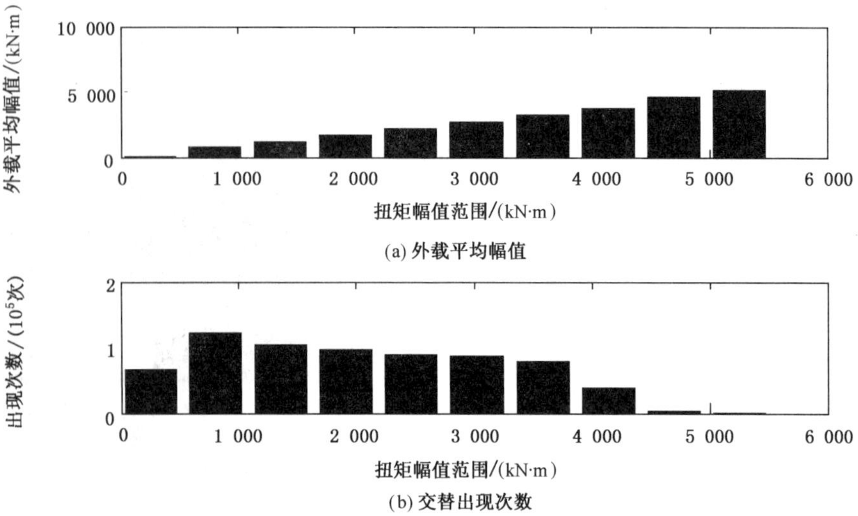

图 7　主轴外载扭矩累计统计

由图 8 可见，轧机主轴扭矩出现了单辊拖动现象，上主传动系统在第 4 个轧制道次，存在反向扭矩，依照这些数据对轧机十字节进行疲劳强度分析，疲劳强度计算公式如式(2)。计算过程中扭矩幅值下的应力水平根据 ANSYS 计算结果求得。

$$n_\sigma=\frac{\sigma_{-1}}{K_{\sigma D}\sqrt[m]{\dfrac{\sum_{i=1}^{n}n_i\sigma_{ei}^m}{\alpha N_0}}} \tag{2}$$

式中，σ_{ei} 为非对称循环时等效应力幅，$\sigma_{ei}=\dfrac{\sigma'_{ai}\sigma'_b}{\sigma'_b-\sigma_{mi}}$；$\sigma'_{ai}$ 为第 i 级应力水平下的计算应力幅，$\sigma'_{ai}=\sigma_{ai}[n]$；$\sigma'_b$ 为考虑分散系数后的零件强度极限，$\sigma'_b=\sigma_f/K_{s1}\approx(\sigma_b+350)/K_{s1}$，$K_{s1}$ 查表得 1.4；α 为迈因纳线性累计损伤系数，取 0.8；σ'_{mi} 为第 i 级应力水平下的计算平均应力幅，$\sigma'_{mi}=\sigma_{mi}[n]$；将等效应力 σ_{ei} 与损伤极限 σ_D 比较，小于 σ_D 的强度校核时不予考虑，其中 $\sigma_D=0.8\sigma_{-1}$，$K_{\sigma D}=2.2$，这是综合考虑叉头形状复杂及表面强化处理后的取值；N_0 为 S—N 曲线拐点，合金钢取 1×10^6(无数据时)；n_i 为第 i 级应力水平下的循环次数；m 为零件 S—N 曲线指数，无数据时合金钢可取为 8。

将数据代入式(2)计算十字节的疲劳强度。按照测试期间的数据进行计算，得到叉头疲劳安全系数为 0.39。叉头属于重载、承载情况复杂的构件，其疲劳安全系数一般应为 2.0～2.5。可见，在目前的载荷状况下，叉头的疲劳安全系数远不能满足要求，因此叉头的损坏较严重且频繁发生。

根据对系统的动力学计算和分析，降低轧机负载是一个有效的途径，目前轧机在轧制过程中出现了偏载和打滑现象，甚至单辊拖动，大大增加了主传动系统的负载水平，消除偏载和打滑是保护叉头、增加十字节使用寿命的有效途径。根据对现场实测数据的统计分析，在轧制过程中，上、下轧辊轧制速度的匹配是抑制打滑的一个主要因素。

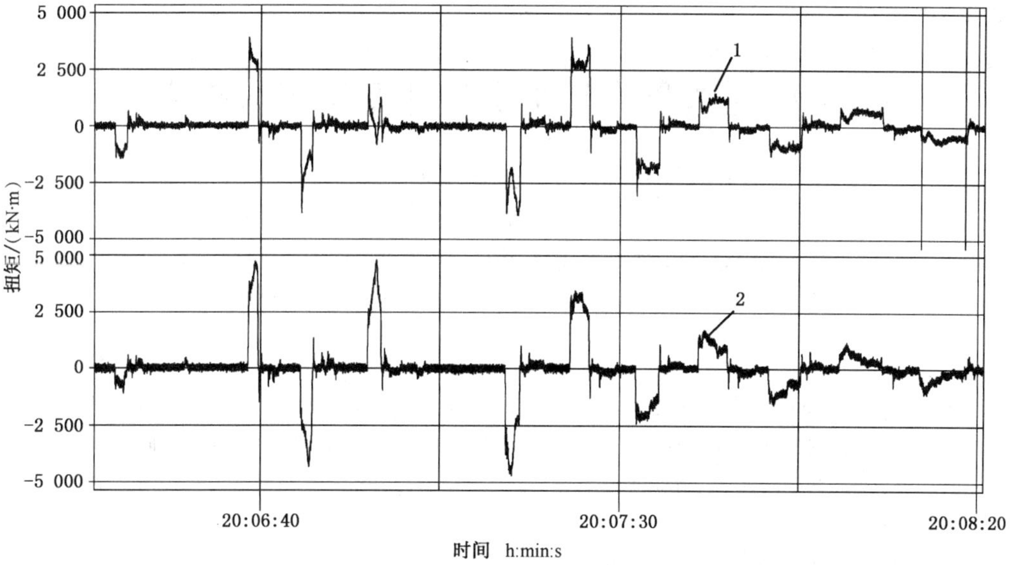

1—上主轴扭矩；2—下主轴扭矩

图 8　实测扭矩曲线

5　结论

经过对十字节的承载力矩进行现场实测和统计、计算分析，得到以下主要结论：

(1) 轧机主传动系统扭矩波动较大，出现了单辊拖动现象。控制上、下轧辊速度以抑制和消除轧辊打滑是控制偏载的主要途径。

(2) 十字节疲劳安全系数在目前应力水平下疲劳安全系数仅为 0.39，远低于设计需求，因此疲劳破坏事故频繁。

(3) 十字节叉头最大等效应力为 360 MPa，应力最大值出现在叉头孔 45°方向，与现场实际破坏位置吻合。

(4) 为提高十字节使用寿命，应该消除单辊拖动现象，以消除较大的扭矩波动，同时对十字节叉头进行材料强化处理(喷丸、堆焊等)提高表面光洁度，减少初始微裂纹的生长几率。

参考文献

[1] 刘安中，李友荣. 轧机主传动万向接轴随机疲劳设计[J]。武汉科技大学学报：自然科学版. 2008，31(1)：32-36.

[2] 刘安中，李友荣，吕勇，等. 可逆式轧机主传动系统疲劳设计载荷分析研究[J]. 冶金设备，2003(1)：22-25.

[3] 刘恒忠，部国光. 鞍钢中板轧机接轴疲劳强度及寿命估算[J]. 一重技术，1994(4)：6-13.

[4] 陈大宏，何宜柱，余亮，等. 万向接轴疲劳可靠性分析模型[J]. 华东冶金学院学报. 1995，12(3)：263-267.

[5] 王德斌，曹万昊. 1 700 轧钢机接轴叉头失效分析[J]. 鞍山钢铁学院学报，1998，21(6)：27-30.

基于辊缝耦合的轧机主传动系统扭振研究①

申延智[1]，杜国君[2]，张渡仙[1]，熊　杰[3]，刘宏民[1]
（1. 燕山大学轧机研究所，河北 秦皇岛 066004；
2. 燕山大学建筑工程与力学学院，河北 秦皇岛 066004；
3. 宝山钢铁股份有限公司设备部，上海 201900）

摘　要：以5 000 mm厚板轧机独立驱动的上、下主传动系统为研究对象，根据现场实测数据得到了上、下轧辊轧制力矩的耦合规律，建立了系统的动力学耦合模型，采用龙格-库塔数值积分方法对系统动态载荷分配规律进行计算，耦合模型的计算结果与实际吻合，完善了对这类系统动态负载特性的认识。

关键词：扭振；辊缝耦合；厚板；偏载

Torsional Vibration Research on the Main Drive System Based on Coupling Roller Gap

ShenYanzhi[1], Du Guojun[2], Zhang Duxian[1], Xiong Jie[3], Liu Hongmin[1]
(1. Rolling Mill Research Institute, Yanshan University, Qinhunagdao, 066004, Heibei, China;
2. College of Architecture Engineering and Mechanics Yanshan University, Qinhuangdao, 066004, Heibei, China;
3. Baoshan Iron and Steel Co., Ltd., Shanghai, 201900, China)

Abstract: The main driving system of 5 000 mm heavy plate rolling mill was investigated. The relationship between the upper and bottom roller's rolling torque was obtained. The coupled dynamic model was founded. The Rounge-Kutta method was used to calculate the dynamic load distribution. The results closely match the measured data. The dynamic load characteristics of the driving system are improved.

Key words: Torsional vibration; Roll gap coupling; Heavy plate; Offset load

某厂厚板轧机主传动系统上、下传动系统分别由2个电机单独驱动，因此轧机工作过程中上、下轧辊主要通过辊缝耦合相互影响；而对于单电机驱动的轧机，其主传动系统的上、下分支耦合是分配齿轮和辊缝的共同作用。目前为止，对于辊缝的处理主要有两种方式，1）将辊缝的力学特性视为弹簧；2）将辊缝的力学行为视为阻尼[1]。更多的研究则是将轧机主传动系统作为分离的2个独立系统进行研究和分析[2]，对于轧机实际生产过程中出现的扭振现象研究大都需要建立在实测基

① 钢铁，2010，45(4)：56-59.

础上[3]。本文以某厂 5 000 mm 轧机进行现场实测结果为基础，对考虑辊缝耦合的主传动系统扭振特性进行了研究和分析，通过 MATLAB 计算机编程，计算了系统在轧辊耦合后的振动特性。比较分析了系统在不同初始速度和初始位移条件下的响应，以及系统在不同控制模式(恒功率控制和恒扭矩控制模式)下由初始速度偏差引起的系统响应。

1　系统实际结构

某厂 5 000 mm 轧机主传动系统布置情况如图 1 所示，图 1 为轧机入口侧视图。

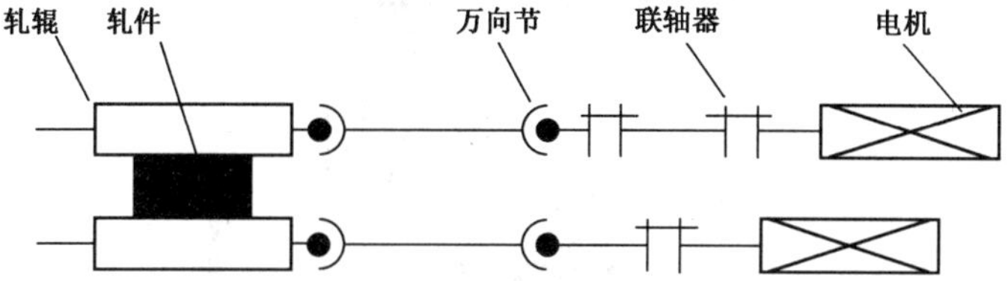

图 1　轧机主传动系统简图

Fig. 1　Sketch of the main drive system of heavy plate mill

因为该轧机轧制载荷较大，单个电机驱动上、下轧辊难以满足动力要求，系统中上、下轧辊分别由一个变频同步电机单独驱动。轧机主传动系统中异轴传动采用十字万向节来实现，轴向窜辊(该轧机为四辊可逆 CVC 轧机)通过主轴上的花键连接来实现，由于轴体较长，主轴上配备了平衡架。

2　主传动系统耦合动力学模型

根据集中质量法，将该轧机主传动系统简化为 10 自由度耦合离散系统，简化后系统的力学模型如图 2 所示，下标 s、x 分别对应上、下主传动系统的相应参数。采用现场实测数据拟合出的公式进行辊缝耦合。系统中电机在轧机运转过程中采用恒力矩、恒功率 2 种控制模式，文中对 2 种控制模式以基准速度 50 r/min 分别进行拟合。

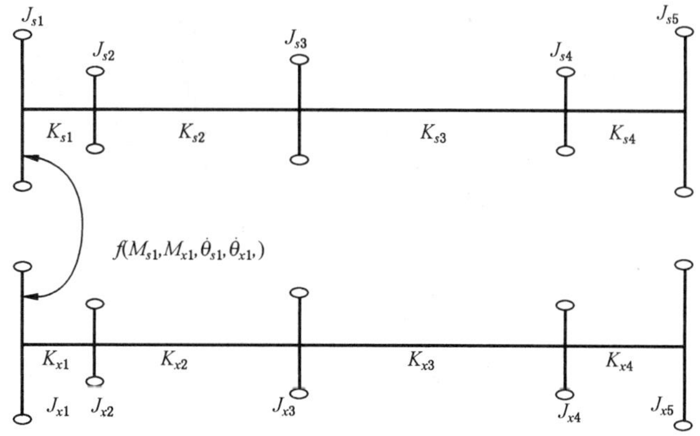

J_{si}—上传动系统第 i 个转子的转动惯量；J_{xi}—下传动系统第 i 个转子的转动惯量；

K_{si}—上传动系统相应轴段扭转刚度；K_{xi}—下传动系统相应轴段扭转刚度

图 2　轧机主传动系统扭振耦合力学模型

Fig. 2　Coupling dynamic model of Heavy Plate Mill's main drive system

图 2 中的力学模型与图 1 的结构模型相对应，转子转动惯量下角标 i 由 1 到 5 分别对应轧辊、轧机侧十字节、平衡架支撑轴承、电机侧十字节和电机转子。

对轧机进行初步动力学分析后，进行了现场实测，为寻找辊缝耦合关系，对系统的上、下轧辊速度与轧制力矩进行测试，测试曲线如图 3～4 所示。

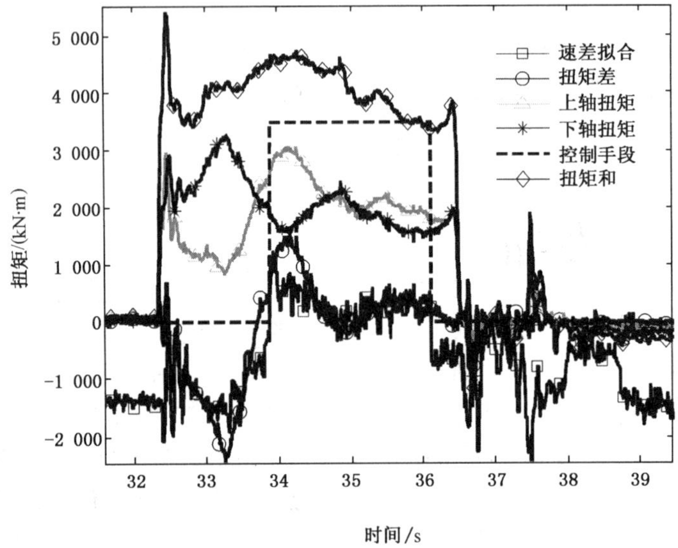

图 3　现场实测曲线与拟合扭矩

Fig. 3　Measured curve and fitted torque

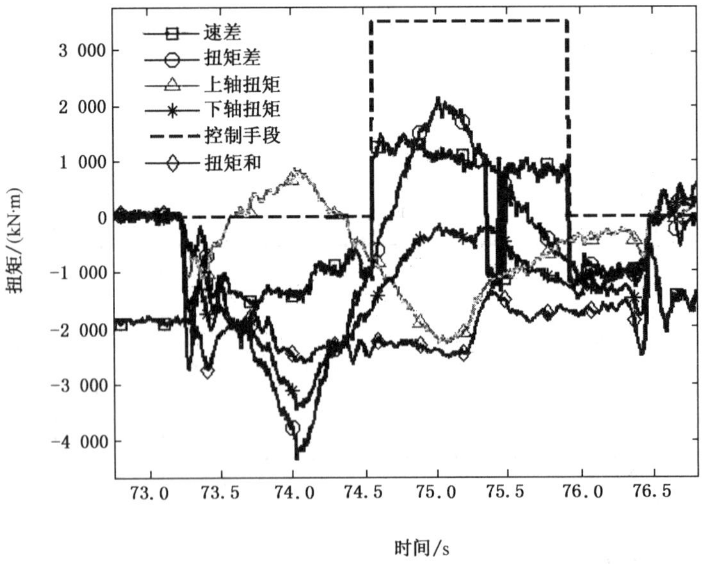

图 4　间隙打开时现场实测曲线与拟合扭矩

Fig. 4　Measured curve and fitted torque when the clearance is open

由图 3～4 可见，轧机运行过程中，上、下轧辊轧制力矩之和基本保持不变，呈现稳态轧制特征，在咬钢时存在明显冲击响应，随后在升速和降速（轧机咬钢后约 0.5 s 开始加速，达到峰值后开始降速直至抛钢，峰值处不存在恒速区域，轧制速度始终为变值）过程中没有明显变化。分析图 3 和图 4 所示现场实测曲线，可以认为轧制力矩和在轧机运转过程中保持不变。

根据现场实测数据，拟合了上、下轧辊轧制力矩与其速度之间在恒扭矩控制模式下的关系如式(1)，在恒功率模式下的耦合关系如式(2)，轧机上、下主传动系统的辊缝力学模型根据式(1)和式(2)进行耦合。

$$M_{s1}-M_{x1}=6\ 952(|\dot{\theta}_{s1}|-|\dot{\theta}_{x1}|)+960,\quad M_{s1}+M_{x1}=4\ 000 \tag{1}$$

$$M_{s1}-M_{x1}=7\ 491(|\dot{\theta}_{s1}|-|\dot{\theta}_{x1}|)-124,\quad M_{s1}+M_{x1}=4\ 000 \tag{2}$$

式中：M_{s1} 为上轧辊轧制力矩，kN·m；M_{x1} 为下轧辊轧制力矩，kN·m；$\dot{\theta}_{s1}$ 为上轧辊回转角速度，rad/s；$\dot{\theta}_{x1}$ 为下轧辊回转角速度，rad/s。

在图 4 中，可以清晰观察到单辊拖动现象，在轧制测试时间为 73.6 s 左右时，间隙打开，打开时的现象与文献[4]研究结果一致，上轧辊扭矩穿越零值，并被反向拖动。反向扭矩最大达到 1 000 kN·m。随后，上轴轧制扭矩逐渐恢复，下轴轧制力矩逐渐降低，最终上轴扭矩反而超越下轴扭矩，扭矩和在两者趋于稳定后降低，直到轴制过程结束，出现抛钢冲击。整个轧制过程中上、下轧辊轧制力矩交替达到峰值，可见轧制过程极不稳定。因此轧机在工作过程中，控制难度很大，难以实现上、下轧辊力矩完全匹配，经常出现轧制力矩偏载现象。加剧了主传动系统关键构件的损坏几率[5-6]。

根据实际工程测试数据，通过对速度和扭矩的拟合，得到轧机主传动系统扭矩和速度关系如式(1)和式(2)。通常情况下，轧机由单电机通过分配齿轮驱动上、下轧辊，在分配齿轮的约束下，上、下轧辊的轧制速度和轧制力矩相差不大，而在上、下主传动系统单独传动的轧机中，轧机上下传动系统速度控制并不能完全匹配，进而可能导致打滑现象的产生，上、下轧辊出现偏载，严重时出现单辊拖动，一个轧辊完全丧失轧制力矩，其驱动电机甚至被另一个轧辊来拖动，电机处于发电状态，如图 4 所示情况。而而另一侧电机则完全承担全部轧制力矩，甚至更大，由于负载偏大极易造成系统构件因过载而损坏[5,7]，因此轧机主传动系统偏载现象和偏载规律是亟待解决的工程实际课题。本模型根据工程实测数据拟合扭矩和速度的关系，以此分析轧机主传动系统中扭矩分配规律，以期为工程中上、下轧制力矩分配不均匀寻找理论依据。通常认为，在轧机不打滑的情况下，由于轧制过程中，金属变形所需变形功在入口和出口厚度保持不变的情况下基本一致，因此轧制力矩和轧辊的速度基本成正比，快速辊分担较多的轧制力矩。而在轧辊打滑时，则会出现快速辊分担轧制力矩瞬间降低，甚至较慢速辊更低，打滑是这种轧机扭矩波动的主要原因。

根据影响系数法，建立图 2 所示力学模型中上主传动系统扭振数学模型如式(3)。

$$\begin{bmatrix} J_{s1} & \cdots & 0 \\ \vdots & \ddots & \vdots \\ 0 & \cdots & J_{s5} \end{bmatrix} \begin{Bmatrix} \ddot{\theta}_{s1} \\ \vdots \\ \ddot{\theta}_{s5} \end{Bmatrix} + [C] \begin{Bmatrix} \dot{\theta}_{s1} \\ \vdots \\ \dot{\theta}_{s5} \end{Bmatrix} + \begin{bmatrix} \boldsymbol{K}_{s1} & -\boldsymbol{K}_{s1} & 0 & 0 & 0 \\ -\boldsymbol{K}_{sl} & \boldsymbol{K}_{s1}+\boldsymbol{K}_{s2} & -\boldsymbol{K}_{s2} & 0 & 0 \\ 0 & -\boldsymbol{K}_{s2} & \boldsymbol{K}_{s2}+\boldsymbol{K}_{s3} & -\boldsymbol{K}_{s3} & 0 \\ 0 & 0 & -\boldsymbol{K}_{s3} & \boldsymbol{K}_{s3}+\boldsymbol{K}_{s4} & -\boldsymbol{K}_{s4} \\ 0 & 0 & 0 & -\boldsymbol{K}_{s4} & \boldsymbol{K}_{s4} \end{bmatrix} \begin{Bmatrix} \theta_{s1} \\ \vdots \\ \theta_{s5} \end{Bmatrix} = \begin{Bmatrix} \boldsymbol{M}_{s1} \\ 0 \\ 0 \\ 0 \\ \boldsymbol{M}_{s5} \end{Bmatrix} \tag{3}$$

式中：$[\boldsymbol{C}]$表示相应轴段阻尼矩阵，阻尼矩阵为 Raleigh 阻尼，根据式(4)计算

$$[\boldsymbol{C}]=\alpha[\boldsymbol{M}]+\beta[\boldsymbol{K}](\alpha=3.95,\ \beta=1.5\times10^{-4}) \tag{4}$$

下主传动系统方程与上主传动系统方程相一致。上下轧辊的轧制力矩根据式(1)和式(2)给出。

系各转子转动惯量如表 1 所示。系统各转子间轴段扭转刚度如表 2 所示。

表 1　转子转动惯量计算结果

Table 1　Calculated results of moment of inertia　　kg·m²

系统	参数				
	J_1	J_2	J_3	J_4	J_5
上	45 652	2 822	2 614	12 511	88 443
下	45 652	2 822	2 614	8 650	83 021

表 2　轴段扭转刚度计算结果

Table 2　Calculated results of torsional stiffness　　MN·m/rad

系统	参数			
	K_1	K_2	K_3	K_4
上	1 047	847	857	811
下	1 047	847	857	4 756

3　主传动系统扭振仿真分析

根据所建立的数学模型，编写了扭振计算程序，对系统进行动力学分析，咬钢时间为 0.03s，因为轧机咬钢前匀速空转，所以各转子初始位移均为 1，同时设定初始速度为 1 和 0 时，得到系统扭振响应如图 5 所示。

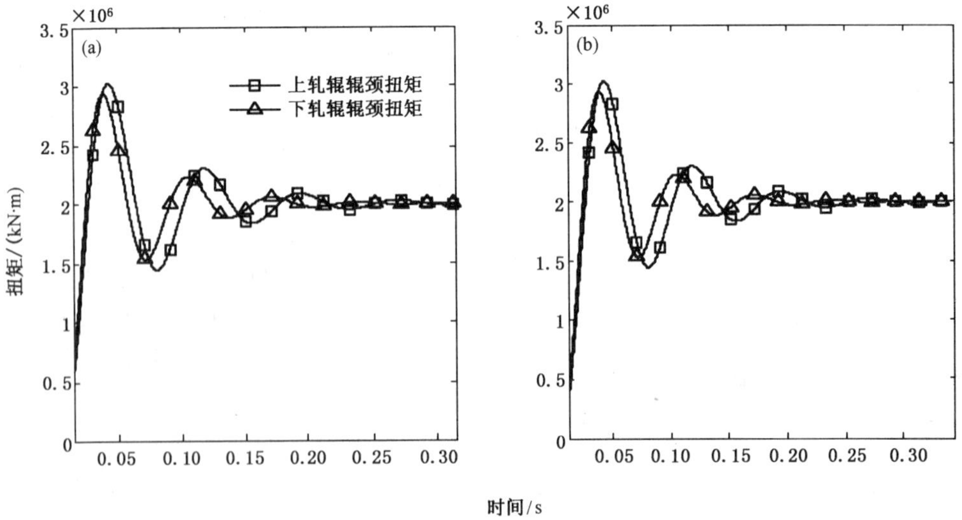

图 5　初始速度为 1(a)和 0(b)时辊颈扭矩时间历程

Fig. 5　Roller neck's torque time history at $v_0=1$(a) and 0(b)

比较图 5(a)、(b)可见，上、下轧辊初始速度一致时，系统扭振响应和轧辊初始速度无关。在实际计算过程中，可以根据系统的实际运转状态设定初始位移、速度边界条件。

电机采用 2 种不同控制模式——恒扭矩和恒功率控制，假设轧制力矩为突加载荷，上、下传动系统初始位移均为 1，初始速度分别为 1 和 0.5 时，根据计算得到系统扭振响应如图 6 所示。

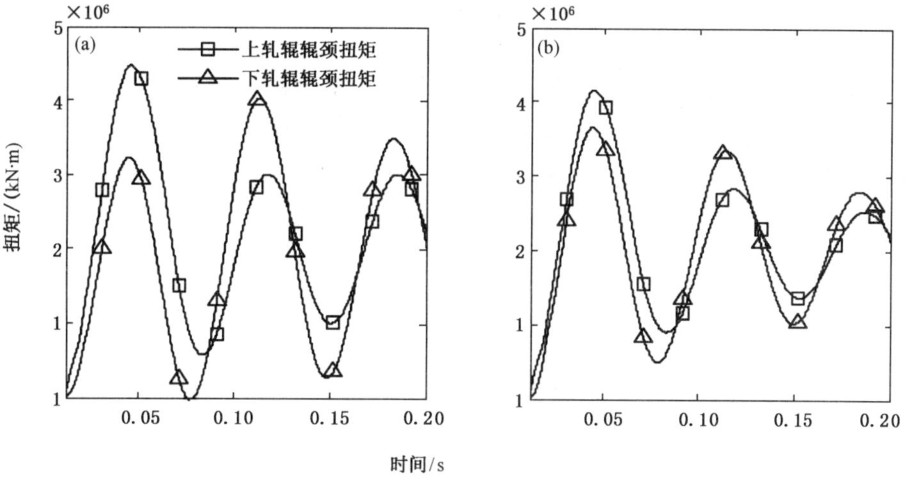

图 6　恒扭矩控制模式(a)和恒功率控制模式(b)

Fig. 6　Constant torque control(a)and constant power control(b)

由图 6 可见，在上、下轧辊初始速度不一致时，理想恒扭矩控制模式下上、下主传动系统轧制力矩偏载情况明显高于恒功率控制模式。轧机拖动电机在基速之上基本为恒功率控制，因此轧制速度越高，上、下轧辊速度不匹配导致的偏载现象反而越不明显，与该轧机的生产实际相吻合，大多在咬钢初期的偏载情况随着轧机逐步进入恒功率控制模式而得以消除。

通过对计算结果的分析，上、下轧辊初始速度一致时，恒扭矩和恒功率控制模式下，偏载现象均不明显；而在速度不一致时，恒扭矩控制模式下偏载现象较明显，此时轧制速度虽然较低(基速之下)，一旦导致打滑，在轧制速度提升过程中将导致系统更为复杂的扭振状态，系统控制对象的运动较为复杂，进一步研究应考虑驱动电机的实际控制模型进行机电耦合分析。

4　结论

1) 轧机辊缝耦合通过轧辊速度和轧制力矩实现，轧制力矩与转速差之间基本呈线性关系，速差越大，辊缝耦合后上、下轧辊轧制力矩偏载现象越明显。

2) 在系统初始条件均衡(位移、速度一致)的情况下，轧机主传动系统扭振响应基本一致，这时系统初始速度可以根据实际系统的运转速度给定，初始位移一般赋零或相等初值。

3) 辊缝耦合后，考虑到主传动系统的实际运动形式，轧辊初始速度不一致时，恒扭矩控制时系统偏载现象较恒功率控制模式明显；恒功率控制模式下偏载情况的抑制效果明显。实际系统轧制过程中控制上、下轧辊咬钢速度一致是降低偏载的关键。

参考文献

[1] 邹家祥，徐乐江. 冷连轧机系统振动控制[M]. 北京：冶金工业出版社，1998.

[2] 侯福祥，张杰，曹建国，等. 带钢冷轧机振动问题的研究进展及评述[J]. 钢铁研究学报. 2007，19(10)：6.

[3] 邹家祥，史小路，孙志辉，等. 带钢冷连轧机自激振动诊断[J]. 钢铁，1997，32(7)：64.

[4] 陈莹莹，陈昌明，赵庭家. 初轧机传动线有间隙时的打滑与自激振动[J]. 机械工程学报，1986，22(1)：93.

[5] 朱德芳，张育生，曹华星，等. 轧机传动系统在急剧振动时扭矩值的测量和分析[J]. 钢铁，1999. 34(7)：62.

[6] 闫晓强，刘丽娜，史灿，等. CSP 轧机弯扭耦合振动频率研究[J]. 振动与冲击，2009，28(3)：182.

[7] 林鹤，康祖立. 初轧机打滑的危害性[J]. 钢铁，1990，25(6)：38.

厚板轧机含间隙主传动系统混沌动力学分析①

申延智[1]，刘宏民[1]，熊 杰[2]，杜国君[1]
（1. 燕山大学机械工程学院，燕山大学亚稳材料制备技术与科学国家重点实验室，河北 秦皇岛 066004；
2. 宝钢股份有限公司宝钢分公司设备部，上海 200941）

摘 要：咬钢冲击及打滑等因素极易导致轧机主传动系统产生振动，是轧机主传动系统异常损坏的主要因素。根据厚板轧机主传动系统实际结构形式，将该主传动系统简化为3自由度系统含间隙离散动力学模型，采用Runge-Kutta方法计算了含间隙碰撞系统在周期激励下的动力学响应。文中选择间隙闭合界面为庞加莱截面，对系统进行混沌动力学分析，发现系统具有混沌运动特征，结合现场工程实际对轧机进行了分析。论文的研究为该类轧机主传动的振动研究和控制奠定了基础。

关键词：厚板轧机；间隙；主传动系统；分岔；混沌

Analysis of Chaotic Behavior of the Main Drive System With Clearance of a Heavy Plate Mill

SHEN Yan-zhi[1], LIU Hong-min[1], XIONG Jie[2], DU Guo-jun[1]
(1. College of Mechanical Engineering, National Key Laboratory of Metastable Materials Science & Technology, Yanshan University, Qinhuangdao 066004, Hebei, China;
2. Facility Department, Baosteel Branch, Bao Iron and Steel Company Limited, Shanghai 200941, China)

Abstract: Biting and slippage may incur the vibration of the main drive system of rolling mill, which is the major cause of most system damage. A 3-degree scattering dynamic model considering the clearance was developed according to the main driving system of a heavy plate mill. By using Runge-Kutta method, the mathematical model of the dynamic response of periodic power was calculated. The Poincaré section was chose as the closure interface. According to the chaotic dynamics and the engineering analysis, it was proved that this model is capable of simulating chaotic motion. This study provides reference for the research on the vibration control of this kind of rolling mill's driving system.

Key words: Heavy plate mill; Clearance; Main drive system; Bifurcation; Chaos

对于工程机械的运动分析和研究，通常采用经典物理学理论。此类研究往往不考虑间隙的影响，在实际工程中，机械传动部分由于设计、安装和磨损等客观因

① 工程力学，2010，27(7)：232-236.

素，系统中往往存在间隙。含间隙系统的理论研究已引起国内外学者的广泛关注[1-2]，对于含间隙、摩擦等分段光滑力学因素的力学模型的动力学特性和混沌控制问题也受到广泛关注和深入研究。随着混沌理论的逐步发展和应用，含间隙机械系统的应用研究正在日益深入，对于单自由度和双自由度系统的研究和仿真分析较多[3-5]，对于三自由度甚至更多自由度的研究和分析也正在日益增加。从普通的 Hopf 分岔、叉型分岔等，发现三自由度系统存在更复杂的混沌特性[6-9]。

轧机是冶金工业中的大型、重载且工况恶劣的设备，控制难度高，系统的动力学现象更加复杂[10-11]。目前在轧机主传动系统动力学研究中，间隙影响的学术研究和需求逐渐兴起，如周金宇、陈占福等研究了轧机主传动系统在板坯咬钢冲击导致间隙打开后的冲击响应，研究方法基于运动学和动力学，提出了间隙打开后系统的动力学模型，研究表明间隙开闭过程中系统产生 2 次冲击，主传动系统振幅略有增加[12]。李鸿光与闻邦椿等对轧机含间隙主传动系统扭振特性进行了研究，将系统简化为单自由度模型，对系统进行了解析计算和数值分析，表明系统存在混沌运动特征，其研究模型主要是分析轧辊与轧件动摩擦系数非线性的影响[13-14]。本文在文献[6,13]思想方法的基础上进一步细化系统动力学模型，建立了三自由度含间隙动力学模型并进行混沌动力学分析研究。

本文以某厂 5 000 mm 厚板轧机为研究对象，该轧机额定轧制力 108 MN，轧制力矩达 4 000 kN · m，是目前世界上最大的轧机。在轧机生产过程中，由于咬钢、抛钢，轧机打滑引起的系统扭振等因素，导致轧机主传动系统万向节甚至主轴断裂，严重影响生产并增加了维修成本，因此必须对系统的复杂动力学特性进行分析。其主传动系统的结构如图 1 所示，间隙主要存在于扁头、扁头套之间。由于此轧机属于无张力可逆轧机，难以实现连轧机的稳定轧制状态，辊缝的打滑现象频繁，轧制力矩出现大幅度波动而简谐激励和冲击又是引起系统发生振动的主要因素，因此从轧制力矩中提取其简谐成分作为动力学模型的激励形式。

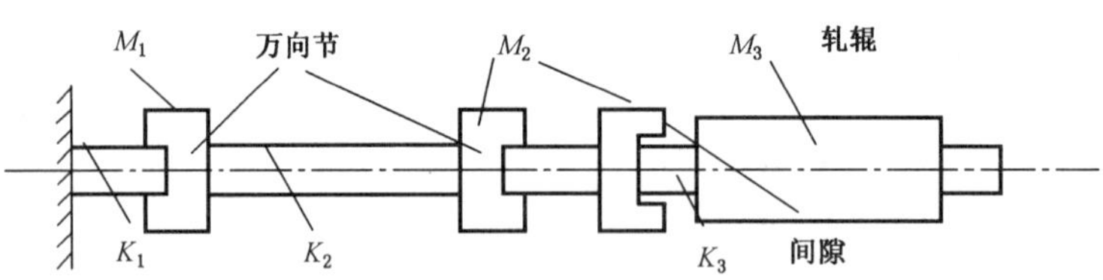

图 1　轧机主传动系统结构简图

Fig. 1　Schematic of the main drive system of rolling mill

以该轧机主传动系统为研究对象，建立三自由度含间隙碰撞系统，对周期激励下的系统动力学响应进行数值分析，得到系统的混沌分岔图，旨在进一步认识这类系统通向混沌的道路及参数的影响，为优化控制手段和控制效果提供理论参考。

1　系统动力学模型及数学模型

图 1 所示主传动系统的动力学模型如图 2。

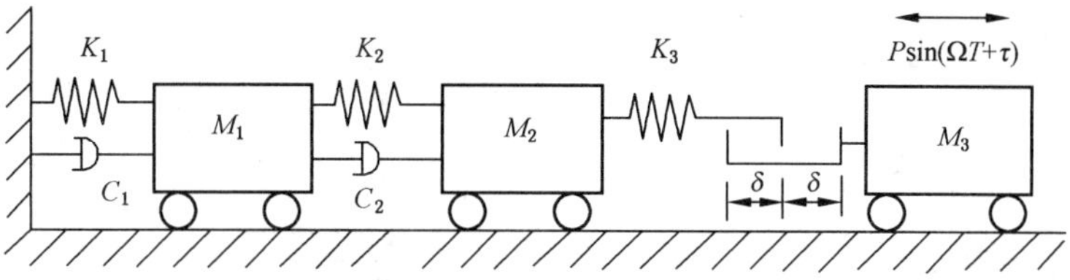

图 2　含间隙系统力学模型示意图

Fig. 2　Schematic of vibratory system with clearance

本文旨在分析间隙对系统动力学特性的影响，因此将实际轧机主传动系统的扭振模型简化为三自由度含间隙碰撞振动系统进行分析。其中振子 1、振子 2、振子 3 的质量分别为 M_1、M_2、M_3，振子由三个刚度为 K_1、K_2、K_3 的线性软弹簧相连接，K_1 和 K_2 相应位置存在阻尼为 C_1 与 C_2 的比例阻尼器。在间隙打开时，M_3 做单独的强迫振动。M_3 外载激励的形式为 $P_3=P\sin(\Omega T+\tau)$，模型为一类含间隙非自治系统。

假定 M_1、M_2 由静止状态开始运动，M_3 运动到 δ 时(以图 2 所示位置作为坐标原点)，发生碰撞，并带动系统的其他振子运动。也就是说 M_3 的位移 $X_3\in(-\delta+X_2,\delta+X_2)$时，系统中 M_3 与系统脱离，单独做强迫振动。

根据达朗贝尔原理，建立该系统在 M_3 与系统脱离时的振动方程如下：

$$\begin{bmatrix}M_1 & 0\\ 0 & M_2\end{bmatrix}\begin{Bmatrix}\dot{X}_1\\ \dot{X}_2\end{Bmatrix}+\begin{bmatrix}C_1+C_2 & -C_2\\ -C_2 & C_2\end{bmatrix}\begin{Bmatrix}\dot{X}_1\\ \dot{X}_2\end{Bmatrix}+\begin{bmatrix}K_1+K_2 & -K_2\\ -K_2 & K_2\end{bmatrix}\begin{Bmatrix}X_1\\ X_2\end{Bmatrix}=\begin{Bmatrix}P_1\\ P_2\end{Bmatrix}\sin(\Omega T+\tau),$$

$$M_3\ddot{X}_3+K_3(X_3-X_2)=P_3\sin(\Omega T+\tau) \tag{1}$$

当 $X_3-X_2\in(-\infty,-\delta]\cup[\delta,+\infty]$时，$M_2$ 与 M_3 通过 K_3 连接，系统的振动方程为下式，计算过程中根据振子 2、振子 3 的位移差判断间隙开闭状态，选择相应方程：

$$\begin{bmatrix}M_1 & 0 & 0\\ 0 & M_2 & 0\\ 0 & 0 & M_3\end{bmatrix}\begin{Bmatrix}\ddot{X}_1\\ \ddot{X}_2\\ \ddot{X}_3\end{Bmatrix}+\begin{bmatrix}C_1+C_2 & -C_2 & 0\\ -C_2 & C_2 & 0\\ 0 & 0 & 0\end{bmatrix}\begin{Bmatrix}\dot{X}_1\\ \dot{X}_2\\ \dot{X}_3\end{Bmatrix}+\begin{bmatrix}K_1+K_2 & -K_2 & 0\\ -K_2 & K_2 & -K_3\\ 0 & -K_3 & K_3\end{bmatrix}\begin{Bmatrix}X_1\\ X_2\\ X_3\end{Bmatrix}=\begin{Bmatrix}P_1\\ P_2\\ P_3\end{Bmatrix}\sin(\Omega T+\tau) \tag{2}$$

令 $P_0=\sqrt{P_1^2+P_2^2+P_3^2}$，为减小方程中各系数之间的差别，根据量纲 π 定理对方程进行无量纲化处理。式(2)无量纲化处理后转换为式(3)。同样，对式(1)也进行无量纲化处理。无量纲间隙用 b 表示，根据无量纲转换关系对原物理坐标下动力学方程进行无量纲化处理：

$$\mu_{mi}=\frac{M_i}{M_1},x_i=\frac{X_iK_1}{P_0},\zeta_i=\frac{C_i}{2\sqrt{K_1M_1}}(i=1,2),\mu_{ki}=\frac{K_i}{K_1}(i=1,2,3),$$

$$t=T\sqrt{\frac{K_1}{M_1}},\omega=\Omega\sqrt{\frac{M_1}{K_1}},f_i=\frac{P_i}{P_0},b=\frac{\delta K_1}{P_0}。$$

$$\begin{bmatrix}\mu_{m1} & 0 & 0\\ 0 & \mu_{m2} & 0\\ 0 & 0 & \mu_{m3}\end{bmatrix}\begin{Bmatrix}\ddot{x}_1\\ \ddot{x}_2\\ \ddot{x}_3\end{Bmatrix}+2\begin{bmatrix}\zeta_1+\zeta_2 & -\zeta_2 & 0\\ -\zeta_2 & \zeta_2 & 0\\ 0 & 0 & 0\end{bmatrix}\begin{Bmatrix}\dot{x}_1\\ \dot{x}_2\\ \dot{x}_3\end{Bmatrix}+\begin{bmatrix}\mu_{k1}+\mu_{k2} & -\mu_{k2} & 0\\ -\mu_{k2} & \mu_{k2} & -\mu_{k3}\\ 0 & -\mu_{k3} & \mu_{k3}\end{bmatrix}\begin{Bmatrix}x_1\\ x_2\\ x_3\end{Bmatrix}=\begin{Bmatrix}f_1\\ f_2\\ f_3\end{Bmatrix}\sin(\omega t+\tau) \quad (3)$$

2　数值仿真分析

根据动力学模型的振动方程，采用数值积分方法对系统进行分析，根据图 3 所示流程图编写了计算机仿真计算程序。由于程序复杂，计算量庞大，所以采用 C 语言编写计算机仿真程序，完成仿真计算后将数据导入其他软件做数据处理。对于间隙开闭过程中振子 2、振子 3 之间的弹性力，用变量 e 表示，弹性力取值及变化详见图 3。

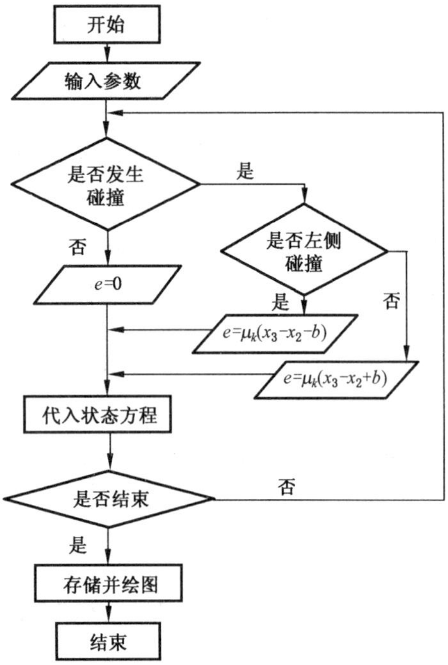

图 3　计算机仿真程序流程图

Fig. 3　Schematic of flow chart of calculation

2.1　系统周期运动的分岔

取截面 $\sigma=\{(x_1,\dot{x}_1,x_2,\dot{x}_2,x_3,\dot{x}_3,\tau)\in R^6\times S,\tau=0.0,x_3-x_2=b,\dot{x}_3-\dot{x}_2>0\}$ 作为 Poincaré 截面，计算该系统的动力学响应。将实际轧机主传动系统参数转换为无量纲参数：间隙：$b=0.003$；刚度比：$\mu_{k1}=1$；$\mu_{k2}=0.916$；$\mu_{k3}=20.84$；质量比：$\mu_{m1}=1$；$\mu_{m2}=0.259$；$\mu_{m3}=5.90$ 阻尼比：$\zeta_1=\zeta_2=0.02$；载荷系数：$f_1=f_2=0$；$f_3=\sin(\omega t+\tau)$（辊缝打滑引起的激励）；当 $\omega\in[7.2,7.56]$ 时，经过 75 000 次映射（去掉前面的 10 000 次映射点），得到如图 4 所示的分岔混沌图。纵坐标为碰撞截面上的无量纲速度 $\dot{x}_2$；横坐标为对应的无量纲频率 ω。图 5 是无量纲量间隙 $b=0.002$ 时的分岔图。比较图 4 和图 5 可见，间隙变化对系统混沌通道特性影响不大，只是原来在 7.23－7.3 之间的分岔部分变成了混沌状态。系统的 M、K、ζ 变化对分岔特征影响较大。

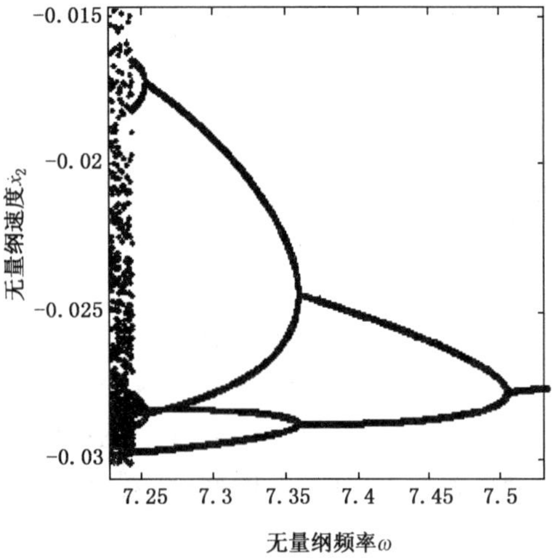

图 4　分岔混沌图

Fig. 4　Bifurcation and chaos diagram

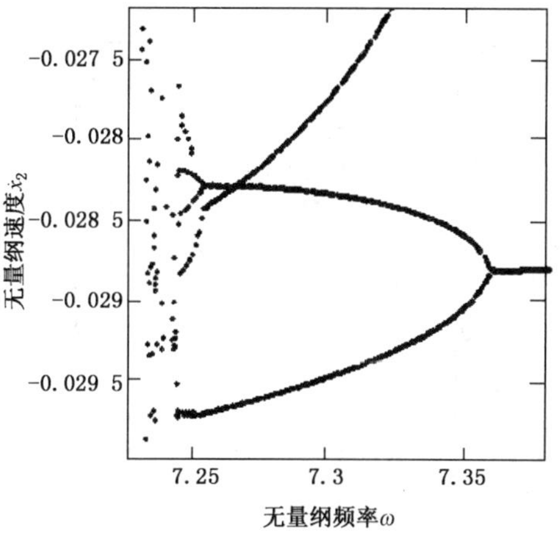

图 5 混沌局部放大图

Fig. 5 Schematic of partial chaos

由图 4 读取数据可知，系统在 $\omega=7.504$ 时发生倍分岔，由周期 1 运动变为周期 2 运动。$\omega=7.23$ 时系统进入混沌状态。图 5 中的相应频率稍大一些。

2.2 系统的混沌通道

根据前面的系统参数针对系统的混沌演化过程进行仿真分析。得到如图 6 所示的 Poincaré 映射图。由图 6(a)可见，系统在 $\omega=7.502\ 1$ 时，系统碰撞 5 000 次后，截面图像呈现为一个点，系统具有稳定的 1-1-1 周期运动[6]。随着 ω 的减小，如图 6(b)—图 6(c)系统进入锁相状态。随后系统的稳定性被破坏，进入图 6(d)所示混沌状态。系统相图如图 7 所示。图 6—图 7 中横坐标为无量纲位移 x_2，纵坐标为无量纲速度 $\dot{x}_2$。

对图 6 中不同频率截面图及其在图 7 中的相应相图进行分析可知，当 $\omega=7.502\ 1$ 时，整条相轨是一条封闭曲线，系统做稳定的单周期简谐振动，碰撞状态为双边碰撞，如图 7(a)；当 ω 减小到 7.402 1 时，系统的相轨为一条自相交封闭曲线，做倍周期运动，其运动周期为激励周期的 2 倍，如图 7(b)所示；随着 ω 进一步减小，系统再次分岔，相轨迹为一条自相交的四轨道封闭曲线，ω 进一步减小到 7.113 8 时，系统的周期运动特性被破坏，相图呈现一种杂乱状态，如图 7(a)—图 7(b)。

经过对仿真结果的分析，系统碰撞状态为双边碰撞，x_3-x_2 达到了左碰和右碰的数值边界条件。也就是说系统在运动中，既存在左碰也存在右碰。

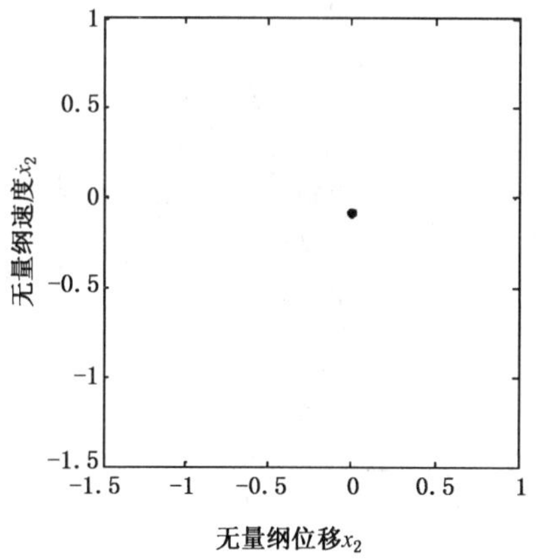

(a) ω=7.502 1

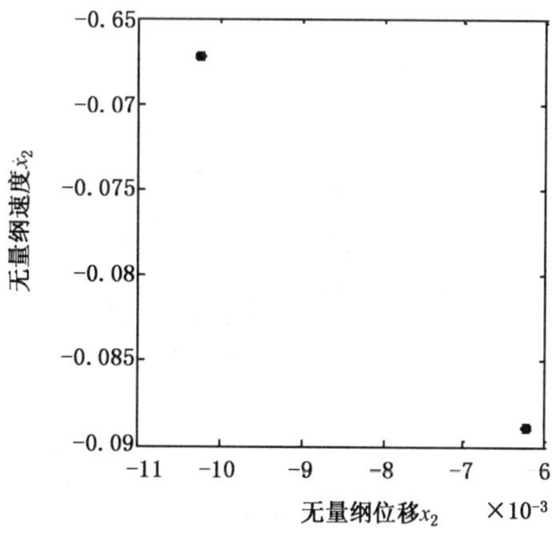

(b) ω=7.402 1

图 6 投影的 Poincaré 映射图

Fig. 6 Projected Poincaré map

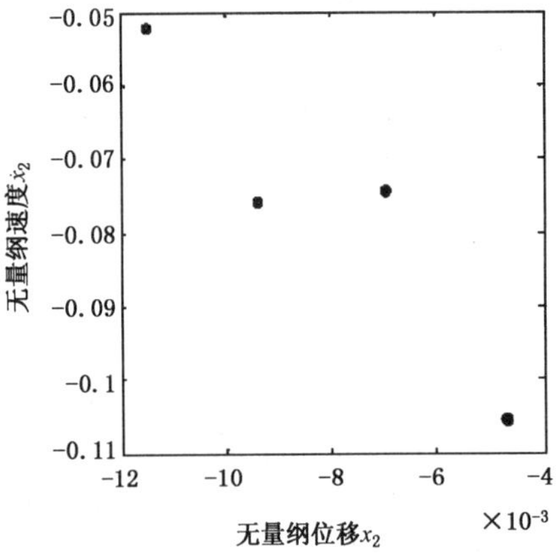

(c) ω=7.302 1

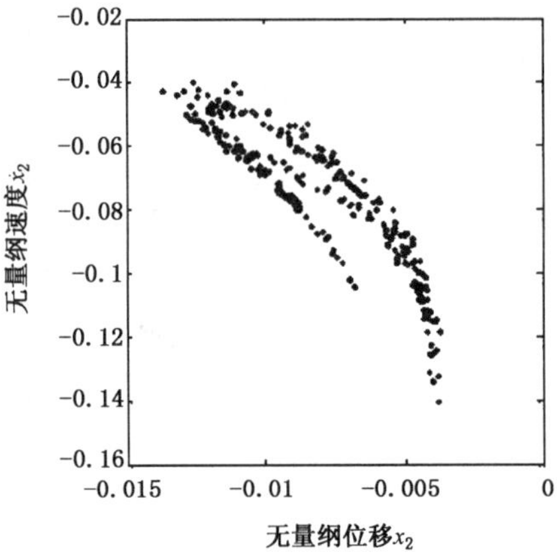

(d) ω=7.238 1

续图 6

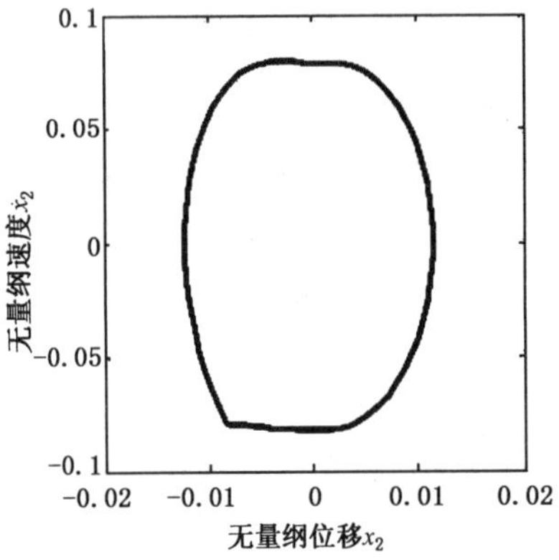

(a) ω=7.502 1

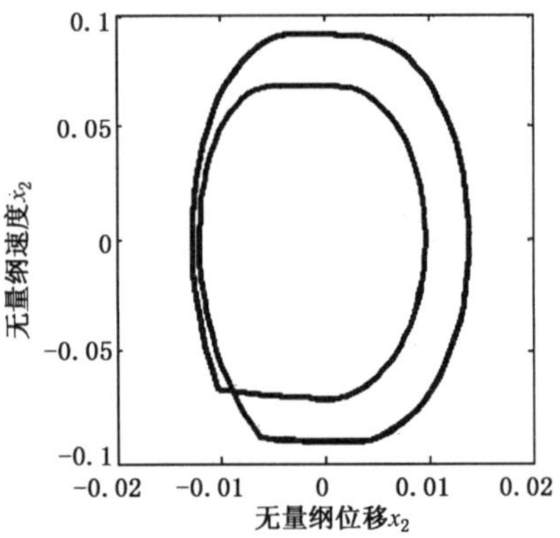

(b) ω=7.402 1

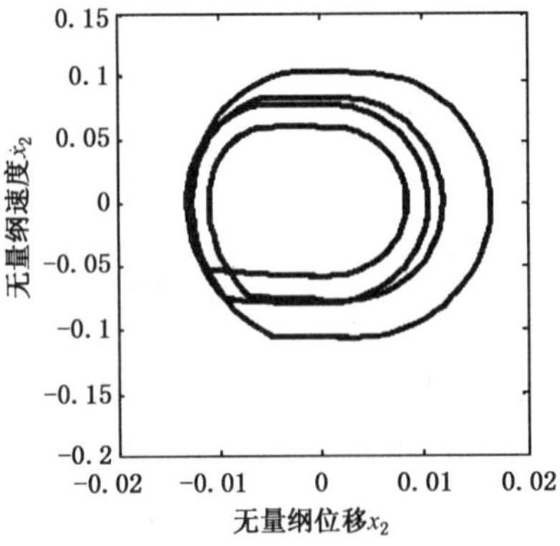

(c) ω=7.302 1

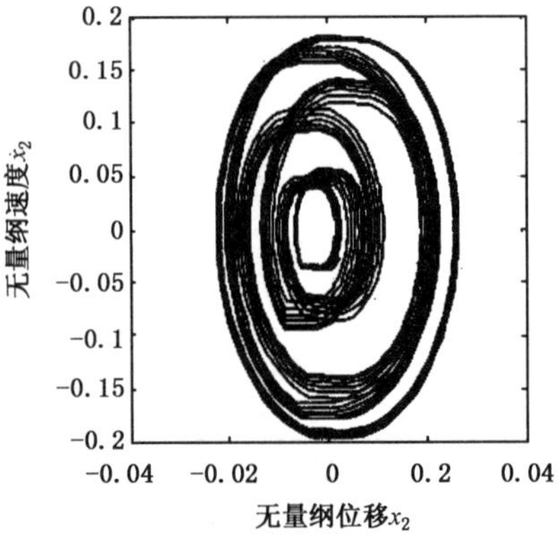

(d) ω=7.113 8

图 7　系统相图

Fig. 7　Phase portraits

分析表明，轧制过程中存在打滑时极易导致系统动力学响应不稳定，容易出现混沌现象，这与工程实际相吻合。出现混沌振动后，轧机控制系统无法准确预见下一时刻系统的运动形式和趋势，因此不能有效控制系统的运动状态。轧机打滑后出现较大的轧制力矩和轧制速度波动，甚至出现单辊拖动的现象，实际控制系统无法完全消除偏载趋势。为避免轧机打滑应该在工程中采取相应措施，如：改进润滑条件或改进上轧辊、下轧辊速度同步控制等。该轧机目前在采取相应工艺措施[15]后，运行状况已有所改善。

3 结论

（1）本文研究分析了含间隙碰撞振动系统的周期运动稳定性、叉式分岔和混沌通道。随着激励频率的减小，系统的周期运动经过锁相等环节后状态被逐步破坏。

（2）含间隙系统的动力学参数敏感性很强，激励参数的微小影响可能会导致系统的本质变化，产生分岔和混沌现象。

（3）轧机打滑容易激起轧机主传动系统振动，甚至出现混沌现象，应在工程中加以控制。根据现场实际情况，对轧机轧制工艺采取相应措施后，已初步获得一定效果，轧机偏载情况明显减少。

（4）含间隙振动系统的优化设计和工程控制依赖于对系统复杂运动特性的深入了解和分析。本文的研究对此类系统的设计分析和轧机主传动系统扭转振动的工程分析具有参考价值。

参考文献

[1] Knudsen J, Massih A R. Dynamic stability of weakly damped oscillators with elastic impacts and wear [J]. Journal of Sound and Vibration, 2003, 263: 175-204.

[2] Xu L, Lu M W, Cao Q J. Bifurcation and chaos of a harmonically excited oscillator with both stiffness and viscous damping piecewise linearities by incremental harmonic balance method [J]. Journal of Sound and Vibration, 2003, 264: 873-882.

[3] Xu L, Lu M W, Cao Q J. Nonlinear vibration of dynamical systems with a general form of piecewise-linear viscous damping by incremental harmonic balance method [J]. Physics Letters A, 2002, 301: 65-73.

[4] Cao Q J, Xu L, Djidjeli K. Analysis of period-doubling and chaos of a non-symmetric oscillator with piecewise-linearity [J]. Chaos, Solitons and Fractals, 2001, 12: 1917-1927.

[5] Mahfouz I A, Badrakhan F. Chaotic behaviour of some piece-linear systems, Part I: Systems with set-up spring or with unsymmetric elasticity [J]. Journal of Sound and Vibration, 1990, 143(2): 255-288.

[6] 李万祥，丁旺才，周勇. 一类三自由度含间隙系统的分岔与混沌[J]. 工程力学，2005，22(5)：111-114，53.
Li Wanxiang, Ding Wangcai, Zhou Yong. Bifurcation and chaos of a three-degree-of-freedom system with clearance [J]. Engineering Mechanics, 2005, 22(5): 111-114, 53. (in Chinese)

[7] 罗冠炜，张艳龙，谢建华. 多自由度含间隙振动系统周期运动的二重 Hopf 分岔[J]. 工程力学，2006，23(3)：37-43，68.
Luo Guanwei, Zhang Yanlong, Xie Jianhua. Double Hopf bifurcation of periodic motion of the multi-degree-of-freedom vibratory system with a clearance [J]. Engineering Mechanics, 2006, 23(3): 37-43, 68. (in Chinese)

[8] 马永靖，丁旺才. 碰撞振动系统四阶共振下的 Hopf 分岔和次谐分岔[J]. 工程力学，2007，24(7)：33-38.
Ma Yongjing, Ding Wangcai. Hopf and sub-

harmonic bifurcation of vibro-impact system in order 4 resonance case [J]. Engineering Mechanics,2007,24(7):33-38.(in Chinese)

[9] Hiroshi Kawakami. Bifurcation of periodic response in forced dynamic nonlinear circuits:Computation of bifurcation values of the system parameters [J]. IEEE Transactions on Circuits and Systems, 1984, 3: 248-260.

[10] Wang Z H,Wang D J. Dynamic characteristics of a rolling mill drive system with backlash in rolling slippage [J]. Journal of Materials Processing Technology,2000,97: 69-73.

[11] 朱伟勇,刘向东,王国栋.六辊 UC 轧机轧制过程混沌、分形特性的探索和定量判据动力学分析[J].钢铁研究学报,1997,19(5):17-20.

Zhu Weiyong, Liu Xiangdong, Wang Guodong. Chaotic character in the rolling process of a 6-high UC mill and dynamic analysis of its quantitative criterion [J]. Journal of Iron and Steel Research,1997,19(5):17-20.(in Chinese)

[12] 周金宇.宝钢 2 050 轧机主传动扭振分析与性能评估[D].上海:上海交通大学,2007:27-50.

Zhou Jinyu. Research of torque vibration and performance evaluation of the main drive system of Bao steel 2 050 rolling mill [D]. Shanghai:Shanghai Jiaotong University,2007:27-50.(in Chinese)

[13] 李鸿光.若干工程非线性振动系统的动力学特性及分叉与混沌研究[D].沈阳:东北大学,1999:14-44.

Li Hongguang. Study on dynamic characteristics, bifurcations and chaos of some nonlinear systems in engineering [D]. Shenyang: Northeastern University, 1999: 14-44.(in Chinese)

[14] 李鸿光,闻邦椿.具有间隙和振动边界的自激振动系统非线性振动[J].振动工程学报,2000,13(1):122-127.

Li Hongguang,Wen Bangchun. Non linear vibrations of self-excited vibration systems with clearances and oscillating boundaries [J]. Journal of Vibration Engineering, 2000,13(1):122-127.(in Chinese)

[15] 申延智.厚板轧机主传动系统扭振及间隙引起的混沌、分岔研究[D].秦皇岛:燕山大学,2009.

Shen Yanzhi. Research on the torsinal vibration as well as chaos and bifurcation caused by clearance in the main drive system of heavy plate mill [D]. Qinhuangdao: Yanshan University,2009.(in Chinese)

Impact of Main Drive System of 5 m Wide and Heavy Plate Mill on Screw-down Load Deviation①

Ma Xiaobao[1], Liu Hongmin[1,2], Sun Jianliang[1], Zhang Zhizhong[3], Chen Suwen[4]
(1. National Engineering Research Center for Equipment and Technology of Cold Strip Rolling, Yanshan University, Qinhuangdao 066004, Hebei, China;
2. State Key Laboratory of Metastable Materials Science and Technology, Yanshan University, Qinhuangdao 066004, Hebei, China;
3. Baosteel Heavy Plate Mill Plant, Shanghai 201900, China;
4. Department of Environmental and Chemical Engineering, Yanshan University, Qinhuangdao 066004, Hebei, China)

Abstract: Universal couplings cause additional moments on the sleeve shaft of work roll. The problem becomes more obvious in the wide and heavy plate mill due to the large tilt angle and the great rolling torque, which may affect the deflection of roll system and the screw-down load deviation. Aiming at the structural characteristics of the drive system of a 5 000 mm wide and heavy plate mill, additional moment models acting on the work roll are established, and the influence coefficients of the additional moment of the main drive system are obtained according to Mohr integral method. The screw-down load deviation affected by the additional moment is calculated based on the influence function method. Results show that the additional moment of the work roll drive end has little effect on the screw-down load deviation. And the fluctuation period of the additional moment is 180° with the input shaft rotating. The additional moment enlarges with the tilting angle increasing. If the tilt angle is equal to 4.82°, the vertical additional moment is about 8.5% of the output torque of motor shaft, while the horizontal additional moment is about 4.2% of that.

Key words: Wide and heavy plate Mill; main drive system; Additional moment of drive system; Influence function method; Screw-down load deviation

1 Introduction

The wide and heavy plate is widely applied in large diameter oil and gas pipelines, high-strength ship plates, high-strength building structural plates, pressure vessels, etc. The technology of the wide and heavy plate reflects the level of a country's industrial foundation [1]. The wide and heavy plate rolling mill are different from general small mills, the tonnage of mill equipment is huge due to its large rolling force and rolling

① Engineering Failure Analysis, 2017, 79: 913-927.

torque. Once a device failure occurs, the demolition and installation will waste a long time, resulting in serious economic losses.

Common faults of the wide and heavy plate rolling mill include frequent failure of hydraulic system, mainly manifested as frequent replacement of automatic gauge control (AGC) servo valve [2]. The instability of roll system is an important reason for affecting the rolling process. If the sliding liners of both bearing chocks and windows of mill housing seriously wear, the gap between them will cause the roll system crossing and swing around. Many mill failures have shown a correlation with the stability of roll system. Work roll offset, roll crossing and torsional vibration were the main factors affecting the stability of the roll system of a 4 200 heavy plate mill [3]. The problems of thrust bearing burning and short service life frequently arise in a 2 350 aluminum foil mill. The test results showed that the main cause of the problem was that the crossing angle between the work roll and the backup roll led to great thrust force and the uneven distribution of thrust force [4]. Aiming at the roll stability problem, Mr Shen Guang xian [5-7] first put forward new theories of the roll spiral precession, the roll dynamic crossing and microscale dimension behavior. He pointed out that the mechanism of setting offset distance is adverse for the roll system stability. It prones to cause the roll dynamic crossing behavior and eventually leads to the great axial force which is the main reason for the bearing shortened longevity and burning damage. To this end, the mechanical statically determinate structure of rolling mill was put forward to solve the problem. In addition, huge axial forces of roll caused by roll crossing may result in bolt damage of sliding liners or even the fracture accident of the pressure board [8]. The great deviation of the screw-down load frequently occurred on the 1 580 mm paired crossed (PC) rolling mill of Baosteel. It was divided into two parts, the static deviation and the dynamic deviation. And the axial force caused by roll crossing was considered as the main reason for the dynamic deviation [9]. In fact, the conventional 4-high hot rolling mill after roll crossing is similar to the PC rolling mill [10]. There are significant relation between the axial force of rolls and the screw-down load deviation. In theory, the axial force of the backup roll will be transferred to the mill housing via keeper plates. However, the thick control of the heavy plate mill is frequent, and the screw-down stroke is very large, there are a gap between the keeper plate and the bearing chock. Thus, the axial force of rolls may not be transmitted to the mill housing, which actually forms a torque on the screw-down, resulting in a certain screw-down load deviation [11]. Due to the difference of the manufacturing of mill housing, the rigidity of the mill housing may be inherently different. Under load conditions, the bounce of the two screw-downs would be significant different, which may cause the screw-down load deviation and the strip wedge [12].

The main drive system of rolling mill is the input power source, which is an important aspect affecting the rolling process. It mainly brings about the vibration of rolling mill [13-15]. The reports are mainly to determine the vibration mode of the main drive system and analyze the impact of the main drive system on the roll system vibration, and parts of studies focus on multi-system coupling characteristics [16-18]. Some researches are about the coupling failure. A type of the tracta universal coupling in the drive system of an aluminium sheet straightening machine was reported to fracture. Optical examination of failure and light microscopy were used to reveal the reason, and the increase of friction and the severe wear caused by the abnormal of the coupling lubrication system were considered as the main reasons [19]. Besides, a two-slipper coupling of section steel rolling mill was reported to fracture. The fatigue of the coupling was considered as the reason based on the finite element analysis [20]. In order to detect the fault of the drive reducer in a hot steel rolling mill, a two-step scheme based on both a computationally lightweight time-domain multivariate statistical technique and a more computationally intensive frequency-domain analysis method was put forward, developing a data-driven method [21]. In addition, the means of the scanning electron microscopy and the auger electron spectroscopy are applied to investigate a fractured car's drive shaft [22]. Regardless of the drive system of the rolling mill or the automobile drive system, the main researches focused on drive system vibration analyses or fault section analyses. And the load analysis for the rolling mill drive system, which pays attention to the safety of partial components, is mainly based on finite element simulation.

Generally, the rolling torque of the heavy plate rolling mill is large, the fork of the universal coupling is prone to fracture [23-25]. The screw-down load deviation of a 5 000 mm wide and heavy plate mill reaches 200～400 tons, about 3% to 6% of the total rolling force. It results in significant sickle defects for wide and heavy plates, and also does seriously harm to equipments. One characteristics of the 5 000 mm wide and heavy plate mill is that the main driving system is driven by the two cross-shaft universal couplings (Hooke' universal couplings or Cardan universal couplings), which will cause additional moments on the sleeve shaft of work roll. On the one hand, the rolling torque of the heavy plate rolling mill is large, on the other hand, the large screw-down stroke cause obvious tilt angles among the motor shaft, the universal joint shaft and the sleeve shaft. Thus, the influence of the additional moment on the roll deflection is more severe, causing the screw-down load deviation. In particular, the main drive system of 5 000 mm rolling mill is different from the general double universal couplings. There are few reports about the torque balance of rolling mill drive system. Nor is the influence of the transmission system on the screw-down load. To investigate the relationship between the additional moment and the screw-down load deviation, it need establish the elastic deformation model of rolls and the plastic deformation model of metal. While the modelling methods of the elastic deformation of rolls mainly include the analytic method of integral rolls deformation [26], influence function method of segmentation model [27-28] and numerical methods, the finite element method [29] and boundary element method [30]. As an analytical method, the integral rolls deformation method inevitably makes many assumptions as well as limitations, leading to great calculation errors. The finite element method is the most widely used technology. However, it is suitable for the analysis of local components or parts. The geometric models of the rolls, the main drive system and the screw-down system of the 5 000 mm rolling mill are so great and complicated that it will make enormous number of elements. Moreover, the setting difficulty of the boundary condition and load increases with the increase of the system complexity. Accurate and fast analysis is almost impossible based on the finite element method. The influence function method of segmentation model does not need to make hypotheses, so it can deal with a variety of complex problems flexibly, and calculation speed is faster than the finite element method and the boundary element method, while calculation accuracy can meet the actual needs [31]. The available influence function coefficients include the coefficients of the symmetric bending force, the rolling pressure and the pressure between rolls. However, the influence function model of the additional moment of the drive system has not been established. In order to investigate the additional moment of the main drive system and explore the relationship between the additional moment and the screw-down load deviation, the analytic torque balance model of the main drive system is established in this paper, and the effect of the additional moment on the roll system is calculated based on the influence function method. Finally, the influence law of the additional moment on the screw-down load is obtained. The method and results are useful supplements for the analysis of the effect of the main drive system on the stability of roll system.

2　Mechanical model of main drive system for wide and heavy plate mill

2.1　Main drive system of wide and heavy plate mill

The main drive system structure of a 5 000 mm finishing rolling mill, as shown in Fig. 1, consists of rolls, a sleeve shaft, two cross-shaft universal couplings, universal joint shafts, a spindle balance beam, a motor connection shaft and two main motors, etc.

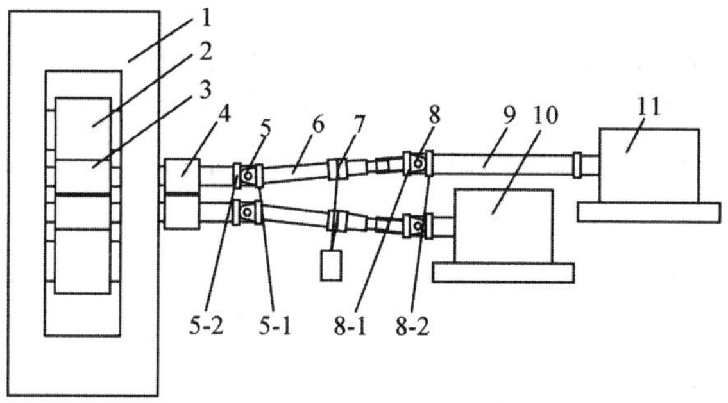

1—Mill housing, 2—Backup roll, 3—Work roll, 4—Sleeve shaft of work roll, 5—Universal coupling, 5-1—Coupling fork connected with universal joint shaft at work roll side, 5-2—Coupling fork connected with sleeve shaft of work roll, 6—Universal joint shaft, 7—Spindle balance beam, 8—Universal coupling, 8-1—Coupling fork connected with universal joint shaft at motor side, 8-2—Coupling fork connected with motor connection shaft, 9—Motor connection shaft, 10—Lower main motor, 11—Upper main motor

Fig. 1 Main drive system of 5 000 mm wide and heavy plate rolling mill

The diameter and the length of the sleeve shaft are about 1 100 mm and 1 200 mm, respectively. The diameter and the barrel wall thickness of the universal joint shafts are 915 mm and 90 mm, respectively. And the total length of the universal joint shafts is about 11 380 mm. The maximum rolling force and rated rolling torque of the 5 000 mm finishing rolling mill are 108 000 kN and 2× 1 910 kN · m, respectively.

Based on the following assumptions, a mechanical model of the main drive system is established.

1) The sleeve shaft of work roll, universal joint shaft and motor connection shaft are in the same plane.

2) Two coupling forks connected with the universal joint shaft are in the same plane, namely, as input, the phase angle of the coupling fork 5-1 is 90° ahead of that of the coupling fork 8-2.

3) The universal coupling is a rigid body and the gap between the sleeve shaft and the work roll is ignored. The additional moment acting on the coupling fork 5-1 is fully acting on the work roll.

2.2 Torque equilibrium analysis of cross shaft of universal coupling

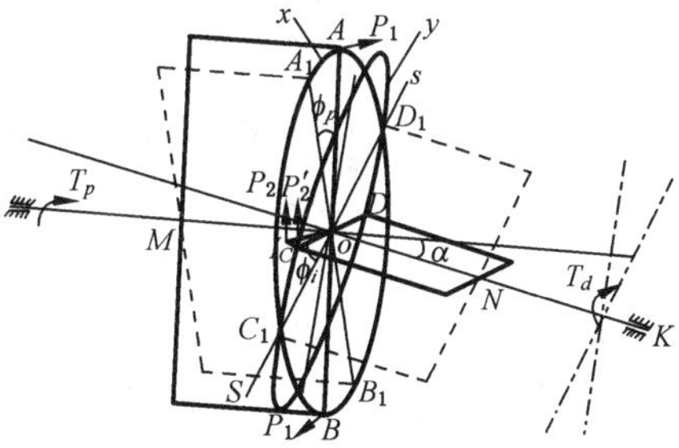

Fig. 2 Mechanical model of universal coupling cross shaft

The torque balance of the cross-shaft universal coupling is analyzed based on the spatial rectangular coordinate system constructed in Fig. 2[32]. The cross shaft of universal coupling consists of AB and CD, which are perpendicular to each other. The tilt angle between the driving fork p and the driven fork d is α. The rotation trajectory of AB is the circle x with O point as the center, and the rotation trajectory of CD is the circle y with O point as the center. φ_p and φ_d are the rotary angles of the driving fork ABM and the driven fork CDN, respectively. The following relationship between them can be obtained according to the coordinate system transformation:

$$\tan\phi_p = \tan\phi_d \cos\alpha \tag{1}$$

According to Eq. (1), in the case of a certain tilt angle α, the relationship between angular velocities of both the driving fork and the driven fork, taking the derivative of rotary angle, can be obtained as follows[33]:

$$\frac{\omega_d}{\omega_p} = \frac{\cos\alpha}{1-\sin^2\alpha\cos^2\phi_p} \tag{2}$$

The force transfer of the cross shaft OA and OC can be imagined that it is via rigid connections of a vertical bar, IC, which is perpendicular to the round plane x, the force of the driving fork, P_2 is transmitted to the point C in the driven fork, in which the force P_2 can be decomposed into two orthogonal components F_2 and F_s. F_2 drives the driven fork rotation, and F_s makes an additional moment in the driven fork plane CDN. Due to the tilt angle between the input shaft and the output shaft, the driving torque of the cross shaft is balanced by the reverse rotation torque of the driven fork and the additional moment from the driving fork or the driven fork. The torque equilibrium diagrams of the cross shaft corresponding to different cases are shown in Fig. 3. T_p is input shaft torque, T_d is output shaft torque. T_s is the total additional moment.

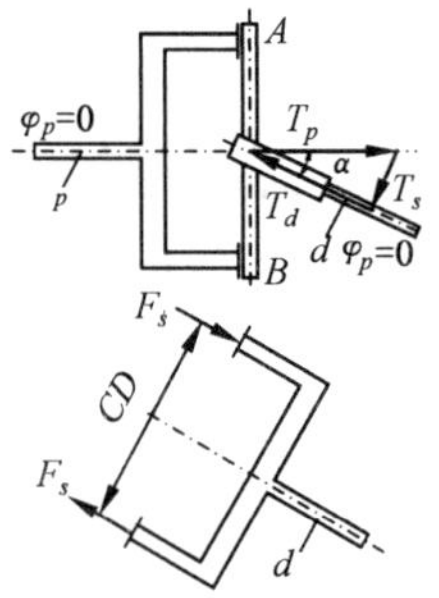

(a) State of universal coupling when additional moment T_s is minimum

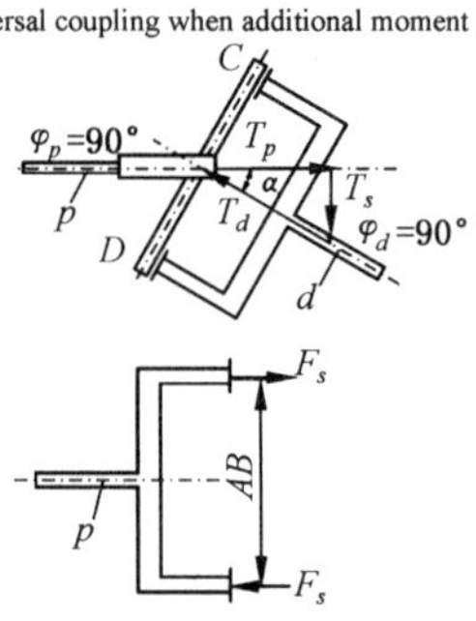

(b) State of universal coupling when additional moment T_s is maximum

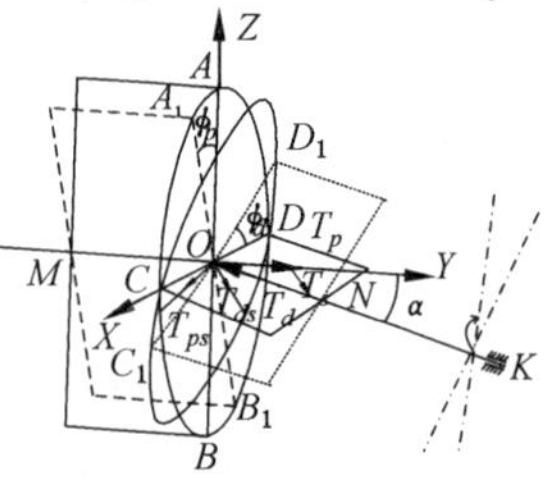

(c) Torque equilibrium of cross shaft at free state

Fig. 3　Torque equilibrium of cross shaft of universal coupling

The torque equilibriums of the cross shaft at the states $\varphi_p = 0$ and $\varphi_p = 90°$ are shown in Fig. 3(a) and Fig. 3(b), respectively. Fig. 3 (c) shows that the additional moment of the cross shaft at the free state is balanced by both the driving fork and the driven fork, namely $\overrightarrow{T_s} = \overrightarrow{T_{ps}} +$

$\overrightarrow{T_{ds}}$, where $\overrightarrow{T_{ps}}$ is additional moment acting on the driving fork, $\overrightarrow{T_{ds}}$ is additional moment acting on the driven fork. In addition, the directions of the additional moment $\overrightarrow{T_{ps}}$ and $\overrightarrow{T_{ds}}$ are always perpendicular to the driving fork surface MA_1B_1 and the driven fork surface NC_1D_1, respectively, while are included in the plane $ACBD$ and the plane CC_1DD_1, respectively.

$T_s = T_{ds}$ or $T_s = T_{ps}$ are established at the states of $\varphi_p = 0$ or $\varphi_p = 90°$ respectively. That is, the additional moment of the cross shaft of universal coupling is totally balanced by the driving or driven fork.

The vertical plane is set as the initial zero position, the moment balance of the cross shaft along the coordinate axes is established as follows:

$$\begin{cases} T_{ps}\cos\varphi_p - T_{ds}\sin\varphi_d = 0 \\ T_{ds}\cos\varphi_d\sin\alpha + T_d\cos\alpha = T_p \\ -T_{ps}\sin\varphi_p - T_{ds}\cos\varphi_d\cos\alpha + T_d\sin\alpha = 0 \end{cases} \tag{3}$$

Thus, the following equations can be obtained:

$$\begin{cases} T_{ps} = T_p \dfrac{\sin\alpha\sin\varphi_d}{\cos\varphi_d\cos\varphi_p + \sin\varphi_p\sin\varphi_d\cos\alpha} \\ T_{ds} = T_p \dfrac{\sin\alpha\cos\varphi_p}{\cos\varphi_d\cos\varphi_p + \sin\varphi_p\sin\varphi_d\cos\alpha} \\ T_d = T_p \dfrac{\sin\varphi_p\sin\varphi_d + \cos\alpha\cos\varphi_d\cos\varphi_p}{\cos\varphi_d\cos\varphi_p + \sin\varphi_p\sin\varphi_d\cos\alpha} \end{cases} \tag{4}$$

From Eqs. (1) and (4), the additional moment and the torque of the driven fork can be further derived:

$$\begin{cases} T_{ps} = T_p\tan\alpha\sin\varphi_p \\ T_{ds} = T_p \dfrac{\sin\alpha\cos^2\varphi_p}{\cos\varphi_d} \\ T_d = T_p \dfrac{1-\sin^2\alpha\cos^2\varphi_p}{\cos\alpha} \quad \text{or} \quad T_p \dfrac{\cos\alpha}{1-\sin^2\alpha\cos^2\varphi_d} \end{cases} \tag{5}$$

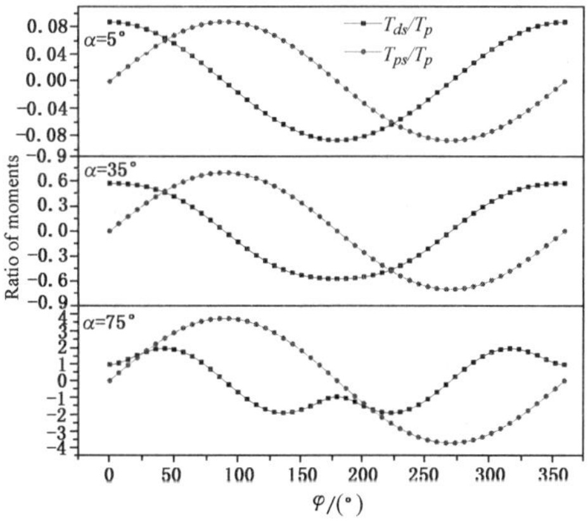

Fig. 4 Ratios of additional torques of driving fork and driven fork to input shaft torque

Fig. 4 shows that the periods of the additional moments acting on both the driving fork and the driven fork are 360°. The ratios of the additional torque to the input torque ratio increase with the increase of angle α between the driving fork and the driven fork, but the ratio of the additional moment of the driving fork to the input torque is significantly greater than that of the driven fork, namely, the additional moment acting on the driving fork, T_{ps}, is larger than that of the driven fork, T_{ds}. The extreme values of the additional moment of the driving fork at different α happen at the angles of 90°

and 270°, while the amount of the extreme values of the driven fork increases at the angles of $\alpha = 75°$. However, this case will appear if the angle α is large enough($\alpha \geqslant 45°$). Generally speaking, the problem of extreme point is not discussed in this paper due to impossible in the rolling mill drive system.

The additional moment of both the driving and driven forks can act on the sleeve shaft of work roll, and bring about vibration for both the work roll and the intermediate transmission shaft. Although, the ratio of additional moment of the driving fork is just slightly larger than that of the driven fork at $\alpha = 5°$. When the main drive torques are 2 000 kN • m, 4 000 kN • m, respectively, the peaks of the additional moment reach about 174.3 kN • m and 348.6 kN • m, while the absolute difference between the additional moments of the driving fork and the driven fork corresponding to peak torques can reach 0.666 kN • m and 1.332 kN • m respectively. Once the main driving torque increases sharply, the additional moment difference can be enlarged further. If the additional moment reaches the limit that the universal joint can bear, it means that the possibility for the damage of the coupling fork at the motor shaft or the sleeve shaft side is higher than that at the drive shaft. The calculation results are in agreement with the actual phenomenon that the fractures of the coupling forks connected with the sleeve shaft happened twice in 2006. In July 2006, the bore diameters of the coupling forks connected with both the sleeve shaft and the motor shaft increase 0.2 mm and 0.7 mm after about half a year, respectively[34]. The larger additional moment is one of the main reasons.

2.3 Analysis of driving torque of main drive system of rolling mill

In the mill drive system, the motor shaft and the sleeve shaft are connected by the universal joint shaft, as shown in Fig. 5. They are coplanar, the axes of both the motor shaft and the sleeve shaft are parallel. The universal joint shaft connects the universal coupling 1 (universal coupling 8 in Fig. 1) and the universal coupling 2 (universal coupling 5 in Fig. 1), and the plane of two forks at both ends of the universal joint shaft are coplanar. And the tilt angle between the motor shaft and the universal joint shaft is equal to the tilt angle between the sleeve shaft and the universal joint shaft, which are equal to α. When the rotation angle of the motor shaft is φ_1, the corresponding rotation angles of the universal joint shaft and the sleeve shaft are φ_2 and φ_3, respectively.

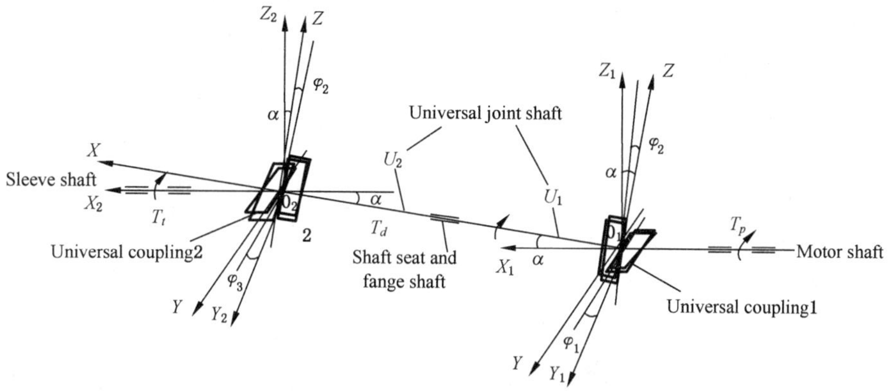

Fig. 5　Main drive system

The structure of the main drive system includes a balancing device 7 as shown in Fig. 1, which not only counterbalances the weight of the universal joint shaft, but also cooperates with the work roll shifting to ensure the full connection between the sleeve and the work roll flat head. The shaft seat and the flange shaft of the balancing device are specified to unload the axial force from the universal joint shaft U_2 to the balancing device. In addition, the universal joint shaft U_1 and the flange shaft of the balancing device are actually hollow thick-walled cylinder structures, which are connected by inner and outer keyways. The additional torque applied to the universal joint shaft U_1 by the cross shaft of the universal coupling 1 is compensated by the balancing device and the flange shaft. That is, the additional moment of universal coupling 1 acting on the universal joint shaft U_1 have no effect on the sleeve shaft at work roll end. The impact of the drive system on work rolls is mainly the additional moment from the universal coupling 2.

The torque of the universal joint shaft is obtained as follows based on Eqs. (2) and (4):

$$T_d = T_p \frac{1-\sin^2\alpha\cos^2\phi_1}{\cos\alpha} \tag{6}$$

The universal joint shaft is not only the driven shaft corresponding to the motor shaft, but also the driving shaft corresponding to the sleeve shaft. The phase of both the driving and the driven forks of the universal coupling 2, when it is as input, is 90° ahead of that of the universal coupling 1. According to the mechanical principle and Eq. (1), the equation, $\tan(\phi_2+90°)=\tan(\phi_3+90°)\cos\alpha$, is correct, namely:

$$\tan\phi_3 = \tan\phi_2\cos\alpha \tag{7}$$

Based on Eqs. (1) and (7), it can obtain that:

$$\phi_1 = \phi_3 \tag{8}$$

The conclusion means that, in the case of the constant speed of the motor shaft, although the universal joint shaft rotates at unequal speeds, the sleeve shaft can achieve the constant speed rotation.

Based on Eq. (7), the following equation can be derived:

$$\begin{cases} |\cos\varphi_2| = \dfrac{\cos\alpha}{\sqrt{\tan^2\varphi_3 + \cos^2\alpha}} \\ \sin\varphi_2 = \dfrac{\tan\varphi_3}{\sqrt{\tan^2\varphi_3 + \cos^2\alpha}} \end{cases} \tag{9}$$

The phase angles ($\phi_2 + 90°$) and ($\phi_3 + 90°$) is satisfied the requirements of Eq. (4). Bringing them into it and substituting Eq. (9), the solution of the addition moments and the driving torque of the universal coupling 2 can be obtained at the condition that the phase angle of the universal coupling 2 is 90° ahead of the universal coupling 1.

$$\begin{cases} T_{2ps} = -T_2 \tan\alpha\cos\varphi_2 \\ T_{2ds} = -T_2 \dfrac{\sin\alpha\sin^2\varphi_2}{\sin\varphi_3} \\ T_t = T_2 \dfrac{\cos\alpha}{1-\sin^2\alpha\cos^2\varphi_3} \text{ or } \\ \quad T_2 \dfrac{1-\sin^2\alpha\sin^2\varphi_2}{\cos\alpha} \end{cases} \tag{10}$$

According to Eqs. (6) and (10), the torque of the work roll sleeve shaft can be derived:

$$T_t = T_p \frac{1-\sin^2\alpha\cos^2\phi_1}{\cos\alpha}$$

$$\frac{\cos\alpha}{1-\sin^2\alpha\cos^2\phi_3} \tag{11}$$

That is:

$$T_t = T_p \tag{12}$$

The identical transformation of Eq. (11) are related to not only the modulus of trigonometric functions, but also the phase angle of trigonometric functions. In order to remove the absolute value symbol of the Eq. (9), the change of phase angle must be considered. Although the phase of driving shaft of the universal joint 1 advances or lags behind the driven shaft, but the polarity of the cosine function of φ_1 and φ_2 are consistent, so there are the following rules:

$$\begin{cases} \cos\varphi_2 = \dfrac{\cos\varphi_1}{|\cos\varphi_1|} \dfrac{\cos\alpha}{\sqrt{\tan^2\varphi_3 + \cos^2\alpha}} \\ \sin\varphi_2 = \dfrac{\tan\varphi_3}{\sqrt{\tan^2\varphi_3 + \cos^2\alpha}} \end{cases} \tag{13}$$

According to Eqs. (6), (8), (10) and (13), the additional moments of the cross shaft of the universal coupling 2 is obtain:

$$\begin{cases} T_{2ps} = -T_p \dfrac{1-\sin^2\alpha\cos^2\phi_1}{\cos\alpha} \tan\alpha \dfrac{\cos\alpha}{\sqrt{\tan^2\varphi_1 + \cos^2\alpha}} \dfrac{\cos\varphi_1}{|\cos\varphi_1|} \\ T_{2ds} = -T_p \dfrac{1-\sin^2\alpha\cos^2\phi_1}{\cos\alpha} \dfrac{\sin\alpha}{\sin\varphi_1} \dfrac{\tan^2\varphi_1}{\tan^2\varphi_1 + \cos^2\alpha} \end{cases} \tag{14}$$

The additional moments making the sleeve shaft of the work roll rotating in the horizontal plane and in the vertical plane are obtained based on Eq. (14), respectively.

$$T_{2dsh} = T_{2ds}\sin\phi_3 = T_p \frac{1-\sin^2\alpha\cos^2\phi_1}{\cos\alpha} \frac{\tan^2\varphi_1\sin\alpha}{\tan^2\varphi_1 + \cos^2\alpha} \tag{15}$$

$$T_{2dsv} = T_{2ds}\cos\phi_3 = T_p \frac{1-\sin^2\alpha\cos^2\phi_1}{\cos\alpha} \frac{\tan\varphi_1\sin\alpha}{\tan^2\varphi_1 + \cos^2\alpha} \tag{16}$$

The form and fluctuation period of the additional moment in Fig. 6 is quite the same as that of the reference [23]. It shows that the additional moments acting on the coupling joint shaft forks are nearly equal to that acting on the motor or sleeve shaft fork at the tilt angle of $\alpha=5°$. Besides, the additional moments acting on both end of the coupling joint shaft, the coupling fork 5-1 and 8-1, are mutually balanced. However, the different phases of the motor shaft at the time of biting steel will lead to different impact on both the coupling joint shaft fork and the work roll sleeve shaft fork. If the phases of the motor shaft are 0 , 180° and 360°, respectively, at the time of biting steel, the impact on the coupling joint shaft fork is more severe, while the phases are 90° and 270°, respectively, the impact on both the motor shaft fork and the work roll sleeve shaft fork is more severe. The impact difference of the phrase of the universal coupling at the time of biting steel on the coupling joint fork should be considered when selecting the universal joint.

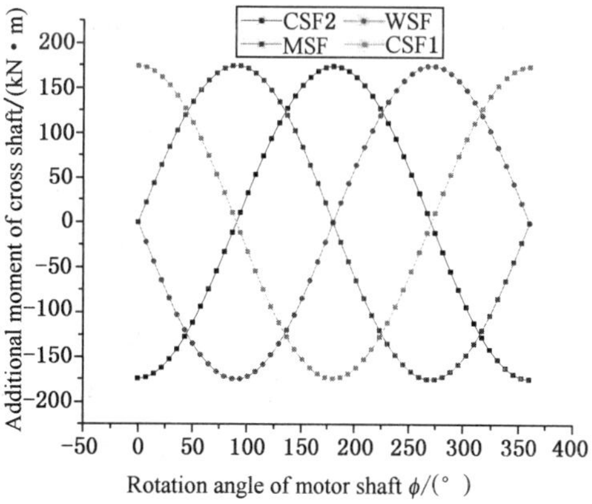

Fig. 6 Additional moment of coupling joint CSF2-Coupling joint shaft fork 5-1, WRF-Work roll sleeve shaft fork 5-2, MSF-Motor shaft fork 8-2, CSF1-Coupling joint shaft fork 8-1

3 Influence function model of additional moment

The work rolls of the 4-high continuously variable crown (CVC) hot rolling mill are mainly restrained by the shifting cylinder in the axial direction. In the horizontal direction, the initial eccentricity between the work roll and the backup roll makes one side of work roll chocks lean on the outlet column of mill housing. In the vertical direction, the work roll is subjected to the bending force, the pressure from the backup roll and the rolling pressure in the deformation zone. The horizontal and vertical force of work roll are in the dynamic equilibrium state with external loads changing, which is not a simple static force problem. The influence of the additional moment of the drive system on the roll deformation is analyzed according to the influence function method. The relationship between the additional moment and the screw-down load deviation is established based on the reciprocal iteration of the elastic deformation model of rolls and the plastic model of metal, which takes the convergence of the strip cross-section thickness as the criterion.

Based on the following assumptions, a mechanical model of the influence function model of additional moment is established.

1) The work roll deformation in the vertical direction is simplified as a simply-supported beam as shown in Fig. 7, in

which the work roll driving end suffers additional moment and both the ends of the backup roll barrel are simplified as fulcrums.

2) The work roll deformation in the horizontal direction is simplified as a simply-supported beam as shown in Fig. 8, in which the work roll driving end suffers the horizontal additional moment and both work roll bearing chocks are simplified as fulcrums.

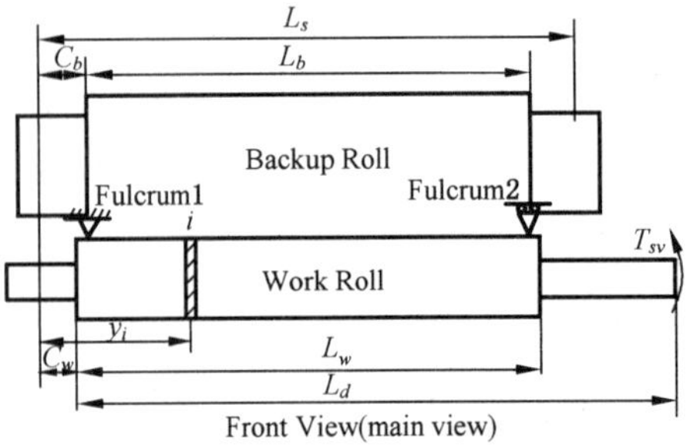

Fig. 7　Vertical additional moment model of work roll

L_b is backup roll barrel length, L_w is work roll barrel length, L_d is the distance from the work roll driving end to the work roll barrel end at the operating side. L_s is the distance between both screw-down centers. The centerline of screw-down at the operating side is set as the coordinate origin. C_w is the distance from the coordinate origin to the work roll barrel end at the operating side. C_b is the distance from the coordinate origin to the backup roll barrel end at the operating side. y_i is the distance from the i element of work roll to the coordinate origin. T_{sv} is the vertical additional moment acting on the work roll by the universal coupling 2.

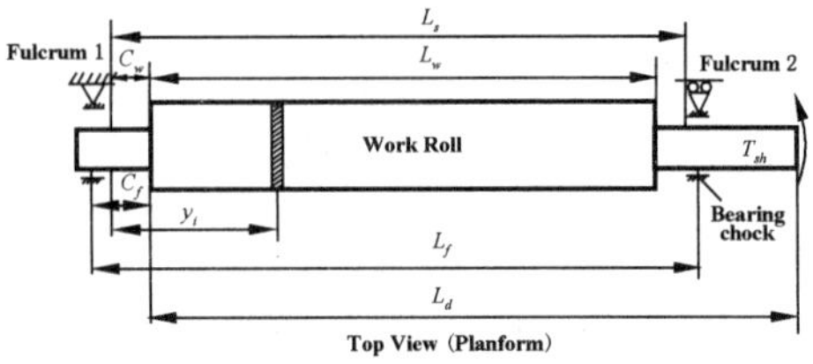

Fig. 8　Horizontal additional moment model of work roll

L_f is the distance between the bending cylinders on both mill housings. C_f is the distance from the working roll bending cylinder to the work roll barrel end at the corresponding side. T_{sh} is the horizontal additional moment acting on the work roll by the universal joint shaft.

Mohr integral method is used to solve the vertical and horizontal deflection in order to obtain influence coefficients [35]. M_0 and Q_0 are the bending moment and the shear force caused by unit load at the position y_i, respectively. Although the bending moment model is continuously changing over the length of the roll length space and is not a function of the time domain, frequency domain [36-37] or discrete variables [38], it cannot be described by an exact function. The piecewise function is used to establish the bending moment model as follows:

$$M^0(y)=\begin{cases}0 & (0\leqslant y<C_b)\\ \dfrac{L_b-y_i+C_b}{L_b}(y-C_b) & (C_b\leqslant y<y_i)\\ \dfrac{y_i-C_b}{L_b}(L_b+C_b-y) & (y_i\leqslant y<L_b+C_b)\\ 0 & (L_b+C_b\leqslant y\leqslant L_s)\end{cases}\tag{17}$$

$$Q^0(y)=\begin{cases}0 & (0\leqslant y<C_b)\\ \dfrac{L_b-y_i+C_b}{L_b} & (C_b\leqslant y<y_i)\\ \dfrac{y_i-C_b}{L_b} & (y_i\leqslant y<L_b+C_b)\\ 0 & (L_b+C_b\leqslant y\leqslant L_s)\end{cases}\tag{18}$$

$M(y)$ and $Q(y)$ are the bending moment and the shear force at the y position due to the vertical additional moment, respectively.

$$M(y)=\begin{cases}0 & 0\leqslant y<C_b\\ \dfrac{T_{sv}}{L_b}(y-C_b) & C_b\leqslant y<L_b+C_b\\ T_{sv} & L_b+C_b\leqslant y\leqslant L_s\end{cases}\tag{19}$$

$$Q(y)=\begin{cases}0 & 0\leqslant y<C_b\\ \dfrac{T_{sv}}{L_b} & C_b\leqslant y<L_b+C_b\\ 0 & L_b+C_b\leqslant y\leqslant L_d\end{cases}\tag{20}$$

The vertical deflection, f_{wzi}^{M}, can be obtained as follows based on Mohr integral method:

$$f_{wzi}^{M}=\int_0^{C_w}\frac{M(y)M^0(y)}{E_wI_w^r}\mathrm{d}y+\int_{C_w}^{L_s-C_w}\frac{M(y)M^0(y)}{E_wI_w^R}\mathrm{d}y+\int_{L_s-C_w}^{L_s}\frac{M(y)M^0(y)}{E_wI_w^r}\mathrm{d}y+\int_0^{C_w}\frac{Q(y)Q^0(y)}{G_wA_w^r}\mathrm{d}y+\int_{C_w}^{L_s-C_w}\frac{Q(y)Q^0(y)}{G_wA_w}\mathrm{d}y+\int_{L_s-C_w}^{L_s}\frac{Q(y)Q^0(y)}{G_wA_w^r}\mathrm{d}y\tag{21}$$

$$f_{wzi}^{M}=\left\{\frac{1}{E_wI_w^R}\left[\frac{(L_b+C_b-y_i)^2(L_b+2y_i-2C_b)(y_i-C_b)}{6L_b^2}+\frac{(L_b+C_b-y_i)(y_i-C_b)^3}{3L_b^2}\right]+\frac{2(L_b+C_b-y_i)(y_i-C_b)}{G_wA_wL_b^2}\right\}T_{sv}\tag{22}$$

Finally, the work roll vertical additional moment influence coefficients are obtained:

$$\alpha_{wvfi}=\left\{\frac{1}{E_wI_w^R}\left[\frac{(L_b+C_b-y_i)^2(L_b+2y_i-2C_b)(y_i-C_b)}{6L_b^2}+\frac{(L_b+C_b-y_i)(y_i-C_b)^3}{3L_b^2}\right]+\frac{2(L_b+C_b-y_i)(y_i-C_b)}{G_wA_wL_b^2}\right\}\tag{23}$$

where: E_w is the work roll elastic modulus. G_w is shear modulus of elasticity. I_w^R is the inertia moment of the work roll barrel. A_w is cross-section area of the work roll barrel. I_w^r is the inertia moment of the work roll neck. A_w^r is cross-section area of the work roll neck.

Similarly, Mohr integral method is used to solve the horizontal deflection in order to obtain influence coefficients.

$$M^0(y)=\begin{cases}\dfrac{L_f+C_w-C_f-y_i}{L_f}(y+C_f-C_w) & (0\leqslant y\leqslant y_i)\\ \dfrac{L_f+C_w-C_f-y}{L_f}(y_i+C_f-C_w) & (y_i<y\leqslant L_s)\end{cases} \tag{24}$$

$$Q^0(y)=\begin{cases}\dfrac{L_f+C_w-C_f-y_i}{L_f} & (0\leqslant y\leqslant y_i)\\ \dfrac{y_i+C_f-C_w}{L_f} & (y_i<y\leqslant L_s)\end{cases} \tag{25}$$

$M(y)$ and $Q(y)$ are the bending moment and the shear force at the y position due to the horizontal additional moment, respectively.

$$M(y)=\frac{T_{sh}}{L_f}(y+C_f-C_w)\quad 0\leqslant y\leqslant L_s \tag{26}$$

$$Q(y)=\frac{T_{sh}}{L_s}\quad 0\leqslant y<L_f \tag{27}$$

The horizontal deflection, f_{wxi}^M, can be obtained as follows based on Mohr integral method:

$$f_{wxi}^M=\int_0^{C_w}\frac{M(y)M^0(y)}{E_wI_w^r}\mathrm{d}y+\int_{C_w}^{L_s-C_w}\frac{M(y)M^0(y)}{E_wI_w^R}\mathrm{d}y+\int_{L_s-C_w}^{L_s}\frac{M(y)M^0(y)}{E_wI_w^r}\mathrm{d}y+\int_0^{C_w}\frac{Q(y)Q^0(y)}{G_wA_w^r}\mathrm{d}y+\int_{C_w}^{L_s-C_w}\frac{Q(y)Q^0(y)}{G_wA_w}\mathrm{d}y+\int_{L_s-C_w}^{L_s}\frac{Q(y)Q^0(y)}{G_wA_w^r}\mathrm{d}y \tag{28}$$

Finally, the work roll horizontal additional moment influence coefficients are obtained:

$$\alpha_{whfi}=\frac{1}{E_wI_w^R}\Bigg[\frac{(C_w-L_s+y_i)(C_f-C_w+y_i)}{6L_f^2}(6C_f^2-18C_fC_w+6C_fy_i+14C_w^2-10C_wL_s-8C_wy_i+2L_s^2+2L_sy_i+2y_i^2)-\frac{(C_f-C_w+y_i)(C_w-L_s+y_i)(6C_f-9C_w+3L_s+3y_i)}{6L_f}+\frac{(C_w-y_i)(C_f-C_w-L_f+y_i)(3C_f^2-3C_fC_w+3C_fy_i+C_w^2-2C_wy_i+y_i^2)}{3L_f^2}\Bigg]-\frac{1}{E_wI_w^r}\Bigg[\frac{C_w(C_f-C_w+y_i)(6C_f^2-18C_fC_w+12C_fL_s+14C_w^2-18C_wL_s+6L_s^2)}{6L_f^2}-\frac{C_w(6C_f-9C_w+6L_s)(C_f-C_w+y_i)}{6L_f\,6L_f}+\frac{C_w(3C_f^2-3C_fC_w+C_w^2)(C_f-C_w-L_f+y_i)}{3L_f^2}\Bigg]-$$

$$\frac{1}{G_w A_w} \frac{(C_f - C_w + y_i)(C_w - L_s + y_i) - (C_w - y_i)(C_f - C_w - L_f + y_i)}{L_f^2} +$$

$$\frac{1}{G_w A_w^r} \frac{C_w(C_f - C_w + y_i) - C_w(C_f - C_w - L_f + y_i)}{L_f^2} \tag{29}$$

4　Example analysis and discussion

4.1　Simulation parameters

The parameters of a 5 000 mm wide and heavy plate mill are shown in Table 1. In this paper, the effects of the additional moment on the roll deformation and the screw-down load deviation are analyzed based on the maximum tilt angle between the universal joint shaft and the sleeve shaft.

Table 1　Main parameters of heavy plate mill

Parameters	Value
Work roll elastic modulus /GPa	117
Poisson's ratio	0.3
Work roll diameter/mm	1 200
Work roll barrel length /mm	5 300
Backup roll diameter /mm	2 200
Backup roll barrel length/mm	4 900
Distance between both screw-downs/mm	7 000
Inlet thickness/mm	45
Outlet thickness/mm	35
Plate width/mm	3 000

4.2　Calculation and discussion of work roll additional moment

Under the normal working condition, the range of the tilt angle between the universal joint shaft and the sleeve shaft of the upper work roll is $\alpha_u = 1.17° \sim 4.82°$ and the range of the tilt angle between the universal joint shaft and the sleeve shaft of the lower work roll is $\alpha_l = 3.68° \sim 4.48°$.

(1) Fig. 9 (a) shows the universal joint shaft torque and the sleeve shaft torque of work roll under the condition that the tilt angle α_u is 4.82° and the output torque of a single main motor T_p is 2 000 kN · m. The torques of both the universal joint shaft and the sleeve shaft of work roll fluctuate periodically due to the tilt angle. The torque variation period of the universal joint shaft is 180°, while the torque of the sleeve shaft is always equal to the motor torque.

(2) Figure 9 (b) shows that the horizontal and vertical additional moments of work roll vary with the rotation angle of the motor shaft, and the variation period is 180°. The absolute value of the maximum horizontal additional moment is nearly two times of that of the vertical additional moment.

The horizontal additional moment of work roll is always negative. Ignoring the constraints of the backup roll and the deformation zone, the horizontal additional moment T_{2ds} causes additional constraint forces F_{hd} and F_{hw} to the work roll chocks as shown in Fig. 10, of which the maximum is about 25 kN. It will aggravate the roll crossing and the asymmetrical abrasion of the liner plate.

In fact, the work roll is also limited by both the backup roll and the deformation zone along the roll length in the horizontal direction. Thus, the additional constraint force is mainly distributed at the drive side, which will aggravate the impact on the roll crossing.

The vertical additional moment of work roll periodically fluctuates from negative to positive, that is, the additional moment causes the work roll end at drive side a vertical bi-directional deflection. The vertical additional moment is about 4.2% of a single motor torque and the horizontal additional moment is about 8.5% of a single motor torque.

(3) Fig. 9 (c) shows the absolute values of both the horizontal additional moment and the vertical additional moment will increase with the tilt angle increasing. In order to decrease the additional moment acting on the work roll sleeve shaft, it should reduce the tilt angle as much as possible.

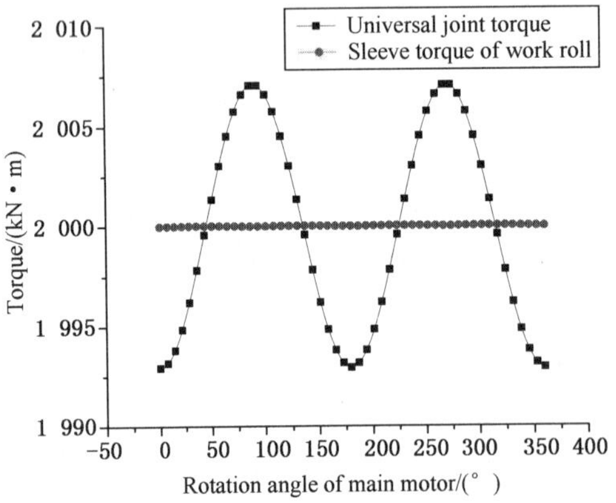

(a) Universal joint shaft torque and sleeve shaft torque of work roll under condition of α=4.82°

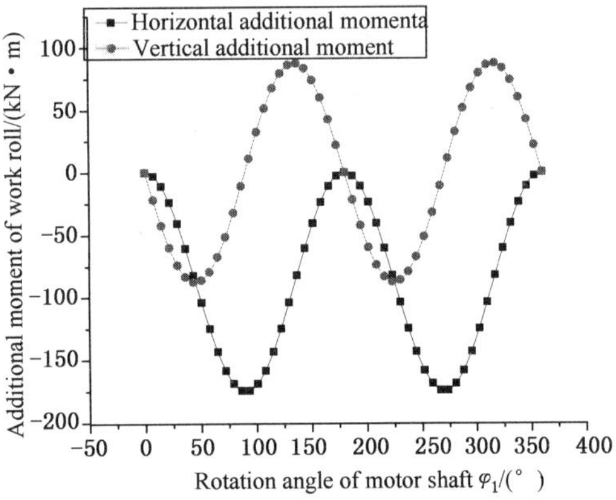

(b) Relationship between additional moments of work roll and rotation angle of motor shaft under condition of α=4.82°

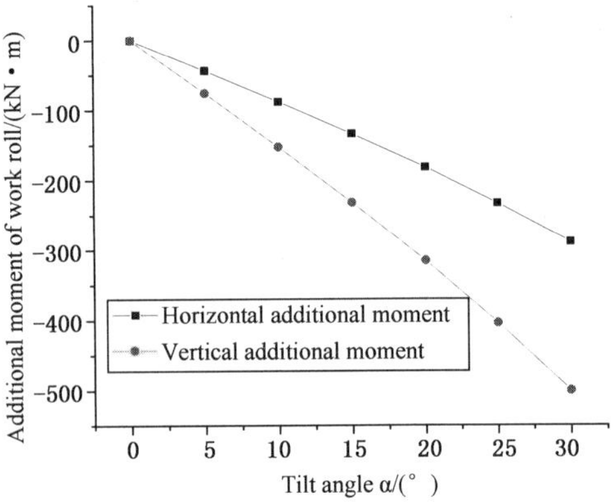

(c) Relationship between additional moments of work roll and tilt angle under condition of φ_1=30°

Fig. 9　Universal joint shaft torque and additional moment of work roll

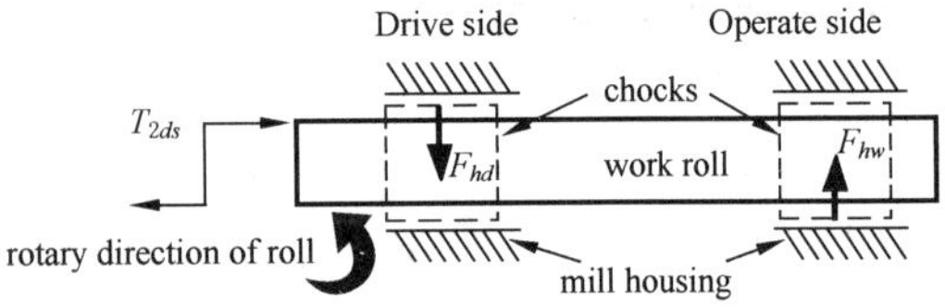

Fig. 10　Additional moment balance of work roll

4.3 Impact of additional moment on screw-down load deviation

Table 2 shows the additional moments of work rolls corresponding to 4 typical rotation angles of the motor shaft in one cycle under the condition of tilt angle $\alpha = 4.82°$, and the corresponding screw-down load deviation influenced by the additional moment are obtained by simulations. Where the calculation model of screw-down load deviation also considers the influence of the axial force of rolls [11].

The results show that the different additional moment has little effect on the screw-down load deviation. In the case of additional moment of 0, the screw-down load deviation is about −7.58 tons, while under other condition the maximum screw-down load deviation is about −7.607 tons, that is, the maximum calculated screw-down load deviation affected by additional moment of drive system in accordance with the impact function method is −0.027 tons, which can be ignored.

The comparison of the pressure distribution between rolls in Example 1 and Example 3 are shown in Fig. 11. There is almost no difference. Although the additional moment at the drive end has little effect on the screw-down load deviation, the periodic additional moment has a vibration effect on the drive system and the forks of the universal coupling, especially the driving forks, are the weakest position of the mill drive system.

Table 2 Relationship between work roll additional moment and screw-down load deviation at $\alpha = 4.82°$

		Example1	Example 2	Example 3	Example 4
Upper work roll	Horizontal additional moment/(kN·m)	−175	−87.4	0	−87.4
	Vertical additional moment/(kN·m)	0	−87.4	0	87.4
Lower work roll	Horizontal additional moment/(kN·m)	−175	−87.4	0	−87.4
	Vertical l additional moment/(kN·m)	0	−87.4	0	87.4
	Screw-down load deviation/(10 kN)	−7.553 3	−7.552 2	−7.58	−7.607

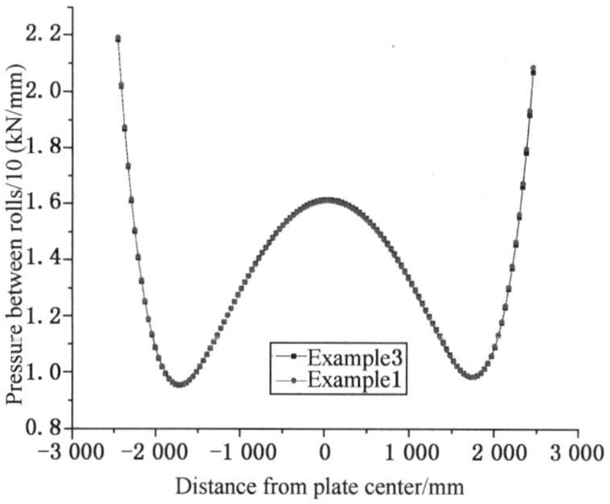

Fig. 11 Distribution of pressure between rolls

5 Conclusion

(1) The main drive system of rolling mill generates an additional moment to the work roll due to the tilt angle between universal joint shaft and the sleeve shaft of work roll. According to the characteristic of the main drive system, the additional moment model of the work roll drive end is established.

(2) The additional moment of both the motor shaft fork and the sleeve shaft

fork are just slightly larger than that of the universal coupling shaft fork at the tilt angle $\alpha=5°$. However, the main driving torque increases sharply, the additional moment difference can be enlarged further. The coupling forks connected with both the sleeve shaft and the motor shaft are more easily damaged than that connected with the universal joint shaft.

(3) The fluctuation period of the additional moment of the drive end is 180°. The horizontal additional moment acting on the sleeve shaft of work roll makes the work roll to approach to the mill housing at the inlet, while the direction of the vertical additional moment is biased to the upward and downward with the rotation angle changing. The tilt angle of the main drive system should be as small as possible because the additional moment increases with the tilt angle increasing. When the tilt angle α is about 4.82°, the vertical additional moment is about 8.5% of the motor shaft torque, and the horizontal additional moment is about 4.2% of that.

(4) Due to the complexity of the mechanical model of the roll system, the effect of the additional moment of the drive end on the screw-down load deviation is calculated based on the influence function method. The results show that the additional moment has little effect on the screw-down load deviation, while the periodic variation of the additional moment is one of the sources of vibration of the drive system.

Acknowledgment

This research is supported by the National Natural Science Foundation of China (Grant No. 51305388), the Natural Science Foundation of Hebei Province, China (Grant No. E2016203103), and the Science and Technology Research Foundation of Hebei Province, China (Grant No. ZD2014034).

References

[1] J. G. Yuan, M. Yang, D. L. He, New technologies and equipment applied to Baosteel 5 m heavy plate mill, Baosteel Technol. (2) (2004) 5-9.

[2] D. W. Dai, W. Chen, J. He, Causes of frequent replacements of servo valves in the finishing mill of Baosteel 5 m heavy plate plant and the corresponding solutions, Baosteel Technol. (2) (2012) 53-56.

[3] G. J. Tang, W. F. Xu, Analysis of stability in roll set of 4 200 mm plate mill, Wide and Heavy Plate 11 (2) (2005) 38-41.

[4] X. D. Shu, G. X. Shen, The test of work roll axial force about 2 350 aluminium foil mill and the shorter longevity analysis of end thrust bearing, Metall. Equip. (5) (2001) 1-5.

[5] G. X. Shen, M. Li, Statically determinate characteristics of microdisplacement in a four-high mill, J. Mater. Process. Technol. 209 (11) (2009) 5002-5007.

[6] G. X. Shen, M. Li., R. Shi, J. Yanagimoto, Indeterminacy of the offset mechanism and microscale static determinacy of roll system in four-high mill, J. Mech. Eng. 46 (10) (2010) 69-74.

[7] G. X Shen, Y. J. Zheng, M. Li, Development of statically determinate plate rolling mills

that maintain the rolls parallel, J. Manuf. Sci. Eng. 135 (3) (2013) 922-926.

[8] J. Yang and F. Y. Liu, Technology reforming of rolling force load cell for 3 500 mm finishing mill, Metall. Equip. (6) (2005) 67-68.

[9] Z. F. Chen, Theoretical and experimental research on the roll system problem of 4-high strip mill(Master dissertation) Shanghai Jiao Tong University, Shanghai, China, 2003.

[10] S. Omori, T. Kajiwara, H. Hino, H. Goto, Analysis of rolling load generated by pair crossing rolling mill, Ironmak. Steelmak. 31 (1) (2013) 71-80.

[11] X. B. Ma, H. M. Liu, J. L. Sun, Z. Z. Zhang, Screw-down load deviation model of 5m heavy plate mill based on influence of back-up roll axial force, Ironmak. Steelmak. 43 (2) (2016) 112-120.

[12] X. L. Hu, Z. D. Wang, Z. J. Jiao, X. H. Liu, G. D. Wang, Influence of bilateral stiffness difference of plate mill on gap setting, J. Iron Steel Res. 15 (3) (2003) 14-16.

[13] Y. N. Gao, Y. Peng, J. L. Sun, X. T. Su, L. Zhao, X. K. Li, Vibration comprehensive text analysis on finisher 2 of 1 580 hot strip mill, Iron Steel 48 (1) (2013) 52-58.

[14] X. Q. Yan, L. N. Liu, X. Cao, C. Shi, Coupling of lateral and torsional vibration for the spindle of a CSP mill, J. Univ. Sci. Technol. Beijing 30 (10) (2008) 1158-1162.

[15] P. M. Shi, J. Z. Li, J. S. Jiang, B. Liu, D. Y. Han, Nonlinear dynamics of torsional vibration for rolling mills main drive system under parametric excitation, J. Iron Steel Res. Int. 20 (1) (2013) 7-12.

[16] S. Liu, Y. K. Zhang, B. Liu, Dynamical bifurcation study on electromechanical coupling vibration in rolling mills drive system, J. Mech. Eng. 46 (3) (2010) 83-89.

[17] X. Q. Yan, Machinery-electric-hydraulic coupling vibration control of hot continuous rolling mills, J. Mech. Eng. 47 (17) (2011) 61-65.

[18] Y. Z. Shen, G. J. Du, D. X. Zhang, J. Xiong, H. M. Liu, Torsional vibration research on the main drive system based on coupling roller gap, Iron Steel 45 (4) (2010) 56-59.

[19] Ž. Domazet, F. Lukša, M. Šušnjar, Failure analysis of rolling mill stand coupling, Eng. Failure Anal. 46 (46) (2014) 208-218.

[20] G. Pantazopoulos, A. Sampani, E. Tsagaridis, Torsional failure of a knuckle joint of a universal steel coupling system during operation-a case study, Eng. Fail. Anal. 14 (1) (2007) 73-84.

[21] M. Farina, E. Osto, A. Perizzato, L. Piroddi, R. Scattolini, Fault detection and isolation of bearings in a drive reducer of a hot steel rolling mill, Control Eng. Pract. 39 (2015) 35-44.

[22] M. Godec, D. Mandrino, M. Jenko, Investigation of the fracture of a cars drive shaft, Eng. Fail. Anal. 16 (4) (2009) 1252-1261.

[23] F. Y. Liu, Dynamics analysis of universal spindle in heavy plate mill (Master dissertation) Harbin Institute of Technol. Harbin, China, 2007.

[24] D. D. Qiao, Vibration and dynamic strength check of Baosteels 5 000 heavy plate main drive system(Master dissertation), Yanshan University, Qinhuangdao, China, 2009.

[25] Z. B. Han, The analysis and countermeasures on the main driving shaft broken of 5 000 mm heavy plate mill, Met. Mater. Metall. Eng. 41 (4) (2013) 95-96.

[26] M. D. STONE, R. GRAY, Theory and practical aspects in crown control, AISE Yearly Proceedings, (1965) 657-667.

[27] K. N. Shohet, N. A. Townsend, Roll bending methods of crown control in four-high plate mills, J. Iron Steel Inst. London 206 (11) (1968) 1088-1098

[28] Y. Tozawa, T. Ishikawa, N. Iwata, Analytical study on three-dimensional deformation in strip rolling IV- improved three-dimensional analysis for strip rolling, J. Jpn. Soc. Technol. Plast. 23 (263) (1982) 1181-1187.

[29] H. K. Moon, M. C. Lee, M. S. Joun, Predicting polygonal-shaped defects during hot ring rolling using a rigid-viscoplastic finite element method, Int. J. Mech. Sci. 50 (2) (2008) 306-314.

[30] C. X Yu, D. Y. Liu, Y. J. Zheng, G. X. Shen, 3-D rolling processing analysis by fast multipole boundary element method, Eng. Anal. Bound. Elem. 70 (2016) 72-79.

[31] D. C. Wang, H. M. Liu, A model coupling method for shape prediction, J. Iron Steel Res. Int. 19 (2) (2012) 22-27.

[32] G. Meng, Characteristic analysis of transfer of moment of torsion automobile drive shaft, Mech. Mechanical Res. Appl. 19 (1) (2006) 50-52.

[33] F. Schmelz, H. -C. von Graf, Seherr-Thoss, E. Aucktor. D. R. Wu, S. F. Xiao, J. M. Tao (Eds.), Universal joints and drive shafts, Beijing Institute of Technology Press, Beijing, 1998.

[34] H. Feng, Main drive shaft of the heavy plated mill mechanical analysis and repairing experiment study (Master dissertation) Shanghai Jiao Tong University, Shanghai, China, 2011.

[35] H. M. Liu, Three-dimensional rolling theory and application- strip element method for simulating rolling process, first ed., Science Press, Beijing, 1999.

[36] M. Vaishya, R. Singh, Strategies for modeling friction in gear dynamics, J. Mech. Des. 125 (2) (2003) 383-393.

[37] K. Narahara, Full-wave analysis of traveling-wave field-effect transistors using finite-difference time-domain method, Int. J. Antennas Propag. 2012 (11) (2011) 104-107.

[38] J. Liu, Y. Shao, Teik C. Lim, Vibration analysis of ball bearings with a localized defect applying piecewise response function, Mech. Mach. Theory 56 (1) (2012) 156-169.

Screwdown Load Deviation Model of 5 m Heavy Plate Mill Based on Influence of Back-up Roll Axial Force①

Ma Xiaobao[1], Liu Hongmin[1], Sun Jianliang[1], Zhang Zhizhong[2]
(1. National Engineering Research Center for Equipment and Technology of Cold Strip Rolling, Yanshan University, Qinhuangdao 066004, China)
2. Heavy Plate Plant of Baosteel, Baoshan Iron & Steel Co., Ltd, Shanghai 201900, China)

Abstract: Screwdown load deviation threatens rolling mill safety and product quality. The contact between a 5 m rolling mill screwdown device and the back-up roll (BUR) bearing chock was simplified to a fixed hinge constraint, and the constraint of the keeper plates on the BUR bearing chock was simplified to a sliding hinge constraint. According to the BUR space force and moment equilibrium, a screwdown load deviation model affected by the BUR axial force was used to simulate the effect of the roll crossing degree on the screwdown load deviation. Screwdown load deviations were calculated for three rolling passes. The results are more consistent with the data than outputs calculated by a model that neglects axial force. Assumptions about the relationship between the load deviation and the work roll axial forces agree with the data. The results show that the BUR axial force causes a dynamic deviation of the screwdown load.

Key words: Heavy plate; Screwdown load deviation; Back-up roll axial force; Fixed hinge; Additional moment; Dynamic deviation

1 Introduction

The rolling force is an important parameter for both mill design and control of rolling processes[1]. Ideally, the screwdown load applied on both sides of a mill stand is equal; however, large deviations of screwdown loads and large axial forces intermittently occurred in a 5 m heavy plate mill, seriously affecting product quality and equipment safety, and causing great economic loss. Therefore, exploring the causes of screwdown load deviation is of great significance for both controlling the thickness and shape of plates and prolonging the service life of rolling mills.

Many roll axial force problems in rolling mills have been reported. Rolling bearing damage in the cold rolling mill of the Wuhan Steel Corporation was investigated by Zhang and Liu[2], who indicated that excessive axial force was the main

① Ironmaking & Steelmaking, 2016, 43(2): 112-120.

cause of rolling bearing damage because of roll crossing. Zhao *et al.*[3] pointed out that the value of the work roll (WR) axial force accounted for 0.5%-1% of the total rolling force under good assembly conditions, but was ~5% of the rolling force when roll crossing occurred. Experiments showed the WR axial force of a 1 700 mm cold rolling mill at the Wuhan Steel Co. accounted for 5% of the rolling force in the normal state. Bu[4] examined the WR axial movement of a four-high plate mill at the Capital Steel Corporation, and showed that the gap between the bearing chock and the mill housing resulted in a roll axial spatial intersection and that the high axial force caused WR axial movement. Ding[5] calculated the WR axial force and measured the main drive system torsional vibration. The shock load, the WR axial force and the main drive system torsional vibration were considered as the main causes of both the WR bearing failure and the fracture of the back-up roll (BUR). Shu and Shen[6] measured the circumferential distribution of the axial force on the bearing block of a 2 350 mm WR. Serious offset axial force and overload were the main causes of bearing damage. Liu[7] showed that the offset failure of a 2 200 aluminium foil mill resulted in the dynamic crossing of rolls, and caused the dynamic growth of the axial force. A self-anti-crossing roller scheme was proposed to reduce the axial force. Omori *et al.*[8] established a pair crossed (PC) hot rolling load model by considering the shear deformation of a strip cross-section caused by the frictional force. The results showed that roll crossing had little influence on the rolling force and the torque. Shear deformation resulted in a decrease in the WR axial force. The hot rolling thrust force accounts for 3%-6% of the rolling force at a crossing angle of 1°.

In order to accurately control and predict the roll thrust force, various calculation methods for axial force have been considered. Liu[9] measured the WR axial force in a 380 mm four-high reversing cold rolling mill and provided an empirical formula for calculating the axial force. Liu *et al.*[10] established an axial shifting resistance force model for an intermediate roll of a high crown mill based on the preliminary displacement principle. Guo *et al.*[11] calculated the axial force of a PC rolling mill using the method of differential element stacking. A series of studies on the axial force of plate mills was conducted by Huang *et al.*[12-14], and the principle of tribology preliminary displacement was applied to calculate both the WR and BUR axial force. Experiments, including axial dynamic characteristics and axial force experiments, were carried out to investigate the axial force problem in a four-high rolling mill[15-17]. The preliminary displacement principle based on the microscopic characteristics of the roll surface was used to calculate the roll axial force for cold and hot rolling. The roll crossing angle is the main factor that affected the axial force. Wang *et al.*[18] showed that the WR shifting thrust mainly comes from friction between the rolls. Roll crossing could effectively reduce the thrust in the roll shifting process. Shen *et al.*[19,20] indicated that the roll offset in four- and six-high mills was unstable due to the dynamic failure of the offset mechanism and was the main reason for the high axial force that caused the short service life of the bearings. A microscale statically determined roll structure was proposed.

Previous researchers have conducted many studies on calculating and testing the roll thrust force. Many empirical formulae and theoretical models for the thrust factor, i. e. the thrust force divided by the rolling force, were established. However, few investigations on the influence of the axial force on the screwdown load deviation have been reported, nor were there reports about screwdown load deviation models affected by the axial force. Yan[21] investigated the screwdown load deviation in a 1 580 PC rolling mill based on an ADAMS dynamic simulation. It was pointed out that both roll crossing and the additional torque from the transmission system caused the screwdown load deviation. Xu[22] investigated the rolling zeroing deviation of a 1580 PC mill in Baosteel by using ANSYS/LS-DYNA to simulate the rolling force and the axial force for different crossing states (zeroing deviation means that the screwdown deviation occurs while the rolls are adjusted to a horizontal orientation before the rolling begins). It shown that the axial force could lead to a dynamic deviation in the screwdown load; however, the mechanism by which the axial force affected the screwdown load deviation was not discussed, nor was the calculation model of the screwdown load deviation affected by the axial force. Shen and Li[23] pointed out that the screwdown load deviation and the axial force moment were independent. Dynamic failure of the indeterminate offset caused dynamic crossing of the rolls, which finally led to the uneven distribution of pressure between the rolls; however, Shen et al. ignored the gaps between the bearing chocks and the keeper plates. Ideally, it was believed that the keeper plates bore the total axial force; the constraint of the screwdown device on the BUR bearing chocks was ignored. Chen[24] calculated the screwdown load deviation based on the force and moment equilibrium of the upper rolls, in which the axial friction in the deformation zone was simplified as a concentrated force; meanwhile, the rolling force was simplified as an eccentric resultant force when the rolls were crossing. However, the WR bearing seats are constrained by the shifting cylinders (some rolling mills are equipped with WR keeper plates), the roll bending cylinders and the mill stands. Deformation zone friction is an axial force that acts on the upper rolls. Force and moment equilibria that neglect other axial forces on the upper rolls are inaccurate. The BUR bearing seats are the connecting components between the screwdown device and the BUR and are subject to both the screwdown load and the BUR axial force. The pressure distribution and the BUR axial force between the rolls are key factors that affect the screwdown load deviation. In this study, a model of the screwdown load deviation affected by the BUR axial force was established based on the force and moment equilibrium of the BUR assembly in a four-high heavy plate rolling mill.

2 Screwdown Load Deviation Model

2.1 Mechanical model and constraint hypothesis for BUR assembly

The BUR is driven by the friction between the rolls. When the WR and the BUR cross, the BUR has an axial movement trend due to the spiral effect. Meanwhile, it is restricted by the screwdown devices and the axial keeper plates. The main task of the axial keeper plates on the working side of the mill housing is to transfer the roll thrust force to the mill stands.

However, heavy plate mill screwdowns frequently occur, and the screwdown stroke is large. It causes wear of the keeper plates, forming a gap between the keeper plates and the bearing chocks. As a consequence, the capacity of keeper plates to tolerate axial force will be greatly reduced. Moreover, the screwdown device load is huge for a heavy plate mill. The BUR bearing chocks are restricted by the friction between the BUR bearing chocks and the screwdown device; in fact, the BUR bearing chocks and the screwdown device are relatively static during the rolling process.

The constraint model based on the above assumptions for the BUR assembly is shown in Fig. 1. WS is the working side and DS indicates the drive side. The contact between the BUR bearing chock and the keeper plate in the WS mill housing is a sliding hinge constraint (1). The contacts between the BUR bearing chocks and the screwdown devices are simplified into fixed hinge constraints (2 and 3). The BUR body is simplified as a rigid joint (4) or a beam with non-uniform pressure.

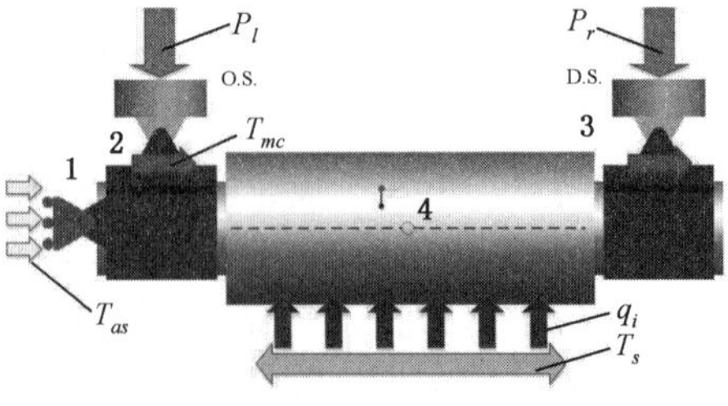

Fig. 1 Bar model for BUR assembly and space force schematic diagram: q_i—unit width pressure between rolls; P_l, P_r—WS load and DS load; T_a—BUR axial force; T_{as}—thrust of keeper plate acting on bearing seat; T_{mc}—friction resistance of BUR bearing chocks acted on by the screwdown device

Roll crossing not only affects the pressure distribution between the WR and the BUR but also generates axial friction. The BUR axial force and the keeper plate thrust generates an additional space moment on constraints 2 and 3. The back-up axial force affects the screwdown load distribution on two screwdown devices, but it does not change the total rolling force.

The moment equilibrium about constraint (3) can be established as follows

$$P_l L_z \pm T_{as} H = \left[\sum_{i=1}^{n} q_i db_i \cos\beta_i l_i \mp T_a (R_b + H)\right] \tag{1}$$

The force equilibrium on the BUR in the vertical direction is

$$P_r + P_l = \sum_{i=1}^{n} q_i db_i \cos\beta_i \tag{2}$$

After rearranging

$$P_l = \frac{1}{L_z} \cdot \left[\sum_{i=1}^{n} q_i db_i \cos\beta_i l_i \pm T_a (r_b + H) \mp T_{as} H\right]$$

$$P_r = \sum_{i=1}^{n} q_i db_i \cos\beta_i - P_l \tag{3}$$

where n is the number of BUR elements, db_i is the element width, l_i is the distance of element position to the right screwdown, β_i is the vertical eccentric angle between the WR and the BUR axis, R_b is the BUR radius, H is the half height of the upper BUR bearing chock and L_z is the centre distance between two mill stands

$$\Delta P = P_l - P_r \tag{4}$$

In the following model, the friction between the BUR bearing chocks and the screwdown devices is considered to be equal to the BUR axial force, namely, $T_{as}=0$. Therefore, the effect of axial friction on the screwdown load deviation is slightly larger than the actual effect. The slightly larger effect of axial friction on the screwdown load deviation than the actual effect helps to clarify the rules that apply to the axial force.

2.2 Calculation of friction coefficient between rolls

According to classic Hertz theory[25], the maximum normal stress in the middle of the contact surface is $\sigma_n = 2q/\pi b_{wb}$. The roll contact is similar to the contact between two infinitely long cylinders, but it is different from planar contact. Considering that the stress between the touching rolls is variable, the friction coefficient between the rolls, which depends on the roll radius, the crossing angle and the rolling speed, is finally obtained as follows

$$\mu_{wb} = \frac{\dfrac{f\sigma_s}{2q}}{\dfrac{R_w}{R_b}\pi v\theta b_{wb}} = \frac{\sigma_s}{2}\frac{R_w}{R_b}\frac{v\theta\pi b_{wb}}{q}\mu \tag{5}$$

where σ_s is the tensile yield limit of the roll material, R_w and R_b are the WR and the BUR radius, respectively, q is the unit width pressure between the rolls, v is the WR surface velocity, θ is the crossing angle, b_{wb} is the half width of the flattening between the rolls and μ is the coefficient of friction between steel and steel ($\mu=0.15$).

2.3 Determination of friction direction under the conditions of roll crossing

The direction of the friction between the rolls depends not only on the direction of the rotation, but also on the direction of the crossing between the rolls. There is an initial eccentricity between the BUR and the WR. When a load is applied to the rolls, both the BUR and the WR are respectively pressed onto two sides of the mill housing. The working conditions of the BUR bearing chocks on both sides of the mill housing are generally the same, as is the degree of wear between the BUR bearing chocks and the two mill stand housings. It is assumed that the BUR axis is in an ideal state. The gaps mentioned below are the wear loss between the WR bearing chocks and the contact side of the WS or the DS mill housing.

In Fig. 2, e_c is the initial eccentricity between the WR and the BUR and g_W and g_D are the gaps in the WS and the DS mill housing after the slide liner wearing respectively. The wear loss deviation between the WS and the DS leads to roll crossing. It stipulates that the axial force towards the DS is positive and that towards the WS is negative. The rolling direction from the roughing mill side to the finishing line is forwards, whereas from the finishing line to the roughing mill side is backwards. In Fig. 3, P_r and P_l are the DS and the WS upper screwdown load or the lower hydraulic cylinder load on the DS and the WS stand, respectively. The friction between the rolls is F_{ra}. The direction of the rotation of the rolls is beside the DS, which is implied by 'slab in' or 'slab out' at the bottom of the figure.

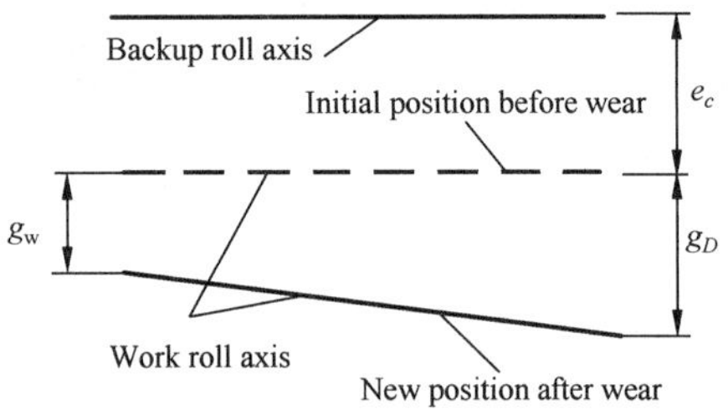

Fig. 2　Gap and rolls axis crossing schematic diagram

As shown in Fig. 3a, when the rolling direction is forwards, both the upper and lower gaps in the WS housing are small, and it is large in the DS housing; i. e. the crossing directions for both the upper and the lower WRs are the same. Therefore, the BURs tend to move towards the DS because in the effect of the friction between the WR and the BUR. The BUR friction towards the DS is positive, which leads to an increase of the screwdown load on the DS stand while decreasing the screwdown load on the WS stand, causing a negative load deviation. If both the upper and lower gaps in the WS housing are large, and are small in the DS housing, the polarity of the screwdown load deviation caused by the negative BUR friction is positive. As shown in Fig. 3b, when the rolling direction is backwards, both the upper and lower gaps in the WS housing are small, and are large in the DS housing, i. e. the crossing direction of both the upper and lower working rolls is the same. The BURs tend to move towards the WS because of the effect of the friction between the

WR and the BUR. The BUR friction towards the WS is negative. It will lead to an increase in the screwdown load on the WS stand while decreasing the screwdown load on the DS stand, causing a positive load deviation. If both the upper and lower gaps in the WS housing are large, and are small in the DS, the polarity of the screwdown load deviation caused by the positive BUR friction is positive.

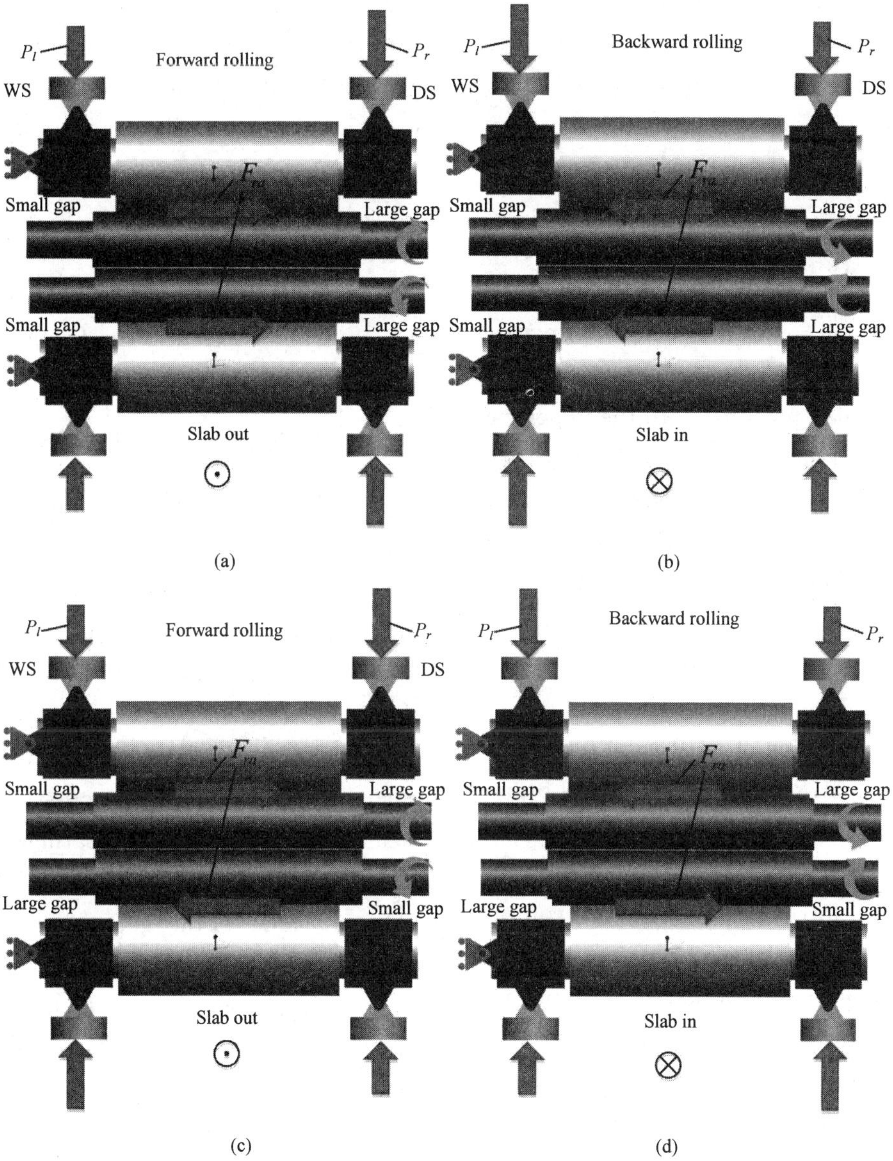

Fig. 3　Relationships among roll rotation, gaps, BUR axial force and screwdown load

The crossing direction for the upper WR is different from that for the lower WR, as shown in Fig. 3c and d. The upper and lower BUR frictions point to opposite sides. However, the judgement rules of friction directions are similar to the above. Owing to the different axial friction of the upper and lower BURs, the rolling load on the upper stand will increase, while the rolling load on the same lower stand will decrease.

Considering the upper roll system alone, four combinations of crossing directions and rotation directions affect the axial forces. When the rotations and crossing directions for both the upper and lower working roll are considered, there are 16 situations that describe the BUR axial force direction. As the rolling direction changes, the polarity of the axial force changes, which is the main reason for the fluctuation of the screwdown load deviation in different passes.

2.4 Calculation of BUR axial force

The BUR axial force depends on not only the relative motion after roll crossing, but also on the CVC+ roll contour. The axial force caused by the roll contour is the horizontal component of the pressure between the rolls. In addition, the roll axial force is relevant to the degree of tilt in the vertical plane. Under heavy load conditions, roll tilt leads to an increase in the horizontal component of the pressure between the rolls.

The calculation model is as follows

$$T_a = \sum_{i=1}^{n} (f_x \mu_{wb} + \sin\eta + \sin\lambda - \tan\phi) q_i dy_i \tag{6}$$

where T_a is the BUR axial force, q_i is the unit width pressure between the rolls, dy_i is the width of the ith element, η is the tilt angle of the vertical plane after roll crossing, λ is the angle of the BUR axis with respect to the horizontal plane, ϕ is the angle of the BUR shape curve with respect to the horizontal plane and f_x is the discriminant coefficient of the BUR friction polarity when the rolls are crossing. If the friction is positive, $f_x = 1$; if it is negative, $f_x = -1$; if the rolls do not cross, $f_x = 0$; μ_{wb} is the friction coefficient between the rolls.

3 Analysis of Simulation Examples

Under roll crossing conditions, the axial force has a significant impact on the screwdown load. The degree of roll crossing, i. e. the different gaps in both stand housings, is the simulated variable, and the other factors are constant or symmetrical. The screwdown load deviation changes with the degree of crossing. The wear on both of the roll bearing chocks and mill stands results in roll crossing.

In Table 1, the gap values of the simulation sequences are the offset values of the roll axes after wear. In this example, no crossing exists between the lower WR and the BUR. The gaps between the upper WR bearing chocks and mill housings indicate different levels of roll crossing. In the following, t is the abbreviation for tonne. The rolling direction is forwards.

Table 1 Artificial variables

gap/mm	Sequence	Upper Rolls	
		WS	DS
	1	0	13
	2	0	8
	3	0	3
	4	0	1
	5	0	0
	6	1	0
	7	3	0
	8	8	0
	9	13	0

Figures 4-6 show the simulation results. In Fig. 4, in sequence 1-9, the larger the DS gap, the greater the export profile and the smaller the unit pressure. As a necessary consequence, the DS screwdown load is small, and the WS screwdown load is large.

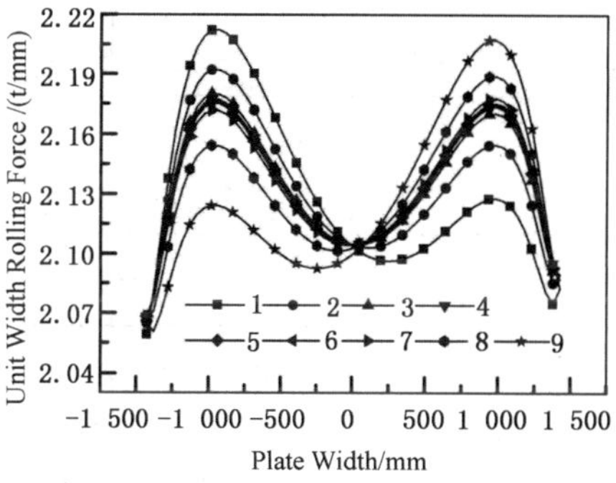

Fig. 4 Distribution of rolling pressure

In Fig. 5, the screwdown load deviations are calculated based on two models. One model considers the effect of the axial force between rolls, while the other does not. Models were constructed for axial force and no axial force. For crossing sequences from 1 to 9, the deviations calculated by the no axial force model vary from 25 to −20 t. The deviations calculated by the axial force model vary from −90 to 90 t; the larger the gap, the greater the screwdown load deviation.

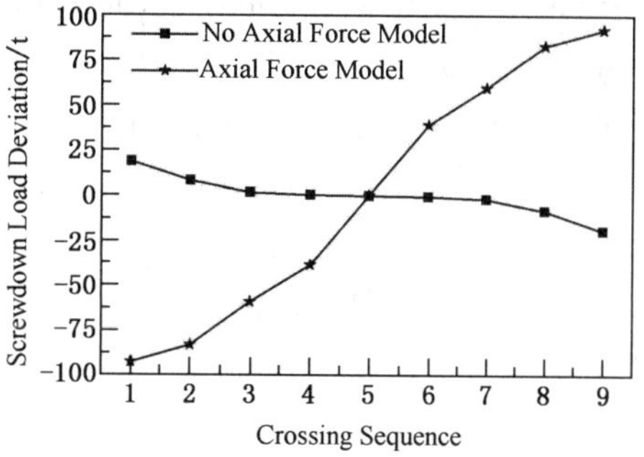

Fig. 5 Effect of roll crossing on screwdown load deviation

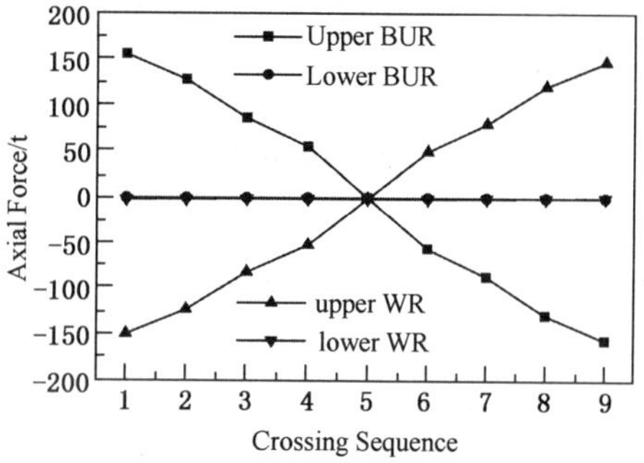

Fig. 6 Effect of roll crossing on roll axial force

When the gap in the WS or DS housing is ~13 mm, the screwdown load deviation calculated by the axial force model is ~90 t. If the axial force is neglected, the screwdown load deviation is ~20 t. It is obvious that the back-up axial force has a significant effect on the screwdown load deviation.

In Fig. 6, the values of the WR axial force and the BUR axial force are approximately opposite. The BUR axial force is mainly caused by the axial force between the rolls. According to the action and reaction principle, the value of the WR axial force is equal but opposite to the value of the BUR axial force, which shows that the axial friction in the deformation zone is smaller than the axial force between the rolls. When the gaps vary from 1 to 13 mm, the back-up axial force is about 50 - 150 t. The axial forces of both the lower WR and the BUR in the absence of roll crossing are mainly affected by the lateral flow of metal in the deformation zone so that the axial forces on the lower rolls are very small.

4 Simulation and Analysis Based on Actual Data

Data for three passes from a manufacturer of a 5 m heavy plate mill were simulated. Two methods were chosen to calculate the screwdown load deviation. One model was based on the effect of the roll axial force (axial force model). The other model did not consider axial force (no axial force model).

Parameters for the slab and the rolling schedule are shown in Table 2. b is the width, E and ν are the elastic modulus and the Poisson coefficient of the slab respectively, V is the rolling velocity, R_w and R_b are the WR radius and the BUR radius respectively, H and h are thicknesses of the entry slab and exit work piece respectively, Δh is the rolling reduction per pass, *ccl* and *tilt* are the roll shift and the roll tilt respectively, Δs is the deviation of the roll bending force (direction means the rolling direction), Δg is the gap deviation between the WS and the DS and $\Delta g = g_W - g_D$. Parameters for the rolling process, including the roll shift, the roll bending force, etc., are the actual production data. The gaps between the bearing chocks and the mill stands are assumed values based on previous measurements. In order to prove the correctness of the model, two results based on the different deviation models were compared.

Table 2 Parameters of slab and rolling schedule

Material	Q235	b/mm	2 900
E/Mpa	117 000	ν	0. 3
V/(ms^{-1})	4	μ	0. 28
R_w/mm	600	R_b/mm	1 100
	Pass 1	Pass 2	Pass 3
H/mm	86. 19	72. 2	58. 9
h/mm	72. 2	58. 9	48. 65
Δh/mm	13. 99	13. 3	10. 25
ccl/mm	72. 1	38	81. 67
tilt/mm	−0. 7	0. 3	−1. 5
$\Delta s/T$	−80	−110	−90
Direction	Backward	Forward	Backward
Upper Δg/mm	3. 5	−0. 7	5
Lower Δg/mm	−0. 3	0. 9	6

Table 3 is a comparison of the results of calculated values and actual data for three rolling passes. It includes the results of both the screwdown load deviation and the roll axial force. 'No axial' in Table 3 indicates the no axial force model, and 'axial' indicates the axial force model. For passes 1-3, the deviation between the calculated values from the no axial force model and the actual data are −75. 09, −37. 75 and −82. 74 t respectively, while the deviation between the calculated values for the axial force model and the actual values are −10. 09,

−2.82 and −7.61 t, respectively. The calculated results based on the axial force model are closer to the true values . The results show that the model for the screwdown load deviation affected by the BUR axial force is more accurate. The mechanism of the effect of the BUR axial force on the screwdown load deviation is trustworthy.

In Table 3, the roll bending force deviation between the WS and the DS in pass 1, which accounts for 48% of the total screwdown load deviation that reaches −80 t, is the main cause of the screwdown load deviation. The screwdown load deviation affected by the axial force accounts for 40% of the total deviation. The effect of other factors, such as changes in the stiffness affected by the iron oxide scale, roll tilt, etc., accounted for ~12%.

In pass 2, the measured screwdown load deviation is −149 t and the deviation of the roll bending force between the WS and the DS reaches −110 t, or ~74% of −149 t. It is absolutely the main reason for the screwdown load deviation. The effect of the axial force accounts for ~20% and the effect of the other factors accounts for ~6%.

Table 3 Statistics of measured data and calculated results of screwdown loads and axial forces

		Screwdown load/t				Axial force/t					
						Upper WR			Lower WR		
		WS	DS	Total	Deviation	Entry	Exit	Total	Entry	Exit	Total
Pass1											
Measured		2 929	3 090	6 019	−161	−25.9	−14.19	−40.09	24.17	1.84	26.01
Calculated	No axial	2 966.42	3 052.33	6 018.75	−85.91	−19.65	−23.03	−42.68	12.88	13.26	26.15
	Axial	2 933.63	3 084.54	6 018.18	−150.91						
Error	No axial	−37.42	37.67	0.25	−75.09	−6.26	8.85	2.59	11.29	−11.42	−0.14
	Axial	−4.63	5.46	0.82	−10.09						
Pass 2											
Measured		3 143.1	3 292.1	6 435.2	−149	−32.67	−14.95	−47.62	42.74	1.88	44.62
Calculated	No axial	3 161.04	3 272.29	6 433.33	−111.25	−23.82	−23.96	−47.78	22.80	22.66	45.46
	Axial	3 143.56	3 289.74	6 433.3	−146.18						
Error	No axial	−17.94	19.81	1.67	−37.75	−8.85	9.02	0.16	19.94	−20.78	−0.84
	Axial	−0.46	2.36	1.7	−2.82						
Pass 3											
Measured		2 841.2	3 051.59	5 892	−210.39	16.44	13.79	30.23	−127.437	−52.712	−180.16
Calculated	No axial	2 882.02	3 009.67	5 891.69	−127.65	−25.04	−28.11	−53.16	−84.05	−80.93	−164.99
	Axial	2 844.23	3 047.01	5 891.24	−202.78						
Error	No axial	−40.82	41.92	0.31	−82.74	41.48	41.91	83.39	−43.38	28.21	−15.18
	Axial	−3.03	4.58	0.76	−7.61						

In pass 3, the measured screwdown load deviation is −210.39 t. The roll bending force deviation accounts for 42% and reaches −90 t. The influence of axial force on the screwdown load deviation accounts for 35% and other factors account for ~23%.

In Table 3, the results are in good agreement with the actual data, except for pass 3; however, the calculated values for the upper and lower WR entrance or exit axial forces are different from the actual data.

The roll axial force and screwdown load are so complex that the model cannot account for all of the factors that affect the results. Specifically, the WR bearing chocks are affected by so many factors, such as the roll bending cylinders, the mill stands, the rolling shifting cylinder, etc. It is difficult to guarantee the accuracy of the calculations. On the other hand, the crossing degree also has an impact on the axial force. Owing to the randomness and unpredictability of roll crossing, it is hard to determine the axial friction coefficient. In addition, a considerable error between the calculated values and the measured values in the third pass was noted. After sorting out the actual data in subsequent passes, we found that the WR axial forces are high: −180, −148, −197, −165, −110 and −174 t. The axial forces varied from 45 t in pass 2 to −180 t in pass 3. These dramatic changes might be caused by a decrease in the mill stiffness for other reasons, i. e. changes in the stiffness caused by the iron oxide strap falling on the stepped pad, roll tilt, poor contact between the bearing blocks and the stepped pad, etc.

In subsequent passes of the same piece of plate, the screwdown load deviations were −149, −210, −221 and −201 t, which reflects that the deviation fluctuates. The screwdown load deviation is composed of a static part and a dynamic part. The dynamic deviation affects fluctuation, and the static deviation affects the amplitude. However, the fluctuation range is small, which implies that the static deviation is the main component of the screwdown load in the subsequent passes. Mill stiffness differences, prebury (tilting of the rolls before the rolling starts), can be considered as a reason for the static screwdown load deviation. The upper and lower WR axial forces can even reach −180, −40 and 26 t, or be <1 t. As the axial force frequently changes depending on the rolling direction, the screwdown load deviation shows obvious fluctuation. In brief, the variation of axial force leads to a dynamic screwdown load deviation, which is an important component of the total deviation. The screwdown load deviation is a result of the cumulative effect of multiple factors, such as the roll bending force deviation, the mill stiffness difference, roll crossing, prebury, etc.

5　Assumptions and Analysis of the Performance of Measured Data Based on the Screwdown Load Deviation Model

The value measured by the upper load cell is the same as the pressure of the automatic gauge control (AGC) hydraulic cylinder on identical mill stands, and so is the screwdown load deviation calculated by the no axial force model. However, according to the mechanism of the effect of the roll axial force on the screwdown load deviation, the polarity of the axial force directly affects the screwdown load deviation.

If the polarity of the axial force on both the lower and upper roll axial forces are opposite to each other, and the axial force deviation between the lower and upper roll is large enough, the polarity of the screwdown load deviation measured by the upper load cell, i. e. 1 and 2 in Fig. 7, might be the opposite of the polarity of the pressure deviation measured by the lower AGC hydraulic cylinder, i. e. 3 and 4 in Fig. 7. In most cases, the screwdown load deviation measured by the upper load cell is much smaller or larger than the pressure deviation measured by the lower AGC hydraulic cylinder.

Although the WR axial force is not equal to the BUR axial force, when roll crossing occurs, the value of the BUR axial force is approximately equal to the value of the WR axial force, but they have opposite polarities. The value of the WR axial force measured by shifting hydraulic cylinders will be approximately the same as the BUR axial force.

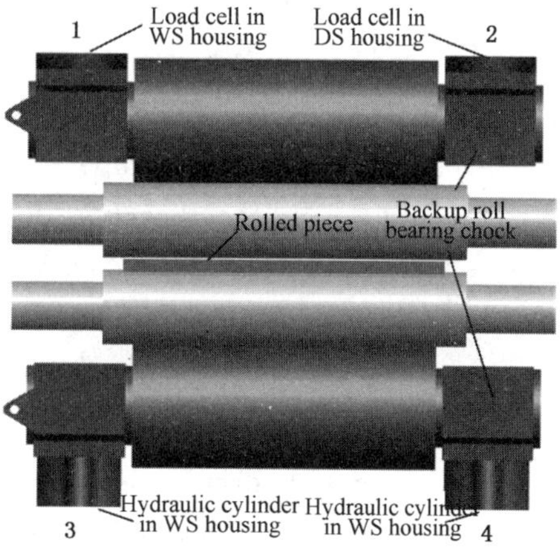

Fig. 7　Load cells and hydraulic cylinders distribution

If the actual data satisfy the assumption about the relationship between the lower and upper WR axial forces, the deviations measured by the upper load cells (1 and 2 in Fig. 7) and the pressure deviations measured by the AGC hydraulic cylinders (3 and 4 in Fig. 7), the correctness of both the mechanism of the effects and the screwdown load deviation model are verified. Therefore, we used the actual PDA data for which the axial force was high (these data included the lower and upper WR axial forces, the load deviations between the upper load cells and the pressure deviations between the lower AGC hydraulic cylinders), as shown in Fig. 8.

For passes 1-3 in Fig. 8a, the load deviations between the upper load cells were large, while the pressure deviations between AGC hydraulic cylinders were very small. Simultaneously, the lower

WR axial force was obviously negative, and the upper WR axial force was approximately zero, which illustrates that the rolling load on the WS stand is smaller than the load on the DS stand. The load deviation between the upper load cells was nearly equal to the static load deviation. The negative lower back-up axial force leads to an increase in the pressure on the lower hydraulic cylinder in the WS housing and a decrease in pressure on the lower hydraulic cylinder in the DS housing. Therefore, the effect of the lower BUR axial force on the pressure deviation offsets the static rolling load deviation.

In rolling passes 5-7, the upper WR axial forces were positive, and the lower WR axial force was negative. Therefore, the corresponding upper BUR axial force was negative (the force was directed towards the WS stand), which would lead to an increase in the WS screwdown load and a decrease in the DS screwdown load. The screwdown load deviation measured by the upper load cells changes from negative to positive. Unfortunately, the rule is not applicable to the simultaneous analysis of the lower pressure deviation. It may be a shortcoming of the model or the reason that the load deviation is too complicated to analyse a single aspect of it. However, the rule is very suitable for analysing the changes in the data in Fig. 8b.

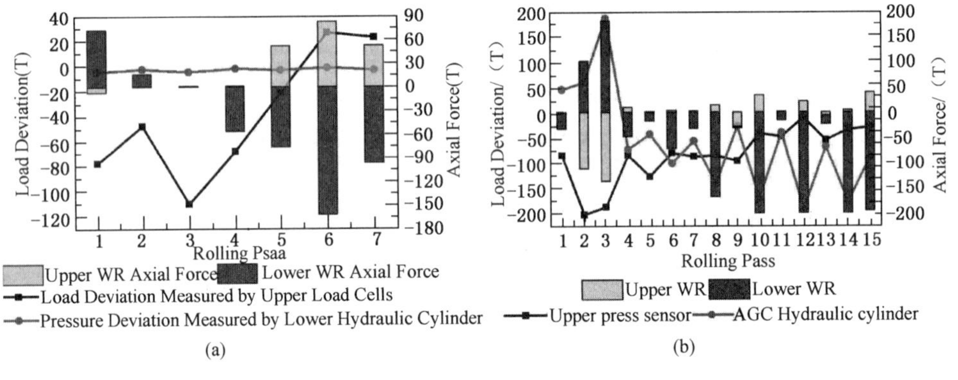

Fig. 8　Relationships among load deviations measured by upper load cells, pressure deviations measured by lower hydraulic cylinder and upper and lower WR axial forces

In Fig. 8b from pass 1 to pass 3, the load deviations between the upper load cells vary from −80 to −200 t. Meanwhile, the pressure deviations of the lower AGC hydraulic cylinders vary from 50 to 180 t. It is obvious that the rolling loads on the upper screwdown are not equal to the rolling loads on the lower hydraulic cylinders. At the same time, the upper WR axial forces are negative, while the lower WR axial forces are positive. According to the principle of action and reaction, the upper BUR axial forces are positive, while the lower BUR axial forces are negative. Because of the effects of the positive upper BUR axial forces, the rolling loads acting on the upper load cell in the DS housing increase while the rolling loads acting on the upper load cell in the WS housing decrease, causing a negative load deviation. However, as a result of the negative lower BUR axial forces, the rolling pressures acting on the lower AGC hydraulic cylinder in the WS housing increase, while the rolling pressures acting on the lower AGC hydraulic cylinder in the DS housing decrease. As a necessary consequence, a positive deviation is measured by the AGC hydraulic cylinder. All performances of these data totally agree with the proposed mechanism for the effect of the BUR axial force on the screwdown load deviation.

In Fig. 8b, for passes 4-15, the upper WR axial forces change from negative to positive, but the value of the axial forces is relatively small, so the effect on the screwdown load acting on the upper load cells is thus very limited. Therefore, the deviations between load cells decrease.

Meanwhile, the lower WR axial forces periodically increase and decrease after pass 4. When the axial forces increase, the deviations of pressure measured by the AGC hydraulic cylinders become large. On the contrary, the deviations of pressure measured by AGC hydraulic cylinders decrease when the axial force decreases.

This rule for variation of the actual data is consistent with assumptions based on the screwdown load deviation model as affected by the BUR axial force and demonstrates that the model for the screwdown load deviation is credible. The results indicate that the BUR axial force is a principal reason for the screwdown load deviation. The factors that increase the BUR axial force will affect the screwdown load deviation.

6 Conclusions

1. The BUR axial force applies an additional moment on the screwdown devices. The additional moment affects the screwdown load distribution on the two housing stands. However, it does not affect the total rolling force.

2. The polarity of screwdown load deviation is determined by both the direction of roll crossing and rotation. The simulation results show that the screwdown load deviation is proportional to the gap deviation between between WS and DS. It is ~7 $t \cdot mm^{-1}$.

3. The BUR axial force causes dynamic screwdown load deviation. It becomes larger when the polarity of dynamic deviations is the same as the static deviation. Otherwise, the screwdown load deviation becomes smaller. The combination of dynamic deviation and static deviation causes the screwdown load deviations to fluctuate.

4. In order to reduce the influence of the BUR axial force on the screwdown load, the wear of the bearing chock plates should be strictly controlled to conform

to the wear range requirements.

Acknowledgements

The authors would like to acknowledge the support received from the National Natural Science Foundation of China (Grant No. 51305388) and Program for the Top Young and Middle-Aged Innovative Talents of Higher Learning Institutions of Hebei (Grant No. BJ2014055).

References

[1] H. L. Qiu, X. L. Hu, Z. J. Jiao, Z. Zhao, Y. Tian and G.-D. Wang 'High precision rolling force prediction model for plate rolling'. *Iron and Steel*, 2005, 40(5): 49-53.

[2] J. Zhang and Y. Liu. 'Analysis and countermeasures of work roll axial force on five stands cold rolling mill in WISCO' *WISCO Technol*. 1994, 32(7): 37-41.

[3] L. Zhao, G. T. Jin, and L. Song. 'The general situation and developing trend of study on rolling thrust force'. *Steel Rolling*, 1997 14, (1): 47-49.

[4] Y. Q. Bu. 'Research on axial movement of working roll for four-high reversing mill of the medium and heavy plate in Shougang Group'. *Heavy Mach.*, 2011(2): 27-30.

[5] Z. Y. Ding. 'Analysis of the axial force of roll and torsion vibration of main drive system of plate mill'. *Steel Rolling*, 2009, 26 (4): 32-34.

[6] X. D. Shu and G. X. Shen. 'the test of work roll axial force about 2 350 aluminium foil mill and the shorter longevity analysis of end thrust bearing'. *Metall. Equip.*, 2001(5): 1-5.

[7] W. L. Liu. '2 200 aluminum four-high mills dynamic growth in the axial force'. Master's thesis. Yanshan University Master Dissertation, Qinhuangdao, China, 2010.

[8] S. Omori, T. Kajiwara, H. Hino and H. Goto. 'Analysis of rolling load generated by pair crossed rolling mill.' *Ironmaking and Steelmaking*, 2004, 31, (1): 72-80.

[9] G. J. Liu. 'Experimental study of work roll axial force on four-high cold rolling mill' (In Chinese). *Heavy Mach.*, 1980(9): 27-30.

[10] Y. L. Liu, J. C. Lian and Z. Y. Duan. 'Study on the middle roll axial moving force of HC mill'. *Metall. Equip.*, 1990(6): 10-14.

[11] J. B. Guo, J. C. Lian, G. Jiang, J. Chen, W. Zhao and L. Wang. 'Study of mechanism and power parameters of pc strip hot mill. Ⅱ. calculation of axial force'. *J. of Iron and Steel Res.*, 1998(4): 24-26.

[12] C. Q. Huang. 'Theoretical and experimental studies on axial thrust in roll system of flat and strip mill'. PhD thess, Northeast Heavy Machinery Institute, Qiqihar, China, 1994.

[13] C. Q. Huang, Z. Y. Duan and J. C. Lian. 'Experimental research on the axial forces of work rolling cross mill'. *Metall. Equip.*, 1996(2): 11-15.

[14] C. Q. Huang, J. C. Lian and Y. L. Liu. 'Study of work roll axial force on four rolls plate mill'. *Heavy Mach.*, 1993(3): 38-45.

[15] Y. S. Gao and J. X. Zou. 'Theorical model of axial force of 4-H strip mill—study on the axial mechanical behavior of 4-H strip mills (Ⅰ)'. *J. Univ. Sci. Technol. Beijing*, 1993, 15(2): 176-182.

[16] Y. S. Gao, J. X. Zou, X. L. Ye, X. Shi and J. Zhou 'Axial dynamic characteristics of the roll system of 4-H strip mill—study on the axial mechanical behavior of 4-H strip mills (Ⅳ)'. *J. Univ. Sci. Technol. Beijing*, 1995, 17(1): 54-58.

[17] Y. S. Gao, J. X. Zou, X. L. Ye, X. Shi and J. Zhou. 'Experiment and study about the axial force of 4-H strip mill—study on the

axial mechanical behavior of 4-H strip mills (V)'. *J. Univ. Sci. Technol. Beijing*, 1995,17(1):59-63.

[18] J. S. Wang, Z. Y. Jiang, A. K. Tieu, X. H. Liu and G. D. Wang. 'Analysis of thrust force in a work roll shifting mill'. *Int. J. Mech. Sc.*, 2006, 48(10): 1095-1102.

[19] G. X. Shen, M. Li, R. Shi, J. Yanagimoto. 'indeterminacy of the offset mechanism and microscale static determinacy of roll system in four-high mill'. *J. Mech. Eng.*, 2011, 46(10):69-74.

[20] G. X. Shen and M. Li. 'Statically determinate characteristics of micro displacement in a four-high mill'. *J. Mater. Process. Technol.*, 2009, 209(11): 5002-5007.

[21] J. M. Yan. 'Study on rolling force deviation of PC mill'. Master's thesis, Yanshan University, Qinhuangdao, China, 2010.

[22] W. J. Xu. 'Study on controlling deviation in the course of roll zeroing on Bao Steel's 1 580 PC mill'. Master's thesis, Yanshan University, Qinhuangdao, China, 2010.

[23] G. X. Shen, Y. J. Zheng and M. Li. 'Development of statically determinate plate rolling mills that maintain the rolls parallel'. *J. Manuf. Sci. Eng.*, 2013, 135(3): 031014.

[24] Z. F. Chen. 'Theoretical and experimental research on roll system of four roll plate rolling mill'. Postdoctoral dissertation, Shanghai Jiao Tong University , Shanghai, China, 2003.

[25] S. Z. Wen, P and Huang. 'Principle of tribology'. Beijing. Tsinghua University Publishing Company, 2002.

第六篇　筒管轧制三维变形的条元法模型和轧制力预报

连轧管变形区金属的塑性流动及应力分析①

兰兴昌，刘宏民，连家创
（机械工程一系）

摘　要：介绍了采用条元法，以连轧管变形区出口环向位移为待定参数，根据能量最小原理求得出口环向位移的最优解和轧管变形区塑性流动速度场及应力场的方法，其特点在于计算费用低，输入数据简单，适于连轧管塑性变形理论分析。

关键词：连轧管；条元法；塑性流动

3-D Metal Flow and Stress Distribution in the Deformational Area of Continuous Seamless Tube Mill

Lan Xingchang, Liu Hongmin, Lian Jiachuang

Abstract: A method, which using the Finite Strip Method, taking outlet peripheral displacements of tube in the deformational area of continuous seamless tube mill as unknown parameters, and basing on the Minimum Energy Principle, solving the optimizational outlet peripheral displacements, flowing velocity and stress distribution in the deformational area, is presented in this paper. It has the advantages of lower calculating cost and fewer input datas and is suitable for analysis on plastic deformation in continuous seamless tube mill.

Key words: Continuous seamless tube mill; Finite Strip Method; Plastic flow

1　引言

在连轧管轧制过程中，由于钢管内部存在一根圆芯棒，使得钢管变形区金属流动及应力分布较其他轧制方法更复杂，给轧管工艺及理论解析带来了很多困难，迄今为止，对连轧管变形区金属流动及应力分布的理论研究还很少。文献[1]用数值法进行了研究，但主要集中于钢管的宏观变形及平均应力的大小。文献[2]则采用刚塑性有限元法分析了连轧管轧制的金属流动，但尚未见到其关于变形区应力及前后张力的研究文献，本文采用条元法[3]分析了连轧管塑性变形，并以限动芯棒连轧管金属塑性流动及应力分析为例进行了研究，取得了较好的效果。

2　变形区金属流动速度及应变速度

2.1　基本假设

1. 轧制过程为稳定对称轧制，研究时只取其四分之一模型；2. 轧件为理想刚塑性材料，轧辊及芯棒为绝对刚体；3. 纵向

① 东北重型机械学院学报，1992，16(1)：36-44.

流速沿钢管壁厚方向保持不变，各应力分量及径向应变沿钢管壁厚方向为常值；4. 钢管径向应力等于钢管与轧辊、钢管与芯棒之间单位轧制压力之和的一半。

2.2 变形区环向位移函数

假设环向位移函数 $V(r,\theta,x)$ 函数为

$$V(r,\theta,x)=\left(1-3\frac{x^2}{l^2}-2\frac{x^3}{l^3}\right)\Phi(\theta)r/r_{mi} \tag{1}$$

式中：l——钢管 θ 角处变形区长度；r_{mi}——钢管内表面半径；$\Phi(\theta)$——钢管出口内表面环向位移，为待定参数。

为确定 $\Phi(\theta)$，将变形区划分成 $n-1$ 个夹角相等的纵向条元（图 1），节线上的 $\Phi(\theta_i)$ 用 Φ_i 表示。假设 $\Phi(\theta)$ 沿条元环向按线性变化，则有

$$\Phi(\theta)=\Phi_i+(\Phi_{i+1}-\Phi_i)(\theta-\theta_i)/(\theta_{i+1}-\theta_i)$$

由式(1)确定的 $V(r,\theta,x)$ 应满足的边界条件和对称性条件为

$$V(r,\theta,-l)=0\quad(\text{入口});\Phi_1=\Phi(0)=0$$

$$V(r_{mi},\theta,0)=\Phi(\theta)(\text{出口});\Phi_n=\Phi\left(\frac{\pi}{2}\right)=0$$

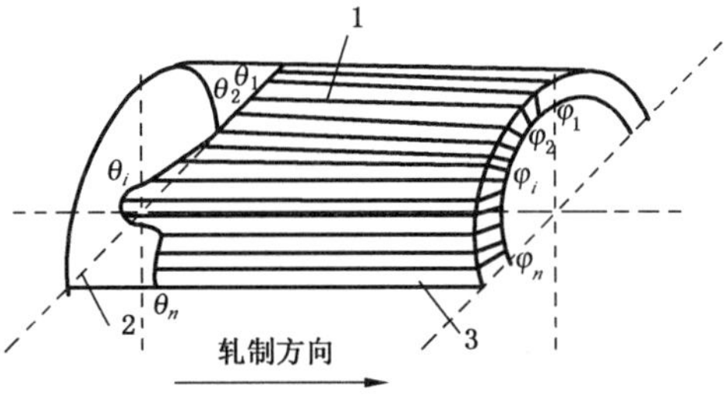

1——接触变形区；2——刚性区；3——非接触变形区

图 1　变形区条元分割模型

2.3 金属的三维流动速度

假定出口断面金属纵向流速 w_1 沿整个圆周均匀分布，由秒流量相等原则求出的变形区金属纵向流速 $w(\theta,x)$ 为

$$w(\theta,x)=w_1[r_1^2-(r_1-s_1)^2]\left(1+\frac{1}{r}\frac{\partial V}{\partial\theta}\bigg|_{x=0}\right)\bigg/\left([r_{mA}^2-r_{mi}^2)\left(1+\frac{1}{r}\frac{\partial V}{\partial\theta}\right)\right] \tag{2}$$

式中：r_1,s_1——钢管出口断面外半径及壁厚；r_{mA}——钢管变形区内某点处外半径。

钢管变形区可分为接触变形区和非接触变形区，于是径向流速 $u(r,\theta,x)$ 及环向流速 $v(r,\theta,x)$ 为

$$u(r,\theta,x)=-w(\theta,x)\tan\alpha\cos\theta(r-r_c)/s(\theta,x),\ |x|\leqslant l_c\quad(\text{接触变形区})$$

$$u(r,\theta,x)=-w(\theta,x)\tan\alpha\cos\theta,\ |x|>l_c\quad(\text{接触变形区})$$

$$u(r,\theta,x)=w(\theta,x)(r-r_c)\frac{\partial r_{mA}}{\partial x}/r_0\quad(\text{非接触变形区}) \tag{3}$$

$$v(r,\theta,x)=\left[\frac{\partial V}{\partial x}w(\theta,x)+\frac{\partial V}{\partial r}u(r,\theta,x)\right]\bigg/\left(1-\frac{1}{r}\frac{\partial V}{\partial\theta}\right)$$

$$\alpha=\arctan[-x/(R_m-r_{mA}\cos\theta)]$$

式中：r_c,l_c——芯棒半径及其余钢管的接触长度；r_0，$s(\theta,x)$——钢管入口外半径及变形区某点壁厚；R_m——轧辊中心距之半。

变形金属相对轧辊和芯棒表面滑动速度 V_R 和 V_m 为

$$V_R=[(w-v_R\cos\alpha)^2+(v-v_R\sin\alpha\sin\theta)^2+(u-v_R\sin\alpha\cos\theta)^2]^{\frac{1}{2}}$$

$$V_m=[(w-v_m)^2+v^2]^{\frac{1}{2}}$$

式中：v_R——轧辊孔型表面线速度；v_m——芯棒移动速度。

由式(2),(3)进一步可求得变形区金属应变速度ξ及剪应变速度η

$$\xi_x=\frac{\partial w(\theta,x)}{\partial x};\quad \eta_{xr}=\frac{\partial w(\theta,x)}{\partial r}+\frac{\partial u(r,\theta,x)}{\partial x}$$

$$\xi_\theta=\frac{\partial v(r,\theta,x)}{r\partial\theta}+\frac{u(r,\theta,x)}{r};\eta_{\theta x}=-\frac{\partial v(r,\theta,x)}{\partial x}+\frac{\partial \omega(\theta,x)}{\partial\theta} \tag{4}$$

$$\xi_r=\frac{\partial u(r,\theta,x)}{\partial r};\eta_{r\theta}=\frac{\partial v(r,\theta,x)}{\partial r}+\frac{\partial u(r,\theta,x)}{r\partial\theta}-\frac{v(r,\theta,x)}{r}$$

3　变形区三维应力分布

3.1　三向应力模型

将式(4)的结果代入 Levy-Mises 塑性流动方程和 Von. Mises 塑性条件，可得到满足变形条件的变形区三向应力与三向应变速度关系

$$\begin{aligned}&\sigma_x=\sigma_r+2K(\xi_x-\xi_r)/\Gamma &&\tau_{xr}=K\eta_{xr}/\Gamma\\ &&;\ &\tau_{x\theta}=K\eta_{x\theta}/\Gamma\\ &\sigma_\theta=\sigma_r+2K(\xi_\theta-\xi_r)/\Gamma &&\tau_{r\theta}=K\eta_{r\theta}/\Gamma\end{aligned} \tag{5}$$

式中：$K=0.557\sigma_s$；σ_s——塑性屈服极限；

$$\Gamma=\left(\frac{2}{3}\right)^{\frac{1}{2}}\left[(\xi_r-\xi_\theta)^2+(\xi_\theta-\xi_x)^2+(\xi_x-\xi_r)^2+\frac{3}{2}(\eta_{r\theta}^2+\eta_{\theta x}^2+\eta_{xr}^2)\right]^{\frac{1}{2}}$$

3.2　接触表面摩擦力

将轧辊与钢管表面的摩擦区沿纵向分为滑动区、制动区和停滞区。各摩擦区在具体情况下可同时存在，亦可单独存在，即

滑动区　　$\tau_R=\mu_R p_R$

制动区　　$\tau_R=K$

停滞区　　$\tau_R=2K\left|\dfrac{x-x_n}{\Delta l_n}\right|$

或　　$\tau_R=2\mu_R p_R\left|\dfrac{x-x_n}{\Delta l_n}\right|$

式中：τ_R，μ_R，p_R——分别为轧辊与钢管间的摩擦力、摩擦系数和单位轧制力；x_n——中性点纵向坐标值；Δl_n——停滞区长度，由预位移原理[4]求出。

轧件与芯棒间的摩擦系数较小，可认为在整个接触域上摩擦力τ_m为滑动摩擦，即

$$\tau_m=\mu_m p_m$$

3.3　单位轧制压力的确定

在减壁区取一微单元体(图 2)，得其纵向平衡微分方程式

$$(r_c s+s^2/2)(\partial\sigma_x/\partial x)-(r_c+s)\sigma_x\tan\alpha+(r_c+s)(\pm\mu_{Rx}-\tan\alpha)p_R-\mu_{mx}p_m r_c+s(\partial\tau_{x\theta}/\partial\theta)=0 \tag{6}$$

径向平衡微分方程式

$$(r_c+s)(1\pm\mu_{Rx}\tan\alpha)p_R-r_c p_m-\left(r_c s+\frac{s^2}{2}\right)\frac{\partial\tau_{xr}}{\partial x}+(r_c+s)\tau_{xr}\tan\alpha+s\sigma_\theta-s\frac{\partial\tau_{r\theta}}{\partial\theta}-0 \tag{7}$$

将式(5)代入式(6),(7)，并考虑基本假设4，得

$$\left.\begin{aligned}&\frac{\partial p_R}{\partial x}+Fp_R+G=0\\ &p_m=Ap_R+B\end{aligned}\right\} \tag{8}$$

式中

$$A=2\left[(r_c+s)(1\pm\mu_{Rx}\tan\alpha)-\frac{s}{2}\right]\Big/(2r_c+s)$$

$$F=-2\left[(r_c+s)\left(\pm\mu_{Rx}+\frac{A-1}{2}\tan\alpha\right)-\mu_{mx}Ar_c-\left(r_cs+\frac{s^2}{2}\right)\frac{\partial A}{\partial x}/2\right]\Big/\left[(1+A)\left(r_cs+\frac{s^2}{2}\right)\right]$$

$$B=2\left\{(r_c+s)\tan\alpha(K\eta_{rx}/\Gamma)-\left(r_cs+\frac{s^2}{2}\right)\frac{\partial}{\partial x}(K\eta_{rx}/\Gamma)-s\frac{\partial}{\partial\theta}(K\eta_{r\theta}/\Gamma)+\right.$$
$$\left.s[2K(\xi_\theta-\xi_r)/\Gamma]\right\}\Big/(2r_c+s)$$

$$G=2\left\{\left[\frac{\partial B}{\partial x}-\frac{\partial}{\partial x}(2K(\xi_x-\xi_r)/\Gamma)\right]\left(r_cs+\frac{s^2}{2}\right)+(r_c+s)\tan\alpha\left[2K(\xi_x-\xi_r)/\Gamma-\right.\right.$$
$$\left.\left.\frac{B}{2}\right]+\mu_{mx}r_cB-s\frac{\partial}{\partial\theta}(K\eta_{x\theta}/\Gamma)\right\}\Big/\left[(1+A)\left(r_cs+\frac{s^2}{2}\right)\right]$$

在减径区($|x|>l_c$)取一微分单元体,同样可得其纵向微分方程式

$$\left(rs+\frac{s^2}{2}\right)\frac{\partial\sigma_x}{\partial x}-s\sigma_x\tan\alpha-(r+s)(\tan\alpha-\mu_{Rx})p_R+s\frac{\partial\tau_{x\theta}}{\partial\theta}=0$$

将式(5)代入上式,可得

$$\frac{\partial p_R}{\partial x}+Ep_R+D=0 \qquad (9)$$

式中:$E=2\left[(r+s)(\tan\alpha-\mu_{Rx})-\frac{s}{2}\tan\alpha\right]\Big/\left(rs+\frac{s^2}{2}\right)$

$$D=2\left\{-\left(rs+\frac{s^2}{2}\right)\frac{\partial}{\partial x}[2K(\xi_x-\xi_r)/\Gamma]+s\tan\alpha[2K(\xi_x-\xi_r)/\Gamma]-s\frac{\partial}{\partial\theta}(K\eta_{x\theta}/\Gamma)\right\}\Big/$$
$$\left(rs+\frac{s^2}{2}\right)$$

对于只与轧辊或芯棒接触的部位,同样可推出形如上式的表面单位轧制力公式。

对式(8),(9)采用差分求解,可得到变形区内各点的单位轧制压力 p_R,再由式(8)即可求出芯棒表面单位压力 p_m,其差分公式为

$$p_{Ri+1}=[p_{Ri}-(x_{i+1}-x_i)G_{i+1}]/[1+(x_{i+1}-x_i)F_{i+1}]$$

当$|x|>l_c$,时,上式中 G_{i+1},F_{i+1} 用式(9)中 D 及 E 代替,为求解上式中 p_{Ri+1},需考虑边界条件 $\sigma_x|_{x=-l}=\sigma_0$,将它代入式(5),可得

$$p_{R1}=2[2K(\xi_x-\xi_r)/\Gamma-\sigma_0] \qquad (10)$$

3.4 后张力的环向分布

由式(10)可知,只有在入口张力值 σ_0(即后张力)为已知的前提下,才能采用差分法求得变形区各点的单位轧制力 p_R 及 p_m,但目前尚未见到符合实际的后张力环向分布模型,故本文采用文献[3]所述的方法进行求解,于是可得

$$\sigma_0(\theta)=\frac{T_0}{A_0}+\left(\frac{w_0(\theta)}{\bar{\bar{w}}_0}-1\right)\frac{E}{1-\nu^2}$$

$$w_0(\theta)=w_1[r_1^2-(r_1-s_1)^2]\left(1+\frac{1}{r}\frac{\partial V}{\partial\theta}\bigg|_{x=0}\right)\Big/[r_0^2-(r_0-s_0)^2]$$

式中:T_0—— 总后张力;A_0,A_1——钢管入口及出口断面面积;$\bar{w}_0$——钢管入口平

均流速，$\overline{w}_0=w_1A_1/A_0$；$E,\nu$——弹性模量及泊松比。

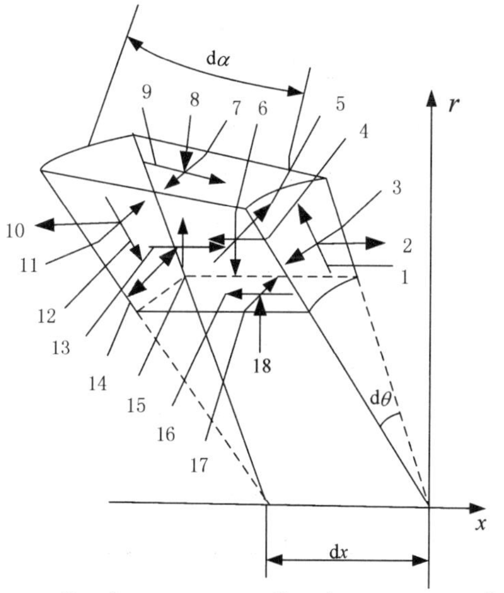

1——$\tau_{rx}+\frac{\partial \tau_{rx}}{\partial x}\frac{\mathrm{d}x}{2}$；2——$\sigma_x+\frac{\partial \sigma_x}{\partial x}\frac{\mathrm{d}x}{2}$；3——$\tau_{\theta x}+\frac{\partial \tau_{\theta x}}{\partial x}\frac{\mathrm{d}x}{2}$；4——$\tau_{x\theta}-\frac{\partial \tau_{x\theta}}{\partial_\theta}\frac{\mathrm{d}\theta}{2}$；5——$\sigma_\theta-\frac{\partial \sigma_\theta}{\partial \theta}\frac{\mathrm{d}\theta}{2}$；
6——$\tau_{r\theta}-\frac{\partial \tau_{r\theta}}{\partial_\theta}\frac{\mathrm{d}\theta}{2}$；7——$\tau_{R\theta}$；8——$p_R$；9——$\tau_{Rx}$；10——$\sigma_x-\frac{\partial \sigma_x}{\partial x}\frac{\mathrm{d}x}{2}$；11——$\tau_{\theta x}-\frac{\partial \tau_{\theta x}}{\partial x}\frac{\mathrm{d}x}{2}$；
12——$\tau_{rx}-\frac{\partial \tau_{rx}}{\partial x}\frac{\mathrm{d}x}{2}$；13——$\tau_{x\theta}+\frac{\partial \tau_{x\theta}}{\partial_\theta}\frac{\mathrm{d}\theta}{2}$；14——$\sigma_\theta+\frac{\partial \sigma_\theta}{\partial \theta}\frac{\mathrm{d}\theta}{2}$；15——$\tau_{r\theta}+\frac{\partial \tau_{r\theta}}{\partial_\theta}\frac{\mathrm{d}\theta}{2}$；16——$\tau_{mx}$；
17——$\tau_{m\theta}$；18——p_m

图 2　微单元体

4　出口环向位移的确定

4.1　钢管轧管时的总变形功率

由于出口纵向流速沿环向不变，使前张力的总功率为一常值，入口纵向流速沿环向变化亦很微小，使后张力的总功率也近似为一常值，故它们对环向位移的变分皆为零。这样，与本文有关的总功率 N_a 只包括三部分：塑性变形功率 N_p，接触表面摩擦功率 N_F 和速度间断面上的变形功率 N_τ，它们的计算公式为

$$N_p=\sum_{i=1}^{n-1}\int_{\theta_i}^{\theta_{i+1}}\int_{-l_i}^{0}K\Gamma_i\cdot[(r_{mA}^2-r_{mi}^2)/2]\mathrm{d}x\,\mathrm{d}\theta$$

$$N_F=\sum_{i=1}^{M}\int_{\theta_i}^{\theta_{i+1}}\int_{-l_i}^{0}\tau_R V_R r_{mA}\,\mathrm{d}x\,\mathrm{d}\theta+\sum_{i=1}^{M'}\int_{\theta_i}^{\theta_{i+1}}\int_{-l_i}^{0}\tau_m V_m\tau_c\,\mathrm{d}x\,\mathrm{d}\theta$$

$$N_\tau=\sum_{i=1}^{n-1}\int_{\theta_i}^{\theta_{i+1}}KV_{t1}[(r_{mA}^2-r_{m_i}^2)/2]\mathrm{d}\theta+\sum_{i=1}^{M'}\int_{\theta_i}^{\theta_{i+1}}KV_{t2}[(r_{mA}^2-r_{m_i}^2)/2]\mathrm{d}\theta$$

$$N_a=N_p+N_F+N_\tau \tag{11}$$

式中：M,M'——轧辊与钢管，芯棒与钢管相接触的条元个数；V_{t1},V_{t2}——钢管入口及 $x=-l_c$ 处速度间断值。

4.2　优化求解条元节线出口环向位移

上述的流动速度、应变速度及应力等参数都是出口环向位移 Φ_i 的函数，即式(11)可写成

$$N_a=N(\Phi_2,\Phi_3,\cdots,\Phi_{n-1})$$

根据能量最小原理，真实的出口环向位移应使总功率为最小，因此满足 min N_a 的各项 Φ_i($i=2,3,\cdots,n-1$)值即为本问题的最优解。此问题为无约束优化问题，这里采

用变尺度法求解，其计算程序框图见图 3。

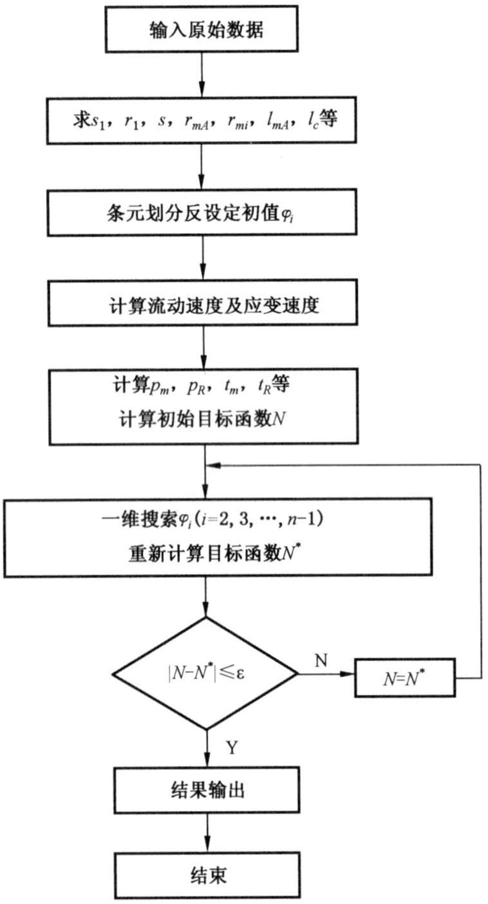

图 3

4.3　算例及结果

本文按文献[5]中实验条件（代号 6）进行了计算（表 1），得到了变形区金属流动速度场及应力场（图 4～10），将轧辊孔型底部处单位轧制压力和摩擦力的计算值与实验曲线相比较（图 11），可以看出两者吻合较好。由表 1 可见，钢管宽展的计算值与实测值相差亦很小，可以说依本方法的计算结果完全可信。

表 1　计算数据

参数	r_0	s_0	r_1	R_m	Δs	T_0	σ_0	μ_R	μ_m	n	钢管出口宽度/mm	
单位	mm	mm	mm	mm	mm	N	Pa				计算值	实测值
数值	22	7	13.35	108	1.85	0	0	0.67	0.04	10	45.66	45.75

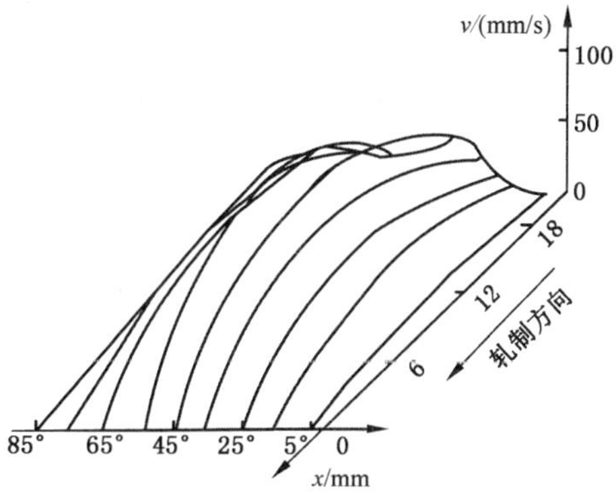

图 4　变形区金属环向流动速度

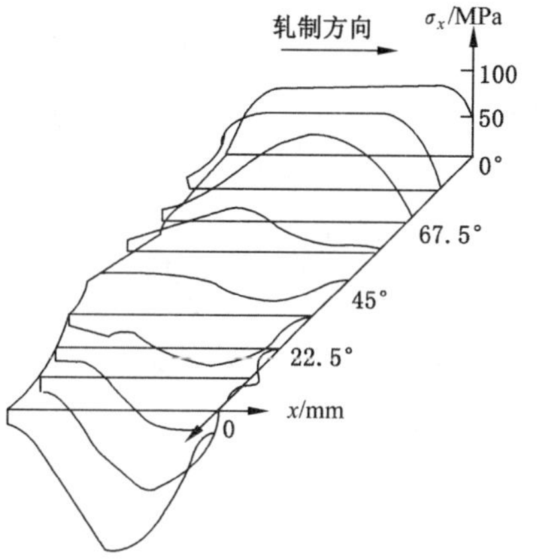

图 7　变形区纵向应力 σ_x

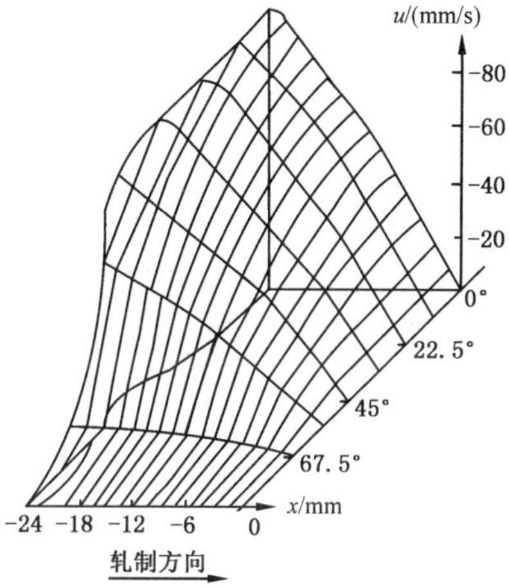

图 5　变形区金属径向流速

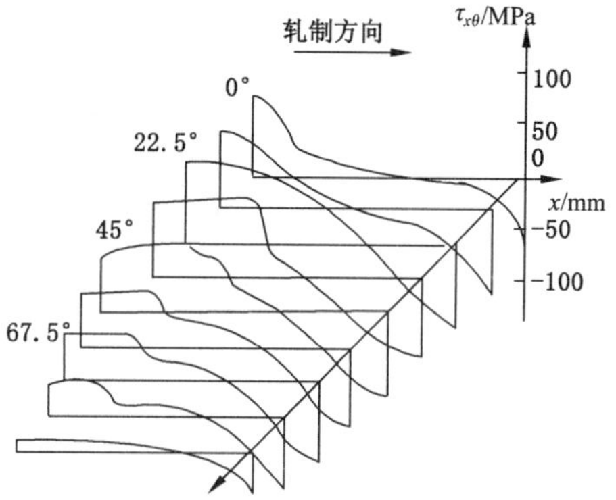

图 8　变形区剪切应力 $\tau_{x\theta}$

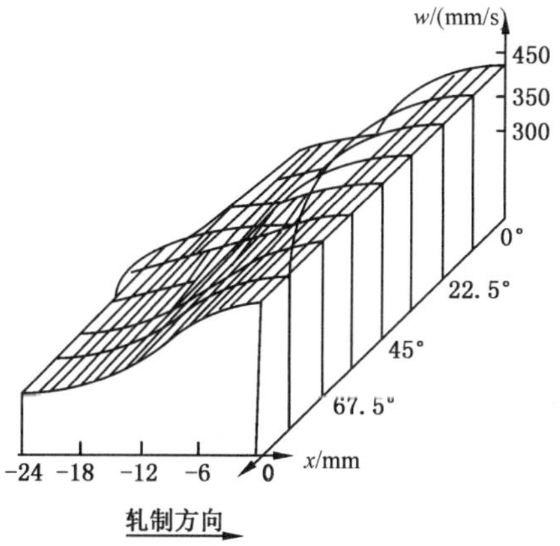

图 6　变形区金属纵向流失

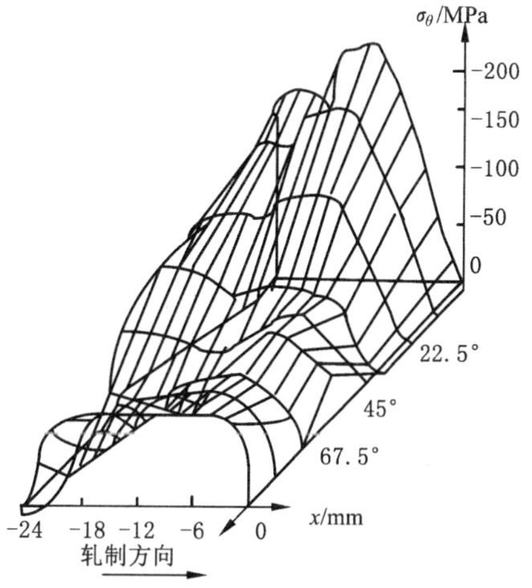

图 9　变形区环向应力 σ_θ

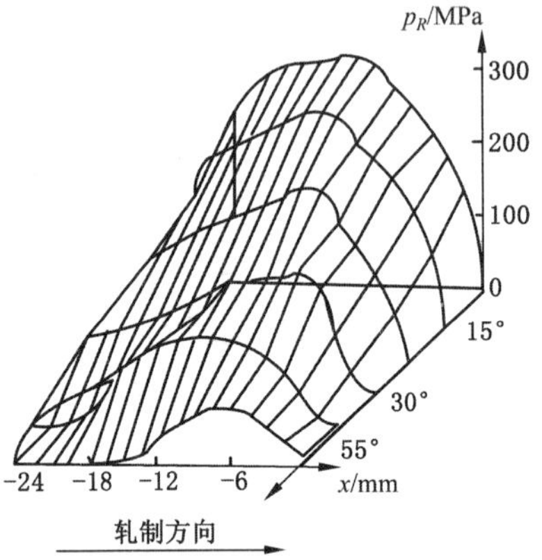

图 10　孔型表面单位轧制压力

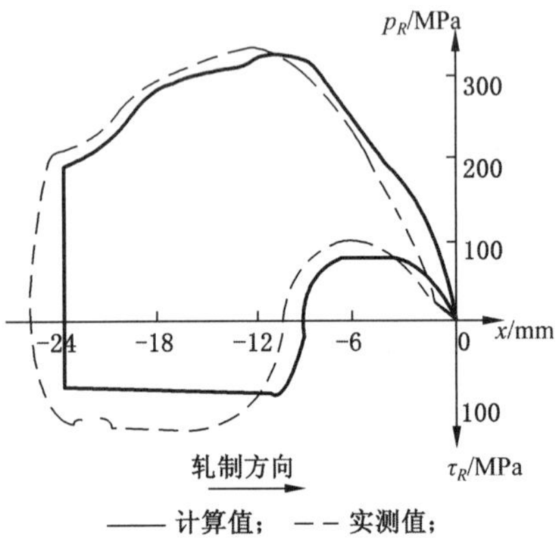

图 11　孔型底部单位轧制力和摩擦力

5　结论

（1）采用刚塑性条元法求解连轧管变形区三维流动速度及应力分布是合理的，其结果是可信的。

（2）本方法以求解金属环向流动为突破口，并建立起环向流动与后张力环向分布的关系，为连轧管环向壁厚不均及机架间的张力研究提供了理论依据。

（3）利用本方法求解三维轧制过程，具有快速、简单、高效的特点。

参考文献

[1] 岗本豊彦等. マニドレルミルの塑性论. 住友金属，1971，23(4).

[2] M. Akiyama 等. 轧管过程的三维刚塑性有限元分析和试验研究. 钢管，1989(增刊).

[3] 刘宏民. 四辊轧机冷轧带材压力摩擦力张力横向分布的理论和实验研究. 东北重型机械学院博士学位论文，1988.

[4] U. B. 克拉盖尔斯基等. 摩擦磨损计算原理. 北京：机械工业出版社，1977.

[5] 朱之超等. 圆柱芯棒轧管的单位压力及摩擦力的实验研究. 钢铁，1981(12).

长芯棒连轧管变形区金属的三维塑性流动①

兰兴昌，刘宏民，连家创
（燕山大学）

摘　要：采用条元法，以长芯棒连轧管轧制变形区的出口环向位移作为待定参数，根据能量最小原理，求出出口环向位移的最优解，进而确定变形区塑性流动速度场。条元法具有计算准确、费用低、输入数据简单等特点，为长芯棒连轧管塑性理论分析提供了一种新的、有效的计算方法。

关键词：连轧管机；长芯棒轧制；变形区；力能分析；金属三维塑性流动

Three-Dimensional Plastic Flow of Metal in Deformation Zone During Long-Mandrel Continuous Tube-Rolling

Lan Xingchang, Liu Hongmin, Lian Jiachuang
(Yanshan University)

Abstract: Taking the circumferential displacement at outlet of deformation in long-mandrel continuous tube-rolling as a parameter to be determined, the author derived the optimum solution of the displacement according to the minimum energy principle by applying the strip-element method and then further determined the plastic flow speed field of the deformation zone. The strip-element method, due to such features as accurate calculation, low cost and simplified data-input, surely becomes a new efficient calculation method for theoretical plastic analysis in long-mandrel continuous tube-rolling.

Key words: Mandrel mill; Long-mandrel tube-rolling; Deformation zone; Performance analysis; Three-dimensional metal flow

1　引言

采用长芯棒连轧管时，由于变形区内的荒管存在一根不变形的长芯棒（不考虑芯棒的弹性压扁变形），因而使得变形区内金属流动较其他轧制更为复杂，并给轧管工艺的理论解析带来很多困难。从轧管变形过程来看，要想详细描述荒管变形速度场，就必须采用三维塑性理论。同时，还要全面考虑轧制时荒管侧壁的自由变形（即非接触变形），轧辊与荒管、芯棒与荒管之间接触面积变化和芯棒与轧辊的速度差等因素的影响。

迄今为止，数值解法已被广泛地应用于连轧管工艺中，并取得一定进展，但大多数研究还主要集中于钢管的宏观变形[1,2]。M. Akiyama 等人采用刚塑性有限元法，分析了连轧管时轧制金属的流

① 钢管，1992(4)：32-38.

动[3]。但是，有限元法的缺点是计算时间长、费用高、输入数据多。为了克服这一缺点，本文采用条元法[4]分析长芯棒连轧管塑性变形，并以限动芯棒轧制时金属的三维塑性流动为例进行研究。

2　荒管变形区几何参数的确定

2.1　基本假设

（1）轧制过程为稳定对称轧制，研究时仅取其 1/4；

（2）轧件为理想刚塑性材料，轧辊及芯棒为绝对刚体。不考虑在入口区之外，由于轧辊与轧件部分接触而引起的轧件在圆周方向上的塑性弯曲变形（即压扁变形）；

（3）纵向流速及径向应变沿钢管壁厚方向保持不变。

2.2　荒管变形区长度的确定

以直线侧壁圆孔型轧管为例（图 1），对于任意角度 θ，轧辊与荒管开始接触点处的轧辊孔型宽度 $B(\theta)$ 为

$$B(\theta)=r_0(\theta)\sin\theta \tag{1}$$

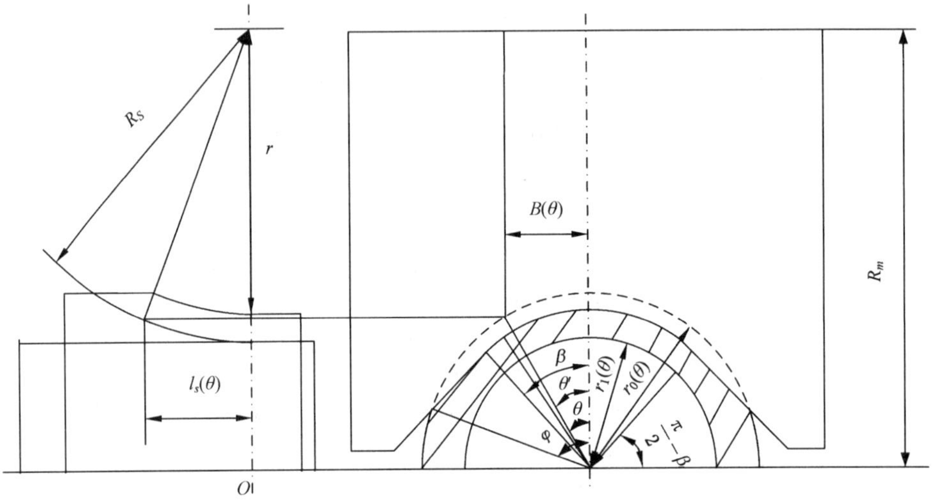

图 1　直线侧壁孔型轧管接触区长度

由此可得轧辊孔型相应宽度处所对应的圆心角 θ'

$$\begin{cases}\theta'=\arcsin[r_0(\theta)\sin\theta/r_m] & B(\theta)\leqslant r_m\sin\beta\\ \theta'=\mathrm{arctg}[B(\theta)\cos\beta/(r_m-B(\theta)\sin\beta)] & B(\theta)>r_m\sin\beta\end{cases} \tag{2}$$

式中 $r_0(\theta)$——入口角 θ 处钢管外径

r_m——轧辊孔型高度之半

β——轧辊孔型的开口角

则变形区长度 $l_s(\theta)$ 为

$$\begin{cases}l_s(\theta)=R_s\sin\{\arccos[(R_m-r_0(\theta)\cos\theta)/R_s]\} & 0\leqslant\theta\leqslant\varphi\\ l_s(\theta)=l_s(\varphi) & \varphi<\theta\leqslant\dfrac{\pi}{2}\end{cases} \tag{3}$$

式中 $\begin{cases}R_s=R_m-r_m\cos\theta' & 0\leqslant\theta'\leqslant\beta\\ R_s=R_m-r_m\cos\theta'/\cos(\theta'-\beta) & \beta<\theta'\leqslant\varphi\end{cases}$

R_m——轧辊中心距之半

φ——出口处轧辊与钢管的分离角

2.3　轧件出入口截面壁厚分布

如图 2 所示，轧件出口截面壁厚可由几何关系求出

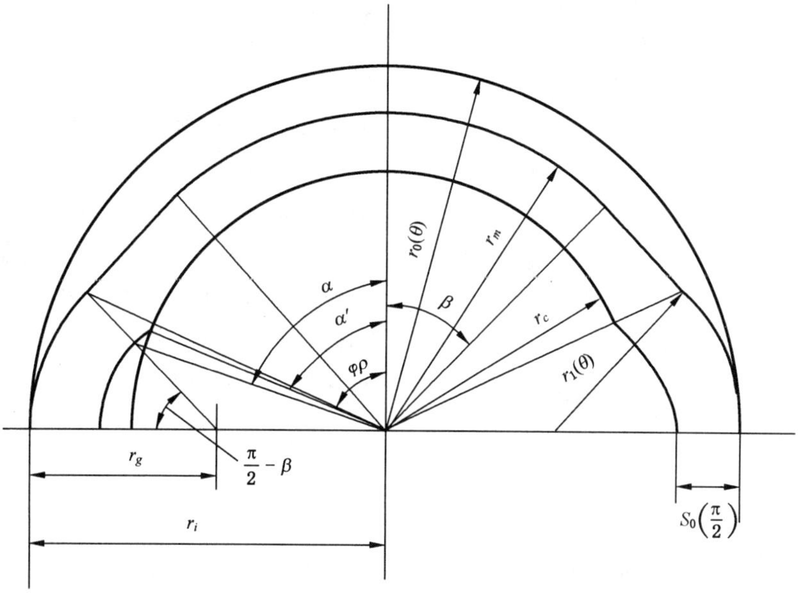

图 2　轧件出口截面形状示意图

$$
\begin{cases}
S_1(\theta)=r_m-r_c & 0\leqslant\theta\leqslant\beta \\
S_1(\theta)=r_m/\cos(\theta-\beta)-r_c & \beta<\theta\leqslant\varphi \\
S_1(\theta)=r_g\cos(\theta-\gamma)/\cos\theta-r_c & \varphi<\theta\leqslant\alpha' \\
S_1(\theta)=r_g\cos(\theta-\gamma)/\cos\theta-(r_m-S_0)/\cos(\theta-\beta) & \alpha'<\theta\leqslant\alpha \\
S_1(\theta)=r_g\cos(\theta-\gamma)/\cos\theta-(r_g-S_0)\cos(\theta-\gamma')/\cos\theta & \alpha<\theta\leqslant\pi/2
\end{cases}
\tag{4}
$$

式中 $\varphi=\arccos\dfrac{r_m}{\sqrt{r_i^{\ 2}-2r_ir_g+2r_g(r_i-r_g)\sin\beta+2r_g^{\ 2}}}+\beta$

$$\alpha=\arccos\frac{(r_g-S_0)\cos\beta}{\sqrt{(r_g-S_0)^2+(r_i-r_g)^2+2(r_g-S_0)(r_i-r_g)\sin\beta}}+\beta$$

$$\gamma=\arcsin\frac{(r_i-r_g)\cos\theta}{r_g}$$

$$\gamma'=\arcsin\frac{(r_i-r_g)\cos\theta}{r_g-S_0}$$

$$\alpha'=\arccos\frac{r_m-S_0}{r_c}+\beta$$

$r_i=r_g+\dfrac{r_m-r_g}{\sin\beta}$（宽展量 $\Delta b=2[r_i-r_0(\pi/2)]$）

r_c——芯棒半径

r_g——钢管非接触变形区圆弧半径，为待定参数，用优化方法计算

荒管入口壁厚 $S_0(\theta)$，对于第 1 机架为轧件的原始壁厚；对第 2 及以后各架次等于前一机架轧件的出口壁厚，即有

$$S_0^i(\theta)=S_0^{i-1}\left(\frac{\pi}{2}-\theta\right)\quad i=2,3,4,\cdots,L \tag{5}$$

式中：L——连轧管机机架总数

2.4　变形区内各点壁厚分布

对于轧辊与轧件相接触的接触变形区中的任一θ角，荒管外表面某点(θ,x)所对应的孔型宽度$B(\theta,x)$可根据下式迭代求出

$$R_x^2-x^2=(R_m-B(\theta,x)\mathrm{ctg}\theta)^2 \quad (6)$$

$$\text{式中}\begin{cases}R_x=R_m-\sqrt{r_m^2-B^2(\theta,x)} \\ \qquad B(\theta,x)\leqslant r_m\sin\beta \\ R_x=R_m-r_m\cos\beta+(B(\theta,x)- \\ \qquad r_m\sin\beta)\mathrm{tg}\beta \\ \qquad B(\theta,x)>r_m\sin\beta\end{cases}$$

荒管外径r_{mA}可由下式得到

$$r_{mA}=B(\theta,x)/\sin\theta \quad (0\leqslant\theta\leqslant\varphi) \quad (7)$$

按荒管与芯棒接触与否，可把变形区分为减壁区和减径区。在减径区，荒管与芯棒不接触，可认为荒管在该区只减径不减壁（或增壁）。在减壁区，因荒管与芯棒接触，荒管在该区既减径又减壁。因此有下式

$$\begin{cases}S(\theta,x)=r_{MA}-r_c & |x|\leqslant l_c(\theta) \\ S(\theta,x)=S_0(\theta) & |x|>l_c(\theta)\end{cases}$$
$$0\leqslant\theta\leqslant\varphi \quad (8)$$

式中$l_c(\theta)$——荒管与芯棒的接触长度

对于轧辊与荒管不接触的非接触变形区，各点壁厚及外径可按二次曲线形式给出

$$\begin{cases}r_{MA}=r_1(\theta)+[r_0(\theta)-r_1(\theta)]\cdot \\ \qquad x^2/l_s^{\ 2}(\theta) \\ S(\theta,x)=S_1(\theta)+[S_0(\theta)- \\ \qquad S_1(\theta)]x^2/l_s^{\ 2}(\theta)\end{cases}$$
$$\varphi<\theta\leqslant\pi/2 \quad (9)$$

式中$r_1(\theta)$，$r_0(\theta)$——荒管出、入口截面外径

对于用其他孔型轧制时，各参数可用同样方法计算。

3　变形区内金属流动速度及应变速度

3.1　环向位移函数的设定

变形区内金属的环向流动对前后张力的环向分布和环向单位摩擦力的分布影响很大，从而影响对单位轧制力、纵向单位摩擦力以及其他参数的准确计算。因此，研究金属三维变形问题首先需要确定变形区的环向位移。

假设变形区内的环向位移函数$V(r,\theta,x)$为

$$V(r,\theta,x)=\left(1-3\frac{x^2}{l_s^2}-2\frac{x^2}{l_s^{\ 3}}\right)\cdot \phi(\theta)r/r_{Mi} \quad (10)$$

式中：r_{Mi}——荒管内表面半径

$\phi(\theta)$——荒管出口内表面环向位移（为待定函数）

为确定$\phi(\theta)$，将变形区划分为$n-1$个夹角相等的纵向条元（图3），其节线上的$\phi(\theta_i)$用ϕ_i表示。假设$\phi(\theta)$沿条元环向按线性变化，则有

$$\phi(\theta)=\phi(\theta_i)+\frac{\phi(\theta_{i+1})-\phi(\theta_i)}{\theta_{i+1}-\theta_i}\cdot(\theta-\theta_i) \quad (11)$$

$$\phi(\theta)=\phi_i+\frac{\phi_{i+1}-\phi_i}{\Delta\theta}(\theta-\theta_i) \quad (12)$$

式中：$\Delta\theta=\theta_{i+1}-\theta_i=\pi/2(n-1)$

由(12)式确定的环向位移函数$V(r,\theta,x)$应满足

$$\begin{cases}V(r,\theta,-l_s)=0 & \text{（入口截面）} \\ V(r_{Mi},\theta,0)=\phi(\theta) & \text{（出口内表面）}\end{cases} \quad (13)$$

由对称性条件，$\phi(\theta)$应满足边界条件

$$\begin{cases}\phi_1=\phi(0)=0 \\ \phi_n=\phi(\pi/2)=0\end{cases} \quad (14)$$

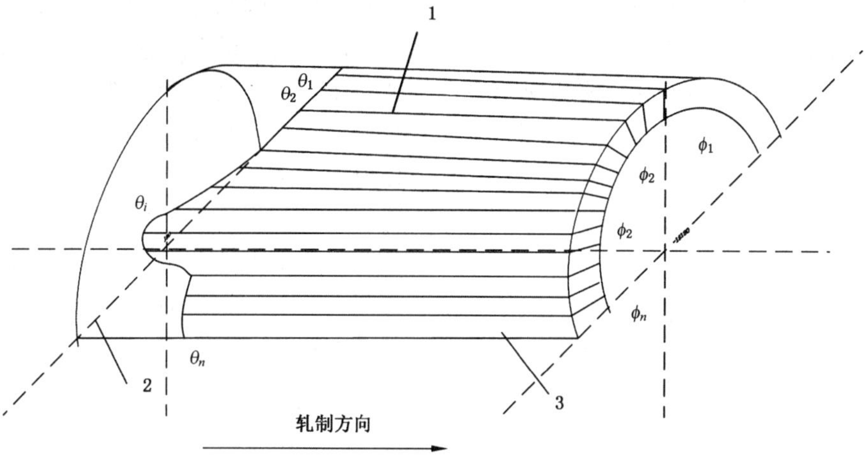

1—接触变形区　2—刚性区　3—非接触变形区

图 3　变形区条元分割模型

3.2　变形区金属三维流动速度

假定出口断面金属纵向流动速度沿整个断面均匀分布(用 ω_1 表示)，则由秒流量相等原则，可求出变形区内金属的纵向流速 $\omega(\theta,x)$

$$\omega(\theta,x)=\omega_1[r_1^2-(r_1-s_1)^2]\cdot\left(1+\frac{\partial V}{\partial\theta}\cdot\frac{1}{r}\bigg|_{x=0}\right)/(r_{MA}^2-r_{Mi}^2)\cdot\left(1+\frac{1}{r}\cdot\frac{\partial V}{\partial\theta}\right)\qquad(15)$$

式中：$\omega_1=2\pi\omega R_d(1+\eta_d)$

R_d ——轧辊孔型底部轧辊半径

ω ——轧辊角速度

η_d ——孔型底部处荒管的前滑系数

径向流速 $u(r,\theta,x)$ 可根据基本假设(3)及轧辊和芯棒对轧件的几何约束条件得到

$$\begin{cases}u(r,\theta,x)=-\omega(\theta,x)\tan\alpha\cos\theta\cdot(r-r_c)/S(\theta,x) & |x|\leqslant l_c(\theta)\quad 0\leqslant\theta\leqslant\varphi\\ u(r,\theta,x)=-\omega(\theta,x)\tan\alpha\cos\theta & |x|>l_c(\theta)\quad 0\leqslant\theta\leqslant\varphi\\ u(r,\theta,x)=\omega(\theta,x)[(r-r_c)/r_0]\cdot(\partial r_{MA}/\partial x) & \varphi<\theta\leqslant\pi/2\end{cases}\qquad(16)$$

式中 $\alpha=\mathrm{arctg}[-x/(R_M-r_{MA}\cos\theta)]$

环向流速 $v(r,\theta,x)$ 有下式存在

$$v(r,\theta,x)=\frac{\mathrm{d}V}{\mathrm{d}t}=\frac{\partial V}{\partial x}\frac{\mathrm{d}x}{\mathrm{d}t}+\frac{\partial V}{\partial\theta}\frac{\mathrm{d}\theta}{\mathrm{d}t}+\frac{\partial V}{\partial r}\frac{\mathrm{d}r}{\mathrm{d}t}\qquad(17)$$

考虑到 $\dfrac{\mathrm{d}r}{\mathrm{d}t}=u(r,\theta,x)$

$$\frac{\mathrm{d}\theta}{\mathrm{d}t}=v(r,\theta,x)/r$$

$$\frac{\mathrm{d}x}{\mathrm{d}t}=\omega(\theta,x)$$

则有

$$v(r,\theta,x)=\left[\frac{\partial V}{\partial x}\omega(\theta,x)+\frac{\partial V}{\partial r}u(r,\theta,x)\right]\Big/\left(1-\frac{1}{r}\frac{\partial V}{\partial\theta}\right)\qquad(18)$$

3.3　接触表面相对滑动速度

变形金属相对轧辊表面的滑动速度为

$$V_R=\sqrt{V_{Rx}^2+V_{R\theta}^2+V_{Rr}^2}\qquad(19)$$

式中：$V_{Rx}=\omega(\theta,x)-v_R\cos\alpha$

$V_{R\theta}=v(r_{MA},\theta,x)-v_R\sin\alpha\sin\theta$

$V_{Rr}=u(r_{MA},\theta,x)-v_R\sin\alpha\sin\theta$

v_R——轧辊孔型表面线速度($v_R = 2\pi\omega R(\theta)$)

变形金属相对芯棒表面的相对滑动速度为

$$V_M = \sqrt{V_{Mx}^2 + V_{M\theta}^2} \quad (20)$$

式中 $V_{Mx} = \omega(\theta, x) - v_c$

$V_{M\theta} = v(r_{Mi}, \theta, x)$

v_c——芯棒的限动速度

本文前述的金属流动速度在入口及减壁与减径区分界面上存在速度间断 V_{t1} 和 V_{t2}

$$\begin{cases} V_{t1} = u(r, \theta, -l_s) \\ V_{t2} = | u_j - u_b | \end{cases} \quad (21)$$

式中 u_j, u_b——分别为 $x = -l_c$ 处减径区和减壁区的金属径向流速

3.4 变形区金属应变及剪应变速度

变形区金属的应变及剪应变速度可按下式求出

$$\begin{cases} \xi_r = \dfrac{\partial u(r, \theta, x)}{\partial r} \\ \xi_\theta = \dfrac{\partial v(r, \theta, x)}{r\partial\theta} + \dfrac{u(r, \theta, x)}{r} \\ \xi_x = \dfrac{\partial \omega(\theta, x)}{\partial x} \end{cases} \quad (22)$$

$$\begin{cases} \eta_{r\theta} = \dfrac{\partial v(r, \theta, x)}{\partial r} + \dfrac{\partial u(r, \theta, x)}{r\partial\theta} - \dfrac{v(r, \theta, x)}{r} \\ \eta_{\theta x} = \dfrac{\partial v(r, \theta, x)}{\partial x} + \dfrac{\partial \omega(\theta, x)}{r\partial\theta} \\ \eta_{xr} = \dfrac{\partial \omega(\theta, x)}{\partial r} + \dfrac{\partial u(r, \theta, x)}{\partial x} \end{cases} \quad (23)$$

4 出口环向位移的确定

上述的流动速度、应变速度等参数都是出口环向位移的函数。环向位移可根据能量最小原理采用优化方法计算。

4.1 荒管轧制时的总变形功率

由于出口纵向流速沿环向不变，因而使前张力的总功率为一常量；在入口纵向流速沿环向变化微小时，后张力的总功率近似为一常量，其变分皆为零。对于本文所研究的问题来说，轧制总变形功率包括3部分：塑性变形功率 N_p、接触表面摩擦功率 N_f 和速度间断面上的变形功率 N_t。其关系式为

$$\begin{cases} N_p = \sum\limits_{i=1}^{n-1} \int_{\theta_i}^{\theta_{i+1}} \int_{-l_{si}}^{0} K\Gamma_i (r_{MA}^2 - r_{Mi}^2)/2 \, dx\, d\theta \\ N_f = \sum\limits_{i=1}^{M} \int_{\theta_i}^{\theta_{i+1}} \int_{-l_{si}}^{0} F V_R r_{MA} \, dx\, d\theta + \sum\limits_{i=1}^{M'} \int_{\theta_i}^{\theta_{i+1}} \int_{-l_{si}}^{0} F' V_M r_c \, dx\, d\theta \\ N_t = \sum\limits_{i=1}^{n-1} \int_{\theta_i}^{\theta_{i+1}} K V_{t1} (r_{MA}^2 - r_{Mi}^2)/2 d\theta + \sum\limits_{i=1}^{M'} \int_{\theta_i}^{\theta_{i+1}} K V_{t2} (r_{MA}^2 - r_{Mi}^2)/2 d\theta \end{cases} \quad (24)$$

式中 $l_{si} = [l_s(\theta_i) + l_i(\theta_{i+1})]/2$

K、Γ_i——分别为变形抗力和剪应变速度强度

F、F'——分别为荒管与轧辊、荒管与芯棒表面的单位轧制摩擦力

M、M'——分别为荒管与轧辊、荒管与芯棒相接触的条元个数

总变形功率 $N_{总}$ 为

$$N_{总} = N_p + N_f + N_t \quad (25)$$

4.2 优化求解条元节线出口环向位移

利用设定的环向位移 $\phi_i (i = 2, 3, \cdots, n-1)$，在确定出金属的流动速度及应变速度后，将 Levy-Mises 塑性流动方程和 Von. Mises 塑性条件及力的边界条件代入平衡微分方程式，即可求出轧辊与荒

管、芯棒与荒管之间的单位轧制力 P、P_m 和摩擦力 τ、τ_m（详细推导见文献[5]）。这样，从(25)式中可以看出，总变形功率仅是环向位移函数 ϕ_i 和 r_g 的函数。于是(25)式可写成

$$N_{总}=N(\phi_2,\phi_3,\cdots,\phi_{n-1},r_g) \quad (26)$$

根据能量最小原理，真实的出口环向位移应使总功率最小，即满足 $N_{min}=N(\phi_2,\phi_3,\cdots,\phi_{n-1},r_g)$ 的中 $\phi_2,\phi_3,\phi_4\cdots,\phi_{n-1},r_g$ 值为条元法的最优解。

这是一个无约束优化问题，本文选用差商变尺度法求解，其程序框图见图 4。

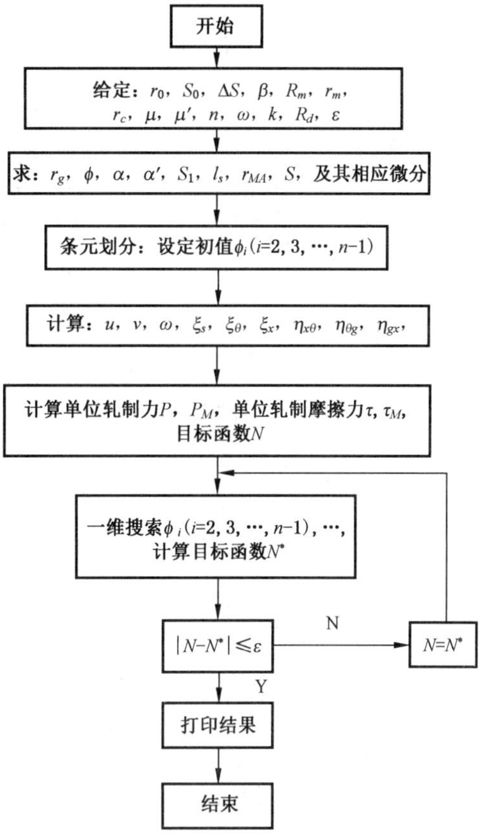

图 4　条元法计算程序框图

4.3　算例及计算结果

采用条元法对文献[6]中实验（代号6）的数据进行计算，得到了变形区金属流动速度场等结果（表 1 和图 5～8）。由表 1 可以看出，荒管宽展量的计算值与实测值间的误差小于 10%。为更好地与实验对比，文中给出了单位轧制力的计算值与实验值的对比图 9，由此可以看出，计算值与实测值基本相符。

表 1　用条元法计算的限动芯棒连轧管参数

参数	r_0/mm	S_0/mm	r_1/mm	S_1/mm	r_c/mm	T_0/℃	ΔS/mm	β/(°)	R_M/mm	n	钢管出口宽度/mm	
											实测值	计算值
数值	22	7	18.5	3.5	13.35	1 050	1.85	45	108	10	45.75	45.66

5　结论

条元法可优化计算限动芯棒连轧管时变形区内金属的三维流动，计算结果与实验值较为吻合。另外还具有计算成本低，输入数据少等优点。这是一种求解长芯棒连轧管时变形区金属流动的可行方法。

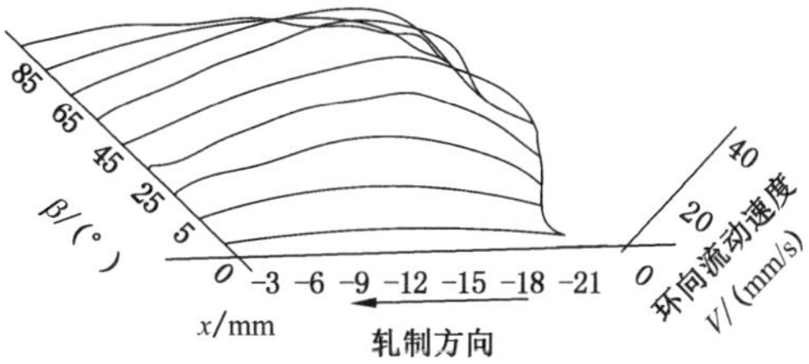

图 5　变形区金属环向流动速度

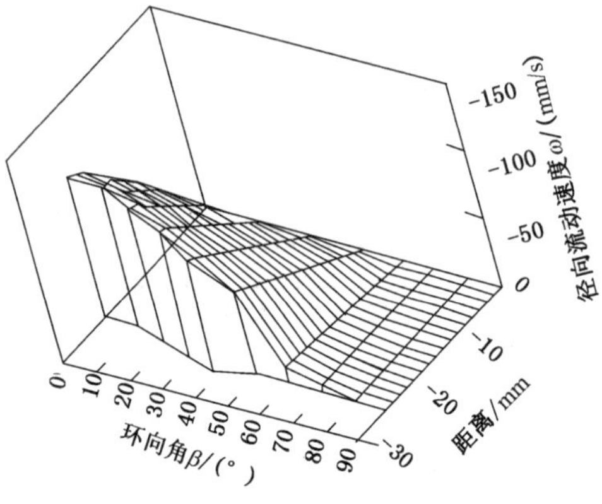

图 6　变形区金属径向流动速度

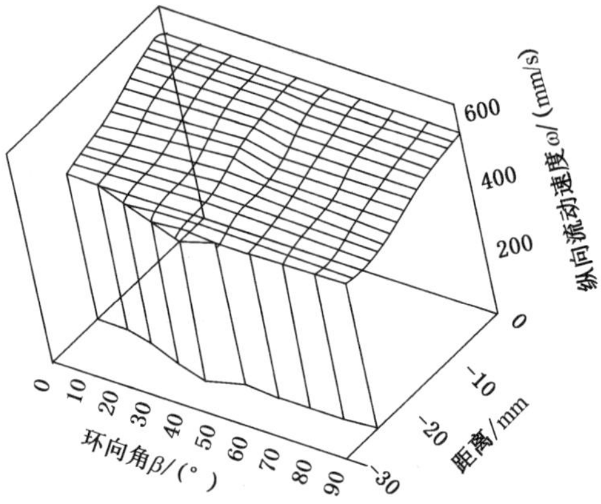

图 7　变形区金属纵向流动速度

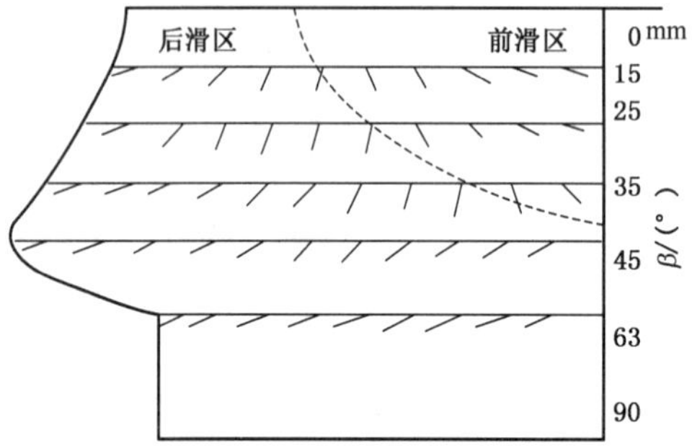

图 8　金属相对孔型表面滑动趋势

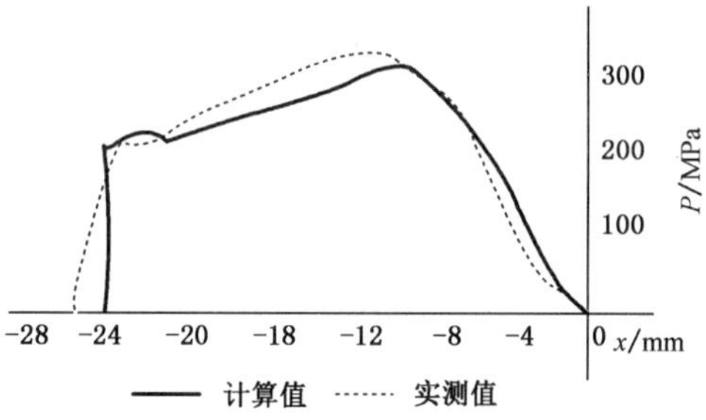

图 9　孔型底部单位轧制力和摩擦力

参考文献

[1] 岗本丰彦.マンドレルミルの塑性论。住友金属,1971,23(4)

[2] 林千博.マンドレルミルレにおける管の压延理论と计算机制御.塑性と加工,1983,24:273

[3] M. Akiyama 等.轧管过程的三维刚塑性有限元分析和试验研究.钢管,1989(增刊).

[4] 刘宏民等.分条离散法求解带材轧制时的前张力横向分布.冶金设备,1985(1)

[5] 兰兴昌等.限动芯棒连轧管机轧制变形区金属的塑性流动及应力分析.东北重型机学院学报,1992(1)

[6] 朱之超等.圆孔型轧管变形区单位压力及摩擦的实验研究.钢铁,1981(12)

连轧管芯棒速度及其摩擦对轧制过程影响的研究①

兰兴昌，刘宏民，连家创
（燕山大学）

摘　要：采用条元法对连轧管芯棒速度及其摩擦对轧制过程的影响进行了理论研究，得到了芯棒速度与摩擦系数对轧制过程力能参数及变形参数间的影响规律。其结果与现有实验规律对比基本吻合。本方法研究轧管变形，具有计算费用低，输入数据简单的特点。
关键词：连轧管；条元法；芯棒速度；力能和变形参数

Effect of Mandrel Moving Speed and Mandrel Friction on Continuous Seamless-tube Rolling Process

Lan Xingchang, Liu Hongmin, Lian Jiachuang
(Yanshan University)

Abstract: With Finite Strip Method, authors have done theoretical study on the effect of mandrel moving speed and mandrel friction on continuous seamless tube rolling process and get their effect rule on force and deformation parameters in this rolling process. The obtained result is basically identical with experiment. It has the advantages of low computing cost and simple input data when using this method to study the tube plastic deformation.
Key words: Contindous seamless-tube rolling; Finite strip method; Mandrel moving speed; Force and deforamtion paremeters

1　引言

芯棒速度及芯棒与钢管间的摩擦是连轧管工艺中的关键问题，为全面研究连轧管轧制过程，有必要对芯棒速度及其摩擦的影响关系进行深入的研究。目前主要着重于其与总轧制力、轧制力矩及前滑的影响关系[1,2]，尚未见到关于其与单位轧制力、摩擦力之间的影响关系的研究文献。而单位轧制力、摩擦力沿轧辊与钢管接触弧长及沿孔型宽度上的分布规律是轧辊孔型设计，研究轧后钢管质量等所考虑的重要问题，必须较准确地给出。

本文采用条元法，详细地研究了芯棒速度及其摩擦对轧制力、轧制力矩及前滑的影响关系，同时给出了它们对单位轧制力、摩擦力以及芯棒轴向力（即金属给芯棒的拉力）和轧后钢管宽度等参数的影响关系，丰富了目前关于芯棒速度及其摩擦对轧制过程影响的研究。

2　连轧管塑性理论

2.1　符号说明

l—钢管变形区长度；

① 钢铁，1994，29(9)：28-33，66.

l_m—钢管与芯棒接触区长度；

φ—变形区出口金属与孔型的分离角；

α—变形区某点和轧辊轴心连线与铅垂线的夹角；

v_0—轧辊孔型顶部线速度；

n—条元划分个数；

m, m'—与轧辊及芯棒相接触的条元个数；

r_1, S_1—钢管出口外半径及壁厚；

r_0, S_0—钢管入口外半径及壁厚；

σ_0, σ_1—后张力及前张力；

R, v_R—孔型上某点的轧辊半径及线速度；

r_m, v_m—芯棒半径及芯棒移动速度；

F_m, F_t—芯棒轴向力及钢管轴向力；

$x_n, \Delta l_n$—中性点坐标及停滞区长度；

$P_{总}, Q$—总轧制力及轧制力矩；

α_F, w_1—金属相对轧辊的前滑系数及其出口速度；

V_R, V_m—轧辊及芯棒与钢管间相对速度；

p_R, p_m—轧辊及芯棒与钢管接触表面的单位轧制力；

k, Γ—剪切抗力及剪应变速度强度；

r_{mA}, r_{mi}, S—钢管变形区任一位置外半径、内半径及壁厚；

u, v, w—钢管径向、环向及轴向流速；

$\tau_R, \tau_m, \mu_R, \mu_m$—轧辊及芯棒与钢管表面间的摩擦力、摩擦系数；

$\xi_r, \xi_\theta, \xi_x, \eta_{r\theta}, \eta_{\theta x}, \eta_{xr}$—应变速度；

$\sigma_r, \sigma_\theta, \sigma_x, \tau_{r\theta}, \tau_{\theta x}, \tau_{xr}$—应力。

2.2 基本假设

（1）轧制过程为稳定对称轧制，研究时只取其 1/4 模型。

（2）轧件为理想刚塑性材料，轧辊及芯棒为绝对刚体。

（3）钢管出口速度沿整个圆周为一常值，纵向流速、径向应变及应力分量沿钢管壁厚方向保持不变。

（4）认为钢管径向应力等于 P_R 及 P_m 沿轧制垂直方向之和的一半。

2.3 环向位移函数及条元模型

假设环向位移函数 $V(r,\theta,x)$ 有如下形式

$$V(r,\theta,x)=F(r)\cdot\phi(\theta)\cdot F(x) \quad (1)$$

取 $\phi(\theta)$ 为变形区出口金属内表面环向位移值，并取 $F(r)$ 为线性函数，$F(x)$ 为三次多项式形式，由出入口金属位移及流动速度连续性条件有

$$F(r)=r/r_{mi} \quad (2)$$

$$F(x)=(1-3x^2/l^2-2x^3/l^3) \quad (3)$$

将之代入(1)式可得

$$V(r,\theta,x)=(1-3x^2/l^2-2x^3/l^3)\cdot \phi(\theta)\cdot r/r_{mi} \quad (4)$$

上式中出口环向位移 $\phi(\theta)$ 为未知函数。将钢管变形区按纵向进行分条(图 1)，并将节线 θ_i 上的环向位移 $\phi(\theta_i)$ 用 ϕ_i 表示，节线之间的位移按线性近似，于是有

$$\phi(\theta)=\phi_i+(\phi_{i+1}-\phi_i)(\theta-\theta_i)/(\theta_{i+1}-\theta_i) \quad (5)$$

2.4 钢管的三维流动速度

由基本假设 3、秒流量相等原则以及轧辊孔型和芯棒对钢管的几何约束条件，可得到钢管变形区内金属的三维流动速度

$$w=w_1[r_1{}^2-(r_1-S_1)^2]\left(1+\left.\frac{\partial V}{\partial\theta}\right|_{x=0}\Big/r\right)\Big/(r_{mA}{}^2-r_{mi}{}^2)\left(1+\frac{\partial V}{\partial\theta}/r\right) \quad (6)$$

$$\left.\begin{aligned}
u&=-w\cdot\mathrm{tg}\alpha\cdot\cos\theta\cdot(r-r_m)/S, \quad |x|\leqslant l_m, 0\leqslant\theta\leqslant\varphi\\
u&=-w\cdot\mathrm{tg}\alpha\cdot\cos\theta \quad |x|>l_m, \quad 0\leqslant\theta\leqslant\varphi\\
u&=w\cdot(r-r_m)\frac{\partial r_{mA}}{\partial x}/r_0, \quad \varphi<\theta\leqslant\frac{\pi}{2}
\end{aligned}\right\} \quad (7)$$

$$v=\left[\frac{\partial V}{\partial x}w+\frac{\partial V}{\partial r}u\right]\Big/\left(1-\frac{\partial V}{\partial\theta}/r\right) \quad (8)$$

金属相对轧辊及芯棒表面的相对滑动速　度为

$$\left.\begin{aligned}V_R&=\sqrt{(w-v_R\cos\alpha)^2+(v-v_R\sin\alpha\sin\theta)^2+(u-v_R\sin\alpha\cos\theta)^2}\\V_m&=\sqrt{(w-v_m)^2+v^2}\end{aligned}\right\}\tag{9}$$

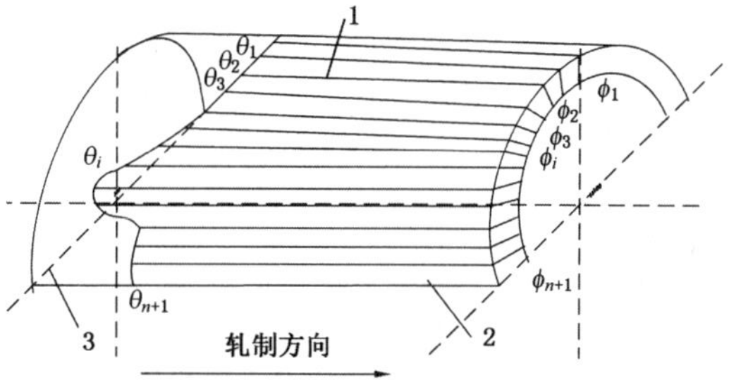

1——接触变形区；2——非接触变形区；3——刚性区

图 1　变形区条元划分模型

2.5　三向应力模型和摩擦力模型

由 Levy-Mises 塑形流动方程和 Von · Mises 塑性条件，可得到变形区应力与应变速度的关系

$$\left.\begin{aligned}\sigma_x&=\sigma_r+2k(\xi_x-\xi_r)/\Gamma\\\sigma_\theta&=\sigma_r+2k(\xi_\theta-\xi_r)/\Gamma\\\tau_{r\theta}&=k\eta_{r\theta}/\Gamma\\\tau_{\theta x}&=k\eta_{\theta x}/\Gamma\\\tau_{xr}&=k\eta_{xr}/\Gamma\end{aligned}\right\}\tag{10}$$

将轧辊与金属间的摩擦力分为滑动区、制动区和停滞区，即

(1) 滑动区

$$\tau_R=\mu_R p_R \tag{11a}$$

(2) 制动区

$$\tau_R=k \tag{11b}$$

(3) 停滞区

$$\tau_R=2k\left|\frac{x-x_n}{\Delta l_n}\right| \tag{11c}$$

芯棒与金属内表面间的摩擦系数很小[3]，可认为在整个区域上都为滑动摩擦，有

$$\tau_m=\mu_m p_m \tag{12}$$

2.6　单位轧制压力 p_R、p_m 的确定

在变形区某点取一微单元体(图 2)，由纵向平衡微分方程式、径向平衡微分方程式及基本假设 4，可得

$$\left.\begin{aligned}&\frac{\partial p_R}{\partial x}+F(\theta,x)p_R+G(\theta,x)=0\\&p_m=A(\theta,x)p_R+E(\theta,x)\end{aligned}\right\}\tag{13}$$

式中系数 F、G、A、E 为(θ,x)的已知函数。其详细推导见文献[4]。

对(13)式采用差分形式求解，即可得到变形区内各点单位轧制力 p_R 及 p_m，其差分式为

$$p_{R_{i+1}}=[p_{Ri}-(x_{i+1}-x_i)G_{i+1}]/[1+(x_{i+1}-x_i)\cdot F_{i+1}] \tag{14}$$

为求解上式，需考虑边界条件$\sigma_x|_{x=-l}=\sigma_0$，由基本假设 4 和应力与应变速度关系式(10)可得

$$p_{R_0}=2[2k(\xi_x-\xi_r)/\Gamma-\sigma_0] \tag{15}$$

2.7　出口环向位移的确定

轧制总功率 N 包括：塑性变形功率 N_P，接触表面摩擦功率 N_F，速度间断面上的变形功率 N_τ 以及前后张力所作的功率 N_σ。即

$$N=N_P+N_F+N_\tau+N_\sigma \tag{16}$$

$$\left.\begin{aligned}N_P&=\sum_{i=1}^{n}\int_{\theta_i}^{\theta_{i+1}}\int_{-l_i}^{0}k\Gamma_i(r_{mA}^2-r_{mi}^2)/2\mathrm{d}x\,\mathrm{d}\theta\\N_F&=\sum_{i=1}^{m}\int_{\theta_i}^{\theta_{i+1}}\int_{-l_i}^{0}\tau_R V_R r_{mA}\mathrm{d}x\,\mathrm{d}\theta+\sum_{i=1}^{m'}\int_{\theta_i}^{\theta_{i+1}}\int_{-l_m}^{0}\tau_m V_m r_m\mathrm{d}x\,\mathrm{d}\theta\\N_\tau&=\sum_{i=1}^{n}\int_{\theta_i}^{\theta_{i+1}}kV_{t1}(r_{mA}^2-r_{mi}^2)/2\mathrm{d}\theta+\sum_{i=1}^{m'}\int_{\theta_i}^{\theta_{i+1}}kV_{t2}(r_{mA}^2-r_{mi}^2)/2\mathrm{d}\theta\\N_\sigma&=\sum_{i=1}^{n}\int_{\theta_i}^{\theta_{i+1}}\sigma^0 w\Big|_{x=-l}(r_{mA}^2-r_{mi}^2)/2\mathrm{d}\theta-\sum_{i=1}^{n}\int_{\theta_i}^{\theta_{i+1}}\sigma_1 w_i(r_{mA}^2-r_{mi}^2)/2\mathrm{d}\theta\end{aligned}\right\}\tag{17}$$

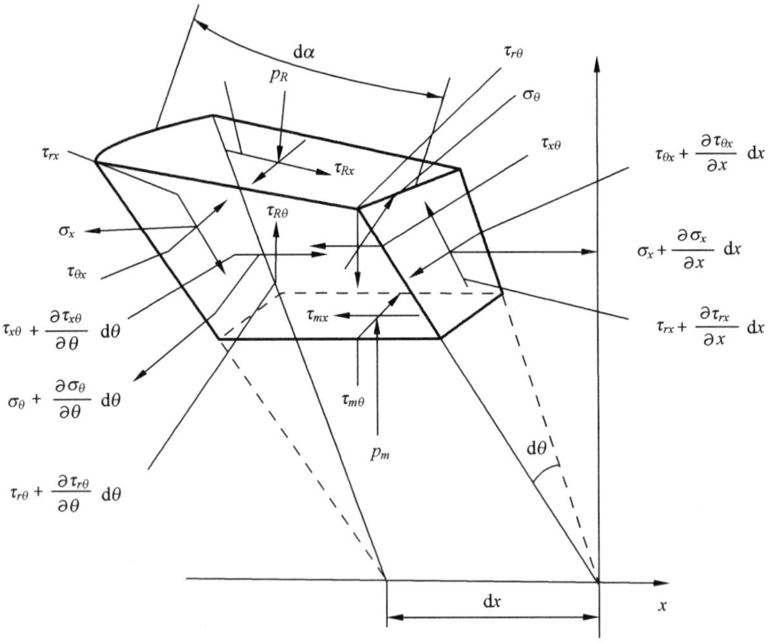

图 2　单元体平衡状态下表面应力

可以看出，N 仅是环向位移值 ϕ_i 的函数，即

$$N=N(\phi_1,\phi_2,\phi_3,\cdots,\phi_n)\tag{18}$$

因此根据能量最小原理，采用优化方法即可求出本问题的最佳解，即最佳出口环向位移（$\phi_1,\phi_2,\phi_3,\cdots,\phi_n$）。本文采用变尺度法进行求解。

3　理论计算与结果分析

3.1　几个主要轧制参数的确定

$$P=2\sum_{i=1}^{n}\int_{\theta_i}^{\theta_{i+1}}\int_{-l}^{0}p_R\cos\theta\cdot r_{mA}\,dx\,d\theta\tag{19}$$

$$Q=2\sum_{i=1}^{n}\int_{\theta_i}^{\theta_{i+1}}\int_{-l}^{0}\tau_{Rx}\cdot R\cdot r_{mA}/\cos\alpha\,dx\,d\theta\tag{20}$$

$$F_m=4\sum_{i=1}^{m'}\int_{\theta_i}^{\theta_{i+1}}\int_{-l_m}^{0}\tau_{mx}\cdot r_m\,dx\,d\theta\tag{21}$$

$$F_t=4\sum_{i=1}^{m}\int_{\theta_i}^{\theta_{i+1}}\int_{-l}^{0}(\tau_{Rx}\cos\alpha-p_R\sin\alpha)r_{mA}/\cos\alpha\,dx\,d\theta-F_m\tag{22}$$

前滑系数 α_F 由迭代法求出：预先假定一初始前滑值，并给出一个很小的数 ε（$0<\varepsilon\leqslant10^{-4}$），当求出各轧制参数后，以作用在钢管上的轴向力 F_t（轧辊及芯棒给钢管的作用力之和）平衡条件为迭代收敛判据，即

$$|F_t|\leqslant\varepsilon\tag{23}$$

当上式满足时的前滑系数即为此条件下的真实解。

3.2　计算模型

本文对文献〔1〕五机架实验轧管机的第一架轧制情况进行了计算，其轧辊孔型形状见图 3，具体数据见表 1。

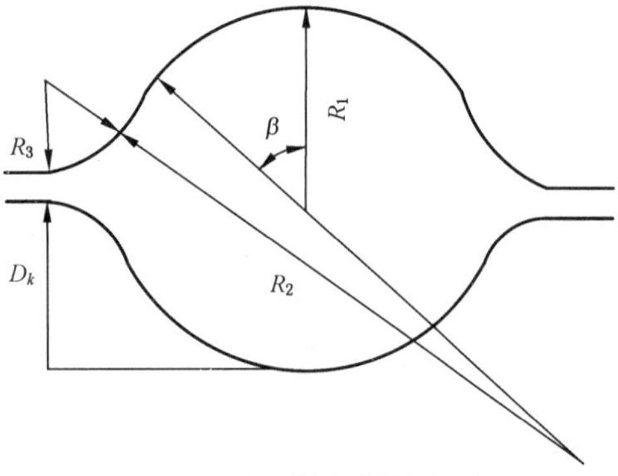

图 3　圆弧侧壁圆孔型

表 1　理论计算模型原始数据

参数	R_1/mm	R_2/mm	R_3/mm	β	D_k/mm	S_0/mm	r_0/mm	ΔS/mm	v_R/(mm/s)	σ_0/MPa	μ_R	μ_m
数值	42	126	20	50°	36	9	44.45	3	674	0	0.5	0.05

3.3　结果分析

3.3.1　芯棒速度对轧制参数的影响

图 4~7 表示轧制力、轧制力矩、芯棒轴向力以及前滑系数对芯棒移动速度的依赖关系。可以看出随芯棒速度变化，轧制力曲线有一个峰值，其值在 $v_m/v_0=1$ 附近。随芯棒速度增大，轧制力矩和芯棒轴向力减小而前滑系数增大。当 $v_m/v_0<0.7$ 或 $v_m/v_0>1.3$ 时，芯棒速度的变化对以上各参数几乎无影响。从钢管受力分析来看，当 $v_m/v_0<1.0$ 时，芯棒作用于钢管内表面上的力与轧制方向相反，它起后张力作用。此时随芯棒速度增大其沿 x 轴方向的分量减小，使得轧制力上升，轧制力矩及芯棒轴向力下降，前滑系数上升。而当 $v_m/v_0>1.0$ 时，芯棒作用于钢管的力与轧制方向相同，起前张力作用。当芯棒速度增大其沿 x 轴方向的分力将增大，使轧制力下降，轧制力矩、芯棒轴向力继续下降，前滑继续增大。值得注意的是此时芯棒轴向力为负值，即表明芯棒向钢管施加拉力。

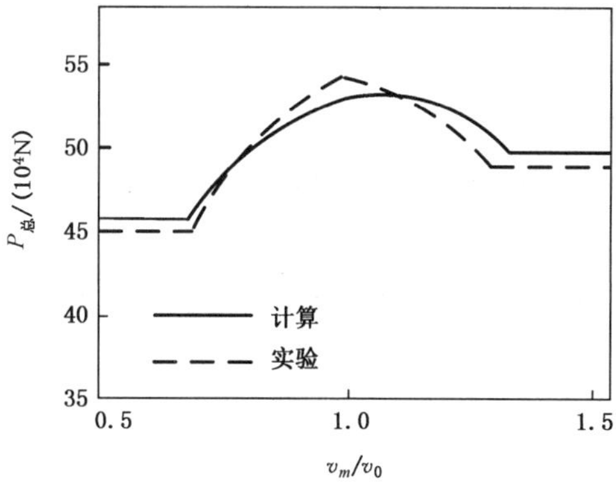

图 4　轧制力与芯棒速度的关系

图 8 表明芯棒速度对钢管出口宽度无影响。

从图 4～8 可以看出，理论结果与实验结果[1]相对比，两者吻合较好。

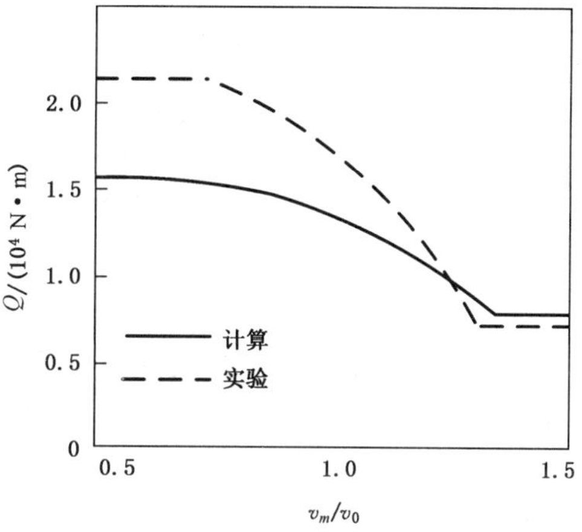

图 5　轧制力矩与芯棒速度的关系

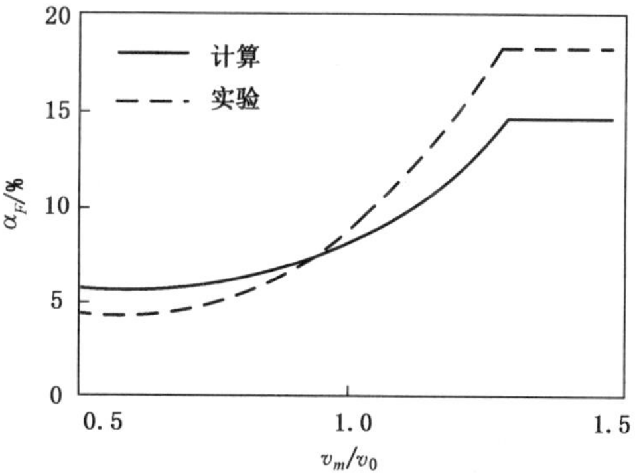

图 6　前滑系数与芯棒速度的关系

3.3.2　芯棒表面摩擦状态对轧制参数的影响

图 9～11 显示了芯棒表面摩擦系数对轧制力、轧制力矩、芯棒轴向力的影响关系。可以看出当 $v_m/v_0=0.5$ 时，随摩擦系数的增大轧制力减小，轧制力矩和芯棒轴向力增大。当 $v_m/v_0=1.0$ 时其结果

与 $v_m/v_0=0.5$ 时相反，即轧制力增大，轧制力矩、芯棒轴向力下降。但下降幅度很小，各参数随芯棒摩擦系数的变化规律为一线性规律。

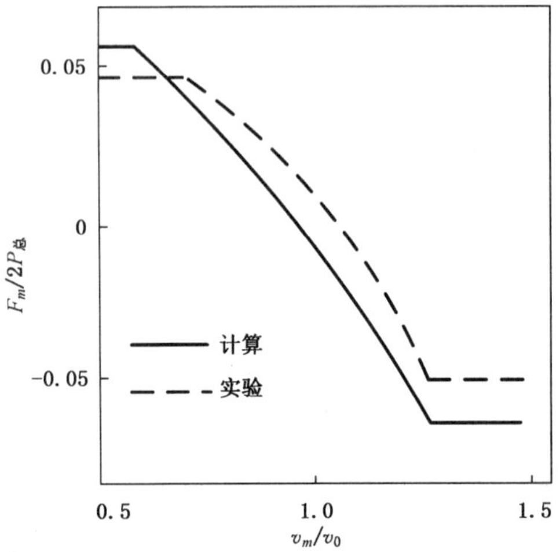

图 7　芯棒轴向力与芯棒速度的关系

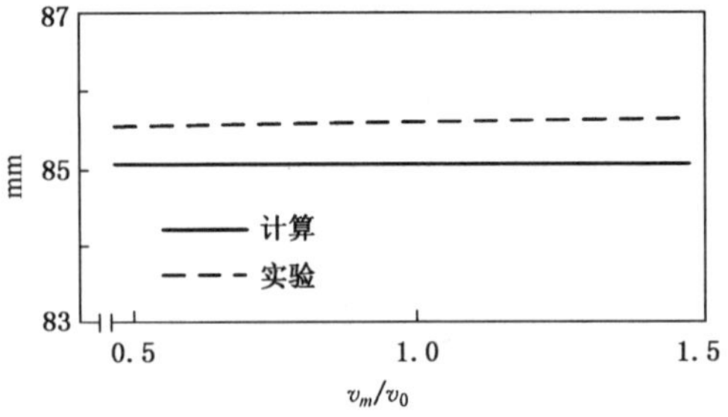

图 8　钢管出口宽度与芯棒速度的关系

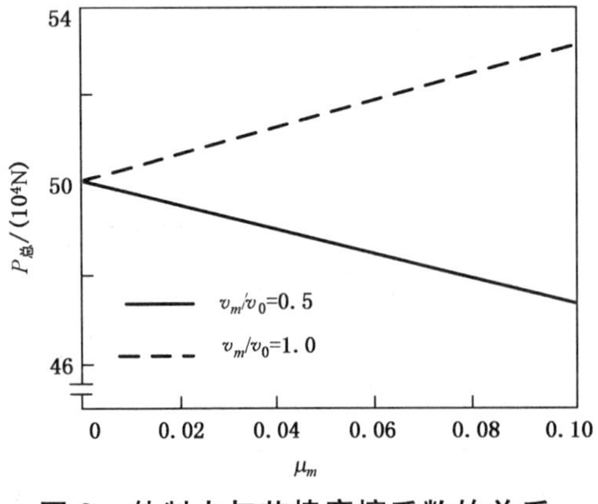

图 9　轧制力与芯棒摩擦系数的关系

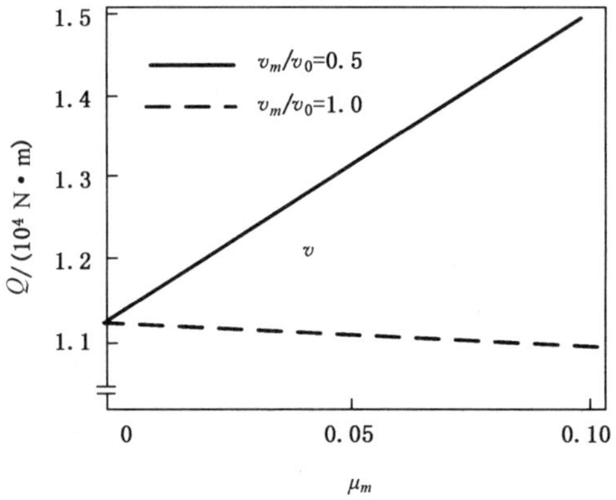

图 10　轧制力矩与芯棒摩擦系数的关系

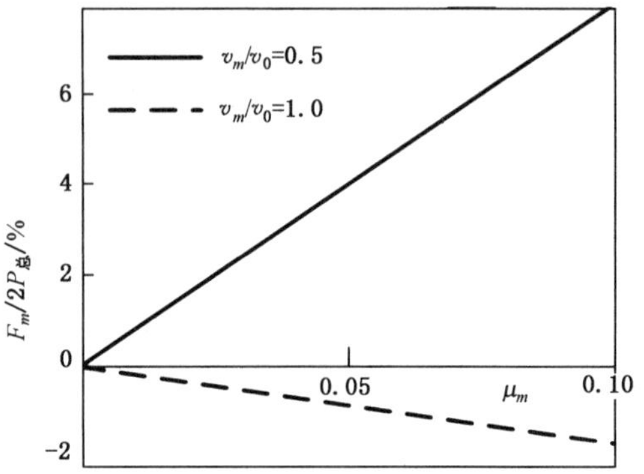

图 11　芯棒轴向力与芯棒摩擦系数的关系

3.3.3　单位轧制力及轧辊表面摩擦力的分布

图 12、13 分别为 $\theta=0°$、$\theta=50°$ 时单位轧制力、轧辊接触表面摩擦力在芯棒速度与轧辊孔型顶部线速度之比为 0.5 和 1 时沿接触弧轴向分布规律。可以明显地看出，当 $\theta=0°$ 时单位轧制力的峰值在两种芯棒速度情况下相差很大，而在入口区单位轧制力则几乎不变。单位摩擦力只是停滞区的轴向坐标发生变化，其余几乎不变。当 $\theta=50°$ 时，随芯棒速度变化，无论是单位轧制力还是单位摩擦力都无明显变化。

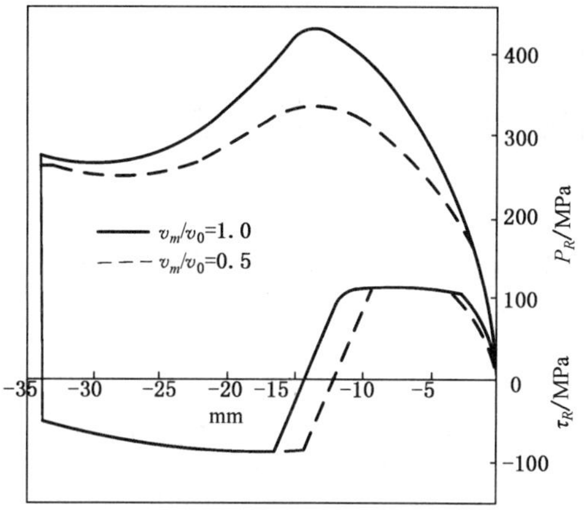

图 12　$\theta=0°$处单位轧制压力、单位摩擦力沿轴向分布

4　结论

(1) 芯棒速度对轧制力影响曲线在$v_m/v_0=1$附近有一峰值。

(2) 随芯棒速度增大，轧制力矩和芯棒轴向力减小、前滑增大而钢管出口宽度不变。

(3) 随芯棒表面摩擦系数变化，轧制力、轧制力矩和芯棒轴向力呈线性关系变化。

(4) 单位轧制力，在孔型顶部随芯棒速度变化其峰值发生变化，而在侧壁处几乎无变化。芯棒速度只改变单位轧制摩擦力停滞区的轴向坐标，而不改变其大小。

(5) 采用条元法研究连轧管芯棒速度及其摩擦对轧制过程的影响，具有简单有效、计算费用低等特点，值得进一步推广。

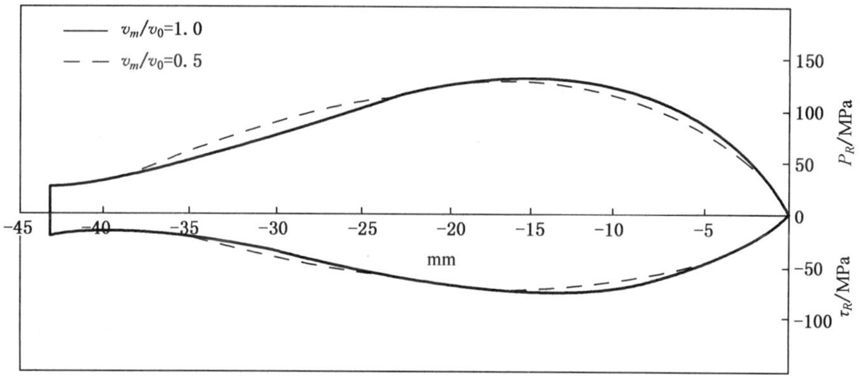

图 13　$\theta=50°$处单位轧制力、单位摩擦力沿轴向分布

参考文献

[1] Toshio Jmae et al. Fundamental characteristics of mandrel mill rolling and its application to practical mill operation, Third International Conference on Steel Rolling Technology of Pipe and Tube and Their Application, Tokyo, Japan, 2-6 Sept, 1985, 215-222.

[2] Dobruckj, W. and Sobkowiak, P. Journal of Mechanical Working Technology, 19 (1989), 285-294.

[3] 朱之超等，东北重型机械学院学报，1980，No. 2，16-36.

[4] 兰兴昌等，东北重机学院学报，1992，No. 1，36-44.

大型筒节轧制成形热力耦合模拟和工艺分析①

陈素文[1,2]，刘宏民[1]，孙建亮[1]，周学凤[1]
（1. 燕山大学国家冷轧板带装备及工艺工程技术研究中心，河北 秦皇岛 066004；
2. 燕山大学环境与化学工程学院，河北 秦皇岛 066004）

摘　要：与传统自由锻相比，大型筒节轧制成形是一种先进高效的生产工艺，具有短流程、节能节材等优点。本文采用基于热模拟实验的筒节材料流变应力模型，通过有限元热力耦合数值模拟，研究了大型筒节轧制过程的金属变形和温度演变规律，分析了轧制工艺参数对金属变形的影响，为优化轧制工艺，预测和控制成形质量提供了依据。

关键词：大型筒节；轧制成形；热力耦合；工艺分析

Coupled Thermal-mechanical Simulation of Heavy Cylinder Rolling and Technology Analysis

Chen Suwen[1,2], Liu Hongmin[1], Sun Jianliang[1], Zhou Xuefeng[1]
(1. National Engineering Research Center for Equipment and Technology of Cold Strip Rolling, Yanshan University, Qinhuangdao 066004, Hebei, China;
2. School of Environmental and Chemical Engineering, Yanshan University, Qinhuangdao 066004, Hebei, China)

Abstract: Comparing with the traditional free forging, a heavy cylinder rolling is an advanced and efficient forming technology because it has the advantages of short process, energy and material saving etc. A flow stress model of the heavy cylinder material is obtained by utilizing the thermal simulation experiment in this study. Through the coupled thermo mechanical numerical simulation of FEM, the metal deformation and the temperature variation law are investigated in the heavy cylinder rolling, and the effect of rolling process parameters on the metal deformation is analyzed. The studied results can provide the basis for optimizing the rolling technology and forming quality forecast and control.

Key words: Heavy cylinder; Rolling forming; Coupled thermo-mechanical; Technology analysis

0　引言

大型筒节（直径最大约 8 m，壁厚 0.5 m左右，轴向宽度 3 m左右）是重型压力容器的关键部件，广泛应用于核电、石油化工和煤化工等重大装备制造业领域[1]。大型筒节轧制是一种先进高效的环类零件成形工艺[2]。与传统筒节自由

① 燕山大学学报，2017，41(2)：116-120.

锻工艺相比，生产效率高，加热次数少，成形表面无锻痕。大型筒节在上、下轧辊作用下直径扩大、壁厚减小。

针对环形零件的轧制研究，Yang[3]等基于三维刚塑性有限元法，研究了T形截面环件热轧过程，得到了环件金属轴向流动特性和成形规律。许思广等[4]采用三维刚塑性有限元法分析了异形截面环件轧制变形过程，研究了环件成形力能参数和金属流动规律。Qian[5]等对厚壁深槽环件轧制成形进行有限元分析，揭示了环件热力变形规律。Nassir Anjami[6]基于有限元软件DEFORM-3D，建立了环件轧制过程有限元模型，研究了轧辊尺寸对环件温度场和金属变形的影响，并对轧辊尺寸进行了优化。Han[7]分析了20CrMnTi合金环件轧制工艺参数对环件形状尺寸和力学性能的影响。王敏等[8-9]利用有限元软件ABAQUS，建立了环件径向热轧有限元模型，研究环件轧制过程温度场和应变场的分布。Zhou[10-11]等建立了大型环件径-轴向轧制有限元模型，得到了工艺参数对环件应变和温度分布均匀性的影响规律。欧新哲[12]利用有限元软件对环件轧制进行热力耦合模拟，得到轧制过程中温度场和应变场的分布。然而，这些研究主要针对环件轧制过程，而关于大型筒节的研究较少。

大型筒节尺寸大，轧制间隙时间比较长，轧制工艺不易控制，轧制过程易出现晶粒粗大、鱼尾和不规则圆等问题，这些问题与金属变形和温度紧密相关。因此，本文基于DEFORM-3D有限元软件，建立了大型筒节高效轧制全过程热力耦合模型，分析筒节轧制过程和间隙期温度场和应变场的变化规律，为进一步优化轧制工艺和提高产品质量提供指导。

1　主要轧制参数的设计范围

1.1　压下量

咬入是大型筒节稳定轧制的前提条件。根据咬入力学平衡条件得，由每转进给量表示筒节轧制咬入条件为[13]

$$\Delta H \leqslant \Delta H_{\max} = \frac{8(\arctan\mu)^2 R_2}{(1+R_2/R_1)^2} \cdot \left(1+\frac{R_2}{R_1}+\frac{R_2}{R}-\frac{R_2}{r}\right), \tag{1}$$

式中，R_1、R_2分别为上、下轧辊半径，R、r为筒节外半径和内半径，μ为摩擦系数，ΔH为每转进给量（压下量）。

只有塑性变形穿透筒节壁厚，即锻透，筒节才会产生直径扩大、壁厚减小的变形，由滑移线理论得，由进给量表示的锻透条件为[13]

$$\Delta H \geqslant \Delta H_{\min} = 6.55\times10^{-3} R_2 \cdot \left(\frac{R}{R_2}-\frac{r}{R_2}\right)^2\left(1+\frac{R_2}{R_1}+\frac{R_2}{R}-\frac{R_2}{r}\right)。\tag{2}$$

1.2　轧辊转速

为了保证轧制过程稳定性，大型筒节轧机采用双辊驱动，这与普通的环件轧制不同。轧辊转速必须满足一定条件才能连续稳定进行轧制，否则容易出现打滑、跑偏等。轧辊转速应满足咬入和锻透条件。下辊转速n_2为[13]

$$n_2 = \frac{vR}{R_2\Delta H}, \tag{3}$$

式中，v为进给速度。将每转最大压下量$\Delta H_{\max}$和最小压下量$\Delta H_{\min}$分别代入式(3)，得到下辊转速的极限值

$$n_2 \geqslant n_{2\min} = \frac{0.125vR\left(1+\dfrac{R_2}{R_1}\right)^2}{(\arctan\mu)^2 R_2^2\left(1+\dfrac{R_2}{R_1}+\dfrac{R_2}{R}-\dfrac{R_2}{r}\right)}, \tag{4}$$

$$n_2 \leqslant n_{2\max} = \frac{153vR}{R_2(R-r)^2\left(\frac{1}{R_1}+\frac{1}{R_2}+\frac{1}{R}-\frac{1}{r}\right)}，\quad (5)$$

式中，$n_{2\min}$、$n_{2\max}$ 分别为下辊转速的最大值和最小值。下辊线速度为 $v_2 = 2\pi R_2 n_2$。同理，可得到上轧辊转速的最大值和最小值。

2　大型筒节轧制全过程三维热力耦合模型

根据筒节尺寸和上述公式，结合某厂大型筒节轧机设备参数和轧制工艺条件，确定工艺参数如表 1 所示。在 DEFORM-3D 模拟软件下建立大型筒节高效轧制全过程热力耦合模型，如图 1 所示。

表 1　轧制工艺参数

Tab. 1　The rolling process parameters

名称	数值	名称	数值
上辊径/mm	1 800	下辊径/mm	2 000
上辊速/(mm/s)	130	下辊速/(mm/s)	150
壁厚/mm	550	筒节外径/mm	5 300
轴向宽度/mm	2 680	初始温度/℃	1 150

轧辊设置为刚体，轧件设为粘塑性。考虑轧制全过程筒节内、外表面与上、下辊接触传热及与外界环境的热对流、热辐射等。

在 Gleeble-3500 热模拟试验机上对筒节材料 2.25Cr1Mo0.25V 进行热压缩实验，变形温度为 1 000～1 200 ℃，变形速率为 0.001～1，实验材料成分见表 2，得到材料流变应力曲线。

表 2　实验材料的化学成分

Tab. 2　Chemical composition of experimental material　　%

C	Si	Cr	Mn	P	Mo	V	Ti	B
0.15	0.04	2.25	0.58	0.005	1.00	0.027	0.02	0.001

图 1　大型筒节轧制全过程有限元模型

Fig. 1　FE model of large cylinder rolling in the whole rolling process

在应变速率较低及变形温度较高条件下，流变应力曲线表现为动态再结晶型曲线，其流变应力模型为

$$\sigma = 5.18\varepsilon^{0.157\,092}\dot{\varepsilon}^{0.12} \cdot \exp\left(\frac{3\,495.32}{T} - 0.165\dot{\varepsilon} + 0.165\right)。\quad (6)$$

在应变速率较高及变形温度较低条件下，流变应力曲线表现为动态回复型曲线，其流变应力模型为

$$\sigma = 1.569\,5\varepsilon^{0.245}\dot{\varepsilon}^{0.288} \cdot \exp\left(\frac{6\,012.051}{T} - (\dot{\varepsilon} - 0.001)^{0.505} - 0.72\varepsilon\right)，\quad (7)$$

式中，ε，$\dot{\varepsilon}$ 分别为等效应变和等效应变速率；T 是变形温度。本文有限元模型就采用此流变应力模型。

3　模拟结果与分析

在某厂大型筒节轧机上进行轧制实验，选取工艺参数如表 1 所示，得到不同压下量的轧制力值。图 2 为大型筒节轧制力实验值与有限元模拟值的对比，可以看出，有限元模拟值与实验值之间的最大误差不超过 10.1%，且均随着压下量的增加，轧制力逐渐增大，从而验证了有限元模型的可靠性。

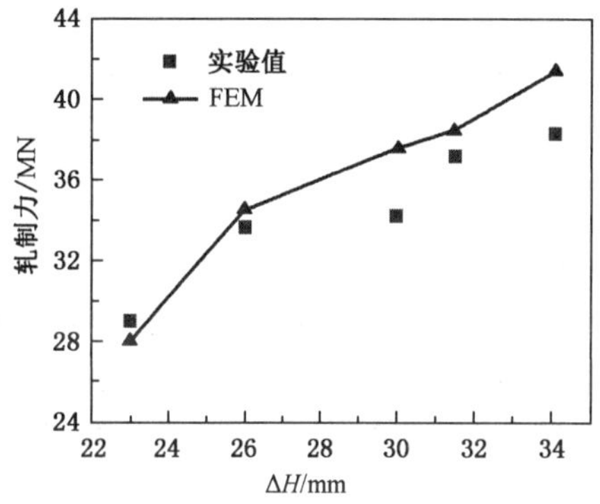

图 2　筒节轧制力实验值与有限元模拟值对比

Fig. 2　Comparison of large cylinder rolling force between the experiment and finite element simulation values

3.1　应变分析

在轧制初期，塑性变形首先产生于筒节的内外圈表面，如图 3(a)所示。随着轧制过程的进行，塑性区逐渐向径向厚度中心移动，随着变形程度逐渐增强，直至将轧件轧透。同时，塑性变形区由局部小区域扩展到整个轧件。图 4 为不同压下量下大型筒节轧制等效应变沿径向厚度分布，可以看出，内外圈等效应变比径向厚度中心应变大，且外表面的应变大于内表面的应变，这是由于筒节内外表面压下量分配不均。设内外压下量之比为 γ，则[13]

$$\gamma=\frac{\Delta H_2}{\Delta H_1}=\frac{(1/R_2)+(1/R)}{(1/R_1)-(1/r)}。\tag{8}$$

在轧制初期，外表面压下量大于内表面，随着轧制过程的进行，两者比值逐渐减小。

在较大压下量作用下，等效应变沿径向厚度分布非均匀性比较明显；当压下量较小时，等效应变沿径向厚度分布非均匀性趋势变缓。在整个径向厚度方向的等效应变均大于单向压缩同等压下量作用下的等效应变，且压下量越大，相差越大。这是由于筒节轧制是一种特殊的异步轧制，变形区中内外表面存在一对剪切力[14]，形成搓轧区，引起金属剪切变形。

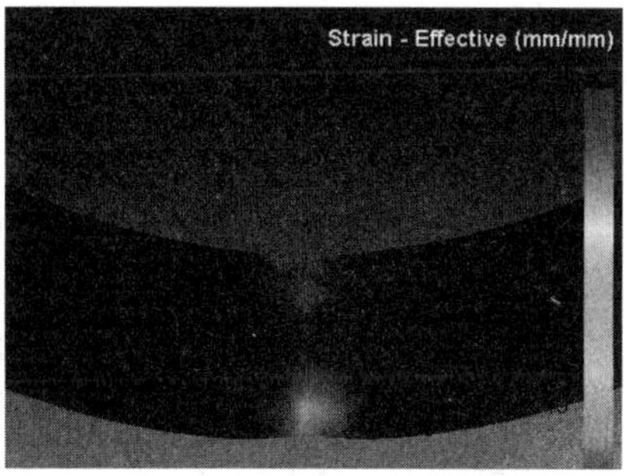

(a) 初期

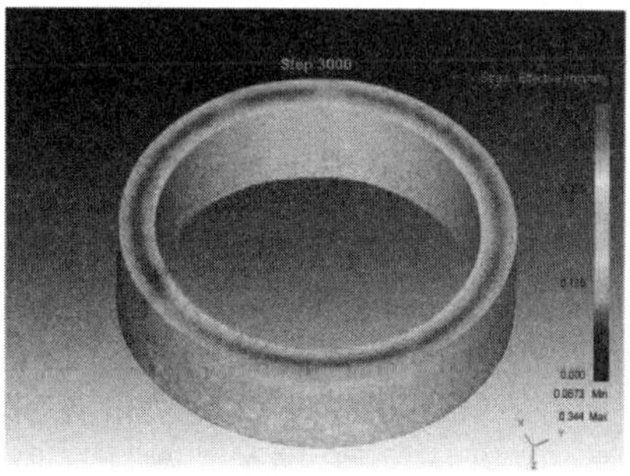

(b) 轧制一圈

图 3　等效应变分布

Fig. 3　Effective strain distribution of large cylinder rolling

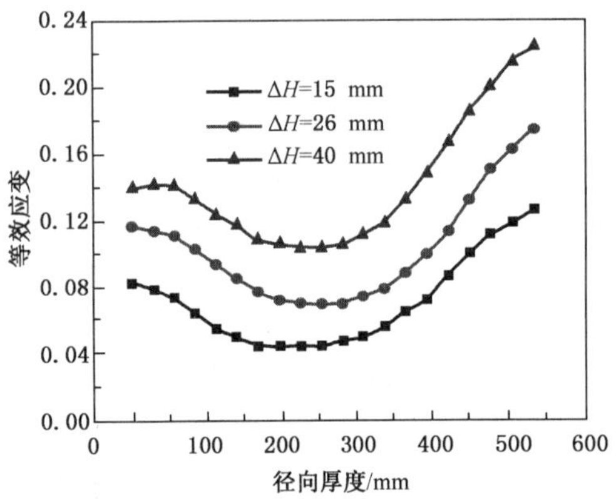

图 4　不同压下量下等效应变沿径向厚度分布

Fig. 4　Effective strain along radial distribution under different reductions

图 5 所示的是不同压下量下剪应变沿径向厚度方向分布。剪应变沿径向厚度方向呈非线性分布，且压下量越大，剪应变越大，促进金属塑性变形，有利于提高筒节的性能。

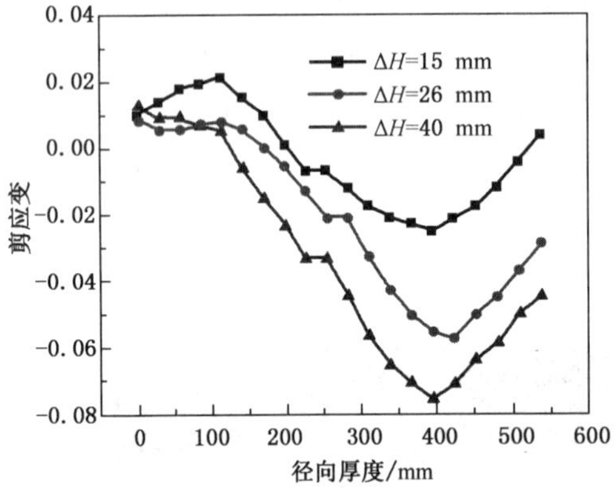

图 5　不同压下量剪应变沿径向厚度分布

Fig. 5　Shear strain along radial distribution under different reductions

图 6 为不同下辊速等效应变沿径向厚度分布。从整体上看，随着下辊速的增大，等效应变增加。这是因为当上辊速保持不变，增加下辊速，上下轧辊异速比增大，变形区剪切变形增强，促进金属塑性变形。因此，在选取轧辊速度时，在保证轧制稳定性的前提下，可以适当提高轧辊转速，适当提高上下轧辊异速比，可以显著降低轧制力和力矩，提高产品成形质量。

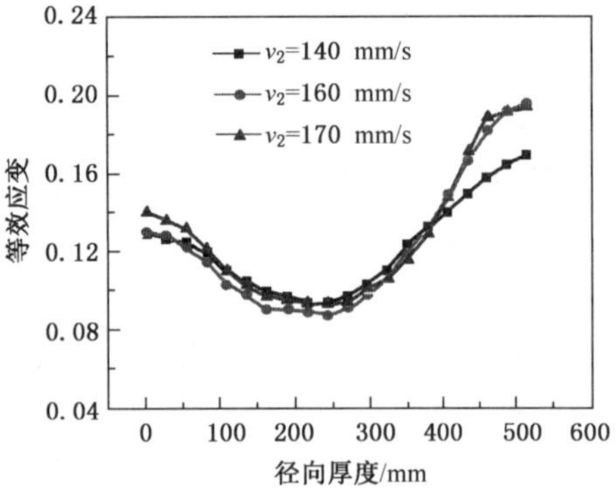

图 6　不同下辊速等效应变沿径向厚度分布

Fig. 6　Effective strain along radial distribution under different reductions

为了更直观地观察轧制区和间隙期筒节轧制不同点处等效应变随时间的变化规律，在筒节径向截面取 6 个跟踪点，如图 7 所示。在变形区，跟踪点应变值随压下量的增大而增大，当压下停止，应变达到最大值，当跟踪点离开变形区，进入间隙期后，只有一部分弹性残余应变，基本不会发生塑性变形，应变值保持不变，如图 8 所示。

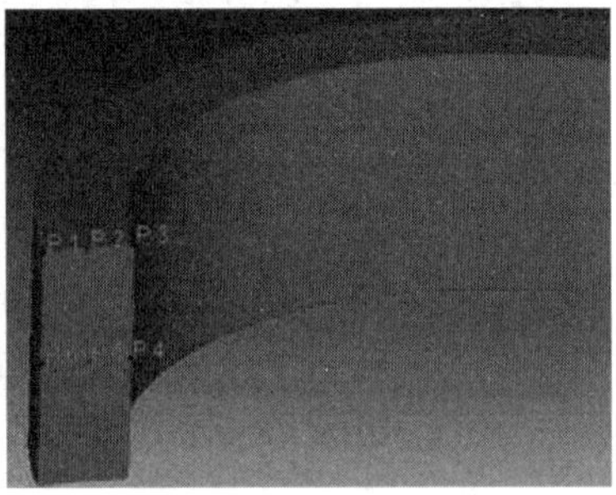

图 7　各跟踪点位置

Fig. 7　The tracking point location

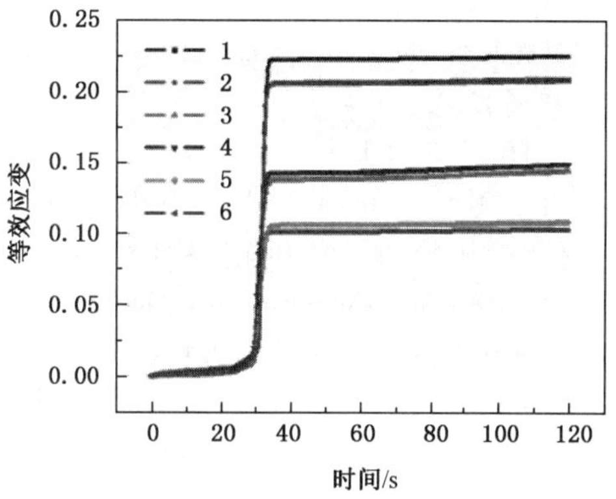

图 8 各跟踪点等效应变随时间变化

Fig. 8 Equivalent strain of the tracking point changing with time

3.2 温度场分布

在轧制初期，筒节与上、下轧辊接触的内外表面温降最大，而变形区以外温度变化很小。这是由于筒节与轧辊温差较大，发生较多接触传热，故温降大；变形区以外主要受到对流和热辐射的影响，且时间很短，故温度变化很小。

随着轧制过程进行，筒节内外表面温度降低，中间变化不大。这是因为，轧件表面发生接触传热、对流换热和热辐射，温降快，而中心层温度变化不大是由于轧件发生塑性变形产生的塑性变形热较大，补充损失的热量。

为了反映大型筒节轧制过程不同部位温度变化，跟踪点选取如图 7 所示。图 9 为各跟踪点温度随时间变化曲线。可以看出，在变形区，筒节内外表面温降最大，在非变形区，内外表面温度主要通过热辐射和热对流进行，且间隙时间比较长，导致温度逐渐降低。轧制全过程中心层温度变化不大。还可以看出，随着轧制过程进行，温度分布越来越不均匀。

4 结论

通过理论分析和数值模拟，研究了大型筒节轧制变形行为和温度场分布，得到工艺参数对金属塑性变形的影响及轧制全过程温度的分布变化规律。结果表明，大型筒节轧制变形是非均匀的，筒节外表面应变大于内表面应变，中心层应变最小；剪应变随着压下量的增大而增大，促进金属塑性变形。随着下辊速的增大，异速比增大，金属等效应变随之增加。轧制全过程中，温度呈现不均匀分布，筒节内外层温降大，中间层变化不大。研究结果可为大型筒节高效轧制成形提供有效的工艺理论指导。

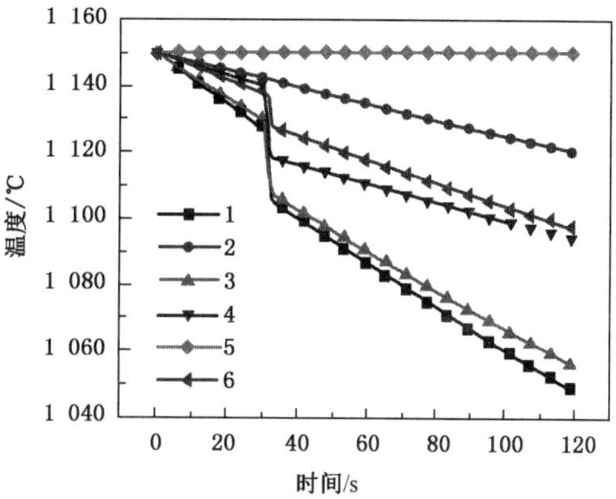

图 9 被测点温度随时间变化

Fig. 9 Measured points temperature change with time

参考文献

[1] 孟卫东，司林波. 国内外装备制造业重点领域发展趋势研究[J]. 燕山大学学报，2015，38(6)：478-479.

[2] 潘剡，钱东升，华林，等. $\phi 9$ m 超大型环件径轴向轧制成形仿真模拟与实验[J]. 塑性工程学报，2012，19(3)：19-24.

[3] YANG D Y，KIM K H，HAWKVARD J B. Simulation of T-section profile ring rolling by the 3D rigid-plastic finite element method [J]. International Journal of Mechanical Sciences，1991，33(7)：541-550.

[4] XU S G，LIAN J C，Hawyard J B. Simula-

tion of ring rolling using a rigid-plastic finite element model[J]. International Journal of Mechanical Science, 1991, 33(5): 393-401.

[5] QIAN D S, ZHANG Z Q, HUA L. An advanced manufacturing method for thick-wall and deep-groove ring-combined ring rolling [J]. Journal of Materials Processing Technology, 2013, 213(8): 1258-1267.

[6] NASSIR A, ALI B. Investigation of rolls size effects on hot ring rolling process by coupled thermo mechanical 3D-FEA [J]. Journal of Materials Processing Technology, 2010, 210(10): 1364-1377.

[7] HAN X H, HUA L. Plastic deformation behaviors and mechanical properties of rolled rings of 20CrMnTi alloy in combined radial and axial ring rolling[J]. Materials and Design, 2014, 58: 508-517.

[8] 王敏，杨合，郭良刚. 钛合金大环件热辗扩轧辊运动的数值仿真研究[J]. 稀有金属材料与工程，2012，41(1)：14-18.

[9] WANG M, YANG H, SUN Z C, et al. Dynamic explicit FE modeling of hot ring rolling process[J]. Transactions of Nonferrous Metals Society of China, 2006, 16(6): 1274-1280.

[10] ZHOU G, HUA L, QIAN D S. 3D coupled thermo-mechanical FE analysis of roll size effects on the radial-axial ring rolling process[J]. Computational Materials Science, 2011, 50(3): 911-924.

[11] ZHOU G, HUA L, LAN J, et al. FE analysis of coupled thermo-mechanical behaviors in radial-axial rolling of alloy steel large ring[J]. Computational Materials Science, 2010, 50(1): 65-76.

[12] 欧新哲. 金属环件热辗扩宏微观变形三维热力耦合有限元分析[D]. 西安：西北工业大学，2007.

[13] 华林，黄兴高，朱春东. 环件轧制理论和技术[M]. 北京：机械工业出版社，2001：8-50.

[14] 彭艳，张海丽. 基于条元法的异步轧制金属三维塑性变形分析[J]. 燕山大学学报，2014，38(1)：10-15.

考虑非均匀应力分布的大型筒节轧制力计算模型①

孙建亮，刘宏民，彭　艳，陈素文

（燕山大学国家冷轧板带装备及工艺工程技术研究中心，河北 秦皇岛 066004）

摘　要：为了准确计算筒节轧制力，建立一种基于切块法的考虑筒节不均匀应力分布的轧制力计算模型。根据轧制过程中筒节和轧辊的几何关系，精确计算筒节内外表面的接触弧长；根据筒节非对称轧制条件，考虑非均匀分布的张应力和切应力，建立筒节轧制变形区（前滑区、搓轧区和后滑区）的力平衡微分方程；基于有限元软件 Marc 研究大型筒节轧制的轧透性条件。对某厂 3 700 mm 筒节轧机典型产品进行仿真，结果表明模型计算结果与实测结果误差小于 10%，满足工业应用要求；为了满足轧制过程稳定性和异步轧制条件，筒节轧制压下量 $\Delta h > 20$ mm，上下轧辊速比 $1 < v_2/v_1 < 1.02$；上下轧辊速比对平均切应力影响较大，压下量对平均切应力的影响较小。

关键词：大型筒节；轧制成形；非均匀应力分布；轧制力模型

Rolling Force Model of Heavy Cylinder Based on Non-uniform Stress Distribution

Sun Jianliang, Liu Hongmin, Peng Yan, Chen Suwen

(National Engineering Research Center for Equipment and Technology of Cold Strip Rolling, Yanshan University, Qinhuangdao 066004, Hebei, China)

Abstract: In order to calculate the rolling force in the heavy cylinder rolling, the non-uniform stress distribution is taken into account, and a rolling force model based on slab method is established. According to the deformation geometric relationship of heavy cylinder and rolls in the rolling process, the precise length of contact arc is obtained; then according to the asymmetric rolling conditions, the non-uniform normal stress and shear stress distribution are considered, the equilibrium differential equations of deformation zones (forward slip zone, cross shear zone and backward slip zone) are established; Moreover the rolling permeability condition is obtained based on finite element method (FEM) software Marc; The rolling forces of some 3 700 mm heavy cylinder rolling mill are calculated, the predicted results are in good agreement with the measured values, which can satisfy the requirement of industrial application. The results also show that when the rolling reduction $\Delta h > 20$ mm, and the velocity ratio of up roll and down roll $1 < v_2/v_1 < 1.02$, the stability of rolling process and the asynchronous rolling conditions can be satisfied.

Key words: Heavy cylinder; Rolling forming; Non-uniform stress distribution; Rolling force model

---

① 机械工程学报，2015，51(18)：50-56.

0　前言

大型筒节包括核电筒节、加氢反应器筒节和煤液化反应器筒节，分属于核电装备、石化装备和煤液化装备领域所需的关键部件，其直径达 8 000 mm，宽度达 2 000～3 000 mm，壁厚大于 300 mm[1]。目前能源产业结构正向低碳经济和清洁能源方向发展，核电、煤液化等领域对大型筒节的需求量和质量要求日益紧迫。针对目前大型筒节锻造生产工艺落后，难以满足批量化生产的难题，国内已有企业研制了筒节轧机[2]，但针对筒节轧制理论研究较少。筒节轧机上辊和下辊直径不同，轧辊转速不同，轧制变形区呈弧状，筒节轧制是一种非对称轧制过程，而筒节轧制力模型对于筒节轧制规程设计和过程控制具有重要作用。国内外学者对中小型环件轧制模型进行了研究，SONG 等[3]基于有限元软件 Marc/Mentat 对热轧环件变形过程进行热力耦合模拟，计算结果与试验结果较吻合。NASSIR 等[4]基于刚塑性有限元法研究了轧辊尺寸对环件热力耦合和金属变形的影响。华林等[5-6]深入研究了冷轧环件金属流动规律和力学参数计算。SUN 等[7-10]对热轧环件进行了研究，建立了环件轧制热力耦合有限元模型，分析了轧制工艺对变形的影响。PARVIZ 等[11]基于条块法建立了环件轧制力模型，该模型假定摩擦力为常剪切摩擦，计算了轧制力和轧制力矩。这些研究都是针对小型环件轧制模型的研究，而且有限元算法计算时间长，不适于工业应用。大型筒节轧制不同于环件轧制，筒节轧机垂直布置，且上下轧辊都是驱动辊，轧制过程是异步轧制过程。SALIMI 考虑非均匀正应力和切应力，建立了基于切块法的板带异步轧制力学模型[12]。GUDUR 等[13]基于非对称轧制机理提出一种确定摩擦因数的方法，并且能够预测非对称轧制条件下的板带弯曲。但这些研究是对于薄板异步轧制的研究，不适用于厚壁筒节轧制。本文精确计算了筒节变形区接触弧长，给出了筒节轧透性条件，建立一种考虑非均匀分布的张应力和切应力的轧制力计算模型，能够准确预报筒节轧制力。

1　轧制力计算模型的建立

1.1　考虑非均匀应力分布的平衡微分方程

图 1 是大型筒节轧制过程示意图。如图 1 所示，v_1 和 v_2 分别是上辊和下辊表面线速度，n_1 和 n_2 分别是上辊和下辊转速，R_1 和 R_2 分别是上辊和下辊半径，l_1 和 l_2 分别是上辊和下辊接触弧长，x_{n1} 和 x_{n2} 分别是上中性点和下中性点，H 和 h 分别是筒节入口和出口厚度。筒节轧机的上辊和下辊都是驱动辊，上辊是可移动辊，轧制前先将上辊抽出、将筒节吊放到轧机中，然后将上辊推入并锁紧，开始轧制。筒节轧机上辊和下辊的直径不同、速度不同、摩擦状态不同，筒节轧制属于异步轧制。设上辊速度小于下辊速度，由异步轧制理论可知，轧制变形区可以分为三个区：入口区Ⅰ、搓轧区Ⅱ和出口区Ⅲ。在Ⅰ区中，轧件的速度低于上下轧辊的速度，轧件上下表面所受摩擦力方向指向出口侧；在Ⅱ区中，上辊速度小于轧件速度，下辊速度大于轧件速度，轧件上表面所受摩擦力方向指向入口侧，轧件下表面所受摩擦力方向指向出口侧，上下表面摩擦力相反，呈搓轧状态；在Ⅲ区中，轧件的速度高于上下轧辊的速度，轧件上下表面所受

摩擦力方向入口侧。在变形区Ⅲ中任意取一微元体，其受力模型如图 2 所示，其中 p_1 和 p_2 分别是上辊和下辊单位轧制力，σ_1 和 σ_2 分别是筒节内外表面的张应力，τ_1 和 τ_2 分别是筒节内外表面的摩擦力，O_M 是微元体左侧截面中点。

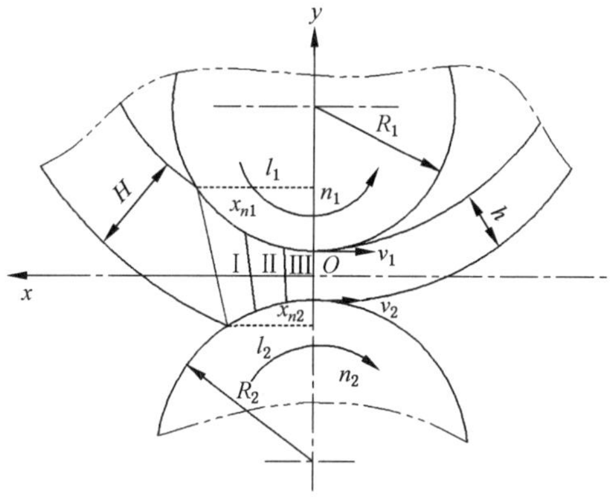

图 1　大型筒节轧制过程示意图

基于以下假设，建立其力学模型。

(1) 轧辊是刚体，轧件是刚塑性材料，忽略轧件沿宽度方向的变形。

(2) 轧制过程是稳定轧制。

(3) 考虑沿厚度方向的张应力分布和剪力分布，假设均为线性分布。

(4) 摩擦条件满足库仑摩擦。

(5) 接触弧长满足抛物线分布，即

$$h_x = h + x^2/R_{eq} \tag{1}$$

式中，$R_{eq} = 2R_1R_2/(R_1+R_2)$。

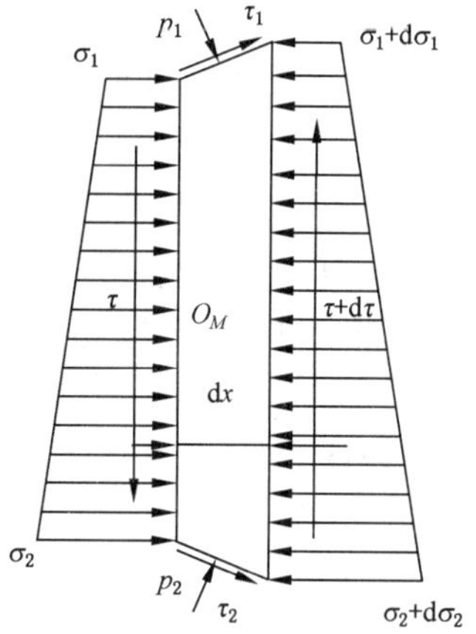

图 2　变形区微元体受力模型

如图 2 所示，根据水平和垂直方向受力平衡和 Q_M 点力矩平衡，可得平衡微分方程为

$$\frac{\sigma_1+\sigma_2}{2}\frac{\mathrm{d}h_x}{\mathrm{d}x}+\frac{h_x}{2}\left(\frac{\mathrm{d}\sigma_1}{\mathrm{d}x}+\frac{\mathrm{d}\sigma_2}{\mathrm{d}x}\right)+(\tau_1+\tau_2)-(p_1\tan\theta_1+p_2\tan\theta_2)=0 \tag{2}$$

$$(p_2-p_1)\mathrm{d}x+(\tau_2\tan\theta_2-\tau_1\tan\theta_1)\mathrm{d}x+\tau\mathrm{d}h_x+h_x\mathrm{d}\tau=0 \tag{3}$$

$$\begin{aligned}&-\frac{1}{12}(\sigma_2-\sigma_1)h_x^2+\frac{1}{12}(\sigma_2-\sigma_1+\mathrm{d}\sigma_2-\mathrm{d}\sigma_1)(h_x+\mathrm{d}h_x)^2-\\&(\tau+\mathrm{d}\tau)(h_x+\mathrm{d}h_x)\mathrm{d}x-\frac{1}{2}\tau_1h_x\cos\theta_1\mathrm{d}s_1+\frac{1}{2}\tau_2h_x\cos\theta_2\mathrm{d}s_2+\\&\frac{1}{2}p_1\mathrm{d}s_1^2+\frac{1}{2}p_1h_x\sin\theta_1\mathrm{d}s_1-\frac{1}{2}p_2\mathrm{d}s_2^2-\frac{1}{2}p_2h_x\sin\theta_2\mathrm{d}s_2=0\end{aligned} \tag{4}$$

由图 1 几何关系和方程式(1)可得 $\mathrm{d}s_1=\mathrm{d}x/\cos\theta_1$，$\mathrm{d}s_2=\mathrm{d}x/\cos\theta_2$，$\mathrm{d}h_x/\mathrm{d}x=2x/R_{eq}$，将其代入式(4)化简得

$$\left(\frac{p_1}{R_1}+\frac{p_2}{R_2}\right)x-\frac{x}{R_{eq}}(\sigma_1+\sigma_2)-\frac{h_x}{2}\left(\frac{\mathrm{d}\sigma_1}{\mathrm{d}x}+\frac{\mathrm{d}\sigma_2}{\mathrm{d}x}\right)-(\tau_1+\tau_2)=0 \tag{5}$$

$$\frac{\tau}{R_{eq}}\cdot 2x+(p_2-p_1)+\left(\frac{\tau_2}{R_2}-\frac{\tau_1}{R_1}\right)x+h_x\frac{\mathrm{d}\tau}{\mathrm{d}x}=0 \tag{6}$$

$$\frac{h_x}{12}\left(\frac{\mathrm{d}\sigma_1}{\mathrm{d}x}-\frac{\mathrm{d}\sigma_2}{\mathrm{d}x}\right)+\frac{xh_x}{2R_1}(\sigma_1+\sigma_2)-\frac{xh_x}{6R_{eq}}(\sigma_1+5\sigma_2)+h_x\tau+\frac{xh_x}{2}\cdot$$

$$\left(\frac{p_2}{R_2}-\frac{p_1}{R_1}\right)+\frac{h_x}{2}(\tau_1-\tau_2)=0 \quad (7)$$

根据平面应变条件下的塑性条件

$$(\sigma_x-\sigma_y)^2+4\tau_{xy}^2=4k^2 \quad (8)$$

由于 $\sigma_x=-\sigma,\sigma_y=-p,\tau_{xy}=\tau$，因此可得其屈服条件为

$$\begin{cases}\sigma_1=p_1-2\sqrt{k^2-\tau_1^2}\\ \sigma_2=p_2-2\sqrt{k^2-\tau_2^2}\end{cases} \quad (9)$$

摩擦条件采用库伦摩擦

$$\begin{cases}\tau_1=\mu_1 p_1\\ \tau_2=\mu_2 p_2\end{cases} \quad (10)$$

变形区中不同分区摩擦力的方向不同。

将屈服条件式(9)和摩擦条件式(10)代入到式(5)～(7)中，可得

$$\frac{\mathrm{d}p_1}{\mathrm{d}x}=A-B \quad (11)$$

$$\frac{\mathrm{d}p_2}{\mathrm{d}x}=A+B \quad (12)$$

$$\frac{\mathrm{d}\tau}{\mathrm{d}x}=\frac{x}{h_x}\left(\frac{\tau_2}{R_2}-\frac{\tau_1}{R_1}\right)+\frac{p_1-p_2}{h_x}-\frac{2x}{R_{eq}h_x}\cdot\tau \quad (13)$$

$$A=\frac{x}{h_x}\left(\frac{p_1}{R_1}+\frac{p_2}{R_2}\right)-\frac{x}{R_{eq}h_x}\cdot(\sigma_1+\sigma_2)-\frac{1}{h_x}(\tau_1+\tau_2)$$

$$B=\frac{6}{h_x}\tau+\frac{3x}{h_x}\left(\frac{p_2}{R_2}-\frac{p_1}{R_1}\right)+\frac{3x}{R_1h_x}(\sigma_1+\sigma_2)+\frac{3}{h_x}(\tau_1-\tau_2)-\frac{x}{R_{eq}h_x}(\sigma_1+5\sigma_2)$$

1.2　接触弧长模型

图 3 给出了筒节轧制过程几何关系图。如图 3 所示，R_1 和 R_2 分别为筒节轧机上辊半径和下辊半径，R 和 r 分别为筒节的外径和内径，O_1 和 O_2 分别为轧制过程上辊和下辊的中心，AE 是上辊压下量 Δh_1，DH 是下辊压下量 Δh_2，BF 近似等于上辊接触弧长 l_1，CH 近似等于下辊接触弧长 l_2。以筒节圆心 O 为坐标原点，根据其几何关系，可知 $\overset{\frown}{AB}$、$\overset{\frown}{BE}$、$\overset{\frown}{CD}$ 和 $\overset{\frown}{CG}$ 的曲线方程分别为

$$y=-\left[r+AE-\left(R_1-\sqrt{R_1^2-x^2}\right)\right] \quad (14)$$

$$y=-\sqrt{r^2-x^2} \quad (15)$$

$$y=-\left[R-DG+\left(R_2-\sqrt{R_2^2-x^2}\right)\right] \quad (16)$$

$$y=-\sqrt{R^2-x^2} \quad (17)$$

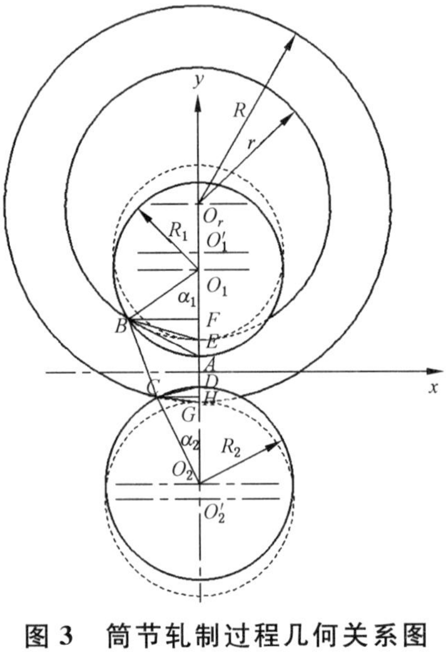

图 3　筒节轧制过程几何关系图

当 $x=l_1$ 时，$\overset{\frown}{AB}$ 和 $\overset{\frown}{BE}$ 相交于 B 点，有

$$AE=\frac{l_1^2}{2}\left(\frac{1}{R_1}-\frac{1}{r}\right) \quad (18)$$

当 $x=l_2$ 时，$\overset{\frown}{CD}$ 和 $\overset{\frown}{CG}$ 相交于 C 点，有

$$DG=\frac{l_2^2}{2}\left(\frac{1}{R_2}+\frac{1}{R}\right) \quad (19)$$

又因为 $AE=\Delta h_1$，$DG=\Delta h_2$，且 $\Delta h_1+\Delta h_2=\Delta h$，可得

$$\frac{l_1^2}{2}\left(\frac{1}{R_1}-\frac{1}{r}\right)+\frac{l_2^2}{2}\left(\frac{1}{R_2}+\frac{1}{R}\right)=\Delta h \quad (20)$$

假设 $\Delta h_1=\Delta h_2$，有

$$l_1^2\left(\frac{1}{R_1}-\frac{1}{r}\right)=l_2^2\left(\frac{1}{R_2}+\frac{1}{R}\right) \quad (21)$$

求解方程式(19)、(20)，可得 l_1 和 l_2。接触弧长

$$L=(l_1+l_2)/2 \quad (22)$$

1.3　变形抗力模型

本文以加氢反应器筒节为研究对象，其材料为 2.25Cr1Mo0.25V，在 Gleeble-3500 热模拟试验机上进行变形抗力测定试验，得到了筒节材料 2.25Cr1Mo0.25V 变形抗力的数学模型[14]。

动态回复型变形抗力数学模型

$$\sigma=5.18\exp\left(\frac{3\,495.32}{T}-0.165\dot{\varepsilon}+0.165\right)\cdot \varepsilon^{0.157\,092}\dot{\varepsilon}^{0.12} \quad (23)$$

动态再结晶型变形抗力数学模型

$$\sigma=1.569\,5\exp\left(\frac{6\,012.051}{T}-(\dot{\varepsilon}-0.001)^{0.505}-0.72\varepsilon\right)\varepsilon^{0.245}\dot{\varepsilon}^{0.288} \quad (24)$$

式中，ε 是应变；$\dot{\varepsilon}$ 是应变速率；T 是温度。

1.4　计算流程

图 4 是大型筒节轧制力模型计算流程图。首先根据方程式(20)、(21)计算出接触弧长 L，然后求解微分方程式(11)～(13)计算 p_1、p_2 和 τ，采用的方法是四阶龙格库塔算法，求解关键是确定上下中性点 x_{n1} 和 x_{n2}。结合变形区边界条件，采用二分法优化确定：假设入口和出口平均张应力为零 $(\sigma_1+\sigma_2)/2=0$，即稳定轧制状态时入口出口不存在张应力，先将 x_{n2} 置于两个极限位置，一个接近入口区，另一个接近出口区，根据体积不变定律可以计算出 x_{n1}，接着由微分方程式(11)～(13)可以计算出入口平均张应力，根据平均张应力的大小可调整 x_{n2} 的位置，当平均张应力为负时，x_{n2} 接近出口区，取入口侧区间，当平均张应力为正时，x_{n2} 接近入口区，取出口侧区间，往复迭代，直到满足入口平均张应力为零的条件，循环终止。最后可得到准确的轧制力、轧制力矩、切应力等和张应力分布等。

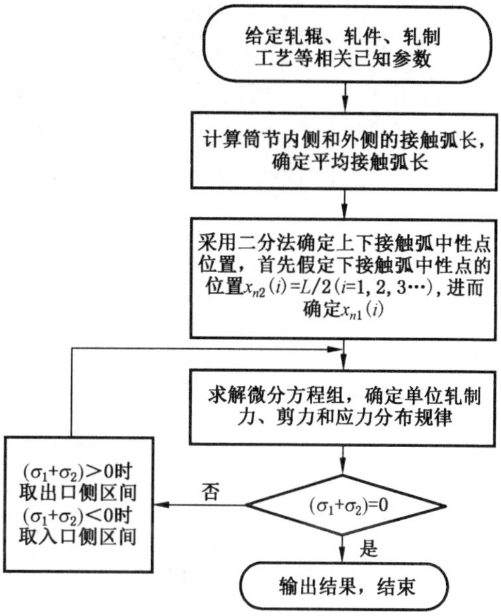

图 4　大型筒节轧制力计算流程图

2　大型筒节轧透性分析

轧透性是指在轧制时筒节塑性变形所能达到的深度。根据塑性成型理论，当应变小于 0.2% 其变形很难保持下来，因此选择 0.2% 为应变临界点，当心部等效塑性应变值大于 0.2% 时，认为筒节被轧透，即此时轧透性为 100%。本文采用 Marc 软件分析筒节的轧透性，以 Marc 中等效应变值 0.2% 作为筒节轧透的单元临界屈服条件。根据上述方法采用有限元软件 Marc 进行仿真分析，取压下率分别为 0.6%，0.8% 和 1.5% 进行仿真计算，得到筒节等效应变分布情况如图 5 所示。由图 5 可知筒节等效塑性变形最先发生在上辊接触面，随后向中心发展，当发展

到一定位置，下辊接触面开始产生塑性变形，然后两股塑性区沿相反方向向中心扩展直至汇合，可知满足筒节轧透的临界压下率约为0.8%，所以在制订筒节轧制规程时压下率设定应大于临界压下率。

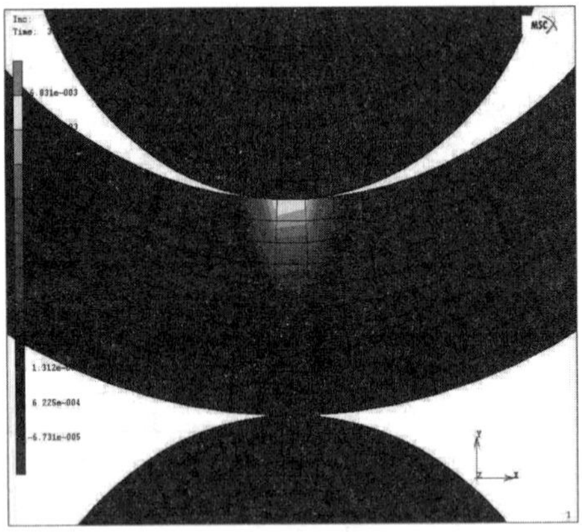

(a) $\Delta h/h$=0.6%

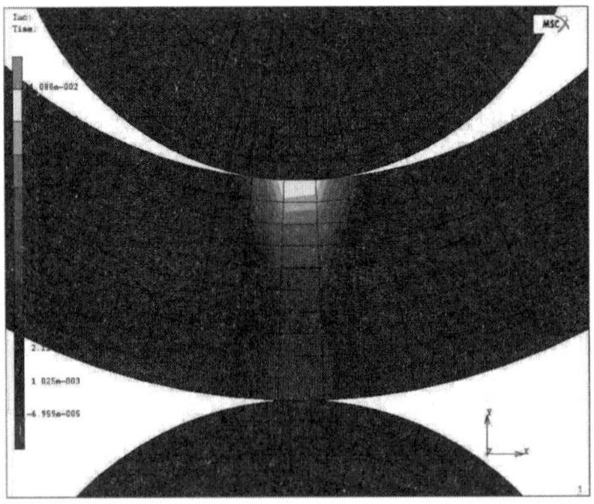

(b) $\Delta h/h$=0.8%

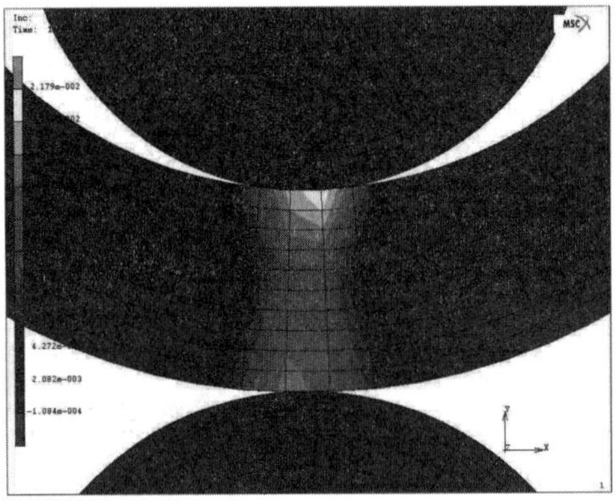

(c) $\Delta h/h$=1.5%

图5　不同压下率时大型筒节的等效塑性应变

3　计算结果分析

以某厂3 700mm筒节轧机为研究对象，选取不同轧制条件的筒节轧制算例，根据所建模型计算轧制力、切应力、摩擦力和张应力等参数。表1是某3 700mm筒节轧机轧制参数算例。由表1可知，算例均满足筒节轧透性条件，计算轧制力和实测轧制力的误差在10%以内，能够满足工业应用要求，同时证明本文所建模型的正确性。

表1　大型筒节轧制算例计算参数

参数	算例1	算例2	算例3	算例4	算例5	算例6
外径/mm	5 334	5 160	5 315	5 174	5 377	5 576
入口厚度/mm	586	584	530	590	523	504

续表 1

参数	算例 1	算例 2	算例 3	算例 4	算例 5	算例 6
压下量/mm	36	30	31	34	25	35
温度/℃	980	1 150	1 264	1 173	890	930
速度/(mm/s)	150	150	150	150	150	150
宽度/mm	2 770	2 880	3 130	2 680	2 920	2 595
实测轧制力/kN	64 825	33 054	31 841	28 233	42 810	64 035
计算轧制力/kN	58 715	30 534	34 392	30 759	45 312	59 396
轧制力误差(%)	9.4	7.6	8.0	8.9	5.8	7.2

图 6 是不同压下量条件下筒节单位轧制压力沿接触弧长的分布。由图 6 可知，当 $\Delta h \leqslant 20$ mm 时，由于压下量较小，接触弧长变小，同时筒节变形区只有前后滑区、搓轧区消失，不利于筒节轧制过程的稳定；当 $\Delta h = 30$ mm 时，筒节轧制出现三个区，前滑区较小，搓轧区和后滑区较大，对比 $\Delta h = 40$ mm 和 $\Delta h = 50$ mm 时发现，当压下量增加，前滑区逐渐增大，搓轧区和后滑区逐渐减小，适当增大压下量，形成适当比例的搓轧区有利于轧制过程的稳定。

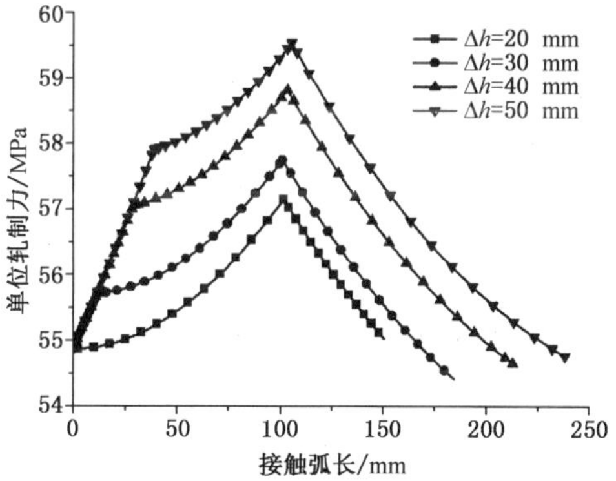

图 6　不同压下量条件下单位轧制力分布

图 7 是不同压下量条件下筒节平均切应力沿接触弧长的分布。由图 7 可知，平均切应力沿接触弧长逐渐增加，筒节入口达到最大，筒节出口处为零，前滑区切应力较小，搓轧区和后滑区切应力逐渐增加，其中搓轧区切应力增大速率较大。随着筒节压下量的增加，平均切应力减小，出口切应力数值接近，因此压下量对平均切应力的影响不大。

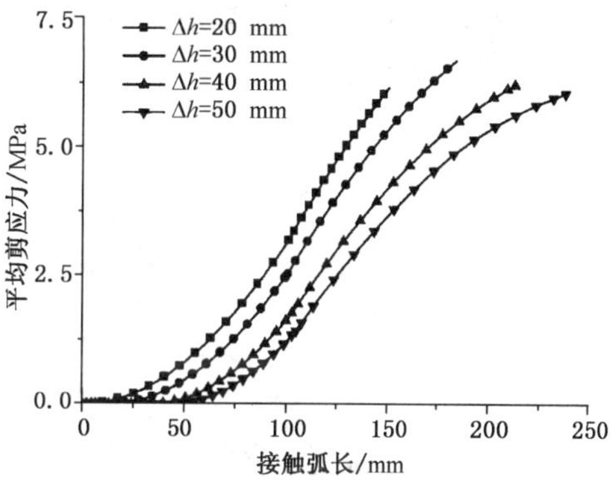

图 7　不同压下量条件下平均切应力分布

图 8 是不同上下轧辊速比的单位轧制力分布。由图 8 可知，当 $v_2/v_1 = 1$ 和当 $v_2/v_1 \geqslant 1.02$ 时，筒节轧制变形区不存在搓轧区；当 $1 < v_2/v_1 < 1.02$ 时，随着速比的增大，搓轧区逐渐增大，前滑区逐渐减小。由于筒节轧制是异步轧制，变形区呈非对称分布、上下辊径不同，上下轧辊必然存在速比，由图 8 可知，上下轧辊速比对轧制过程稳定性影响很大，为满足轧制过程稳定性和异步轧制条件，轧制速比应小于 1.02。

图 9 是不同上下轧辊速比时平均切应力分布。由图 9 可知，当速比 $v_2/v_1 = 1$ 时，平均切应力很小，约为 0.14 MPa；随着速比的增大，平均切应力逐渐增大，当 $v_2/v_1 = 1.02$ 时，平均切应力达到 9 MPa，

由此可知速比的变化对平均切应力影响较大。

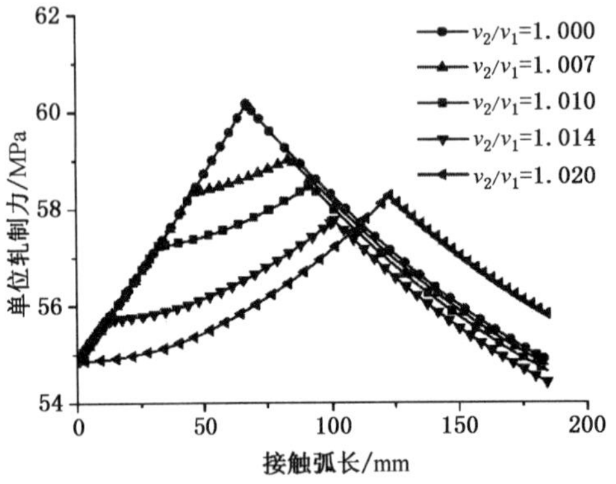

图 8　不同上下轧辊速比的单位轧制力分布

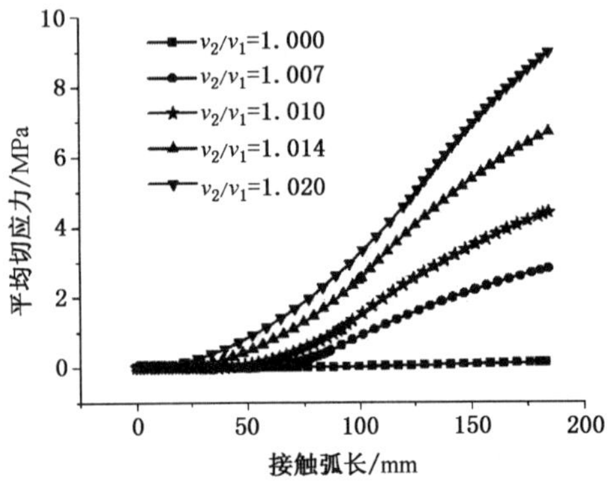

图 9　不同上下轧辊速比的平均切应力分布

4　结论

（1）根据筒节和轧辊的几何关系，建立求解上下表面接触弧长的几何模型；考虑轧制变形区不均匀张应力和切应力分布，建立了基于条块法的筒节轧制力模型。

（2）基于 Marc 有限元软件，确定了大型筒节轧制的轧透性条件。

（3）基于龙格库塔算法和二分法，根据所建模型，准确计算了轧制筒节的中性点、轧制力、切应力和张应力等。对某厂 3 700 mm 筒节轧机典型产品进行了仿真，模型计算结果与实测结果误差小于 10%，满足工业应用要求。

（4）为满足轧制过程稳定性和异步轧制条件，筒节轧制压下量 $\Delta h>20$ mm，上下轧辊速比 $1<v_2/v_1<1.02$；平均切应力受上下轧辊速比的影响较大，受压下量的影响较小。

参考文献

[1] BANASZEK G, SZOTA P. A Comprehensive numerical analysis of the effect of relative feed during the operation of stretch forging of large ingots in profield anvils [J]. Journal of Material Processing Technology, 2005, 169(3): 427-444.

[2] 吴生富，周晓平，刘刚，等. 一种筒节轧制工艺及其轧制设备：中国，200910145738 [P]. 2009-11-11.
WU Shengfu, ZHOU Xiaoping, LIU Gang, et al. A heavy cylinder rolling equipment and rolling technology: China, 200910145738 [P]. 2009-11-11.

[3] SONG J L, DOWSON A L, JACOBS M H, et al. Coupled thermo mechanical finite element modeling of hot ring rolling process [J]. Journal of Materials Processing Technology, 2002, 121(2-3): 332-340.

[4] NASSIR A, ALI B. Investigation of rolls size effects on hot ring rolling process by coupled thermo mechanical 3D-FEA [J]. Journal of Materials Processing Technology, 2010, 210(10): 1364-1377.

[5] 华林，黄兴高，朱春东. 环件轧制理论和技术[M]. 北京：机械工业出版社，2001.
HUA Lin, HUANG Xinggao, ZHU Chundong. Ring rolling theory and technology [M]. Beijing: China Machine Press, 2001.

[6] HUA Lin, QIAN Dongsheng, PAN Libo. Deformation behaviors and conditions in l-

section profile cold ring rolling[J]. Journal of Materials Processing Technology, 2009, 209(11): 5087-5096.

[7] SUN Zhichao, YANG He, ZOU Xinzhe. Thermo-mechanical Coupled analysis of hot ring rolling process [J]. Transactions of Nonferrous Metals Society of China (English Edition), 2008, 18(5): 1216-1222.

[8] 郭良刚,杨合,金坚诚. 环件径轴向轧制毛坯尺寸设计方法. 机械工程学报, 2010, 46(24): 1-9.
GUO Lianggang, YANG He, JIN Jiancheng. Design method of blank sizes for radial-axial ring rolling[J]. Journal of Mechanical Engineering, 2010, 46(24):1-9.

[9] WANG Min, YANG He, SUN Zhichao, et al. Dynamic explicit FE modeling of hot ring rolling process[J]. Transactions of Nonferrous Metals Society of China, 2008, 16(6) : 1274-1280.

[10] 郭良刚,邸伟佳,杨合, 等. 难变形材料环件双向辗轧过程轧制曲线设计方法[J]. 机械工程学报,2014, 50(16):83-88.
GUO Lianggang, DI Weijia, YANG He, et al. Design method of rolling curve during radial-axial ring rolling process for difficult-to-deform materials [J]. Journal of Mechanical Engineering, 2014, 50(16):83-88.

[11] PARVIZI A, ABRINIA K, SALIMI M. Slab analysis of ring rolling assuming constant shear friction[J]. ASM International, 2011, 20(9): 1505-1511.

[12] SALIMI M, KADKHODAEI M. Slab analysis of asymmetrical sheet rolling[J]. Journal of Materials Processing Technology, 2004,150(3): 215-222.

[13] GUNDUR P P, SALUNKHE M A, DIXIT U S. A Theoretical Study on the Application of Asymmetric Rolling for the Estimation of Friction[J]. International Journal of Mechanical Sciences, 2008, 50 (2): 315-327.

[14] 张博. 大型筒节热轧过程微观组织演变研究[D]. 秦皇岛: 燕山大学,2012.
ZHANG Bo. Study on microstructure evolution of the heavy cylinder during hot rolling[D]. Qinhuangdao: Yanshan university,2012.

双辊驱动大型筒节轧机力能参数计算及影响因素分析①

孙建亮[1]，彭　艳[1]，马　博[2]，刘宏民[1]，陈素文[1]，孙彬彬[1]，刘　刚[2]

（1. 燕山大学轧制设备及成套技术教育部工程研究中心，河北 秦皇岛 066004；
2. 一重集团大连设计研究院，辽宁 大连 116600）

摘　要：以大型筒节轧机为研究对象，该筒节轧机驱动方式区别于常规轧环机，采用双辊驱动。基于滑移线法建立了大型筒节轧制力能参数模型，重点研究了筒节轧机设备参数和工艺参数的影响。研究结果表明，轧制压力和轧制力矩随环件的平均半径的增大而减小；随进给速度的增加，轧制压力逐渐增大，轧制力矩先缓慢增加然后减小；随上辊直径的增加，轧制压力和轧制力矩增大；随着摩擦系数的增加，轧制压力逐渐增加，轧制力矩逐渐增大。所得结论对于大型环件轧机设备设计和轧制工艺规程的制定具有重要作用。

关键词：筒节轧机；力能参数；滑移线法；双辊驱动

Calculation and Influences of Forces Parameters of Heavy Shell Ring Rolling Mill with Two Drive Rolls

Sun Jianliang[1]，Peng Yan[1]，Ma Bo[2]，Liu Hongmin[1]，
Chen Suwen[1]，Sun Binbin[1]，Liu Gang[2]

(1. Engineering Research Center of Rolling Equipment and Complete Technology of Ministry of Education，Yanshan University，Qinhuangdao，066004；
2. China First Heavy Industries (CFHI) Dalian Design and Research Institute，Dalian，116600)

Abstract：The heavy shell ring rolling mill was taken as subject investigated. Because the size of shell ring is very large and the material of shell ring is special，in order to make the shell ring to be bitten smoothly and make the rolling process stable，the double drive rolls was taken in the shell ring rolling mill. The rolling force model of heavy shell ring was built based on slip line method，and the influences of device parameters and technological parameter were investigated. Research results show that，with the increase of average diameter of shell ring，the rolling force and torque decrease；with the increase of feed velocity，the rolling force increase，the roll torque increase firstly then decrease；with the increase of diameter of up roll，the rolling force and torque increase；with the increase of friction factor，the rolling force and torque increase. The conclusions are significant for designing the shell ring rolling mill and the working out rolling schedule.

Key words：Shell ring rolling mill；Forces parameters；Slip line method；Double-roll drive

---

① 冶金设备，2011(3)：12-16.

1　前言

大型筒节件如大型核电筒节、大型加氢反应器筒节和煤液化反应器筒节，分别属于核电装备、石化装备和煤液化装备领域所需的关键部件。由于现有的碾环机等环件轧机规格有限，无法对大型筒节进行轧制，国内现在一般采用筒节自由锻工艺，其成本高、效率低、难以实现批量化生产，不能满足市场需求。因此，对大型筒节轧机轧制工艺和装备进行研究具有重要意义。

目前，国内外学者对环件、筒节类产品设备和工艺研究主要集中在对中小型环件轧制理论、辗轧设备和工艺的研究。文献[1-3]深入研究了环件轧制条件、金属流动规律、力学计算方法和工艺设计方法；文献[4]基于有限元方法，分析了对称环件的辗扩变形过程，且进一步分析了环件辗扩过程的热耦合问题。文献[5-8]基于限元法建立了环件轧制热力耦合模型，分析了工艺参数对轧制过程的影响。文献[9]研究了环件虚拟轧制过程实现的关键技术。文献[10]对复杂截面形状的环形件碾扩进行了模拟。以上研究主要是针对尺寸较小的各类环件产品的理论和应用研究，对于大型筒节轧机设备、工艺和轧制理论的研究很少，马钢研制了 3 m 以上的超大型环件轧机，中国重型机械研究院研制了 5 m 数控径-轴向铝轧环机，但相关的轧制数学模型和工艺模型研究未见报导。

本文针对双辊驱动大型筒节轧机（主辊和芯辊都是驱动辊），建立了双辊驱动大型筒节轧机力能参数计算模型，主要分析了轧机设备参数和轧制工艺参数对力能参数的影响，所得结论对于大型筒节轧机设备设计和轧制工艺规程的制订具有重要作用。

2　筒节轧机力能参数计算模型

本文所研究的大型筒节轧机包括两个驱动辊，即上辊和下辊，其中下辊是芯辊，同时做进给运动，筒节在上下两个驱动辊的作用下完成筒节轧制过程。大型筒节轧机轧制过程力能参数的计算可以采用滑移线法和有限元法，两种方法各有其优缺点，滑移线法计算过程简便，计算速度快；有限元法计算精度高，但是由于大型筒节几何尺寸巨大，有限元模型网格划分多，计算时间长。本文采用滑移线法计算轧制力能参数。

滑移线方法中将筒节轧制模型简化为平冲头压入有限高板条的模型，假设轧辊与筒节接触面之间单位轧制压力均匀分布，轧辊与筒节间没有相对滑动，基于滑移线理论计算出单位轧制压力。

3　筒节轧机力能参数影响因素分析

由滑移线理论和有限元可知，环件轧制力和轧制力矩的影响因素主要包括：环件材料性能、环件尺寸、轧制孔型尺寸、每转进给量、接触弧长和轧制摩擦等。其中，环件材料性能与轧制温度有关，每转进给量和接触弧长与环件轧制进给速度有关。因此，环件轧制力和力矩的影响因素很多，影响规律复杂。下面基于滑移线方法和有限元法，就设备参数和工艺参数对力能参数的影响做具体分析。

模型的计算参数如下：下辊直径 $D_1=2\ 000$ mm；上辊直径 $D_2=500$ mm；环件毛坯外径 $R=2\ 040$ mm；环件毛坯内径 $r=1\ 400$ mm；环件宽 $B=3\ 700$ mm；下辊转速 $n_1=0.5$ rad/s。

3.1　环件瞬时尺寸的影响

随着环件轧制过程的进行，环件内外直径不断扩大。若以 $R_m=(R+r)/2$ 表示环件轧制中瞬时平均半径，则环件瞬时平均半径对轧制力的影响如图 1 所示。由图可知，随着环件瞬时平均半径的增大，轧制力降低。

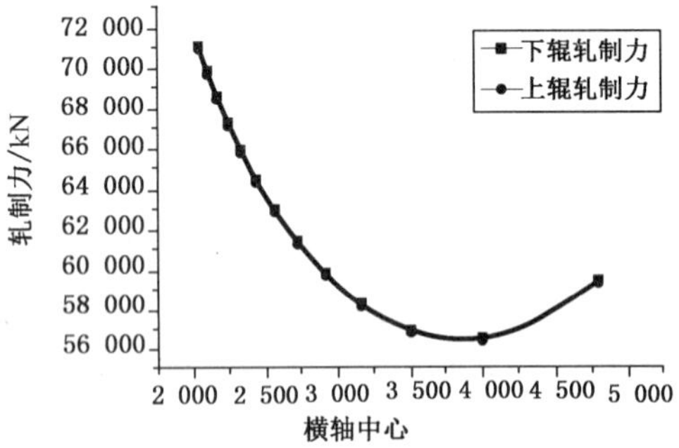

图 1　轧制力曲线

3.2　轧制进给速度的影响

环件轧制进给速度对轧制力和轧制力矩的影响如图 2 和图 3 所示。对于给定上辊直径 $D_2=500$ mm，取进给速度分别为 $v=1$ mm/s，$v=1.5$ mm/s 进行研究。图 2 是轧制力和每转进给量随进给速度的变化曲线，由图可知，随着进给速度的增加，轧制环件的每转进给量增大，轧制环件所用时间减小，轧制力增加，但是随着进给速度的增大，轧制力增大的速度变慢。图 3 是轧制力矩和每转进给量随进给速度的变化曲线，由图可知，随着进给速度的增加，轧制力矩先缓慢增加然后又趋于减小，但其变化很小，可以近似认为进给速度对轧制力矩的影响不大。

3.3　上辊尺寸的影响

在给定进给速度 $v=1$ mm/s 下进行轧制，分析上辊直径变化时，轧制力和轧制力矩的变化。上辊尺寸对环件轧制过程力矩的影响如图 4 和 5 所示。由图 4 可知，对于一定的进给速度，随着上辊半径的增加，轧制力逐渐增大。当上辊半径 $R_2>400$ mm 时，随环件平均半径增大，轧制力先减小后增大。由图 5 可知，随着上辊半径的增加，上辊和下辊的轧制力矩都是逐渐增大，但是上辊轧制力矩增大的速度较快。

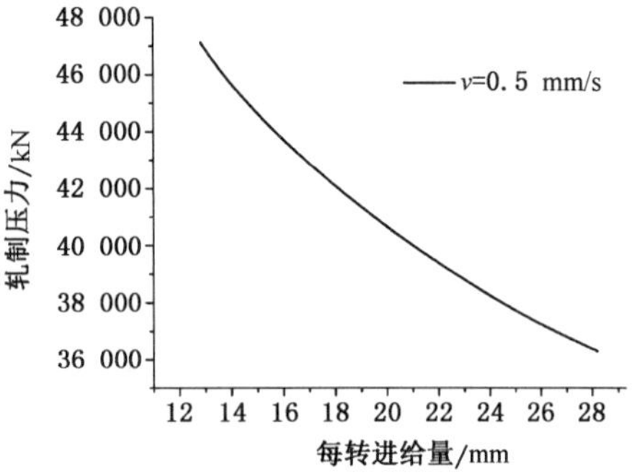

(a) v=0.5 mm/s

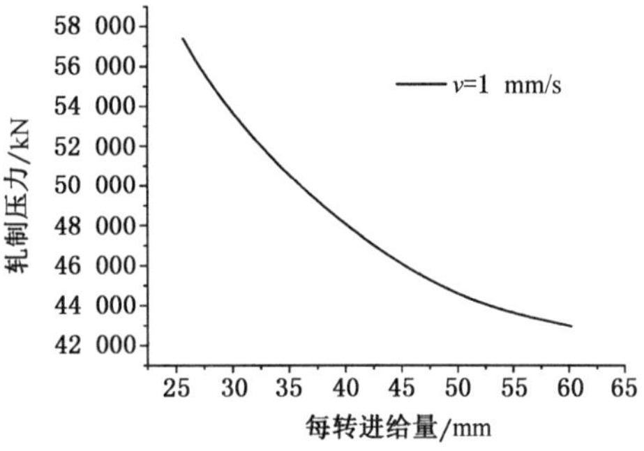

(b) v=1 mm/s

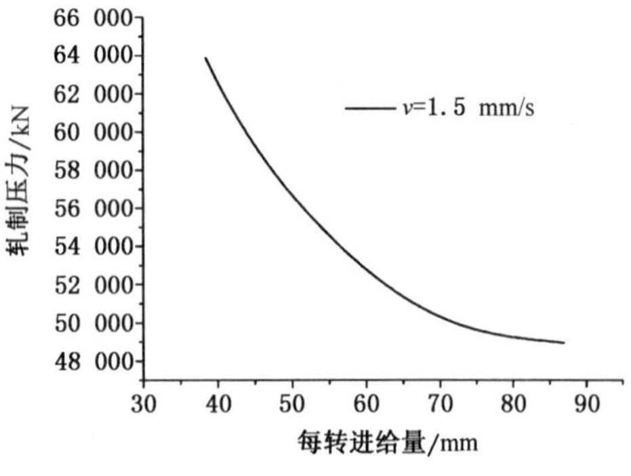

(c) v=1.5 mm/s

图 2　不同进给速度时的轧制力曲线

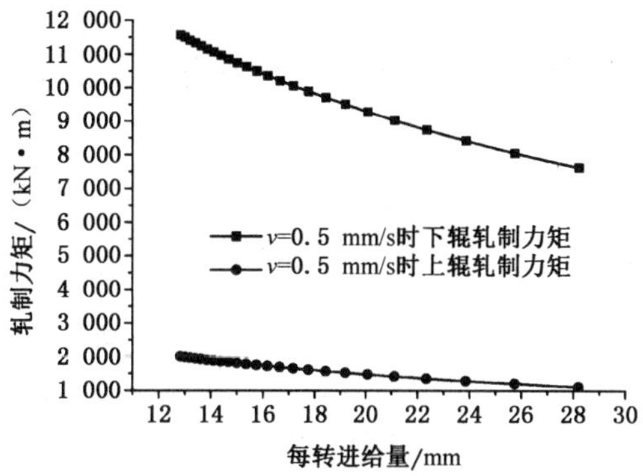

(a) v=0.5 mm/s

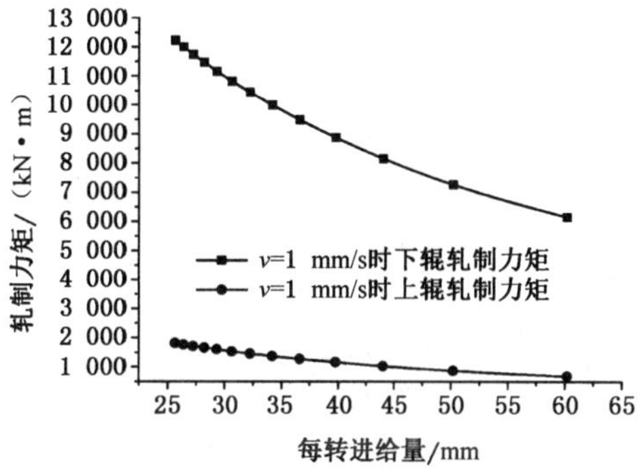

(b) v=1 mm/s

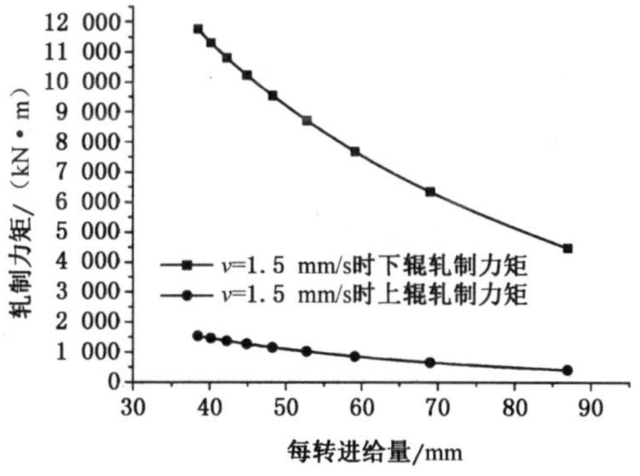

(c) v=1.5 mm/s

图 3　不同进给速度时的轧制力矩曲线

3.4　摩擦系数的影响

在进给速度 $v=1$ mm/s，上辊半径 $R_2=250$ mm 时，通过改变摩擦系数 μ，研究摩擦状况对轧制力和轧制力矩的影响，如图 6 和 7 所示。由图可知，轧制压力随摩擦系数的增大而增大，轧制力矩随着摩擦系数的增加而增大，但是轧制力矩随摩擦系数变化的程度较为剧烈，而轧制力较为平缓。

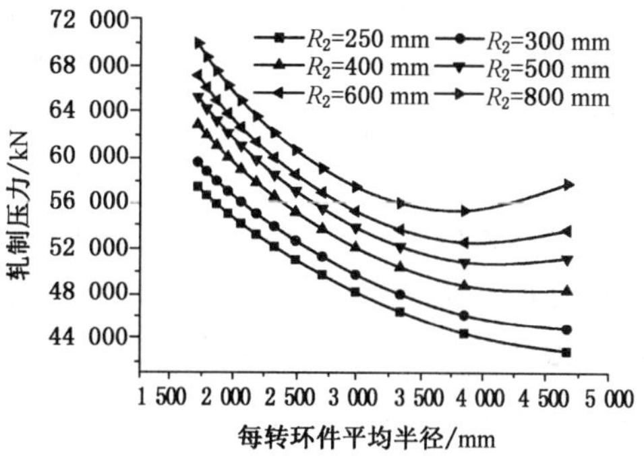

图 4　轧制压力随上辊直径改变变化曲线

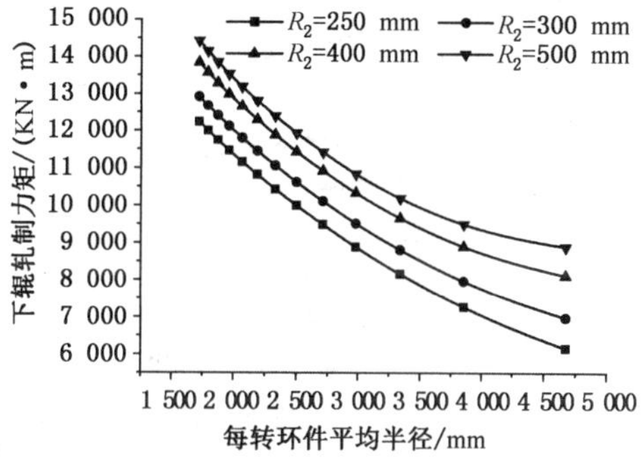

(a) 下辊轧制力矩

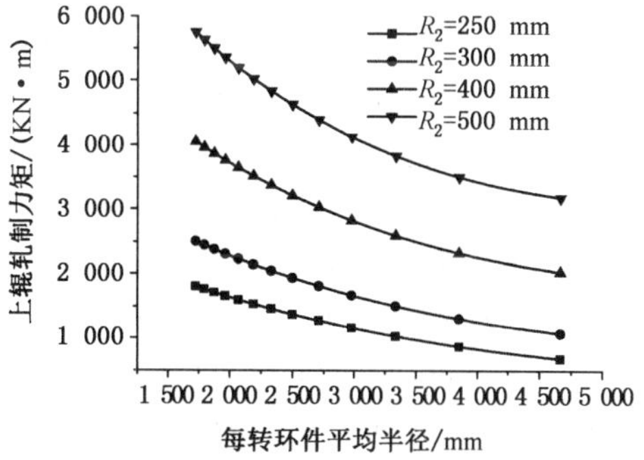

(b) 上辊轧制力矩

图 5　上辊轧制力矩随上辊直径改变变化曲线

4　结论

本文分别采用滑移线方法和弹塑性

有限元法建立了大型筒节力能参数模型，重点分析研究了轧制压力和轧制力矩的影响因素。计算结果表明，轧制压力和轧制力矩随环件的平均半径的增大而减小；随进给速度的增加，轧制压力逐渐增大，轧制力矩先缓慢增加然后减小；随上辊直径的增加，轧制压力和轧制力矩增大；随着摩擦系数的增加，轧制压力逐渐增加，轧制力矩逐渐增大。所得结论对于大型环件轧机设备设计和轧制工艺规程的制定具有重要作用。

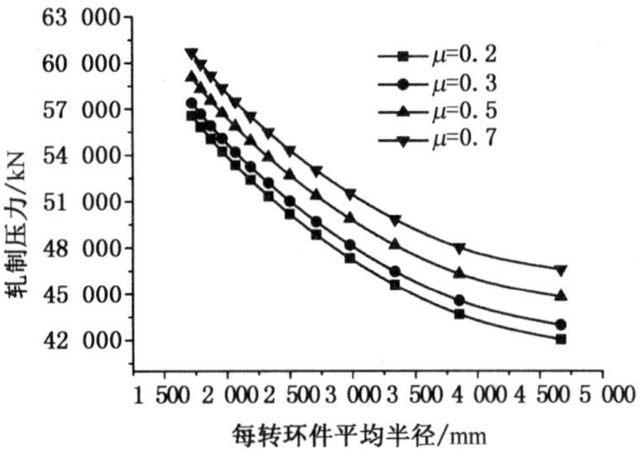

图 6　轧制压力随摩擦系数的变化曲线

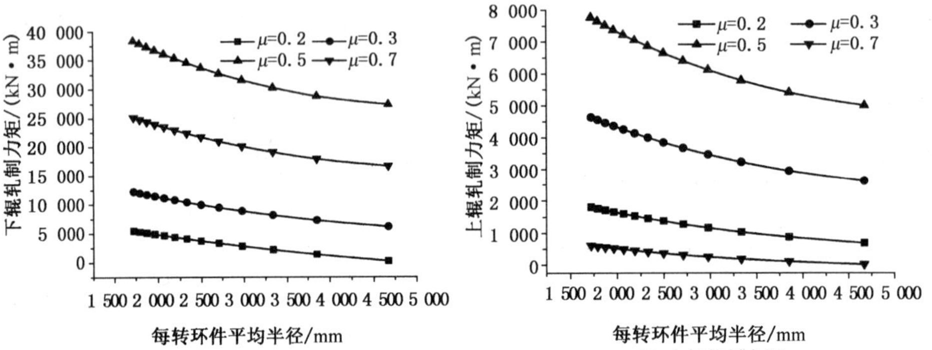

(a) 下辊轧制力矩　　(b) 上辊轧制力矩

图 7　上辊轧制力矩随摩擦系数的变化曲线

参考文献

[1] 华林，黄兴高，朱春东. 环件轧制理论和技术[M]. 北京：机械工业出版社，2001.

[2] Lin Hua, Libo Pan, Jian Lan. Researches on the ring stiffness condition in radial-axial ring rolling[J]. Journal of Material Processing Technology, 2009,209(5):2570-2575.

[3] Han Xinghui, Hua Lin. 3D FE modeling of cold rotary forging of a ring workpiece[J]. Journal of Materials Processing Technology, 2009,209(12-13): 5353-5362.

[4] Xu S G, Lian J C, Hawkyard J B. Simulation of ring rolling using a rigid-plastic finite element model[J]. International Journal of Mechanical Sciences, 1991,33(5): 393-401.

[5] Sun Zhichao, Yang He, Ou Xinzhe. Thermo-mechanical coupled analysis of hot ring rolling process[J]. Transactions of Nonferrous Metals Society of China (English Edition), 2008,18(5): 1216-1222.

[6] Wang M, Yang H, Sun Z C, et al. Analysis of coupled mechanical and thermal behaviors in hot rolling of large rings of titanium alloy using 3d dynamic explicit FEM[J]. Journal of Materials Processing Technology, 2009, 209(7): 3384-3395.

[7] Wang Min, Yang He, Sun Zhichao, et al. Dynamic explicit fe modeling of hot ring rolling process[J]. Transactions of Nonferrous Metals Society of China (English Edition), 2008,16(6):1274-1280.

[8] Ho Keun Moon, Min Cheol Lee, Man Soo Joun. Predicting polygonal-shaped defects during hot ring rolling using a rigid-visco-

plastic finite element method[J]. International Journal of Mechanical Sciences, 2008, 50(2): 306-314.
[9] Z W Wang, S Q Zeng, X H Yang, et al. The key technology and realization of virtual ring rolling. Journal of Materials Processing Technology, 2007, 182(1-3): 374-381.
[10] Hua Lin, Qian Dong-Sheng, Pan Li-Bo. Deformation behaviors and conditions in L-section profile cold ring rolling[J]. Journal of Materials Processing Technology, 2009, 209(11): 5087-5096.

Strip Layer Method for Simulation of the Three-dimensional Deformations of Large Cylindrical Shell Rolling①

Chen Suwen[1,2], Liu Hongmin[1], Peng Yan[1,2], Sun Jianliang[1,2]

(1. National Engineering Research Center for Equipment and Technology of Cold Strip Rolling, YanshanUniversity, Qinhuangdao 066004, Hebei, China;
2. State Key Laboratory of Metastable Materials Science & Technology, Yanshan University, Qinhuangdao 066004, Hebei, China)

Abstract: A strip layer method is presented for analyzing the three-dimensional deformations and stresses of large cylindrical shell rolling process. In this approach, the different radii and velocities of upper and lower rolls, the uneven distributions of deformations and stresses at the roll gap, are taken into account. The rolling deformation zone is divided into a number of strip and layer elements along the width and thickness directions, respectively. In order to reduce the optimization parameters and improve the computation efficiency, the exit lateral displacement distribution is expressed as polynomial function. Based on the fundamental principles of plasticity, the three-dimensional deformations and stresses of the deformation zone are formulated. The simulation results can be obtained quickly and easily. The fishtail spread is predicted satisfactorily on the free side, and the rolling pressure distribution is quite different from that of a conventional strip rolling. The predicted rolling force and average spread of the proposed method are in agreement with the experimental and FEM results.

Key words: Large cylindrical shell rolling; Three-dimensional analysis; Strip layer method; Spread; Rolling pressure

1 Introduction

Large cylindrical shell is the basic component of heavy pressure vessel, which is widely used in nuclear power, petrochemical and coal chemical industries et al. In the past, large cylindrical shells were typically produced by forging. In order to improve productivity efficiently, the rolling forming as a near net shape process has been introduced. Compared with the conventional forging process, large cylindrical shell rolling is an advanced plastic forming technique with its obvious advantages including good quality, high efficiency, and considerable cost-saving in energy and material. In the rolling process, the upper and lower driving rolls move toward each other to cause the cylindrical shell's

① International Journal of Mechanical Sciences, 2013, 77(12): 113-120.

thickness to decrease and its diameter to increase continuously.

As a rotary forming technology, large cylindrical shell rolling is a specific ring rolling technique. Many studies have been performed on the aspects of theory and experiment of ring rolling. Mamalis et al. [1, 2] performed the earlier ring rolling experiments to measure the pressure distribution and spread, and found that fishtail spread is heavily influenced by the feed speed. However, the experiment study has a few limitations. Hawkyard et al. [3] proposed the slip line field method to analyze the ring rolling force and torque, and the calculated results were in good agreement with the experimental results. Apart from the slip line field method, some other methods have also been used for analyzing ring rolling. Parvizi et al. [4] presented an analytical solution of ring rolling employing the slab method, in which non-uniform normal and shear stresses were considered. The constant shear friction was applied between the main roll and the ring. Ryoo et al. [5] utilized the upper bound method to investigate the torque and load in the ring rolling process, even though the method has a limitation in handling with complex shapes. Although some assumptions and simplifications were made in the above studies, an important basis could be supplied for understanding large cylindrical shell rolling process.

Apart from the above methods, numerical methods have also been widely used for analyzing the ring rolling process. FEM is one of the popular methods for simulating ring rolling [6-8]. In ring rolling process, a large number of ring rotations are required to finish the product, which is different from the conventional rolling process. Each of these rotations must be divided into a large number of deformation increments, hence the number of increments is several times more than that in other metal forming simulation. Yang et al. [9] first proposed the rigid-plastic finite element method to simulate the plane strain ring rolling. Despite that the two-dimensional finite element method is efficient, accuracy is not satisfying and lateral spread cannot be obtained. Subsequently, Yang et al. [10] extended the early model to employ rigid-plastic 3D FE model to analyze T-section profile ring rolling process, and Xu et al. [11] presented the metal flow, strain and spread with 3D finite element analysis. In order to further reduce the calculation time, the dualmesh technology was adopted in the FE method, which was reported by Yea et al. [12]. Then, explicit FEM [13, 14] was adopted to simulate the hot ring rolling instead of the implicit approach, so as to greatly accelerate computation speed.

Although FEM is powerful in solving complex problems and many ideas are proposed to speed up the computation, it still suffers excessive runtime, especially for large workpiece. Thus, there have been efforts to formulate the efficient strip element method. Liu and Achenbach[15,16] proposed the strip element method in the stress analysis and elastrodynamics problems. Subsequently, Wang et al. [17] developed the strip element method for static bending analysis of orthotropic rectangular plates. Xi et al. [18,19] presented the strip element method for analyzing wave scattering by a crack. Also, the strip element method is widely used to investigate the three-dimensional deformation of metal rolling. Liu and Lian[20] firstly proposed the third power B-spline finite strip method to simulate cold strip rolling. In this method, a new lateral displacement function, which makes the lateral flow velocity continuous at the entry and the exit of the roll gap, was developed. The experiment of strip rolling was carried out on a four-high mill and the computed results of the transverse distributions of front and back tension stresses were close to the experimental results. Then, Liu et al. [21] proposed the third power spline function strip element method to simulate the three-dimensional deformations of cold strip rolling. Assuming the deformations and stresses of the thin strip along the thickness direction are uniform, the rolling deformation zone was divided into a number of strip elements, and the lateral displacement was constructed to be third-power spline function. In order to improve this method and develop the basic theory of the strip element method, Liu et al. [22] put forward the streamline strip element method, in which the rolling deformation zone was divided into a number of streamline strip elements along metal flow traces. Subsequently, Peng and Liu[23] extended the streamline strip element method, in which the initial value of the exit lateral displacement was determined by strip element variation method, in order to increase the calculation precision and convergence speed of this method. Further, Liu et al. [24,25] proposed stream surface strip element method for simulation of plate and strip rolling. The uneven stresses and deformations along the thickness direction were considered. Although many studies have used the strip element method to investigate the conventional strip and plate rolling, there is little research work concentrating on large cylindrical shell rolling.

Consequently, in this paper, considering different roll diameters and velocities, as well as uneven deformations and stresses at the roll gap, a strip layer method is presented to analyze large cylindrical shell rolling. The rolling deformation zone is divided into a number of strip and layer elements along the width and thickness directions, respectively. Based on fundamental principles of plasticity, three-dimensional deformations and stresses of the deformation zone are formulated. The spread, metal flow and rolling pressure can be predicted. The calculated rolling force and average spread are compared with the experimental and FE results.

2 Strip layer method

The schematic illustration of large cylindrical shell rolling is shown in Fig. 1. In the rolling process, the upper and lower rolls are driven to compress the cylindrical shell radial thickness, consequently leading to the expansion of its radius. In the development of the mathematical model, the workpiece is assumed to be the rigid-plastic material at the roll gap, and the elastic material outside the roll gap. The rolling process is considered to be steady and the cross sections at the entrance and exit of roll gap are vertical.

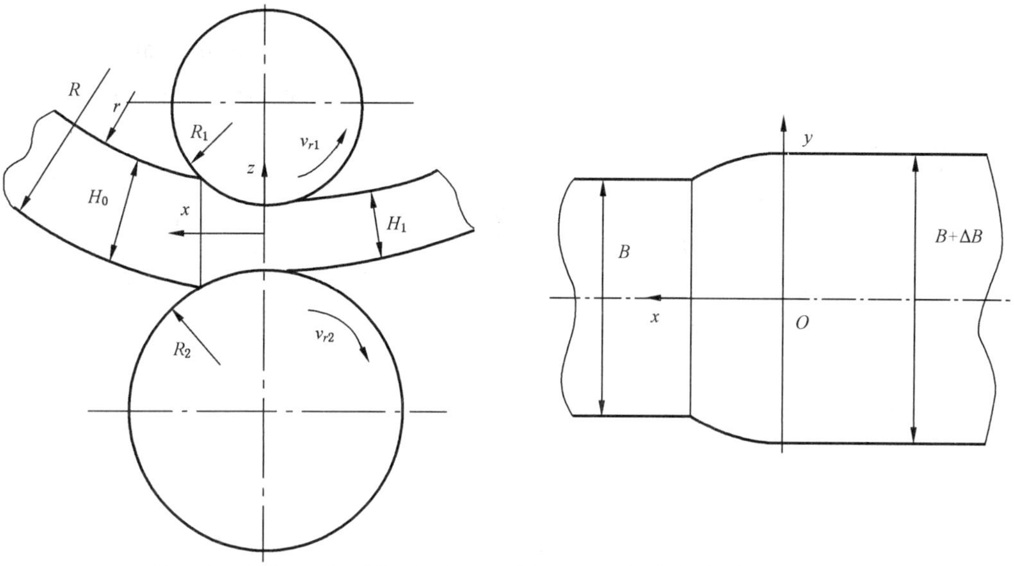

Fig. 1 Schematic illustration of large cylindrical shell rolling

2.1 Strip layer division and lateral displacement model

Taking into account the uneven deformations of large cylindrical shell rolling, the deformation zone is divided into m layer elements and n strip elements along the radial thickness and the width directions, respectively, as shown in Fig. 2. The horizontal distance from the exit point in the deformation zone is taken as the x-axis, and the width direction is set to the y-axis, and the origin of coordinates is at the center of the exit cross section. The exit node coordinates are expressed as y_i and z_j ($i=0,1,\cdots,n$; $j=0,1,\cdots,m$). m and n are even numbers.

In the deformation zone, considering the large thickness and uneven deformations in the thickness direction, the lateral displacement function of the metal flow is supposed to be:

$$W(x,y,z)=f(x)U(y,z) \quad (1)$$

where $f(x)$ is the longitudinal distribution function of lateral displacement. From Ref. [21],

$$f(x)=1-4(x/L)^3+3(x/L)^4 \quad (2)$$

where L is the length of the deformation

zone.

$U(y, z)$ is the exit lateral displacement function, and can be assumed to be

$$U(y,z)=u(y)g(z) \tag{3}$$

where $u(y)$ and $g(z)$ are the exit lateral displacement components along the lateral and thickness directions, respectively. They can be expressed as

$$u(y)=a_0+a_1(2y/B)+a_2(2y/B)^2+a_3(2y/B)^3+a_4(2y/B)^4+a_5(2y/B)^5 \tag{4}$$

$$g(z)=c_0+c_1\sqrt[3]{|z|}\,(c_0>0, c_1>0) \tag{5}$$

where B is the initial width of workpiece, $a_0, \cdots, a_5, c_0$ and c_1 are unknown.

From the above, the lateral displacement function $W(x, y, z)$ satisfies the continuity and the boundary conditions at the entrance and exit:

$$\begin{cases} W(L,y,z)=0 \\ W'_x(L,y,z)=0 \\ \quad (x=L) \\ W(0,y,z)=u(y)g(z) \\ W'_x(0,y,z)=0 \\ \quad (x=0) \end{cases} \tag{6}$$

The lateral displacement function constructed by the above relations is ultimately solved, in which only 8 parameters are needed to be optimized. As to the symmetric problem, optimization parameters should be reduced to five, leading to speed up the computation largely.

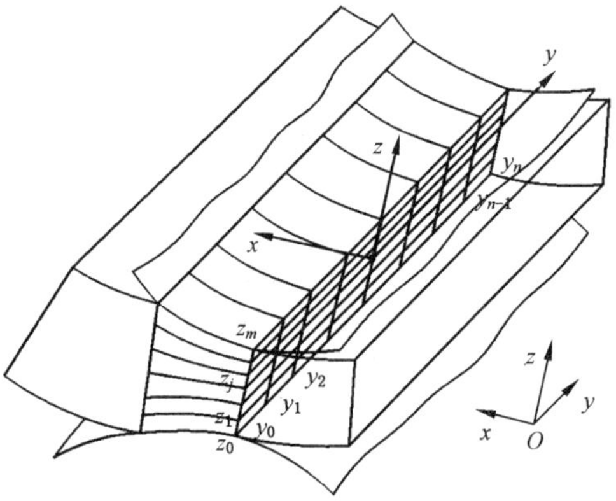

Fig. 2 Strip layer element division in the deformation zone

2.2 Flow velocities and strain rates

From the principle of constant flow, the following relation is obtained:

$$v_x H(x,y)\left(1+\frac{\partial W}{\partial y}\right)\mathrm{d}y=v_n H(x_n,y)\cdot\left[1+\left(\frac{\partial W}{\partial y}\right)_{x=x_n}\right]\mathrm{d}y \tag{7}$$

where, $H(x, y)$ is the variation thickness of workpiece in the deformation zone, x_n is the middle point between the upper neutral point x_{n1} and lower neutral point x_{n2}, i. e., $x_n=(x_{n1}+x_{n2})/2$.

$H(x_n, y)$ is the thickness of workpiece at x_n, and v_n is the longitudinal flow velocity at x_n, $v_n=v_r\cos r=v_r\cdot\dfrac{1}{\sqrt{1+0.25H'^{2}_x(x_n,y)}}$, where $v_r=(v_{r1}+v_{r2})/2$, v_{r1}, v_{r2} are the line velocities of the upper and lower rolls, respectively.

Then, the metal longitudinal flow velocity v_x at the roll gap can be derived:

$$v_x=\frac{v_r H(x_n,y)[1+f(x_n)u'(y)g(z)]}{H(x,y)[1+f(x)u'(y)g(z)]\sqrt{1+0.25H'^{2}_x(x_n,y)}} \tag{8}$$

Because the positive direction of v_x is contrary to that of x axis, the lateral flow velocity is

$$v_y = -f'(x)U(y,z)v_x \tag{9}$$

The vertical flow velocity of the upper interface is

$$v_z\big|_{z=\frac{H}{2}} = -\frac{1}{2}\left(v_x\frac{\partial H}{\partial x} + v_y\frac{\partial H}{\partial y}\right) \tag{10}$$

The linear distribution of vertical flow velocity in the z direction is assumed,

$$v_z = \frac{2z}{H}v_z\big|_{z=\frac{H}{2}} = -\frac{z}{H}\left(v_x\frac{\partial H}{\partial x} + v_y\frac{\partial H}{\partial y}\right) \tag{11}$$

Sliding velocity plays a significant role in the calculation of the friction power. Because of $\tan\alpha_x = \frac{1}{2}\frac{\partial H}{\partial x}$ and $\tan\alpha_y = -\frac{1}{2}\frac{\partial H}{\partial y}$, the upper and lower longitudinal tangent sliding velocities v_{sx1}, v_{sx2} and transverse tangent sliding velocity v_{sy} of the workpiece in relation to the rolls are deduced respectively:

$$v_{sx1} = v_x/\cos\alpha_x - v_{r1} = v_x\sqrt{1+\frac{1}{4}\left(\frac{\partial H}{\partial x}\right)^2} - v_{r1},$$

$$v_{sx2} = v_x/\cos\alpha_x - v_{r2} = v_x\sqrt{1+\frac{1}{4}\left(\frac{\partial H}{\partial x}\right)^2} - v_{r2},$$

$$v_{sy} = v_y/\cos\alpha_y = v_y\sqrt{1+\frac{1}{4}\left(-\frac{\partial H}{\partial y}\right)^2} \tag{12}$$

where α_x is the angle between the longitudinal tangent of any point on the contact interface and x axis, and α_y is the angle between the lateral tangent of any point on the contact interface and y axis.

The resultant sliding velocities v_{s1}, v_{s2} of the workpiece in relation to the rolls are presented

$$v_{s1} = \sqrt{v_{sx1}^2 + v_{sy}^2}, \quad v_{s2} = \sqrt{v_{sx2}^2 + v_{sy}^2} \tag{13}$$

From the principle of constant volume, the strain rates $\dot{\varepsilon}_x$, $\dot{\varepsilon}_y$, $\dot{\varepsilon}_z$ and the shearing strain rates $\dot{\gamma}_{xy}$, $\dot{\gamma}_{yz}$, $\dot{\gamma}_{zx}$ are derived:

$$\dot{\varepsilon}_x = -\frac{\partial v_x}{\partial x}, \quad \dot{\varepsilon}_y = \frac{\partial v_y}{\partial y}, \quad \dot{\varepsilon}_z = -(\dot{\varepsilon}_x + \dot{\varepsilon}_y) \tag{14}$$

$$\dot{\gamma}_{xy} = -\frac{\partial v_x}{\partial y} + \frac{\partial v_y}{\partial x}, \quad \dot{\gamma}_{yz} = \frac{\partial v_y}{\partial z} + \frac{\partial v_z}{\partial y}, \quad \dot{\gamma}_{zx} = -\frac{\partial v_x}{\partial z} + \frac{\partial v_z}{\partial x}$$

Therefore, the shearing strain rate strength Γ is

$$\Gamma = \sqrt{\frac{2}{3}}\sqrt{(\dot{\varepsilon}_x - \dot{\varepsilon}_y)^2 + (\dot{\varepsilon}_y - \dot{\varepsilon}_z)^2 + (\dot{\varepsilon}_z - \dot{\varepsilon}_x)^2 + \frac{3}{2}(\dot{\gamma}_{xy}{}^2 + \dot{\gamma}_{yz}{}^2 + \dot{\gamma}_{zx}{}^2)} \tag{15}$$

2.3 Front and back tension stresses

It is assumed that the elastic deformations of the workpiece outside the roll gap are plane strain deformations. At some places, which is in front of the entry, the longitudinal flow velocity is constant in lateral direction. When the metal moves into the roll gap, the longitudinal flow velocity in lateral direction goes from uniformity to non-uniformity, resulting in the generation of back tension stress.

The back tension stress at each layer is affected by the incoming material residual stress and uneven entry longitudinal velocity, therefore, the back tension stress at the jth layer is deduced, assuming the time of moving into the roll gap is dt,

$$\sigma_{0j}(y)=\frac{E}{1-\nu^2}\frac{v_{0j}\,dt-\bar{v}_{0j}\,dt}{\bar{v}_{0j}\,dt}+$$

$$\sigma_{00}=\frac{E}{1-\nu^2}\frac{v_{0j}-\bar{v}_{0j}}{\bar{v}_{0j}}+\sigma_{00}$$

$$(j=1,2\cdots,m) \qquad (16)$$

where v_{0j}, $\bar{v}_{0j}$ are the entry longitudinal flow velocity and the integral average of the entry flow velocity across the width at the jth layer, respectively, and σ_{00} is incoming material residual stress. E, ν are the elastic modulus and the Poisson coefficient of the rolled material, respectively.

When the metal moves outside the roll gap, the longitudinal flow velocity in lateral direction goes from non-uniformity to uniformity, resulting in the generation of front tension stress. Front tension stress at each layer is affected by inhomogeneous exit flow velocites, so the front tension stress at the jth layer is derived:

$$\sigma_{1j}(y)=\frac{E}{1-\nu^2}\frac{\bar{v}_{1j}-v_{1j}}{\bar{v}_{1j}}$$

$$(j=1,2,\cdots,m) \qquad (17)$$

where v_{1j}, $\bar{v}_{1j}$ are the exit flow velocity and the integral average of the exit flow velocity across the width at the jth layer.

2.4 Three-dimensional stresses and rolling pressure

Concerning the Levy-Mises plastic flow equation, the Von-Mises yield condition and the principle of constant volume, three-dimensional stresses can be expressed as

$$\sigma_x=\sigma_z+\frac{2k_s}{\Gamma}(2\dot{\varepsilon}_x+\dot{\varepsilon}_y),$$

$$\sigma_y=\sigma_z+\frac{2k_s}{\Gamma}(\dot{\varepsilon}_x+2\dot{\varepsilon}_y),$$

$$\tau_{xy}=\frac{k_s}{\Gamma}\dot{\gamma}_{xy},\quad \tau_{yz}=\frac{k_s}{\Gamma}\dot{\gamma}_{yz},\quad \tau_{zx}=\frac{k_s}{\Gamma}\dot{\gamma}_{zx}$$

$$(18)$$

Where σ_x, σ_y, σ_z, τ_{xy}, τ_{yz}, τ_{zx} are the normal and shear stresses in three directions.

Different radii and velocities of upper and lower rolls make the large cylindrical shell rolling process asymmetrical, so the upper and lower neutral points are not in the same vertical plane [26]. Consequently, apart from forward-slip and backward-slip zones, a third zone called cross shear region, which is between two neutral points, will turn up, in which the upper and lower interfaces frictions of rolls and workpiece act in opposite directions. It is supposed that the work roll pressures p on the upper and lower interfaces are equal.

The differential equation of the longitudinal equilibrium in the cross shear zone is deduced:

$$\frac{\partial}{\partial x}(\bar{\sigma}_x H)+\frac{\partial}{\partial y}(\bar{\tau}_{xy}H)+\tau_{x1}-\tau_{x2}+p\frac{\partial H}{\partial x}=0 \qquad (19)$$

where $\bar{\sigma}_x=\bar{\sigma}_z+2\bar{k}_s\bar{\alpha}$, $\bar{\alpha}=\frac{1}{H}\int_{-\frac{H}{2}}^{\frac{H}{2}}\left(\frac{2\dot{\varepsilon}_x+\dot{\varepsilon}_y}{\Gamma}\right)\cdot dz$, $\bar{\tau}_{xy}$ is the average shear stress, and $\bar{k}_s$ is the average shear deformation resistance.

Similarly, the longitudinal differential equations in the forward-slip and backward-slip zones are derived:

$$\frac{\partial}{\partial x}(\bar{\sigma}_x H)+\frac{\partial}{\partial y}(\bar{\tau}_{xy} H)\pm(\tau_{x1}+\tau_{x2})+p\frac{\partial H}{\partial x}=0 \quad (20)$$

("+" in the forward-slip zone, "−" in the backward-slip zone)

Assuming $\bar{\sigma}_z=-p$, $\bar{\sigma}_x=-p+2\bar{k}_s\bar{\alpha}$ is substituted into Eq. (19), and the following relation is derived:

$$\frac{\partial}{\partial x}[(p-2\bar{k}_s\bar{\alpha})H]=\frac{\partial}{\partial y}(\bar{\tau}_{xy}H)+\tau_{x1}-\tau_{x2}+p\frac{\partial H}{\partial x} \quad (21)$$

From the boundary conditions at the entrance and exit, the followed relations are obtained:

$$p=-\bar{\sigma}_0+2\bar{k}_s\bar{\alpha} \quad (x=L),$$
$$p=-\bar{\sigma}_1+2\bar{k}_s\bar{\alpha} \quad (x=0) \quad (22)$$

where the average back tension stress $\bar{\sigma}_0$ and the average front tension stress $\bar{\sigma}_1$ are expressed as $\bar{\sigma}_0=\frac{1}{n}\sum_{j=1}^{n}\left(\frac{1}{m}\sum_{i=1}^{m}\sigma_{0ij}\right)$, $\bar{\sigma}_1=\frac{1}{n}\sum_{j=1}^{n}\left(\frac{1}{m}\sum_{i=1}^{m}\sigma_{1ij}\right)$, σ_{0ij} is the back tension stress of any point at the entry section, σ_{1ij} is the front tension stress of any point at the exit section.

The longitudinal and lateral tangent friction stresses on the upper and lower interfaces of rolls and workpiece are expressed as

$$\tau_{x1}=\begin{cases}\mu p\dfrac{|v_{sx1}|}{v_{s1}} & \mu p<k_s\\ k_s\dfrac{|v_{sx1}|}{v_{s1}} & \mu p\geqslant k_s\end{cases},$$

$$\tau_{x2}=\begin{cases}\mu p\dfrac{|v_{sx2}|}{v_{s2}} & \mu p<k_s\\ k_s\dfrac{|v_{sx2}|}{v_{s2}} & \mu p\geqslant k_s\end{cases},$$

$$\tau_{y1}=\begin{cases}\mu p\dfrac{|v_{sy}|}{v_{s1}} & \mu p<k_s\\ k_s\dfrac{|v_{sy}|}{v_{s1}} & \mu p\geqslant k_s\end{cases},$$

$$\tau_{y2}=\begin{cases}\mu p\dfrac{|v_{sy}|}{v_{s2}} & \mu p<k_s\\ k_s\dfrac{|v_{sy}|}{v_{s2}} & \mu p\geqslant k_s\end{cases} \quad (23)$$

The resultant friction stresses on the interfaces of workpiece and rolls are

$$\tau_1=\sqrt{\tau_{x1}^2+\tau_{y1}^2},\quad \tau_2=\sqrt{\tau_{x2}^2+\tau_{y2}^2} \quad (24)$$

where μ is the frictional coefficient, $k_s=0.577\sigma_s$, and σ_s is the material deformation resistance.

Consequently, from the boundary conditions, the rolling pressure p on the contact surfaces can be calculated by using finite difference method. The rolling force can be obtained by integrating the rolling pressure over the contact region.

3 Determination of key parameters

3.1 Deformation resistance experiments

Hot compression experiments of cylindrical shell material 2.25Cr1Mo0.25V have been carried out in different deformation conditions (temperature, stain and strain rate) by Gleeble − 3500 thermal simulation testing machine. From the experimental data, the deformation resistance model is expressed as

$$\sigma_s=5.18\exp\left(\frac{3\,495.32}{T}-0.165\dot{\varepsilon}+0.165\right)\varepsilon^{0.157\,092}\dot{\varepsilon}^{0.12} \quad (25)$$

where T is the deformation temperature. Ignoring the shear strain and shear strain rate, the equivalent strain ε and equivalent strain rate $\dot{\varepsilon}$ are expressed as

$$\varepsilon = \frac{\sqrt{2}}{3}\sqrt{(\varepsilon_x - \varepsilon_y)^2 + (\varepsilon_y - \varepsilon_z)^2 + (\varepsilon_z - \varepsilon_x)^2} \tag{26}$$

$$\dot{\varepsilon} = \frac{\sqrt{2}}{3}\sqrt{(\dot{\varepsilon}_x - \dot{\varepsilon}_y)^2 + (\dot{\varepsilon}_y - \dot{\varepsilon}_z)^2 + (\dot{\varepsilon}_z - \dot{\varepsilon}_x)^2} \tag{27}$$

where $\varepsilon_y = \frac{\partial W}{\partial y}$, $\varepsilon_z = \ln \frac{H}{H_0}$, $\varepsilon_x = 1 - (\varepsilon_y + \varepsilon_z)$.

3.2 Contact length

From the geometrical relationship of the feeding in the rolling, the contact length L is

$$L = \sqrt{2\Delta H \Big/ \left(\frac{1}{R_1} + \frac{1}{R_2} + \frac{1}{R} - \frac{1}{r}\right)} \tag{28}$$

where R_1, R_2 are the radii of upper and lower rolls, respectively, and R, r are the outer and inner radii of cylindrical shell, respectively, and ΔH is the rolling reduction per pass.

3.3 Radius thickness of workpiece

The entrance thickness $H_0(y)$ and the exit thickness $H_1(y)$ of workpiece can be expressed as

$$H_0(y) = B_0 + B_1(2y/B) + B_2(2y/B)^2 + B_3(2y/B)^3 + B_4(2y/B)^4 \tag{29}$$

$$H_1(y) = b_0 + b_1(2y/B) + b_2(2y/B)^2 + b_3(2y/B)^3 + b_4(2y/B)^4$$

where B_0, …, B_4 and b_0, …, b_4 are regression coefficients.

The entrance thickness and exit thickness of each layer are $h_0 = H_0/m$, $h_1 = H_1/m$.

Assuming contact arc is parabola, the workpiece thickness at the roll gap is

$$H(x,y) = H_1(y) + [H_0(y) - H_1(y)](x/L)^2 \tag{30}$$

Therefore, the thickness of each layer is

$$h = h_1 + (h_0 - h_1)(x/L)^2 \tag{31}$$

4 Determination of the exit lateral displacement

The energy function of large cylindrical shell rolling is

$$\begin{aligned} N = {} & N_p + N_{\sigma_0} - N_{\sigma_1} + N_f + N_s = \\ & \sum_{j=1}^{m}\sum_{i=0}^{n-1}\int_{y_i}^{y_{i+1}}\left(\int_0^L k_s \Gamma h \,\mathrm{d}x\right)\mathrm{d}y + \\ & \sum_{j=1}^{m}\sum_{i=0}^{n-1}\int_{y_i}^{y_{i+1}} \sigma_{0j} v_{0j} h_0 \,\mathrm{d}y - \\ & \sum_{j=1}^{m}\sum_{i=0}^{n-1}\int_{y_i}^{y_{i+1}} \sigma_{1j} v_{1j} h_1 \,\mathrm{d}y + \\ & \sum_{i=0}^{n-1}\int_{y_i}^{y_{i+1}}\int_0^L (\tau_1 v_{s1} + \tau_2 v_{s2})\,\mathrm{d}x\,\mathrm{d}y + \\ & \sum_{j=1}^{m}\sum_{i=0}^{n-1}\int_{y_i}^{y_{i+1}}\left(\int_{z_{j-1}}^{z_j} k_s |v_{z0}| \,\mathrm{d}z\right)\mathrm{d}y \end{aligned} \tag{32}$$

where N_p is the plastic deformation power at the roll gap, $N_{\sigma 0}$ is the power of back tension stress, and $N_{\sigma 1}$ is the power of front tension stress, N_f is the frictional power on the interfaces of rolls and the workpiece, and N_s is the shearing power of flow velocity discontinuity on the entrance cross section, and v_{z0} is the vertical flow velocity at the entrance.

By the principle of minimum potential energy, the coefficients of exit lateral displacement function should satisfy the following equation,

$$\min N = N(a_0, \cdots, a_5, c_0, c_1) \tag{33}$$

This is an optimum problem, which can be solved by the genetic algorithms optimum method.

5 General application

In order to verify the validity of the proposed method, the experiments have been carried out on the 3 700 mm cylindrical shell rolling mill at the China First Heavy Industries (CFHI).

The structure schematic drawing of the 3 700 mm cylindrical shell rolling mill is shown in Fig. 3. The upper and lower rolls are driven to reduce the radial thickness of cylindrical shell and expand its diameter. All parameters as reference instructions, are preset into the control systems of the cylindrical shell rolling mill by human-machine interface. Then, the blanks are charged into the rolling-mill, and rolled automatically. The experimental data are obtained on a human-machine interface during the rolling process. The rolling process conditions are summarized in Table 1. At the same time, based on the FE implicit code DEFORM-3D, FE model is developed for simulation of the hot rolling of large cylindrical shell. The simulation and calculation conditions are the same as the experimental ones. The incoming material residual stress is supposed to be zero for ideal blank. The calculated, experiment and FEM variations of rolling force with reduction are compared in Fig. 4. From Fig. 4, the rolling force increases with the increasing reduction. It is also observed that the calculation and FEM simulative values are in good agreement with the experimental results, which verify the reliability of the present method and the developed FE model. The discrepancy between the calculated and measured results may be due to the influences of measurement operations and temperature conditions. The constant temperature is assumed in the present model, yet, it is not constant at the roll gap in the actual rolling.

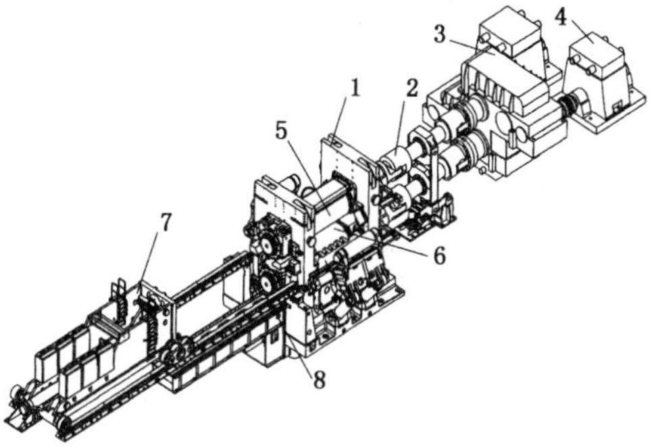

1—mill stand 2—universal spindle
3—retarder 4—driving device
5—upper roll 6—lower roll
7—roll changer 8—hydraulic cylinder

Fig. 3 The structure schematic drawing of cylindrical shell rolling mill

Fig. 5 shows the comparison of the calculated and FEM simulated variations of average spreads with reduction. It is observed that the average spread increases by increasing the reduction. The basis variation trends of average spread by the FEM and the present method are the same.

It should be noted that although this present method is less accurate than the FE method, the present method could easily and quickly predict the three-dimensional deformations and stress in large cylindrical shell rolling, and its computation time is only 1/30 of FEM.

Table 1 Rolling process conditions

Parameters	Values	Parameters	Values
R/mm	2 650	v_{r1}/(mm/s)	148
r/mm	2 100	v_{r2}/(mm/s)	150
B/mm	2 680	R_1/mm	900
T/℃	1 120	R_2/mm	1 000
μ	0.35	ΔH/mm	34

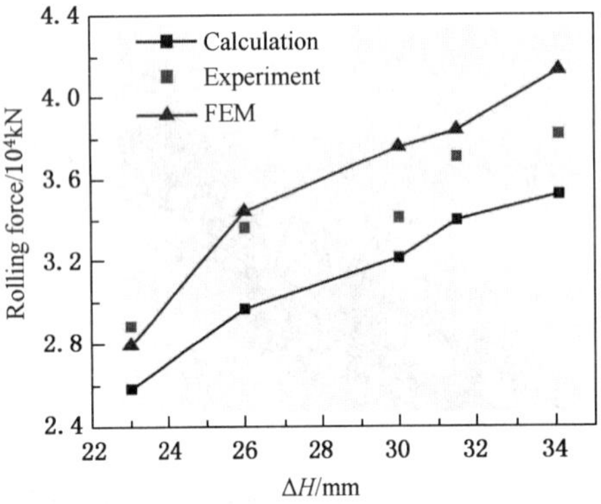

Fig. 4 Comparison of the calculated, experiment and FEM variations of rolling force with reduction

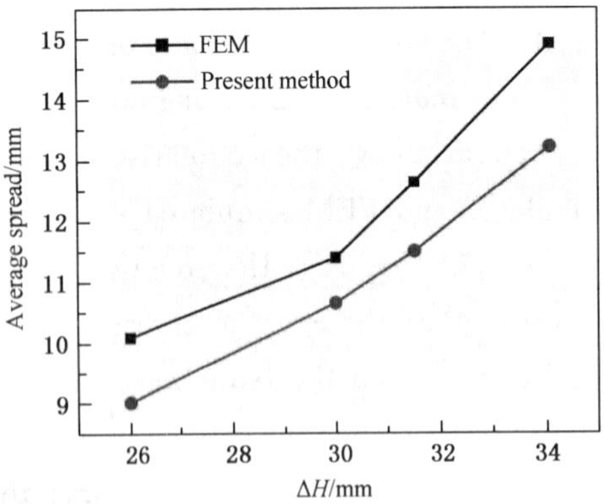

Fig. 5 Comparison of average spread between FEM and present method with reduction

The distribution of exit lateral displacement is shown in Fig. 6. Lateral displacement monotonously changes along the width direction, which demonstrates that the metal at the roll gap flows outside. The flow rate near the edge of the workpiece is greater than that in the middle, since few lateral constraints on the edge may easily bring the metal to flow outside along the width.

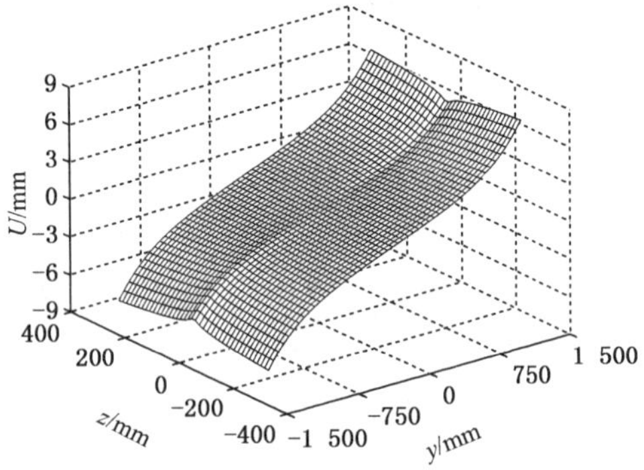

Fig. 6 Exit lateral displacement distribution

A phenomenon commonly known as "fishtail" can be seen on the free side due to transverse spread. The fishtail suggests that the metal in the middle layer of thickness is resisting deformation under tensile stress and the metal near the interface is promoting deformation under compressing stress. In the practical rolling, the spread on the contact interface is a little less than that nearby the interface due to the friction between rolls and workpiece. Although the theoretical calculation model has some limitations, which could not accurately reflect the influence of external friction on spread, the free end shape calculated by theoretical model is basically consistent with the measured result, the experimental results of other investigators [2] and FEM analysis [13].

Fig. 7 shows the distributions of the

metal flow velocities. It is apparent that the longitudinal flow velocity increases gradually from entrance to exit. At the exit of the roll gap, the longitudinal flow velocity in the middle of width is larger than that at the edge, as the metal lateral flow velocity in the middle of width is smaller than that at the edge. At the entrance, the longitudinal flow velocity at the edge is larger than that in the middle of width. This is because that more metal at the edge of the entrance is required to supply the spread of the exit.

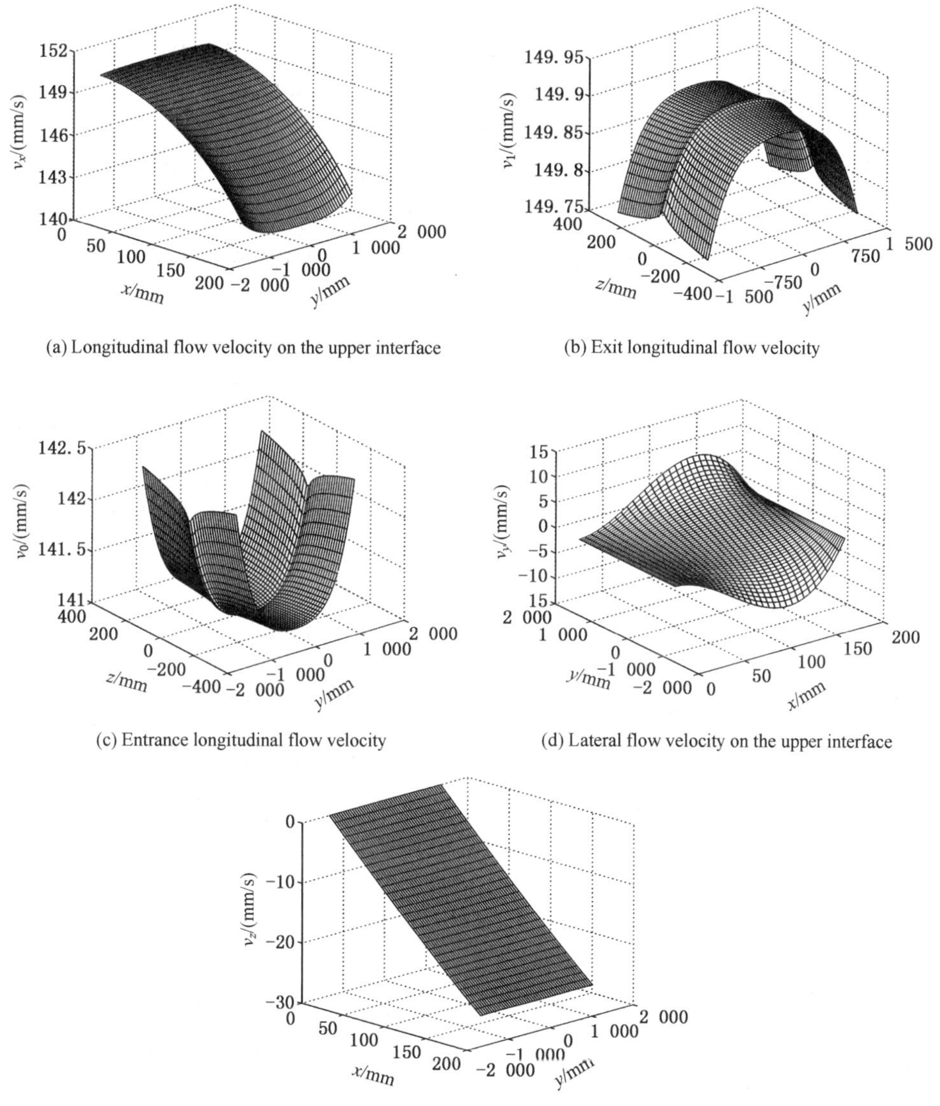

(a) Longitudinal flow velocity on the upper interface

(b) Exit longitudinal flow velocity

(c) Entrance longitudinal flow velocity

(d) Lateral flow velocity on the upper interface

(e) Vertical flow velocity on the upper interface

Fig. 7 Metal flow velocities at roll gap

Lateral flow velocity is similar to parabolic distribution along the contact arc. The vertical flow velocity gradually decreases from the entrance to the exit in the deformation zone, and does not change basically along the width direction.

The rolling pressure distribution is represented in Fig. 8. The rolling pressure decreases gradually from the middle of width to the edge. In the rolling direction, the rolling pressure increases rapidly after the entrance and slowly reduces at the exit. The friction-hill is cut down greatly, which is quite different from that of a conventional strip rolling. The calculated rolling pressure is in agreement with the FEM result [12] and experimental result [1]. The upper and lower interface frictions acting in opposite directions in the cross shear zone will largely cut down the friction-hill. Moreover, shear stress in the cross shear zone will benefit metal plastic deformation, leading to less rolling pressure.

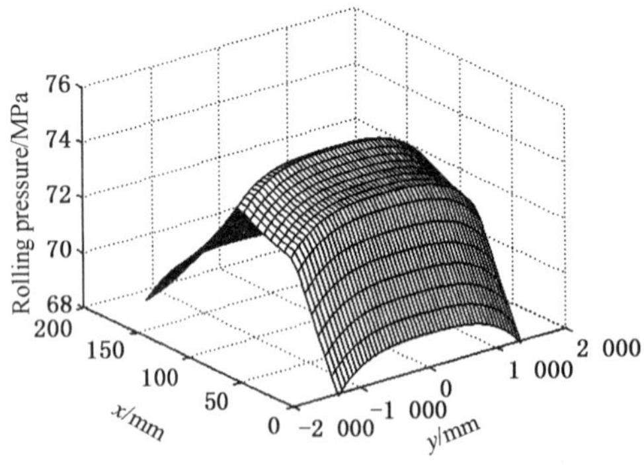

Fig. 8　Rolling pressure distribution on the contact interface

6　Conclusions

The strip layer method is proposed to investigate three-dimensional deformations and stresses of large cylindrical shell rolling, in which the uneven deformations and stresses at the roll gap are considered. The rolling force obtained and average spread from the present model is in good agreement with the experimental and FEM results.

The main results show that the spread occurs in the rolling process due to the material lateral flow, and the fishtail is found on the free side. The rolling pressure distribution appears an early peak soon after the entrance and then slowly declines, and friction peak is greatly cut down, which is distinctly different from that of general strip rolling.

The present method can quickly and easily predict three-dimensional deformations and stresses in the rolling process. Therefore, it can provide guidelines on the design for product, process and equipment of large cylindrical shell rolling. It is also expected to be applied in other rotation forming and asymmetrical rolling technologies.

Acknowledgements

The authors would like to acknowledge the support received from the National Science and Technology Major Project of China (Grant No. 2011ZX04002-101), the National Science and Technology Support Plan of China (Grant No. 2011BAF15B02), and the National Natural Science Foundation of China(Grant No. 51305388).

References

[1] Mamalis AG, Johnson W, Hawkyard JB. Pressure distribution, roll force and torque

in cold ring rolling. International Journal of Mechanical Engineering Science 1976; 18 (4):196-209.

[2] Mamalis AG, Hawkyard JB, Johnson W. Spread and flow patterns in ring rolling. International Journal of Mechanical Science 1976;18(1):11-6.

[3] Hawkyard JB, Johnson W, Kirkland J, Appleton E. Analyses for roll force and torque in ring rolling, with some supporting experiments. International Journal of Mechanical Science 1973;15(11):873-93.

[4] Parvizi A, Abrinia K, Salimi M. Slab analysis of ring rolling assuming constant shear friction. Journal of Materials Engineering and Performance 2011;20(9):1505-11.

[5] Ryoo JS, Yang DY, Johnson W. Lower upper-bound analysis of the ring rolling process by using force polygon diagram and dual velocity field. Advanced Technology: Plastic 1984;2:1293-98.

[6] Wang ZW, Fan JP, Hu DP, Tang CY, Tsui CP. Complete modeling and parameter optimization for virtual ring rolling. International Journal of Mechanical Science 2010; 52(10):1325-33.

[7] Forouzana MR, Salimia M, Gadalab MS. Three-dimensional FE analysis of ring rolling by employing thermal spokes method. International Journal of Mechanical Science 2003;45(12):1975-98.

[8] Moon HK, Lee MC, Joun MS. Predicting polygonal-shaped defects during hot ring rolling using a rigid-viscoplastic finite element method. International Journal of Mechanical Science 2008;50(2):306-14.

[9] Yang DY, Kim KH. Rigid-plastic finite element analysis of plain strain ring rolling. International Journal of Mechanical Science 1988;30(8):571-80.

[10] Yang DY, Kim KH, Hawkyard JB. Simulation of T-section profile ring rolling by the 3-D rigid-plastic finite element method. International Journal of Mechanical Science 1991;33(7):541-50.

[11] Xu SG, Lian JC, Hawkyard JB. Simulation of ring rolling using a rigid-plastic finite element model. International Journal of Mechanical Science 1991;33(5):393-401.

[12] Yea Y, Ko Y, Kim N, Lee J. Prediction of spread, pressure distribution and roll force in ring rolling process using rigid-plastic finite element method. Journal of Materials Processing Technology 2003; 140 (1-3): 478-86.

[13] Wang M, Yang H, Sun ZC, Guo LG. Analysis of coupled mechanical and thermal behaviors in hot rolling of large rings of titanium alloy using 3d dynamic explicit FEM. Journal of Materials Processing Technology 2009;209(7):3384-95.

[14] Xie CL, Dong XH, Li SJ, Huang SH. Rigid-viscoplastic dynamic explicit fea of the ring rolling process. International Journal of Machine Tools and Manufacture 2000;40(1):81-93.

[15] Liu GR, Achenbach JD. A strip element method for stress analysis of anisotropic linearly elastic solid. Journal Of Applied Mechanics: ASME 1994;61(2):270-7.

[16] Liu GR, Achenbach JD. Strip element method to analyze wave scattering by cracks in anisotropic laminated plates. Journal of Applied Mechanics: ASME 1995;62(3):607-13.

[17] Wang YY, Lam KY, Liu GR, Reddy JN, Tani J. A strip element method for bending analysis of orthotropic plates. JSME International Journal Series A 1997; 40 (4): 398-406.

[18] Xi ZC, Liu GR, Lam KY, Shang HM. A strip-element method for analyzing wave

scattering by a crack in an immersed axisymmetric laminated composite cylinder. Journal of the Acoustical Society of America 2000;108 (1):175-83.

[19] Xi ZC, Liu GR, Lam KY, Shang HM. A strip-element method for analyzing wave scattering by a crack in a fluid-filled composite cylindrical shell. Composites Science and Technology 2000;60(10):1985-96.

[20] Liu HM, Lian JC. Transverse distributions of front and back tension stresses in cold strip rolling. Chinese Journal of Metal Science & Technology 1992;8(6):427-34.

[21] Liu HM, Lian JC, Peng Y. Third-power spline function strip element method and its simulation of the three-dimensional stresses and deformations of cold strip rolling. Journal of Materials Processing Technology 2001;116(2-3):235-43.

[22] Liu HM, Zheng ZZ, Peng Y. Streamline strip element method for analysis of the three-dimensional stresses and deformations of strip rolling. International Journal for Numerical Methods in Engineering 2001;50(5):1059-76.

[23] Peng Y, Liu HM. Study on increasing calculation precision and convergence speed of streamline strip element method. Journal of Central South University of Technology 2004;11(1):105-8.

[24] Liu HM, Wang YR. Stream surface strip element method and simulation of three-dimensional deformations of continuous hot rolled strip. Journal of Iron and Steel Research, International 2004; 11(2):18-24.

[25] Liu HM, Wang YR. Stream surface strip element method for simulation of the three-dimensional deformations of plate and strip rolling. International Journal of Mechanical Science 2003;45(9): 1541-61.

[26] Zhang SH, Zhao DW, Gao CR, Wang GD. Analysis of asymmetrical sheet rolling by slab method. International Journal of Mechanical Science 2012;65(1):168-76.

Slab Analysis of Large Cylindrical Shell Rolling①

Chen Suwen[1,2], Liu Hongmin[1,2], Peng Yan[1,2], Sun Jianliang[1,2]

(1. National Engineering Research Center for Equipment and Technology of Cold Strip Rolling, Yanshan University, Qinhuangdao 066004, Hebei, China; 2. State Key Laboratory of Metastable Materials Science and Technology, Yanshan University, Qinhuangdao 066004, Hebei, China)

Abstract: Considering the characteristics of large cylindrical shell rolling, such as double driving rolls, asymmetrical rolling and huge workpiece, a slab method was developed to establish the rolling force model. In this model, the non-uniformity normal and shear stresses and the upper and lower surface temperatures of the workpiece were taken into account. Moreover, the flow stress model, considering the dynamic recovery and dynamic recrystallization behaviors of the material, was established. The rolling pressure distribution, the rolling force, the rolling torque and the neutral points could be calculated quickly and easily by the rolling force model. The predicted results were shown to be in good agreement with the measured values, which indicated the model can satisfy the requirement of industrial application.

Key words: Large cylindrical shell rolling; Double driving rolls; Asymmetrical rolling; Slab method; Rolling force

Symbol list

1, 2	Indices for upper and lower parts, respectively;
R_1, R_2	Raddi of upper and lower rolls;
R, r	Outer and inner radii of large cylindrical shell;
h_0, h_1	Entry and exit thicknesses;
p_1, p_2	Upper and lower roll pressures;
p	Rolling pressure on unit area;
q	Mean horizontal normal stress in the roll gap;
P	Rolling force;
T	Total rolling torque;
t_1, t_2	Temperatures of upper and lower surfaces;
m	Friction factor;
v_1, v_2	Peripheral speeds of upper and lower rolls;

① Journal of Iron and Steel Research, International, 2014, 21(1): 1-8.

$\sigma_x, \sigma_y, \tau_{xy}$	Normal and shear stresses in the deformation zone;
$\bar{\sigma}_{x1}, \bar{\sigma}_{x2}$,	Mean horizontal stresses of upper and lower parts;
$\bar{\tau}_1, \bar{\tau}_2$	Mean shear stresses of upper and lower parts;
x_{n1}, x_{n2}	Upper and lower neutral point positions;
θ_1, θ_2	Contact angles of upper and lower rolls;
k	Mean yield shear stress;
σ_f	Flow stress;
B	Workpiece width;
h	Thickness in deformation zone.

As important components of power equipment and heavy pressure vessel, large cylindrical shell is utilized widely in nuclear power, petrochemical and coal chemical industries. Large cylindrical shell rolling, in which the roll radii, speeds and surface roughness of the upper and lower rolls may be different, is an advanced asymmetrical plastic processing technology due to its advantages such as great saving in energy and materials, high quality and efficiency. To design the rolling process, it is important to estimate the magnitudes of involved parameters such as the rolling force and torque. Some early investigations about the single drive ring rolling have been carried out through experiments and theories. Hawyard et al. [1] analyzed the ring rolling force and torque with some supporting experiments. Mamalis et al. [2] took some metal deformation and spread experiments on the ring rolling mill, and received the rolling pressure, so they pointed out that the theory of plate rolling and friction peak could not apply in the ring rolling process. At the same time, they came up with a concise expression of the rolling force and pressure with a slip line method. Ryoo et al. [3] solved the upper limit of the ring rolling force and torque by upper bound method and explained the axial width spread deformation resulting to " fish tail" phenomenon. Yea et al. [4] used the rigid-plastic finite element method to predict the spread, pressure distribution and rolling force in ring rolling process. Nassir. [5] investigated the effects of rolls size on hot ring rolling process by coupled thermo-mechanical 3D-FEA. Yeom et al. [6] developed a profile ring process for a large-scale ring product of Ti-6Al-4V by 3D-FEM. Although the finite element method has been used for analysis of a complex problem, the CPU time is more so as not to be suitable for on-line rolling industrial application to predict rolling force and torque.

However, the large cylindrical shell rolling with double driving rolls is different from the single drive ring rolling researched above. Because of huge radius of cylindrical shell, it is similar to the asymmetrical sheet rolling. In recent years, slab method, which is to solve the stress differential equation and the yield equation simultaneously, has been widely employed to analyze the asymmetrical rolling process for its simplicity and time efficient computation[7,8]. Tian et al.[9] developed the asymmetrical rolling process by slab method, with the assumptions that the normal stress was constant along vertical side, and the shear stress was ignored in deducing the yield criterion. There are few research works concentrating on large cylindrical shell rolling, which merits a further investigation on the process. Considering the previous researches, it is appreciated that little slab analysis has been adopted in large cylindrical shell hot rolling despite the fact that such an analysis appears to be easy and efficient. Therefore, in this study, based on slab method, a new analytical model, which has considered the non-uniformity of normal and shear stress and the upper and lower surface temperatures, is developed to predict the rolling pressure, the rolling force, the rolling torque and the neutral points in large cylindrical shell rolling process.

1　Modeling of Large Cylindrical Shell Rolling

1.1　Slab analysis

A schematic illustration of the large cylindrical shell rolling is shown in Fig. 1. The upper and lower rolls are driven, respectively, which is different from the single drive roll of the common ring rolling.

In order to develop a slab analysis of the large cylindrical shell rolling process, the following assumptions have been made.

(1) The side spread, the elastic deformation of rolls and workpiece are ignored.

(2) The contact lengths on the upper and lower rolls are approximately equal.

Different work roll radii and peripheral velocities on each roll may make the large cylindrical shell rolling process asymmetrical, so that the neutral points of the upper roll and the lower roll are not in the same location. Thus, the plastic deformation region at the roll gap is divided into the backward-slip zone (zone Ⅰ), the cross shear zone (zone Ⅱ) and the forward-slip zone (zone Ⅲ), as shown in Fig. 1.

Fig. 2 shows the stress state of a slab in the three zones. In zone Ⅰ, the directions of frictional stress on the upper and the lower surfaces are forward. In zone Ⅱ, the direction of the frictional stress on the upper and lower surfaces are against each other. In zone Ⅲ, the directions of frictional stress on both the upper and lower surfaces are backward. The slight rotation caused by unequal pressure distribution could be ignored. The normal stress and shear stress on the vertical plane of different elements are supposed to be non-uniformly distributed.

The average internal shear stress acting on the upper part of a slab element in the three zones are defined as, $\bar{\tau}_1=\frac{2}{h}\cdot\int_0^{\frac{h}{2}}\tau_{xy1}\mathrm{d}y$, where in zones Ⅰ and Ⅲ, $\tau_{xy1}=2mk_1y/h$, in zone Ⅱ, $\tau_{xy1}=mk_1$[10], which is similar with the lower part.

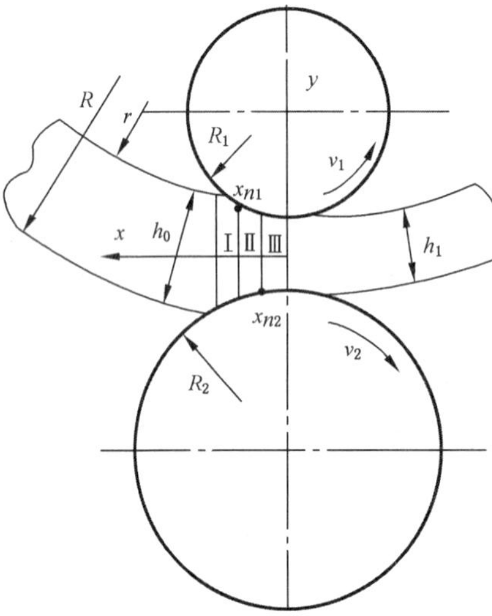

Fig. 1　Schematic illustration of large cylindrical shell rolling

The reduction Δh in thickness per revolution can be divided into the reduction Δh_1 of the upper roll acting on the inner surface of the workpiece and the reduction Δh_2 of the lower roll acting on the outer surface of the workpiece, i. e. $\Delta h=\Delta h_1+\Delta h_2$. On the basis of the roll gap geometry, as shown in Figs. 1 and 2, the following relations are deduced, $\Delta h_1=\frac{L^2}{2}\left(\frac{1}{R_1}+\frac{1}{R}\right)$, $\Delta h_2=\frac{L^2}{2}\left(\frac{1}{R_2}-\frac{1}{r}\right)$. Hence, the contact length L is

$$L=\sqrt{\frac{2\Delta h}{1/R_1+1/R_2+1/R-1/r}}\tag{1}$$

Then the height of the deformation zone can be derived,

$$h=h_1+x^2/R_e\tag{2}$$

where, $R_e=\frac{2}{1/R_1+1/R_2+1/R-1/r}$, R_e is the equivalent radius.

In zone Ⅰ, for the balance of a slab element, the force along horizontal and vertical directions should be equated to zero,

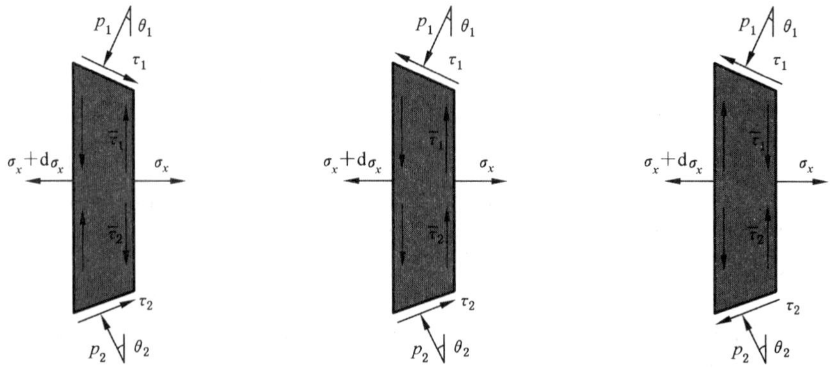

(a) Zone Ⅰ　(b) Zone Ⅱ　(c) Zone Ⅲ

Fig. 2　Stress states of a vertical element in three zones for $v_2>v_1$

$$h\frac{dq}{dx}+2xq/R_e+p_1\tan\theta_1+$$

$$p_2\tan\theta_2-\tau_2-\tau_1=0 \quad (3)$$

$$p_1+\tau_1\tan\theta_1=p_2+\tau_2\tan\theta_2=p \quad (4)$$

where, $\tan\theta_1=x/R_1$ and $\tan\theta_2=x/R_2$.

Assuming the sticking surface friction, the upper and lower surface shear stresses, which are the maximum shear stresses, are given as follows,

$$\tau_1=mk_1\ ,\ \tau_2=mk_2 \quad (5)$$

where, $0\leqslant m\leqslant 1$, $k_1=\sigma_{f1}/\sqrt{3}$ and $k_2=\sigma_{f2}/\sqrt{3}$.

With the plane strain assumption, the von Mises yield equation is represented as,

$$(\sigma_x-\sigma_y)^2+4\tau_{xy}^2=4\sigma_f^2/3 \quad (6)$$

Consequently, the yield relation for the upper and lower parts of a slab in the three zones are described as,

$$\bar{\sigma}_{x1}-\bar{\sigma}_{y1}=\sigma_{f1}\sqrt{(4-m^2c^2)/3}\ ,$$

$$\bar{\sigma}_{x2}-\bar{\sigma}_{y2}=\sigma_{f2}\sqrt{(4-m^2c^2)/3} \quad (7)$$

where in zones Ⅰ and Ⅲ, $c=1$, in zone Ⅱ, $c=2$.

Considering $(\bar{\sigma}_{x1}+\bar{\sigma}_{x2})/2=q$ and $\bar{\sigma}_{y2}=\bar{\sigma}_{y1}=-p$, the following relation is obtained,

$$p+q=M \quad (8)$$

where, $M=(\sigma_{f1}+\sigma_{f2})\sqrt{(4-m^2c^2)/12}$.

Substituting Eqs. (4) and (8) into Eq. (3), the following equation is obtained,

$$(h_1+x^2/R_e)\frac{dp}{dx}=2Mx/R_e-$$

$$(\tau_1+\tau_2)-Ax^2 \quad (9)$$

where, $A=\tau_1/R_1^2+\tau_2/R_2^2$.

Solving differential equation, the rolling pressure can be expressed as,

$$p=M\ln(x^2/R_e+h_1)-(\tau_1+\tau_2-$$

$$AR_eh_1)\sqrt{R_e/h_1}\arctan(x/\sqrt{R_eh_1})-$$

$$AR_ex+C_1 \quad (10)$$

In zone Ⅰ, at the entry ($x=L$), the stress q is assumed to be zero. Substituting this into Eq. (10), constant C_1 can be obtained.

In zone Ⅲ, the stress state is shown in Fig. 2(c). For the equilibrium of a slab element, the following equation can be derived as,

$$h\frac{dq}{dx}+2qx/R_e+p_1\tan\theta_1+$$

$$p_2\tan\theta_2+\tau_2+\tau_1=0 \quad (11)$$

$$p_1-\tau_1\tan\theta_1=p_2-\tau_2\tan\theta_2=p \quad (12)$$

The derivation process of the rolling pressure in zone Ⅲ is similar to that in zone Ⅰ, so,

$$p=M\ln(x^2/R_e+h_1)+$$

$$(\tau_1+\tau_2-AR_eh_1)\sqrt{R_e/h_1}\ \cdot$$

$$\arctan(x/\sqrt{R_eh_1})+AR_ex+C_3 \quad (13)$$

Similar to the entry, the stress q is assumed to be zero at the exit, then constant C_3 can also be obtatned.

In zone Ⅱ, the stress state of a slab is shown in Fig. 2(b), and the following equation can be deduced as

$$h\frac{dq}{dx}+2qx/R_e+p_1\tan\theta_1+$$

$$p_2\tan\theta_2-\tau_2+\tau_1=0 \quad (14)$$

$$p_1-\tau_1\tan\theta_1=p_2+\tau_2\tan\theta_2=p \quad (15)$$

Similarly, the rolling pressure in zone Ⅱ can also be derived as

$$p=M\ln(x^2/R_e+h_1)+$$

$$(\tau_1-\tau_2-WR_eh_1)\sqrt{R_e/h_1}\ \cdot$$

$$\arctan(x/\sqrt{R_eh_1})+WR_ex+C_2 \quad (16)$$

where, $W = \tau_1/R_1^2 - \tau_2/R_2^2$; and C_2 is a constant.

Since the rolling pressure is continuous in the neutral points of the upper and lower rolls, the following equations are given,

$$p_{\mathrm{I}}(x = x_{n1}) = p_{\mathrm{II}}(x = x_{n1}),$$
$$p_{\mathrm{II}}(x = x_{n2}) = p_{\mathrm{III}}(x = x_{n2}) \quad (17)$$

From the volume constancy of the materials, the relation of the upper and lower neutral point positions is written as,

$$x_{n1} = \sqrt{n x_{n2}^2 + (n-1) h_1 R_e} \quad (18)$$

where, $n = v_2/v_1$.

By combining Eqs. (17) and (18), x_{n1}, x_{n2} and C_2 can be obtained.

Then the rolling force can be represented as

$$P = \left(\int_{x_{n1}}^{L} p_{\mathrm{I}}\,\mathrm{d}x + \int_{x_{n2}}^{x_{n1}} p_{\mathrm{II}}\,\mathrm{d}x + \int_{0}^{x_{n2}} p_{\mathrm{III}}\,\mathrm{d}x\right) B \quad (19)$$

The upper and lower rolling torque can be calculated, respectively,

$$T_1 = \left[R_1\left(\int_{x_{n1}}^{L} mk_1\,\mathrm{d}x - \int_{x_{n2}}^{x_{n1}} mk_1\,\mathrm{d}x - \int_{0}^{x_{n2}} mk_1\,\mathrm{d}x\right)\right] B = [R_1 mk_1 (L - 2x_{n1})] B \quad (20)$$

$$T_2 = \left[R_2\left(\int_{x_{n1}}^{L} mk_2\,\mathrm{d}x + \int_{x_{n2}}^{x_{n1}} mk_2\,\mathrm{d}x - \int_{0}^{x_{n2}} mk_2\,\mathrm{d}x\right)\right] B = [R_2 mk_2 (L - 2x_{n2})] B \quad (21)$$

And the total rolling torque is required,

$$T = T_1 + T_2 \quad (22)$$

1.2 Experiment and flow stress model

The flow stress of 2.25Cr1Mo0.25V of the large cylindrical shell was systematically studied through thermo-mechanical test on the Gleeble-3 500 thermal stimulator. The specimens with the size of Φ10 mm × 14 mm were compressed at 1 000~1 150 ℃ and 0.01, 0.1, 1, and 10 s^{-1}. The true stress-true strain curves of 2.25Cr1Mo0.25V at deformation rates of 0.1 and 1 s^{-1} are shown in Fig. 3. As seen in Fig. 3(b), under the conditions of strain rate $\dot{\varepsilon} = 0.1\ s^{-1}$ and 1 000 ℃ $\leqslant t <$ 1 150 ℃, with increasing the strain, the flow stress increases gradually, but the increment decreases gradually, which presents the obvious characteristic of dynamic recovery. Under the conditions of $\dot{\varepsilon} = 0.1\ s^{-1}$ and 1 150 ℃ $\leqslant t \leqslant$ 1 200 ℃, stress increases to peak value and then decreases with increasing the strain, which presents the obvious characteristic of dynamic recrystallization. With the temperature rising, the peak strain and stress decrease gradually. This reveals that when the deformation temperature is higher and the deformation rate is lower, the dynamic recrystallization is more prone to occur.

The above analysis showed that to accurately establish the critical strain mathematical model of dynamic recrystallization, the deformation temperature and deformation rate must be considered at the same time. Hence, the temperature-compensated strain rate factor is introduced, namely Zener-Hollomon[11] parameter Z.

$$Z = \dot{\varepsilon} \exp[Q_d/(c_{gt})] \quad (23)$$

where, Q_d is dynamic recrystallization activation energy and has a value of

228.3 kJ/mol; c_g is gas constant and is equal to 8.314 J/mol; and t is deformation temperature.

The critical strain model takes Sellar[12] model, $\varepsilon_c = A_0 Z^{\mu}$, where, ε_c is critical strain, and A_0 and μ are coefficients about material. With actual data regression, ε_c is presented as

$$\varepsilon_c = 0.001\,716 Z^{0.216\,18} \tag{24}$$

Based on the experimental results, the flow stress model was established to describe the stress-strain relationship considering dynamic softening (dynamic recovery and dynamic recrystallization) and deformation parameters (deformation rate and temperature). Through the method of nonlinear regression, the dynamic recovery of the flow stress model can be written as

$$\sigma_f = 5.18\exp(3\,495.32/t - 0.165\dot{\varepsilon} + 0.165)\varepsilon^{0.157\,092}\dot{\varepsilon}^{0.12} \tag{25}$$

The dynamic recrystallization of the flow stress model is where ε is strain.

$$\sigma_f = 1.569\,5\exp[6\,012.051/t - (\varepsilon - 0.001)^{0.505} - 0.72\varepsilon]\varepsilon^{0.245}\dot{\varepsilon}^{0.288} \tag{26}$$

where, $\varepsilon = \frac{1}{L}\int_0^L \frac{h_0 - h}{h_0}\mathrm{d}x = \frac{\Delta h}{h_0} - \frac{L^2}{3R_e h_0}$, $\dot{\varepsilon} = \frac{1}{L}\int_0^L \dot{\varepsilon}_x \mathrm{d}x$, and, $\dot{\varepsilon}_x = \frac{v_{y1} + v_{y2}}{h} = \left(\frac{v_1}{R_1} + \frac{v_2}{R_2}\right)x \Big/ \left(h_1 + \frac{x^2}{R_e}\right)$.

The model is proved to have a high accuracy by comparing the measured results with the calculated values, as shown in Fig. 3.

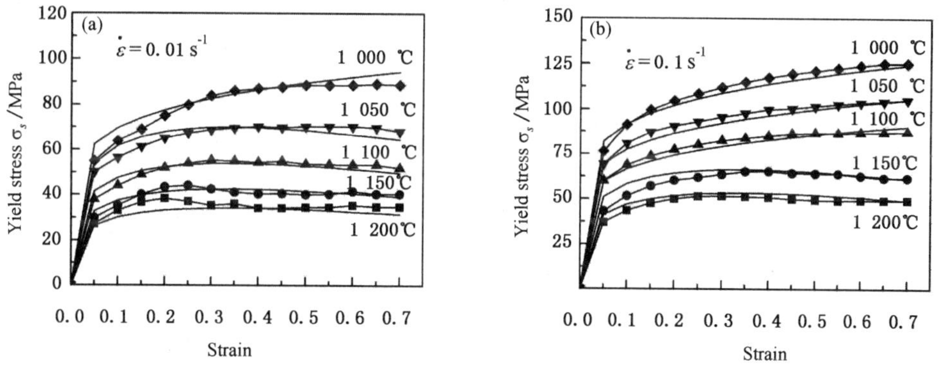

Fig. 3 Comparison of predicted and experimental strain-stress curves

2 Results and Discussion

2.1 Results and verification

Taking different kinds of typical cylindrical shells and 3 700 mm cylindrical shell hot rolling mill in some factory as examples, the rolling force could be calculated quickly and easily. The calculation results are compared with the measured ones as shown in Table 1. It is evident that the model has certain accuracy, and can apply in the engineering.

Table 1　Comparison of the calculated and measured rolling force at $R_1=0.9$ m, $R_2=1$ m, $m=0.5$, $t_1=t_2$

Outer radius/m	Entry thickness/m	Reduction/m	Upper roll speed/(m/s)	Lower roll speed/(m/s)	Temperature/℃	Width/m	Calculated rolling force/kN	Measured rolling force/kN	Error/%
2.55	0.625	0.034	0.148	0.15	1 150	3.00	30 546.5	33 131.9	7.8
2.62	0.601	0.034	0.149	0.15	1 128	2.51	32 505.0	35 796.0	9.1
2.55	0.624	0.034	0.149	0.15	1 172	2.68	24 848.0	28 232.0	11.9
2.55	0.612	0.034	0.149	0.15	1 179	2.51	22 709.5	23 746.0	4.3
2.60	0.579	0.030	0.148	0.15	1 134	2.51	26 139.8	27 098.0	3.5
2.65	0.548	0.026	0.149	0.15	1 142	2.51	23 282.3	25 963.0	10.3
2.70	0.522	0.022	0.149	0.15	1 108	2.51	24 788.0	27 689.0	10.4

2.2 Rolling pressure distribution, force and torque

The pressure distribution at the roll gap in large cylindrical shell rolling is quite different from that of a conventional strip rolling as illustrated in Fig. 4. It can be seen that more than one relative maximums exist in the rolling pressure distribution. As the large cylindrical shell is slowly fed in the roll gap, it is characterized as pressure distribution exhibiting an early peak and then a slight decline, which is in the confirmation of the Mamalis's study[2]. In addition, the contact length between the workpiece and rolls mainly relies on the reduction in thickness. When the reduction increases, the rolling pressure and contact length are increased. However, the cross shear zone is decreased by increasing the reduction.

Fig. 5 shows the effect of friction factor on the rolling force and torque. It can be seen that the rolling force and torque are slowly decreased as the friction factor increases. The reason is that on the basis of Eq. (9), as the friction factor increases, the shear stress (mk) increases, so shear action increases, and hence the required yield stress is decreased, which will in turn make the rolling force reduced. This is why lubricant in the asymmetrical rolling process has little effect on the rolling force. These results are in good agreement with Salimi's research[13].

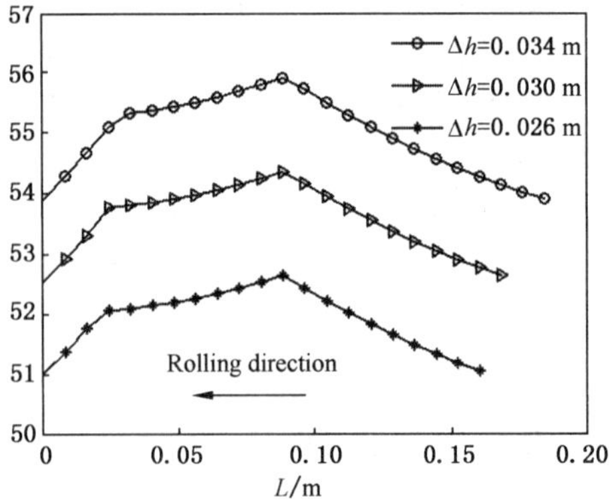

($R_1=0.9$ m, $R_2=1$ m, $R=2.55$ m, $h_0=0.625$ m, $t_1=t_2=1\ 150$ ℃, $v_1=0.148$ m/s, $v_2=0.15$ m/s, $m=0.5$)

Fig. 4　Rolling pressure distribution under different reductions in large cylindrical shell rolling

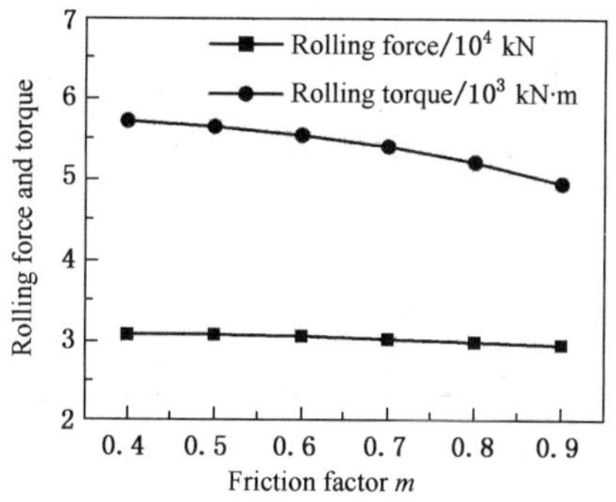

$R_1=0.9$ m, $R_2=1$ m, $R=2.55$ m, $h_0=0.625$ m, $t_1=t_2=1\ 150$ ℃, $\Delta h=0.034$ m, $v_1=0.148$ m/s, $v_2=0.15$ m/s, $B=3$ m

Fig. 5　Effect of friction factor on the rolling force and torque

Fig. 6 illustrates the effect of the roll speed ratio upon the rolling pressure distribution and torque. As the roll speed ratio goes up, the increasing length of the cross shear zone makes the role of shear increased, so the rolling pressure is decreased. The upper rolling torque is decreased and the lower roll is increased when the roll speed ratio increases. The reason is that, from Eqs. (20)and (21), as the roll speed ratio increases, the upper neutral point x_{n1} is increased and the lower neutral point x_{n2} is decreased. Various rolling force at different roll radius ratios is shown in Fig. 7(a). It is seen that the rolling force is increased with increasing the roll radius ratio, while it is decreased with increasing the roll speed ratio. Fig. 7(b) shows the effect of roll radius ratio upon the roll torque at different reductions. The lower roll torque is increased and the upper roll torque is slightly decreased when the roll radius ratio increases. As the reduction increases, the upper and lower roll torques increase.

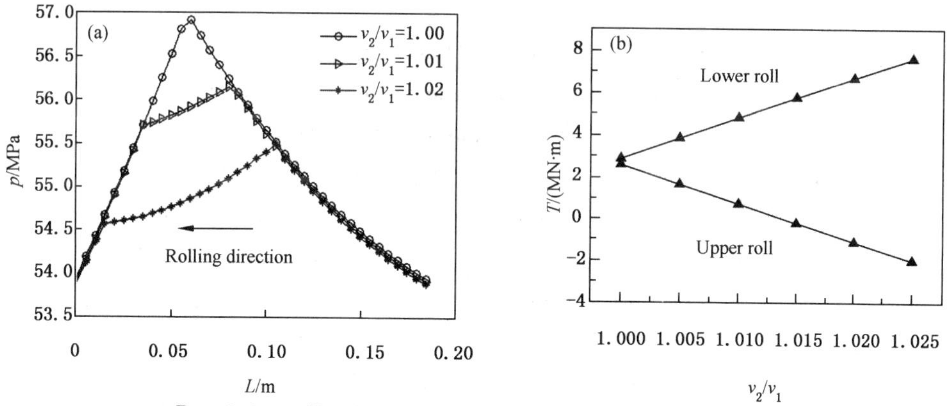

$R_1=0.9$ m, $R=2.55$ m, $h_0=0.625$ m, $t_1=t_2=1\ 150$ ℃, $v_2=0.15$ m/s, $\Delta h=0.034$ m, $m=0.5$

Fig. 6　Effect of roll speed ratio on the rolling pressure (a) and torque (b)

In Fig. 8, the effect of entry thickness upon the rolling force and torque under different blank outside radii is presented. It is seen that by increasing the entry thickness, the rolling force and torque get increased. The result is in good agreement with the study of Qwamizadeh[14]. However, with the increase of blank outside radius, the rolling force and torque slowly decrease.

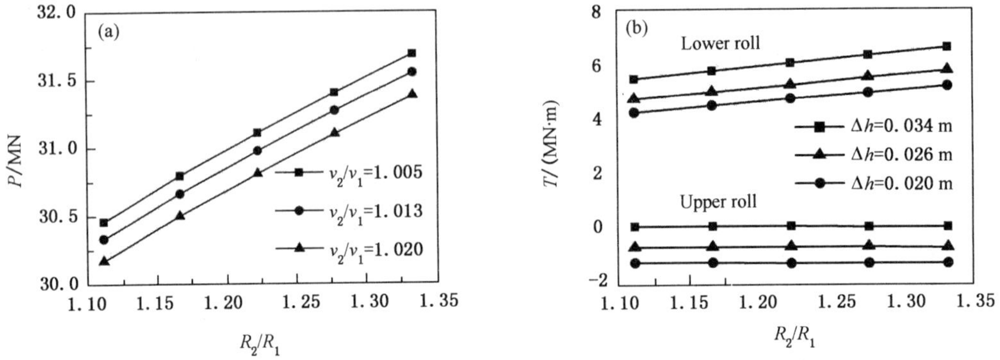

$R_1=0.9$ m, $R=2.55$ m, $h_0=0.625$ m, $B=3$ m, $\Delta h=0.034$ m, $t_1=t_2=1\ 150$ ℃

Fig. 7　Effect of roll radius ratio on the rolling force (a) and torque (b)

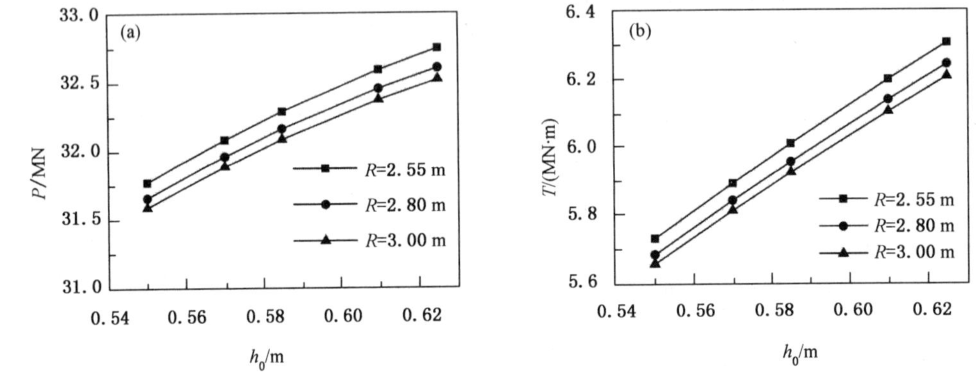

$R_1=0.9$ m, $R_2=1$ m, $t_1=t_2=1\ 150$ ℃, $\Delta h=0.034$ m, $v_1=0.148$ m/s, $v_2=0.15$ m/s, $m=0.5$

Fig. 8　Effect of entry thickness upon the rolling force (a) and torque (b) under different blank outer radii

The temperature is a dominant factor in hot rolling large cylindrical shell. Fig. 9 shows the effect of the temperature factor on the rolling pressure, force and torque. With the temperature rising, the rolling pressure, force and torque descend, which may be attributed to smaller deformation resistance at high temperature. Due to the huge size of cylindrical shell resulting in uneven heating, the temperature difference, $\Delta t=t_2-t_1$, maybe exits on the outside and inside surface of the workpiece. It is assumed that the effect of the temperature difference upon the upper and lower contact lengths is neglected. As shown in Figs. 9 (b) and (c), the rolling force and torque are increased by increasing the temperature difference.

2.3　Neutral point

From the rolling pressure distribution, the two points, corresponding to the two relative maximums, are the upper and lower neutral points. The upper neural point gets close to the entry while the lower neural point gets close to the exit. In Fig. 10, the effect of reduction in thickness on the neutral point under various friction factors is shown. It is interesting to note that as the reduction increases, x_{n1}/L is decreased while x_{n2}/L is increased, which is similar to a sheet asymmetrical rolling process; hence, the length of the cross shear zone shortens. The result is in good agreement with Pan's research[15]. Furthermore, it is observed that by increasing the friction factor, x_{n1}/L and x_{n2}/L are increased. However, the increment of x_{n2}/L is larger than that of x_{n1}/L; as a result, the cross shear zone is slightly decreased with the increase of friction factor.

Fig. 11 depicts the effect of the roll speed ratio upon the neutral points. This figure reveals that when the roll speed ratio increases, x_{n2}/L is decreased while x_{n1}/L is increased, so the cross shear zone is increased, which makes the rolling force decreased, as shown in Fig. 6. In Fig. 12, as the roll radius ratio increases, x_{n2}/L and x_{n1}/L are slightly decreased. From Fig. 13, it can be seen that temperature has little obvious influence upon the neutral points. The temperature difference makes x_{n1}/L decreased; however, it has little effect on x_{n2}/L.

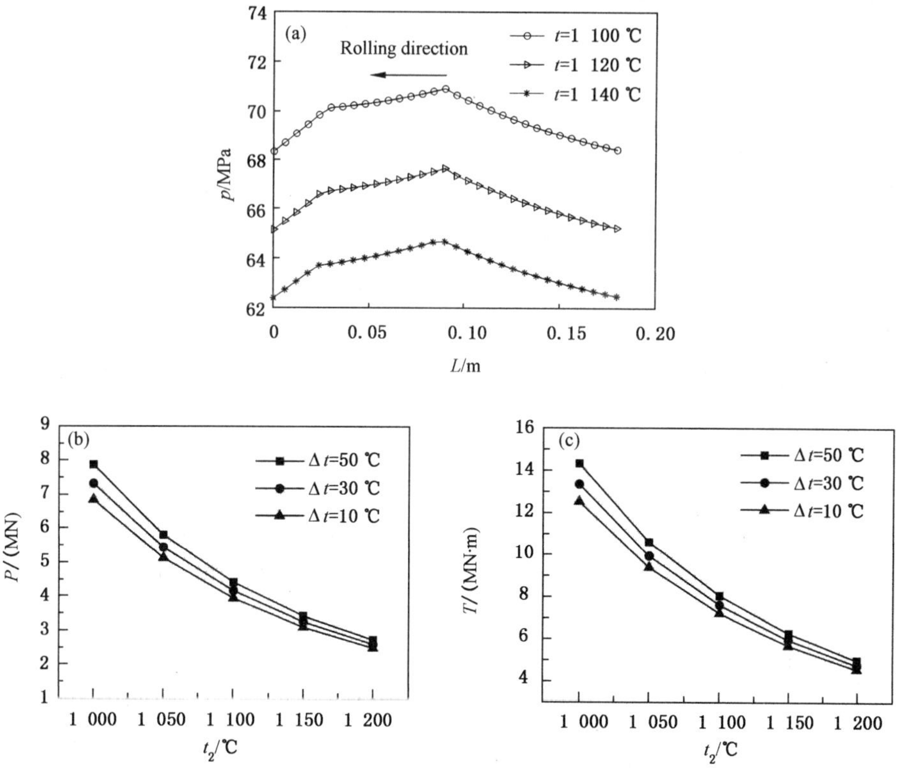

$R_1=0.9$ m, $R_2=1$ m, $R=2.55$ m, $h_0=0.61$ m, $\Delta h=0.034$ m, $v_1=0.148$ m/s, $v_2=0.15$ m/s, $m=0.5$)

Fig. 9 Effect of temperature upon the rolling pressure (a), rolling force (b) and torque (c)

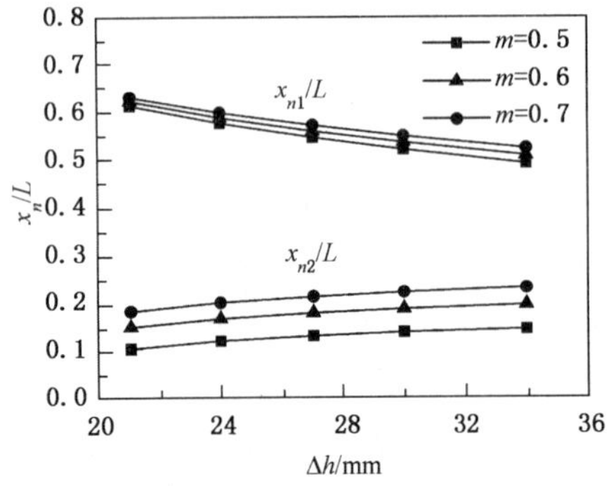

$R_1=0.9$ m, $R_2=1$ m, $R=2.55$ m, $h_0=0.625$ m, $v_1=0.148$ m/s, $v_2=0.15$ m/s, $t_1=t_2=1\ 150$ ℃

Fig. 10　Effect of reductions upon neutral points under various friction factors

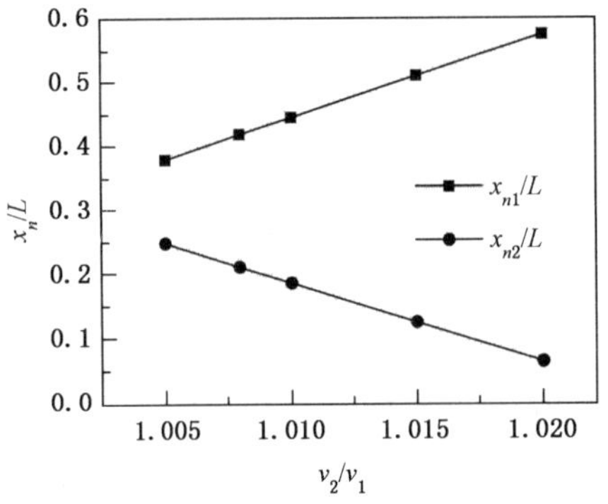

$R_1=0.9$ m, $R_2=1$ m, $R=2.55$ m, $h_0=0.625$ m, $\Delta h=0.034$ m, $v_2=0.15$ m/s, $m=0.5$, $t_1=t_2=1\ 150$ ℃

Fig. 11　Effect of roll speeds ratio upon neutral points

3　Conclusions

In this study, large cylindrical shell rolling has been investigated based on the slab method. The method has considered the non-uniformity of normal and shear stress and the upper and lower surface temperature in the deformation zone. Meanwhile, the Mises yield equation has taken into account the shear stress and the dynamic recovery and dynamic recrystallization behaviors of the material have been considered in the flow stress model. Prediction of the rolling pressure, the rolling force, the rolling torque, and the neutral point under different reductions, friction factors, roll radius ratios, roll speed ratios, workpieces sizes and the upper and lower surface temperatures could be achieved easily and quickly. Comparing the calculated rolling force with the measured results, good agreement is found. This makes it possible that the model can be employed for the engineering application.

The results reveal that more than one relative maximum exists in the rolling pressure distribution, which shows an early peak and then a slight decline. The cross shear zone length and temperature have important influence on the rolling process. When the speed ratio is increased, the rolling force is decreased. By increasing the entry thickness, the rolling force and torque are increased. However, with the increase of blank outside radius, the rolling force and torque slowly decrease. As the temperature rises, the rolling pressure, force and torque descend accordingly, whereas the rolling pressure, force and torque are increased by increasing the temperature difference. However, the temperature has little effect on the neutral points.

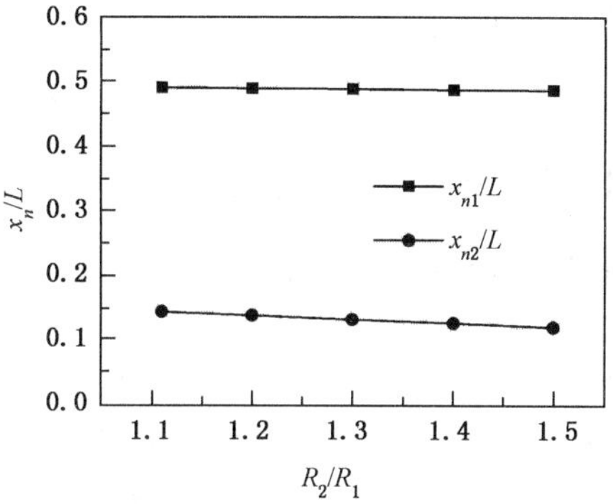

$R_2=1$ m, $R=2.55$ m, $h_0=0.625$ m, $v_1=0.148$ m/s, $v_2=0.15$ m/s, $m=0.5$, $\Delta h=0.034$ m, $t_1=t_2=1\ 150$ ℃

Fig. 12　Effect of roll radius ratio on the neutral points

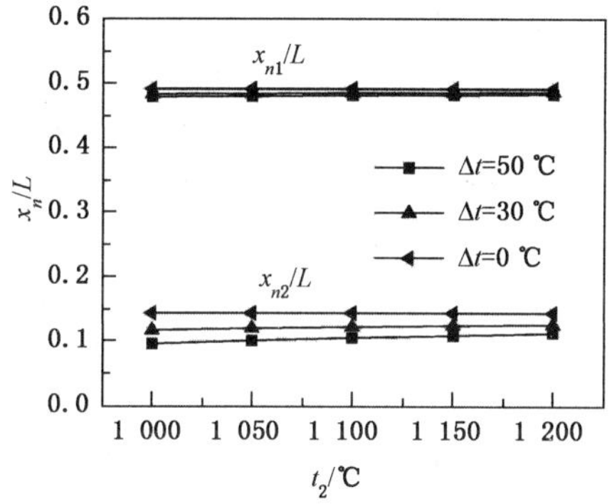

$R_1=0.9$ m, $R_2=1$ m, $R=2.55$ m, $h_0=0.625$ m, $v_1=0.148$ m/s, $v_2=0.15$ m/s, $m=0.5$

Fig. 13　Effect of temperature on the neutral points

References

[1] J. B. Hawkyard, W. Johnson, J. Kirhland, E. Appleton, Int. J. Mech. Sci. 15 (1973) 873-893.

[2] A. G. Mamalis, W. Johnson, J. B. Hawkyard, J. Mech. Eng. Sci. 18 (1976) 196-209.

[3] J. S. Ryoo, D. Y. Yang, W. Johnson W, Adv. Tech. Plast. 2 (1984) 1292-1298.

[4] Y. Yea, Y. Ko, N. Kim, J. Lee, J. Master. Process. Technol. 140 (2003) 478-486.

[5] A. Nassir, B. Ali, J. Mater. Process. Technol. 210 (2010)1364-1377.

[6] J. T. Yeom, J. H. Kim, N. K. Park, S. S. Choi, C. S. Lee, J. Mater. Process. Technol. 187-188 (2007) 747-751.

[7] J. Q. Sun, H. B. Zhang, Q. C. Yu, J. Univ. Sci. Technol. B 13 (2006) 54-59.

[8] P. P. Gudur, M. A. Salunkhe, U. S. Dixit, Int. J. Mech. Sci. 50 (2008) 315-327.

[9] Y. Tian, Y. H. Guo, Z. D. Wang, G. D. Wang, J. Iron Steel Res. Int. 16 (2009) No. 4, 22-26.

[10] M. Salimi. F. Sassani, Int. J. Mech. Sci. 44 (2002) 1999-2023.

[11] C. Zener, J. H. Hollomon, J. Appl. Phys. 15 (1944) 22-32.

[12] D. L. Ouyang, S. Q. Lu, X. Huang, L. M. Lei, Chin. J. Nonferrous Met. 20 (2010) 1539-1544.

[13] M. Salimi, M. Kadkhodaei, J. Mater. Process. Technol. 150 (2004) 215-222.

[14] M. Qwamizadeh, M. Kadkhodaei, M. Salimi, Int. J. Adv. Manuf. Technol. 61 (2012) 227-235.

[15] S. C. Pan, M. N. Huang, G. Y. Tzou, S. W. Syu, J. Mater. Process. Technol. 177 (2006) 114-120.

Slab Analysis of Large Cylindrical Shell Rolling Considering Mixed Friction①

Chen Suwen[1,2], Liu Hongmin[1,2], Peng Yan[1,2], Sun Jianliang
(1. National Engineering Research Center for Equipment and Technology of Cold Strip Rolling, Yanshan University, Qinhuangdao 066004, China;
2. State Key Laboratory of Metastable Materials Science & Technology, Yanshan University, Qinhuangdao 066004, China)

Abstract: Large cylindrical shell rolling is an advanced plastic-forming technique that has unequal speed and radius of both its upper and lower rolls. A theoretical model for a large cylindrical shell rolling that is based on the slab method is proposed, in which the non-uniform normal and shear stresses that act on the vertical sides are considered. A mixed friction model of combined Coulomb and sticking friction is used to present interface friction, to improve the accuracy of the proposed model. The rolling pressure, rolling force, and torque as well as friction stress can be rapidly and easily calculated through the proposed model at different rolling conditions. The predicted rolling force is consistent with the experimental result. The research results provide valuable guidelines for both the design and optimization of rolling product, process, and equipment.

Key words: Large cylindrical shell rolling; Slab method; Mixed friction; Rolling pressure

1 Introduction

Large cylindrical shells are crucial components of heavy pressure vessels that are widely used in nuclear power, petrochemical and coal chemical industries. Generally, large cylindrical shells may be applied in high temperature and high pressure conditions. In the past, large cylindrical shells, with geometrical characteristics of thick-wall, large width, and diameter, were produced through hammer forging. To increase production efficiency, the rolling forming technology has been introduced. In the rolling process, with different roll speeds and radii, both the upper and lower rolls continuously move toward each other to produce continuous incremental deformation of wall-thickness reduction and diameter expansion. The advantages of the rolling technology over forging forming technology includes low power, material consumption, high efficiency, and excellent product performance.

As a special ring part, large cylin-

① Journal of Mechanical Science and Technology, 2014, 28(11): 4753-4760.

drical shell rolling, is a rotary forming technology that is similar to ring rolling. Recently, many studies have been performed on ring rolling through experimental, analytical, and numerical methods. Johnson et al. [1] conducted earlier experiments on lead rings. They measured rolling force and torque under various reductions and peripheral speed ratios. Mamalis et al. [2] performed both plain and profiled ring-rolling experiments to measure pressure distribution, roll force and torque. Previous experimental investigations were limited to one type of material and technology; nevertheless, they could provide some basic insights into the ring rolling process. Therefore, theoretical research has been attracting an increasing interest. Hawkyard et al. [3] predicted ring rolling force and torque through the slip line field method, and the prediction values were verified using the experimental results. Ryoo et al. [4] calculated the torque of main roll in ring rolling through upper bound method, despite its difficulty in involving complex-shaped rings.

Apart from the above methods, numerical methods such as finite element method have also been used to simulate ring rolling process [5-8]. Numerous ring rotations are required in large cylindrical shell rolling process to finish a product. This process is different from the conventional flat rolling process. Moreover, numerous deformation increments are generated for each rotation in the numerical simulation of large cylindrical shell rolling. Therefore, the increments for cylindrical shell rolling are significantly higher than that for common plate rolling. Although FEM has high accuracy and may be powerful for complicated problems [9,10], it involves the excessive runtime and convergence problems, especially for large cylindrical shell.

Slab method can rapidly predict rolling pressure, rolling force and torque. This approach is popular because of its convenience and high efficiency. Therefore, it is suitable for ring rolling. However, this method has been widely used in both symmetrical and asymmetrical flat rolling [11]. Hwang et al. [12] developed analytical models based on slab method for asymmetrical rolling of clad sheet by neglecting the internal shear stresses where uniform normal stress and Coulomb friction were assumed. Tzou et al. [13] employed the slab method to study asymmetrical sheet rolling of unbounded clad sheets under hybrid friction; however, internal shear stress was neglected. Pan et al. [14] used the slab method to investigate asymmetrical cold and hot bond sheet rolling under constant shear friction. They [15] further developed the approach to analyze asymmetrical rolling of clad sheet under Coulomb friction. Zhang et al. [16] assumed a constant shear friction model for the contact interface between the sheet and rolls to analyze asymmetrical sheet rolling through the slab method. However, few studies focused on ring rolling through slab method. Parvizi et al. [17] presented an analytical solution for ring rolling through the slab method. They assumed that shear friction was constant between the main roll and ring and neglected the friction between the mandrel and ring. Coulomb friction exists in the interface of the rolls and sheets. However, friction needs to be modified when the frictional coefficient is high enough. Thus, a mixed friction model is proposed by combing Coulomb friction and sticking friction models at the interface to obtain realistic rolling properties. This study applies for the first time the slab method on large cylindrical shell rolling under mixed friction.

An analytical model is proposed to study large cylindrical shell rolling based on slab method, in which the non-uniform normal and shear stresses that act on the vertical sides are considered. A mixed friction model, which is a combination of Coulomb and sticking friction models, is recorded to predict reasonable results. The rolling pressure, rolling force, torque, and friction stress can be rapidly and easily obtained and discussed for the different conditions. The predicted rolling force is consistent with the experimental result.

2 Mathematical modeling

In the development of the mathematical model, the following assumptions are made to simplify the formulation involved in cylindrical shell rolling:

(1) In the rolling process, the elastic deformation of the work rolls is very small and thus can be ignored. Therefore, the work rolls are assumed to be rigid.

(2) The spread can be ignored because it has a very wide axial width, and its axial spread is small. Thus, plastic deformation is assumed to be plane strain.

(3) The cross sections at both the entrance and exit of the roll gap are vertical to make the deformation zone shape regular [17].

These assumptions provide a physically realistic approximation for large cylindrical shell rolling.

The schematic of large cylindrical shell rolling is shown in Fig. 1. The radius R_1 and speed v_1 of the upper roll are different from the R_2 and v_2 of the lower roll. Thus, the upper and lower neutral points are not in the same vertical plane. R and r are outer and inner radii of cylindrical shell, respectively. h_0 and h_1 are the inlet and outlet thicknesses, respectively. The deformation zone is divided into three zones by the upper and lower neutral points x_{n1}, x_{n2}.

Normal stress presents uneven distribution in the deformation zone. In this model, normal stress is assumed to be linearly distributed [11]. τ_1 and τ_2 are the absolute values of the upper and lower interface friction stresses, respectively. As shown in Fig. 2, the shear stresses that act on the vertical sides of each slab reach their maximum values at the upper and lower surfaces of the three zones [11]. In zones Ⅰ and Ⅲ, the shear stresses are zero at the center of the thickness, and the shear stresses are assumed to be linearly distributed from the upper and lower surfaces to their center. However, in zone Ⅱ, the shear stress is uniformly distributed, i. e., the shear stress at the center of the thickness is equal to the surface values. Generally, the length of the cross shear zone (zone Ⅱ) is approximately 1/3 of the contact length. Thus, the shear stress on the vertical sides must be considered.

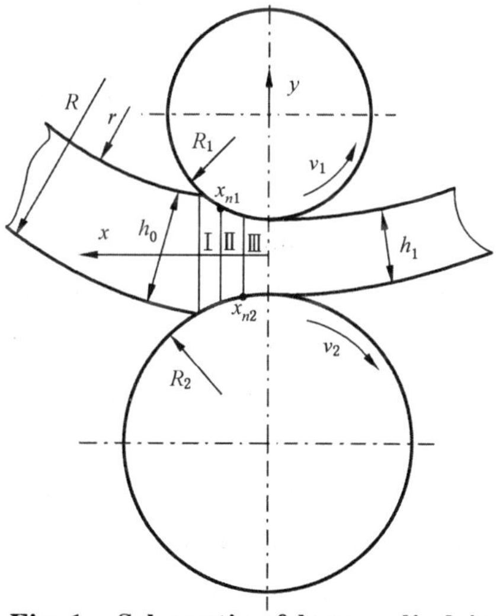

Fig. 1　Schematic of large cylindrical shell rolling

$$L = \sqrt{\frac{2\Delta h}{1/R_1 + 1/R_2 + 1/R - 1/r}} \tag{1}$$

where Δh is the reduction per pass and $\Delta h = h_0 - h_1$. Hence, $L = \sqrt{R_e \Delta h}$ or, in general,

$$x = \sqrt{R_e \Delta h_x} \tag{2}$$

where $R_e = \dfrac{2}{1/R_1 + 1/R_2 + 1/R - 1/r}$ and $\Delta h_x = h - h_1$.

Thus, the variable thickness h of the deformation zone is denoted as

$$h = h_1 + \frac{x^2}{R_e} \tag{3}$$

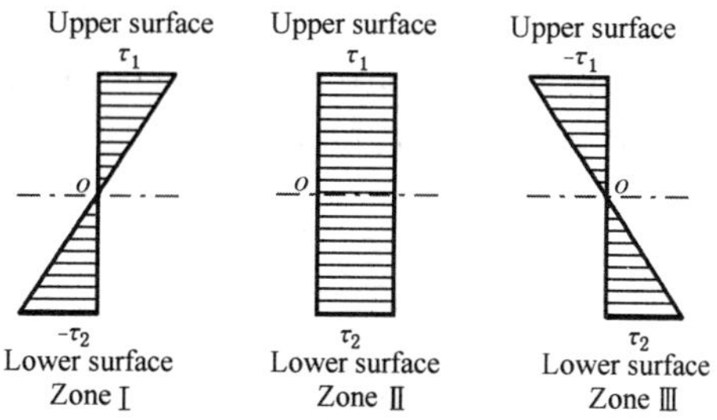

Fig. 2　Assumed shear stress distribution along the vertical sides of each slab in zone Ⅰ, Ⅱ and Ⅲ.

From the roll gap geometry, the contact length L can be described as [18].

2.1　Force equilibrium differential equation

The horizontal normal stress at the roll gap is defined as $q = \frac{1}{h}\int_{-\frac{h}{2}}^{\frac{h}{2}} \sigma_x \mathrm{d}y$, where σ_x is the normal stress at any point.

Fig. 3 shows the stress state of a slab in zone Ⅰ. The net shear force $\mathrm{d}(\bar{\tau} h)/\mathrm{d}x$ on the vertical sides of each slab is added into the force equilibrium because the shear stress on the vertical sides of the slab has an important effect on the force equilibrium, as shown in Eq. (5). The following equations can be derived from force equilibriums in both x and y directions:

$$\frac{\mathrm{d}(qh)}{\mathrm{d}x} - p_1\tan\theta_1 - p_2\tan\theta_2 + (\tau_2 + \tau_1) = 0 \quad (4)$$

$$p_1 + \tau_1\tan\theta_1 = p_2 + \tau_2\tan\theta_2 + \frac{\mathrm{d}(\bar{\tau}h)}{\mathrm{d}x} = p \quad (5)$$

where p_1 and p_2 are the upper and lower roll pressures, respectively; and p is the vertical rolling pressure at the roll gap. $\bar{\tau}$ is the mean shear stress that acts on the vertical side of the slab.

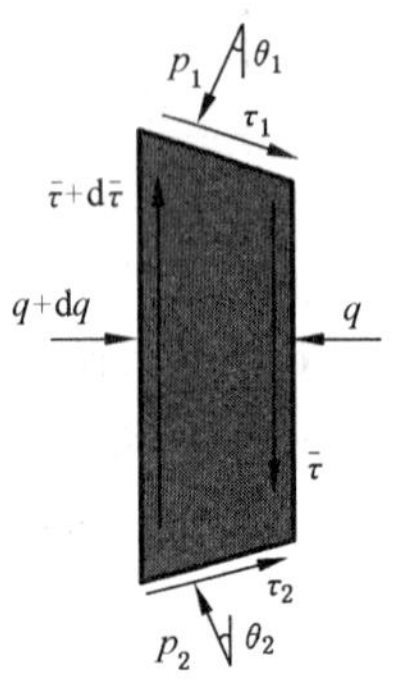

Fig. 3 Stress state of a slab in zone Ⅰ

From Eq. (3), the first derivative of the variable thickness h can be expressed as $\frac{\mathrm{d}h}{\mathrm{d}x} = \frac{2x}{R_e}$. Therefore,

$$h\frac{\mathrm{d}q}{\mathrm{d}x} = -q\frac{2x}{R_e} + p_1\tan\theta_1 + p_2\tan\theta_2 - (\tau_2 + \tau_1) \quad (6)$$

$$p_1 + \tau_1\tan\theta_1 = p_2 + \tau_2\tan\theta_2 + \bar{\tau}\frac{2x}{R_e} + h\frac{\mathrm{d}\bar{\tau}}{\mathrm{d}x} = p \quad (7)$$

The equations for small reduction per pass are $\tan\theta_1 = x/R_1$ and $\tan\theta_2 = x/R_2$. The following equation can be derived by combining Eqs. (6) and (7):

$$h\frac{\mathrm{d}q}{\mathrm{d}x} = -q\frac{2x}{R_e} - \left(\tau_1\frac{x^2}{R_1^2} + \tau_2\frac{x^2}{R_2^2} + \bar{\tau}\frac{2x^2}{R_2R_e}\right) + p\left(\frac{x}{R_1} + \frac{x}{R_2}\right) - h\frac{x}{R_2}\frac{\mathrm{d}\bar{\tau}}{\mathrm{d}x} - \tau_e \quad (8)$$

where $\tau_e = \tau_1 + \tau_2$. In zone Ⅰ, the friction stress directions, which are considered in Eq. (8), are both forward on to the upper and lower interfaces, and the effective friction stress is $\tau_e = \tau_1 + \tau_2$. In zone Ⅲ, the effective friction stress is $\tau_e = -(\tau_1 + \tau_2)$ because the directions of friction stress are both backward, which are opposite the directions of friction stresses in zone Ⅰ. In zone Ⅱ, the friction stresses on the upper and lower interfaces are in reverse directions; thus, $\tau_e = \tau_2 - \tau_1$ for the case $v_2 > v_1$.

Generally, Coulomb friction model is employed at the interfaces between the rolls and the workpiece. However, the friction stress by Coulomb friction model may give rise to the friction stresses greater than the mean yield shear stress k when the frictional coefficient is high enough. Thus, a mixed friction model is proposed to overcome such difficulty:

$$\tau_1 = \tau_2 = \min\{\mu p, mk\} \quad (9)$$

where μ is the friction coefficient, and m is the friction factor. In this model, Coulomb friction model is utilized unless the friction stresses exceed mk. The values of m and μ are chosen in such a way that they represent a unique friction behavior [19].

The plane strain condition can be described as

$$\tau_{xz} = \tau_{yz} = 0, \ \sigma_z = \frac{1}{2}(\sigma_x + \sigma_y) \quad (10)$$

Therefore, the Von-Mises yield criterion for plane strain condition is obtained as

$$\left|\frac{p-q}{2}\right|=\sqrt{k^2-\bar{\tau}^2} \tag{11}$$

where $k=\sigma_s/\sqrt{3}$ and σ_s is flow stress of the rolled material.

2.2 Boundary conditions

The boundary conditions for the three zones can be summarized as follows:

In zone Ⅰ ($x_{n1}\leqslant x\leqslant L$), $\tau_e=\tau_1+\tau_2$, $\bar{\tau}=(\tau_1-\tau_2)/4$. In zone Ⅲ ($0\leqslant x\leqslant x_{n2}$), $\tau_e=-(\tau_1+\tau_2)$, $\bar{\tau}=(\tau_2-\tau_1)/4$. The boundary conditions on the entry and exit are $p=2\sqrt{k^2-\bar{\tau}^2}$, at $x=0$ and $x=L$, when no loading is applied at the exit of the roll gap.

In zone Ⅱ, ($x_{n2}\leqslant x\leqslant x_{n1}$), $\tau_e=\tau_2-\tau_1$, $\bar{\tau}=(\tau_1+\tau_2)/2$. The rolling pressure in zone Ⅰ at $x=x_{n1}$ must be equal to that in zone Ⅱ, i.e., $p_{Ⅲ}(x=x_{n1})=p(x=x_{n1})$, because of the continuity of the rolling pressure between each zone. Meanwhile, given that the continuity of the rolling pressure at $x=x_{n2}$, $p_{Ⅲ}(x=x_{n2})=p(x=x_{n2})$ is got.

2.3 Prediction of neutral points

From the volume constancy of the material, the relationship of the upper and lower neutral point positions is written as [11]

$$x_{n1}=\sqrt{nx_{n2}^2+(n-1)h_1R_e} \tag{12}$$

where $n=v_2/v_1$. The solution of the neutral points can be obtained through bisection method.

2.4 Rolling force and torque

The rolling force can be calculated by integrating the rolling pressure over the contact area. Thus, the rolling force can be obtained through

$$P=B\left(\int_0^{x_{n2}}p_{Ⅲ}\,\mathrm{d}x+\int_{x_{n2}}^{x_{n1}}p\,\mathrm{d}x+\int_{x_{n1}}^{L}p\,\mathrm{d}x\right) \tag{13}$$

where B is the width of cylindrical shell.

The upper and lower rolling torques can be calculated by integrating the moment of the frictional shear force along the contact length, respectively,

$$T_1=B\left(-\int_0^{x_{n2}}\tau_1R_1\,\mathrm{d}x-\int_{x_{n2}}^{x_{n1}}\tau_1R_1\,\mathrm{d}x+\int_{x_{n1}}^{L}\tau_1R_1\,\mathrm{d}x\right)$$

$$T_2=B\left(-\int_0^{x_{n2}}\tau_2R_2\,\mathrm{d}x+\int_{x_{n2}}^{x_{n1}}\tau_2R_2\,\mathrm{d}x+\int_{x_{n1}}^{L}\tau_2R_2\,\mathrm{d}x\right) \tag{14}$$

Therefore, the total rolling torque required, T, is

$$T=T_1+T_2 \tag{15}$$

2.5 *Flow stress model*

The flow stress of large cylindrical shell material 2.25Cr1Mo0.25V had been systematically investigated through thermal compression tests that were performed on the Gleeble-3500 thermo-mechanical stimulator at different temperatures, strains and strain rates. The flow stress model was established through regression analysis of experimental data [20]:

$$\sigma_s=5.18\exp\left(\frac{3\,495.32}{t}-0.165\dot{\varepsilon}+0.165\right)\varepsilon^{0.157\,092}\dot{\varepsilon}^{0.12} \tag{16}$$

where t is the deformation temperature. The mean strain ε and strain rate $\dot{\varepsilon}$ can be expressed as

$$\varepsilon = \frac{1}{L}\int_0^L \frac{h_0 - h}{h_0}\mathrm{d}x \text{ , } \dot{\varepsilon} = \frac{1}{L}\int_0^L \dot{\varepsilon}_x \mathrm{d}x \quad (17)$$

3 Results and discussion

To validate the prediction capability of the proposed model, the comparison between the predicted rolling force and the experimental result of the author's previous study [20] under the various reductions is shown in Fig. 4, and an agreement is found. The rolling force is increased with the increasing reduction. The reason for this phenomenon is that when reduction increases, the contact length between the rolls and work-piece and the metal plastic deformation are both increased, which results in the increase in the required rolling force.

The rolling pressure, which is the main parameter in describing the interaction between the rolls and workpiece, is the foundation of the procedures of the work process. The rolling pressure distribution is first generally predicted to calculate the rolling force. Fig. 5 represents the rolling pressure distributions for different reductions. Pressure distribution appears as an early peak after the entrance, then a slower decline. Thus, conventional friction-hill theory appears inapplicable. Mamalis et al. [2] accurately measured the rolling pressure through the rolling plain and profiled rings of their experiments; a similar rolling pressure distribution was found. Yea et al. [21] investigated the rolling pressure distribution in ring rolling through the rigid-plastic finite element method. They reported similar characteristics. The reduction has an important effect on both the rolling pressure and force, which guides the design of the rolling process and equipment. The rolling pressure is increased by increasing the reduction. When the strain is in-creased, the yield stress is also increased. Therefore, the necessary rolling pressure is increased.

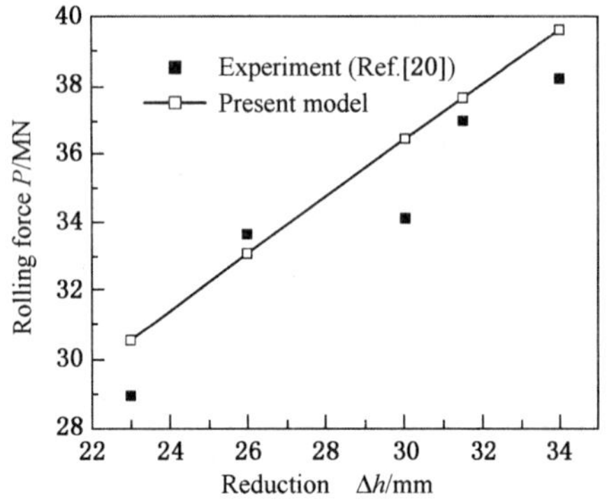

$R_1=0.9$ m, $R_2=1$ m, $R=2.65$ m, $h_0=0.55$ m, $t=1\ 120$ ℃, $m=1$, $v_1=0.148$ m/s, $v_2=0.15$ m/s, $B=2.68$ m

Fig. 4 Comparison of the predicted rolling force with the experimental result

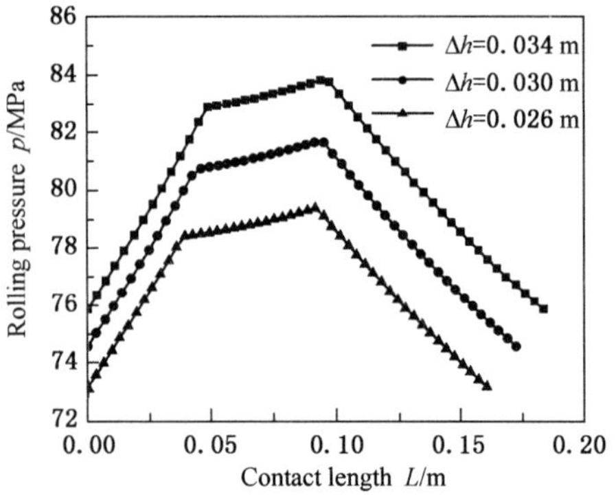

$R_1=0.9$ m, $R_2=1$ m, $R=2.65$ m, $h_0=0.55$ m, $v_1=0.148$ m/s, $v_2=0.15$ m/s, $m=1$, $t=1\ 120$ ℃

Fig. 5 Rolling pressure distributions for different reductions

Friction plays an important role in the rolling process. Friction affects the prediction accuracy of the rolling force and the quality of the product. Fig. 6 shows the upper and lower friction stress distributions with different reduction ratios w. The reduction ratio is given by $w=\Delta h/h_0$. The sudden changes in the gradient of the upper and lower interface friction stresses at the location of the two neutral points are due to the sudden change in the direction of the friction stresses at each neutral point. The direction of the friction stress is the same with the rolling direction when the metal flow speed is lower than the horizontal component of roll speed. Conversely, the direction of the friction stress becomes reversed. A pair of shear stress is formed because the friction stresses on the upper and lower interfaces have the opposite direction in zone Ⅱ, thus promoting metal shear deformation that results in a great decrease on the friction-hill of the rolling pressure, as shown in Fig. 5. Mixed friction has been noted to occur in zones Ⅰ and Ⅲ, and the upper and lower friction stresses in the cross shear zone are relatively large in these zones. Moreover, the absolute values of the friction stresses on the upper and lower interfaces are slightly increased when the reduction ratio is increased. This finding is due to the fact that by increasing the reduction ratio, the rolling pressure is increased and hence the generated friction stress is increased. Nevertheless, the friction stress cannot be higher than the shear stress, according to Eq. (9).

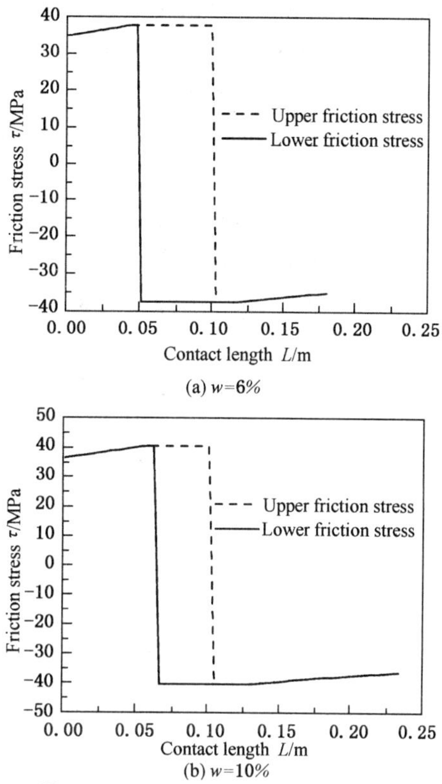

($R_1=0.9$ m, $R_2=1$ m, $R=2.65$ m, $m=1$, $h_0=0.55$ m, $t=1\ 120$ ℃, $v_1=0.148$ m/s, $v_2=0.15$ m/s

Fig. 6　upper and lower friction stress distributions for different reduction ratios

Roll speed ratio has a significant effect on the rolling mechanical property, the stability of the rolling process, and the quality of the product. Fig. 7 shows the effects of the roll speed ratio on both the rolling force and the friction stress. The rolling force is decreased by increasing the roll speed ratio because the length of the cross shear zone is increased. Moreover, the opposite directions of the upper and lower frictions in this zone assist the material deformation, which results in the reduction of the necessary rolling force. The rolling force also increases when the inlet thickness increases because the roll gap is more extended, and a larger rolling force is needed to form the ingoing thickness. The absolute values of both upper and lower interface friction stresses have no obvious change with the increasing roll speed ratio, except that the cross shear zone is longer. Mixed friction occurred in zones Ⅰ and Ⅲ. Therefore, sliding friction occurs in the contact interfaces between the rolls and workpiece when the rolled material passes into the roll gap and leaves the roll gap. Sticking friction occurs when the sliding friction increases to a constant value.

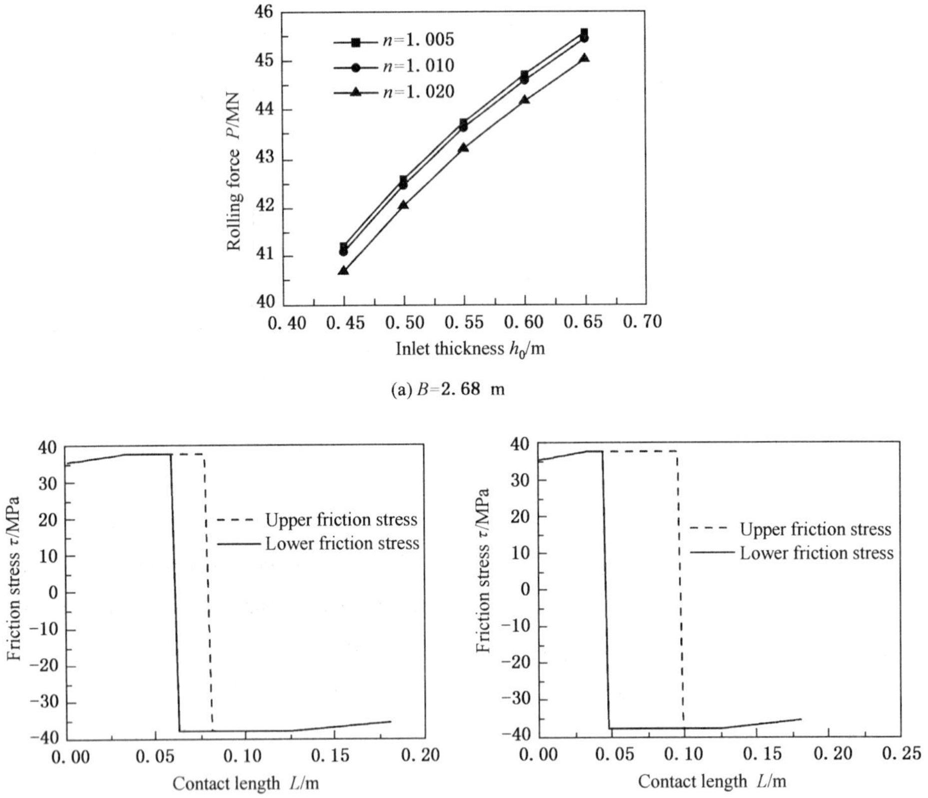

(a) $B=2.68$ m

(b) $n=1.005$, $h_0=0.55$ m

(c) $n=1.015$, $h_0=0.55$ m

$R_1=0.9$ m, $R_2=1$ m, $R=2.65$ m, $t=1\ 120$ ℃, $v_2=0.15$ m/s, $m=1$, $w=6\%$

Fig. 7 Effects of different roll speed ratios on the rolling force and friction stress

The effects of roll radius ratio and mean radius of cylindrical shell on rolling force and torque are significant in large cylindrical shell rolling. Fig. 8 illustrates the effects of roll radius ratio on the rolling force and torque with various mean radii of cylindrical shell. Rolling force and torque are increased by increasing the roll radius ratio. Therefore, the rolling force increases when lower roll radius becomes larger under fixed upper roll radius. The increased rolling force caused by the increased roll radius is larger than the decreased rolling force caused by the asymmetrical rolling when the radius ratio is larger than 1. The mean radius of cylindrical shell R_m is given by $R_m=(R+r)/2$. The rolling force and torque increase with the increasing R_m. The inlet thickness and the contact length are both increased when the mean radius R_m becomes larger with the fixed inner radius, as shown in Fig. 9. Thus, the necessary rolling force is increased, which is consistent with the result of Parvizi [17].

The mean radius of cylindrical shell affects the behavior of friction between the rolls and workpiece. Fig. 9 shows the upper and lower friction stresses for different mean radii of cylindrical shell. The absolute values of the upper and lower friction stresses are decreased when the mean radius of cylindrical shell R_m is increased with the fixed inner radius, whereas the contact length is increased.

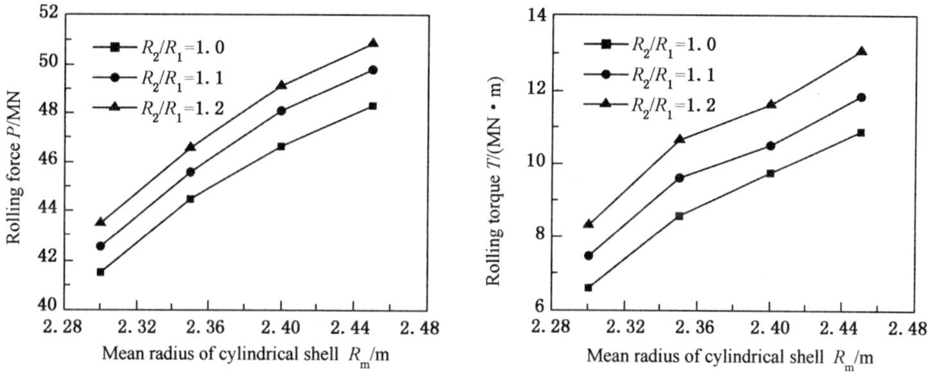

$R_1=0.9$ m, $r=2.1$ m, $t=1\,120$ ℃, $v_1=0.148$ m/s,

$v_2=0.15$ m/s, $B=2.68$ m, $m=1$, $w=8\%$

Fig. 8　Effects of roll radius ratio on the rolling force and torque with various mean radii of cylindrical shell

As an important parameter of the rolling process, the variation of friction will cause the mechanical parameters and product quality to change. Fig. 10 shows the effects of friction factor upon the rolling force and friction stresses. Thus, the rolling force and the upper and lower friction stresses are slightly increased under the mixed friction model by increasing the friction factor. From Figs. 10(b) and (c), the length of the cross shear zone decreases with the larger friction factor. Thus, the shear action that promotes the metal deformation is weakened, which results in the increased rolling force.

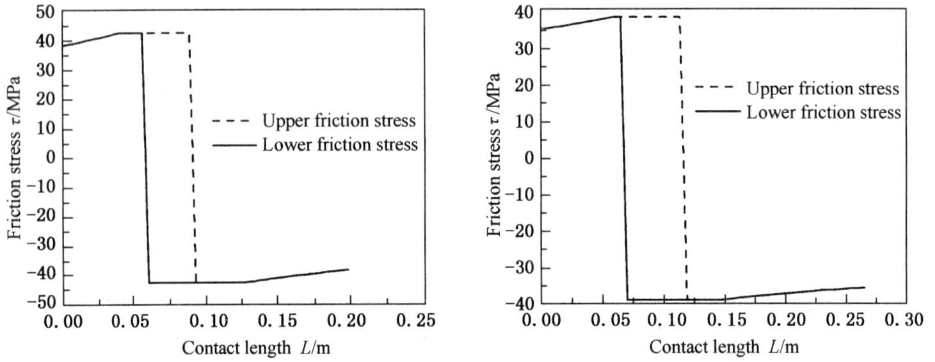

(a) R_m=2.3 m　　b) R_m=2.45 m

$R_1=0.9$ m, $R_2=1$ m, $r=2.1$ m, $t=1\,120$ ℃,

$v_1=0.148$ m/s, $v_2=0.15$ m/s, $\mu=0.45$, $m=1$, $w=10\%$

Fig. 9　Upper and lower friction stresses for different mean radii of cylindrical shell

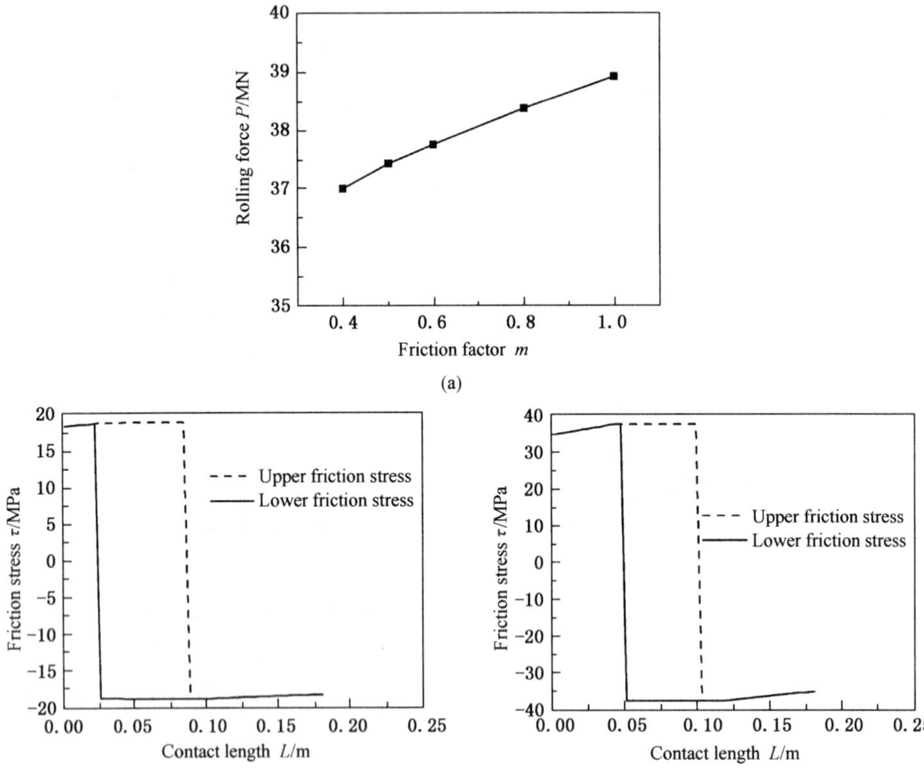

(a)

(b) m=0.5　　(c) m=1

$R_1=0.9$ m, $R_2=1$ m, $R=2.65$ m, $h_0=0.55$ m, $t=1\,120$ ℃, $v_1=0.148$ m/s, $v_2=0.15$ m/s, $B=2.68$ m, $w=6\%$

Fig. 10　Effects of friction factor on the rolling force and upper and lower friction stresses

Fig. 11 shows the comparison of the predicted rolling force through three friction models with the experimental result. The rolling force under sticking friction model is the smallest, in which the friction is linearly distributed from the entrance and exit to the neutral points; thus, sticking friction stress in a low-pressure zone is not realistic. The rolling force under Coulomb friction model is the largest. In this model, friction stress may even obtain a higher value than shear stress because no limit for shear stress has been considered. A mixed friction stress model, which is a combination of Coulomb friction and sticking friction, is used to overcome such difficulties, as shown in Eq. (9). In this model, friction stress is taken to be μp. In any part, friction stress exceeds shear stress, which is expected to be equal. Therefore, the mixed friction model is closer to the experimental value [20].

4 Conclusions

(1) The theoretical model of large cylindrical shell rolling, with different speeds and radii of both upper and lower rolls, has been developed based on the slab method. In this model, the non-uniform normal and shear stresses that act on the vertical sides are considered. A mixed friction model, which is a combination of Coulomb and sticking friction, is used to reveal more properties of real rolling and to improve the accuracy of prediction.

(2) The proposed method can quickly and easily predict the rolling pressure, rolling force, torque, and friction stress. The values of the predicted rolling force were proven to be consistent with the experimental results.

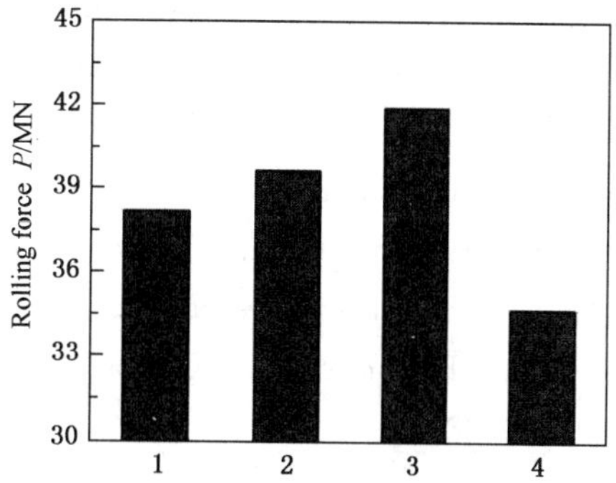

1: Experiment[20]; 2: Mixed friction; 3: Coulomb friction; 4: Sticking friction

$R_1=0.9$ m, $R_2=1$ m, $R=2.65$ m, $r=2.1$ m, $t=1\,120$ ℃, $v_1=0.148$ m/s, $v_2=0.15$ m/s, $\mu=0.45$, $m=1$, $\Delta h=0.034$ m, $B=2.68$ m

Fig. 11 Comparison of the predicted rolling force through three friction models with the experimental results

(3) The rolling pressure distribution appears an early peak, soon after the entry and then slightly declined. A total of two relative peak values occurred in rolling pressure distribution, which is distinctly different from that of ordinary plate rolling. When the reduction, friction factor, roll radius ratio, and mean radius of cylindrical shell increase, the rolling force also increases; however, the rolling force decreases when the roll speed ratio increases. On the one hand, the absolute values of both the upper and lower friction stresses increase as the reduction ratio and friction factor increase. On the other hand, they decrease when the mean radius of cylindrical shell increases.

Acknowledgment

The authors would like to acknowledge the support from the National Science and Technology Major Project of China (Grant No. 2011ZX04002-101), the National Science and Technology Support Plan of China (Grant No. 2011BAF15B02), and the National Natural Science Foundation of China (Grant No. 51305388).

References

[1] W. Johnson and G. Needham, Experiments on ring rolling, *International Journal of Mechanical Sciences*, 10 (2) (1968) 95-113.

[2] A. G. Mamalis, W. Johnson, and J. B. Hawkyard, Pressure distribution, roll force and torque in cold ring rolling, *Journal of Mechanical Engineering Science*, 18 (4) (1976) 196-209.

[3] J. B. Hawkyard, W. Johnson, J. Kirkland, and E. Appleton, Analyses for roll force and torque in ring rolling with some supporting experiments, *International Journal of Mechanical Sciences*, 15 (11) (1973) 873-893.

[4] J. S. Ryoo, D. Y. Yang, and W. Johnson, Lower upper-bound analysis of the ring rolling process by using force polygon diagram and dual velocity field, *Advanced Technology Plasticity*, 2 (1984) 1292-1298.

[5] Y. M. Zhao and D. S. Qian, Effect of rolling ratio on groove-section profile ring rolling, *Journal of Mechanical Science and Technology*, 24 (8) (2010) 1679-1687.

[6] L. Y. Li, H. Yang, L. G. Guo, and Z. C. Sun, Research on interactive influences of parameters on T-shaped cold ring rolling by 3d-FE numerical simulation, *Journal of Mechanical Science and Technology*, 21 (10) (2007) 1541-1547.

[7] X. K. Wang and L. Hua, Analysis of guide modes in vertical hot ring rolling and their effects on the ring's dimensional precision using FE method, *Journal of Mechanical Science and Technology*, 25 (3) (2011) 655-662.

[8] L. Hua, D. S. Qian, and L. B. Pan, Analysis of plastic penetration in process of groove-ball section ring rolling, *Journal of Mechanical Science and Technology*, 22 (7) (2008) 1374-1382.

[9] A. Ktari, Z. Antar, N. Haddar, and K. Elleuch, Modeling and computation of the three-roller bending process of steel sheets, *Journal of Mechanical Science and Technology*, 26 (1) (2012) 123-128.

[10] S. H. Lee, G. H. Song, S. J. Lee, and B. M. Kim, Study on the improved accuracy of strip profile using numerical formula model in continuous cold rolling with 6-high mill, *Journal of Mechanical Science and Technology*, 25 (8) (2011) 2101-2109.

[11] M. Salimi and F. Sassani, Modified slab analysis of asymmetrical plate rolling, *International Journal of Mechanical Sciences*, 44 (9) (2002) 1999-2023.

[12] Y. M. Hwang and G. Y. Tzou, Stress analysis of asymmetrical cold rolling of clad sheet using the slab method, *Journal of Materials Engineering and Performance*, 5 (5) (1996) 621-631.

[13] G. Y. Tzou and M. N. Huang, Analytical modified model of the cold bond rolling of unbounded double-layers sheet considering hybrid friction, *Journal of Materials Processing Technology*, 140 (1-3) (2003) 622-627.

[14] S. C. Pan, M. N. Huang, G. Y. Tzou, and S. W. Syu, Analysis of asymmetrical

cold and hot bond rolling of unbounded clad sheet under constant shear friction, *Journal of Materials Processing Technology*, 177 (1-3) (2006) 114-120.

[15] S. C. Pan, G. Y. Tzou, M. N. Huang, and C. W. Huang, Analytical model of asymmetrical cold bond rolling of two-layer unbounded clad sheets under coulomb friction, *Steel Research International*, 79 (2008) 734-741.

[16] S. H. Zhang, D. W. Zhao, C. R. Gao, and G. D. Wang, Analysis of asymmetrical sheet rolling by slab method, *International Journal of Mechanical Sciences*, 65 (1) (2012) 168-176.

[17] A. Parvizi, K. Abrinia and M. Salimi, Slab analysis of ring Rolling assuming constant shear friction, *Journal of Materials Engineering and Performance*, 20 (9) (2011) 1505-1511.

[18] N. Anjami and A. Basti, Investigation of rolls size effects on hot ring rolling process by coupled thermo-mechanical 3D-FEA, *Journal of Materials Processing Technology*, 210 (10) (2010) 1364-1377.

[19] G. Y. Tzou, Relationship between frictional coefficient and friction factor in asymmetrical sheet rolling, *Journal of Materials Processing Technology*, 86 (1-3) (1998) 271-277.

[20] S. W. Chen, H. M. Liu, Y. Peng and J. L. Sun, Strip layer method for simulation of the three-dimensional deformations of large cylindrical shell rolling, *International Journal of Mechanical Sciences*, 77 (2013) 113-120.

[21] Y. Yea, Y. Ko, N. Kima and J. Lee, Prediction of spread, pressure distribution and roll force in ring rolling process using rigid-plastic finite element method, *Journal of Materials Processing Technology*, 140 (1-3) (2003) 478-486.

Strip Layer Method for Analysis of the Three-dimensional Stresses and Spread of Large Cylindrical Shell Rolling①

Liu Hongmin[1,2], Chen Suwen[1,2], Peng Yan[1,2], Sun Jianliang[1,2]

(1. National Engineering Research Center for Equipment and Technology of Cold Strip Rolling, Yanshan University, Qinhuangdao 066004, China;
2. State Key Laboratory of Metastable Materials Science & Technology, Yanshan University, Qinhuangdao 066004, China)

Abstract: As the traditional forging process has many problems such as low efficiency, high consumption of material and energy, large cylindrical shell rolling is introduced. Large cylindrical shell rolling is a typical rotary forming technology, and the upper and lower rolls have different radii and speeds. To quickly predict the three-dimensional stresses and eliminate fishtail defect, an improved strip layer method is developed, in which the asymmetry of the upper and lower rolls, non-uniform deformation and stress, as well as the asymmetrical spread on the end surface are considered. The deformation zone is divided into a certain number of layers and strips along the thickness and width, respectively. The transverse displacement model is constructed by polynomial function, in order to increase the computation speed greatly. From the metal plastic mechanics principle, the three-dimensional stress models are established. The genetic algorithm is used for optimization calculation in an industrial experiment example. The results show that the rolling pressure, the normal stresses, the upper and lower friction stress distributions are not similar with those of a general plate rolling. There are two relative maximum values in rolling pressure distribution. The upper and lower longitudinal friction stresses change direction nearby the upper and lower neutral points, respectively. The fishtail profile of spread on the end surface is predicted satisfactorily. The reduction could be helpful to eliminate fishtail defect. The large cylindrical shell rolling example illustrates the calculation results acquired rapidly are good agreements with the finite element simulation and experimental values of previous study. A highly effective and reliable three-dimensional simulation method is proposed for large cylindrical shell rolling and other asymmetrical rolling.

Key words: Large cylindrical shell rolling; Strip layer method; Three-dimensional stresses; Rolling pressure; Friction stress; Spread

---

① Chinese Journal of Mechanical Engineering, 2015, 28(3): 556-564.

1 Introduction

Large cylindrical shell is a crucial part of heavy pressure vessel, which is widely used in nuclear power, coal chemical and petrochemical industries etc. The cylindrical shell measures up to 8 000 mm in diameter and 3 500 mm in axial width, and the thickwall is greater than 300 mm, as shown in Fig. 1. As environment pollution becomes increasingly serious, energy structure has begun a transition toward clean energy, therefore the development of nuclear power is rapid, and the demand for large cylindrical shell in nuclear power becomes more and more in our country.

For now, large cylindrical shell has been usually produced by hammer forging[1], which includes a few steps: upsetting, punching and hole expansion, heating the material 5 times. These technology processes lead to the production efficiency low, the consumption of energy and material high. As an advanced forming technique, large cylindrical shell rolling is introduced. Large cylindrical shell is continuously drawn into the roll gap, and the incremental deformation of wall-thickness decrease and diameter expansion is generated. This rolling technology can improve the production efficiency and reduce the loss of material and energy.

Large cylindrical shell rolling is characterized by the asymmetry of upper and lower rolls, the huge blank size, and the three-dimensional uneven deformations and stresses. Therefore, the fast and accurate simulation of the large cylindrical shell rolling is of major technological interest as it provides a basic understanding of the rolling mechanics and an insight into how fishtail defect is generated and eliminated.

Large cylindrical shell rolling is similar with ring rolling. By now, some research has been conducted on ring part rolling based on experiment[2-4], analytical method[5-7] and numerical method[8-10]. Although the experimental investigations could provide some basic insights into rolling process, a few limitations to one kind of rolling technology and material exist. Based on the slab method, PARVIZI, et al[11], predicted ring rolling pressure distribution, in which the constant shear friction was assumed. PARVIZI and ABRINIA[12], proposed the upper bound method to predict the rolling force and torque with experiment and FEM verifications.

Apart from the above methods, there is growing interest in numerical method to better predict and optimize the ring rolling process. YEA, et al[13], predicted the rolling pressure, force and spread of the plain and T-shaped rings using rigid-plastic finite element method. ANJAMI and BASTI[14], investigated the effects of roll size on strain, stress and temperature distributions and side spread by three-dimensional FE simulation. CERETTI, et al[15], established a

3D FE model to simulate a hot ring rolling industrial process, and the FE model was compared with the industrial experiment results from the geometrical and physical aspects.

In order to further shorten the computing time, the explicit finite element method is used. ZHOU, et al[16], developed a 3D elastic-plastic explicit finite element model of radial-axial ring rolling and investigated the roll size effects on the ring rolling process. WANG, et al[17], analyzed the effect of the relative velocity on the ring rolling process using the coupled thermo-mechanical explicit three-dimensional finite element simulation. Although the FEM may be accurate in simulation of rolling process, it involves excessive runtime and convergence problems, especially for large cylindrical shell.

The strip element method can predict rapidly the metal three-dimensional deformations and stresses. The rectangular strip element method[18] was employed to analysis of the cold strip rolling, together with streamline strip element method[19]. There were also stream surface strip element method[20] for simulating hot plate rolling, together with strip layer method[21]. In these methods, the spline interpolation function is used to construct transverse displacement model, which includes the more unknown parameters affecting the computation speed. Moreover, they are symmetrical rolling of lower and upper rolls in previous studies, but there is few strip element analysis of asymmetrical rolling and large cylindrical shell rolling.

Due to the unequal speed and radius of the lower and upper rolls in cylindrical shell rolling, the deformation zone is asymmetrically rolled in the thickness direction. The author proposed a two-dimensional model of cylindrical shell rolling[7] to predict the rolling force. In order to improve the accuracy and research the metal transverse flow, the three-dimensional deformation analysis is necessary. Although strip layer method has been tentatively used for cylindrical shell rolling by the author[22], inner and outer surface asymmetrical spread and three-dimensional stresses is not provided.

Fig. 1 Large cylindrical shell

In this paper, for large cylindrical shell rolling, an improved strip layer method is developed to study the three-dimensional stresses and spread, taken into account the asymmetry of lower and upper rolls, the non-uniform deformation and stress, as well as the asymmetrical spread of inner and outer surfaces. The three-dimensional stresses and spread can be obtained rapidly. The reliability of this method is verified by the experiment and FE simulation.

2 Strip Layer Method

Fig. 2 illustrates the schematic diagram of large cylindrical shell rolling, where the shadow area is just the deformation zone. The entry and exit cross sections are assumed to be vertical. The steady rolling process is supposed. The lower and upper rolls are rigid, and the cylindrical shell in the deformation zone is rigid-plastic, and it is elastic deformation outside the deformation zone. The deformation zone is symmetrical about the axial width center $y=0$ (Fig. 2).

From the geometrical relationship, the length L of the deformation zone can be obtained[23]:

$$L=\sqrt{2\Delta H/\left(\frac{1}{R_1}+\frac{1}{R_2}+\frac{1}{R}-\frac{1}{r}\right)}, \quad (1)$$

where R is outside radius, r is the inside radius, R_1 is the upper roll radius, R_2 is the lower roll radius, and ΔH is the feeding reduction per pass.

2.1 Transverse displacement model

As the cylindrical shell is of such great thickness and width, the non-uniform deformation and stress occur at the roll gap. Therefore, as shown in Fig. 3, the deformation zone is divided into m layer elements in the thickness direction, and each layer is divided into n strip elements in the axial width direction. The node co-ordinates at the exit are shown y_i and z_j ($i=0, 1, \cdots, n$; $j=0, 1, \cdots, m$). n and m are even numbers.

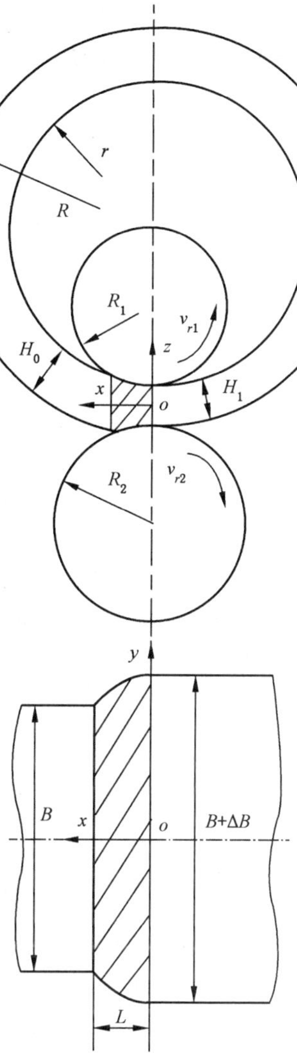

Fig. 2 Schematic diagram of large cylindrical shell rolling

Taken into account the non-uniform deformation along the thickness direction at the roll gap, the transverse displacement function is assumed to be

$$W(x,y,z)=f(x)U(y,z). \quad (2)$$

From Ref. [12], $f(x)$ can be got:

$$f(x)=1-4(x/L)^3+3(x/L)^4. \quad (3)$$

The exit transverse displacement function $U(y, z)$ is separated:

$$U(y,z)=u(y)g(z), \quad (4)$$

where $u(y)$ and $g(z)$ are the components of exit transverse displacement in the width direction y (transverse) and thickness direction z, respectively, and can be expressed as

$$u(y)=a_1\left(\frac{2y}{B}\right)+a_3\left(\frac{2y}{B}\right)^3+a_5\left(\frac{2y}{B}\right)^5, \tag{5}$$

$$g(z)=\begin{cases}c_0+c_1\sqrt[3]{|z|} & (z\geqslant 0)\\ c_0+c_2\sqrt[3]{|z|} & (z<0)\end{cases},\quad c_0>0,\ c_1>0,\ c_2>0, \tag{6}$$

where B is the blank width, a_1, a_3, a_5, c_0, c_1 and c_2 are 6 unknown optimization parameters.

The transverse displacement function $W(x, y, z)$ satisfies the boundary conditions:

$$\begin{cases}W(L,y,z)=0,\dfrac{\partial W(L,y,z)}{\partial x}=0,x=L,\\ W(0,y,z)=U(y,z),\dfrac{\partial W(0,y,z)}{\partial x}=0,x=0.\end{cases} \tag{7}$$

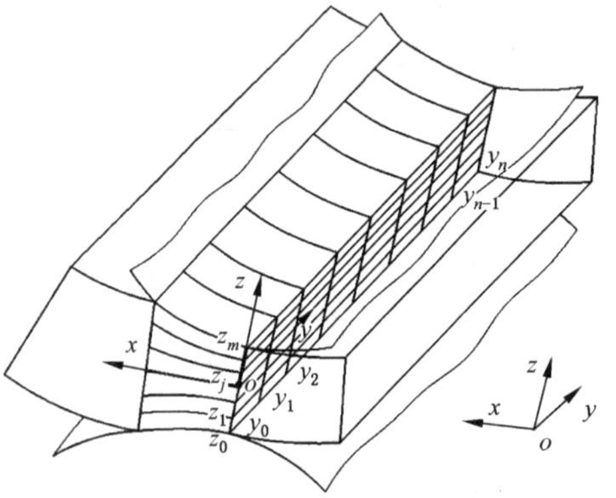

Fig. 3　Strip layer element division of the deformation zone

According to the constant volume principle and the relationships among the flow speed, strain rate and the transverse displacement, the flow speeds v_x, v_y, v_z, the strain rates $\dot{\varepsilon}_x$, $\dot{\varepsilon}_y$, $\dot{\varepsilon}_z$, and the shearing strain rates $\dot{\gamma}_{xy}$, $\dot{\gamma}_{yz}$, $\dot{\gamma}_{zx}$ can be derived[22].

2.2　Three-dimensional stresses

From the yield condition of Von-Mises, the plastic flow equation of Levy-Mises and the assumption of $\sigma_z=-p$, the three-dimensional stresses are expressed as

$$\sigma_x=-p+\frac{2k_s}{\Gamma}(2\dot{\varepsilon}_x+\dot{\varepsilon}_y),\sigma_y=-p+\frac{2k_s}{\Gamma}(\dot{\varepsilon}_x+2\dot{\varepsilon}_y),$$
$$\tau_{xy}=\frac{k_s}{\Gamma}\dot{\gamma}_{xy},\tau_{yz}=\frac{k_s}{\Gamma}\dot{\gamma}_{yz},\tau_{zx}=\frac{k_s}{\Gamma}\dot{\gamma}_{zx}, \tag{8}$$

where σ_x, σ_y, σ_z are the normal stresses in three directions, τ_{xy}, τ_{yz}, τ_{zx} are shear stresses in three planes, respectively, p is the rolling pressure on the contact surface, k_s is the yield strength of shear stress, and Γ is the shear strain rate strength.

2.3　Rolling pressure and friction stresses

There are two neutral points within the roll gap at different vertical planes in asymmetrical rolling[24]. Thus, beside the backward-slip and forward-slip zones, the cross shear zone is constructed between the two neutral planes, where the frictions on the lower and upper interfaces act in opposite directions. Fig. 4 shows the element stress states at the roll gap. It is supposed that the rolling pressures on lower and upper contact surfaces are equal.

From Fig. 4, the longitudinal differential equilibrium in the deformation zone is derived,

$$\frac{\partial}{\partial x}(\bar{\sigma}_x H) + \frac{\partial}{\partial y}(\bar{\tau}_{xy} H) + \tau_{x1} + \tau_{x2} + p\frac{\partial H}{\partial x} = 0, \quad (9)$$

where $\bar{\sigma}_x$ is the average normal stress in the longitudinal direction x, and $\bar{\tau}_{xy}$ is the average shearing stress, τ_{x1} and τ_{x2} are the upper and lower longitudinal friction stresses, in the backward-slip zone, $\tau_{x1} = -\mu_{x1} p$, $\tau_{x2} = -\mu_{x2} p$, in the cross shear zone, $\tau_{x1} = \mu_{x1} p$, $\tau_{x2} = -\mu_{x2} p$, in the forward-slip zone, $\tau_{x1} = \mu_{x1} p$, $\tau_{x2} = \mu_{x2} p$.

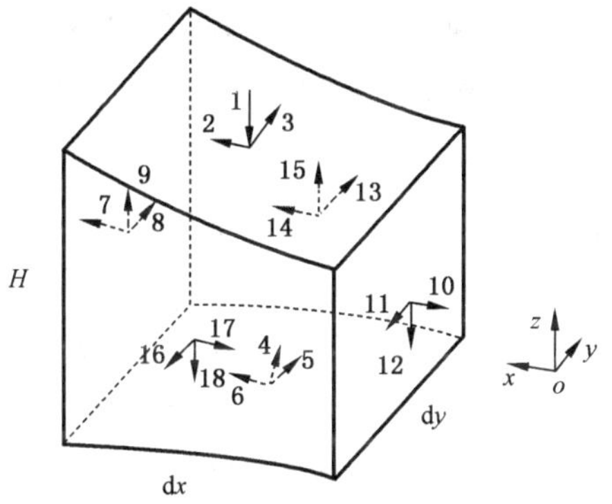

1. p; 2. τ_{x1}; 3. τ_{y1}; 4. p; 5. τ_{y2}; 6. τ_{x2}; 7. $\bar{\sigma}_x + \frac{\partial \bar{\sigma}_x}{\partial x}dx$; 8. $\bar{\tau}_{xy} + \frac{\partial \bar{\tau}_{xy}}{\partial x}dx$; 9. $\bar{\tau}_{xz} + \frac{\partial \bar{\tau}_{xz}}{\partial x}dx$; 10. $\bar{\sigma}_x$; 11. $\bar{\tau}_{xy}$; 12. $\bar{\tau}_{xz}$; 13. $\bar{\sigma}_y + \frac{\partial \bar{\sigma}_y}{\partial y}dy$; 14. $\bar{\tau}_{xy} + \frac{\partial \bar{\tau}_{xy}}{\partial y}dy$; 15. $\bar{\tau}_{yz} + \frac{\partial \bar{\tau}_{yz}}{\partial y}dy$; 16. $\bar{\sigma}_y$; 17. $\bar{\tau}_{xy}$; 18. $\bar{\tau}_{yz}$.

Fig. 4　Element stress states of the deformation zone

The upper and lower longitudinal friction coefficients μ_{x1}, μ_{x2} are expressed:

$$\mu_{x1} = \frac{|v_{sx1}|}{v_{s1}}\min\left\{\mu, \frac{k_s}{p}\right\},$$

$$\mu_{x2} = \frac{|v_{sx2}|}{v_{s2}}\min\left\{\mu, \frac{k_s}{p}\right\}, \quad (10)$$

where μ is the frictional coefficient, v_{sx1}, v_{sx2} are the longitudinal tangent sliding speeds of cylindrical shell on the upper and lower contact surfaces relative to rolls, and v_{s1}, v_{s2} are the resultant sliding speeds.

On the upper and lower surfaces, the transverse friction stresses are expressed as

$$\tau_{y1} = -\mu_{y1} p \,\mathrm{sgn}(v_{sy1}),$$

$$\tau_{y2} = -\mu_{y2} p \,\mathrm{sgn}(v_{sy2}), \quad (11)$$

where v_{sy1}, v_{sy2}, are the transverse tangent sliding speed, sign(v_{sy1}) means a sign (positive or negative) of v_{sy1}, sign(v_{sy2}) means a sign (positive or negative) of v_{sy2}, the upper and lower transverse friction coefficients μ_{y1}, μ_{y2} are expressed:

$$\mu_{y1} = \frac{|v_{sy1}|}{v_{s1}}\min\left\{\mu, \frac{k_s}{p}\right\},$$

$$\mu_{y2} = \frac{|v_{sy2}|}{v_{s2}}\min\left\{\mu, \frac{k_s}{p}\right\}. \quad (12)$$

The resultant interface friction stresses are

$$\tau_1 = \sqrt{\tau_{x1}^2 + \tau_{y1}^2}, \quad \tau_2 = \sqrt{\tau_{x2}^2 + \tau_{y2}^2}. \quad (13)$$

At the exit and entrance, the boundary conditions are

$$p = \begin{cases} -\bar{\sigma}_1 + 2\bar{k}_s\bar{\alpha}, x = 0, \\ -\bar{\sigma}_0 + 2\bar{k}_s\bar{\alpha}, x = L, \end{cases} \quad (14)$$

where $\bar{\alpha} = \frac{1}{H}\int_{-\frac{H}{2}}^{\frac{H}{2}}\left(\frac{2\dot{\varepsilon}_x + \dot{\varepsilon}_y}{\Gamma}\right)dz$,

the mean back tension stress $\bar{\sigma}_0$ and mean front tension stress $\bar{\sigma}_1$ are

$$\bar{\sigma}_0 = \frac{1}{n}\sum_{i=1}^{n}\left(\frac{1}{m}\sum_{j=1}^{m}\sigma_{0ij}\right),$$

$$\bar{\sigma}_1 = \frac{1}{n}\sum_{i=1}^{n}\left(\frac{1}{m}\sum_{j=1}^{m}\sigma_{1ij}\right), \qquad (15)$$

where the back tension stress σ_{0ij} is at some point of the entrance cross section, the front tension stress σ_{1ij} is at some point of the exit cross section.

From Eq. (9) and the boundary conditions Eq. (14), the rolling pressure p can be computed by the difference method. In the differential calculation process, the deformation zone is discretized along x direction, and its length is divided into a number of differential elements. The differential calculation is made from the entrance and exit of the deformation zone respectively to the internal zone, and then the rolling pressure distribution can be obtained. By integrating the rolling pressure p over the contact area, the rolling force can be acquired.

2.4 Front and back tension stresses

The back tension stress is influenced by the non-uniform entry flow speed and the residual stress of the incoming material. Thus, assuming no residual stress, the back tension stress is derived, at the jth layer,

$$\sigma_{0j}(y) = \frac{E}{1-\nu^2}\frac{v_{0j}(y)-\bar{v}_{0j}}{\bar{v}_{0j}},$$

$$j = 1, 2, \cdots, m, \qquad (16)$$

where v_{0j}, $\bar{v}_{0j}$ are the longitudinal flow speed at the entrance and its average value at the jth layer, respectively. ν is the Poisson coefficient and E is the elastic modulus of workpiece, respectively.

The front tension stress is influenced by the non-uniform exit flow speed. Thus, the front tension stress is derived, at the jth layer,

$$\sigma_{1j}(y) = \frac{E}{1-\nu^2}\cdot\frac{\bar{v}_{1j}-v_{1j}(y)}{\bar{v}_{1j}},$$

$$j = 1, 2, \cdots, m, \qquad (17)$$

where v_{1j}, $\bar{v}_{1j}$ are the longitudinal flow speed at the exit and its average value at the jth layer.

3 Determination of the Exit Transverse Displacement

For large cylindrical shell rolling, the energy function N of the includes five parts: the plastic deformation power N_p, the interface frictional power N_f between the cylindrical shell and rolls, the power $N_{\sigma 0}$ of back tension stress, the power $N_{\sigma 1}$ of front tension stress, and the shear power N_s caused by the discontinuous flow speed at the entrance:

$$N = N_p + N_f + N_{\sigma_0} - N_{\sigma_1} + N_s =$$

$$\sum_{j=1}^{m}\sum_{i=0}^{n-1}\int_{y_i}^{y_{i+1}}\left(\int_0^L k_s \Gamma h \,\mathrm{d}x\right)\mathrm{d}y + \sum_{i=0}^{n-1}\int_{y_i}^{y_{i+1}}\int_0^L(\tau_1 v_{s1}+\tau_2 v_{s2})\mathrm{d}x\,\mathrm{d}y +$$

$$\sum_{j=1}^{m}\sum_{i=0}^{n-1}\int_{y_i}^{y_{i+1}}\sigma_{0j}v_{0j}h_0\,\mathrm{d}y - \sum_{j=1}^{m}\sum_{i=0}^{n-1}\int_{y_i}^{y_{i+1}}\sigma_{1j}v_{1j}h_1\,\mathrm{d}y + \sum_{j=1}^{m}\sum_{i=0}^{n-1}\int_{y_i}^{y_{i+1}}\left(\int_{z_{j-1}}^{z_j}k_s\left|v_{z0}\right|\mathrm{d}z\right)\mathrm{d}y, \qquad (18)$$

where v_{z0} is the vertical flow speed at the entry.

According to the minimum principle of energy variation, the unknown coefficients should satisfy Eq. (19):

$$\min N = N(a_1, a_3, a_5, c_0, c_1, c_2). \qquad (19)$$

The solution of this optimum problem is obtained by a genetic algorithm method. A genetic algorithm method is a search technique for solving the global optimization problem, which gets to work form an initial population representing possible solutions of the problem. In this paper, based on an optimization strategy, a genetic algorithm method is presented by reserving the best solution in the evolutionary process.

The fitness function is defined as Eq. (19), which is the objective function of the problem.

Taking 6 unknown coefficients as the design variables and setting the search domain, various solutions are displayed by a suitable code format named the genotype. For every one of the design variables, a binary code is applied by various numbers of bits.

The genetic algorithm method is based on three operators: selection, crossover and mutation processed by an optimization strategy, which reserves the best individuals of the population. Generally, the crossover rate is about from 0.4 to 0.9, and mutation rate is about from 0.005 to 0.1.

This optimum problem has converged after 150 generations. The best solution is finally got as $a_1 = 6.3457$, $a_3 = 2.8016$, $a_5 = 1.7985$, $c_0 = 0.4102$, $c_1 = 0.0342$, $c_2 = 0.0989$.

Compared with the traditional n unknown parameters, there are only 6 optimized parameters, so the computation speed is accelerated greatly.

4 Results and Discussions

4.1 Stresses distribution

Table 1 represents the rolling parameters. The constitutive model of the rolled material named 2.25Cr1Mo0.25V was selected from Ref. [22].

Table 1 Rolling parameters of the example

Parameter	Value
Upper roll radius R_1 / mm	900
Lower roll radius R_2 / mm	1 000
Outer radius of cylindrical shell blank R / mm	2 450
Inner radius of cylindrical shell blank r / mm	1 950
Upper roll speed v_{r1} / (mm · s^{-1})	148
Lower roll speed v_{r2} / (mm · s^{-1})	150
Initial width B / mm	2 680
Temperature T / ℃	1 120

Fig. 5 presents the distribution of the rolling pressure p on the contact surface. There are two relative maximum values of rolling pressure in the rolling direction, which is unlike common plate rolling. As the reverse direction of the frictional stresses on the lower and upper surfaces in the cross shear zone, friction-peak of rolling pressure is cut down greatly. Moreover, shear action will accelerate the metal deformation, resulting in lower rolling pressure. The computed rolling pressure distribution is similar with the finite element simulation result[13]. Besides, rolling pressure gradually increases from the edge to the center along the axial width.

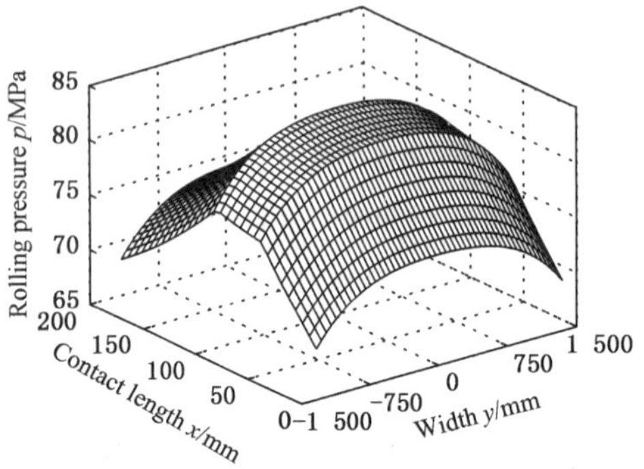

Fig. 5　Rolling pressure distribution on the contact surface

Fig. 6 shows the longitudinal normal stress σ_x near the contact interface. In the rolling direction, the longitudinal normal stress σ_x appears two different valley values nearby the upper and lower neutral points, which is caused by the friction stresses on the contact interface. The longitudinal normal stress σ_x decreases from the edge to the center along the axial width.

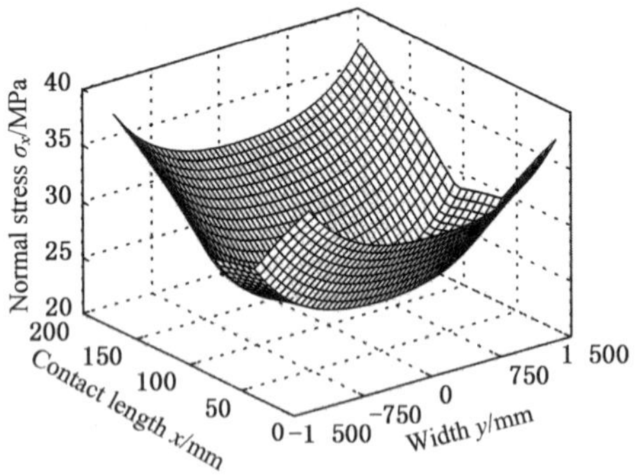

Fig. 6　Longitudinal normal stress near the contact surface

Fig. 7 presents the transverse normal stress σ_y near the contact interface. In the transverse direction, the absolute value of transverse normal stress σ_y increases gradually from the edge to the center of width, which is affected by the metal transverse flow.

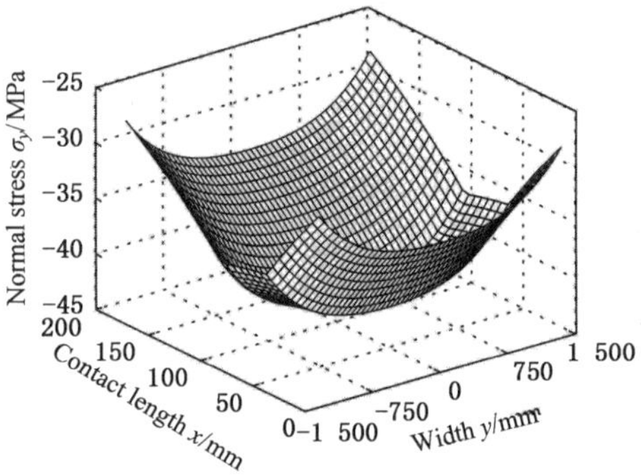

Fig. 7　Transverse normal stress near the contact surface

Fig. 8 shows the shearing stress τ_{xy} near the contact interface. In the axial width direction, the absolute value of the shearing stress τ_{xy} decreases gradually from the edge to the center of the width, which is also affected by the metal transverse flow. The shearing stress τ_{xy} changes the direction from the entry to the exit, which is influenced mainly by the longitudinal distribution of the transverse flow speed v_y.

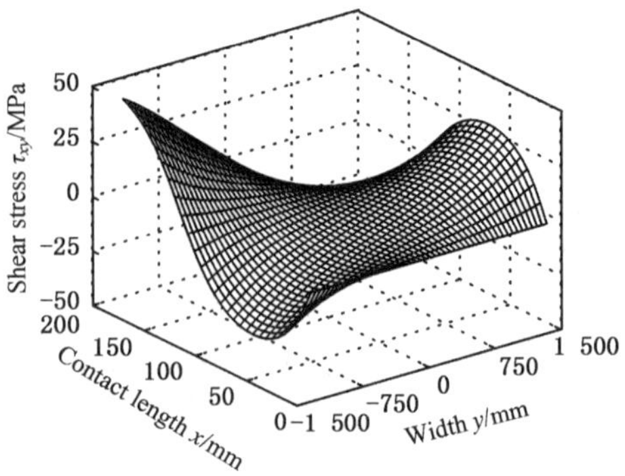

Fig. 8　Shear stress near the contact surface

Fig. 9 shows the longitudinal friction stresses τ_{x1}, τ_{x2} on the upper and lower surfaces. From the entry to the exit, the longitudinal friction stresses on the surfaces change direction nearby the neutral points. As the lower and upper neutral point positions are different, the inflection point positions of the lower and upper longitudinal friction stresses are different. The absolute values of longitudinal friction stresses increase gradually from the edge to the center of the width along the transverse direction.

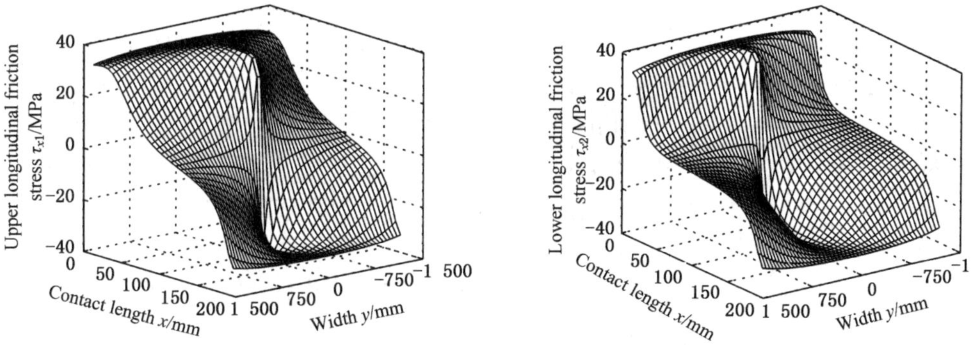

Fig. 9 Longitudinal friction stresses on the upper and lower surfaces

Fig. 10 shows the upper and lower transverse friction stresses τ_{y1}, τ_{y2} on the contact surfaces. At the area of $y>0$, the transverse friction stresses is negative, which means the metal flows outside. The absolute values of the transverse friction stresses decrease from the edge to the center of the width, and present a parabolic distribution in the rolling direction.

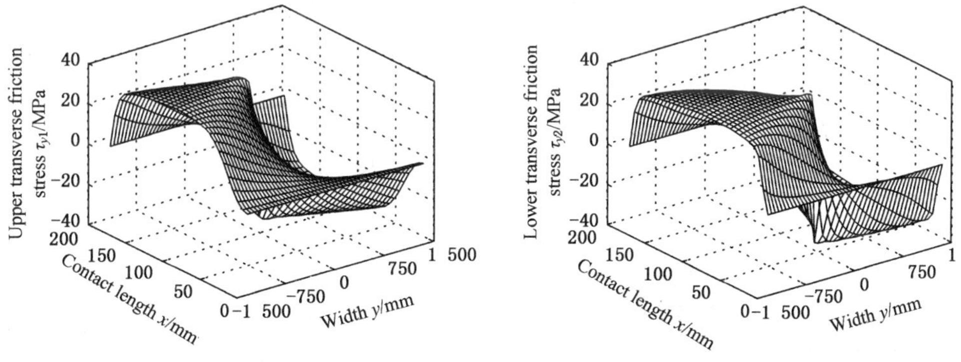

Fig. 10 Transverse friction stresses on the upper and lower surfaces

4.2 Spread

Fig. 11 shows the exit transverse displacement distribution. The transverse displacement varies monotonically in the transverse direction, which means the rolled material flows outside. The end surface appears the fishtail profile of spread. It is found that in the thickness direction, the largest spread occurs in the outer surface, followed by the inside surface and the smallest spread appears in the middle layer. In the practical rolling, due to the friction between workpiece and rolls, contact surface spread is slightly lower than that nearby contact surface. Although the effect of interface friction on spread could not be accurately reflected by the theoretical model, the fishtail profile on the end surface is similar with the experimental results[8]. Based on FEM, XU, et al[25], observed the fishtail phenomenon on the end surface in the ring rolling, and claimed that in some rolling conditions, the outer surface spread is larger than the inner one. The difference may be caused by the different feed amounts on the upper and lower surfaces, which can be described[23]:

$$\gamma = \frac{\Delta h_2}{\Delta h_1} = \frac{1/R_2 + 1/R}{1/R_1 - 1/r}, \quad (20)$$

where Δh_1 and Δh_2 are the feed amounts on the upper and lower surfaces, respectively. When γ is greater than a critical value, the outer surface spread is larger than the inner one.

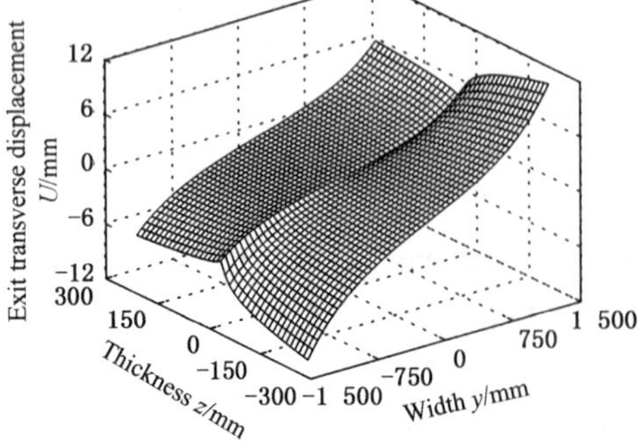

Fig. 11 Exit transverse displacement distribution

The average spread ΔB reveals the axial flow of the rolled material, and the degree of the fishtail deformation FT shows the unevenness of end surface. They are defined as follows:

$$\Delta B = \frac{\Delta B_{\max} + \Delta B_{\min}}{2}, \quad (21)$$

$$FT = \frac{\Delta B_{\max} - \Delta B_{\min}}{2}, \quad (22)$$

where $\Delta B_{\max}$ is the maximum axial spread, $\Delta B_{\min}$ is the minimum axial spread, as shown in Fig. 12. The smaller the degree of the fishtail deformation FT is, the more even and higher quality the end surfa

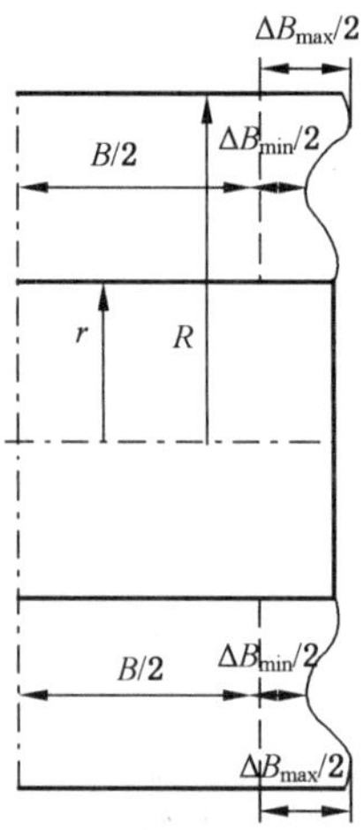

Fig. 12 Profile of the axial spread on the end surface

Figs. 13 and 14 present the average spread ΔB and the fishtail FT with the reduction. With the reduction increasing, the average spread ΔB and the fishtail FT increase, which means the bigger metal axial flowing, the more uneven axial deformation. It indicates that increasing the reduction will lead to a poor quality of the end surface. Therefore, making a reasonable technological parameter is very important to eliminate the fishtail defect and improve product quality.

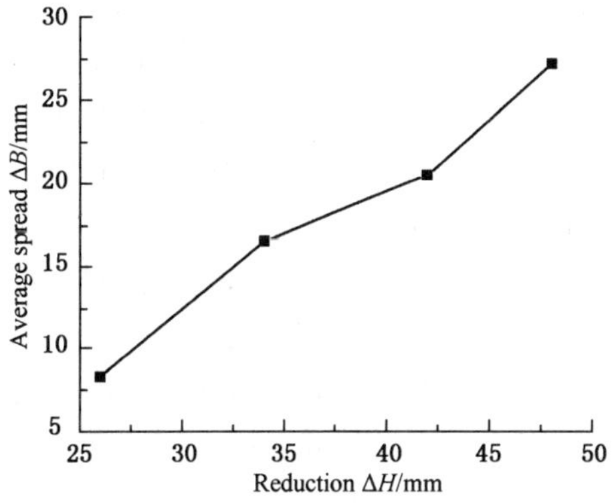

Fig. 13 Variation of the average spread with the reduction

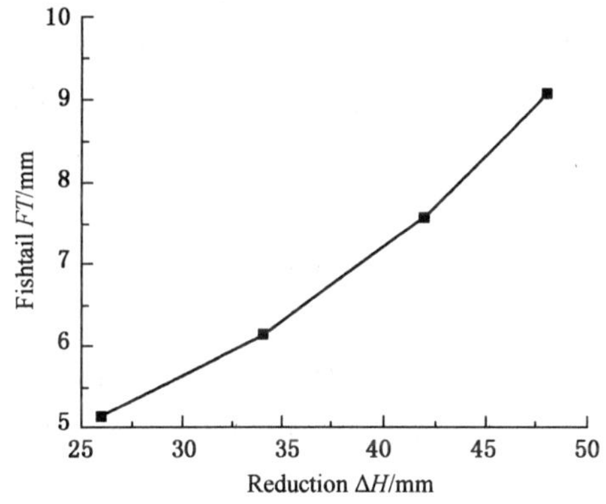

Fig. 14 Variation of the fishtail *FT* with the reduction

4.3 Results verification

In order to verify the reliability of the developed strip layer method, a three-dimensional finite element model of large cylindrical shell rolling was established, based on the software DEFORM-3D. The FE simulation conditions were the same as those of the strip layer method. Because the symmetry of the axial width of cylindrical shell, only a half of the axial width was simulated, with the symmetric constrain on the symmetry plane.

Fig. 15 shows the comparison of average transverse stress distribution between the FEM and strip layer method. $\bar{\sigma}_y$ is the average transverse stress along the deformation zone length. It is observed that the trend of the average transverse stress distribution obtained from the strip layer method is in good agreement with FEM results.

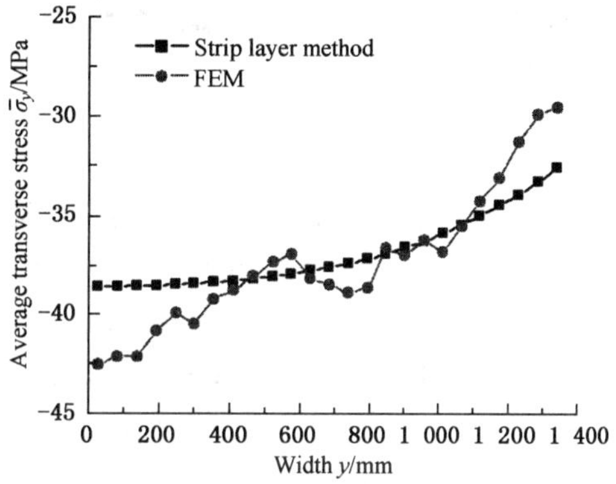

Fig. 15 Comparison of average transverse stress distribution between FEM and strip layer method

Fig. 16 shows the spread along the thickness from FEM and strip layer method. The comparison of spread between the two methods indicates a good agreement, which verifies the feasibility of strip layer method.

In order to further validate the reliability of the strip layer method, the comparison between the experimental rolling force of the authors previous study[22] and the predicted result under different reductions is shown in Fig. 17. The outer and inner radii of cylindrical shell were $R=2\ 650$ mm, $r=2\ 100$ mm, and the other rolling condition was the same as

Table 1. The comparison result shows good agreement among experiment, strip layer method and FEM, which indicates the developed strip layer method is considered to be reliable.

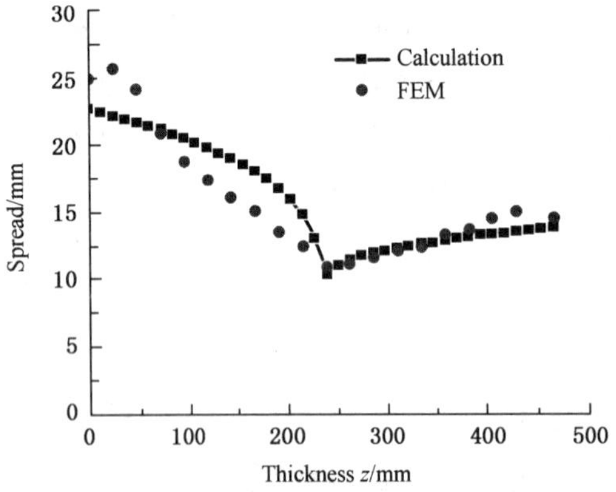

Fig. 16　Spread along the thickness between FEM and strip layer method

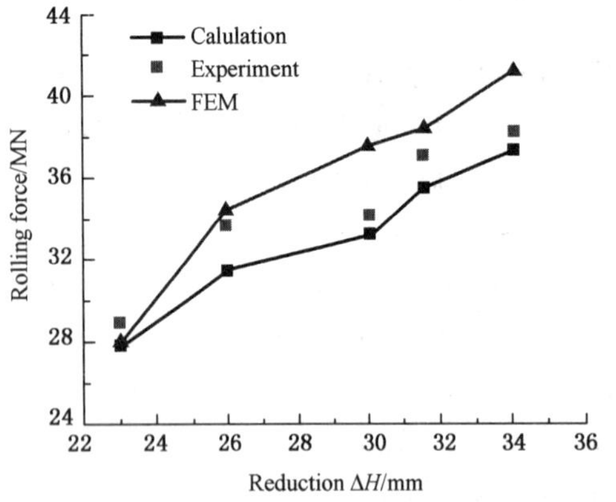

Fig. 17　Comparison of the rolling force from the present model, experiment and FEM

5　Conclusions

(1) An improved strip layer method is developed to study the three-dimensional stresses and spread of large cylindrical shell rolling. The main advantage of the proposed method is that three-dimensional stresses and spread can be obtained rapidly and easily, and the accuracy can meet the engineering application.

(2) The simulation results show that the rolling pressure, normal stresses, friction stresses are different from those of a general plate rolling. The friction peak of rolling pressure distribution is greatly cut down. The longitudinal friction stresses on contact surfaces change direction nearby the neutral points, and the upper and lower inflection point positions are different. The friction stress distribution is relevant to the rolling pressure and metal transverse flow. The profile of fishtail spread on the end surface is predicted satisfactorily. Decreasing the reduction can improve the flatness of the end surface.

(3) The proposed method reveals the three-dimensional mechanics simulation of large cylindrical shell rolling and how to eliminate the fishtail defect. This method can also extend to other asymmetrical rolling and ring rolling.

References

[1] XU Feixia. *The simulation of heavy cylinder forging at high temperature* [D]. Shanghai: Shanghai Jiao Tong University, 2008. (in Chinese)

[2] LI Qinghua, WU Lianbin, LI Fuguo, et al. Experiments study on the rolling process for heavy disk[J]. *The International Journal of Advanced Manufacturing Technology*, 2013, 65(5-8):1171-1175.

[3] HAN Xinghui, HUA Lin, ZHOU Guanghua, et al. FE simulation and experimental research on cylindrical ring rolling[J]. *Jour-*

nal of Materials Processing Technology, 2014, 214(6): 1245-1258.

[4] LI Yongtang, JU Li, QI Huiping, et al. Technology and experiments of 42CrMo bearing ring forming based on casting ring blank[J]. *Chinese Journal of Mechanical Engineering*, 2014, 27(2): 418-427.

[5] GUO Lianggang, YANG He, JIN Jiancheng. Design method of blank sizes for radial-axial ring rolling[J]. *Journal of Mechanical Engineering*, 2010, 46(24):1-8.

[6] LEE K H, KIM B M. Advanced feasible forming condition for reducing ring spreads in radial-axial ring rolling[J]. *International Journal of Mechanical Sciences*, 2013, 76(11): 21-32.

[7] CHEN Suwen, LIU Hongmin, PENG Yan, et al. Slab analysis of large cylindrical shell rolling[J]. *Journal of Iron and Steel Research, International*, 2014, 21(1): 1-8.

[8] YANG He, WANG Min, GUO Lianggang, et al. 3D coupled thermo-mechanical FE modeling of blank size effects on the uniformity of strain and temperature distribution during hot rolling of titanium alloy large rings[J]. *Computational Material Science*, 2008, 44(2): 611-621.

[9] QIAN Dongsheng, PAN Yan. 3D coupled macro-microscopic finite element modelling and simulation for combined blank-forging and rolling process of alloy steel large ring [J]. *Computational Materials Science*, 2013, 70(4): 24-36.

[10] ZHOU Guang, HUA Lin, QIAN Dongsheng, et al. Effects of axial rolls motions on radial-axial rolling process for large-scale alloy steel ring with 3D coupled thermo-mechanical FEA[J]. *International Journal of Mechanical Science*, 2012, 59(1):1-7.

[11] PARVIZI A, ABRINIA K, SALIMI M. Slab analysis of ring rolling assuming constant shear friction[J]. *Journal of Materials Engineering and Performance*, 2011, 20(9): 1505-1511.

[12] PARVIZI A, ABRINIA K. A two dimensional upper bound analysis of the ring rolling process with experiment and FEM verifications[J]. *International Journal of Mechanical Science*, 2014, 79(2): 176-181.

[13] YEA Y, KO Y, KIM N, et al. Prediction of spread, pressure distribution and roll force in ring rolling process using rigid-plastic finite element method[J]. *Journal of Materials Processing Technology*, 2003, 140(1-3): 478-486.

[14] ANJAMI N, BASTI A. Investigation of rolls size effects on hot ring rolling process by coupled thermo-mechanical 3D-FEA[J]. *Journal of Materials Processing Technology*, 2010, 210(10): 1364-1377.

[15] CERETTI E, GIARDINI, GIORLEO L. 3D simulation of a hot ring rolling industrial process[J]. *International Journal of Material Forming*, 2010, 3(1):323-326.

[16] ZHOU Guang, HUA Lin, QIAN Dongsheng. 3D coupled thermo-mechanical FE analysis of roll size effects on the radial-axial[J]. *Computational Materials Science*, 2011, 50(3): 911-924.

[17] WANG Min, YANG He, GUO Lianggang. Numerical study on motions of rolls in hot rolling of titanium alloy large rings[J]. *Rare Metal Material and Engineering*, 2012, 41(1):14-18.

[18] LIU Hongmin, LIAN Jiachuang, PENG Yan. Third-power spline function strip element method and its simulation of the three-dimensional stresses and deformations of cold strip rolling [J]. *Journal of Materials Processing Technology*, 2001, 116(2-3): 235-243.

[19] LIU Hongmin, ZHENG Zhenzhong, PENG Yan. Streamline strip element method for analysis of the three-dimensional stresses and deformations of strip rolling[J]. *International Journal for Numerical Methods in Engineering*, 2001, 50(5): 1059-1076.

[20] LIU Hongmin, WANG Yingrui. Stream surface strip element method for simulation of the three-dimensional deformations of plate and strip rolling [J]. *International Journal of Mechanical Sciences*, 2003, 45(9): 1541-1561.

[21] LIU Hongmin, JIN Dan, WANG Yingrui. Strip layer method for simulation of the three-dimensional deformations of plate and strip rolling[J]. *Communications in Numerical Methods in Engineering*, 2004, 20(3):183-191.

[22] CHEN Suwen, LIU Hongmin, PENG Yan, et al. Strip layer method for simulation of the three-dimensional deformations of large cylindrical shell rolling[J]. *International Journal of Mechanical Sciences*, 2013, 77(12):113-120.

[23] HUA Lin, HUANG Xinggao, ZHU Chundong. *Theory and technology of ring rolling*[M]. Beijing: China Machine Press, 2001. (in Chinese)

[24] QWAMIZADEH M, KADKHODAEI M, SALIMI M. Asymmetrical sheet rolling analysis and evaluation of the developed curvature[J]. *The International Journal of Advanced Manufacturing Technology*, 2012, 61(1-4): 227-235.

[25] XU Siguang, WEINMANN K J, YANG D Y, et al. Simulation of the hot ring rolling process by using a thermo-coupled three-dimensional rigid-viscoplastic finite element method[J]. *Journal of Manufacturing Science and Engineering*, 1997, 119(4): 542-549.